公共建筑节水精细化控制技术及应用

赵锂 刘永旺 崔福义 李星 赵昕 岳鹏 等著

中国建筑工业出版社

图书在版编目(CIP)数据

公共建筑节水精细化控制技术及应用 / 赵锂等著
. — 北京：中国建筑工业出版社，2024.3
ISBN 978-7-112-29492-3

Ⅰ. ①公⋯ Ⅱ. ①赵⋯ Ⅲ. ①公共建筑—节约用水—
技术 Ⅳ. ①TU242

中国国家版本馆 CIP 数据核字(2023)第 248143 号

责任编辑：于莉
责任校对：赵力

公共建筑节水精细化控制技术及应用

赵锂　刘永旺　崔福义　李星　赵昕　岳鹏　等著

＊

中国建筑工业出版社出版、发行（北京海淀三里河路 9 号）

各地新华书店、建筑书店经销

北京红光制版公司制版

河北鹏润印刷有限公司印刷

＊

开本：787 毫米×1092 毫米　1/16　印张：35　字数：807 千字

2024 年 3 月第一版　　2024 年 3 月第一次印刷

定价：**139.00** 元

ISBN 978-7-112-29492-3

(42236)

本书编委会

主　任　赵　锂

副主任　刘永旺　崔福义　李　星　赵　昕　岳　鹏

编　委　（按姓氏笔画排序）

于　磊	王　琪	王　睿	王国田	王耀堂
尹文超	卢兴超	匡　杰	朱跃云	任志丹
刘元坤	刘永旺	关若曦	孙国熠	李　星
李茂林	李建业	杨艳玲	时文歆	邱　琴
沈　晨	张　哲	张　超	张天天	张方斋
张庆康	陈　永	林建德	欧立涛	岳　鹏
周志伟	赵　昕	赵　锂	赵珍仪	赵德天
柳　兵	姜慧媛	高　峰	高金良	郭汝艳
黄　靖	崔福义	阎学明	梁　岩	梁志杰
曾　杰	樊晓燕	檀　旭		

序

　　水是生命之源、生态之基，是支撑经济社会发展的基本要素。我国水资源总量为 2.7 万亿 m^3，居世界第六位，但人均水资源量只有 $2300m^3$，人均水量只相当世界人均占有量的 1/4，是全球人均水资源最贫乏的国家之一。深入推进节水工作，是缓解我国水资源供需矛盾、保障城市水安全的必然选择。

　　当前，我国水资源短缺形势依然十分严峻，城市节水不平衡、不充分的问题仍然较为突出，制约了经济社会的可持续发展。国家高度重视节水工作，将"节水优先"摆在新时期治水思路的首要位置，强调"从观念、意识、措施等各方面都要把节水放在优先位置"，提出要"坚持以水定城、以水定地、以水定人、以水定产，把水资源作为最大的刚性约束"，对城市节水工作提出了具体要求，也指明了建筑节水技术发展方向。

　　全国工程勘察设计大师赵锂作为项目负责人，承担了"十三五"国家重点研发计划项目"公共建筑节水精细化控制技术及应用"。该项目是国家重点研发计划"水资源高效开发利用"重点专项中唯一聚焦建筑节水领域的项目。项目团队涵盖国内十家知名高校、科研院所、大型企业，具有丰富的节水标准编制、技术研究、设备开发到工程实践的全流程研发能力和项目实践经验。

　　项目针对公共建筑节水领域关键问题，分别开展了建筑节水评价体系、系统设计、精细供水、智能用水、平台监管等方面的研究，产出了一大批支撑我国建筑节水事业的重要科技成果，尤其是主编了全文强制性国家标准《建筑给水排水与节水通用规范》GB 55020—2021，对全面提升我国建筑节水成效具有重要意义。本书的发行，能够有效提升我国建筑节水的工程、设计和科研水平，对节水的科研、设计和教学具有很好的参考价值。

中国工程院院士、哈尔滨工业大学教授

2023 年 11 月

前　　言

　　水资源严重短缺是我国基本水情，是制约经济社会发展的重要瓶颈。推进节水型社会建设，全面提升水资源利用效率，是深入贯彻落实国家关于加强节水工作的具体行动，是缓解我国水资源供需矛盾、保障水安全的必然选择，也是实现国家双碳战略的必然要求。

　　数据显示，我国公共建筑年供水规模约 88 亿 m^3，占城市供水总量 13.9%，公共建筑具有种类多样、功能复杂、体量巨大、耗水量高的特点，是重要的城镇生活用水节点。公共建筑作为城市用水大户，存在节水指标及评价体系不完善、用水变化规律及特性不清晰、精细化控制及管控体系不健全等问题，是城市节水的薄弱环节，亟待突破核心节水技术，开展相关理论与方法、技术与产品、系统与集成创新。

　　在此背景下，科技部通过"十三五"国家重点研发计划"水资源高效开发利用"重点专项，设立了唯一聚焦建筑节水领域的项目"公共建筑节水精细化控制技术及应用"。中国建筑设计研究院有限公司为项目牵头单位，联合国内知名高校、科研院所、大型企业等10 家单位共同承担，组建了从节水标准编制、技术研究、设备开发到工程推广应用的全流程研发能力和丰富项目经验的研究团队，围绕公共建筑节水精细化控制技术需求，开展了产学研用协同攻关。项目团队经过四年的协同攻关，全面完成了各项研究任务，取得了多项支撑我国建筑节水工作的创新成果。

　　项目以公共建筑节水为目标，以精细化节水技术为手段，以智能化控制为依托，按照"节水技术建立与节水效能评价——节水设备与产品研发——节水监管与平台搭建"的整体思路，构建和完善公共建筑供用水系统的节水效能评价方法及指标体系，编制相关节水标准规范，研发公共建筑供用水系统的新型节水设备和器具，搭建公共建筑精细化控制及节水监管平台，进行公共建筑供用水系统节水技术、设备产品、监管平台示范应用和推广。

　　项目针对公共建筑节水指标体系不完善、动态特性不明晰的问题，构建了节水效能评价方法和基准指标体系，完善了循环循序节水工程技术，建立了公共建筑节水标准体系，编制了相关国家标准规范。针对公共建筑节水精细化控制要素不明晰的问题，在精细供水和智能用水方面，形成了多项精细化节水技术与智能节水设备，实现了产品化和产业化，完成了技术应用和推广。针对公共建筑智能调控薄弱的问题，完善了公共建筑节水精细化管理方法，搭建了公共建筑用水计量与节水监管平台，完成了技术应用和推广。项目成果经中国建筑学会组织的科技成果鉴定，认为该项目拥有多项原创性技术成果，社会经济效益显著，总体达到了国际领先水平。项目团队对成果进行了整理，希望能够通过本书的出版，为我国建筑节水工作提供支撑和参考。

本书经过多次修改与完善，但仍会有不足之处，敬请各位专家和读者批评指正。

全国工程勘察设计大师
中国建筑设计研究院有限公司总工程师

赵锂

2023 年 11 月

目　　录

第1章 公共建筑供水系统效能评价 方法及基准指标体系

1.1 引 言

随着社会经济发展，公共建筑的生活用水日益增多，具有很大的节水潜力。本章以广泛的公共建筑供、用水现状调研为基础，梳理公共建筑供水与用水系统节水策略、总结不同供水方式对市政供水管网影响与对策、探讨公共建筑用水水量平衡与用水定额、提出基于用水行为心理学的公共建筑节水行为改变技术、建立公共建筑水系统节水效能评价方法。

针对公共建筑节水技术体系不完善的现状以及节水策略体系研究需求，提出了典型公共建筑（办公建筑、宾馆、高校）的节水关键问题及解决措施；并在系统分析公共建筑供水模式与用水特点的基础上，建立了公共建筑节水策略技术体系。

以14个不同地域不同规模的城市中64栋典型公共建筑用水节水状况调研为基础，考察了典型公共建筑的用水结构、规律，分析了影响用水量的主要因素；统计分析计算了用水定额，并结合现有定额标准和节水优先原则，提出了酒店、办公楼、宿舍的节水用水定额建议值；构建基于层次分析法（AHP）的二级模糊综合评价模型描述节水措施的节水效果，并结合建筑漏损影响因素分析与评价结果，给出实现节水用水定额的节水优化建议。

基于公共建筑用户用水行为心理理论，通过不同地域各类用水人群、不同建筑类型用水人群的用户节水心理调研以及典型公共建筑内用水心理干预实验，创新性构建计划行为动态时滞模型，描述用户节水心理对其在公共建筑内用水行为的影响，并分析用水行为在干预后的动态变化。为公共建筑节水行为干预的策略制定提供科学依据。

通过开展大型公建供水系统与市政管网影响现状问题调研，分析大型公共建筑供水模式用水安全运行技术特点，研究不同供水方式与市政管网的匹配性，制定了基于节水与安全保障的运营管理方案，为大型公共建筑供水系统安全稳定运行和节水节能提供支撑。

结合调研搜集内容，通过实际工程项目进行节水关键指标精细化模拟，确定建筑节水关键指标，通过对建筑节水关键指标构建层次递进结构，形成节水建筑评价指标体系。利用层次分析法对节水建筑指标体系建立权重评价数学模型，采用主观赋值法进行权重调研，建立节水建筑评价方法。

1.2 公共建筑供水节水现状

1.2.1 公共建筑供水用水现状

根据《中国城乡建设统计年鉴（2006～2017 年）》数据，对全国供水量和公共服务用水量进行统计，结果如图 1.2-1 所示。全国供水量大体呈上升趋势，上升幅度较小，对数据进行拟合，得出全国供水每年上升量为 71285 万 m^3，年均增加率为 0.9%。我国公共服务用水量也呈上升趋势，上升趋势明显，并且在 2015 年、2016 年和 2017 年增长量较大且增长量逐年递增，每年公共服务用水量上升量为每年 21410 万 m^3，年均增加率为 2.77%。同时，城市公共服务用水量在全国供水量中占的比例也呈现上升趋势，且在 2017 年达到 14.30%。

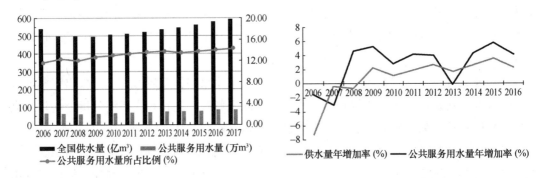

图 1.2-1　2006～2017 年全国供水量和公共服务用水量

公共建筑是指供人们进行各种公共活动的建筑，一般包括办公建筑、商业建筑、旅游建筑、科教文卫建筑、通信建筑、交通运输类建筑等。随着产业结构调整所带来的第三产业的迅猛发展，城市公共用水逐渐成为城市生活用水的主要组成部分，并直接影响城市供排水以及污水处理等基础设施的建设规模。按照有关规划用地标准，公共建筑面积为建筑面积的 20% 左右，一些大城市的比例会更高；且公共建筑用水定额也高于居住建筑定额，因此公共建筑用水量在城市用水量比例相对较高。据统计，在我国的北京和上海，城市公共用水占生活用水比重高达 62.18% 和 63.17%。机关、院校、宾馆、商场等公共建筑总用水量在 1999 年便已经占城市公共用水总量的 70% 以上，并呈现增长趋势。

研究表明，公共建筑人均月用水单耗存在超定额现象，赵金辉等人对南京市油运大厦等 9 栋高层综合办公楼进行了水耗调查分析，发现所有调查单位水耗均超出了用水定额，最高的超出定额 128.6%。刘瑞菊等人调查的 13 栋办公楼综合水耗超标率为 65.2%，纯办公水耗超标率高达 82.6%。吴继强等人调查表明，西安市宾馆酒店行业全年用水量约为 1800 万 m^3，但节水器具使用率低下，水资源浪费现象严重。葛学伟对高校集体宿舍用水量进行调研，发现集体宿舍的水漏损量为 0.225L/s，占最高日用水量的 11.25%，建筑内部的用水损失率达到 7.10%。由此可见，公共建筑耗水多，节水潜力大，已逐渐成为需水管理的重点领域。

参考《中国城乡建设统计年鉴（2007～2017 年）》，对城市用水量和节水量进行统计可知，人均日生活用水量相对稳定，基本在 170～180L 之间；节约用水量由 2007 年的 454794 万 m^3 增至 2017 年的 648227 万 m^3，可以看出近年来大家已开始建立节约用水意识，节水措施初见成效。但是节约用水量占新水取用量的比例不高，在 18.84%～31.08% 内波动，说明节约用水仍有很大的提升空间，节水活动的开展有待进一步加强。

1.2.2 公共建筑供水方式的特点及应用

市政建筑基本供水方式主要有高位水箱供水、气压供水、变频恒压供水和管网叠压供水等，针对不同类型公共建筑用水规律的不同，多采用基本供水方式组合的形式来满足供水要求。

1. 市政供水水压基本满足要求的多层建筑供水方式

在市政供水管网压力在大多数时候能够满足多层建筑的供水高度时，只设置高位水箱，利用晚上用水低峰时间水箱进水，用水高峰时由水箱供水，不设水泵。这种方式安全可靠又节能，是很适用的供水方式，但需要采用不锈钢水箱和定期清洗水箱。

2. 高层建筑常用供水方式（表 1.2-1）

从供水系统角度，高层建筑中生活供水方式有带水箱的和不带水箱的两种；结合分区供水方式，带水箱的分区供水方式可分为水箱＋水泵并联分区、水箱＋水泵串联分区、减压水箱分区、减压阀分区四种供水方式；无水箱的分区供水方式可以分为变频加压泵并联分区、变频泵＋减压阀分区两种供水方式。

高层建筑常用供水方式　　　　　　　　　　　　　　　　表 1.2-1

供水方式	特点	优缺点	适用建筑
水箱＋水泵并联分区供水	各个分区的最高层要设置生活水箱，然后依靠水的重力上行下送给给用户，在建筑的水泵房中也都有各自独立的升压水泵	加压设备布置集中、独立运行、互不影响，便于后期的维护和管理，水泵一直处于高效运行状态、运行稳定、能耗小；但同时具有升压水泵数量多、所需管材多、投资费用增加等缺点	一般在建筑高度不超过100m且允许设置水箱的建筑中使用
水箱＋水泵串联分区供水	每个分区设1座水箱外还要求每个分区设1套水泵，水泵用来向更高的水箱送水，水箱中的水不但上行下给供本区用水，还提供上区水泵抽水使用	系统管道布置简单、管材使用少，水泵持续在高效区运行、能量消耗小；但也存在水泵水箱较多、管理不便、占地大，供水安全性不高等缺点	一般在建筑高度大于100m且对设备有较高的维护和管理能力以及防振降噪技术较好的建筑中使用
减压水箱分区供水	中区由变频泵加压供水，高区采用管网叠压供水设备，直接串联在中区管道上	高区管网叠压供水设备通过串联充分利用中区水泵机组的余压，相比中间水箱，管网叠压设备占地小，且减少了供水的二次污染，但是供水可靠性低	对水质要求较高，不能直接使用市政管网叠压供水方式的建筑

3

供水方式	特点	优缺点	适用建筑
减压阀分区供水	通过减压阀调节压力、流量，来保障供水	节约了水箱占地面积，设备、管材较少，节约了投资成本；但需要水泵把各区用水提升到屋顶水箱，运行费用较高	适用于电费单价较低、建筑不高、分区较少且对水压要求不高的高层建筑或不允许分区中设置减压水箱的高层建筑
变频加压泵并联分区供水	利用变频泵直接向各区进行供水	避免了水箱二次污染问题，供水经济可靠，但设计时要合理分区，选择适合的供水设备	—
变频泵＋减压阀分区供水	根据系统分区设置减压阀，超压管道减压后再供水	结构简单，节约管材，但减压阀的安装也相应的增加了投资	—

3. 超高层建筑常用供水方式

1）建筑高度小于 150m 的超高层建筑供水方式

建筑高度小于 150m 的超高层建筑常用供水方式的特点、优缺点以及适用建筑总结见表 1.2-2。

建筑高度小于 **150m** 的超高层建筑常用供水方式的特点、优缺点以及适用建筑 　　表 1.2-2

供水方式	特点	优缺点	适用建筑
水池＋水泵-水箱并联	各区独立设置水箱和水泵，独立向各分区水箱供水，水泵集中布置在建筑低层和地下室	各区独立运行，互不干扰，设备在高效段运行，供水安全可靠，压力稳定，水泵集中布置，便于管理；但水箱占用楼层面积，影响经济效益，且可能存在二次污染	允许设置水箱的各类高层建筑
水池＋变频泵并联/水泵-水箱	生活水泵房设在地下室，变频泵组变频调速供水，工频泵组工频向屋顶水箱供水	各区独立运行，互不干扰，设备布置集中，方便管理，占地面积小，但也存在二次污染问题	建筑高度不超过 150m 的住宅类建筑
水池＋变频泵-管网叠压串联	中区由变频泵加压供水，高区采用管网叠压供水设备，直接串联在中区管道上	高区管网叠压供水设备通过串联充分利用中区水泵机组的余压，相比中间水箱，管网叠压设备占地小，且减少了供水的二次污染，但是供水可靠性低	对水质要求较高，不能直接使用市政管网叠压供水方式的建筑
水池＋变频泵并联	各分区单独设置变频水泵，采用分级供水的方式向各分区供水，水泵集中布置在建筑低层和地下室	各分区独立供水，安全可靠，水质比较好，设备布置集中，便于维护管理；但是水泵数量较多，初期投资大，供水压力有波动	不适合分区水箱且不超过 150m 的办公类、住宅类建筑
水池＋管网叠压/水泵-水箱并联	低区由管网叠压设备直接供水，高区独立设置水箱和水泵，独立向各个水箱供水	充分利用市政管网压力，节能环保，运行维护简单，各区独立运行，但对供水管网要求较高，且高区有二次污染的可能性	允许使用管网叠压设备直接供水，且对供水可靠性要求不太高的建筑

2）建筑高度小于 250m 的超高层建筑供水方式

建筑高度小于 250m 的超高层建筑常用供水方式的特点、优缺点以及适用建筑总结见表1.2-3。

建筑高度小于 250m 的超高层建筑常用供水方式的特点、优缺点及适用建筑　表 1.2-3

供水方式	特点	优缺点	适用建筑
水池＋水泵-水箱串联	在设备层设有中间转输水箱，各段水箱补水分别从下一段水箱中提升供给	供水可靠性高、压力稳定，能够使设备一直处于高效段运行，降低了水池直接供水到高区水箱的管路水压过大的风险	供水压力的稳定性要求较高的酒店类建筑等
水池＋变频泵并联/水泵-水箱-变频	设备层设有转输水箱，由生活转输泵供水，高区的生活泵设置在避难层中	设备布置集中，便于管理，供水水质好，充分利用避难层空间，供水可靠	垂直高度中有不同业态类型的建筑
水池＋变频泵并联/水泵-水箱串联	在设备层设有中间转输水箱，通过工频泵供水	变频泵并联供水，各区独立，互不干扰，充分利用避难层空间，高区采用水箱，供水安全可靠性高，但可能存在二次污染	办公、酒店类建筑
水池＋水泵-水箱串联/管网叠压	低区直接采用管网叠压设备供水，高区在设备层设置中间转输水箱，各段水箱补水分别下一段水箱中提升供给	充分利用市政管网压力，低区供水水质较好，运行管理方便。采用水箱串联，供水安全可靠性高	允许采用管网叠压供水方式、供水可靠性高的建筑

4. 超限高层建筑常用供水方式

超限高层建筑一般是指建筑高度超过 250m 的建筑。这些建筑功能复杂，多为大型的建筑综合体，给水排水系统也相应的较为复杂。对于建筑高度低于 200m 的建筑，一般采用两种基本供水方式的组合就可以满足供水要求，然而对于超限高层建筑，供水方式的选择也就更加多样。但都是选取基本的供水方式进行组合，只是根据具体项目需求，组合形式会有所差异。

1.2.3　建筑节水现状分析

建筑水系统不同于城市市政水系统，其类型多样且又自成体系，包括：给水系统、热水系统、管道直饮水系统、中水回用系统、污水系统、雨水系统、消火栓系统以及自动喷淋系统等。

尽管现行国家标准《绿色建筑评价标准》GB/T 50378 更加重视和强调建筑水系统绿色节水建设。绿色建筑对建筑水系统有作为"控制项"水资源节约的需求，如按照不同功能单元分区计量，控制用水点压力至小于 0.2MPa，采用节水器具和设备等；而但是这些措施往往在设计阶段凭借工程经验执行，面对复杂的运行工况，实际实施过程中往往出现：①远程水表设置分散维护困难，数据整理逻辑混乱，专业人员无法参与运维阶段管理，最终导致计量节水形同虚设；②压力控制主要依靠工程经验，缺乏长期监测、调控和优化措施；③节水产品的节水效率与出流量和使用频率密切相关，长期使用是否真正节水尚不明确。实际上，上述措施都需要借助信息化手段实施，根据实时工况数据不断分析、优化系统运行。目前比较容易执行的是在设计阶段设置远传水表，然而在实际使用过程中无专业人员参与，并缺乏有效的方法进行数据分析，使得远传水表在水平衡分析和管网漏损率控制方面的实际应用价值并未完全体现；实际建设过程中类似的技术措施因缺乏持续运行保障也无法真正落地。

虽然我国在各项标准规范中对给水系统分区以及用水末端制定了严格的压力限制，但建筑水系统超压情况仍然比较严重。实际应用中大量卫生器具给水配件（如水龙头、淋浴器等）以及管道长期处于高压状态，供水压力与实际工况不匹配，减压阀损坏导致管道系统超压，从而出现用水出流量大于额定流量的现象，进而会触发各类"跑冒滴漏"现象，引发一系列连锁反应。同时给水系统长期的水流侵蚀加剧了系统中阀门、管件和管材的老化，继而造成滴水、渗水的现象，甚至会出现水质污染等情况。尤其是对于大型公共建筑的老化管道设备，长时间的渗水不仅会造成大量宝贵水资源浪费，甚至会导致由设备故障造成的人员安全问题。

目前大量建筑仍在大量使用非节水器具，由于设计的不合理性，直接导致水资源浪费。例如一些老式的蹲式大便冲洗水箱，一次冲水量极大；有报道指出使用水箱容积 9L 以上的坐便器与水箱容积 6L 以下两档式坐便器相比，前者要比后者一年多耗水 10m³ 左右；又比如老式的铸铁螺旋升降式水龙头密封垫易损坏，造成关闭不严漏水，由此流失的水量可达 2.6m³/月。建筑给水系统结构复杂，管线错乱，内部漏损检测依旧采用传统的人工检测手段（目测、经验判断），效率低下且不易找到真正的渗漏源。

1. 国外研究现状

国外建筑节水措施主要以先进绿色建筑评价手段为基础，配合节水设备、智能化管理、经济手段等提高节水效率。世界主要发达国家的绿色建筑评价体系均涉及了建筑水资源利用与节水评价指标。例如美国的 LEED、英国的 BREEAM、德国的 DGNB 和日本的 CASBEE 评价体系。这些评价体系均把节水作为绿色建筑正向发展的重要组成部分，形成了有效的建筑节水机制。国外对节水设备的要求不仅是美观与舒适，更重要的是对节水效果的追求。美国和欧洲相关公司已相继研究出应用于厨房和浴室的气水混合龙头、淋浴喷头、无水小便器等节水装置。研究表明，节水设备的应用不同程度地提高了各类型建筑的节水率，对公共建筑影响尤为明显，节水率甚至可达 60%。在常规节水措施基础上，国外建筑节水已逐步迈向了智能管控方向，智能化用水计量设备得到了广泛应用。例如美国加利福尼亚州供水公司在进行智慧精细化供水管理过程中，依靠智能化监控设备广泛收集住户用水数据，利用大数据技术对用户用水进行分析预测，为用户提供一系列个性化用水报告。在智慧精细化供水管理下，加利福尼亚州智慧水务项目仍实现了平均 5% 的节水幅度。经济手段是制约用水浪费的持续有效手段，研究表明水价与用水量呈负相关关系。国外多数国家通常将水费占家庭收入的 3% 作为家庭水价承受能力的上限标杆，超过该限度的水费将成为不可承受的负担。经济手段的使用能有效提高居民节约用水的意识，促进节约水资源。

2. 国内研究现状

国内建筑节水措施以常规方法为主，包括合理利用市政管网水压、控制超压出流、应用节水器具、选用优质管材及合理利用非传统水源等形式。合理利用市政管网余压可有效供给建筑低区用水，避免或减少二次加压所带来的能耗。有研究表明，超压会带来大量隐形水资源流失，当配水点静压大于 0.15MPa 时，出流水量明显上升。目前我国控制超压出流的措施多以安装减压阀等相关设备为主。应用节水器具方面，我国极力推广最大冲洗量为 6L 的节能节水型坐便器，这种新型便器每次冲洗仅需 3.5L 水量即可带来更好的清洁度；同时我国还广泛推广诸如陶瓷芯密封水龙头、感应水龙头等节水型水嘴，节水量可达 20%～30%，能有效地节约水资源。安装使用节水卫生器具是现阶段建筑节水的主力措施。新型管材如 PPR 管、PE 管、PVC-U 管、金属复合管、不锈钢管、铜管等层出不穷，使用此类管材既能降低水质污染风险，保证用水安全卫生，又可以很好地解决用水浪费问题。如果说上述措施是从提高用水效率进行节水，那么非传统水源的利用就是从降低水资源量的方向进行节水。现阶段我国大力推行非传统水源的利用，鼓励采用分质供水，合理利用非传统水源代替直接接触人体的其他用水工作。例如使用中水进行洗车和冲厕，收集雨水进行绿化补水等。

通过对国内外建筑给水系统节水现状的分析，可知我国建筑节水措施仍处于使用各种相关节水器材进行节水，忽略了智慧化手段在建筑节水的潜力。我国要进一步建设节水型社会，就要进一步创新节水技术，提高节水意识，从新的方向突破现有节水措施瓶颈。

1.2.4　公共建筑用水定额研究现状

相对于国外，我国对于用水定额的研究和编制工作开始较晚。在国外，以色列 20 世纪 80 年代初就制定了定额管理的规定，制定阶梯水价政策来限制超定额的用水。美国主要进行水权分配，各州建立各自的水权制度，由市场自发进行供水和配水管理。目前，用水定额在世界上许多发达国家被当作用水考核的参考指标。国外用水定额研究发展到今天，相对于行政手段，更倾向于通过市场机制来对水资源进行管理，侧重于以水需求管理为主，并且通过制定相关法律法规、水资源交易等方式来进行水资源管理工作。

我国于 2002 年颁布并实施《中华人民共和国水法》，用水定额以法律形式面世。后续经过不断探索，众多学者开展了用水定额方面的研究，大多可分为各行业用水定额体系的制定和编制方法两方面，以规范各行业用水定额编制程序逻辑。我国首先出台的是高用水行业（比如工业、农业）的用水定额标准，然后逐步扩大用水定额涵盖的范围。据统计，截至 2016 年，全国共有 30 个省（直辖市、自治区）开展了关于用水定额的制定和修订工作。

近年来，更多学者关注城镇生活用水量的增加，通过不同的方法对生活用水定额的编制进行更加深入有针对性的研究。蒋浩然等人以江苏省高校为研究对象，通过用水调查和水平衡测试结果分析，在此基础上深入分析高校用水特征，并通过统计分析法分类制定高等院校行业用水定额，最后调取其他样本验证定额值的适应性。钱伯宁系统分析比较了常用的用水定额的制定方法，从其中选用技术测定法以及统计分析法确定了济南市城市用水定额，包括城市工业、居民生活以及城市公共用水。陆克通过调查的形式掌握天津市各行业用水现状，运用数理统计计算、技术实测用水数据得出该市工业、农村产品生产和居民生活的用水定额。黄滟针对昆明市医院用水量影响因素进行了研究，将主要影响因素用于医院用水定额的制定。

但我国有关公共建筑用水定额仍存在一些问题：

（1）公共建筑用水定额的制定周期长，更新速度慢。公共建筑类型多，用水结构相较于以前有较大的变化，而用水定额制定周期带来的滞后性，导致无法高效地指导水资源配置，达到节约用水的目的。

（2）用水定额编制的本身局限，一方面制定科学的用水定额对资料完整度要求很高，而公共建筑使用人数不及住宅稳定，用水人数难以计量；另一方面是各地的用水定额分类规则不完全一致，并且没有统一的步骤和技术路线指导制定用水定额，地区之间的定额值无法进行横向的对比，在国家层面上无法达成一个统一健全的管理模式。

（3）公共用水定额的管理不到位。虽然一些城市开始实行超计划用水累进加价水费征收的措施，但水价还是处于长期偏低的水平，且在公共建筑中用水群体节水意识薄弱，致使该机制应有的效力降低。此外，部分用水定额与现实情况偏差大，缺乏实际指导意义和约束力。

1.2.5 公共建筑节水存在的问题

公共建筑给水系统按照流程可以分为供水端和用水端两个环节，供水主要由市政供水、二次供水以及相关输配水系统组成，用水部分主要是各用水节点器具和相应系统；按照建设使用周期可以分为设计、施工、运行维护三个环节。下文从空间和时间维度，分析公共建筑节水主要节点。

1. 按系统流程分析

1）供水系统

（1）超压出流现象

建筑供水系统超压出流而引起水资源浪费是普遍存在的。大多数公共建筑楼层高，为满足高层供水，多采用二次加压的方式。水压设计的不合理使部分楼层出水压力大于实际需求，造成水资源浪费。《绿色建筑评价标准》GB/T 50378—2019中要求用水点处水压大于0.2MPa的配水支管应设置减压设施，并应满足给水配件最低工作压力的要求。付婉霞等人研究表明，普通水龙头和节水龙头在半开状态下的超压出流率分别为55%和61%。同时，水压过大供水管路压力也比较大，水龙头启闭时易产生噪声、水锤及管道振动，使得阀门和给水龙头等磨损较快，缩短了使用寿命，并可能引起管道连接处松动漏水，加剧了水的浪费程度。

（2）管网漏损问题

供水管道老化、阀门锈蚀、管网维护抢修不到位等会造成水量不同程度的流失，漏损水量的大小与管网特征、压力等均有关系。一般来讲，供水管网越复杂，阀门、阀件布设越多，管网漏损量越大。天津市某集体宿舍的水漏损量为 0.225 L/s，占最高日用水量的 11.25%，建筑内部的用水损失率达到 7.10%。上海交通大学徐汇分部通过水平衡测试，查出给水系统若干漏水隐患，经整治后节水效果显著，每月可节水 3 万 m^3，每年少交 100 万元水费。由此可见，管网漏损问题不容忽视，控制漏损量是节约水资源、提高管网运行效率的重要措施，也是降低管网水质恶化风险的重要保障。

（3）水利用率低

公共建筑通常配备有热水系统，热水使用前一般先放掉无效冷水，达到所需温度后方可有正常使用。无效冷水几乎没有被收集利用，其直排实属水量的流失和浪费。在宾馆饭店用水中，淋浴用水量已占到 75% 左右；北京市某高校浴室排出的冷水量约占当日洗浴用水量的 1/10。因此，减少无效冷水排放是公共建筑节水工作的重要环节。此外，空调排水、洗涤废水等水质污染较小，属于优质杂排水，此部分废水现阶段基本直接进入市政污水管网排往污水处理厂，不仅增加了污水处理厂的处理负荷，还降低了水的重复利用率。

2）用水系统

一方面，用水器具如未按要求选用国家有关部门公布的节水型卫生洁具配件，可直接引起水量浪费。例如螺旋式启闭水龙头，其开启或关闭耗时较长，浪费操作过程中流出的水，而且水龙头螺杆易磨损，使用时间长则容易漏水。另一方面，一些节水器具的设计过度关注外观，未充分考虑其在应用中的便捷性、耐久性。由产品整体及组成部件的质量问题引起的水源浪费也不容忽视。

公共建筑人员流动性强，节水意识参差不齐，节水主观能动性有待提高。近年来政府部门和公众始终坚持以提高用水效率为核心，以转变用水理念为突破口，大力推进城市节约用水工作，针对不同行业，陆续颁布节水企业标准、产品标准。但多限于规范、标准，相应法律条文较少，节水技术体系支撑尚不完善。

2. 按建设使用周期分析

1）设计阶段

科学、合理、适用的设计是公共建筑有效开展节水工作的前提。公共建筑水循环系统设计过程中热水循环、消防用水系统布置不合理和水泵扬程过高等，均会导致运行期水资源的浪费。另外，早期建筑在设计阶段未考虑雨水、优质杂排水的收集、处理设施和再生水输送管道的布置，在一定程度上限制了现阶段雨水、污水的重复利用。

2）施工阶段

施工的工艺、方法和材料选择、安装是影响公共建筑工程质量的关键过程。施工阶段，管道材质差、防渗防腐设施不到位、混凝土应力不足均会增加运行期管道漏损的可能性。若施工阶段选择的节水器具质量不达标，一是直接浪费水资源，不符合环保节能的要求；二是器具容易损坏，再次更换增加运行成本。

3）运行管理阶段

在政策标准制定方面，公共建筑用水定额、强制性节水产品技术标准仍需细化；公共建筑节水设施没有系统、具体的实施方法与应对措施，并非所有项目都严格按要求、按标准实施、审查、验收。在供水系统的运维管理方面，大多数企业无精细化、信息化管理平台和漏损管控体系，缺乏具体的总量控制制度、供水管网检漏制度，以及用水、节水评估制度，存在经营管理粗放、用水效率低的问题，尤其是老旧建筑供水设施亟待改造。在宣传教育方面，工作人员少有专业节水培训，节水知识、技能需提升，工作模式需改善；公共建筑主管企业节水标识和标语张贴不足，对公众的节水宣传引导不到位。

1.3 公共建筑供水用水系统节水策略

1.3.1 公共建筑节水要点与技术

1. 水资源开发

1）中水水源

公共建筑中水水源的选择需要考虑多项因素，如排水水量、排水水质、水处理工艺的复杂程度，以及中水回用去向等，需要通过各项参数对比后最终确定经济效益最佳的水源。《建筑中水设计标准》GB 50336—2018规定，建筑物内的中水水源选取次序依次为：沐浴排水、盥洗排水、空调冷却系统排水、洗衣排水、厨房排水、冲厕排水。考虑中水水源的水质标准常受建筑物的功能及居民的生活习惯和地域气候等因素的影响，在城市建筑区内，所利用的中水水源应为不同水源混合组成，如优质杂排水、杂排水和生活排水。优质杂排水主要包括沐浴排水、盥洗排水和洗衣排水三大类，此类排水污染程度最轻，水质较好；杂排水主要包括空调冷却排水和厨房排水，污染程度属于中等；生活排水主要包括冲厕排水及其他排水，污染杂质较多。

2）中水水质

根据不同的回用水途径，处理后的回用水可作为城市杂用水和景观环境用水，城市杂用水主要用于如城市绿化、冲厕、道路清扫、车辆冲洗、建筑施工、消防等；景观环境用水主要用于市政、小区景观补水等。建筑小区中水回用与城市杂用水水质需要达到《城市污水再生利用城市杂用水水质》GB/T 18920—2020要求；用于景观环境用水水质还需要达到《城市污水再生利用 景观环境用水水质》GB/T 18921—2019要求；若中水回用用途较多，其水质需要按照最高水质要求确定。

2. 节水要点与措施

1）合理限定水压。设置减压阀、减压孔板、节流塞等。

2）使用变频调速水泵。供水水泵中利用变频调速的技术进行节能改造具有以下几个方面的技术特点：①实时监测变频器的工作状态和各项运行参数，精确掌握耗能情况。及时进行故障诊断，确保系统安全运行。②自寻优给出满足工艺要求且实时电耗最低的运行匹配和调速策略，实行最优运行调度方案，调节及时、平稳、准确。③利用变频器和电气元件，性能稳定，设备运行安全可靠。

3）管材（建材）的合理选择。管材选择的基本要求是不透水，既可防止地下水渗入管材，也可避免管中水渗透。选择的管材内壁需光滑平整，以起到减少水流阻力的作用。研究表明，力学性能综合评定高低依次是：钢管＞球墨铸铁管＞预应力钢筒混凝土管＞预应力钢筋混凝土管＞玻璃钢管＞ PE 管；质量控制由易到难依次是：球墨铸铁管＞钢管＞PE 管＞预应力钢筋混凝土管＞预应力钢筒混凝土管＞玻璃钢管；防腐性能高低依次是：玻璃钢管＞ PE 管＞预应力钢筒混凝土管＝预应力钢筋混凝土管＞球墨铸铁管＞钢管。

4）节水器具的选用。其包括节水型水龙头、节水便器、节水淋浴器、节水型电器等。

3. 经济政策与管理措施

1）政策与立法：①限制水资源开发利用总量。②提升用水标准的权威性。③强制推行节水措施。④规范使用水效标识。⑤加大非常规水资源开发利用力度。

2）经济手段：①对用水户节水行为提供直接的财政补贴。②对工业企业节水行为实施税收优惠政策。③实施阶梯水价提高超额用水成本。

3）日常管理：①加强检测降低供水损失。②制定节水目标。③建立用水计量与节水报告制度。④利用行政手段规范用水行为。⑤资助节水技术研发。

4）意识提升方面：①在学校开展节水教育。②利用各种媒体宣传节水理念和技术。③组织专家开展节水技术指导。④创建节水科普场馆。

1.3.2　公共建筑节水策略技术体系

城市节水是城市更新行动的重要组成部分，2021 年 4 月，住房和城乡建设部办公厅印发《关于做好 2021 年全国城市节约用水宣传周工作的通知》，以新发展理念引领城市节水，宣传"创新、协调、绿色、开放、共享"的新发展理念在城市节水工作中的引领作用，明确重点宣传推进水资源循环利用、提高用水效率方面的工作，提出开展节水宣传进公共建筑、进企业单位、进学校等活动。以国家宏观政策为导向，通过对公共建筑用水问题和节水潜力的分析，结合供水系统与用水系统特点，从设计、施工、运行管理阶段出发，坚持开源与节流并重，以"经济合理、技术适用、科学创新、多措并举"为原则，以技术节水为基础，管理节水为保障，行为节水为支撑，提出公共建筑节水技术体系（图 1.3-1）。

1. 技术节水

1）合理设置系统

建筑用途、配水点水压、人均建筑面积、建筑使用年限、器具节水水平等都会对水耗产生影响。在给水系统中控制配水点水压，合理选择节水器具，新建建筑优化系统设置与参数选型，老旧公共建筑中用水器具和管网及时进行更换改造等措施均可有效降低建筑水耗。针对超压出流导致的水资源浪费问题，在设计阶段，应对供水系统进行合理分区，完

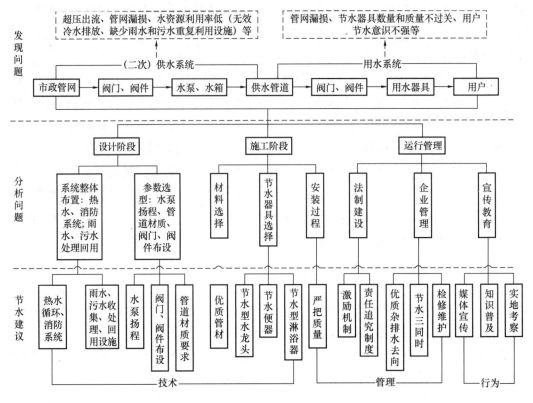

图 1.3-1　公共建筑节水技术体系

善热水循环系统和消防系统布置；科学、合理选择水泵扬程，供水支管水压过大时设置减压设施，以减少无效出流；在可满足使用需求和工程安全的前提下，减少非必要阀门、阀件的布置；优化参数选型，严格要求管材、阀门、阀件和用水器具质量，推荐优先采用节水性能佳的器具。

2）优化雨水利用技术与方式

我国的陆地国土面积约 960 万 km²，2017 年全年平均降水量为 640mm，可以推算出我国的原生水资源（总降水量）量约为 6.144 万亿 m³/a。截至 2017 年年底，我国市区面积合计 219.62 万 km²，可推算出该年度我国城市总降水量约为 1.41 万亿 m³。除自然蒸发和渗透外，城市雨水收集利用的潜力巨大。

2006 年 9 月，《建筑与小区雨水利用工程技术规范》GB 50400—2006 的发布标志着我国雨水利用进入标准化阶段；2016 年 10 月，住房和城乡建设部发布《建筑与小区雨水控制及利用工程技术规范》GB 50400—2016，进一步完善了雨水回收利用方式及净化技术。近年来，我国城市雨水资源化利用的进程明显加快，北京、上海、大连、哈尔滨、西安等许多城市相继开展研究，雨水利用技术水平迅速提高，发展前景良好。

3）因地制宜选择中水回用方案

国内中水回用技术起步于 20 世纪五六十年代，近年来排水和污水处理设施建设逐渐完善，中水应用范围随之扩大。根据《建筑中水设计标准》GB 50336—2018，建筑物中水原水选取次序依次为：卫生间、公共浴室的盆浴和淋浴等的排水、盥洗排水、空调冷却系统排水、冷凝水、游泳池排水、洗衣排水、厨房排水、冲厕排水。办公建筑中水处理达标后可回用于洗车、喷洒绿地、冲洗厕所等，以甘肃省兰州市的某办公楼为例，每天所产生的生活污水约 25 m^3，经处理后回用于绿化灌溉，每年实现节水 9125m^3，带来经济效益为 34 675 元，可减少的污染物排放量约为 COD 3.5t、BOD 51.23t、SS 1.23t、氨氮 0.22t。类比推算出 2017 年全国城市中水回用可带来经济效益约 13594.2 万元，可减少的污染物排放量约为 COD 1.37 万 t、BOD 20.08 万 t、SS 0.48 万 t、氨氮 0.09 万 t；2017 年全国县城中水回用带来经济效益约 1 667.83 万元，可减少的污染物排放量约为 COD 0.17 万 t、BOD 2.46 万 t、SS 0.06 万 t、氨氮 0.01 万 t。由此可见，中水回用可提高水资源重复利用率，具有较大的发展潜力，能带来良好的经济效益、社会效益和环境效益。中水回用系统主要包括收集、贮存、净化处理和供给等环节，考虑成本投入、技术能力、出水质量和管理水平等因素，在实际应用中还应具体分析，因地制宜选择最合适的中水处理方案。

4）完善节水器具设计与选型

公共建筑施工过程中应该选择符合要求的建筑材料和节水器具，保证节水器具安装率，规范施工过程，严格把控工程质量。住房和城乡建设部于 2014 年 4 月发布了《节水型生活用水器具》CJ/T 164—2014，规定节水型生活用水器具的术语和定义、材料、要求、包装等。2015 年 4 月，《水污染防治行动计划》要求公共建筑必须采用节水器具，限期淘汰公共建筑中不符合节水标准的水嘴、便器、水箱等生活用水器具。常见的节水型水龙头包括阻截流速式水龙头、恒压恒流高效节水龙头、充气水龙头、陶瓷阀芯节水龙头、感应式水龙头，比同类常规产品能减少流量或用水量，应该进一步加强在公共建筑中的推广应用。

2019 年 12 月，水利部机关节水部门建设通过专家组验收，机关节水器具普及率达 100％，三级水表覆盖率达到 100％，管网漏损率控制在 1％ 以下，绿化和景观用水全部采用非常规水。经过试运行，预计年节水率达 20％ 左右，形成了一套“节水意识强、节水制度完备、节水器具普及、节水标准先进、监控管理严格”的节水机关建设模式，可复制可推广。公共建筑可参考该模式严控系统设置和节水器具质量，提高用水效率。

2. 管理节水

1）优化法治建设

我国于 2002 年施行《中华人民共和国水法》，并于 2016 年 7 月修正；2008 年施行《中华人民共和国水污染防治法》，于 2017 年 6 月修正。关于水资源配置和使用的条文虽日益完善，但其中关于节水的规定比较少，且缺乏针对性。加强节水立法，设置节水目标，严格责任追究制度，将节水义务落实到企业、将责任具体到个人，有利于促进节水技术创新，强化公共建筑节水制度刚性约束，解决水资源矛盾。

2）强化专业化管理

公共建筑主管企业应当加强管理，严格落实节水“三同时”制度，即节水设施与项目主体工程同时设计、同时施工、同时投入使用。在规划阶段，考虑雨水收集、中水回用设施；在设计阶段，建立内部审查制度，严格按照审批要求执行；在施工阶段，落实工程质量管理工作，给水排水系统经调试、验收合格后方可正常使用；在运营阶段，制定并落实设备与管网维修和养护制度，定期检修补漏、更换老化设施，控制管网漏损率。

3）加强员工培训

企业事业单位应有计划、有目标、有制度、有组织地开展公共建筑节水活动，定期向员工宣讲节水知识。公共建筑主管企业应设置用水节水岗位，并对员工进行节水专业技能培训，以便及时处理用水异常情况，更好地分析水量、水压等数据，挖掘节水潜力，提升节水水平。

3. 行为节水

从日常小事入手，定期开展节水宣传，培养公众节水意识。对于宾馆、商场等人员流动性较强的建筑，可通过广播、电视、电影、微博和微信等手段宣传、引导，提高节水主观能动性和参与积极性。对于学校、机关单位行政楼等，可通过参观供水设施、参加节水报告或组织节水知识竞赛等方式进一步了解节水技术，推动节水深入人心，养成良好节水习惯。

1.3.3 典型公共建筑节水策略

1. 办公建筑

1）节水问题

目前，办公建筑给水系统超压出流而引起水资源浪费是普遍存在的，大多数建筑为满足高层供水，多采用二次加压的方式。水压设计的不合理使部分楼层出水压力大于实际需求，造成水资源浪费。水压过大供水管路压力也比较大，水龙头启闭时易产生噪声、水锤及管道振动，使得阀门和给水龙头等磨损较快，缩短了使用寿命，并可能引起管道连接处松动漏水。供水管道老化、阀门锈蚀、管网维护抢修不到位等均会造成水量不同程度的流失，漏损水量的大小与管网特征、压力等均有关系。一般来讲，供水管网越复杂，阀门、阀件布设越多，管网漏损量越大。在供水系统的运维方面，大多数办公建筑缺少精细化管理平台和漏损管控体系，缺乏具体的总量控制制度、供水管网检漏制度，普遍存在经营管理粗放、用水效率低下的问题。而不同类型的办公建筑功能不同、用水规律不同，节水问题在个别方面存在差异。

（1）行政办公楼

根据《民用建筑节水设计标准》GB 50555—2010，纯办公功能的办公建筑中冲厕用水的比重为 60%～66%，盥洗用水的比重为 34%～40%。由此可知，行政类办公楼用水主要为卫生间用水，优质杂排水只有盥洗废水，中水原水量有限。此类建筑仅靠中水回用无法满足冲厕用水需求，需与雨水利用或市政用水相结合。因用水方式单一，造成水源浪费的原因相对集中，主要包括超压出流、节水器具效率较低和管网漏损。

（2）专业性办公楼

专业性办公楼用水量容易受工作性质影响，用水模式复杂。相对而言，流动人员较多，用水频繁，节水意识及主观能动性较差，节水器具的使用十分必要。

（3）综合类办公楼

综合类办公楼同时拥有多种功能，供水系统布置更为复杂，管网漏损问题相对突出，对系统检修和阀门阀件维护的要求高。与行政办公楼相比，冲厕用水占建筑总用水量的比例较低，而中餐厅、浴室用水量较大，中水原水来源丰富，数量较大。办公楼内不同功能单元对水质要求不同，统一使用市政供水在某种程度上浪费了新鲜用水量，冲厕用水、室外绿化灌溉、道路浇洒及车库冲洗用水等对水质要求不高，可采用符合现行国家标准（如《城市污水再生利用　景观环境用水水质》GB/T 18921—2019、《城市污水再生利用　城市杂用水水质》GB/T 18920—2020）的再生水。

2）节水策略

最高办公建筑日用水量基本出现在工作日，最低在周末。用水高峰时段一般在早上上班和下午下班时间。总体上用水量存在逐年上升的趋势，郊区或农村的用水量较城市高。

综合性办公楼水变化系数相对较小。行政类用水方式较为单一，月用水量变化较综合性略大。专业性用水模式复杂，水量变化大且不稳定。

（1）普适性措施

① 做好供水管网系统的改造和运行维护，严格执行设备巡检、维修和养护制度，减少系统失水；对用水管线存在不同程度的老化问题、部分用水设备陈旧落后、水房和卫生间存在滴漏等现象进行检修，防止各种溢流和"跑冒滴漏"等情况发生，尽量将管道设备漏损率控制在2%以内。

② 对于建设年代较久远的高层建筑，宜合理进行给水系统改造，合理规划取水量和水压，合理分区并采取支管减压措施，控制各配水点供水压力，严格避免超压出流引起的用水浪费。

③ 建议相关管理部门加大投入力度，设置专职人员对用水节水进行管理，定期对员工进行节水宣传和培训；同时安装二级、三级计量水表，保障日常对水资源的管理监控和使用，节约用水。

（2）针对性措施

① 行政办公楼

机关、单位自建办公楼类建筑属于单位内部管理，应符合水平衡测试要求，完善装表计量率，制定用水计量管理制度，配备用水计量器具和管理人员，实施用水计量；定期对各种水量计量数据进行统计，分析各种水量的变化趋势和节水潜力；同时建立和完善用水考核制度，将用水量作为考核指标，严格控制水耗。

② 专业性办公楼

不同建筑的用途不同，用水规律有较大区别，不同场所应合理选择卫生器具。流动人员较多的办公楼，用水频繁，节水主动性差，适宜使用感应水龙头等节水性能好的用水器具，力争做到一级水效卫生洁具的配备率达到100%。

③ 综合类办公楼

综合类办公楼杂用水量较大,优质杂排水源丰富,具有良好的再生水利用条件;建筑外面绿化比较多,屋面、广场等不透水面积也大,具备利用雨水的条件;可充分考虑再生水、雨水利用以减少对传统水资源需求,在设计阶段合理规划非常规水利用(包括雨水的收集利用和市政中水回用),合理设置供排水和水回用系统。此外,应定期对食堂、浴池、卫生间等供水设备进行更新,将现有闸阀式水龙头改为感应式或延时自闭式水龙头;食堂应采用节水型洗菜洗碗设备,人工洗涤食物和餐具应采用节水模式,杜绝职工在洗浴和洗刷餐具过程中,出现长流水现象。办公建筑节水措施如图1.3-2所示。

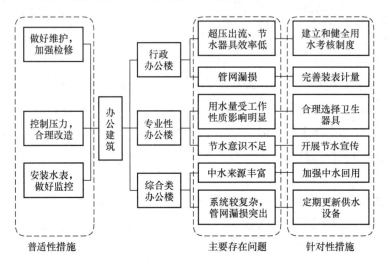

图1.3-2 办公建筑节水措施

2. 宾馆

1)节水问题

宾馆作为公共建筑,与同为民用建筑的住宅相比,入住客户通常只注重居住的舒适性,而没有住宅业主的节约意识,表现在用水方面,大多数客户不会主动地节约用水、循环用水。研究表明,在给水系统设计方面,建造水塔运用重力维持水压仍是当前国内宾馆供水的主要方式,且其设计施工中又缺少调节水压的措施,使得底层管网长期处于超压状态,用水设备易损坏,噪声也大,而且部分宾馆为降低建设成本,使用廉价但易生锈的镀锌管材和普通用水设备,致使"跑冒滴漏"等水浪费现象频频出现。在排水系统设计方面,大多数宾馆都没有建设中水回用系统和雨水利用设施,部分宾馆甚至雨污水合流,排入城市污水管道,不仅未能有效利用优质生活废水和雨水,而且也加重了自身的排污成本和城市的排水负担,同样,基于建设成本考虑,宾馆大多不注重节水型卫生器具的使用。在热水供应系统设计方面,"无效冷水"排放的问题较为突出,且大多数宾馆仍用燃气或电能作为热水热源,而未有效使用清洁能源,导致耗能较为严重。在消防供水系统设计方面,消防贮水池和生活贮水池合建的现象普遍存在,由于消防用水与生活用水相差数倍,且后者在水池中贮存时间过长,会因余氯耗尽而劣化,因此只能缩短换水周期,这样也就造成了水资源的浪费。

（1）一星级及以下

一星级及以下的招待所、普通旅馆内大部分只提供简单餐饮甚至没有餐饮，娱乐等用水设施很少，因此，其用水主要集中于居住部分，居住部分的用水设置对水量影响较大。此类宾馆居住舒适度低，现状入住率不高，多为早前建设的老旧建筑，比较突出的问题就是供水设施陈旧、老化，管网漏损问题较为严重。

（2）二星级和三星级

二星级和三星级宾馆经济适用性较高，为大多数人出行居住的选择，入住率较高。大多数客户缺乏节水意识、宾馆节水器具投入率低成为耗水量大的重要原因。

（3）四星级和五星级

影响宾馆客房水量的最主要因素为宾馆的星级；宾馆的星级越高，用水量越大。四星及五星级宾馆人均日用水量平均值明显高出其他星级宾馆客房人均日用水量。四星级和五星级宾馆入住客人素质相对较高，用水量差异主要在洗衣房用水及卫生打扫用水。四星级及五星级客房床单等用品为一天一换，而其他星级客房多为一客一换，因此造成用水量较大差异。此类宾馆设施健全、环境优美、用水设施和用水量均较多，可考虑再生水利用。

2）节水策略

宾馆自来水用水较为集中，时变化系数波动性较强；高峰时段一般出现在 6：00～9：00、15：00～16：00、20：00～23：00。热水用水较为集中，时变化系数波动性较强；早晚出现用水高峰，热水最大小时用水量发生的在晚高峰。

（1）优化系统设计

未来在建筑给水系统设计中应根据该类建筑用水特点合理选择给水方式并采取支管减压等措施严格控制配水点水压，在节能降耗的同时提高用水的舒适性。另外，应将消防贮水池与生活贮水池分建，以延长消防用水的换水周期，并保证生活用水的水质。在此基础上，可以将消防贮水池与游泳池、水景等合用，达到一水多用，实现循环用水。

四星级和五星级宾馆用水量大，需要合理确定其自身的排污量和排水定额，以便建造合适的化粪池，选用恰当的污水泵，配套建设中水回用系统。在排水方式选择上，应采用雨、污、废分流的方式，结合实际构建中水回用系统，将沐浴排水、盥洗排水、冷却排水等优质生活废水收集起来，经净化处理达标后，用于冲厕洗车、浇花澉扫等。同样，雨水的回收利用也很必要，宾馆建筑可在院内铺设渗水性好的材料，并设置雨水贮存设备，将屋面和院内的雨水收集起来，经特定的设施、药剂处理待水质达标后，用于清洁灌溉、景观用水等，达到水资源循环利用的目的。此外，在排水管材的选择上，室内管道应优选坚固耐用、抗震防噪、有柔性的铸铁管材，室外管道应优选内壁光滑、质量轻、强度大的聚乙烯塑钢缠绕管，以保证污废水的安全、快速排放。

（2）热水管网改造

宾馆类建筑普遍设置集中热水供应系统，热水供应系统都存在一定程度水量浪费现象，主要原因在于开启热水配水装置后，往往要放掉不少冷水（即无效冷水）后才能获得满足使用温度要求的热水。造成这种无效冷水形成的原因有多方面，集中热水供应系统的循环方法选择不当、热水管线设计不合理、局部热水供应系统管线过长、温控装置和配水装置的性能不理想、施工质量差、管理水平低等都是可能的原因。为了尽量减少该部分无效冷水的浪费，需对现有定时供应以及无循环系统的热水系统进行改造，增设回水管。同时，新建建筑的热水供应系统应根据建筑性质及使用要求选用支管循环或干管循环。此外，应尽量减少其热水管线的长度，并进行管道保温，以保证热水使用过程中的水温，加强系统维护管理，减少水量浪费。

（3）推广使用高性能节水器具

对宾馆类建筑内用水器具而言，采用高性能节水器具不仅可以降低建筑水耗，也能避免超压导致的用水喷溅，提高入住客人用水的舒适性。近些年，该类节水器具不断出现，恒流水龙头或安装恒流节水配件、两档式便器等均具有较好的节水性能。星级宾馆在建设时应100%选择安装节水型生活用水器具，未来应进一步根据不同使用场合舒适流量要求开发适用不同使用用途和不同配水点压力的高性能节水器具。

（4）加强宣传，树立节水意识

政府加强法律法规建设，针对宾馆设置节水目标，强化对企业的刚性约束。

宾馆应成立供排水与节水方面的部门，制定具有针对性、适用性、可操作性的节水计划；指定专门的管理人员，明确管理职责。

宾馆对内组织员工节水教育，卫生间、浴室、厨房、洗衣房等张贴节水标识，并对外制定宣传页或粘贴标语提醒客人节约用水。宾馆节水措施如图1.3-3所示。

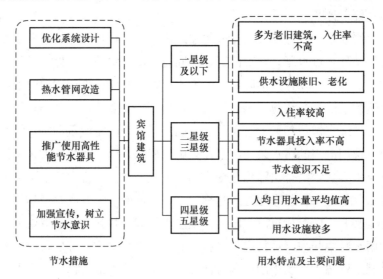

图1.3-3 宾馆节水措施

3. 高校

1）节水问题

近几年，随着招生规模的增大，高校成为城市用水大户，节水责任也更加重大。在如此严峻的用水形势下，仍有高校存在与建设"节约型校园"不相协调的现象，因此有必要对高校节水给予重视。

（1）高校用水的特殊性

据统计，普通家庭生活用水中的水浪费现象远不如高校严重，主要是因为家庭中用水者同时是付费者，他们的用水量与其经济利益直接挂钩。而高校中用水者对其用水行为往往不需付出代价。学生生活用水、保洁用水、实验室用水、绿化用水等的水费均靠学校补贴。如此，用水者的切身利益与其用水量没有关联，故其用水行为得不到有效的限制。同时，由于政策原因，高校还暂时出现不了明显的用水不足，高校用水者不会切身感受到"用水荒"，也就难以对水危机产生直观的认识和深刻的印象。如此，在节水觉悟不高的情况下，高校用水者在利益和感情上都得不到有效的节水激励，也就难以厉行节约用水。

（2）高校节水工作不到位的原因

由于目前学校的节水工作一般不被纳入学校的整体业绩考核之中，所以在部分高校中节水工作得不到足够的重视，节水队伍建设、资金投入、宣传教育等工作不到位。

① 部分高校仍采用地下水

目前绝大多数高校水源都来自于市政供水，但是仍有少数高校使用了地下水、自备井。长期以来，自备井的建设和开发缺乏统一规划和规范管理。同时，由于区域地下水资源长期过度开采，造成并加剧了地下水位持续下降、地面沉降、地裂缝等环境地质问题，地下水污染也对城市安全饮用水构成威胁。随着各地政府管理部门对地下水开采的监管和限制趋严，地下水的使用正逐年减少。但高校使用地下水水源的情况还存在，尤其在北方高校中还比较多，应当引起重视，加快用水转型。封停自备井、保护水资源是改善人居环境的需要，是确保地质安全和饮水安全的需要，也是建设节水型社会和构建和谐社会的需要。

② 非常规水源利用有待加强

早在 20 世纪 90 年代，我国就要求占地面积 45 亩（3 万 m²）以上的高校必须有中水回用，但由于各类原因，客观上较难实现。并且建立中水回用工程的高校主要分布在我国北方缺水地区，南方比较少。南北方在中水回用建设问题上有共性：改造难度大，大部分高校的建设时间是在政策出台前，建设时并没有预留中水回用所需的空间；资金不足，一套日产出量 1000m³ 的基础中水回用系统造价约 500 万元，每年花在该系统的维护费用大约 80 万元，大部分高校改造经费紧张，难以抽出资金进行建设；同时，高校对雨水资源的利用也不多，存在很大提升空间。

③ 重要用水部位集中在教学办公楼、宿舍及食堂

依据建筑使用功能，高校公共建筑包括学生宿舍、教学楼、办公楼、食堂、体育馆等。通过文献调研，发现高校用水建筑中教学办公楼、宿舍及食堂用水量占比较大，是高校中的用水重要部位，有较大的节水空间，高校节水应在这些区域重点考虑。针对这三类典型公共建筑深入开展节水工作，完善节水管理制度，将会全面高效地推进校园节水建设工程。

④ 高校用水基础工作还需加强

高校在用水中重点关注安全用水和节约用水两方面。部分高校近些年作了安全供水方

面的改造。在基础设施方面，许多高校存在管网漏损严重、计量表计不到位、计量区域不清晰等问题。因此，在基础设施改造和基础工作方面还需加强。高校在进行节水基础建设时应重点考虑：完成水平衡测试，加强管网漏损控制；优化用水结构，推广利用非常规水资源；改造节水设施，促进节水实效。

⑤ 高校对节水工作认识仍需提高

虽然高校能够认识到我国缺水的现状问题，但是校园用水总能够得到保障，导致高校缺乏危机感。节水工作需要投入大量的人力、物力，并且"双一流"建设不考核节水，高校在其他方面的压力远大于节水，与高校其他方面建设比起来，节水建设没有那么紧迫，导致高校缺乏压力和紧迫感。

高校节能节水机构多数挂在后勤部门，协调和管理全校力度差，节水工作推动阻力大。并且多数高校节水队伍只有1~3个人，有些高校甚至没有设置专职节水岗位人员进行监管，且多年来在水的管理上基础工作不足，人力投入不足，节水工作人员的专业化水平也有待提高，节水工作中能动性较低，工作进展缓慢。

⑥ 高校节水资金投入不足

高校节水的整体建设是需要较大投入的，无论是新建项目，还是老校园、旧设施改造，都要增加、更新相应设施，购置先进节能设备、器具替换高耗能的旧设备、旧器具，这些都是要投入的。而当前经济下行的情况下，高校也面临着立项资金审批越来越严格的问题，高校节水往往很重要但不紧急，所以在申请资金中也会面临一定的难度，需要政策上的进一步明确和有力度的指导方向。

各级发展和改革委员会等政府部门的现行补贴政策，多是针对节能改造项目，政府补一部分，学校出一部分，做好节能改造的还可以得到节能奖励。这样的政策刺激学校开展节能工作。但是在节水方面缺少这样的政策。

⑦ 对高校节约用水考核力度不够

高校在节水建设的工作中，主要的刚性考核指标是用水定额。一般情况下，学校如果超过用水定额的情况并不是很多，而即便超过用水指标，也只是交罚金了事，力度有限，对高校用水约束性有待加强。要以办节水型高校为目标，系统设计高校内部用水管理、控制、考核制度，建立高校完善的用水管理体系，使高校用水制度化、绩效化，真正把用水与每个相关单位、个人的切身利益挂钩，逐步形成有利于节约用水和水资源高效利用的理念化制度实施环境。高校节水可考虑纳入"双一流"高校考核指标，以加大高校对节水工作的重视程度。

（3）节水关键环节

通过现场测量和调研分析，高校内公共建筑在用水量巨大的基础上存在很大的节水空间，在高校用水量大或浪费水资源严重的环节强化节水，可快速、有效地达到校园节水的目的。

高校宿舍是大学生生活的重要场所，大学生在宿舍中的用水浪费现象还是比较严重的。主观上，学生节水意识不够强烈，没有养成良好的节水习惯，自觉性有待增强。客观上，绝大部分宿舍没有安装节水器具，造成用水量较高。从学校管理制度上，学校没有设定用水限额，超过限额罚钱或者说限额值设定过高，让学生没有珍惜的意识。提倡文明用水，加强宿舍节水，可以规范大学生用水方式。作为未来的中坚力量，可以提高全社会的节水意识，促进水资源的高效利用和节约型社会建设。高校应加强宿舍节水宣传教育，通过多种形式宣传正确的节水意识和节水方法，引导师生树立正确的节水管理理念。高校大学生更应主动承担向社会进行节水宣传的责任，加快建设节水型社会的进程。更换高校宿舍内老旧用水器具，同时对已经损坏无法达到节水效果的节水器具进行更换，提高高校宿舍节水器具的安装效率和有效节水率。学校可以适当减少用水配额，并进行合理定价，超过用水限额的宿舍或个人承担更高的水费。

教学办公楼作为培养人才的主要场所，可适当选用先进的、节水效果好的节水器具，一方面让学生们了解新型节水器具，起到学习、研究、推广的作用，另一方面提高学生对节水器具的重视程度和节水意识。很多高校都安装了中水处理设备，但是利用率不高或回用水量较低，主要为冲厕用水，中水在教学楼中可以得到更好的利用。同时可对教学楼建筑内供水管网的压力进行优化计算，在合理位置安装减压设施，控制用水终端出水压力，减少不必要的出水和浪费。

高校食堂用水占比较大，且一直都不是高校节水工作的重点建筑，所以节水空间较大。食堂节水应该在保障食品卫生的前提下进行。增强食堂工作人员节水意识，避免无效长流水和超量用水，制定全面的节水规章制度和考评制度，约束用水行为。建议食堂使用节水龙头等节水器具，合理配置供水压力，选择节水烹饪设备。高校食堂因制餐量大，产生大量盥洗水和蒸具热水，可以二次利用在绿化、冲厕等用途，尤其是蒸具热水水质很好，可以直接在食堂中用于清洗餐具、厨具等，可以缓解高校用水压力，节约水资源。

同时，管网漏损也是高校节水工作的一个重点问题。我国有不少大学校园是由历史悠久的老校区和焕然一新的新校区组成，由于建设年代和实施标准的差异，新旧校区的基础设施保障能力有很大不同，高校办学规模的扩张使旧校区基础保障设施面临较大压力，亟待更新完善。管网漏损不仅会造成水资源的浪费，日积月累的漏损也会增加供水管网的破损程度，为校园正常供水和节水增加负担，因此加强对供水管网漏损的管控是非常必要的。对校园内地下供水管道进行全面检测，可修补管段进行修补，破损较大或漏损严重、频繁的管段进行替换，替换使用抗压、抗振性能好的材料，同时对于上部承受动力荷载大的管段也可进行更换。在适当位置安装阀门调节管网平均压力，获得最优压力控制效果，减少管网漏损。针对使用年限久、计量灵敏度差的水表进行更换，保证计量的准确性和有效性。同时通过培训、考核、激励等制度，培养熟练掌握管网漏损检测的技术人员，增强有关人员的责任感和积极性，达到管网漏损检测迅速高效的目标。

2）节水策略

随着建设节约型校园越来越受到重视，节水工作应统筹校园全局，把节水理念和节水技术渗透到校园每一个角落。通过调查研究，针对不同校园用水特征、现有节水措施及存在的问题，提出高校节水技术体系。高校节水技术体系分为技术和管理两部分，技术方面主要考虑校园供用水系统设计、节水技术和设备的应用等，管理方面主要针对用水管理者对校园供用水体系的管理，例如制定用水制度、进行节水宣传、健全节水机制等。但高校人口众多，学生用水自我约束性低，只有加强管理才能让技术发挥更大的作用，高校节水管理要有全局性的统筹，从设备、系统、用水器具、用水人员到建立监管平台都要有所考量（图1.3-4）。

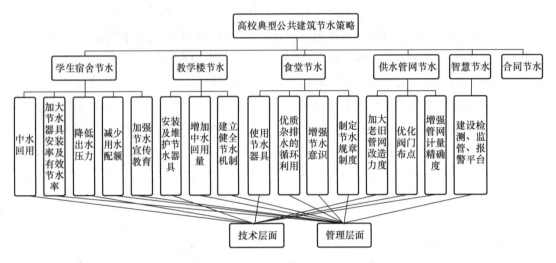

图1.3-4　高校典型公共建筑节水策略

（1）技术层面

① 应用节水新技术、新产品

新技术包括新型节水设备、新型监管系统、新型处理方法等。目前节水新技术在市场上频受冷遇，水价过低导致节水新技术缺乏市场，由于缺乏有效的管理监督，大量不节水的产品不断涌入市场，造成新技术难以落实到建筑中。高校的社会影响力较大，应对节水新技术进行适当的应用实验和示范，给节水新技术更多的展示空间。

② 注重多水源综合利用

提升非传统水源的利用效率是校园节水的重要环节。《建筑中水设计标准》GB 50336—2018规定：各种污水、废水资源，应根据项目具体情况、当地水资源情况和经济发展水平充分利用，各类建筑物和建筑小区建设时，其总体规划应包括污水、废水、雨水资源的综合利用和中水设施建设的内容，建筑中水工程应按照国家、地方有关规定配套建设。中水设施必须与主体工程同时设计，同时施工，同时使用。研究表明，高校中水回用、雨水利用在理论、技术、经济上都是可行的，处理后的水质可达到相应的用水水质标准。

③ 三级计量全覆盖

该高校供水管网已安装计量水表，实现了三级计量，计量水表配备率100%。用水全流程监控，防止"跑冒漏滴"等造成的水资源浪费。目前市场上已出现地下供水管网渗漏监测平台，利用AI技术对地下管网实施监测，自动确定管网渗漏位置发出预警，可将地下管网漏损率控制在 10% 以下。

（2）管理层面

① 建立节水管理制度

高校公共建筑用水与教学安排相关性较大，将节水工作纳入学校整体规划中，和教学科研工作同部署同落实，并建立强有力的组织和制度，保证节约型校园建设的顺利实施。设立节水领导小组及能源管理办公室，建有专职和兼职节能节水队伍分层管理、分工明确、责任到人。

② 积极进行节水宣传

将学校节水宣传与新生入学教育、大学生思想政治教育、学生公寓文化建设、食堂文化建设、学生社团工作相结合，举办节水宣传活动和节能减排教育活动，通过持续的宣传教育及必要的激励手段帮助师生养成节约用水的良好习惯。

③ 与相关学科科研相结合

该高校积极推动产学研用一体化工作，推动科研成果应用于学校的节水工作中。后勤集团与各学院合作申报国家重大科技专项课题。课题的技术和设备应用于学校节水工作中，不仅促进了学校节水工作水平的提升，也为学生提供了实践机会。

④ 智慧节水平台全程监测

高校应积极引入互联网、物联网、大数据、人工智能等技术，推进校园能源环境管理信息的整合共享和实时监测。该高校积极将新技术应用于节水工作中，先后建成能源监管平台、地下管线三维信息系统、供水管网探漏系统、夜间异常用水报警系统等，多系统同时运行，实现管线可视化、用水全过程监测、管网渗漏报警，成为校园用水系统的三套"天眼"，使用、漏水、节水情况一目了然。

⑤ 尝试合同节水

该高校在浴室合同节水项目中通过灵活方式的引入，实现了既引进了社会资本投入，又不与现有制度冲突。通过签订浴室合同节水项目，由社会公司投资对浴室供水管道、浴室环境、供水设备进行改造和更换，并提供运营服务，在实现节水的同时也提升了学生对洗浴服务的满意度。

1.4　公共建筑用水水量平衡与用水定额

1.4.1　典型公共建筑用水规律与影响因素

1. 酒店用水分析

依据各星级宾馆标准，结合各省市统计年鉴中旅游行业中各星级酒店平均营业收入的差异性，将酒店划分为四、五星级酒店，三星级酒店，二星级及以下酒店三类。调研酒店 19 家，华北地区 3 家，华东地区 6 家，西南地区 5 家，西北地区 3 家，东北地区 2 家。从酒店星级分布统计，四、五星级酒店 8 家，三星级酒店 8 家，一、二星级（普通）酒店 3

家。选取其中用水管理水平先进的 4 家酒店进行了典型调查。

1）用水结构分析

酒店建筑用水结构主要根据用水部门的不同来划分，大致分为客房部用水、餐饮部用水、员工生活办公用水、后勤用水（包含洗衣、空调、消防、景观用水）、其他用水（游泳池、洗浴桑拿、会议等）五个部分。通过查阅酒店用水报表和实地调查，发现大部分酒店没有安装二级、三级的用水量计量设备，所以选取分级安装水表、对不同用途水量有台账记录的 4 家酒店进行用水结构分析（表 1.4-1）。

典型星级酒店 K、D、E 中，客房用水仍然是酒店用水主要组成部分，减少客房用水是酒店建筑节水的关键。酒店行业属于服务业，除了自身基础设施改进促进节水，提高客人节水意识，引导客人自觉节水也是很重要的。调研中发现三星级及以上酒店有不同规模和形式的餐饮设施，星级酒店中餐厅逐渐成为重要用水部位，所以酒店用水管理工作应把酒店餐饮用水纳入用水监测中。酒店员工是除了客人之外建筑内部的主要用水人群，员工生活和办公用水也占总用水量的一定比例。不同酒店景观设计及附属设施不同，比如酒店 L 比较特殊，属于温泉度假酒店，配备游泳池和多种类型的餐饮设施，绿化面积大且采用集中式空调系统，所以酒店 L 的后勤用水量占比大，特别是在夏天。总的来说，一般的酒店主要用水部位为客房，在其他部位的用水量可能有较大的差异。

典型酒店建筑的用水结构（%） 表 1.4-1

序号	酒店星级	酒店名称	酒店建筑用水				
			客房	餐饮	员工	后勤	其他
1	四星级	酒店 K	66.9	16.3	7.3	—	9.5
2	五星级	酒店 L	15.7	23.2	13.1	46.4	1.6
3	三星级	酒店 D	68.2	18.2	—	10.8	—
4	三星级	酒店 E	60.5	29.8	—	—	9.7

2）影响因素分析

为了解典型公共建筑用水量与各因素之间的相关关系和相关程度，用相关性分析确定与其用水量显著相关的因素。皮尔逊相关系数（r）也称为线性相关系数，可以对用水量与其影响因素关系的紧密程度进行定量描述，计算公式为：

$$r_P = \frac{\sum_{i=1}^{n}(x_i-\overline{x})(y_i-\overline{y})}{\sqrt{\sum_{i=1}^{n}(x_i-\overline{x})^2(y_i-\overline{y})^2}} \qquad (1.4-1)$$

其中，n 为样本数量，x_i 和 y_i 为两变量的第 i 个样本值，$\overline{x}$ 和 $\overline{y}$ 为两组数据的平均值。如表 1.4-2 所示，r 值的范围在 $-1\sim1$ 之间，$|r|$ 越接近于 1，意味着两个变量相关性越强，r 值的正负则分别代表两个变量的正相关性和负相关性。还需通过假设检验进行判断来自总体的样本之间是否具有显著线性相关性。原假设 H_0：两个总体无显著线性相关，若 $P<\alpha$，拒绝原假设，即两个总体间具有显著线性相关。

|r| 的取值与相关程度　　　　　　　　　　　　　　　　表 1.4-2

|r| 的取值	|r| 的意义
0.00～0.19	极弱相关或无相关
0.20～0.39	弱相关
0.40～0.59	中等程度相关
0.60～0.79	强相关
0.80～1.00	极强相关

选定酒店星级、床位数、建筑面积、气候、城市规模、空调系统的形式，共 7 个影响因素与酒店的日均用水量和酒店客人的人均日用水量分别进行相关性计算。在选定的影响因素中，有些因素是定性的，需要进行定量处理。比如酒店星级，四星级的酒店用数字 4 来代替，用 1～2 的中间值 1.5 来代替星级不明确的普通快捷酒店。气候和城市规模根据地区的年均降水量和人口进行定量化处理。酒店空调系统的形式有集中式空调和分体式空调两种，分别定义为 1 和 0。因为调研酒店样本大多在三星级以上，基本采用符合《节水型生活用水器具》CJ 164—2014 要求的节水器具，所以节水器具的普及率不计入影响因素中。

从表 1.4-3 计算结果可知，酒店的用水量，无论是建筑本身的综合用水量，还是均分到每位客人的人均用水量，与酒店星级、建筑面积和床位数三个表示酒店建筑星级规模的因素相关性显著，其中星级与人均日用水量的相关性最强，相关系数为 0.802，床位数与酒店日均用水量相关性最强，相关系数为 0.806。酒店建筑的星级越高、规模越大，会配备更多种类的附属设施。酒店提供会议、餐饮、洗浴桑拿服务时会显著增加其平均日用水量。建筑面积的大小直接影响酒店供冷、供暖面积，而大部分酒店特别是高档酒店采用集中式空调，所以建筑面积的大小和空调系统的类型共同影响空调的冷却用水情况。高星级酒店为了提高客人使用的舒适感，采用的卫生器具对水压的要求更高，一定程度上也增加了水量的消耗。

酒店用水影响因素相关性　　　　　　　　　　　　　　表 1.4-3

影响因素	酒店日均用水量	人均日用水量
酒店星级	0.596*	0.802**
建筑面积	0.735**	0.596*
床位数	0.806**	0.582*
气候	−0.094	0.121
城市规模	0.604**	0.550**
空调系统	0.311	0.270

**为两者强相关，*为中等程度相关。

酒店建筑所在城市的规模大小与用水量较为相关。主要因为城市规模的大小与经济发展水平联系密切，酒店设施的设置与人们的用水习惯也与此相关。相关性分析结果显示不同的气候对酒店用水量没有显著影响，可能是由于用水主体在酒店内用水习惯不像在住宅用水一样具有明显的地域性区别，而是更加相似。从实际用水情况看，水资源禀赋条件最差的西北地区酒店建筑与其他地区同星级酒店比较，人均日用水量差异比较大，处于较低水平。

分析酒店用水量与酒店入住率的关系（图 1.4-1），以江西赣州某三星酒店为例，人均日用水量与入住率相关性分析结果为−0.297，表明人均日用水量随着该酒店入住率的提高而呈一定下降趋势，说明客人在酒店的用水具有一定的随机性。

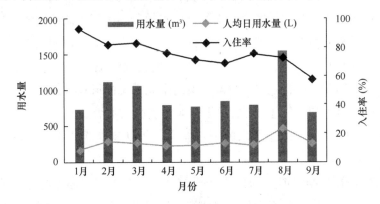

图 1.4-1 江西赣州某三星酒店用水量与入住率关系

2. 办公楼用水分析

办公楼用水较为分散，卫生间内卫生器具的使用时间不集中，办公人群对卫生器具的使用相比其他类型建筑更加频繁。按照使用功能和性质的不同将办公楼划分为三类，分别是行政办公楼（包括政府机关、企事业单位等）、专业性办公楼（包括科研、设计、金融等）及综合类办公楼（建筑内包含住宿）。普通办公建筑主要用水点包括办公区域的保洁、卫生、饮用水，后勤部分的空调系统冷却用水、食堂用水等。本次调研的所有办公楼均未作详细的用水量分类统计，所以计算值为办公楼的综合用水量。从文献调研总结出超压出流、渗漏、用水器具节水等级低是办公楼耗水的主要原因。因此对办公楼内节水器具普及率和采用的节水措施进行了重点调研。调查办公楼项目 31 个，样本涵盖高校学院楼、政府行政楼，还有设计、金融、工业等领域的专业办公楼，建筑所在城市也有地域和规模上的差异，其中北方地区 8 个，南方地区 23 个。

1）用水规律分析

办公楼建筑用水在一周内具有很强的规律性，主要和用水人群工作时间有关。选取行政办公楼大类里的高校内某一办公楼进行分析。选取办公楼 2019 年中用水量最高日进行一天用水量变化规律分析（图 1.4-2）。办公楼主要功能为学院行政办公，也设有少量学生自习室，用水主要集中在公共卫生间。7：00～23：00 为学院办公楼用水时间段，用水高峰 10：00～13：00 和 15：00～20：00，其最大时用水量 1.06m³，用水低峰 24：00～次日

6：00，最低时用水量为 0，学院办公楼关门时间为 23：00，数据表明关门期间的最高水量为 0.03 m³，说明该学院办公楼几乎没有漏损水量，卫生器具和管网维护水平较高。学院办公楼最高日总用水量为 14.52m³，平均时用水量为 0.60m³，最大时出现在20：00用水量为 2.12m³，最低时用水出现在凌晨，其最小时用水量为 0。学院办公楼最大小时用水变化系数 K_h 为 3.50，对比现行标准中，坐班制办公楼时变化系数为 1.5～1.2，使用时间为 8～10h，该办公楼用水时间为 7：00～23：00，使用时间 16h，远大于标准中的值，用水变化起伏波动大。

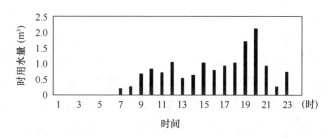

图 1.4-2　办公楼逐时用水量变化情况

2）影响因素分析

调研包括南北方的办公楼建筑，将地域因素、空调系统的类型和是否开设食堂也考虑在内，并进行定量化处理后，对建筑日均用水量、人均日用水量和单位面积日均用水量分别相关性计算，见表 1.4-4。

办公楼用水相关性分析表　　　　　　　　　表 1.4-4

影响因素	日均用水量	人均日用水量	单位面积日均用水量
地域	-0.522^*	0.148	0.082
建筑面积	0.934^{**}	-0.114	0.075
是否采用中央空调	0.330	-0.034	0.219
节水器具普及率	0.231	-0.164	0.170
用水人数	0.927^{**}	-0.187	0.207
食堂	0.238	0.426^*	0.451^*

** 为两者强相关，* 为中等程度相关。

如表 1.4-5 所示，办公建筑日均用水量与建筑面积和用水人数规模的因素显著相关，符合实际。与地域（南北方）呈负相关的原因是办公建筑样本北方区域集中在华北地区的北京和天津两个城市，并且建筑体量比较大。根据现有样本计算结果，人均用水量只与是否设置食堂呈中等相关关系，参考北京机关事业单位餐厅用水占到建筑用水的 20%，说明食堂用水也应是办公楼用水管理部门重点监测的用水部位。对于人均用水量与建筑面积和用水人数的负相关关系，可能因为建筑面积越大，用水人数越多，用水管理水平越高，平摊到个人的后勤用水部分就越小。

部分办公楼用水相关性分析 表 1. 4-5

影响因素	日均用水量	人均用水量	单位面积日均用水量
建筑面积	0.767**	0.603**	0.403
是否采用中央空调	0.225	−0.227	0.362
节水器具普及率	−0.083	−0.551*	0.138
用水人数	0.843**	0.084	0.842**
食堂	0.766*	0.708*	0.494

** 为两者强相关，* 为中等程度相关。

在对所有样本的相关性计算中，人均用水量与节水器具普及率呈负相关关系但相关性并不强，节水器具的节水效果可能因为城市发展水平、人群节水意识和建筑本身系统设计的差异从而不能体现在计算结果中，并且源自大城市的办公楼建筑节水器具普及率处于一个较高水平。由于办公楼建筑卫生器具使用频率较高，并且推广使用节水型卫生器具是近几年城市中建筑节水的主要措施，因此为了研究节水器具的推广对办公楼用水量的影响，笔者针对收集到的 10 个位于江西赣州市的办公楼建筑样本作单独的相关性计算分析。这10 个样本间节水器具普及率呈梯度，相差较大，并且给水方式基本采用市政直供。结果发现人均用水量与节水器具普及率呈负相关性有所提高，说明节水器具是具有节水效果的。

3. 学生宿舍

宿舍 A 春夏/秋冬学期最高日逐时用水量变化如图 1.4-4 所示。宿舍样本分布在西南内陆和南部沿海，共 14 栋。所使用的用水量数据采集于 2019 年 12 月之前。

1）用水规律分析

学生宿舍总用水量受到当地气温的影响。因为温度变化影响用水人群的用水频率，比如气温升高会导致学生洗澡、盥洗次数增多，从而增加学生宿舍生活用水量。春夏学期男女宿舍最高日用水量的时间一般出现在 5、6 月份，而秋冬学期则在 9、10 月份。男生宿舍和女生宿舍最高日用水量平均值为 142.30L/（人·d），而《建筑给水排水设计标准》GB 50015—2019 中，符合这 4 栋学生宿舍类别的最高日生活用水定额为 150～200 L/（人·d），相较实测数据较低。女生宿舍用水量起伏变化较大，男生宿舍一天内用水量变化也较女生平缓，男生宿舍较女生宿舍用水持续时间较长（图 1.4-3）。

以学生宿舍 A 为例，建筑面积 8362m²，建筑层数 6 层，每间宿舍住宿人数为 4 人，有独立卫生间，实际入住学生人数 661 人。卫生间内设置的卫生器具为 1 个延迟自闭式脚踏式蹲式大便器、2 个水龙头和 1 个淋浴器。如图 1.4-4 所示，对其用水量最大的一天进行逐时用水量分析，高校学生宿舍的作息时间使学生用水具有一定的集中性和规律性，学生宿舍的用水高峰期有两个，8：00～10：00 为早高峰时段，23：00～次日 1：00 则为晚高峰，其中最大时用水出现在 23：00 附近，综合一年两个学期的用水量来看，最高时用水量为 13.15m³，主要因为这个时间学生因为洗浴和洗衣的需要，用水量较大。最低用水时段为 3：00～7：00，最低时用水量为 0.22m³，可能是个别学生厕所用水或者给水管道及器具存在"跑冒漏滴"现象。学生宿舍的时变化系数 K_h，在春夏学期和秋冬学期分别为 3.74 和 4.26，均处于《建筑给水排水设计标准》GB 50015—2019 中宿舍时变化系数 3.0～3.5 范围之外。

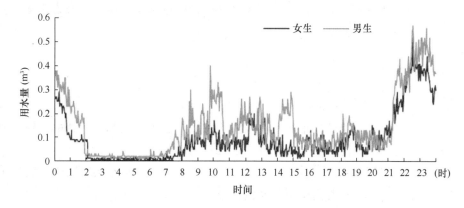

图 1.4-3　不同性别学生宿舍日用水量变化情况

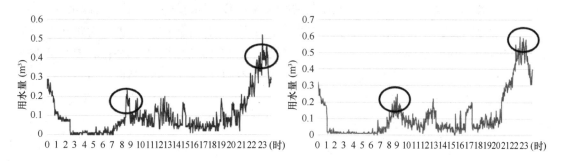

图 1.4-4　宿舍 A 春夏/秋冬学期最高日逐时用水量变化

2）影响因素分析

宿舍用水主要为学生淋浴、冲厕和洗衣用水，所以用水人数与宿舍建筑总用水量密切相关。对所有宿舍节水器具普及率进行统计，学生宿舍中的大便器全部安装了延时自闭式阀门，区别是脚踏式和手压式。虽然因为校园内水压不稳定，但单次流量基本都在 3～9L 之间，属于节水型器具。水龙头有的安装了限流片，有的未安装。对收集到的宿舍所居住学生的性别、是否有独立卫生间等数据进行定量化，并计算其与人均日用水量的相关系数。

学生宿舍人均日用水量主要影响因素是独立卫生间的设置，二者的皮尔逊相关系数达到了 0.6694。根据收集的用水资料计算，设置独立卫生间用水量平均值为 96.03 L/(人·d)，未设置独立卫生间用水量平均值则为 80.42 L/(人·d)，较前者低了 16.26%。学生生活用水中洗浴用水比例大，通常设有单独卫生间的宿舍不用去公用卫生间或浴室排队，洗浴时间相对较长导致洗浴用水的增加。促进学生宿舍建筑节水的重要技术基础是节水器具的推广。节水器具普及率与人均用水量呈负相关关系，相关系数为 −0.5725。这是因为学生宿舍样本中基本采用脚踏式、延时自闭式大便器和刷卡智能式淋浴装置，对用水量减少有一定作用。但学生宿舍水龙头的节水型器具比例较低，还有的配有老式铸铁螺旋升降式水龙头，这些陈旧的、非节水的卫生器具还需替换更新。

由于本次监测获取的学生宿舍数据范围有一定的局限性，虽然上述结果还有待更广泛的数据支持，但仍可看出，本次调研结果无论是和现行国家标准比较，还是和其他相关文献资料比较，高校学生宿舍用水量平均值都是比较低的。

1.4.2 节水背景下典型公共建筑用水定额

1. 典型公共建筑用水定额计算

定额计算过程中，需要选择定额基本核算单元。用水定额的基本核算单元要求数据和用水量之间具有高度相关性，易于获得并且是唯一的。

一般酒店中客房用水占有比例大，由酒店建筑用水影响分析结果可知床位数与用水量相关性较高，可以有效反映客房情况。所以核算单元应与床位数挂钩，本书把实际入住用水的人数作为酒店行业综合用水定额的基本核算单元，用水人数的计算方法为(2×标准间数+1.5×大床房数)×入住率。相比于其他相关文献以 L/(床·d)为用水定额指标单位，本次关于酒店建筑用水定额的制定充分考虑入住率的影响，较为精准。办公建筑样本涵盖高校学院楼、政府行政楼，还有涉及设计、金融、工业等领域的专业办公楼，不全是坐班制性质。办公楼用水定额范围包括办公楼、食堂、空调、政务大厅等与办公服务相关的用水量，为综合用水量，与用水人数联系最为紧密。调研的学生宿舍，用水人数较为固定，综上所述，确定三类典型公共建筑用水定额指标单位均采用 L/(人·d)。

1) 酒店

由于本次调研中的大部分酒店没有安装二级、三级的用水计量设备，所以计算的用水定额为酒店建筑的综合用水定额，即酒店的正常经营用水，包括客房用水、员工办公用水、餐饮用水、消防和绿化用水等。

(1) 以三星级及以下酒店为例。先采用二次平均法进行计算：

一次平均数
$$\overline{V}_1 = \frac{1}{n}\sum_{i=1}^{n} V_i = 272.40 \tag{1.4-2}$$

计算二次平均数，将大于一次平均数的样本用水量数据计算如下：

$$\overline{V}_2 = \frac{1}{k}\sum_{j=1}^{k} V_i = 356.96 \tag{1.4-3}$$

则二次平均值
$$\overline{V} = (\overline{V}_1 + \overline{V}_2)/2 = 314.68 \tag{1.4-4}$$

(2) 用概率测算法计算。将酒店日用水量除以酒店实际用水人数，得到酒店人均用水量 [L/(人·d)]，见表 1.4-6、表 1.4-7。采用 SPSS 软件中的 W 检验进行验证数据是否服从正态分布，计算得 P 值为 0.72 （>0.05)，认为三星级及以下酒店人均日用水量数据是呈正态分布的；将数据进行统计处理，得到数据个数、最大值、最小值、平均值、标准偏差、数据范围、柱形图个数及柱形图组距；通过 FREQUENCY 函数进行频数统计，再用 NORMDIST 函数进行正态分布计算，进而得出正态分布图，如图 1.4-5 所示。

三星级及以下酒店人均日用水量　　　　　　　　　　　表 1.4-6

序号	酒店编号	人均日用水量 [L/(人·d)]
1	酒店 A	139.35
2	酒店 B	172.50
3	酒店 C	458.18
4	酒店 D	401.87
5	酒店 E	281.97
6	酒店 F	285.83
7	酒店 G	257.30
8	酒店 H	252.00
9	酒店 I	205.00
10	酒店 J	270.00

三星级及以下酒店人均综合用水量数据处理表　　　　　表 1.4-7

数据个数	10
最大值	458.18
最小值	139.35
平均值	272.40
标准偏差	96.85
数据区间	318.83
直方图个数	4.16
直方图组距	100.82

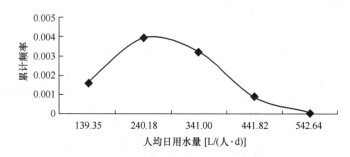

图 1.4-5　三星级及以下酒店人均日用水量正态分布图

　　综合考虑建筑的供水安全性，用水定额的可行性、先进性等因素，为累计频率 $\varphi(\lambda)$ 赋值 80%。当 $\varphi(\lambda)=80\%$ 时，此时 $\lambda=350.10$，此时，三星级及以下的酒店人均日用水量为 350.10L/(人·d) 时，可满足 80% 的酒店需水量。

　　(3) 四、五星级酒店按同样方法计算。

　　数据统计数据结果见表 1.4-8、表 1.4-9。W 检验计算结果 P 值为 0.94（>0.05），认为四、五星级酒店人均用水量数据是呈正态分布的，正态分布图如图 1.4-6 所示。

四、五星级酒店人均日用水量 表 1.4-8

序号	酒店编号	人均日用水量[L/(人·d)]
1	酒店 K	494.36
2	酒店 L	534.83
3	酒店 M	377.44
4	酒店 N	409.36
5	酒店 O	330.04
6	酒店 P	485.24
7	酒店 Q	442.00

四、五星级酒店人均综合用水量数据处理表 表 1.4-9

数据个数	7
最大值	534.83
最小值	330.04
平均值	439.04
标准偏差	71.81
数据区间	204.79
直方图个数	3.65
直方图组距	77.40

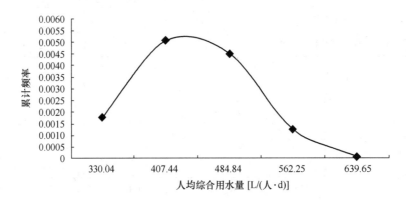

图 1.4-6 四、五星级酒店人均综合用水量正态分布图

四、五星级酒店用水定额采用二次平均法的计算结果为 445.18L/(人·d)，采用概率测算法计算结果为 500.07L/(人·d)。

2）办公楼

调研所得办公楼人均日用水量见表 1.4-10。对用格拉布斯统计方法处理后的数据分别用两种方法进行计算。办公楼建筑的一次平均数为 $\overline{V}_1 = 51.58$，则二次平均数 $\overline{V}_2 = 76.01$，得到二次平均值为 $\overline{V} = 63.80$。

办公楼人均日用水量 表 1.4-10

序号	办公楼名称	人均日用水量 [L/(人·d)]
1	办公楼 1	73.16
2	办公楼 2	24.33
3	办公楼 3	33.80
4	办公楼 4	46.48
5	办公楼 5	77.95
6	办公楼 6	104.19
7	办公楼 7	131.85
8	办公楼 8	39.56
9	办公楼 9	44.75
10	办公楼 10	38.36
11	办公楼 11	31.30
12	办公楼 12	32.24
13	办公楼 13	56.74
14	办公楼 14	53.15
15	办公楼 15	73.33
16	办公楼 16	47.14
17	办公楼 17	54.42
18	办公楼 18	42.06
19	办公楼 19	49.94
20	办公楼 20	46.02
21	办公楼 21	44.61
22	办公楼 22	13.49
23	办公楼 23	24.33
24	办公楼 24	44.42
25	办公楼 25	57.23
26	办公楼 26	43.26
27	办公楼 27	89.26
28	办公楼 28	45.77
29	办公楼 29	39.34
30	办公楼 30	31.59
31	办公楼 31	64.84

如图 1.4-7 所示，概率测算法 W 检验计算结果 P 值显示用水数据不呈现正态分布，对其自然对数值再次进行检验，结果有 $P=0.52>0.02$，认为其服从正态分布，当 $\varphi(\lambda)=80\%$ 时，$\lambda=72.30$，即办公楼用水定额概率测算法计算结果为 72.30L/(人·d)。

3) 学生宿舍

有独卫学生宿舍人均日用水量见表 1.4-11。单独卫生间学生宿舍的一次平均数为 $\overline{V}_1$

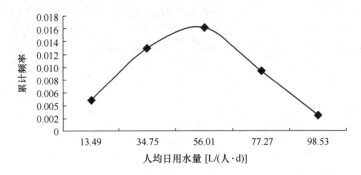

图 1.4-7 办公楼人均日用水量正态分布图

=95.24，则二次平均数 $\overline{V}_2$ =106.10，得到二次平均值为 $\overline{V}$ =100.67。概率测算法计算，当 $\varphi(\lambda)$ =80%时，λ =104.41，有独立卫生间学生宿舍人均日用水量 104.67L/(人·d) 时，可满足 80%的学生宿舍需水量。

有独卫学生宿舍人均日用水量　　　　　　　表 1.4-11

序号	宿舍编号	人均日用水量 [L/(人·d)]
1	宿舍 A	97.40
2	宿舍 B	99.50
3	宿舍 C	107.07
4	宿舍 D	120.41
5	宿舍 E	89.14
6	宿舍 F	83.54
7	宿舍 G	93.50
8	宿舍 H	89.34
9	宿舍 I	84.35
10	宿舍 K	88.18

如图 1.4-8 所示，对公共卫生间宿舍按相同方法计算获得其用水定额计算值。

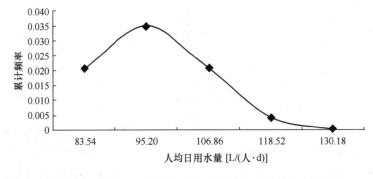

图 1.4-8 有独立卫生间的宿舍人均日用水量正态分布图

4）用水定额计算结果

三类典型公共建筑用水定额的计算结果汇总见表 1.4-12。

用水定额计算结果 表 1.4-12

	建筑类别	单位	二次平均法结果	概率测算法结果
酒店	四、五星级	L/(人·d)	445.18	500.07
	三星级及以下	L/(人·d)	314.68	350.10
办公楼		L/(人·d)	63.80	72.30
宿舍	有独立卫生间	L/(人·d)	100.67	104.41
	无独立卫生间	L/(人·d)	84.83	91.03

2. 节水用水定额的制定

1）平均日定额建议值

调研所采集数据存在一定误差，用水定额计算结果也并不能完全代表现实用水量情况，各建筑用水量可能随着社会发展而增加，节水措施实施也最终会使用水量得到控制而趋于稳定。为让用水定额更具有普适性，综合计算结果与其他省市用水定额标准和相关用水标准比较，确定用水定额建议值的范围。

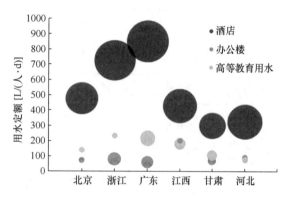

图 1.4-9 地方公共建筑用水定额值比较

如图 1.4-9 所示，收集整理不同省市的用水定额规定发现，各地的用水定额值有所不同，沿海发达省市比如浙江、广东等略高，内陆省市，特别是水资源匮乏的地区比如甘肃省，用水定额值偏低。本节提到的用水定额适用于采取一定节水措施的典型公共建筑，考虑到典型公共建筑用水量变化和节水技术变化的趋势，最终确定调研的三类典型公共建筑的用水定额建议值，见表 1.4-13。

公共建筑用水定额（平均日）建议值 表 1.4-13

	建筑类别	单位	建议值
办公楼		L/(人·d)	40~60
宿舍	有独立卫生间	L/(人·d)	90~110
	无独立卫生间	L/(人·d)	70~90
酒店	四、五星级	L/(人·d)	400~500
	三星级及以下	L/(人·d)	250~300

2）先进性分析

从《建筑给水排水设计标准》GB 50015—2019 中摘取部分涉及三类典型公共建筑的生活用水定额，其中平均日用水定额摘自《民用建筑节水设计标准》GB 50555—2010。与本次调研计算所得到的结果对比，评价其先进性，见表 1.4-14。

（1）对于酒店类公共建筑，用水定额建议值高于最高日用水定额范围，因为本次计算的是酒店的综合用水定额，不仅包括客房区域，还有酒店提供的其他设施用水。一般来说三星级及以下酒店会设置餐厅，而四、五星级酒店还包括洗衣房、游泳池、景观绿化等用水单元。综合来看本次计算出的酒店综合用水定额建议值会小于《建筑给水排水设计标准》GB 50015—2019 中的各类酒店设计的建筑定额相加的值。同时考虑国家不断提高"节水型社会"要求，酒店类建筑用水定额不应偏高。

部分用水定额 表 1.4-14

序号	建筑物名称		最高日生活用水定额	平均日生活用水定额	使用时数（h）
1	宾馆客房				
		旅客	250~400L/(床·d)	220~320L/(床·d)	24
		员工	80~100L/(人·d)	70~80L/(人·d)	88~10
		中餐酒楼	40~60L/(人·次)	35~50L/(人·次)	10~12
		洗衣房	40~80L/kg	40~80L/kg	8
		酒吧、咖啡馆	5~15L/(人·次)	5~10L/(人·次)	8~18
		桑拿浴	150~200L/(人·次)	130~160L/(人·次)	12
		健身中心	30~50L/(人·次)	25~40L/(人·次)	8~12
2	办公楼				
		坐班制办公	30~50 L/(人·班)	25~40 L/(人·班)	8~10
		公寓式办公	130~300 L/(人·d)	120~250 L/(人·d)	10~24
		酒店式办公	250~400 L/(人·d)	220~320 L/(人·d)	24
3	宿舍				
		居室内设卫生间	150~200 L/(人·d)	130~160 L/(人·d)	24
		设公共盥洗卫生间	100~150 L/(人·d)	90~120 L/(人·d)	24

（2）办公楼用水定额建议值与《建筑给水排水设计标准》GB 50015—2019 中相比较，高于定额。究其原因，一是测算的是办公楼综合用水，包括食堂、空调等用水；二是调研样本中的办公楼类型并不全是坐班制，且实际使用时间一般长于标准中的使用时数（8~10h）。

（3）高校内学生宿舍用水量定额建议值低于《建筑给水排水设计标准》GB 50015—2019 中的用水定额标准，这与学生的用水习惯、节水意识等相关，并且给出的用水定额值是建立在建筑使用了一定数量的节水器具的条件上，而调研中的学生宿舍节水器具普及率较低，说明此类公共建筑节水潜力巨大。

总的来说，本次是在广泛的调研数据基础上提出节水背景下典型公共建筑用水定额的调整方向，其科学性、先进性和实用性较为适当。

1.4.3 典型校园公共建筑漏损影响因素

为研究管网水压、管材及管龄、卫生器具数量等因素与宿舍、教学办公楼、实验楼这三类建筑漏损水量之间的关系，利用高校 DMA 分区计量系统，获取高校中典型公共建筑的漏损数据及建筑物基本情况，采用 SPSS 25.0 软件对三类建筑 2019 年漏损水量与各影响因素作相关性分析，为公共建筑节水用水定额的实现提供理论支持。

1. 宿舍建筑漏损及其影响因素

1）宿舍建筑漏损情况

选取 A 四舍（女生宿舍）、A 九舍（男生宿舍）、B 五舍（女生宿舍）、B 十一舍（男生宿舍）作为分析对象。从校园 DMA 分区计量系统获取实时用水计量数据，考察其漏损量的逐时变化规律。

由图 1.4-10 可以看出，宿舍日漏损量比较稳定，偶尔有波动，说明宿舍漏损以"跑冒滴漏"为主，主要发生在用水器具或者管道连接处，漏损流量小且稳定。而偶尔有漏损量出现波动，漏损量突增，说明当天确实有用水器具损坏或者管道破损的情况发生，导致漏损量增加，维修好后漏损量又恢复到正常水平。

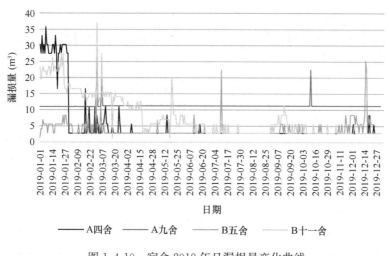

图 1.4-10 宿舍 2019 年日漏损量变化曲线

2）宿舍漏损影响因素分析

（1）压力对宿舍漏损影响分析

将 A 七舍、A 十一舍、B 三舍、B 五舍、B 九舍、B 十一舍、B 十二舍作为分析对象，统计每栋宿舍楼的日平均压力和日平均漏损量，见表 1.4-15。利用 SPSS 计算宿舍日平均压力与日平均漏损量之间的相关性系数为 0.633，属于中度相关，见表 1.4-16。

宿舍日平均压力与日平均漏损量统计表 表 1.4-15

宿舍	日平均压力（MPa）	日平均漏损量（m³）
A 七舍	0.527	5.38
A 十一舍	0.465	3.71
B 三舍	0.715	8.03
B 五舍	0.618	3.79
B 九舍	0.589	4.02
B 十一舍	0.587	7.81
B 十二舍	0.512	1.39

宿舍日平均压力与日平均漏损量的相关性　　　　表 1.4-16

日平均压力	皮尔逊相关性	1	0.633
	Sig.（双尾）		0.127
	个案数	7	7
日平均漏损量	皮尔逊相关性	0.633	1
	Sig.（双尾）	0.127	
	个案数	7	7

（2）管龄与管材对宿舍漏损影响分析

① 管龄

将 A 四舍、A 九舍、B 五舍、B 十一舍、B 十二舍、B 博士后公寓作为分析对象，统计每栋宿舍楼的管龄与日平均漏损量，见表 1.4-17。利用 SPSS 计算宿舍管龄与日平均漏损量之间的相关性系数为 -0.623，属于中度相关，见表 1.4-18。

宿舍管龄与日平均漏损量统计表　　　　表 1.4-17

宿舍	管龄（年）	日平均漏损量（m³）
A 四舍	13	5.32
A 九舍	10	11.31
B 五舍	16	3.79
B 十一舍	23	4.02
B 十二舍	19	1.39
B 博士后公寓	14	2.13

宿舍管龄与日平均漏损量的相关性　　　　表 1.4-18

管龄	皮尔逊相关性	1	-0.623
	Sig.（双尾）		0.186
	个案数	6	6
日平均漏损量	皮尔逊相关性	-0.623	1
	Sig.（双尾）	0.186	
	个案数	6	6

② 管材

统计 A 四舍、A 七舍、A 九舍、A 十一舍、B 一舍、B 五舍、B 六舍、B 七舍、B 九舍、B 十一舍、B 十二舍、B 博士后宿舍的管材与日平均漏损量，见表 1.4-19。

宿舍管材与日平均漏损量统计结果　　　　表 1.4-19

宿舍	管材	日平均漏损量（m³）
A 四舍	三型聚丙烯管（PP-R）	5.32
A 七舍	镀锌钢管	5.38
A 九舍	三型聚丙烯管（PP-R）	11.31

续表

宿舍	管材	日平均漏损量（m³）
A 十一舍	镀锌钢管	3.71
B 一舍	镀锌钢管	2.36
B 五舍	三型聚丙烯管（PP-R）	3.79
B 六舍	镀锌钢管	1.59
B 七舍	镀锌钢管	6.48
B 九舍	镀锌钢管	4.02
B 十一舍	交联聚乙烯管（PEX）	7.81
B 十二舍	交联聚乙烯管（PEX）	1.39
B 博士后宿舍	内径嵌入式衬塑钢管	2.13

引入评价指数 E。

$$E = Q/P$$

式中　E——某类管材漏损评价指数；

Q——所有使用某类管材建筑的日平均漏损量占所有建筑日平均总量的百分比，%；

P——使用某类管材的建筑占比，%。

E 值代表各类管材在相同使用比例下的日平均漏损量。故 E 值越小，管材越不易发生漏损。宿舍各类管材评价指数计算结果，见表 1.4-20。

宿舍各类管材评价指数计算结果　表 1.4-20

管材	Q	P	E
镀锌钢管	42.58%	50%	0.852
三型聚丙烯管（PP-R）	36.93%	25%	1.477
交联聚乙烯管（PEX）	16.64%	16.67%	0.998
内径嵌入式衬塑钢管	3.85%	8.33%	0.462

最终结果为内径嵌入式衬塑钢管 E 值最小，其次是镀锌钢管，然后是交联聚乙烯管（PEX），三型聚丙烯管（PP-R）E 值最大。表明当使用比例相同时，使用内径嵌入式衬塑钢管的宿舍楼产生的漏损量最少，而使用三型聚丙烯管（PP-R）的宿舍楼产生的漏损量最多。

（3）卫生器具数量对宿舍漏损影响分析

将 A 四舍、A 五舍、A 七舍、A 九舍、A 十一舍、B 一舍、B 三舍、B 五舍、B 六舍、B 七舍、B 九舍、B 十一舍、B 十二舍、B 博士后宿舍作为分析对象，统计每栋宿舍楼卫生器具数量、给水总当量以及日平均漏损量，见表 1.4-21。《建筑给水排水设计标准》GB 50015—2019 规定：大便器延时自闭冲洗阀给水当量为 6.00，单阀水嘴给水当量为 0.75，淋浴器给水当量为 0.50，小便器给水当量为 0.50。

宿舍卫生器具数量、给水当量与日平均漏损量统计结果　　　　表 1.4-21

宿舍	水龙头（个）	小便器（个）	大便器（个）	淋浴器（个）	给水当量	日平均漏损量（m³）
A 四舍	396	0	198	198	1584	5.32
A 五舍	902	0	451	451	3608	10.02
A 七舍	408	0	204	204	1632	5.38
A 九舍	798	0	399	399	3192	11.31
A 十一舍	396	0	198	198	1584	3.71
B 一舍	64	24	20	24	192	2.36
B 三舍	772	0	386	386	3088	8.03
B 五舍	372	0	186	186	1488	3.79
B 六舍	302	0	151	151	1208	1.59
B 七舍	368	0	184	184	1472	6.48
B 九舍	282	0	141	141	1128	4.02
B 十一舍	496	0	248	248	1984	7.81
B 十二舍	552	0	276	276	2208	1.39
B 博士后宿舍	254	0	127	127	1016	2.13

利用 SPSS 计算得宿舍给水当量与日平均漏损量之间相关性系数为 0.786，属于高度相关，见表 1.4-22。

宿舍给水当量与日平均漏损量的相关性　　　　表 1.4-22

给水当量	皮尔逊相关性	1	0.786
	Sig.（双尾）		0.001
	个案数	14	14
日平均漏损量	皮尔逊相关性	0.786	1
	Sig.（双尾）	0.001	
	个案数	14	14

2. 教学办公楼漏损及其影响因素

1）教学办公楼漏损情况

选取 A 八教、A 公管硕士院、B 城规院为研究对象。从校园 DMA 分区计量系统获取实时用水计量数据，考察其漏损量的逐时变化规律。

从教学办公楼 2019 年日漏损量变化曲线（图 1.4-11）中可以看出，教学办公楼大多数时间的漏损量比较稳定，偶尔出现漏损高峰，说明教学办公楼漏损主要以"跑冒滴漏"为主，主要发生在用水器具或者管道连接处，漏损流量小且稳定。而出现漏损高峰的情况，说明当天有用水器具损坏或者管道破损的情况发生，导致漏损量增加，在维修好后漏损量又恢复到正常水平。

2）教学办公楼漏损影响因素分析

（1）压力对教学办公楼漏损的影响

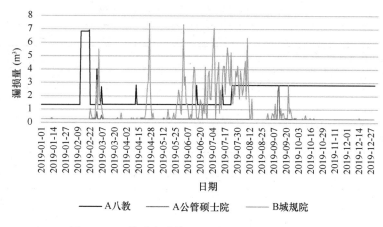

图 1.4-11　教学办公楼 2019 年日漏损量变化曲线

将 A 八教、A 工商硕士院、B 公管院、B 城规院、B 二、B 土院、B 材院共七栋建筑作为分析对象，统计每栋建筑的日平均压力和日平均漏损量，见表 1.4-23。利用 SPSS 计算教学办公楼日平均压力与日平均漏损量之间的相关性系数为 0.783，属于高度相关，见表 1.4-24。

教学办公楼日平均压力与日平均漏损量统计表　　　　　　　　表 1.4-23

教学办公楼	日平均压力（MPa）	日平均漏损量（m³）
A 八教	0.639	2.17
A 工商硕士院	0.418	0.30
B 公管院	0.467	1.65
B 城规院	0.425	0.93
B 二	0.660	11.31
B 土院	0.427	0.66
B 材院	0.412	0.08

教学办公楼日平均压力与日平均漏损量的相关性　　　　　　　表 1.4-24

日平均压力	皮尔逊相关性	1	0.783
	Sig.（双尾）		0.037
	个案数	7	7
日平均漏损量	皮尔逊相关性	0.783	1
	Sig.（双尾）	0.037	
	个案数	7	7

（2）管龄与管材对教学办公楼漏损的影响

① 管龄

将 A 二教、A 八教、B 公管、B 土院、B 城规院作为分析对象，统计每栋建筑的管龄与日平均漏损量，见表 1.4-25。利用 SPSS 计算宿舍管龄与日平均漏损量之间的相关性系数为 -0.723，属于高度相关，见表 1.4-26。

教学办公楼管龄与日平均漏损量统计表　　　　　表 1.4-25

教学办公楼	管龄（年）	日平均漏损量（m³）
A 二教	4	14.30
A 八教	7	2.17
B 公管	6	11.31
B 土院	17	0.66
B 城规院	20	0.93

教学办公楼日管龄与日平均漏损量的相关性　　　　表 1.4-26

管龄	皮尔逊相关性	1	−0.723
	Sig.（双尾）		0.104
	个案数	6	6
日平均漏损量	皮尔逊相关性	−0.723	1
	Sig.（双尾）	0.104	
	个案数	6	6

② 管材

将 A 二教、A 八教、B 公管院、B 土院、B 二、B 城规院作为分析对象，统计每栋宿舍楼的管材与日平均漏损量，统计结果见表 1.4-27。

教学办公楼管材与日平均漏损量统计结果　　　　　表 1.4-27

宿舍	管材	日平均漏损量（m³）
A 二教	三型聚丙烯管（PP-R）	14.304
A 八教	三型聚丙烯管（PP-R）	2.17
B 公管院	三型聚丙烯管（PP-R）	1.65
B 土院	镀锌钢管	0.66
B 二	三型聚丙烯管（PP-R）	11.31
B 城规院	交联聚乙烯管（PEX）	0.93

教学办公楼建筑各类管材评价指数计算结果见表 1.4-28。最终结果为镀锌钢管 E 值最小，其次是交联聚乙烯管（PEX），三型聚丙烯管（PP-R）E 值最大。表明当使用比例相同时，使用镀锌钢管的教学办公楼产生的漏损量最少，而使用三型聚丙烯管（PP-R）的教学办公楼产生的漏损量最多。

教学办公楼建筑各类管材评价指数计算结果　　　　表 1.4-28

管材	Q	P	E
镀锌钢管	2.13%	16.67%	0.128
三型聚丙烯管（PP-R）	94.87%	66.67%	1.423
交联聚乙烯管（PEX）	3.00%	16.67%	0.180

（3）卫生器具数量对教学办公楼漏损影响分析

统计 A 八教、A 工商硕士院、A 资院、B 勤楼、B 公管院、B 土院、B 城规院、B 材院、B 二的建筑内卫生器具数量、给水当量以及日平均漏损量,见表 1.4-29。《建筑给水排水设计标准》GB 50015—2019 规定:大便器延时自闭冲洗阀给水当量为 6.00,混合水嘴给水当量为 0.75,感应水嘴给水当量为 0.50,小便器给水当量为 0.50。利用 SPSS 计算宿舍给水当量与日平均漏损量之间相关性系数为 0.965,属于极高相关,见表 1.4-30。

教学办公楼卫生器具数量、给水当量与日平均漏损量统计结果   表 1.4-29

宿舍	水龙头(个)	小便器(个)	大便器(个)	给水当量	日平均漏损(m³)
A 八教	54	102	120	811.5	2.17
A 工商硕士院	42	25	71	470	0.3
A 资院	11	6	14	95.25	0.35
B 勤楼	8	4	16	104	0.07
B 公管院	48	24	64	432	1.65
B 土院	6	9	18	117	0.66
B 城规院	35	40	66	442.25	0.93
B 材院	3	4	9	58.25	0.08
B 二	137	159	312	2054.25	11.31

教学办公楼给水当量与日平均漏损量的相关性   表 1.4-30

给水当量	皮尔逊相关性	1	0.965
	Sig.(双尾)		0.000
	个案数	9	9
日平均漏损量	皮尔逊相关性	0.965	1
	Sig.(双尾)	0.000	
	个案数	9	9

3. 实验楼漏损及其影响因素

1)实验楼漏损情况

选取 A 机械传动、A 七教、B 生物院为研究对象。

如图 1.4-12 所示,实验楼日漏损量比较稳定,偶尔出现漏损高峰,说明宿舍漏损以"跑冒滴漏"为主,主要发生在用水器具或者管道连接处,漏损流量小且稳定。而偶尔有漏损量突增的情况,说明当天确实有用水器具损坏或者管道破损发生,导致漏损量增加,维修好后漏损量又恢复到正常水平。三栋实验楼出现漏损高峰的次数同用水量一样,均为上半年少于下半年,说明用水频率的增加会导致漏损量的增加,即高用水频率更易造成管道漏损。B 生物院出现漏损高峰次数明显多于其他两栋实验楼,说明 B 生物院使用人数与使用频率高于其他两栋实验楼,或是 B 生物院管理水平低于其他两栋实验楼。

2)实验楼漏损影响因素分析

(1)压力对实验楼漏损影响分析

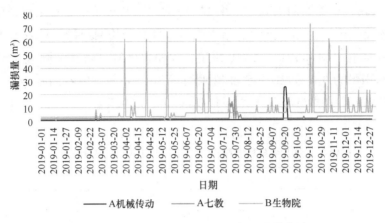

图 1.4-12　实验楼 2019 年日漏损量变化曲线

将 A 电气院、A 机械传动、A 七教、B 材工、B 生物、B 机电作为分析对象，统计每栋实验楼的日平均压力和日平均漏损量，见表 1.4-31。利用 SPSS 计算宿舍日平均压力与日平均漏损量之间的相关性系数为 0.818，属于高度相关，见表 1.4-32。

实验楼日平均压力与日平均漏损量统计表　　　　　　　　　　　表 1.4-31

实验楼	日平均压力（MPa）	日平均漏损量（m³）
A 电气院	0.636	6.28
A 机械传动	0.513	0.54
A 七教	0.471	1.83
B 材工	0.691	6.49
B 生物	0.825	6.96
B 机电	0.615	1.47

实验楼日平均压力与日平均漏损量的相关性　　　　　　　　　　表 1.4-32

日平均压力	皮尔逊相关性	1	0.818
	Sig.（双尾）		0.047
	个案数	6	6
日平均漏损量	皮尔逊相关性	0.818	1
	Sig.（双尾）	0.047	
	个案数	6	6

（2）管龄与管材对实验楼漏损影响分析

① 管龄

将 A 电气院、A 机械传动、A 七教、B 材工、B 生物、B 机电作为分析对象，统计每栋建筑的管龄与日平均漏损量，见表 1.4-33。利用 SPSS 计算宿舍管龄与日平均漏损量之间的相关性系数为－0.296，属于低度相关，见表 1.4-34。

实验楼管龄与日平均漏损量统计表　　　　　　表 1.4-33

宿舍	管龄（年）	日平均漏损量（m³）
A 电气院	8	6.28
A 机械传动	12	0.54
A 七教	17	1.83
B 材工	21	6.49
B 生物	6	6.96
B 机电	16	1.47

实验楼日管龄与日平均漏损量的相关性　　　　　　表 1.4-34

管龄	皮尔逊相关性	1	−0.296
	Sig.（双尾）		0.569
	个案数	6	6
日平均漏损量	皮尔逊相关性	−0.296	1
	Sig.（双尾）	0.569	
	个案数	6	6

② 管材

将 A 电气院、A 机械传动、A 七教、B 材工、B 生物、B 机电作为分析对象，统计每栋建筑的管材与日平均漏损量，见表 1.4-35。

实验楼管材与日平均漏损量统计结果　　　　　　表 1.4-35

实验楼	管材	日平均漏损量（m³）
A 电气院	PPR	6.28
A 机械传动	PPR	0.54
A 七教	镀锌钢管	1.83
B 材工	镀锌钢管	6.49
B 生物	PPR	6.96
B 机电	镀锌钢管	1.47

实验楼各类管材评价指数计算结果，见表 1.4-36。

实验楼各类管材评价指数计算结果　　　　　　表 1.4-36

管材	Q	P	E
镀锌钢管	41.54%	50%	0.831
三型聚丙烯管（PP-R）	58.46%	50%	1.169

镀锌钢管 E 值最小，三型聚丙烯管（PP-R）E 值最大。表明使用比例相同时，使用镀锌钢管的楼产生漏损量最少，使用三型聚丙烯管（PP-R）的楼漏损量最多。

（3）卫生器具数量对实验楼漏损影响分析

将 A 电气院、A 机械传动、A 七教、B 生物、B 机电作为分析对象，统计每栋实验楼卫生器具数量、给水总当量以及日平均漏损量，见表1.4-37。《建筑给水排水设计标准》GB 50015—2019规定：大便器延时自闭冲洗阀给水当量为6.00，混合水嘴给水当量为0.75，感应水嘴给水当量为0.50，三联水嘴给水当量为1.00，小便器给水当量为0.50。利用SPSS计算实验楼给水当量与日平均漏损量之间的相关性系数为0.859，属于高度相关，见表1.4-38。

实验楼卫生器具数量、给水当量与日平均漏损量统计结果　　表1.4-37

实验楼	给水当量	日平均漏损量（m³）
A电气院	545	6.28
A机械传动	211.5	0.54
A七教	483	1.83
B生物	676.5	6.96
B机电	151.25	1.47

实验楼给水当量与日平均漏损量相关性　　表1.4-38

给水当量	皮尔逊相关性	1	0.859
	Sig.（双尾）		0.062
	个案数	5	5
日平均漏损量	皮尔逊相关性	0.859	1
	Sig.（双尾）	0.062	
	个案数	5	5

1.4.4 基于灰色关联度分析法的建筑漏损影响因素评价

1. 宿舍漏损影响因素评价

根据对宿舍建筑漏损影响因素的研究，选择管网压力、管龄、管材、给水当量作为分析因素，分析序列选择如下：

参考序列：建筑的日平均漏损量。

比较序列：根据影响漏损因素进行分类，采用不同影响因素的日平均漏损量作为比较序列，包括压力、管龄、管材、给水当量，并按时间序列进行统计。

压力子因素：$P \leqslant 0.52MPa$、$0.52MPa < P \leqslant 0.60MPa$、$P > 0.60MPa$。

管龄子因素：$Y \leqslant 15$、$15 < Y \leqslant 25$、$Y > 25$。

管材子因素：镀锌钢管、交联聚乙烯管（PEX）、三型聚丙烯管（PP-R）、内径嵌入式衬塑钢管。

给水当量子因素：$U \leqslant 1300$、$1300 < U \leqslant 2000$、$U > 2000$。

根据宿舍各序列差的绝对值，计算出2018～2020年的子序列的关联系数，对各年的关联系数进行均值化处理，计算出最终关联度值，并进行排序，见表1.4-39。

宿舍漏损因素关联度从大到小为：管龄＞给水当量＞管材＞压力。表明管龄子因素对宿舍建筑漏损的影响最大。在管龄子因素中，管龄小于 25 年的关联系数明显大于管龄超过 25 年的，表明管龄小于 25 年的建筑出现的问题较多，因此应该重点检查维护此类建筑。给水当量关联度略小于管龄因素，且在给水当量子因素中，给水当量在 1300 以上的建筑的关联系数明显大于给水当量小于 1300 的建筑，说明给水当量越大，漏损越严重，而给水当量在卫生器具数量和种类相同前提下由房间数量直接决定。表明对宿舍房间数的设置要合理，且应该重点维护给水当量大的宿舍。管材子因素属于中等重要因素，其中交联聚乙烯管（PEX）管与三型聚丙烯管（PP-R）关联系数最大，而内径嵌入式衬塑钢管关联系数最小，因此应加强使用交联聚乙烯管（PEX）管与三型聚丙烯管（PP-R）的建筑的维护力度。压力子因素关联度最小，说明对宿舍建筑漏损的影响也最小。

宿舍关联度排序

表 1.4-39

影响因素	关联度	排序
压力	0.613	4
管龄	0.740	1
管材	0.696	3
给水当量	0.729	2

2. 教学办公楼漏损影响因素评价

根据对教学办公楼建筑漏损影响因素的研究，选择管网压力、管龄、管材、给水当量作为分析因素，分析序列选择如下：

参考序列：建筑的日平均漏损量。

比较序列：根据影响漏损因素进行分类，采用不同影响因素的日平均漏损量作为比较序列，包括压力、管龄、管材、给水当量，并按时间序列进行统计。

压力子因素：$P \leqslant 0.42MPa$、$0.42MPa < P \leqslant 0.50MPa$、$P > 0.50MPa$。

管龄子因素：$Y \leqslant 10$、$10 < Y \leqslant 20$、$Y > 20$。

管材子因素：镀锌钢管、交联聚乙烯管（PEX）、三型聚丙烯管（PP-R）。

给水当量子因素：$U \leqslant 200$、$200 < U \leqslant 500$、$U > 500$。

根据教学办公楼各序列差的绝对值，计算出 2018～2020 年的子序列的关联系数，对各年的关联系数进行均值化处理，计算出最终关联度值，并进行排序，见表 1.4-40。

教学办公楼关联度排序

表 1.4-40

影响因素	关联度	排序
压力	0.702	1
管龄	0.643	4
管材	0.663	2
给水当量	0.644	3

教学办公楼漏损因素关联度从大到小为压力＞管材＞给水当量＞管龄。压力是最重要的漏损影响因素。在压力子因素中，压力超过 0.5MPa 的关联系数达到 0.953，远超过其

他两个子因素。说明压力超过 0.5MPa 的建筑漏损严重，故应对这些建筑加大维护检修的力度，并严格控制管道压力。管材因素排第二，属于中等重要。管材子因素中，镀锌钢管与交联聚乙烯管（PEX）关联系数小且接近，远小于三型聚丙烯管（PP-R）的关联系数，表明 PP-R 管材漏损最严重，在日常维护中应重点关注使用 PP-R 的建筑。管龄因素与给水当量因素关联度最小，属于低度影响。管龄子因素中，管龄小于 10 年的关联系数最大，说明这些管龄处于"浴盆曲线"中的第一阶段，漏损情况较多，应该重点关注，及时处理。给水当量小于 1300 以及 1300～2000 之间的建筑的关联系数比较接近，而当给水当量超过 2000 时关联系数有一个明显上升，说明教学办公楼给水当量应控制在 2000 以内。因此应根据实际使用人数合理布置卫生间卫生器具的数量。

3. 实验楼漏损影响因素评价

根据对实验楼建筑漏损影响因素的研究，选择管网压力、管龄、管材、给水当量作为分析因素，分析序列选择如下：

参考序列：建筑的日平均漏损量。

比较序列：根据影响漏损因素进行分类，采用不同影响因素的日平均漏损量作为比较序列，包括压力、管龄、管材、给水当量，并按时间序列进行统计。

压力子因素：$P \leqslant 0.45$MPa、0.45MPa$< P \leqslant 0.65$MPa、$P > 0.65$MPa。

管龄子因素：$Y \leqslant 10$、$10 < Y \leqslant 20$、$Y > 20$。

管材子因素：镀锌钢管、三型聚丙烯管（PP-R）。

给水当量子因素：$U \leqslant 200$、$200 < U \leqslant 500$、$U > 500$。

根据教学办公楼各序列差的绝对值，计算出 2018～2020 年的子序列的关联系数，对各年的关联系数进行均值化处理，计算出最终关联度值，并进行排序，见表 1.4-41。

表 1.4-41

实验楼关联度排序

影响因素	关联度	排序
压力	0.521	4
管龄	0.697	2
管材	0.803	1
给水当量	0.628	3

实验楼漏损因素关联度从大到小为：管材＞管龄＞给水当量＞压力。管材关联度为 0.803，远高于其他因素，是实验楼最重要的漏损影响因素。镀锌钢管与 PP-R 管关联系数都很大，说明这两种管材漏损情况都比较严重。管龄子因素关联度为 0.697，小于管材因素却又高于给水当量因素与压力因素，属于中等重要。管龄为 10～20 年的关联系数最高，表明管龄在这个区间内的建筑漏损情况比较严重，应该将此类建筑作为维护重点。给水当量与压力的关联度较小，且它们的子因素都比较接近，说明这两个子因素对实验楼漏损影响程度较小。

1.4.5 典型公共建筑给水系统的节水优化

基于对典型公共建筑用水节水情况的掌握，从节水器具、用水系统、管理控制等角度研究各自在节水方面的特点，并建立基于层次分析法（AHP）的二级模糊综合评价模型，提出一种对节水措施节水效果的评价方法，作为建筑给水系统节水优化和选定用水定额的参考依据。

1. 节水器具优化

公共建筑中用到的节水器具主要包括节水龙头、节水便器和节水淋浴器。若对原有公共建筑的普通卫生器具进行更新，改造为节水器具，节水器具应用效果的比较基准则为改造前使用的情况，可以用实际节约水量来衡量，即用水方式相同、用水效果相同的前提下，公共建筑采用了节水器具相对于采用原有普通用水器具的用水的差值。公式如下：

$$\Delta Q_j = \frac{\sum_{i=1}^{n} T_i \times (q_{1i} - q_{2i}) \times m}{1000}$$ (1.4-5)

式中　ΔQ_j——节水器具技术的节水量，m^3；

T_i——每天每人使用次数，次/（人·d）；

q_{1i}，q_{2i}——分别为普通（非节水型）器具和节水器具每次使用的用水量，L/次；

m——使用人数，人。

以本次调研样本某栋学生宿舍为例，高校学生在校时间为24h，在宿舍使用卫生器具的次数可以与住宅的使用标准类比。其建筑内使用普通水龙头、普通淋浴喷头和脚踏自闭式大便器，节水器具普及率仅为36.4%。假设所有非节水器具更换成节水器具，根据现行国家标准和市场上卫生器具一般出水流量，得出如表1.4-42所示的技术指标。其中T_i通过加权的方法来估计，按照工作日和节假日的平均盥洗次数分别为5次和8次，可以得到一位学生在宿舍内每天平均洗手次数为5.94次。q_{1i}和q_{2i}为市面上常规产品使用一次的用水量，比如普通龙头的一般流量设为0.2L/s，洗手时间（包括启闭水龙头时间）则为30s，可以得到q_{1i}的值。该学生宿舍实际住宿944人，5月份该学生宿舍使用节水器具节水1138.66m^3。

从理论计算结果可以看出采用节水型器具后，学生宿舍卫生间节水效果明显。本次调研发现，高校老校区的学生宿舍建筑节水器具普及率较低，大部分采用老式螺旋升降式铸铁水龙头，这种水龙头在使用一段时间后容易产生不同程度的滴漏，需要管理人员经常性维护。若改造成节水型水龙头，则密封良好且使用过程无喷溅、舒适性高。有办事大厅、流动人员较多的办公楼，用水频繁，节水主动性差，使用接触式阀门还容易造成细菌的传播，因此更适宜使用感应水龙头等无接触且节水性能好的用水器具。综上所述，公共建筑节水潜力大，推广使用节水器具不仅直接产生节约水量的经济效益，从长远来看社会和环境效益显著。

节水效果测算技术指标　　　　　　　　　　　表1.4-42

名称	数值	使用次数
普通水龙头	6L/次	5.94
节水型水龙头	4.5L/次	5.94

名称	数值	使用次数
普通淋浴喷头	100L/次	夏1、春秋1/2、冬1/3
节水淋浴喷头	70L/次	夏1、春秋1/2、冬1/3

2. 系统设计优化

1）供水方式

调研中发现，近几年新建酒店和办公建筑多采用管网叠压给水方式。若为高层公共建筑，给水管网会分区，低区采用市政直接给水方式，高区采用管网叠压变频给水。在节水要求较高时，叠压给水方式是给水系统设计的首选。因为其充分利用市政压力，并且利用水泵机组变频供水，可以使水泵一直在高效段运行，从而达到节能效果。系统中无水箱水池，减少了一部分投资，且水体不会受到二次污染。这种给水方式已经比较成熟，市面上有一体化的设备可供选择。但是同时使用管网叠压供水设备条件比较苛刻，实际公共建筑建设工程中，还需要综合考虑当地城市管网系统的水力条件和用户的用水条件，选用适合的给水系统形式。

2）配水压力控制

在现实使用中，为保证最不利点的工作压力，往往会增加给水系统的始端压力，这样就会使某些用水点的阀前压力过大，导致超压出流现象产生，从而引发水资源浪费。比如本次重点调研的城市重庆，因为是丘陵地区，地形起伏比较大，市政管网水压要保障最不利点水的供应，因为高程变化许多地方水压会过高。在公共建筑物中往往给水管网的压力比较大，超压出流现象较为普遍。减压阀安装在给水横支管上可以均衡供水压力，避免配水点超压出流。在学生宿舍支管上设置减压阀，人均节水率平均达到25.63%。同时减少了水龙头使用喷溅的现象，提高了用水舒适性。结合建筑的用水特性，二次加压设备的选择等条件对给水系统进行合理竖向分区。使用高性能用水器具，构件结构有减压效果，可以通过避免超压导致的用水浪费，同时提升用水的舒适性。

3）热水管网的设计与改造

办公楼内公共卫生间一般采用局部热水供应系统，比如安装方便、系统简单的即热式或小容积电热水器。而学生宿舍和酒店建筑一般采用集中热水系统。若要从根本上减少部分无效冷水的浪费，则应从热水系统设计本身找问题。比如对现有无循环系统的热水系统增设回水管，新建建筑热水系统需对热水出水时间进行复核，确定是否采用支管循环。一般来说，工程成本决定循环方式的选择，根据冯萃敏等人对某公寓热水系统采用不同循环方式的工程成本及其节水效果的分析计算，得出节水效果最佳的是支管循环，而立管循环具有经济上的优势。在实际调研中与酒店工程管理人员交流中也发现，相比于立管循环，集中热水系统采用支管循环的酒店无效冷水量较少且热水使用的舒适感增强。综合考虑工程成本、客人使用感受和节水效果，热水循环方式主要受酒店的档次定位影响。

3. 其他节水措施的保障

在调研的办公楼中有53.33%的建筑在公共卫生间内张贴了节约用水宣传标语。高校内学生宿舍在节水器具普及率较低的前提下，计算得到人均日用水量处于现行国家标准《建筑给水排水设计标准》GB 50015—2019 定额范围内，一定程度上说明学生节水意识较高，节水宣传教育是有效且必要的。公共建筑管理部门的管理理念影响建筑的节水水平，比如分级安装水表，构建完善的水量计量体系，能更好地监测系统管网的运行状态，降低建筑供水管网的漏损水量。同时，还应加大非常规水源的应用，注重用水定额制定的科学合理性。

4. 公共建筑给水系统节水措施效果评价

1）评价模型构建

基于 AHP 的二级模糊综合评价模型的构建分为 AHP 层次分析和模糊综合评价，得出各项节水措施在公共建筑节水过程中的影响程度，为公共建筑给水设计和改造提供一些参考，软件分析程序如图 1.4-13 所示。

```
1    function      [Wab, Lmax, CI, CR] = AHP(A)
2    % 实现单层次结构的层次分析法
3    % 输入：A为成对比较矩阵
4    % 输出：W为权重向量，Lmax为最大特征值，CI为一致性指标，CR为一致性比率
5
6    [V,D] = eig(A);
7    [Lmax,ind] = max(diag(D));              % 求最大特征值及其位置
8    Wab = V(:,ind) / sum(V(:,ind));         % 最大特征值对应的特征向量做标准化
9    Lmax = mean((A * Wab) ./ Wab);          % 计算最大特征值
10   n = size(A, 1);                         % 矩阵行数
11   CI = (Lmax - n) / (n - 1);              % 计算一致性指标
12   % Saaty随机一致性指标值
13   RI = [0 0 0.58 0.90 1.12 1.24 1.32 1.41 1.45 1.49 1.51];
14   CR = CI / RI(n);                        % 计算一致性比率if CR<0.10
15   if CR<0.10
16
17       disp('因为CR<0.10，所以该判断矩阵A的一致性可以接受！');
18   else
19       disp('注意：CR >= 0.10，因此该判断矩阵A需要进行修改！');
20
21   end
22   end
```

图 1.4-13　软件分析程序

基于对于典型公共建筑节水情况的调研和已有的评价体系，综合考虑各节水措施的可行性和产生的效益，以及指标客观和数据可获取性，确定该体系的准则层为节水器具安装、节水设计与管理和非传统水源利用 3 个，指标集为 C。指标层指标包括定性和定量指标共 12 个，指标集为 P。将公共建筑给水系统节水措施的评价集结果定为 5 级，分别为Ⅰ级：很好；Ⅱ级：较好；Ⅲ级：一般；Ⅳ级：较差；Ⅴ级：很差。对公共建筑 12 项指标进行两两比较，依据 1～9 标度法建立判断矩阵，利用 Matlab 软件编程求各判断矩阵特征向量，并进行归一化处理和一致性检验，指标层对准则层、准则层对目标层的一致性检验结果都表明矩阵一致性通过，最终获得对于目标层的指标层权重集 W_{Pi} 及准则层权重 W_C，见表 1.4-43。

对公共建筑的节水效果影响最大的措施是非传统水源利用，排列顺序依次是：非传统水源利用＞节水设计与管理＞节水器具安装。虽然此次调研公共建筑样本中对中水、雨水

资源化利用得较少，但是非传统水源利用相比其他节水措施来说，可节约的水量更加可观，发展前景广阔。非传统水源收集利用率是整个建筑非传统水源利用的基础，所占比例最大。同时对于水质达标率也给予了很大关注。

评价体系权重   表 1.4-43

准则层	W_C	指标层	W_{Pi}
节水器具安装 C_1	0.163	节水龙头安装率 P_1	0.054
		节水便器安装率 P_2	0.054
		节水淋浴器安装率 P_3	0.054
节水设计与管理 C_2	0.297	多级水表安装 P_4	0.011
		减压限流措施 P_5	0.101
		热水循环方式 P_6	0.069
		管理制度 P_7	0.024
		节水宣传 P_8	0.015
		供水方式 P_9	0.077
非传统水源利用 C_3	0.540	利用率 P_{10}	0.307
		处理装置运行负荷率 P_{11}	0.053
		水质达标率 P_{12}	0.180

应注重建筑给水系统的节水设计与管理。各个指标对节水效果影响的大小排序是：减压限流措施＞供水方式＞热水循环方式＞管理制度＞节水宣传＞多级水表安装。在节水器具安装层面，从节水水龙头、便器到淋浴器被认为同等重要。所以公共建筑设计时对给水系统的设计作全面的分析和规划，对于公共建筑投入使用后的节水非常重要。

2）实例分析

将评价模型应用于实际调研中的公共建筑，以验证模型的科学实用性，侧面佐证基于节水制定的典型公共建筑定额是否合理。

将酒店 E、酒店 K 的基本节水措施情况数据资料代入评价标准，得到指标隶属度矩阵，最终评价结果分别为（0.2899，0.1599，0.0092，0，0）和（0.2202，0.2084，0.0304，0，0）。根据隶属度最大原则，酒店 E 和酒店 K 建筑采用的节水措施的节水效果均为评价集中的Ⅰ级：很好，符合两酒店的调研实际情况。虽然两者都没有对中水和雨水进行资源化利用，但是节水器具安装率都为 100％。在节水设计与管理上，酒店 E 为三星级酒店，热水系统采用支管循环，有专门的工程部管理人员对系统压力进行监测控制。酒店 K 为四星级酒店，虽然热水系统采用立管循环，但是通过分级安装水表对酒店用水分部位计量，记录了详细的酒店用水台账，用水管理更加严格精细。从人均日用水量来看，酒店 E 和酒店 K 分别为 281.97L 和 494.38L，与提出的酒店节水用水定额值对比，三星级及以下酒店为 250～300 L/（人·d），四星和五星级酒店为 400～500L/（人·d），均符合定额建议值。由此可见，基于 AHP 的二级模糊综合评价模型对公共建筑节水措施效果的评价结果较为符合实际，对公共建筑用水定额的选取有一定的指导作用。

5. 节水定额实现途径和措施分析

研究所提出的公共建筑节水用水定额建议值是基于实际调研数据筛选和计算后并结合建筑节水措施的实际情况综合确定，具有一定的主观性。从公共建筑节水措施效果的评价结果来看，利用非常规水源是减少水资源使用量、建筑节水效果最好的途径和方式。但目前实际情况，由于政策、投资、运行管理、群众使用习惯等问题，建筑给水系统非常规水源使用率低，调查样本中也仅 1 家酒店使用中水浇灌绿化，节水效果提升空间大，因此，大力推进非常规水源在公共建筑中的使用应该是降低建筑用水量、实现节水用水定额的主要措施。

考虑实际工作中难以在短时间内大幅度改善对非常规水源的利用情况，建筑的节水设计与管理应成为保障实现节水用水定额的重点。根据公共建筑节水措施效果的评价结果，"建筑节水设计与管理"考察的各指标中，减压限流措施对节水效果影响最大，其次是供水方式和热水循环方式，而日常运行维护管理、多级水表安装等措施对节水效果的影响相对较小。通过高校内公共建筑漏损影响因素的分析研究发现，压力与管龄对建筑漏损量的影响力在不同类建筑中波动较大，管材与给水当量对不同类型建筑漏损量的影响力均较大且比较稳定。管网压力在各类建筑中均与漏损量有较高相关性，结合节水效果评价中减压限流措施的较大影响力，在建筑给水系统设计时应进一步提高对管网压力的控制要求，严格限制最大压力，既可改善用水设备的超压出流问题又能减少管网漏损量，从而促使实际用水量能满足节水用水定额要求。

总体来看，采用衬塑钢管和金属管发生漏损的情况明显少于使用塑料管，塑料管中交联聚乙烯（PEX）管较聚丙烯（PPR）管更不易发生漏损，建议建筑给水系统应尽量减少塑料管的使用，提倡使用复合管。给水当量数在各类建筑中均与漏损量高度相关，给水当量数越大产生日均漏损量越多，由于卫生器具的漏损多为损坏后的"跑冒滴漏"或接口处的漏水，因此在合理布局建筑内卫生器具的基础上，应关注运行管理中对漏水现象的及时发现和维修，可通过安装多级计量装置、设置在线压力检测设备等方式及时发现漏水，并结合对供水压力的严格控制，减少卫生器具"跑冒滴漏"现象的出现。应特别关注使用时间超过 10 年以上的建筑供水管网的漏损问题，加强维护管理，提高运行管理的时效性。对有集中热水供应的公共建筑，热水使用中的"无效用水"也是影响用水量控制的重要原因，热水管网供水温度的稳定十分重要。应重视热水供应系统循环方式的选择和管网水温的控制，建议在公共建筑（特别是居住类公共建筑）中尽量选用支管循环的管网形式或其他方式控制管网水温。

使用节水型卫生器具对节水效果的影响相对较弱。实际调查中发现，虽然国家早已提出了节水型卫生器具的使用要求，但在实际建筑中往往存在各种卫生器具节水效能参差不齐、损坏后不及时更换的情况，甚至在某些办公建筑、宿舍中还有使用非节水卫生器具。安装节水型器具，特别是规范卫生器具的节水效能是一项实现节水用水定额的有效措施，同时还应加强日常管理中对卫生器具的维护。

1.5 基于用水行为心理学的公共建筑节水行为改变技术

1.5.1 基于计划行为心理学的公共建筑节水模型

1. 公共建筑节水模型构建

1）计划行为理论

当前我国部分地区经济发展面临水资源短缺的问题，如何进行节水调控是行业关注的热点。作为城市生活用水的重要组成部分，居民家庭用水可通过阶梯水价等形式进行调控，但公共建筑用水通常具有无偿性，调控相对困难。正如新时期治水思路中提及从观念意识等方面把节水放在优先位置，通过合适的干预改变居民在公共建筑的节水意识是实现节水调控的重要举措。

影响居民节水的因素主要包括气候季节、经济、居住条件、法律规范、社会特征及节水心理等。有学者通过研究科罗拉多州奥罗拉市干旱期居民用水，发现干旱时居民更趋于室外用水；另有学者研究表明，当降水稀缺时，人们的节水意识会增强，但是当降水量较大时，节水意识会减弱；在张掖市的调研表明，居民节水受经济因素影响；当场所人口密度较大时，其人均用水会显著大于人口密度较低的场所；相关法律法规的制定与出台，可以在短期有效地干预公民的用水行为，并取得较为明显的节水效果，例如英国政府通过提高水价限制水管冲洗地面等活动实现节水；社会特征包括但不限于性别、年龄、学历等，当一个人对环境有着较为深刻的认知时，会采取更加积极的环保行为，例如有研究表明对当前环境问题了解越多越利于垃圾回收。

计划行为理论（Theory of Planned Behavior，TPB）是从信息加工的角度，以期望价值理论为出发点解释个体行为一般决策过程的理论。如图 1.5-1 所示，TPB 的核心思想为行为意向会直接决策实际行为，而态度、主观规范和知觉行为控制三个认知因素共同影响行为意向。

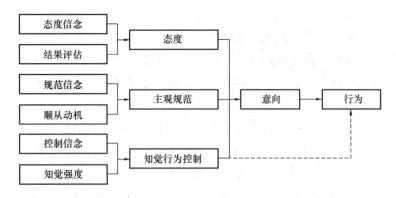

图 1.5-1　计划行为理论

对于公共建筑节水而言，节水态度是指对调研对象在公共建筑节水偏好的评估。在态度期望价值论中个体对结果存在着大量的期望，通常将其分为两个部分：态度信念和结果评估，态度信念是指对于调研对象而言在公共建筑节水的主观可能性，结果评估是指调研对象在公共建筑节水给其所带来的影响的评价估计。主观规范是指调研对象在公共建筑用水时所感受到的来自重要他人以及群体带来的压力。主观规范受到规范信念和顺从动机的影响，规范信念是指调研对象对其是否应该在公共建筑节水的期望，顺从动机是指调研对象接受上述期望的意向。知觉行为控制是指调研对象感知到在公共建筑节水容易或困难的程度。知觉行为控制的组成包括控制信念和知觉强度，控制信念是指调研对象对可能促进和阻碍其在公共建筑节水的因素的知觉，知觉强度则是指调研对象知觉到这些因素对其在公共建筑节水的影响程度。

该理论已被成功地应用于诸多行为领域，并证实其对于多数行为均具有较好的解释与预测能力：方晓平等人利用计划行为理论探索出行态度、出行习惯、满意度、感知行为控制和主观规范等心理因素对出行者交通工具选择的影响。也有诸多研究基于 TPB 探究外界干预对行为的影响，Moan 等人采用 TPB 评估不同的外界干预前后青少年的吸烟意图，结果表明采用 TPB 模型能够较好地实现对研究对象的意图预测，为制定干预措施减少青少年吸烟奠定了基础。Darker 等人基于 TPB 的研究表明，对于居民步行量而言，外界干预主要通过知觉行为控制影响居民的步行意识。用水意识及行为分析方面，赵卫华基于北京市居民用水行为的调查数据对居民家庭用水量影响因素进行了实证分析，许冉基于 TPB 开展了城镇居民节水行为影响机理研究，庞愉文通过构建 SEM-TPB 模型研究了干预下的城市居民用户用水行为及变化。

2）扩展计划行为理论

扩展的计划行为理论（Extended Theory of Planned Behavior，ETPB）是在 TPB 模型的基础上引入新的变量来增加模型的解释方差，从而为行为干预提供更多可能性例如自我效能是指人对自己是否能够成功地减少使用水量的主观判断，ETPB 用水心理模型如图 1.5-2 所示。

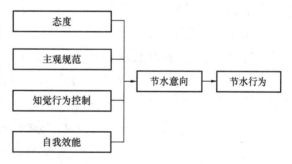

图 1.5-2　ETPB 用水心理模型

2. 公共建筑节水模型求解

1）问卷设计及检验

基于扩展的计划行为理论，按照影响因素的分类编写问卷内容，对应设计李克特七分量表来衡量观测变量。检验问卷数据可以使用 SPSS 软件，分别进行信度、效度检验。

（1）问卷信度分析：信度即可靠性，是指采用同样的方法对同一对象重复测量时所得结果的一致性程度。信度本身与测量所得结果正确与否无关，其作用在于检验测量本身是否稳定。稳定性是指用一种测量工具（譬如同一份问卷）对同一群受试者进行不同时间上的重复测量结果间的可靠系数。如果问卷设计合理，重复测量的结果间应该高度相关。克朗巴哈系数（Cronbach α），是目前社会科学研究常使用的指标。可信度与克朗巴哈系数对照表见表1.5-1。

可信度与克朗巴哈系数对照表　　　　　　　　　　　　　　　表 1.5-1

可信度	Cronbach α
不可信	Cronbach α＜0.3
勉强可信	0.3≤Cronbach α＜0.4
可信	0.4≤Cronbach α＜0.5
很可信（最常见）	0.5≤Cronbach α＜0.7
很可信（次常见）	0.7≤Cronbach α＜0.9
十分可信	0.9≤Cronbach α

（2）效度分析：效度即有效性，是指测量工具或手段能够准确测出所需测量的事物的程度。效度是指所测量到的结果是否能代表想要考察的内容，测量结果与要考察的内容越吻合，则效度越高；反之，则效度越低。对问卷进行效度分析，测试问卷的有效性。

问卷的效度分析中，常用的是结构效度分析。结构效度是指测量结果体现出来的某种结构与测值之间的对应程度。结构效度分析所采用的方法是因子分析，利用因子分析测量量表或整个问卷的结构效度。因子分析的结果中，KMO（Kaiser-Meyer-Olkin）检验和Bartlett球形检验（巴特利特球形检验）作为变量间相关性及独立性检验的评判标准。KMO的取值在0～1之间，KMO应大于0.6，KMO越接近于1越适合作因子分析，说明变量间相关性较强。Bartlett检验值（显著性）应小于0.05，表示在0.05的水平上变量间是相关的。

2）结构方程模型

计划行为模型的标准数学表示依赖于结构方程模型。结构方程模型（Structural Equation Model，SEM），即协方差结构模型，是基于变量的协方差矩阵来分析变量之间关系的一种统计办法。

$$x = \mathbf{\Lambda} x \mathbf{\eta} + \mathbf{\delta} \tag{1.5-1}$$

$$y = \mathbf{\Lambda} y \mathbf{\xi} + \mathbf{\varepsilon} \tag{1.5-2}$$

$$\mathbf{\Delta} = \mathbf{B}\mathbf{\eta} + \mathbf{\Gamma}\mathbf{\xi} + \mathbf{\zeta} \tag{1.5-3}$$

其中，x 为外生观测变量，y 为内生观测变量，η 为外生潜变量，ξ 为内生潜变量，$\mathbf{\Lambda}x$ 为外生观测变量与潜变量的关系矩阵，$\mathbf{\Lambda}y$ 为内生观测变量与潜变量的关系矩阵，δ 为外生变量误差项，ε 为内生变量误差项，β 为外生潜变量间的路径系数，$\mathbf{\Gamma}$ 为内生潜变量间的路径系数，Δ 为目标变量，ζ 为目标变量误差项。

Amos软件提供多种模型运算方法供选择，例如采用最大似然估计进行模型运算。结构方程模型主要作用是揭示潜变量之间（潜变量与可测变量之间以及可测变量之间）的结构关系，这些关系在模型中通过路径系数（载荷系数）来体现。同时为考察模型结果中估计出的参数是否具有统计意义，需要对路径系数或载荷系数进行统计显著性检验。Amos提供一种简单便捷的方法，临界比率（Critical Ratio，CR）。CR是一个统计量，使用参数估计值与其标准差之比构成。Amos 同时给出 CR 的统计检验相伴概率 p，可以根据 p 值进行路径系数/载荷系数的统计显著性检验，若路径系数检验 p 值均小于 0.01，即所有影响作用均显著，说明假设均成立。

　　同时，通过参数路径系数显著性检验后，还需要对模型进行拟合评价，模型拟合指数是考察理论结构模型对数据拟合程度的统计指标。不同类别的模型拟合指数可以从模型复杂性、样本大小、相对性与绝对性等方面对理论模型进行度量。Amos 提供多种模型拟合指数对模型进行拟合评价，拟合程度与各评价指标对照见表 1.5-2。

拟合指数 表 1.5-2

指标	评价标准
CMIN	—
DF	—
CMIN/DF	<3
RMSEA	<0.08
GFI	>0.9
IFI	>0.9
CFI	>0.9

1.5.2　公共建筑节水心理-行为动态时滞模型

1. 公共建筑节水心理-行为动态时滞模型构建

　　ETPB 模型基于静态数据分析，尽管可以对外界干预进行分析同时实现对目标行为的预测，但无法模拟干预等外界条件所引起的意识行为在时间域的动态变化。

　　有学者的研究表明，个体对外部干预的行为反应可能存在时间延迟，这意味着个体行为背后的复杂心理过程不是静态的，而是随时间动态非线性变化。虽然 ETPB 模型能够量化个体的心理与行为之间的关系，但它无法展示这种关系在外部干预下的动态变化。为了解决这一问题，有学者引入控制工程的概念来描述干预对心理和行为的影响，称为动态行为干预模型（Dynamic Behavior Intervention Model，DBIM），如图 1.5-3 所示。基础控制工程和适应性干预术语，如动态系统（指多变量时变过程）、定制变量和过程分析，可能有利于当前的行为变化建模研究。复杂的心理过程被表达为一个动态控制系统，其中自变量（如干预措施）对因变量（如心理和行为）的影响被计算为动态流。在实践中，分析个体心理与行为之间的动态关系不仅基于问卷调查结果，还需要对行为变化过程进行监测，为动态行为干预模型提供精确的行为记录。

　　对于特定研究主体而言，t 时刻其态度上对于主观上接受节水的程度、节水的积极态度、对自我节水能力的认知程度、感知节水行为的易难度、意向上准备好节水的迹象、现实中用水行为的改变程度可用主观规范库、用水态度库、自我效能库、知觉行为控制库、用水意向和节水行为库分别对应的存量 $\eta_1 \sim \eta_6$ 表示，该值越大则表示程度越高。ξ_i 表示外界干预流量的流入，当对研究主体进行干预时，外界的干预会以 ξ_i 的流量影响每个库的库

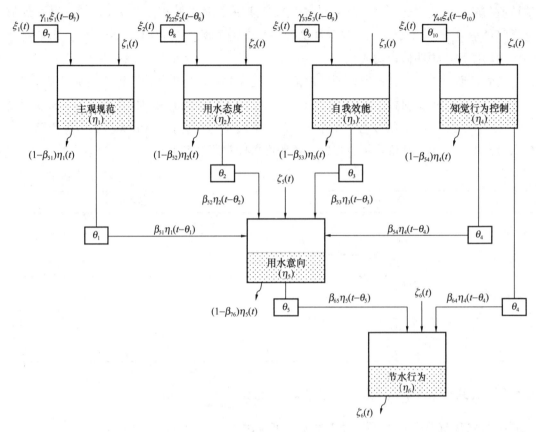

图 1.5-3　动态行为干预模型

存。β_{ij} 表示库存转移系数，对应 ETPB 模型中的标准化回归系数。γ_{ii} 表示外界干预流量流入的转移系数。

以主观规范库为例，设 t 时刻由于外界的干预对用水态度库引入的外部流量为 $\xi_1(t)$，外部流量的转移系数为 γ_{11}，由于时间滞后效应，经过转移时滞 θ_7 后用水态度库所增加的流量即为 $\gamma_{11}\xi_1(t-\theta_7)$，另一方面主观规范库还会受到外界噪声 $\zeta_1(t)$ 的流入。同一时刻 t，主观规范库流出的流量为 $\eta_1(t)$，其中有 $\beta_{51}\eta_1(t)$ 的流量向用水意识库转移，β_{51} 为主观规范库到用水意识库的库存转移系数，经过转移时滞 θ_2 后到达意识库的流量即为 $\beta_{51}\eta_1(t-\theta_2)$，而有 $(1-\beta_{51})\eta_1(t)$ 的流量从主观规范库流失。用 $\mathrm{d}\eta_1/\mathrm{d}t$ 表示 t 时刻主观规范库的库存增量，τ_1 为主观规范的库存时间常数，则在 t 时刻对于主观规范库而言，式(1.5-4)成立。

$$\tau_1 \frac{\mathrm{d}\eta_1}{\mathrm{d}t} = \gamma_{11}\xi_1(t-\theta_7) - \eta_1(t) + \zeta_1(t) \tag{1.5-4}$$

类似地，对于其他库可得下列 t 时刻一阶时滞微分方程，如下：

$$\tau_2 \frac{\mathrm{d}\eta_2}{\mathrm{d}t} = \gamma_{22}\xi_2(t-\theta_8) - \eta_2(t) + \zeta_2(t) \tag{1.5-5}$$

$$\tau_3 \frac{\mathrm{d}\eta_3}{\mathrm{d}t} = \gamma_{33}\xi_3(t-\theta_9) - \eta_3(t) + \zeta_3(t) \tag{1.5-6}$$

$$\tau_4 \frac{\mathrm{d}\eta_4}{\mathrm{d}t} = \gamma_{44}\xi_4(t-\theta_{10}) - \eta_4(t) + \zeta_4(t) \tag{1.5-7}$$

$$\tau_5 \frac{\mathrm{d}\eta_5}{\mathrm{d}t} = \beta_{51}\eta_1(t-\theta_1) + \beta_{52}\eta_2(t-\theta_2) + \beta_{53}\eta_3(t-\theta_3) + \beta_{54}\eta_4(t-\theta_4) - \eta_5(t) + \zeta_5(t) \tag{1.5-8}$$

$$\tau_6 \frac{\mathrm{d}\eta_6}{\mathrm{d}t} = \beta_{65}\eta_5(t-\theta_5) + \beta_{64}\eta_4(t-\theta_4) - \eta_6(t) + \zeta_6(t) \tag{1.5-9}$$

式中　τ——库存时间常数，d；

$\quad\quad\eta$——库存量值；

$\quad\quad t$——时间，d；

$\quad\quad\gamma$——外界干预流量流入的转移系数；

$\quad\quad\xi$——外部干预流量值；

$\quad\quad\theta$——转移时滞，d；

$\quad\quad\zeta$——外界噪声值；

$\quad\quad\beta$——库存转移系数。

2. 公共建筑节水心理-行为动态时滞模型求解

1）节水行为改变记录

ETPB 模型仅需要问卷调研的数据或干预前后的用水数据进行求解，而动态干预模型不仅需要这些数据，还需要干预过程中的用水数据作为模型的输入。而为了对用水行为进行记录，需要在公共建筑中合适的用水器具处安装合适的水表进行有效记录。对于不同的公共建筑，用水器具可能存在差异，主要包括洗手池、厕所、淋浴器、饮水机、消火栓、喷淋头和喷泉等。一般情况下，安装记录装置需要注意以下几个方面：需要选择合适的记录装置，根据不同的用水器具和使用环境进行选择；安装记录装置需要具有相应的专业知识和技能，以确保安装正确和可靠；安装记录装置应该考虑用户的隐私和信息安全问题，并采取相应的安全措施，如数据加密和访问限制等；安装记录装置后，需要进行定期维护和检查，以确保装置的正常运行和数据的准确性。除此之外，当涉及公共建筑的用水器具和水表监测时，选择合适的器具和位置对于用水数据的准确性和监测效果非常重要，选择合适的器具和安装位置可以确保用水数据的准确性。例如，选择洗手池和厕所的安装位置应该是用水量最大的区域，以确保用水数据的准确性。安装用水记录装置和选择水表的传输频率和传输平台也是关键因素，选择水表的误差应较小，以确保数据的准确性。选择水表的传输频率需要考虑用水数据的实时性和监测需求，如果需要实时监测用水情况，可以设置更高的传输频率。如果只需要每天或每周收集用水数据，可以设置更低的传输频率，以减少数据传输成本。一般情况下建议选择高频率传输的水表，并采用无线传输方式实现。同时，考虑监测的时效性，最好将水表监测数据远传输至平台，以确保数据的安全性和稳定性，更好地收集、存储和分析用水数据。目前常见的传输平台包括基于物联网技术的云平台、无线传输网络等，具体的传输平台可以根据实际需要来进行决策。

2）参数优化求解

动态干预模型中的动态时滞微分方程组是一类重要的微分方程组，其描述的是一些动态系统中存在的时滞现象。动态时滞微分方程组的求解方法有很多，其中比较常用的方法是数值方法，如欧拉方法、龙格-库塔法、改进的欧拉法等。但是这些方法对于时滞微分方程组的求解精度、稳定性和收敛速度等方面存在一定的局限性，特别是在解决非线性、高阶、多维时滞微分方程组时，这些方法的效果往往不理想。另一种比较有效的求解方法是迭代方法。这种方法的基本思想是通过迭代求解时滞微分方程组，逐步逼近方程组的解。相对于数值方法，这类更加灵活，求解精度更高，可以解决非线性、高阶、多维时滞微分方程组，但是其迭代次数较多，收敛速度较慢。动态时滞微分方程组的求解方法有很多种，每种方法都有其特点和适用范围，具体使用哪种方法需要根据问题的具体情况来决定。在选择求解方法时，需要考虑方程组的性质、求解精度、收敛速度和计算效率等方面的因素。

同时，在进行求解之前，需要先定义时滞方程中的参数值。通常情况下，这些参数值是通过实验或者理论分析来确定的，也可以根据经验估计而后采用智能优化算法对参数值进行优化求解，常见的优化算法包括遗传算法和粒子群算法等。另外，求解的精度、稳定性和收敛速度等方面与时滞参数、初始条件、时间范围、数值积分方法等因素密切相关。因此需要认真选择适当的计算方法，以获得较为准确的求解结果。

以遗传算法（Genetic Algorithm，GA）对动态干预模型中的参数值进行优化求解为例，它是一种基于自然选择和遗传进化的搜索和优化算法，模拟自然界中生物进化的过程，通过对问题空间内的"个体"进行变异、交叉、选择等操作来寻找问题的最优解。

遗传算法首先对问题的初始解集进行随机编码（个体编码），将其转化为二进制串，然后，通过变异、交叉等操作来生成新的解集（种群），然后根据适应度函数评估每个解，并根据适应度大小进行选择，选出最有生命力的个体（选择操作），最后根据已选出的个体进行遗传操作，生成新的解集。通过迭代，逐渐逼近最优解。具体步骤如下：

初始化：随机生成一组个体，每个个体都是一个可能的解，用二进制进行编码。

评估：对每个个体进行评估，计算其适应度值（也叫目标函数值），以衡量其解决问题的能力。

选择：按照适应度大小，选择一部分优秀的个体，用于下一步的繁殖。

交叉：将选中的优秀个体按照一定的概率进行交叉操作，产生新的后代。

变异：在新的后代中，以一定的概率进行变异操作，引入新的基因，增加个体多样性。

重复执行：重复执行评估至变异步骤，直到满足终止条件（例如达到最大迭代次数，或找到足够优秀的解）。

输出结果：输出找到的最优解。总体来说，遗传算法具有以下优点：能够自适应地搜索解空间，具有较强的全局寻优能力；可以处理复杂的非线性问题，适用性广泛；可以处理多目标优化问题。参数优化求解流程图如图 1.5-4 所示。

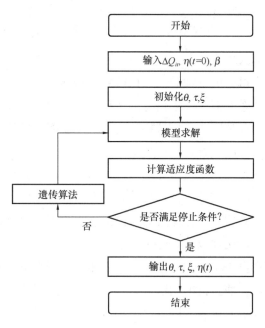

图 1.5-4　参数优化求解流程图

1.5.3　公共建筑节水行为改变方法及评价

1. 公共建筑节水行为改变方法

1）信息干预

干预策略主要分为信息干预、反馈干预、经济干预。其中，信息干预包括主观规范类信息干预、用水态度类信息干预和自我效能类信息干预。

主观规范类信息干预：规范会影响人的行为，在某种程度上，人们越认同一个群体，就越可能使自己的行为符合群体的规范。基于社会认同的从众不是表面上的顺从，而是将群体的态度、价值观和行为真正内化为自己的过程。包容性语言是通过建立"我们是谁"和"我们如何行动"传递对于群体来说特定的态度、价值观或行为。包容性语言暗示社会认同，如"我们""他们""社会""国家""文明"等。对于主观规范类影响因素进行节水干预的标语，可以利用包容性语言将社会认同感与节水行为联系起来，从而对公共建筑用户用水行为进行干预。可以通过张贴宣传标语、发放阅读材料等手段实现。

用水态度类信息干预：相关节水知识的短缺被认为是节水行为的主要阻碍之一，知识本身并不足以改变用户用水行为，但可以通过向用户通报水资源短缺的情况，从而改变用水态度，鼓励节水行为。也可通过张贴宣传标语、发放阅读材料等手段实现。

自我效能类信息干预：自我效能是指人们对自己实现某一领域行为目标能力的信心或信念，在本书的研究中代表人们对自身在公共建筑内节约用水能力的认知。利用信息类干预方法可以通过标语等的张贴起到一个提示作用，如提醒刷牙期间关闭水龙头，也可以通过发放含有具体节水方法的阅读资料，增加公共建筑用水用户节约用水的相关知识，规范节水行为。

2）反馈干预

这种方法干预的目标为主观规范和自我效能。采用反馈干预的方法改变公共建筑节水行为的第一步是制定一个可行的反馈计划。该计划应包括对反馈信息的选择、反馈方式的选择以及反馈的时间和频率。对于反馈信息的选择，可以通过监测公共建筑用水数据、使用问卷调查等方式获取，反馈方式可以选择口头或书面反馈，反馈的时间和频率应该充分考虑用户的行为和反馈信息的效果，以达到最大化的节水效果。

反馈干预需要制定一个可行的实施计划。这包括确定反馈信息的来源、制定反馈信息的收集方式和收集频率，以及设计反馈信息的分析方法。为了确保计划的有效性，应该制定一个完整的实施计划，并建立一套完整的反馈信息收集和分析体系，以便能够及时发现问题并及时调整反馈计划。例如以公共建筑内某层或某房间为单位，每月或每周向其提供用水量和其他单元的用水量平均值。以显示其与群体平均用水量之间的差异。高用水量单元可能受主观规范影响，会使自己的用水行为趋向于群体的规范行为，进一步激励该单元进行节水行为；低用水量单元可能会因为反馈提供该宿舍人群的自我效能感，即提升其对节水行为的信心、增强其对自行节水行为能力的认知，进一步激励该单元进行节水行为。

但反馈类干预策略也有可能起反作用，因此需要监测和评估计划的有效性。这可以通过定期监测公共建筑的用水数据、使用问卷调查等方式来完成。同时，应该收集反馈信息并进行分析，以便及时发现问题并及时调整反馈计划，从而保证其长期的有效性。总的来说，在采用反馈干预的方法改变公共建筑节水行为时，首先需要注意反馈信息必须准确、及时和有效；其次，反馈信息应该与公共建筑用户的节水行为相关，能够激发他们的节水行为；最后，反馈信息应该充分考虑用户的反馈，以便不断改进反馈计划，最大化反馈计划的效果。

3）经济干预

这种方法干预的目标为知觉行为控制，知觉行为控制通常是指一个人能够对实际困难或者风险的感知程度，它反映的是对于激励或者阻碍个体行为的因素。现有的经济干预通常是指通过经济手段，如提高水费、设立水费阶梯等方式来影响用户的用水行为。在公共建筑中，采用经济干预来改变用户的节水行为，既能够起到节约用水的效果，又能够降低用水成本。首先，要设计合理的水费阶梯，以鼓励用户节约用水。水费阶梯是指在不同的用水量范围内，设置不同的水价，低用水量的用户可以享受低廉的水价，而高用水量的用户则需要支付更高的水费。其次，可以通过设立用水配额的方式来限制用户的用水量。用水配额是指为每户用户设定一个固定的用水量上限，当用户超出这个用水量时，需要额外支付水费。

除了以上两种方法，还可以采用水费补贴的方式来激励用户节约用水。水费补贴是指政府或水厂对节约用水的用户提供一定的经济奖励，比如给予一定的水费减免或者水费折扣。这种方式能够鼓励用户积极参与节约用水行动，同时也能够增加水费收入。例如可以对用水单元承诺，每月或每周用水相对之前有减少，将会有经济奖励；也可以设置竞争机制，承诺只有节水量最多的单元才能获得经济奖励，来对公共建筑单元的节水行为进行激励。但要注意经济干预的实施需要考虑公平性和透明度。经济干预方式的设计和实施，应该充分考虑用户的经济状况、用水需求等因素，保证用水计费的公平性和合理性。同时，要及时公开用水计费政策，让用户了解计费方式和用水费用的结构，保证用水计费的透明度和公正性。

2. 公共建筑节水行为改变评价

1）节水行为评价

对用户的节水行为进行评价是非常重要的，可以帮助人们更好地了解和改善自己的用水行为。其中，采用统计学的方式是一种有效的方法。

采用统计学的方法进行水量分析的前提是能够有效获取用户的详细用水数据包括用水量、用水时间、用水方式等信息，从而用于统计每个用户的用水量，以及不同时间段的用水情况，如日用水量、月用水量、峰谷用水量等。

然后需要对收集到的用水数据进行预处理。预处理包括数据清洗、缺失填充、异常处理等步骤。数据清洗是指对收集到的数据进行去重、去噪声的操作，以确保数据的准确性和可靠性。缺失填充是指对缺失数据进行补充，一般可以采用插值、平均值填充等方法。异常值处理是指对极端值进行处理，以确保数据的稳定性和可靠性。

下一步，可以采用一系列的统计学方法来分析用水数据。这些统计学方法包括描述性统计、假设检验、回归分析等。描述性统计是指对用水数据进行简单的统计分析，包括均值、方差、标准差、偏度、峰度等指标。假设检验是指对样本数据进行显著性检验，以判断是否符合某些分布假设。回归分析是指通过建立数学模型来描述用水量与其他因素之间的关系，例如不同的心理因素等。

最后，根据统计分析的结果，可以对用户的节水行为进行评价。例如，通过对用户用水数据的描述性统计，可以计算出用户平均每天的用水量、每次用水的平均用水量等指标，从而对用户的节水行为进行评估。通过回归分析可以得出用水量与不同心理因素之间的关系，从而可以对用户的节水行为进行更加深入的分析，并通过数据分析和可视化的方式进行呈现和分析，展示用水情况。

同时，通过不同用户的用水量、不同时段的用水量以及历史用水数据的对比分析，可以评估每个用户的节水行为和节水心理。例如，对于同一户型的不同住户，通过比较他们的用水量评估他们的节水意识和节水行为的差异。对于同一个住户，通过比较不同时间段的用水量评估他们的节水习惯和节水行为的变化。

2）节水心理评价

评价节水心理是一项相对较为复杂的任务，需要通过多种方法进行综合分析。常见的方法如下：

① 调查问卷：基于计划行为学理论可以设计相关问卷，向参与节水活动的人员进行

调查。问卷内容可以包括节水意识、节水心理、节水行为等方面，通过统计和分析问卷结果，可以构建心理学模型，初步量化各个心理因素水平以及对行为的影响程度，从而对参与者的节水心理进行初步评价。

② 心理测试：采用心理学测试的方法，对参与者的个性、态度、价值观等方面进行评价。可以通过设计相关测试题目、进行个别面谈等方式来获取相关信息，从而对参与者的节水心理进行评价。

③ 行为观察：通过观察参与者的日常生活，记录他们的用水行为。行为观察可以分为主动观察和被动观察两种方式，前者需要参与者的配合，而后者可以通过安装水表等设备来实现。通过采用数据分析方法，对参与节水活动的人员进行数据挖掘和分析，从而探究节水行为的内在规律。通过建立节水行为模型、探索节水行为与其他行为之间的关系等方式，可以对节水心理进行更加深入的评价。例如结合上述公共建筑节水行为改变方法采用动态干预模型对用户的用水心理进行具体的量化分析。

1.5.4 典型公共建筑节水行为改变案例分析

1. 案例 1

1）问卷调研（表 1.5-3）

案例 1 公共建筑节水心理与行为间的关系采用问卷调研的方式进行研究，共收集到 1011 份有效问卷，获得全国范围较大样本集。在网络问卷调查中男女性别比例为：54.05％的男性和 45.95％的女性。学历、所处地区及年龄分布广泛，包含各个地区、学历及年龄。

各潜变量的 Cronbach α 见表 1.5-4。潜变量 Cronbach α 均大于 0.7，根据表 1.5-1，说明量表可信度较高。

线上问卷 表 1.5-3

潜变量	观测变量	问卷内容	缩写	选项
节水态度	水资源价值	节约用水很有必要	WSA Q2	
	节水与个人关系	节约用水是文明和有教养的象征	WSA Q3	
结果预期	节水与增加供给	家庭节水可以解决目前供水短缺现状	RF Q4	1 非常不认同； 2 不认同； 3 一般认同； 4 认同； 5 非常认同
	节水与水费	节约用水会显著减少家庭水费的支出	RF Q5	
	节水与个人生活	节约用水不会对我的日常生活带来不便	BC Q6	
	家庭节水感知	就我的家庭而言，可以通过节水行为减少用水	BC Q7	
社会准则	公众节水感知	我认为我的邻居，朋友和家庭成员大家都在节约用水	PP Q8	
	机构节水感知	目前整个社会都在采取积极的措施进行节水宣传与节水尝试	PP Q9	

续表

潜变量	观测变量	问卷内容	缩写	选项
节水措施	洗漱、淋浴过程中间断放水		WSM1	1　从不； 2　偶尔； 3　有时； 4　经常； 5　一直
	缩短淋浴时间		WSM2	
	衣服集中清洗		WSM3	
	果蔬集中在盆里清洗		WSM4	
	炊具、餐具上油污先擦除再清洗		WSM5	
	经常扫地，尽可能减少拖地次数		WSM6	
	一水多用		WSM7	
	使用节水器具		WSM8	
	以身作则，引导其他家庭成员		WSM9	

问卷信度检验　　　　表 1.5-4

潜变量	可测变量缩写	Cronbach α
节水态度	WSA Q2 、WSA Q3	0.701
结果预期	RF Q4、RF Q5、BC Q6、BC Q7	0.706
社会准则	PP Q8、PP Q9	0.75
节水措施	WSM1、WSM2、WSM3、WSM4、WSM5、WSM6、WSM7、WSM8、WSM9	0.801

问卷效度检验见表 1.5-5，数值为 0.836，表示测量结果与考察内容吻合度较高。

KMO 和 Bartlett 检验　　　　表 1.5-5

Kaiser-Meyer-Olkin 度量		0.836
Bartlett 的球形度检验	近似卡方	3618.193
	df	136
	Sig.	.000

线上问卷调研对象人群中，高中学历占 40.22%，高中学历以上占比 59.78%。年龄为小于 18 岁最多占比 26.98%，其次为 25～35 岁人群占比 21.34%。地区分布中中南和东北地区人数较多，其余地区分布相似（表 1.5-6）。

调研对象概况　　　　表 1.5-6

题目	选项	人数（人）	百分比（%）
个人受教育程度	高中及以下	406	40.22
	大学	255	25.20
	硕士研究生	166	16.40
	博士研究生	184	18.18
性别	男	546	54.05
	女	465	45.95
年龄	小于 18	272	26.98
	18～25	211	20.85

题目	选项	人数（人）	百分比（%）
年龄	25～35	216	21.34
	35～45	130	12.85
	45～60	107	10.57
	60及以上	75	7.41
所在区域	华北	117	11.66
	东北	224	22.13
	西北	77	7.61
	中南	370	36.56
	西南	105	10.38
	华东	118	11.66

通过对调研人群在各建筑中停留时间与建筑类型交叉统计分析，得到在各建筑各停留时间（表1.5-7）各时间段与出入建筑的使用属性关联紧密：在办公楼、宿舍以及教学楼停留时间大多在5h以上，可能由于是员工或学生工作学习或者休息的地方，所以停留时间较长；而宾馆停留时间多是1～5h，与宾馆是短途落脚的属性有关。

停留时间分析 表1.5-7

停留时间	建筑类型				
	办公楼	宿舍	宾馆	教学楼	其他
小于1h	9.64%	8.47%	9.21%	13.29%	14.29%
1～2h	22.89%	20.82%	30.92%	13.75%	23.53%
2～5h	16.87%	16.70%	26.97%	16.08%	18.49%
5～8h	19.28%	20.59%	16.45%	22.38%	15.13%
8h以上	31.33%	33.41%	16.45%	34.50%	28.57%

卫生间用水、洗衣、洗澡三项为在公共建筑用水中用水量最大的三个方面，占比分为50.00%、44.47%、38.04%。但是不同人群常出入的公共建筑存在差异，不同建筑中人的用水行为存在差异，不同人群出入不同建筑最多用水选项结果见表1.5-8，调研人群最常出入公共建筑为办公楼的最大用水项前三为：卫生间用水、洗衣、洗澡；最常出入公共建筑为宿舍的最大用水项前三为：卫生间用水、洗衣、洗澡；最常出入公共建筑为宾馆的最大用水项前三为：洗衣、卫生间用水、清扫；最常出入公共建筑为教学楼的最大用水项前三为：卫生间用水、洗衣、洗澡。

表1.5-9为水压感知与开度的关系，可知压力感知过高的人群更倾向于将水龙头全开，这个比例在此类人中占到45.28%。反而压力感知不足的人群倾向于水刚流出即可。这说明用户感知水压过高，在实际用水过程中可能并不会减少水龙头开度。

用水占比分布

表 1.5-8

用水用途	建筑类型				
	办公楼	宿舍	宾馆	教学楼	其他
卫生间用水	66.57%	62.01%	34.21%	67.83%	50.42%
洗衣	45.78%	55.84%	40.13%	62.24%	41.18%
清扫	28.01%	25.63%	28.95%	19.81%	15.97%
洗澡	39.16%	49.20%	28.29%	57.11%	32.77%
做饭洗碗	18.67%	21.51%	26.32%	15.15%	17.65%
浇花	15.36%	11.44%	24.34%	7.93%	10.08%
宠物用水	7.53%	6.41%	12.50%	5.13%	11.76%
其他	19.88%	13.04%	14.47%	16.32%	15.97%

水压感知与开度

表 1.5-9

水压感知	开度				
	流出来即可	1/4 开度	1/2 开度	3/4 开度	开至最大
不足	22.64%	33.96%	16.98%	11.32%	15.09%
刚好	14.49%	10.14%	15.94%	40.58%	18.84%
偏高	12.90%	16.13%	37.63%	15.05%	18.28%
过高	11.32%	9.43%	16.98%	16.98%	45.28%

2）问卷分析及节水模型构建与求解

基于节水心理模型构建潜变量、观测变量之间的关系，得到的节水行为初始模型，模型包括节水态度（WSA）及其对应的观测变量 WSA Q2～Q3，结果预期（RF）及其对应的观测变量 RF Q4～Q7、社会准则（PP）及其对应的观测变量 Q8～Q9、节水行为措施（WSM）及其对应的观测变量（WSM1～WSM9）。节水态度、结果预期、社会准则均会对节水行为产生影响，节水态度、结果预期、社会准则三个变量之间也会相互产生影响（表 1.5-10）。

模型结果

表 1.5-10

潜变量关系	路径系数	C.R	P（显著性）
节水态度（WSA）←→结果预期（RF）	0.75	12.446	**
结果预期（RF）←→社会准则（PP）	0.75	13.237	**
节水态度（WSA）←→社会准则（PP）	0.47	9.539	**
节水态度（WSA）→节水措施（WSM）	0.14	2.524	*
结果预期（RF）→节水措施（WSM）	0.2	4.322	*
社会准则（PP）→节水措施（WSM）	0.19	3.591	*

注：统计数据需进行数值检验检查，P（显著性）由 * 指示，从 * 和 ** 依次增强。

同时对模型进行拟合评价，模型各拟合指数均满足要求，模型拟合较好，模型结果具备参考价值（表 1.5-11）。

模型拟合评价

表 1.5-11

指数名称		数值	评价标准	结果
绝对拟合指数	χ^2	2.538	<3	满足
	GFI	0.963	>0.9	满足
	RMR	0.085	<0.05，越小越好	满足
	RMSEA	0.044	<0.05，越小越好	满足
相对拟合指数	NFI	0.904	>0.9，越接近1越好	满足
	TLI	0.919	>0.9，越接近1越好	满足
	CFI	0.933	>0.9，越接近1越好	满足

由表 1.5-10 中各变量之间的路径系数，可以发现用水行为受节水态度、结果预期、社会准则三个因素影响，影响因子分别为 0.14、0.2、0.19。结果预期对用水行为的影响最大，表明用户最关心的是节约用水可以带来怎样的结果。

节水态度对节水行为的影响路径系数是 0.14，与结果预期和社会准则相比影响略小。一定程度上表明，节水态度会促进节水，但单纯的通过类似"节约用水，人人有责""保护水资源"这类的标语性宣传实现促进用户节水，影响力不够显著。

结果预期对节水行为的路径系数为 0.2，在三个变量中影响最大，其中"家庭节水可以解决目前供水短缺现状"和"就我的家庭而言，可以通过节水行为减少用水"两个可测变量的路径系数最高，分别为 0.7 和 0.69，由此可见，大多数人节水的驱动力为采取节水措施可以减少用水量，减少水费支出。因此建议进行节水的教育宣传，量化节水行为可以带来的收益，从而大大提高用户节水驱动力。

社会准则对用户节水的路径系数为 0.19，略低于结果预期的影响。当用户知道周围人以及全社会都在努力节约用水，用户在用水的过程中会产生自我约束，促进其节水。因此，形成全社会节水良好风气，提高用户自身责任意识，可实现节水。

3）节水行为评价

在发放的网络问卷中，约 55.53% 的人认为自己经常出入的建筑具有节水的空间并且表示在将来的用水中会改善，约 24.90% 的人认为公共建筑中的用水没有节约空间了，约 19.57% 的人虽然认为建筑中用水有节约空间，但并不愿意为此花费多余的精力节水。节水意识与节水措施的关系如图 1.5-5 所示，当意识为建筑中有节水空间并且愿意节水的人，在各项节水措施中完成意愿远大于不愿意节水的人群。但无论是否认为有节水空间，只要不愿意进行节水行为，在各项节水措施中的完成意愿相似。

调研人群对水资源的了解程度与节水措施的关系如图 1.5-6 所示。对水资源的了解程度与是否实施节水措施相关性明显，对水资源了解的群体各项节水措施的实施程度远高于对我国水资源情况不了解的群体。

地区与节水态度关系、节水措施关联。不同地区节水态度如图 1.5-7 所示，图中中南地区群体节水态度最为积极，西南地区节水态度最为消极。

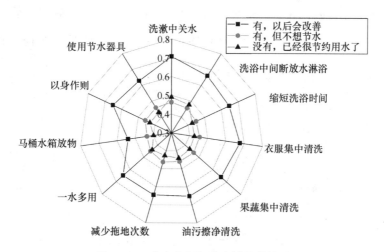

图 1.5-5　节水意识与节水措施的关系

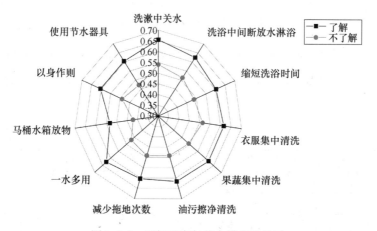

图 1.5-6　了解程度与节水措施的关系

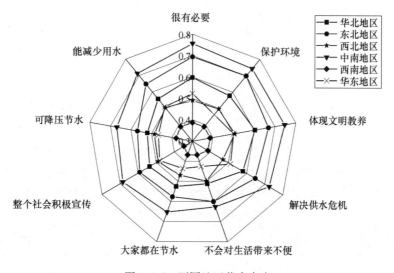

图 1.5-7　不同地区节水态度

不同地区节水措施如图1.5 8所示，图中显示中南地区和东北地区对各节水措施的采用与实施相较于其他地区更多。西南地区群体相较于其他地区不愿使用各种节水措施。

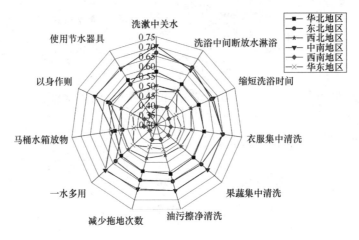

图 1.5-8　不同地区节水措施

节水动机是指能对节水产生有效促进的各项原因。节水障碍是指对人群决定要节水过程中可能要考虑的各项因素，会对个人对节水的态度及后续的行动产生影响。节水动机与障碍的调查结果见表1.5-12。

节水动机与障碍调查　　　　　　　　　　　　　　表 1.5-12

题目	选项	人数（人）	百分比（%）
您和您周围朋友节水的主要原因（多选）	节约水资源	415	41.01
	环保意识	438	43.28
	皆有，主要出于节约水资源	422	41.70
	皆有，主要出于环保意识	304	30.04
	从不节约用水	135	13.34
您觉得哪种方式对您节水的影响最大（多选）	了解当地水资源	491	48.52
	降低过高的水压	325	32.11
	明快上口的标语	274	27.08
	公益宣传的广告	324	32.02
	其他	141	13.93
您认为公益节水活动是否有意义	意义重大，增强节水意识	648	64.03
	意义不大，仅短时间内起作用	284	28.06
	没有意义	164	16.21
您认为阻碍您和您同学节水的主要因素（多选）	没有阻碍，一直节水	399	39.43
	节水花费大量的精力	260	25.69
	没有形成全社会节水风气	400	39.53
	不知道如何节水	226	22.33
	缺乏资金支持和奖励	201	19.86

由表 1.5-12 分析可得：对水资源的节约意识和环保意识是促进群体节约的主要原因。在"您和您周围朋友节水的主要原因"中仅有 13.34％的人从来不节水，其余人会因为对资源的节约出于环保意识，但是出于环保意识比例低于节约水资源。公益宣传广告、降低过高水压和了解当地水资源是主要的影响人群节水态度的方法。虽然认为公益广告会对个人节水态度产生影响，但仍有 28.06％的人认为这个效果是短期的，16.21％的则认为完全没有意义。没形成良好的社会风气是现阶段阻碍群体的主要节水障碍，在"您认为阻碍您和您同学节水的主要因素"这个问题，回收的问卷中 39.43％的人认为自己在节水中没有障碍，各种节水障碍中 39.53％的人认为由于没形成全社会良好的社会风气是阻碍他们主动节水的原因，25.69％的人认为因为节水需要花费大量的时间精力，22.33％和 19.86％的人认为不知道如何去节水和缺乏相应的奖励。

2. 案例 2

由于影响用户实际用水的影响因素较多，例如气候季节变化、法律条规、财产特征、家庭特征、个人特征及激励阻碍等，难以通过实验获取这些影响因素对用户实际用水的影响，而通过问卷调查能够快速高效获取大量实际数据。故在本案例中，通过设置问卷量表并结合扩展的计划行为学理论构建并求解用水心理模型，由求解得到的结构方程模型中各个变量间的路径系数刻画不同影响因素对不同用户实际用水行为的影响程度。通过对 1206 名志愿者的问卷调查，建立了一个典型的扩展计划行为理论模型，并对其进行了分析，以确定节水态度、主观规范、自我效率和知觉行为控制对行为的影响。然后，在三种安装智能水表的公共建筑中进行多次干预实验，记录节水行为。此外，通过优化的动态行为干预模型，对外部干预下公共建筑用户节水心理的变化进行了模拟和量化比较。

1）问卷调研与分析

基于扩展的计划行为理论，设计公共建筑用户用水心理调查问卷，包括主观规范（SN）及其对应的观测变量 SN＿1～SN＿5，用水态度（WSA）及其对应的观测变量 WSA＿1～WSA＿3、自我效能（SE）及其对应的观测变量 SE＿1～SE＿4、知觉行为控制（PBC）及其对应的观测变量 PBC＿1～PBC＿3、用水意向（WSI）及其对应的观测变量 WSI＿1～WSI＿6，并在网络和三种公共建筑（办公楼 B1、教学楼 B2 和宿舍楼 B3）现场发放问卷。共获取到 1206 份问卷（其中办公楼 567 份，教学楼 395 份，宿舍楼 244 份）。问卷形式见表 1.5-13。

问卷调研

表 1.5-13

潜变量	问卷内容	观测变量	选项
主观规范（SN）	您认为您的亲朋好友期望您在公共建筑内节约用水	SN＿1	1-非常不认同
	您认为对您来说重要的人支持您在公共建筑内节约用水	SN＿2	2-不认同
	您认为您重视其意见的人也会在公共建筑内节约用水	SN＿3	3-比较不认同
	您认为即使降低一些舒适度和方便度，在公共建筑内节约用水也很有意义	SN＿4	4- 一般
	您认为即使花费一些时间精力，在公共建筑内节约用水也很有意义	SN＿5	5-比较认同

潜变量	问卷内容	观测变量	选项
用水态度 （WSA）	您认为公共建筑节水很有意义	WSA_1	6-认同
	您认为很有必要提倡公共建筑节水	WSA_2	7-非常认同
	您认为在公共建筑内节水是文明和有教养的象征	WSA_3	
自我效能 （SE）	对您来说在公共建筑内节约用水很容易	SE_1	1-非常不认同
	如果您想的话，您有信心可以在公共建筑内节约用水	SE_2	2-不认同
	您认为您有时间和能力在公共建筑内节约用水	SE_3	3-比较不认同
	您认为您可以决定自身在公共建筑内是否节约用水	SE_4	4-一般
知觉行为控制 （PBC）	当对公共建筑内节约用水行为设置奖励制度时，您会更愿意节约用水	PBC_1	5-比较认同
	当公共建筑内设有节水器具时，您认为进行节约用水行为会更加容易	PBC_2	6-认同
	当您赶时间的时候，您更不愿意在公共建筑内节约用水	PBC_3	7-非常认同
用水意向 （WSI）	您愿意在洗漱过程中间断放水	WSI_1	
	您愿意在洗浴过程中间断放水	WSI_2	
	您愿意使用节水器具	WSI_3	
	您愿意一水多用	WSI_4	
	您更倾向于果蔬集中清洗而不是单独清洗	WSI_5	
	您更倾向于衣服集中清洗而不是单独清洗	WSI_6	

在求解三类公共建筑的结构方程模型之前，需要对问卷进行信效度检验，即计算问卷的 Cronbach α、外载荷和权重，以检验变量的心理测量性质和维度。结果显示各因子均加载正确，Cronbach α 大于 0.7，证实了问卷的可靠性。此外，还检验了复合信度（CR）和平均方差提取（AVE），以确保有效性。由表 1.5-14 可以看出，所有 CR 值和 AVE 值均大于 0.70 和 0.5 的最低可接受水平，证实了构式的内部一致性和收敛效度。

问卷信度检验　　　　　　　　　表 1.5-14

变量	外载荷和权重（>0.5）			Cronbach's α（>0.7）			CR（>0.7）			AVE（>0.5）		
	B1	B2	B3	B1	B2	B3	B1	B2	B3	B1	B2	B3
SN_1	0.842	0.816	0.776									
SN_2	0.835	0.819	0.766									
SN_3	0.867	0.893	0.871	0.934	0.922	0.907	0.934	0.924	0.909	0.740	0.709	0.667
SN_4	0.859	0.817	0.815									
SN_5	0.898	0.862	0.849									
WSA_1	0.818	0.85	0.845									
WSA_2	0.881	0.84	0.739	0.896	0.884	0.833	0.898	0.885	0.837	0.746	0.719	0.631
WSA_3	0.891	0.853	0.796									

变量	外载荷和权重（>0.5）			Cronbach's α（>0.7）			CR（>0.7）			AVE（>0.5）		
	B1	B2	B3	B1	B2	B3	B1	B2	B3	B1	B2	B3
SE_1	0.878	0.822	0.816									
SE_2	0.88	0.83	0.78	0.94	0.905	0.88	0.940	0.905	0.881	0.797	0.704	0.649
SE_3	0.93	0.894	0.864									
SE_4	0.882	0.807	0.759									
PBC_1	0.93	0.881	0.873									
PBC_2	0.845	0.81	0.82	0.916	0.868	0.869	0.918	0.873	0.874	0.790	0.696	0.699
PBC_3	0.889	0.809	0.814									
WSI_1	0.825	0.833	0.763									
WSI_2	0.902	0.883	0.838									
WSI_3	0.829	0.772	0.787	0.927	0.925	0.907	0.929	0.926	0.909	0.686	0.677	0.624
WSI_4	0.809	0.816	0.798									
WSI_5	0.814	0.833	0.746									
WSI_6	0.785	0.795	0.806									

办公楼用水人群的问卷效度 KMO 和 Bartlett 的检验结果见表 1.5-15，问卷所得数据的 KMO 和 Bartlett 检验值均满足要求，说明问卷设计的合理性。

问卷效度检验

表 1.5-15

KMO 和巴特利特检验		B1	B2	B3
KMO 取样适切性量数		0.935	0.932	0.906
巴特利特球形度检验	近似卡方	10183.874	6180.037	3203.108
	自由度	210	210	210
	显著性	0	0	0

对发放的问卷进行收集并在 SPSS 软件中进行统计，求解结构方程模型得到办公楼用水人群的静态 ETPB 用水心理模型运算结果路径系数检验见表 1.5-16，从表中数值可知，所有影响作用均显著（$p<0.01$），说明假设均成立，即用水态度、主观规范、自我效能和知觉行为控制均会对用水意向产生影响，用水态度、主观规范、自我效能和知觉行为控制四个变量之间也会相互产生影响。对于办公楼用水人群，主观规范、用水态度、自我效能和知觉行为控制四个因素对应的路径系数分别为 0.227、0.215、0.238、0.237，对于办公楼类用水人群，自我效能和知觉行为控制两类因素影响作用较大。对于教学楼用水人群，主观规范、用水态度、自我效能和知觉行为控制四个因素对应的路径系数分别为 0.214、0.231、0.225、0.291，说明对于教学楼用水人群，知觉行为控制类因素影响作用相对较大。

通过参数路径系数显著性检验后，还需要对模型进行拟合评价，模型拟合指数是考察理论结构模型对数据拟合程度的统计指标。Amos 软件提供多种模型拟合指数，三类建筑结果见表 1.5-17。CMIN/DF<3 且接近 1，说明模型拟合度较好；绝对拟合指数 RMSEA <0.08，GFI>0.9，符合要求，拟合效果较好。相对拟合指数 CFI>0.9，IFI>0.9，符合要求，拟合效果较好。因此，结构方程模型各拟合指数均满足要求，模型拟合较好，具备参考价值。

路径系数检验 表 1.5-16

潜变量相互关系	办公楼		教学楼		宿舍楼	
	标准化回归系数	P	ST 系数	P	标准化回归系数	P
主观规范→用水意向	0.227	***	0.214	***	0.195	0.003
用水态度→用水意向	0.215	***	0.231	***	0.24	***
自我效能→用水意向	0.238	***	0.225	***	0.251	***
知觉行为控制→用水意向	0.237	***	0.291	***	0.224	0.003
主观规范⇔用水态度	0.546	***	0.561	***	0.377	***
主观规范⇔自我效能	0.48	***	0.49	***	0.416	***
主观规范⇔知觉行为控制	0.425	***	0.432	***	0.364	***
用水态度⇔自我效能	0.512	***	0.505	***	0.315	***
用水态度⇔知觉行为控制	0.412	***	0.431	***	0.453	***
自我效能⇔知觉行为控制	0.429	***	0.484	***	0.517	***

模型拟合检验 表 1.5-17

指标	办公楼	教学楼	宿舍	评价标准
CMIN	383.205	330.361	249.355	—
DF	179	179	179	—
CMIN/DF	2.141	1.846	1.393	<3
RMSEA	0.045	0.046	0.04	<0.08
GFI	0.94	0.928	0.911	>0.9
IFI	0.98	0.975	0.978	>0.9
CFI	0.98	0.975	0.977	>0.9

2）节水行为改变应用

通过收集、分析问卷，得到了办公楼、教学楼、宿舍楼三类公建用户的静态 ETPB 用水心理模型，阐明了用户用水心理的影响因素，分析了不同影响因素的影响作用大小。然而通过分析干预实验过程中用户的用水量变化，发现干预不会马上生效，不同干预效果的持续时间也不同。为了解释这一现象，需要对用水心理、用水行为进行时间域的研究，则需构建动态干预模型，研究用户在干预下的用水心理、行为的改变。

（1）节水行为记录：在哈尔滨某高校某办公楼和教学楼一层男厕女厕、二层男厕女厕安装高精度水表，高精度水表可实时将用户用水数据远传至抄表平台，实现水量的实时监测。在水表数据稳定后，记录各个厕所各用水器具的周用水量。同时，在哈尔滨某高校某宿舍楼的一层、二层、三层、四层、六层共 12 个寝室安装高精度水表，高精度水表可实时将用户用水数据远传至抄表平台，实现水量的实时监测并记录周用水量。

（2）节水干预：分别在办公楼和教学楼开展节水干预，周期均为 4 周，干预措施如下：第 1、第 2 周干预周在一层男女厕的各用水器具旁显眼处张贴用水态度类节水宣传标语，第 3、4 周取消干预。第 1、第 2 周干预周在二层男女厕的各用水器具旁显眼处张贴主观规范类节水宣传标语，第 3、4 周取消干预。其中，主观规范类信息干预是利用包容性语言将社会、身份认同感与节水行为联系起来，将节水行为与公共建筑内人群的身份认同感相联系。用水态度类信息干预是通过向用户通报水资源短缺的情况，从而改变他们的用水态度。

宿舍楼开展节水干预，周期均为 6 周，干预措施如下：该实验周期内第 1、2 周干预周在实验组宿舍采取干预措施，见表 1.5-18，第 3、4、5、6 周取消干预；对照组宿舍不采取任何干预措施。

宿舍楼干预措施　　　　　　　　　　　　　表 1.5-18

人数	房间编号	干预措施
4	房间 3	反馈干预＋经济干预
4	房间 4	信息干预
2	房间 5	—
4	房间 6	反馈干预
4	房间 7	反馈干预＋经济干预
4	房间 8	反馈干预
4	房间 9	信息干预
2	房间 10	反馈干预＋经济干预
2	房间 11	信息干预

（3）三类公共建筑节水统计分析：记样本组 k 第 w 周的平均日用水量为 $E_{k,w}$，未受干预影响的对照组 k 第 w 周的平均日用水量为 $Q_{k,w}$，公共建筑节水行为值 $v_{k,w}$ 计算公式见式（1.5-10），当样本 k 的公共建筑节水行为值 $v_{k,w}$ 增大时，意味着该周的用水相对减少，从而说明公共建筑节水程度相对干预前增加。

$$v_{k,w} = (Q_{k,w} - E_{k,w}) \times 10^2 m^{-3} \tag{1.5-10}$$

三类公共建筑的节水量分析如下：

① 由办公楼干预实验内容可知，两类干预均在实验开始的前两周采取干预措施，后两周不设置任何干预，从图 1.5-9 中可以得出，办公楼类用水人群受两类干预影响类似，节水量在前三周均缓慢上升，在第三周达到最大值，而后才开始下降，可推断出干预效果的体现存在一定的时间滞后性。根据用水量统计可得，在整个周期内，对于办公楼类用水人群，从主观规范的角度进行干预，能使得用户相比空白组平均额外节约约 26.98％的用水，而从用水态度进行干预，仅会节约平均 7.97％的用水。从主观规范的角度进行干预的效果优于从用水态度角度进行干预。

② 由教学楼干预实验内容可知，两类干预均在实验开始的前两周采取干预措施，后

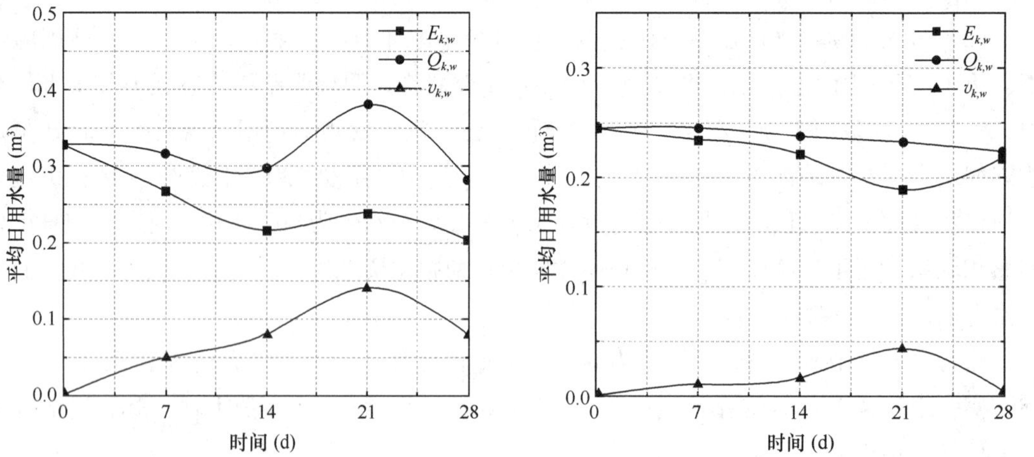

(a) 主观规范类信息干预节水量变化　　(b) 用水态度类信息干预节水量变化

图 1.5-9　办公楼干预节水量统计分析

两周不设置任何干预，从图 1.5-10 中可以得出，教学楼用水人群受两类干预影响类似，节水量在前两周变化较小，前三周整体趋势逐渐增加，在第三周达到最大值，而后才开始下降，可推断出干预效果的体现存在一定的时间滞后性。根据用水量统计可得，在整个周期内，对于教学楼用水人群，从主观规范的角度进行干预，能使得用户相比空白组平均额外节约 34.75%的用水，而从用水态度进行干预，仅会节约平均 24.79%的用水。从主观规范的角度进行干预的效果优于用水态度。

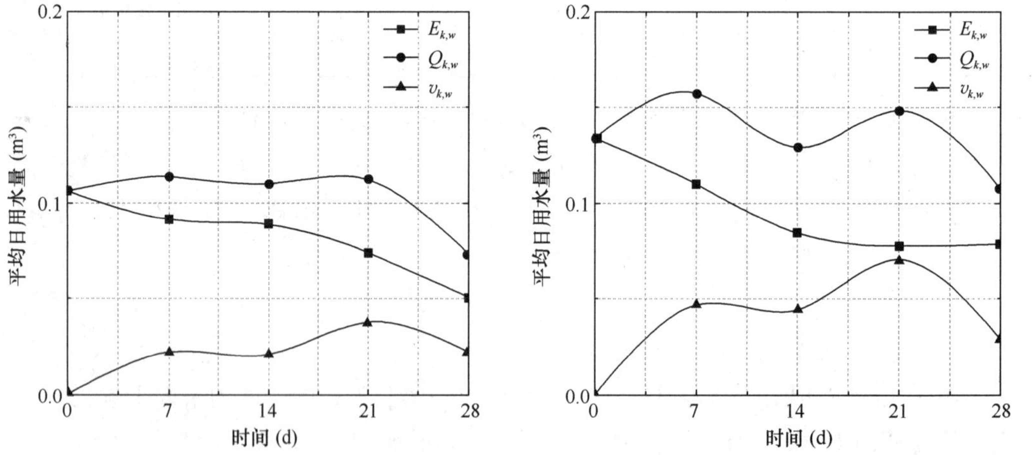

(a) 主观规范类信息干预节水量变化　　(b) 用水态度类信息干预节水量变化

图 1.5-10　教学楼干预节水量统计分析

③ 由宿舍楼干预实验内容可知，三类干预影响的节水量变化趋势有显著差别，而三类干预影响的相同点在于外界干预效果的体现均具有一定的时间滞后性和持续性(图 1.5-11)。其中，信息干预平均每人累计节水 0.091m³，反馈干预平均每人累计节水 0.0996m³，经济干预实验组平均每人累计节水 0.1289m³。根据用水量统计可得，在整个

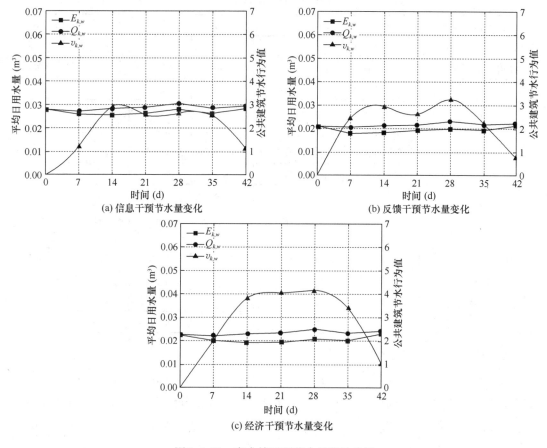

图 1.5-11　宿舍楼干预节水量统计分析

周期内，对于宿舍楼用水人群，信息干预相比空白组平均额外节约 7.78% 的用水，反馈干预相比空白组平均额外节约 11.27% 的用水，经济干预相比空白组平均额外节约 13.54% 的用水。

3）节水心理-行为评价

（1）现场问卷调研

将办公楼现场一层、二层办公人员视为同一类型用水人群，现场收集有效问卷 47 份，视为同一样本，即样本 1，样本各个潜变量的得分为办公楼类用水人群潜变量得分的均值。将教学楼现场一层、二层办公人员视为同一类型用水人群，现场收集有效问卷 63 份，视为同一样本，即样本 2，样本各个潜变量的得分为教学楼用水人群潜变量得分的均值。将宿舍楼安装水表同一宿舍人员视为一类用水人群，现场收集有效问卷 40 份，视为不同样本，即样本 3～样本 14，样本各个潜变量的得分为各个宿舍用水人群潜变量得分的均值，计算结果见表 1.5-19。同时问卷在干预试验周期开始前发放，并将结果作为动态 ET-PB 时滞模型中对应变量的初始值。

现场问卷调研结果 表 1.5-19

位置	人数（人）	样本编号 k	SN	WSA	SE	PBC	WSI
办公楼	47	样本 1	4.3	4.95	4.44	5	4.8
教学楼	63	样本 2	4.17	4.89	4.65	4.57	4.63
宿舍	4	样本 3	6.6	6.75	6.19	5.5	6.38
	4	样本 4	5.7	6.58	6.06	6.25	6
	2	样本 5	5.9	7	5.63	5.67	5.75
	4	样本 6	5.7	6.08	5.06	5.75	5.63
	4	样本 7	6.9	7	7	6.25	6.88
	4	样本 8	6.5	6.5	6.5	6.5	6.5
	4	样本 9	5.85	6.42	5.75	6.17	6.13
	2	样本 10	6.7	6.83	5.38	5.83	6.08
	2	样本 11	4.8	6.83	5.75	5.67	6
	4	样本 12	5.95	6.42	5.69	5.67	5.25
	4	样本 13	6.3	7	5.5	6.33	6.46
	2	样本 14	6.3	7	6.75	5.83	6.17

（2）基于动态干预模型心理-行为评价

① 办公楼：将办公楼问卷得到的潜变量主观规范（SN）η_1、用水态度（WSA）η_2、自我效能（SE）η_3、知觉行为控制（PBC）η_4、用水意向（WSI）η_5 得分作为 ETPB 动态时滞模型中库存 $\eta_1 \sim \eta_5$ 的初始值，分别为 4.30、4.95、4.44、5.00 和 4.80，节水行为库存 η_6 取 0。同时，外部流量的转移系数为 γ_{11}、γ_{22}、γ_{33}、γ_{44} 取 1，库存转移系数为 β_{51}、β_{52}、β_{53}、β_{54}、β_{65}、β_{64} 分别取 0.227、0.215、0.238、0.237、0.5、0.2（对应办公楼 ETPB 模型中相应模块间的标准化回归系数），随机噪声信号取 $\zeta_i(t) = N(0, 5)$。同时，待优化的参数主要包括转移时滞 $\theta_1 - \theta_5$，干预强度 ξ_i，库存常数 τ_i，共 12 个参数。参数优化的适应度函数用于考察模型计算得到的节水行为库的库存 $\eta_{6k,w}$ 变化趋势和实测得到的公共建筑节水行为值 $\upsilon_{k,w}$ 变化趋势的一致性，适应度函数 S_k 越小则相似性越高。该问题属单目标多参数优化，采用遗传算法（GA）进行优化，可对参数进行约束，转移时滞 θ 约束范围取 0～14，干预强度 ξ_i 约束范围取 0～28。

主观规范类信息干预实验优化后的参数值：时滞 $\theta_1 = 4$、$\theta_2 = 5$、$\theta_3 = 5$、$\theta_4 = 5$、$\theta_5 = 4$；干预强度 $\xi_1 = 5.553$（$i = 1$，对应主观规范库的外界干预强度）；库存常数 $\tau_1 = \tau_2 = \tau_3 = \tau_4 = 2$；$\tau_5 = \tau_6 = 1$。用水态度类信息干预实验优化后的参数值：时滞 $\theta_1 = 7$、$\theta_2 = 4$、$\theta_3 = 4$、$\theta_4 = 7$、$\theta_5 = 4$；干预强度 $\xi_2 = 5.665$（$i = 2$，对应用水态度库的外界干预强度）；库存常数 $\tau_1 = \tau_2 = \tau_3 = \tau_4 = \tau_5 = \tau_6 = 1$。据参数优化结果和动态时滞模型计算，可得两轮实验中模型各模块的库存值变化。

由图 1.5-12 可知，模型计算所得节水行为库存值随时间变化的波动趋势与实际节水量随时间变化趋势基本相同，证明参数优化结果较好。节水行为的库存量波动趋势与用水

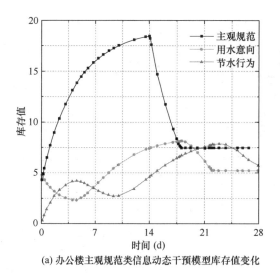

(a) 办公楼主观规范类信息动态干预模型库存值变化

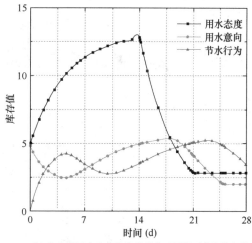

(b) 办公楼用水态度类信息动态干预模型库存值变化

图 1.5-12　办公楼类用水人群动态时滞模型库存值变化

意向库存量波动趋势相同，区别仅在于时间滞后。以主观规范类信息干预为例，参数优化的结果显示 $\theta_1=4$，$\theta_5=4$，时滞的单位为天（d），外界干预对主观规范库库存值的影响会在 4d 后才波及用水意向库，而用水意向库库存值的变化也会在 4d 后才传递到节水行为库，这就很好地解释了为何干预效果的体现有一定的时间滞后性。

　　② 教学楼：将教学楼干预问卷得到的潜变量主观规范（SN）η_1、用水态度（WSA）η_2、自我效能（SE）η_3、知觉行为控制（PBC）η_4、用水意向（WSI）η_5 得分作为 ETPB 动态时滞模型中库存 $\eta_1 \sim \eta_5$ 的初始值，分别为 4.17、4.89、4.65、4.57 和 4.63，节水行为库存 η_6 取 0。同时，外部流量的转移系数为 γ_{11}、γ_{22}、γ_{33}、γ_{44} 取 1，库存转移系数为 β_{51}、β_{52}、β_{53}、β_{54} 分别取 0.214、0.231、0.225、0.291（对应教学楼 ETPB 模型中相应模块间的标准化回归系数），随机噪声信号取 $\zeta_i(t)=N(0,5)$。

　　主观规范类信息干预实验优化后的参数值：时滞 $\theta_1=4$、$\theta_2=5$、$\theta_3=5$、$\theta_4=5$、$\theta_5=5$；干预强度 $\xi_1=5.083$（$i=1$，对应主观规范库的外界干预强度）；库存常数 $\tau_1=\tau_2=\tau_3=\tau_4=\tau_5=\tau_6=1$。用水态度信息干预类实验优化后的参数值：时滞 $\theta_1=5$、$\theta_2=4$、$\theta_3=6$、$\theta_4=6$、$\theta_5=5$；干预强度 $\xi_2=5.666$（$i=2$，对应用水态度库的外界干预强度）；库存常数 $\tau_1=\tau_2=\tau_3=\tau_4=\tau_5=\tau_6=1$。据参数优化结果和动态时滞模型计算，可得两轮实验中模型各模块的库存值变化。

　　由图 1.5-13 可知，模型计算所得节水行为库存值随时间变化的波动趋势与实际节水量随时间变化趋势基本相同，证明参数优化结果较好。节水行为的库存量波动趋势与用水意向库存量波动趋势相同，区别仅在于时间滞后。以主观规范类信息干预为例，参数优化的结果显示 $\theta_1=4$，$\theta_5=5$，时滞的单位为天（d），外界干预对主观规范库库存值的影响会在 4d 后才波及用水意向库，而用水意向库库存值的变化也会在 5d 后才传递到节水行为库，这就很好地解释了为何干预效果的体现有一定的时间滞后性。

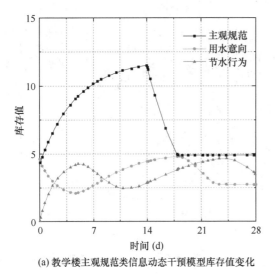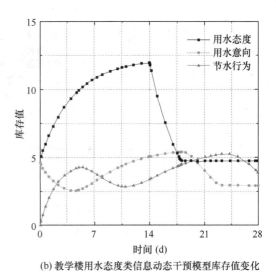

(a) 教学楼主观规范类信息动态干预模型库存值变化　　(b) 教学楼用水态度类信息动态干预模型库存值变化

图 1.5-13　教学楼用水人群动态时滞模型库存值变化

③宿舍楼：参数优化后的结果显示，各个库存时滞 θ 稳定在 4～7d，较好地解释了干预效果发挥的时间滞后性和持续性，干预强度表示样本受外界干预的影响程度强弱，无量纲，依据动态时滞模型优化的干预强度对比如图 1.5-14 所示。

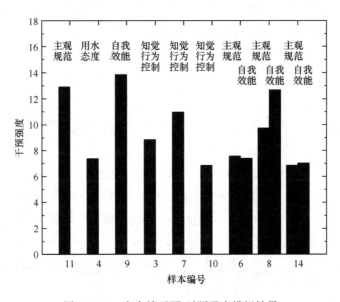

图 1.5-14　宿舍楼干预-干预强度模拟结果

图 1.5-14 中，样本 11、4、9 实验组分别对应主观规范类、用水态度类和自我效能类信息干预，样本 3、7、10 实验组则为经济干预，样本 6、8、14 实验组为反馈干预。由图 1.5-14可知，对不同样本采取同一外界干预措施所产生的影响也不同。

1.6　供水模式与市政管网匹配度

1.6.1　市政管网供水安全性的影响因素

以供水管网构建为切入点，归纳影响市政管网供水安全性的因素主要包括供水自身条件、供水外部环境和供水运行特性等。

1. 供水自身条件

1）管网建设

未能对系统需水量作出准确预测或没有弄清用户的用水量变化规律特点，导致在管径选取和泵站设计时尺寸偏小，管网输配能力设计不足，出现部分节点压力达不到最小服务水压的要求，产生水力故障。

2）管材

管材是影响管网漏损的重要因素。管网材质决定了供水管网的基本属性，不同材质的管网内部结构不同，性能和质量存在很大差异。

3）管径

当管网流量恒定时，不同管径的管网流速是有很大差别的，而管内阻力大小正比于与流速的平方。因此，当管径变化时，管网内的阻力将发生剧烈波动，进而影响管网运行状态和漏损情况。

4）管龄

管龄指的是供水管网投入使用的时间，对管网漏损的影响是间接的。管龄对管网漏损的影响分为三个阶段，分别为新建管网投入使用期、平稳期、衰老期。管网漏损次数随管龄变化的曲线符合"浴盆曲线"。

5）接口方式

由于我国供水方式较为集中，供水管网管线长、管段多，具有大量的管段接口。当管网基础发生不均匀沉降或发生伸缩时，管网上的应力大多会传至接口处，使其成为应力集中点，易造成管网漏损。

6）管网腐蚀

金属管网长期埋于地下，很容易发生腐蚀进而导致管网漏损问题。根据机理的不同，金属管网腐蚀主要分为电化学腐蚀和微生物腐蚀。电化学腐蚀是指金属管网在电解质溶液中，作为电极发生腐蚀现象，属于供水管网中最常见也是危害最大的腐蚀。微生物腐蚀是指有微生物作用参与下的腐蚀，主要是微生物的代谢对周围环境和供水管网造成的影响。

2. 供水外部环境

1）埋设深度及荷载

供水管网埋设深度指管网上表面到地面的垂直距离，即管网覆土层的厚度。埋设深度设计对管网十分重要，若埋设太深会使管网难以承受覆土的重量，进而导致管网发生破裂引发爆管事故；反之，过浅的埋深会使管网难以承受重型机械、火车等交通荷载造成的影响，易发生漏损现象。根据《水工业工程设计手册》对供水管网埋设深度的规定：金属管埋设在绿化带或者非机动车道下，埋深深度应小于 0.3m；管网埋设在机动车道下，非金属管网的埋设深度应不小于 1.2m，金属管网的埋设深度不应小于 0.7m。

2）气温

供水管网在温差的作用下，会引发轴向变形，发生伸长或收缩，对管网漏损有直接的影响。一年四季温度周期性发生变化，管网受到的轴向应力也随着温度的变化而发生周期性的改变，即管网长期受交变应力的作用。纵使管网所受的轴向应力低于许用应力，但周而复始，也会因为疲劳破坏导致管网发生漏损事故。温度变化相同时，小管径的管网承受较大的温差应力，发生漏损的可能性高。

3）土壤性质

土壤的性质对管网漏损会产生直接的影响，主要包括以下三个方面：腐蚀管网外壁、管网沉降、检漏难度。供水管网基本都铺设在地面以下，管网外壁会受到不同程度的腐蚀。根据腐蚀的性质，大多土壤腐蚀属于电化学腐蚀。根据研究发现，黏性土对供水管网的腐蚀性更强，管网漏损更严重。当供水管网承受荷载发生较大变化或其他原因造成管网沉降，位于黏性土壤的管网沉降高度更大，更容易造成管网漏损。通过主动漏损控制对管网进行检漏时，位于砂土和非黏性土壤特别是多裂缝土壤的供水管网漏损不易被发现；而位于黏性土壤的供水管网发生漏损时，水易渗出地面被巡检人员发现。

3. 供水运行特性

1）水压

供水管网压力过大，易造成供水管网破损，甚至发生爆管事故。根据研究表明，在同一漏失面积比下，漏失量与管网供水压力成幂指数关系。由于城市供水方式一般较为集中，但部分偏远地区离水厂较远，为了满足末端用户的需求，供水公司只有加大出水的水压以保证供水率。因此，主干管和连接管的水压高，流速高，极易引起管网穿孔或横向断裂等事故。

2）水量

管段中的流量及流速发生明显的变化，会对水质产生影响。一方面，当水量过大、流速升高时，水力停留时间变短，从而使得管网中的余氯消耗减慢，并降低微生物及有毒有害物质的风险，但是流速升高会使得管道水对管壁的冲击力加大，将附着在管道内壁的松散物质冲入到水体中，使水的浊度、色度升高；另一方面，当水量过小、流速降低时，水力停留时间延长，余氯消耗增多，余氯浓度降低，浊度升高，便于化学沉淀物的沉积及微生物的生长繁殖，从而给整个供水管网的供水水质安全性带来了很大的隐患。

3）水质

影响供水水质的常规检测指标主要包括余氯、浊度、铁、铝等。加氯量过多，不仅会增加水的气味，还会增加水中消毒副产物的含量；而加氯量过少，又不足以杀死并抑制水中的微生物；浊度的高低通常并不能说明水质的污染程度，但是却可以表征水质的恶化趋势；对于金属管道，管内铁锈对水质的影响较为明显，造成供水管网水质恶化；在输配水管网中残留铝沉积下来，一方面一定程度上会降低了管网输水能力，使得饮用水浊度增加，消毒效果减弱；另一方面，沉积铝絮凝体具有网捕的作用，致使微生物在其中大量繁殖，恶化供水水质。除常规检测指标外，管道内壁附着物也是影响水质的重要因素。市政配水管网内壁上普遍附着有生物膜，生物膜是细菌生长的载体，其内附着的细菌含量是相邻水体中的 25 倍，极大威胁供水管网水质安全。

4）水锤

水锤现象是指水在自然输送过程中，由于阀口的突然开启或关闭、水泵机组突然停车等原因，管内液体由于惯性作用，水流对阀口及管壁产生较大压强和大幅度波动现象。公共建筑供水系统中，供水管线长且为垂直布置，水泵启动、停止，以及阀门的快关快闭等会引起管道系统中水流流速的急剧变化而产生瞬变流，从而导致管道中剧烈的压力交替升降，所形成的高压可达正常工作压力的好几倍。若供水管网内壁由于腐蚀或其他原因存在微小孔隙时，水锤产生的压强增大数十倍至百倍，造成管网发生形变，甚至造成管网漏损或者引发爆管事故。

1.6.2 供水方式与市政供水管网匹配性

由于高位水箱供水、气压供水、变频恒压供水等供水方式对市政供水管网的冲击都是主要由水池（箱）进水引起的，可以作为一类进行讨论，因此，分析传统供水方式和管网叠压供水方式对市政管网的冲击影响，汇总见表 1.6-1。

不同供水方式对供水管网的影响概述　　　　　　　　　　　表 1.6-1

影响指标	供水方式	
	传统供水方式	管网叠压供水方式
管网水压	水箱（池）进水在用水高峰时期瞬时流量过大，泄压严重；水箱（池）进水自由出流时接入点压力波动剧烈浮球阀频繁启闭，瞬时开启和关闭进水，水压波动大	对市政管网进行直抽，严重降低了市政管网压力；管网叠压供水方式可通过调节设备入口允许最低压力将设备运行对市政管网的影响控制在允许范围内；管网叠压供水系统的直接停泵会对市政管网造成很大的冲击
供水可靠性	由水池进水引起的对市政供水管网的冲击不易控制；市政管网水压波动大，压差明显，高层的供水水压不足	供水可靠性不高，易对周边用户供水产生影响，使直供区供水压力下降且不稳定；当市政管网流量小于用户瞬时用水量时，会降低系统的连续性供水能力
供水安全性	容易引起水质污染问题，导致水体浑浊度、细菌总数、大肠菌群超标	可有效避免水质二次污染；为防止对回流对市政供水管网的水质造成污染，必须在设备进水管上设置防倒流装置

1. 传统供水方式对市政管网的影响

1) 低位水池浮球阀启闭的影响

以我国南方某市 HX 区供水管网为对象，选取 DN200 以上的管段建立瞬态水力模型，并选取 4 个观察点，用特征线法对浮球阀关闭时产生的瞬态过程进行计算，分析该过程对管道压力的影响。

（1）无防护时阀门启闭

泵站水泵正常供水，模拟两小区低位水池浮球阀同时在 3s 内由全开至全闭、由全闭至全开两种瞬态过程，发现浮球阀关闭引起的瞬态过程中最大压力达到了工作压力的 1.37 倍，并且在用水高峰期浮球阀启闭频繁，产生的压力波频率也高，需针对浮球阀关闭采取防护措施。浮球阀开启时不会在管网中产生负压，无需采取防护措施。

（2）有防护时阀门关闭

在模型中添加水击泄放阀，在浮球阀开始关闭后 1s 水击泄放阀开启，完全开启共用时 1s，关阀时间为 20s。模拟关阀工况，发现添加水击泄放阀后，浮球阀关闭引起的各节点压力升高值均小于未添加水击泄放阀时。低位水池浮球阀关闭时，增设水锤防护措施（添加水击泄放阀）与无水锤防护相比，造成的管网压力波动可减小 40%～55%。

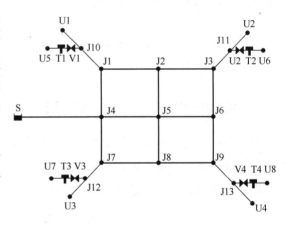

图 1.6-1　虚拟管网布局示意图

2) 水箱进水方式的影响

研究设计一个虚拟的管网，如图 1.6-1 所示。其中包含一个水源（S）、13 个中间节点（J1～J13）、4 个水箱（T1～T4）、8 个用户节点（U1～U8），以及 4 个流量控制阀（V1～V4），所有节点的高程相同。其中 U1～U4 为市政管网供水，U5～U8 为二次供水。

利用 EPANET 计算引擎，建立二次供水管网水力模型，计算上述管网各节点的压力和各管段的流量，对不同水箱调控方式（4 个水箱采用同一种调控方式）对管网压力的影响进行分析。利用 J1～J9 节点的分时压力值计算了管网压力波动强度 H_v，用这 9 个节点中最不利点的压力最低值作为 H_{min}，H_v 和 H_{min} 在不同调控方式下的结果如图 1.6-2 所示。

由图 1.6-2 可以看出，削峰填谷调控方式可以使管网压力波动强度最小，为 0.15m；即用即进的方式压力波动强度最大，为 6.92m；均匀进水的方式调控效果介于这两种调控方式之间。削峰填谷的调控方式下，最不利点压力最低值为 32.09m，比即用即进的调控方式的 13.90m 有了大幅度提高。综上，采用削峰填谷调控方式时，可有效降低管网压力波动，提高最不利点压力，与即用即进相比，其压力波动强度可降低 90%以上，这对于维持管网的安全运行以及实现供水的节能降耗有重要的意义。

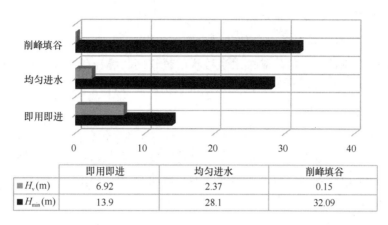

	即用即进	均匀进水	削峰填谷
H_v(m)	6.92	2.37	0.15
H_{min}(m)	13.9	28.1	32.09

图 1.6-2　三种调控方式下 H_{min} 和 H_v 的比较

2. 管网叠压供水方式对市政管网的影响

1）管网叠压供水方式对环状供水管网的影响

深圳市沙头角片区由沙头角水厂及其附属管网环状供水，运行 FLOWMASTER 进行管网系统模拟计算。

（1）管网叠压供水系统启动的影响

管网叠压供水系统增压水泵启动，系统流量和引入管流速出现较大波动，引入管与市政管网串接处压力出现剧烈震荡，压力由 0.22MPa 降至 10.9s 时的最低压力 0.172MPa，最大压降为 0.048MPa，经过 35s 逐渐稳定于 0.206MPa，压降为 0.014MPa。

（2）配置稳流罐的影响

对无稳流罐和带Ⅰ型（600×2840），Ⅱ型（800×1600），Ⅲ型（1600×400）三种同体积不同工艺结构稳流罐的管网叠压供水系统进行模拟计算，增加稳流罐后，系统流量波动和压力波动明显减小，系统趋于稳定所需时间也有所缩短。并且，相对于Ⅰ型和Ⅱ型稳流罐，配置Ⅲ型稳流罐管网叠压系统对市政管网压力影响最小，且市政管网压力恢复稳定所需时间相对较短。即对于同一体积稳流罐而言，公称直径较大的具有工艺结构方面的优势。

（3）用水量变化的影响

当用水量分别为 10L/s、16.6L/s 和 24.4L/s 时，管网叠压系统运行造成市政管网压力由初始的 0.22MPa 分别降至 11.55s 的最低压力 0.199MPa、11.9s 的最低压力 0.194MPa、12.55s 的最低压力 0.186MPa，总压降分别为 0.008MPa、0.014MPa 和 0.021MPa。随着用水量的增加，管网叠压系统的运行造成的市政管网压降相应增大，趋于稳定时间增长。

（4）引入管位置的影响

当管网叠压供水系统引入管在靠近市政水源管径为 1000mm 市政干管上取水时，最大压降和最终压降均小于引入管在管径 300mm 市政干管上取水时对应的压降。分析可知，引入管接口点离市政水源近，且市政干管管径大，市政管网供水能力增强，抗压力波动能力提高，管网叠压供水系统运行时市政管网压降减小。

2）管网叠压供水方式对单水源枝状供水管网的影响

利用流体瞬变流计算软件建立单水源枝状市政管网与叠压供水系统的管网水力模型，然后应用 FLOWMASTR 软件对管网叠压供水系统建模分析。

（1）用水量变化的影响

模拟 20L/s、35L/s 和 70L/s 不同流量工况下，管网系统中的压力变化情况，结果表明，用水量较小时系统流量趋于稳定所需的时间较短，流量波动幅度也较小。随着用水量的增加，引入管与市政管网接口处压力波动不断增加。同样，用水下游点压力变化与接入点压力变化规律类似。

（2）引入管位置的影响

将管网叠压供水系统引入管分别移至距离市政水源 10km、5km、0.5km 的位置，用水量均为 20L/s，对系统进行模拟计算。结果表明，当引入管在距离水源 0.5km 的市政干管上取水时，系统运行时市政管网压力波动大幅减小，最大压力波动不到 0.05MPa，稳定后的压降为 0.002MPa，系统在 50s 内快速达到稳定；而当引入管在距离水源 5km 和 10km 位置吸水时，最大压力波动分别达到 0.126MPa、0.136MPa，稳定后的压降分别为 0.005MPa、0.012MPa。同样，下游用水点压力变化规律与引入点一致。根据上述结果得出：长距离的枝状管网，在相同供水流量下，管网叠压供水引入管离水源越远，设备启动造成的压力波动越大，达到稳定所需时间越长，稳定后的压降也越大，因此供水风险也越大。

（3）市政管径的影响

保持管网叠压供水系统引入管位置和吸水量不变，设置市政干管管径分别为 600mm、800mm、1000mm，模拟结果表明，当市政干管管径为 600mm 时，即主管与引入管管径比为 3∶1 时，最大压降为 0.052MPa；而市政干管管径为 1000mm 时，即主管与引入管管径比为 5∶1 时，最大压降仅为 0.023MPa。而稳定后 600mm、800mm、1000mm 干管条件下的压力分别为 0.194MPa、0.227MPa 和 0.234MPa。据此可知，市政干管管径越大，管网叠压系统运行时接入点压力波动越小，稳定后压降也越小，该结果与稳态的水力计算结果一致。

（4）市政管网拓扑结构的影响

模拟环状和枝状干管管网叠压系统，最大压降分别为 0.034MPa 和 0.065MPa，即当引入管位置距离水源一定，且市政干管与引入管管径一定时，不同主管拓扑结构对同一套管网叠压供水系统抗干扰能力不同，支管成环的主管明显具有更强的抗干扰能力。

3. 不同供水方式对市政管网的影响

传统供水方式和管网叠压供水方式相比，二者相同点在于压水管路与用户直接连接，系统流量随用户用水量时时变化；主要异同点在于系统进水端，传统供水方式市政来水先进入水箱（池），管网叠压供水方式直接从市政管网取水。两种供水方式对市政管网的不同影响也主要是由于进水方式不同引起的。下面从理论上比较在市政管网相同位置，使用不同供水方式对市政管网的影响。

假设：①接入点处增加的节点流量均由水厂负担；②水池进水口与管网管网叠压设备安装高程相同；③二者引入管长度及管径等均相同。基于以上假设，结合相关水力学计算知识，可得传统供水方式水池进水及管网叠压供水设备最大供水量时理论公式：

水池自由进水时：

$$H = SQ_1^2 + \left[S_0 (Q_0 + Q_1)^2 - S_0 Q_0^2 \right] \tag{1.6-1}$$

管网叠压供水时：

$$H - H_{设} = SQ_2^2 + \left[S_0 (Q_0 + Q_2)^2 - S_0 Q_0^2 \right] \tag{1.6-2}$$

式中　H——市政压力，m；

$\quad H_{设}$——管网叠压供水设备入口处设定压力值，m；

$\quad Q_0$——接入点节点流量增加前市政管网流量，m^3/h；

$\quad Q_1$——自由出流时节点流量，m^3/h；

$\quad Q_2$——管网叠压供水时节点流量，m^3/h；

$\quad S_0$——接入点到管网之间管路等效摩阻；

$\quad S$——引入管摩阻。

式（1.6-1）与式（1.6-2）第一项代表引入管水头损失，第二项代表增加节点流量后接入点压降；两式相减整理可得式（1.6-3）：

$$H_{设} = (Q_1 - Q_2) \left[(S + S_0)(Q_1 + Q_2) + 2S_0 Q_0 \right] \tag{1.6-3}$$

为保障市政供水压力稳定，管网叠压供水设备入口允许设定压力一般低于城市供水服务承诺压力，即 $H_{设} > 0$，由式（1.6-3）可得 $Q_1 > Q_2$；因此，$S(Q_0 + Q_1)^2 - SQ_0^2 > S(Q_0 + Q_2)^2 - SQ_0^2$，即相同情况下，水池进水时接入点压降比管网叠压供水时接入点压降大。

对于市政管网，当某一处增加节点流量后，管网流量将增大，因而水头损失增加，最终导致市政供水压力下降。因而，可以将引入管与市政管网相交处压降作为不同供水方式对市政管网影响大小的评价指标。根据深圳沙头角水力模型模拟数据，分析发现：

（1）进水模拟。水池进水瞬时压力波动范围超过管网叠压设备进水时压力波动范围的 2 倍，水池进水稳定后的压降约为管网叠压设备进水稳定后压降的 3 倍。

（2）停水模拟。水池引入管的流量在关阀初期变化较小，关阀后期流量变化剧烈，管网叠压设备引入管流量变化稍缓和。水池引入管关阀时瞬时压力波动为管网叠压设备停泵时瞬时压力波动的 5 倍左右。

当然，这是变频恒压供水和管网叠压供水在进水流量、引入管长度及管径、接口与安装高度等均相同的前提下，理论研究的结果。但是，在实际应用过程中，高位水箱、变频恒压等水池进水可以采用均匀进水、削峰填谷等方式对进水量进行调控，进而避免用水高峰期时管网压力的巨大波动。而管网叠压供水方式在实际应用中都是即用即进，在用水高峰时，管网叠压供水水泵会直接大流量地从城市供水管道中抽取该区域用户所需要的水量，导致该区域供水管道的压力急剧降低，对市政管道造成较大冲击，严重影响了该区域多层直供住户的正常用水。综上，从理论层面，在相同供用水情况下，单个管网叠压供水系统启停过程对市政管网的瞬时冲击要相对小于高位水箱供水、变频恒压供水等传统水池进水对市政管网的冲击；但在实际应用中，由于进水方式的不同，要根据区域用水量及高峰期变化等实际情况进行科学判断。

4. 市政管网压力变化对供水系统的影响

1）市政管网压力变化对传统供水系统的影响

传统供水方式因中间水箱或水池的存在对市政管网压力变化有缓冲作用，传统供水方式中市政管网压力变化对传统供水系统的影响可忽略不计。

2）市政管网压力变化对管网叠压供水系统的影响

根据深圳沙头角水力模型模拟数据，研究市政管网对管网叠压供水系统的影响。

（1）市政管网压力升高对管网叠压供水系统的影响

模拟市政管网供水压力由 0.22MPa 升至 0.3MPa，对比两种工况下系统流量、增压泵出口流量、调速泵轴功率、引入管与市政管网串接处压力等的变化，结果显示：市政管网压力为 0.3MPa 时，管网叠压供水系统稳定运行时系统流量为 16.6 L/s，增压泵出口压力 16s 后稳定于 0.692MPa，与市政管网压力为 0.22MPa 工况相同；管网叠压供水系统调速泵轴功率从 5.84 kW 降至 4.03 kW，相对于市政管网服务水头 0.22MPa 工况的节能率为 $(5.84-4.03) \div 5.84 \times 100\% = 31\%$。分析可知：市政管网压力升高时，增压泵转速相应减小，扬程减小，供水系统流量和流速不变，管路系统水损不变，故管网叠压供水系统运行对市政管网产生的压降不变。

（2）市政管网压降低对管网叠压供水系统的影响

模拟市政管网供水压力由 0.22MPa 降至 0.16MPa，对比两种工况下系统流量、系统流速、引入管与市政管网串接处压力的变化，结果显示：当市政管网服务水压为 0.16MPa 时，水泵仍以其额定转速运行，系统流量出现波动现象，10s 后流量逐渐稳定于 15.2 L/s，小于 16.6 L/s，不能满足设计流量要求；引入管流速波动较市政管网服务水压为 0.22MPa 工况时有所减小，但趋于稳定所需时间加长，经过 20s 才逐渐稳定于 0.87 m/s；管网叠压系统对市政管网造成压力下降，压力趋于稳定后总压降为 0.013MPa。分析可知，由于市政管网可利用的水头减小，管网叠压系统流量和流速值均减小，管路系统水损也减小，故对市政管网所造成的压降也相应减小。

5. 供水方式对市政管网影响的应对措施

1）传统供水方式影响应对措施

措施一：在水箱或水池（下文都用水箱代替）补水处设置可调式减压阀。采用减压阀可以增加水箱补水支管的局部阻力，所以对市政管网直接供水可以起到部分稳压的作用。

措施二：合理减小水箱补水支管管径。减小水箱补水支管管径可以增加水箱补水支管的局部和沿程水头损失，即在不增加管网附件的情况下，明显增加水箱补水支管的阻力，削弱水箱补水引起的管网压力波动。但由于减小管径对水箱补水支管流量影响较大，应经过准确计算后，合理减小管径。

措施三：控制水箱引入管的出流流速。在保证用户正常用水的情况下可以在水箱引入管的适当位置加装小口径管嘴限流或者安装孔板，调整水箱引入管的阀门开启度，也可改造水箱引入管为小口径短管出流。

措施四：水箱内浮球阀更换为液压水位控制阀。浮球阀只能进行瞬间的开启和闭合，水池在瞬间进水和停水之时，会导致市政管网压力短时剧烈波动。而液压水位控制阀在完成启闭时，进水管压力不会发生瞬间变化，而是缓慢地在几秒钟时间内完成。

措施五：在水箱进水总管上安装信号蝶阀。信号蝶阀可以与水箱内的液位计联合作用，根据液位变化，远传控制蝶阀的开启度。当液位计显示液位已达到最高水位，会自动向信号蝶阀发送信号，信号蝶阀便会关闭，停止进水。反之，液位达到最高水位 1m 以下或其他设定值时，信号蝶阀便会开启，完成进水。

2）管网叠压供水影响应对措施

措施一：采用变频减速停泵方式。管网叠压供水设备工频直接停泵会对市政管网产生较大的瞬时压力波动，为了避免工频直接停泵，可采用变频减速停泵的方式，该方式延长了停泵时间，削弱了压力的瞬时剧烈冲击，一定程度上也可避免停泵水锤对管网和管网叠压供水系统的破坏。当必须采用工频直接停泵时，必须采取可靠的水锤防护措施防止出现较大瞬时压力波动。

措施二：合理减小引入管管径。合理减小引入管管径，增大市政干管与引入管管径之比，管网叠压供水系统运行时接入点压力波动将变小，稳定后压降也变小。

措施三：设置引入管接口点靠近市政水源。实际工程中，当管网叠压供水系统在市政管网不同位置取水时，运行中会对市政管网产生不同的水力影响。在相同供水流量下，设置引入管接口点靠近市政水源，可以削弱设备启动对市政管网造成的冲击，减小稳定后的压降变化，提高供水稳定性。

措施四：采用公称直径较大的稳流罐。稳流罐是管网叠压供水系统的重要组成部分，位于市政管网系统和用户之间，具有调节流量和稳压的作用。合理的稳流罐尺寸与形状设计可以改善稳流罐内水流流态，对于同一体积稳流罐而言，公称直径较大的稳流罐在管网叠压供水系统中减小流量和压力波动、缩短系统趋于稳定所需时间的作用更明显。

1.6.3　基于节水与安全保障的运营管理方案

基于对大型公共建筑供水方式特性、管网供水安全性及两者匹配性的研究，本节针对公共建筑供水安全稳定、系统节水节能提出运营管理方案和运行管理建议（图 1.6-3）。

1. 供水管网构建

1）管网自身条件

供水系统正确选用供水管材是保障供水安全性的关键。大型公共建筑市政供水管道材质种类繁多，有金属管道：如镀锌钢管、给水铸铁管、薄壁不锈钢管、铜管等；塑料管道：如 PVC-U、PVC-C、HDPE、PPR、PERT、PEX 等；金属与塑料复合管：如衬塑钢管；金属与金属复合管：如钢管内衬不锈钢、钢管内衬铜管等。建筑室内的供水管道，

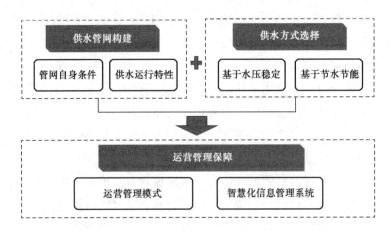

图 1.6-3 公共建筑运营管理方案

应选用耐腐蚀和安装连接方便可靠的管材，可采用不锈钢管、铜管、塑料给水管、塑料和金属塑料复合管及经可靠防腐处理的钢管，建议选用耐久性强、接头效能好的不锈钢管和铜管。无论选用什么材质，都要符合相应管材的现行国家产品标准规定。

贮水设备、水泵过流部件应选用不低于 06Cr19Ni10 的不锈钢材料，焊接材料应与设备同材质，焊缝应进行抗氧化处理。阀门及附件应根据管径、承压等级、安装环境等因素，选用耐腐蚀、寿命长、水利条件好、便于安装和检修维护的产品，相关产品应有卫生许可批件，并符合现行国家标准《生活饮用水输配水设备及防护材料的安全性评价标准》GB/T 17219 的规定。

未来应针对大型公共建筑建立一套科学合理的二次供水管网系统建设技术指南，对管材类型进行筛选，规范管径选取和接口方式，降低管网自身条件对供水安全性的影响。

2）供水运行特性

公共建筑室外供水主干管网应布置成环状，或与城市给水管连接成环状网，连接的加压泵出水管不应少于两条，环状管网应分段。环状供水既可提高供水的安全性，也可减少支状管网供水末端由于长时间不用水而造成水龄增加、水质指标降低的问题。

公共建筑室内供水管道特别是卫生间的供水管道宜布置成支管环状供水，即建筑内用水器具处采用双承弯供水且管道布置成环状。双承弯是可以实现户内用水器具处配水管道环状连接的重要阀件，其一个接口与用水点器具连接，另外两个接口分别与给水管连接。当卫生间配水管道采用支管环状布置时，任一用水点用水时均可使管道内部存水流动，缩短水在管道内的停留时间，降低水质污染风险。

针对大型公共建筑，也可建立供水管道的水力循环系统。水泵供水干管的水在供给用水点后再回到水池（箱），经消毒设施消毒后再供给用水点；建筑室内供水管道通过双承弯，环状布置，连接用水点处无支状管道，消灭死水区，防止细菌超标。总之，要明确建筑内供水管路系统内部回流的水质和水力优化特性，在优化水力条件和水力停留时间的基础上，逐渐改善建筑供水系统的水力运行特性。

2. 供水方式选择

1）基于水压稳定

针对大型公共建筑现有的供水方式，结合不同公共建筑的供水特点和用水规律，在满足用水需求的前提下，制定合理的供水系统方式优选方案和优化措施，尽量减小其对市政管网的压力冲击影响。对于传统供水方式，既要重视供水系统及设备的构建与完善，也要注重运行时进水方式和流速的控制。在供水系统建设方面，首先要根据实际情况，做好阀门的设置工作，例如：在水箱补水处设置可调式减压阀、水箱内设置液压水位控制阀、在水池进水总管安装信号蝶阀；其次，要合理选择管径，例如：在核算不易发生漏水事故的前提下，减小水箱补水支管管径。在系统运行维护方面，首先要科学选择即用即进、均匀进水、削峰填谷等进水方式，在某些时刻水压存在不能满足用户需求的风险时，建议采用削峰填谷调控方式；其次，要科学控制水箱引入管的出流流速，在保障用户用水需求的前提下，尽量减小流速。

对于管网叠压供水方式，要侧重应用条件的整体考量和供水系统的构建与完善。首先，在供水系统构建前，要准确模拟计算市政管网的水压和水量是否可以达到应用要求，需要到当地的水管部门报备审批，核实相关的使用条件方能使用。另外，为了保障基本供水安全性，管网叠压供水系统必须要设置可靠的防倒流措施和防负压措施；同时，要采取科学合理的措施减少水压波动，例如：在合理范围内，选择管径较小的引入管并设置引入管接口点靠近市政水源；在市政管网系统和用户之间设置公称直径较大的稳流罐等。

2）基于节水节能

针对不同公共建筑的用水需求，开展二次供水方式节能差异性能研究，制定合理的供水系统方式优选方案。首先应对现有二次供水方式的系统特性与能耗进行分析和研究，提出不同用水规律下建筑中合理的供水系统方式，在保证供水安全（水质、水量及水压）的前提下，最大限度降低建筑供水系统的能耗。重点内容如下：

（1）高位水箱供水系统能耗研究。确定该系统的平均节能效果以及供水能耗、供水量及供水压力的变化规律，确定高位水箱供水系统的适用范围。

（2）变频水泵加压供水系统能耗研究。测试变频水泵加压供水系统的供水能耗，确定该系统的平均节能效果以及供水能耗、供水量及供水压力的变化规律，给出该系统的高效应用范围。

（3）用水器具与供水系统的节水特性评价技术研究。开展用水器具与供水系统的节水特性评价技术研究，针对建筑供水系统中不同特性用水器具导致的建筑供水系统压力变化而引起的用水量变化问题进行研究，制定用水器具设置与供水系统方式选择的优选方法，建立用水器具与供水系统特性的节水性能评价技术。

3. 运营管理保障

1）运营管理模式

公共建筑二次供水设施由专业的供水部门实施统一管理是必然的发展趋势。目前已形成：①深圳市、宁波市的统一管理模式：全面整合市政供水与二次加压与调蓄供水，由供水企业全面负责,统一运营管理供水;②天津市的管养分离模式:供水企业先接管,再将二次加压与调蓄供水养护作业外包给专业公司;③重庆市的市场化模式:二次加压与调蓄供水、市政供水运营分离,新建或改建的由专业公司管理,专业运营实行有限准入,建管一体化制度,老旧设施由供水企业改造和管理;④沈阳市的双轨制模式:供水企业与物业公司并存。二次供水系统管理是全国性的共性问题,上述城市先行先试,开创了部分运维与管理模式并取得了一定的经验,值得总结借鉴、综合考虑并发展与创新。

针对大型公共建筑,未来可以成立专业的二次供水管理单位进行"统建统管",由供水企业组织人员进行市场化运作,管理范围由用户总水表至用户分表的二次供水设施,包括设施日常运转、养护、维修、更换,提出新建和既有二次供水设施产权和管理职能移交的具体方式。

2)智慧化管理系统

为提升供水系统规划设计、设备研发、工程施工、运行维护的全过程管理,保障供水水质与供水安全,应推动二次供水管理的智慧化进程,将互联网+、大数据、云计算等新技术与二次供水系统高效融合。智慧化管理系统应实现数据采集、远程监控以及运维管理等功能,通过实时感知二次加压与调蓄供水系统的运行状态,采用可视化的方式有机整合运行管理职能,形成二次供水物联网,并将供水信息进行及时分析与处理,辅助决策建议,构建智能感知、智能仿真、智能诊断、智能预警、智能调度、智能处置、智能控制、智能服务、智能评价为一体的功能平台体系。

智慧化管理系统监控平台监测数据应包括余氯、浊度、pH、市政进水压力、供水压力、供水流量、水泵运行频率和时间、用电量、故障报警等。智慧化管理系统管理平台根据监控采集数据,对水质、压力、流量的数据传送及阀门开关自动控制,降低设施故障率和提高系统的反应时间,实现对供水全方位的管理,提高整体服务水平。未来,可逐步实现子站运行监控、巡检维护监控、救险抢修指挥、热线客服平台等功能。

4. 水锤防护

水锤防护是保障公共建筑供水安全性必要环节,有利于提升韧性供水管网抗毁性和冗余度指标,更好地满足用户对供水压力、流量与水质的需求。

1)整体策略

统筹考虑供水系统的可研、设计、调试等各个阶段,应用体系工程方法制定事前预防、事中防护、事后应急的整体策略。

(1)水锤防护分析。正确计算水力模型所需的基本参数,设计合理的水力模型,完成水锤防护装置的选型,并在有水锤防护措施和无水锤防护设施的情况下分别进行水锤分析。

(2)水锤防护组件。根据实际工程目标和管网发展水平,正确考量止回阀、空气阀、控制阀、空气罐、调压塔、水击泄放阀、水击预防阀等水锤防护组件的适用性和优缺点,科学选择单一或组合的水锤防护组件。

(3)瞬态过程优化。通过迭代水力组件动态特性曲线,建立瞬态水力模型仿真,遵循水锤自适应防护-水力自适应和策略控制自适应的原则，基于阀门、水泵的动态特性对水力组件进行调校，优化阀门动作顺序和速度、水泵启停顺序和控制时间、水泵惯性飞轮、UPS 等；另外，基于水锤监测（高风险位置），对关键水力组件配置和策略进行优化，实现瞬态调度。

（4）管网优化。运用水力模型模拟事故工况对管线性能的影响，计算管网拓扑与能量的总冗余，量化单个管网组件的重要度，优化管网的拓扑结构，管道尺寸、流量、管材和厚度等；基于水力学和图论方法基本原理，研究供水路径对管网整体韧性的重要性，通过集压力、流量监测、压力调节于一体的智能减压阀，实现多供水路径情况下动态拓扑适应。

2）技术体系

对于公共建筑供水系统水锤防护，应做到以下两点：一是防止水力过渡过程的发生；二是通过采取防护措施，消除水锤压力，确保供水安全。

（1）采用缓闭阀门控制水锤波的产生。水锤波的产生可通过调控阀门启闭时间和选择合理的阀门类型来控制。阀门的启闭动作越慢，流速的变化梯度就越小，越不易产生水锤。当输水状态发生变化时，普通止回阀突然关闭使管道产生较大的水锤压力，若换用缓闭止回阀，则可以减小管道内的升压最大值，并避免机组反转。实际工程中缓闭阀的选择受到管径的影响，当管径小于 400 mm 时，适合选择遥控浮球阀、减压阀、缓闭止回阀、泄压阀等水泵控制阀；当管径大于 1000 mm 时，选择液控蝶阀较为合适。另外，其他类型的阀门启闭时间也需控制，以控制水锤产生。

（2）合理选择装置抑制水锤波的传播。输水工程在正常运行时，受温度的影响，溶解于水中的空气游离出来聚于管道凸部上方形成空穴，影响管内波速的传递，需及时排出；另外，管内压力随地势的起伏升高或降低，当压力降到蒸气压力时会形成蒸气空穴，使管道的一些高点或折点附近发生水柱分离，严重时会造成断流弥合水锤。当管道内形成空穴，压力降低就会产生降压水锤波，此时可通过设置空气阀、空气罐和调压塔等调节措施进行补水、补气或缓冲来抑制降压波的传播。

3）管理体系

充分利用计算机信息管理手段，建立管网运行动态模拟系统，掌握管网运行状态，压力分布和压力变化、漏水情况、管道外围因素变化、地下水文及地质条件变化等实时状态和变化趋势，对管网中易发生事故管道进行实时重点监测，降低爆管。

（1）运行管理与机制研究。开展供水管网水锤安全监测平台构建研究，充分发挥区块链在智慧水务中的应用，实现大型调水工程智能调度和供水管网瞬态优化调度。研究水锤防护管理机制，推进水锤监测预警中心设立，将城市爆管纳入城市应急管理考核指标。加强水锤监测数据管理分析，对供水网络水力脆弱性进行评价，提升各级各类供水管网安全智能化运营水平。

（2）监控管理与故障诊断系统。构建以中央控制、PID 控制和分布式控制为一体的层级控制架构，借助动态压力传感器、高频采集装置、上层集中管理系统等统计分析水锤、漏损数据；通过实时水锤监控及数据分析，与水力仿真模拟数据进行实时比对，诊断泵管阀是否处于健康状态，进行水锤、漏损在线告警并分析防护设备的有效性。

（3）应急控制管理系统。可采用爆管紧急切断阀，爆管时紧急切断管道，减小因爆管产生的水损失以及可能发生的次生灾害；爆管后，第一时间完成管网优化调度和优先级供水，通过对管网的图论分析、数据结构化和神经网络计算出爆管关阀策略，同时可以考虑供水保障优先级和水量、水压保障、影响面等方面的因素，最后根据水力模型对优化路径供水需求和安全的校核。

1.7 公共建筑水系统节水效能评价方法

1.7.1 建筑节水关键指标

1. 超压出流

用水器具给水额定流量是为满足使用要求，用水器具给水配件出口在单位时间内流出的规定出水量。流出水头是保证给水配件流出额定流量，在阀前所需的水压。给水配件阀前压力大于流出水头，给水配件在单位时间内的出水量超过额定流量的现象，称超压出流现象，该流量与额定流量的差值，为超压出流量。超出的部分没有充分发挥其使用价值，因此造成了水资源浪费。又因超压出流不易被人们察觉和认识，故这种水资源浪费具有较大的隐蔽性，也称为隐形水浪费。因此控制超压出流是建筑节水的关键指标之一，新建建筑结合市政给水管网的水压和使用要求、材料设备性能以及建筑的层数及高度等进行压力分区，合理确定建筑给水系统的竖向分区，并适当地采取减压措施，可达到节水的目的。

2. 热水系统节水指标

集中生活热水供水系统的节水关键点主要由三个因素决定，一是末端用水出水水温，二是压力平衡，三是末端用水出水水质。

1）水温

保障热水供水系统在规定时长内出水水温达到规范要求，是集中生活供水系统节水的有效措施。这是为了避免管路内过多不达温出水，造成用水浪费。这种水流的浪费现象是设计、施工、管理等多方面原因造成的。集中热水供应系统为了保证建筑生活热水系统的水温，可以采用管道循环系统或电伴热系统等措施。前者主要可通过选择干管、立管或干管、立管和支管循环方式，减少调节温度的过程中水的流失。后者主要针对一些需要分户计量的居住建筑、住宅建筑等不宜设置支管循环，在有限的空间内不允许有更多的管道系统、阀门附件等，不循环支管过长，达到合适的出水温度时已经浪费了诸多水资源，为此热水供水支管通过采用自调控电伴热系统改善用户终端的热水出水温度和时间，减少水资源浪费。新建建筑的集中热水供应要根据建筑性质、建筑标准、地区经济条件等具体情况选用循环管路同程布置、设导流三通、大阻力短管等措施保证循环效果。当布管较复杂时，宜首选控温循环阀、平衡流量阀等方便调节且节能高效的措施。尽可能减少乃至消除无效冷水的浪费。

2）压力平衡

另外集中生活热水供应系统有保证用水点处冷、热水供水压力平衡及稳定的措施。此项措施是为了保证用水点处冷、热水供水压力平衡及稳定减少调温所带来的浪费现象。冷水、热水供应系统应分区一致，如采取闭式生活热水供应系统的各区水加热器、贮热水罐的进水均应由同区的给水系统专管供应；由热水箱和热水供水泵联合供水的热水供应系统，热水供水泵的供水压力应与相应给水系统的加压泵供水压力相协调；当冷、热水系统分区一致有困难时，采用配水支管设可调式减压阀减压等措施。保证用水点的压力平衡，保证出水水温的稳定，减少不必要的水资源浪费。

3）水质

保障热水供水系统出水水质要求是保证用水安全的前提，但如果热水系统设计与运维不合理，热水水质难以保证更甚者会爆发军团菌等致病菌集体感染事件。一方面会带来人员伤亡损失，另一方面从节水角度来看，被污染的热水系统需要消毒清洗直至水质合格后，才能重新启用，间接带来了水资源浪费的结果。

3. 采用节水器具

节水器具是比同类常规产品能明显减少流量或用水量、提高用水效率、体现节水技术的器件、用具。设计阶段会根据建筑节水需求提出器具节水技术要求，尽可能选用节水型器具。我国建筑给水系统设计中所有用水部位均应采用节水型器具和设备，采用的卫生器具、水嘴、淋浴器等应根据使用对象、设置场所、建筑标准等因素确定，且应符合现行标准《节水型卫生洁具》GB/T 31436、《节水型生活用水器具》CJ/T 164 的规定。

在部分发达国家，对卫生器具的需求不仅是美观与舒适，还要求节水节能效果。美国和欧洲的一些公司相继研究出各种节水装置，如厨房和浴室的气水混合龙头、淋浴喷头、堆肥厕所、无水小便器等，可节约 20% 的生活用水。研究表明，节水设备的使用可以将民用住宅的节水率提高到 20%，公共建筑的节水率可以从 25% 提高到 60%。日本还大力推广采用两档便器冲洗水箱，包括利用杂用水的大便器；不仅如此，日本还开发了多种浴室节水型淋浴器，如带恒温装置的冷热水混合栓，按设定好的温度开启扳手后迅速地调节至合适的温度；定量停水栓，达到预先设置的热、冷水量，即可自动停水，防止热水和冷水的浪费。

我国与部分发达国家卫生器具水效指标对比见表 1.7-1。

我国与部分发达国家卫生器具水效指标对比 表 1.7-1

卫生器具	美国	英国	德国	日本	中国
大便器	6L/次	3～6L/次	3L/次	6L/次	4～6.4L/次
小便器	3.8L/次	0～10L/h	1.5L/次	4L/次	0.5～2.5L/次
淋浴	9.5L/min	3.5～14L/min	0.25L/s	——	4.5～9L/min
水嘴	1.9～8.3L/min	3～12L/min	0.15L/s	——	0.1～0.15L/s

现阶段，我国提倡使用最大冲洗量为 6L 且配有带压力的便器冲洗水箱的节能节水型便器，当大便器要用水进行冲洗时，水会由冲洗箱当中快速流出，对大便器及时冲洗，冲洗的清洁度要比以往常压水箱超出 35%～45%，并且每次冲洗仅需 3.5L 水量就能够更好的冲洗。给水水嘴应使用陶瓷芯等密封性能好、能限制出流流率的节水型水嘴。节水型水嘴和普通水嘴相比较，节水效果更好。在水压相同的条件下，节水量为 3%～50%，大部分在 20%～30%，能有效地节约水资源。因此，应在建筑中（尤其在水压超标的配水点）安装使用节水龙头以及节水型便器是现阶段建筑节水的重要措施。

4. 合理利用非传统水源

非传统水源作为绿色建筑节水中的重要一环，回用水质要符合现行国家标准的规定。雨水或再生水等非传统水源在贮存、输配等过程中有足够的消毒杀菌能力，且水质不会被污染，以保障水质安全，水质符合现行国家标准《城市污水再生利用　景观环境用水水质》GB/T 18921 和《城市污水再生利用　城市杂用水水质》GB/T 18920 的规定；雨水或再生水等非传统水源在处理、贮存、输配等过程中符合现行国家标准《城镇污水再生利用工程设计规范》GB 50335、《建筑中水设计标准》GB 50336 及《建筑与小区雨水控制及利用工程技术规范》GB 50400 的相关要求。

用中水、雨水、海水等非传统水源解决景观用水水源和补水的问题，卫生用水使用的非传统水源大多为中水，可以有效降低自耗水量，进而起到节水的作用。

常规非传统水源主要包括中水收集回用系统和雨水收集系统。由于我国在这方面起步较晚，大量既有建筑都没有设置上述系统。利用非传统水源代替自来水，是从开源角度采取的一项具有明显节水效益的节水措施。如何合理充分利用非传统水源代替自来水，需要在设计过程中进行考虑。合理利用非传统水源是当前及未来绿色建筑节水的有效举措。

5. 选用优质材料

建筑给水系统建成后会长时间遭受水体的冲洗及水压，如此工况下必须要选用品质有保障的管材、阀门。以往的设计中，给水管常使用镀锌钢管，容易生锈而造成水质污染，特别是管网内水长时间不用，再使用时便会有锈水流出，白白浪费水资源且危害人身健康。随着技术的进步，新型管材层出不穷，如 PPR 管、PE 管、PVC-U 管、金属复合管、不锈钢管、铜管等，使用此类管材既能降低水质污染风险，保证用水安全卫生，又能很好地解决此类浪费问题。阀门也是给水系统中常用的配件之一，其材料、类型和质量影响用水的质量，应尽量选用铜芯或陶瓷阀芯等较节水型阀门。

6. 用水计量

建筑水系统尤其是大型公共建筑水系统要按不同的供水用途、管理单元或付费单元等情况，对不同用户的用水分别设置用水计量装置，以此来统计各种用水单元的用水量和分析渗漏水量，不断完善节水管理的目的。同时，也可以据此施行计量收费或节水绩效考核，促进行为节水。

不仅按照供水用途、管理单元或付费单元等情况，对不同用户的用水分别设置用水计量装置，根据水平衡测试的要求安装分级计量水表，分级水表配备率及计量率达 100%。

具体要求为：下级水表的设置应覆盖上一级水表的所有出流量，不得出现无计量支路。运行阶段：物业管理机构应按水平衡测试的要求进行运行管理。申报方应提供用水量计量和漏损检测情况报告，也可委托第三方进行水平衡测试。报告包括分级水表设置示意图、用水计量实测记录、管道漏损率计算和原因分析。

用水计量不仅是为了用水计费需求，更多的是控制建筑水系统漏损所做出的精细化管理手段，通过缩小用水计量分区范围的方式分析区域内和区域间的流量和压力变化规律，达到精确计量和定量渗漏水平目的。

7. 循环冷却水系统节水指标

循环冷却水系统的节水，对建筑节水贡献不容小觑，主要体现在高效节水设备的选择以及设备安装位置及后期运行的管理。

1）设备安装位置选择：冷却设备设置在气流通畅，空气回流影响小的场所，且布置在建筑物的最小频率风向的上风侧，可使冷却设备高效运行，从而间接节约冷却用水量。

2）选择高效节水设备：循环冷却水系统采取设置水处理措施、加大集水盘、设置平衡管或平衡水箱等方式，避免冷却水泵停泵时冷却水溢出，直接节约了冷却用水的浪费。冷却水循环率不低于98%；冷却水循环率不低于98.5%；冷却水循环率不低于98.7%；采用无蒸发耗水量的冷却技术；"无蒸发耗水量的冷却技术"包括采用分体空调、风冷式冷水机组、风冷式多联机、地源热泵、干式运行的闭式冷却塔等。风冷空调系统的冷凝排热以显热方式排到大气，并不直接耗费水资源，采用风冷方式替代水冷方式可以节省水资源消耗。但由于风冷方式制冷机组的 *COP* 通常较水冷方式的制冷机组低，所以需要综合评价工程所在地的水资源和电力资源情况，有条件时宜优先考虑风冷方式排出空调冷凝热。

8. 绿化浇洒及其他节水指标

绿化浇洒采用喷灌、微灌、滴灌等高效节水方式。目前普遍采用的绿化节水灌溉方式是喷灌，其比地面漫灌要省水 30%～50%。采用再生水灌溉时，因水中微生物在空气中极易传播，应避免采用喷灌方式。微灌包括滴灌、微喷灌、涌流灌和地下渗灌，比地面漫灌省水 50%～70%，比喷灌省水 15%～20%。其中微喷灌射程较近，一般在 5m 以内，喷水量为 200～400L/h。

人工水景喷泉水池、游泳池、水上娱乐池等水循环系统设计采用循环给水系统。游泳池的补水水源来自城市市政给水，在其循环处理过程中排出大量废水，而这些废水水质较好，所以应充分重复利用，也可以作为中水水源之一。游泳池、水上娱乐池等循环周期和循环方式必须符合现行行业标准《游泳池给水排水工程技术规程》CJJ 122 的有关规定。

9. 管道敷设措施

管道作为供水系统最关键的部件，敷设采取严密的防漏措施，并应符合下列规定：

1）敷设在有可能结冻区域的供水管应采取可靠的防冻措施。

2）埋地给水管应根据土壤条件选用耐腐蚀、接口严密耐久的管材和管件，管道基础和回填土夯实应满足设计及符合现行国家标准《建筑给水排水及采暖工程施工质量验收规范》GB 50242 的要求。

3）室外直埋热水管，应根据土壤条件、地下水位高低、选用管材材质、管内外温差采取耐久可靠的防水、防潮、防止管道伸缩破坏的措施。室外直埋热水管直埋敷设还应符合现行标准《建筑给水排水及采暖工程施工质量验收规范》GB 50242 及《城镇供热直埋热水管道技术规程》GJJ/T 81 的相关规定。

10. 设备材料

建筑给水排水系统中所有用水部位均应采用节水型器具和设备，采用的卫生器具、水嘴、淋浴器等应根据使用对象、设置场所、建筑标准等因素确定，且应符合现行标准《节水型卫生洁具》GB/T 31436、《节水型生活用水器具》CJ/T 164 的规定。

民用建筑供水管道设置计量水表应符合下列规定：智能水量统计分析系统包含远传水表、云存储平台及数据分析等内容，远传水表采集水量动态数据并远传至数据存储平台后对水量数据进行统计分析的系统。通过对水量的实时监测起到用水监管效果，从而实现节水目的。

11. 运行管理

建筑管理最初多靠人工维护，成本高且管理混乱；随着信息化技术的发展，现阶段很多大型建筑或园区逐步开始应用电子计算机控制系统进行建筑全方位管理。在一些经济发达的国家，已建成不少信息管理综合系统，用以分配建设投资，拟定管理规划、年度计划、维护计划和作业计划，统计计划的完成情况，解决人员、材料和设备管理中的各项具体问题，编制预算，进行成本核算和经济活动分析等。建筑节水是建筑管理的重要组成部分，用水管理也是建筑节水的重要组成部分。

12. 提高与创新

采用新技术、新工艺进行建筑节水，既促进节水技术的发展，也起到节水的目的，是非常值得提倡和鼓励的措施。创新性节水措施可能会成为建筑节水的全新方向。创新性节水措施不仅要在硬件方面使用更加严格的设备和器具，也要应用信息化技术，实现软硬件一体化智慧运营，以及系统内部精确的流量分析和压力调控，对建筑节水实施精细化管控，必将更加切实地提高节水效率。

1.7.2 节水建筑评价指标体系

本研究从节水系统、设备材料、非传统水源、运行管理和提高创新等五个方面构建了节水建筑评价指标体系，如图 1.7-1 所示。

1.7.3 节水建筑评价指标权重

节水建筑评价是一个对因素影响的决策事件，在多目标决策中，会遇到一些变量繁多、结构复杂和不确定因素作用显著等特点的复杂系统，这些复杂系统中的决策问题都有必要对描述目标的相对重要度作出正确的估价。而各因素的重要程度是不一样的，为了反映因素的重要程度，需要对各因素相对重要性进行估测（即权数），由各因素权数组成的

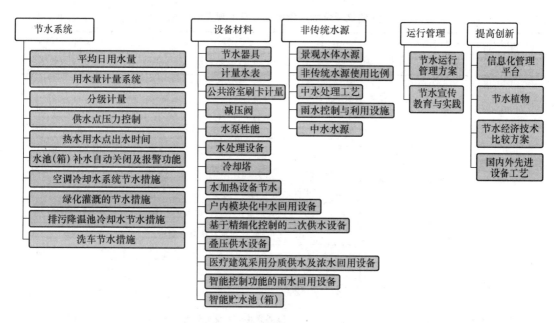

图 1.7-1 节水建筑评价指标体系

集合就是权重集。权重是指标本身的物理属性的客观反映,是主客观综合量度的结果。

系统工程理论中的层次分析法（Analytic Hierarchy Process,AHP）是一种较好的权重确定方法。它是把复杂问题中的各因素划分成相关联的有序层次,使之条理化的多目标、多准则的决策方法,是一种定量分析与定性分析相结合的有效方法。

节水建筑评价标准的权重系数确定方法选择主观赋权法。主观赋权法可以直接由专家根据经验和实际情况辨别指标的重要性程度。主观赋权法是相对成熟的方法,有德尔菲法、层次分析法、特征值法、序关系分析法等。节水建筑评价标准采用主观赋权法中的层次分析法,对指标体系进行权重系数的确定。层次分析法（analytic hierarchy process,AHP）由美国运筹学家 T. L. Saaty 提出,利用线性代数中矩阵特征值的思想,分解待解决问题,划分成目标层、基准层和决策方案层,在分解后的不同层级内结合使用定性分析和定量分析的决策方法。

在综合评价问题中,选择指标、指标一致化以及指标无量纲化对于提升综合评价结果的精确度具有十分重要的作用。由于指标的形式具有多样性,需要运用数学方法将指标数值均转化为正向的数值型指标,由于指标的单位各不相同,需要运用数理模型对数值进行无量纲化处理。节水建筑评价标准指标体系及主观赋值权重见表 1.7-2。

评价指标是进行综合评价的基本工具,因此在进行综合评价前需要确定评价指标体系。节水建筑评价标准的技术难点在于确定节水建筑评价指标体系及评价方法。通过对不同区域不同类型公共建筑节水要点的调研、对节水城市节水关注点及二次供水系统运行维护管理节水关注点的调研总结及分析,确定节水建筑评价指标体系。建立节水建筑评价方法,通过数学建模采用层次分析法,对指标体系进行分层,采用调研的形式对评价指标重要性按评价尺度进行主观赋值,得出不同层次指标对应的权重系数。

节水建筑评价标准指标体系及主观赋值权重 表 1.7-2

目标层	基准层	权重	决策层	权重
一级指标	二级指标		三级指标	
《节水建筑评价标准》	节水系统	0.2257	平均日用水量	0.0214
			水量计量	0.0246
			供水点压力控制	0.0247
			叠压供水设备	0.0196
			集中热水配水点 45℃ 出水时间	0.0235
			水池（箱）进水管具有自动关闭及报警功能	0.0235
			管道直饮水系统设备产水率	0.0205
			空调冷却水系统节水措施	0.0223
			绿化灌溉系统节水措施	0.0236
			洗车节水措施	0.022
	设备材料	0.2128	用水器具	0.0217
			淋浴器及出水龙头节水控制措施	0.0205
			计量水表	0.0198
			减压阀	0.0188
			管道连接方式	0.0168
			加压水泵	0.0169
			水加热设备	0.0167
			水处理设备	0.0166
			冷却塔	0.0184
			户内中水回用设备	0.0142
			智能控制功能的雨水回用设备	0.0161
			智能贮水池（箱）	0.0164
			医疗建筑采用分质供水及浓水回用设备	0.0177
			基于精细化控制的二次供水设备	0.0197
	非传统水源	0.1799	雨水作为景观水体补水水源	0.0391
			非传统水源使用比例	0.0361
			自耗水量低的中水处理工艺	0.0324
			雨水控制与利用设施	0.0371
			优质杂排水做中水水源	0.0352
	运行管理	0.2095	年总用水量分析	0.0218
			漏损检测报告	0.0235
			冷却水循环系统水质监测	0.0201
			供暖系统、空调制冷系满水状态	0.0192
			绿化浇灌用水管理制度	0.0223
			游泳池循环水处理设备维护	0.0208
			管道直饮水管网及设备维护	0.0197

目标层	基准层	权重	决策层	权重
一级指标	二级指标		三级指标	
《节水建筑评价标准》	运行管理	0.2095	中水处理设施的水质监测	0.0195
			节水建筑管理方案	0.0214
			节水宣传教育与实践	0.0213
	提高与创新	0.1721	信息化管理平台	0.021
			节水植物	0.0192
			建筑节水方案	0.0218
			建筑信息模型（BIM）	0.0173
			BIM+GIS技术	0.0173
			国内外先进设备工艺	0.0192
			非传统水源处理达标补给亲水室外景观	0.0188
			基于精细化控制的二次供水设备	0.0197

指标权重是指研究对象的各个考察指标相对重要程度和相对价值的大小及在总体评价系统中所占比重的量化值。借助统计学原理，将每个指标的权重记为一个0~1的小数，将1（100%）视为被测对象所有指标权重之和，这样每个指标对应的小数被称为"权重系数"。

建立指标体系构建递进层次结构，采用层次分析法（AHP）确定评价指标的权重。

1.7.4　节水建筑评价方法解析

节水建筑评价分值见表1.7-3。节水建筑评价指标体系由节水系统、设备材料、非传统水源、运行管理、提高与创新共五类组成，其中前四类指标每类指标均包括控制项和评分项，提高与创新指标设置加分项。控制项的评定结果应为达标或不达标；评分项和加分项的评定结果应为分值。当所有控制项达标时为基本级，达到基本级后方可进行星级评价；当总得分分别达到60分、70分、80分的要求时，节水建筑等级分别为一星级、二星级、三星级，其节水系统、设备材料两项评分项的得分（Q_1、Q_2）不应小于其评分项满分值的30%。

节水建筑评价分值　　　　　表 1.7-3

评价指标	节水系统 Q_1	设备材料 Q_2	非传统水源 Q_3	运行管理 Q_4	提高与创新 Q_5
各项满分值	270	260	220	250	20

为保证《节水建筑评价标准》（以下简称《标准》）编制条文与实际落地项目在实践应用中的适配度与合理性，笔者相继开展了三次基于《标准》评测分值合理性的条文内容调整及分值修正工作。

《标准》的测算工作依托于公共建筑和住宅建筑两种建筑类别开展，选取住宅、养老公寓、行政办公楼、体育场馆、星级酒店、学校、医疗建筑、机场交通中心工程、展览文化建筑、商业综合体等不同地域、不同类型使用功能的建筑，以保证测算工作在建筑部类别上评判的全面性和条文验证工作的广泛适用性。

本次参评项目共计18项，详见表1.7-4。

参评项目信息汇总表

表1.7-4

项目名	使用性质	所处地域	面积（万m²）	建筑高度（m）	包含系统
项目1	商业综合体	宁夏	30	99m	给水、热水、污废水、雨水及消防系统，无非传统水源利用系统
项目2	酒店	安徽	6.89	99.9	给水、热水、排水、雨水及消防系统，无非传统水源利用系统
项目3	体育场馆	甘肃	1.1	22m	给水、污废水、冷却循环水、雨水及消防系统，无非传统水源利用系统
项目4	养老建筑	山东	15	14m	太阳能热水、给水、污废水、雨水及消防系统，有非传统水源利用系统
项目5	学校-大学	北京	22	60	太阳能热水、给水、污废水、冷却循环水、雨水及消防系统，无非传统水源利用系统
项目6	全民健身中心、文化建筑	北京	9.58	24	给水、热水、中水、冷却循环水、泳池循环水、污废水、雨水及各种消防系统，有非传统水源利用系统
项目7	办公、商业、餐饮	厦门	20.3161	144.2	给水、排水、消防系统，有非传统水源利用系统
项目8	医疗建筑	山西	26.92	67	给水、热水、中水、冷却循环水、泳池循环水、污废水、雨水及消防系统，有非传统水源利用系统
项目9	学校-中小学	北京	4.3		给水、热水、泳池循环水、污废水、雨水及各种消防系统，无非传统水源利用系统
项目10	驿站（公共卫生间）	雄安	0.5	4	给水、排水系统，无非传统水源利用系统
项目11	酒店	北京延庆	5.165	23.95	给水、热水、泳池循环水、冷却循环水、雨水及消防系统，有非传统水源利用系统
项目12	住宅	保定	6.98	70.9	给水、热水、排水、雨水及各种消防系统，有非传统水源利用系统，有非传统水源利用系统
项目13	展览、会议、办公	南京	11		给水、热水、中水、污废水、雨水调蓄及回用及各种消防系统，有非传统水源利用系统
项目14	办公楼	北京通州	17.5	34	给水、热水、中水、污废水、雨水及各种消防系统，有非传统水源利用系统
项目15	学校-中学	北京	14.97	24	给水、热水、中水、污废水、雨水及各种消防系统，有非传统水源利用系统

项目名	使用性质	所处地域	面积 （万 m²）	建筑高度 （m）	包含系统
项目 16	展览馆	西宁	1	17	给水、排水、消防系统，无非传统水源利用系统
项目 17	住宅	北京	10.5	52.2	给水、排水、消防系统，有非传统水源利用系统
项目 18	交通中心工程	北京	4.6463	28.879	给水、排水、消防系统，无非传统水源利用系统

本次参与评测 18 个项目中，包含商业综合体 1 项，学校项目 3 项，酒店项目 2 项，住宅项目 2 项，办公类项目 3 项，文化中心、展览馆等项目 2 项，交通中心工程 1 项，体育场馆 1 项，医疗、养老项目 2 项，驿站（公共卫生间）项目 1 项。测评项目基本涵盖了我国多个省市及现有建筑类型，也基本覆盖了不同建筑性质对应的用水系统，测评项目具有代表性和典型性。

《标准》经过两次预测评和三次打分评定、评分审核以及条文调试。前两次与测评过程中，发现了《标准》评分中许多无法实施的细节，如没有统一评分表及评分原则，由于参评人员对评分条款的理解不一，会有许多条款出现歧义，于是，在第一次预测评后，编制组组织编制了"附录 A 节水建筑评价评分细则""附录 B 节水建筑评分表"。第二次预评测，对"附录 A 节水建筑评价评分细则"进行了细化和调整，对一些容易引起歧义和歪解的条款进行了更详细的条文解释，并对"附录 B 节水建筑评分表"的形式进行了优化及调整，而后进入了正式评测阶段。

经过三次反复评测的过程中发现评价分值及节水等级与绿建评价等级严重不匹配、评价分值过低、参评项是否参评及参评条款如何得分等现象。笔者在经过多次讨论研究的基础上，对评分条款细节进行了增减、修改之外，对得分原则进行了调整，明确了参评按条款得分、参评直接得满分、参评不得分、不参评四个评分类别进行评分，并对控制项增加不参评项，明确了未设置系统的控制项，直接视为达标这一原则。对分值计算方法进行了调整，提出了按得分率得分 Q_i 的算法，

$$Q_i = \frac{C}{A - B} \tag{1.7-1}$$

式中　C——实际的分值；

　　　A——章节评分满分值；

　　　B——不参评项最高得分。

为避免出现由于建筑性质不同，用水系统不一致带来的得分不公平现象。另外，在保持指标体系和权重不变的基础上，对原有《标准》总分值进行了调整，$Q = (Q_1 + Q_2 + Q_3 + Q_4)/10 + Q_5/10 = 100 + 20 = 120$ 分。

18 个参评项目在节水系统、设备材料、非传统水源、运行管理等四类指标的控制项评定结果全部达标，可被认定为基本级并进入到评分环节。评定分值分别达到 60 分、70 分、80 分的要求时，建筑对应评价等级分别为一星级、二星级、三星级。

如表 1.7-5 所示，按以上测评原则，除项目 10 驿站（公共卫生间）的评测达基本级

以外，其他14项全部达到节水建筑认证标准，并达到了相应的星级。

达到节水建筑认证的项目中，节水三星建筑项目3项，包括1项展览建筑、1项住宅建筑和1项交通中心建筑，占参评项目总数的17%；节水二星建筑项目5项，包括1项酒店建筑、2项办公建筑、1项学校建筑和1项住宅建筑，占参评项目总数的33%；节水一星建筑项目6项，包括1项养老建筑、1项医疗建筑、2项学校建筑、1项办公建筑和1项健身文化建筑，占参评项目总数的33%；达到节水基本级的建筑项目4项，1项商业综合体建筑、1项酒店建筑、1项体育场馆建筑以及1项驿站（公共卫生间）建筑，占参评项目总数的22%。

节水建筑评价测算结果汇总   表 1.7-5

项目名	使用性质	星级	绿星	总得分
项目1	商业综合体	基本级	绿一星	57.96
项目2	酒店	基本级	绿一星	58.74
项目3	体育场馆	基本级	绿一星	59.87
项目4	养老建筑	一星	无要求	63.43
项目5	学校-大学	一星	绿二星	63.99
项目6	全民健身中心、文化建筑	一星	绿二星	64.03
项目7	办公、商业、餐饮	一星	绿三星	64.27
项目8	医疗建筑	一星		64.55
项目9	学校-中小学	一星	无要求	65.88
项目10	驿站（公共卫生间）	基本级	绿二星	72.78
项目11	酒店	二星	绿三星	73.19
项目12	住宅	二星	绿二星	75.05
项目13	展览、会议、办公	二星	绿二星	75.37
项目14	办公楼	二星	绿三星	75.99
项目15	学校-中学	二星	绿二星	76.56
项目16	展览馆	三星	绿二星	80.07
项目17	住宅	三星	绿三星	81.27
项目18	交通中心工程	三星	绿三星	90.1

整体来看，对建筑的节水评价与绿色评价结论基本可以保持一致的趋势，但由于绿色建筑，不仅仅考虑节水的因素，还包括其他如建筑的健康舒适、生活便利等因素，因此，与节水建筑的评价结果又有少量差别。从评测项目角度来看，《标准》内容的编制，具有的合理性与普遍适用性。

1. 基本级节水建筑特点

《标准》的评分原则是在权重分配分值的基础上，按得分率进行得分计算，这就会形成一种系统越简单得分率越高的现象。由于《标准》面对的建筑群体复杂多样，存在类似"纪念碑"的无用水建筑，也存在大型公建多系统、高耗水的复杂综合体，为避免"纪念碑"建筑得分过高的无效评价出现，《标准》在评价原则上设立节水系统（$Q_1 = 270$分）

和设备材料（$Q_2=260$ 分）两项评分项的得分不应小于其评分项满分值的 30% 的要求。

评测项目 10 驿站（公共卫生间）项目，只有公厕的给水用水系统，其评分结果就很好的验证了这一条规定的有效性。该项目的节水系统（$Q_1=270$ 分），按得分率为满分 270 分，即有给水系统，且满足《标准》对用水定额、水表分级、用水电压力控制等条件的要求，无集中生活热水系统、给水调节水箱、消防水箱、管道直饮水系统、空调冷却水系统、绿化灌溉系统、洗车场及车库道路冲洗。而设备材料（$Q_2=260$ 分）部分评分低于该项总分 30%，该项评分节水器具的用水效率等级达到 2 级，采用电子远传水表，两项得分，其他条款均无相应系统不参评，综合最终得分 61.18 分低于 78 分，《标准》的评分要求，按基本级评定。

评测项目 1 商业综合体，总面积 30 万 m^2，包含商业、酒店、公寓、办公等功能，设有生活给水、热水、污废水、雨水及各种消防系统，无中水及雨水回用系统。2016 年 10 月建成开业，截至评价时项目正式运行 5 年多，2014 年施工图设计时当地无中水、雨水及节能设计要求，无明确绿色建筑星级要求，但因当地处于水资源较为匮乏区域，给水定额取值较低，运行后项目物业管理较完善。采用的主要节水措施有：分级设置水表、控制末端出水水压，根据酒管公司要求，集中生活热水系统出热水时间不大于 7s，公寓出热水时间不大于 10s，但建成后测试出热水时间大于 10s，采用高压水枪冲洗车库、道路等系统设计措施，采用了节水器具、IC 卡水表、设置了恒温混水阀、减压阀、优质水泵以及满足《标准》节水要求的水加热储热设备等设施等，运行维护到位，但是该项目无提高创新项加分，且采用了涉及的节水措施均完成了低限，无非传统水源系统设计、绿化灌溉也未采用节水灌溉。因此节水星级评价中仅取得基本级，甚至没达到一星级水平。综合来看该项目建成年代久，在建设期间无绿色建筑及节水等设计要求，后期运行管理虽然比较完善，但不能够弥补系统设计上的节水缺陷。由此可见，《标准》对大型公共建筑有更高的要求，用水系统越多，所应考虑的节水措施就应更加细致，要想达到节水建筑的评价等级，需要应用切实到位的节水技术、好的设备材料并提高非传统水源的利用率。

测评项目 2 酒店综合体，总面积 6.89 万 m^2，定位为五星级酒店，承担建设地未来新区接待、餐饮及会议等功能。设有生活给水、热水、污废水、雨水及各种消防系统，无中水及雨水回用系统。该项目 2015 年开始设计，2019 年竣工，截至试评时正式运行 2 年多。该项目按绿色建筑一星级设计要求进行设计施工，采用节水措施有：采用节水定额、分量 2 级设置水表、控制用水点压力、控制集中生活热水出水时间、给水及消防贮水设施有防溢流等节水措施、采用高效节水冷却塔、采用高压水枪冲洗车库、道路等系统设计措施，采用了节水器具、远传水表、设置了恒温混水阀、减压阀、优质水泵以及满足《标准》节水要求的水加热储热设备等设施等，运行维护到位，但是该项目无提高创新项加分，且采用了涉及的节水措施均完成了低限，无非传统水源系统设计、绿化灌溉也未采用节水灌溉。

如表 1.7-6 所示，评测项目 3 体育场馆，该项目情况与项目 1、2 相似，系统齐全，采用了节水措施，运行维护到位，但是该项目无提高创新项加分，且采用了涉及的节水措施均完成了低限，无非传统水源系统设计、绿化灌溉也未采用节水灌溉。

获评基本级项目各项评分汇总表　　　　　　　　　　　表 1.7-6

项目名	总得分	节水系统 Q_1（满分 270）	设备材料 Q_2（满分 260）	非传统水源 Q_3（满分 220）	运行管理 Q_4（满分 250）	提高与创新 Q_5（满分 20）
项目 1	57.96	150.13	131.73	73.33	194.44	3
项目 2	58.74	174.19	126.61	62.86	223.76	0
项目 3	59.87	152.42	131.13	62.86	232.26	2

本次评测项目 1、2、3 三个项目评价为基本级，1、2、3 三个项目均为 2013～2016 年设计施工的项目，项目设计时间早，当时的设计标准及建设要求对绿色建筑、非传统水源涉及较少，对节水设计及建设要求不严格。由此三个项目的评测结果可以看出，三个项目的给水系统和设备材料评分相近，运行管理略有差异，非传统水源部分评分表现出低分一致性。甚至项目 2、3 都未达到总分的 30%，虽然项目 1、3 都有创新提高部分的得分，但是由于非传统水源利用太低导致节水评测分值只能达到节水建筑基本级的水平。由此可见《标准》中对非传统水源在节水建筑中应用的要求对建筑节水效能的评价起着至关重要的作用。

2. 一星级节水建筑特点

如表 1.7-7 所示，获得评测节水一星级的六个建筑，也是具有共性的，这几个建筑虽然建筑类别不同，所处地域不同，但是都设有生活给水、热水、污废水、雨水及各种消防系统，无中水但雨水做了调蓄回用系统。所有项目都有采用节水措施：采用节水定额、分量 2 级设置水表、控制用水点压力、控制集中生活热水出水时间、给水及消防贮水设施有防溢流等节水措施、采用高效节水冷却塔、采用高压水枪冲洗车库、道路等系统设计措施，采用了节水器具、远传水表、设置了恒温混水阀、减压阀、优质水泵以及满足《标准》节水要求的水加热储热设备等设施，运行维护到位，但都无提高创新项加分，且采用了涉及的节水措施均完成了低限，无中水回用系统、绿化灌溉也未采用节水灌溉。

获评一星级项目各项评分汇总表　　　　　　　　　　　表 1.7-7

项目名	总得分	节水系统 Q_1（满分 270）	设备材料 Q_2（满分 260）	非传统水源 Q_3（满分 220）	运行管理 Q_4（满分 250）	提高与创新 Q_5（满分 20）
项目 4	63.43	168.48	134.52	140	191.34	0
项目 5	63.99	168.48	132	157.14	182.26	0
项目 6	64.03	164.4	87	176	212.87	0
项目 7	64.27	161.03	120.18	137.5	224.03	0
项目 8	64.55	130.65	154.84	110	250	0
项目 9	65.88	150.13	157.16	110	211.54	3

相较于评测只获得基本级的建筑，这六个建筑都增加了对雨水的利用，有的入渗、有的回用，在一定程度上提高了非传统水源利用这一部分的分值，从而在节水建筑的评价等级上提高了一个级别。

3. 二星级节水建筑特点

本次评测项目 11 酒店，该项目总建筑面积 5.16 万 m^2，建筑控高 23.95m，四星级酒店，包含客房、餐饮、会议、康体区等功能。设有冷却塔、泳池、太阳能集中生活热水系统、中水处理站、景观水体等高耗水用水系统，建筑设计满足绿色三星，而本次按《标准》评测，只能满足节水二星。该项目采取的节水措施有：采用节水定额高限、设置三级水表计量、集中生活热水系统出水时间小于 10s、给水调节水池、消防调节水池均有采用节水措施、采用高压水枪冲洗车库、道路等系统设计措施，节水器具全部采用 1 级用水效率，采用远传水表、恒温龙头、淋浴器采用感应开关、水泵及加热储热设备采用优质材质、节水高效冷却塔等设备材料，该项目绿化、道路冲洗采用中水冲洗系统，采用了雨水入渗及雨水控制与利用措施，该项目后期运行管理虽然比较完善，做到了提高与创新项，亲水性景观水体补水采用非传统水源，且水质满足现行国家标准《生活饮用水卫生标准》GB 5749 相应的要求，得 3 分。该项目用水系统多且按高限设置了节水措施，但由于用水系统多，且高耗水系统多，另外该项目图纸系统末端压力不大于 0.20MPa，实际未设减压阀系统末端有大于 0.3MPa 的情况，未采用有感应灌溉系统，且非传统水源利用率不高，因此该项目的节水评价只取得了节水二星的评价等级。由该项目可以看出，用水系统多且有高耗水用水系统的工程项目，应更加提高建筑的集水系统设计、选择优质设备材料并充分利用非传统水源，做好后期运行管理，才有可能争取到节水三星级评价等级。

本次评测项目 12 住宅，该项目总建筑面积 6.98 万 m^2，建筑控高 70.9m，包含 4 栋住宅楼，公共配套和社会客厅几部分，设有生活给水、热水、污废水、雨水及各种消防系统，建筑设计满足绿色二星的要求，按《标准》评测，满足节水二星。该项目采取的节水措施有：采用节水定额高限、设置三级水表计量、系统末端压力不大于 0.20MPa、集中生活热水系统出水时间小于 10s、给水调节水池和消防调节水池均有采用基本节水措施、采用高压水枪冲洗车库、道路等系统设计措施，节水器具全部采用 2 级用水效率，采用 IC 卡水表、恒温龙头、淋浴器采用脚踏开关、水泵采用优质材质、节水高效冷却塔等设备材料，该项目绿化、道路冲洗采用雨水处理回用水冲洗系统，采用了雨水入渗及雨水控制与利用措施，后期运行管理虽然比较完善。该项目用水系统常规，具有住宅建筑的典型特点，给水调节水池和消防调节水池节水措施都做到了水位监控，集中生活热水系统采用开式水箱，未采用有感应灌溉系统，且非传统水源利用率不高，因此该项目的节水评价只取得了节水二星的评价等级。

如表 1.7-8 所示，获得评测节水二星级的五个建筑，也是具有共性的，相较于评测只获得一级的建筑，都增加了非传统水源的利用率，包括中水回用，采用雨水入渗施作为雨水控制与利用的方式，从而在节水建筑的评价等级上又提高了一个级别。

获评二星级项目各项评分汇总表　　　　　　　表 1.7-8

项目名	总得分	节水系统 Q_1（满分 270）	设备材料 Q_2（满分 260）	非传统水源 Q_3（满分 220）	运行管理 Q_4（满分 250）	提高与创新 Q_5（满分 20）
项目 11	73.19	133.91	208	110	250	3
项目 12	75.05	190.09	127.11	183.33	250	0
项目 13	75.37	167.09	157.16	206.25	193.18	3
项目 14	75.99	167.09	164.09	220	208.7	0
项目 15	76.56	173.14	152.53	220	219.94	0

4. 三星级节水建筑特点

获得评测节水三星级的三个建筑，也是具有共性的，相较于评测只获得二级的建筑，在充分利用非传统水源的基础上，也有采用雨水入渗设施、回用等雨水控制与利用的方式，同时在节水系统的设计与施工中都按照了高限值进行了节水要求，从而在节水建筑的评价等级获得了宝贵的三星级。

本次评测项目 17 住宅，建筑面积 11.57 万 m²，有 1 栋多层住宅，6 栋高层住宅，1 栋住宅及商业楼，1 栋办公及商业楼，1 栋养老楼及地下车库组成，最高建筑高度 52.2m，建筑给排水系统按绿色三星的要求进行设计，设有生活给水、中水、污废水、雨水及各种消防系统，按《标准》评测，满足节水建筑三星标准。该项目是一个大型住宅组团，设有住宅建筑的常规系统，节水措施设置到位且基本都满足高限：采用节水定额高限、设置三级水表计量、系统末端压力不大于 0.20MPa、给水调节水池和消防调节水池均有采用基本节水措施、采用高压水枪冲洗车库、道路等系统设计措施，节水器具全部采用 1 级用水效率、远传水表、水泵采用优质材质等设备材料，后期运行管理虽然比较完善。与评测项目 12 号住宅相比该项目设有市政中水用于中水冲厕系统，绿化、道路冲洗采用中水冲洗且利用率高，绿化浇灌采用微喷或滴灌并设置土壤湿度感应器、雨天关闭装置等节水灌溉措施。因此该项目较项目 12 的评测分值有所提高，达到了节水建筑三星标准。

如表 1.7-9 所示，评分最高的项目 18 交通中心工程，建筑面积 4.65 万 m²，高度 28.9m，设有生活给水、污废水、雨水及各种消防系统，该项目无高耗水系统，为评价节水建筑三星级提供了评价基础。在节水系统获得了高分、非传统水源利用部分获得了满分，另外在设备材料部分的评分也获得了 177 的高分，主要表现在既设置了远传水表，也同时设置了远传水表系统，这个节水措施，是许多项目都没有做到的。远传水表可以实现对水量的监测，但是起不到实时监测、分析和报警的作用，而设置远传水表系统，具有远程自动抄表、分析、处理和管理的功能，有利于建筑节水的实时、智慧化管理。另外在贮水池设置了除较为基础常见的节水功能以外的：补水设置电磁阀、人孔盖启闭报警、自动清洗、水质在线监测以及内部视频监控等功能。

5. 评分项数据分析

评分依据标准的评分原则以及编制组编写的评分细则，将各项得分输入节水建筑分项评价打分表，通过汇总链接至节水建筑评价集成表，得出各分项分值，最终得出总得分和节水星级等级。

获评三星级项目各项评分汇总表　　表 1.7-9

项目名	总得分	节水系统 Q_1（满分 270）	设备材料 Q_2（满分 260）	非传统水源 Q_3（满分 220）	运行管理 Q_4（满分 250）	提高与创新 Q_5（满分 20）
项目 16	80.07	270	134	146.67	250	0
项目 17	81.27	227.08	159.18	220	206.44	0
项目 18	90.1	253.73	177.27	220	250	0

评测项目评分汇总表　　表 1.7-10

项目名	星级	总得分	节水系统 Q_1（满分 270）	设备材料 Q_2（满分 260）	非传统水源 Q_3（满分 220）	运行管理 Q_4（满分 250）	提高与创新 Q_5（满分 20）
项目 1	基本级	57.96	150.13	131.73	73.33	194.44	3
项目 2	基本级	58.74	174.19	126.61	62.86	223.76	0
项目 3	基本级	59.87	152.42	131.13	62.86	232.26	2
项目 4	一星	63.43	168.48	134.52	140	191.34	0
项目 5	一星	63.99	168.48	132	157.14	182.26	0
项目 6	一星	64.03	164.4	87	176	212.87	0
项目 7	一星	64.27	161.03	120.18	137.5	224.03	0
项目 8	一星	64.55	130.65	154.84	110	250	0
项目 9	一星	65.88	150.13	157.16	110	211.54	3
项目 10	基本级	72.78	270	61.18<78			0
项目 11	二星	73.19	133.91	208	110	250	3
项目 12	二星	75.05	190.09	127.11	183.33	250	0
项目 13	二星	75.37	167.09	157.16	206.25	193.18	3
项目 14	二星	75.99	167.09	164.09	220	208.7	0
项目 15	二星	76.56	173.14	152.53	220	219.94	0
项目 16	三星	80.07	270	134	146.67	250	0
项目 17	三星	81.27	227.08	159.18	220	206.44	0
项目 18	三星	90.1	253.73	177.27	220	250	0

由表 1.7-10 可知，参评的 18 个实际工程项目全部达标，其中：节水三星建筑共 3 项，分值为 80.07～90.10 分；节水二星项目共 5 项，分值为 72.78～76.56 分；节水一星项目共 6 项，分值为 63.43～65.88 分；节水基本级项目 4 项，分值为 57.96～59.87 分，分值趋近于节水一星建筑。

《标准》对不同地域、不同类型和使用功能的建筑进行评价具有较普遍的适用性，同时通过提高创新技术的加分，对项目采取新兴技术对节水效能带来的提升给予了肯定。

由图 1.7-2 可见，在节水建筑控制项和评分项对系统、设备材料、水源、运维等技术的逐层把控下，83％的参评项目可以得到节水星级，所有项目均达到了节水建筑的不同评

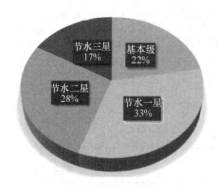

图 1.7-2　节水建筑评定结果

定等级。同时评测项目整体可实现基本级到二星级的等级划分，比值近乎 2∶3∶3∶2，这个比例说明《标准》分值体系设定是合理的，既可充分体现节水三星级建筑的价值，也允许大多数完成基本措施的节水建筑有参与感，既可调动三星级节水建筑评价的积极性，也可实现对成本控制下一星、二星级建筑的肯定。

6. 总结

综合本次《标准》评测结果可见，《标准》对建筑节水评价的评价方法是正确的，评价等级是合理的，适用于不同地域不同建筑类型的节水效能评价。

《标准》可以充分体现出建筑节水的关键点，从开源到节流，从评测结果来看，用水系统简单且常规的建筑，节水评价更易获得较好的成绩，用水系统复杂的建筑，需采取节水措施，才有可能获得好的节水评价。

节水系统是节水建筑评价的基石，基本所有参与评测的建筑，节水系统都可以达到评价总分值的 60%，区别主要体现在节水定额的选取、水表计量和绿化灌溉系统是否设置节水措施等方面。

设备材料的选择，对节水建筑的评价也很重要，可以为节水建筑等级的划分起到较好的提档作用，非传统水源的利用非常的重要，是节水建筑三星级标准的必备条件。

随着节水政策的贯彻与实施，节水技术的发展与进步，建筑节水可提高的空间还很大。《标准》为节水建筑提供可靠的、具有普遍适用性的参考依据。《标准》的发布与实施将为我国公共建筑、居住建筑节水效能的提高提供有效的评价标准。建筑节水不可忽视，其节水的力量是积少成多，节水的社会效益是广阔、深远、具有巨大潜力的。

《标准》对节水建筑评价等级的划分是严格的，只采用一般简单节水措施的建筑只能达到甚至达不到节水建筑一星级评价，而要达到节水建筑三星级评价，需要从建筑全寿命周期进行节水把控，合理高效应用节水系统设计，采用优质设备材料，充分利用非传统水源，完成运营管理，在可实现范围内采用新技术，这是一个长久且持续的过程。一个城市节水建筑的评价如果可以做到全面覆盖，那么城市的节水将可实现从点到面的扩展，从而充分挖掘和实现城市的节水效益。

1.7.5　节水建筑实例效能分析与评测

节水建筑实例的节水效能分析和评测是以实现建筑节水为出发点，按照节水建筑评价方法对应的技术要求，采取现行国家标准《绿色建筑评价标准》GB/T 50378 中相应的建筑节水措施，对既有建筑进行节水改造，进一步验证建筑节水评价方法的可行性。

1. 工程概况

以某园区办公楼为研究对象进行工程应用研究（图 1.7-3）。该工程总建筑面积 10.1

万 m²，其中地上 6 万 m²，地下 4.1 万 m²；地上共 4 栋，分别为 1 号、2 号、3 号、4 号楼，如图 1.7-3 所示；4 栋楼均为综合办公楼，最高为 1 号楼，楼高 63.5m，共 11 层；地下共 4 层，地下一层为职工餐厅和活动中心，地下二层～地下四层为车库和设备机房等。建筑水系统方面，本工程设有给水系统、中水系统、管道直饮水系统、雨污水系统和消防系统。

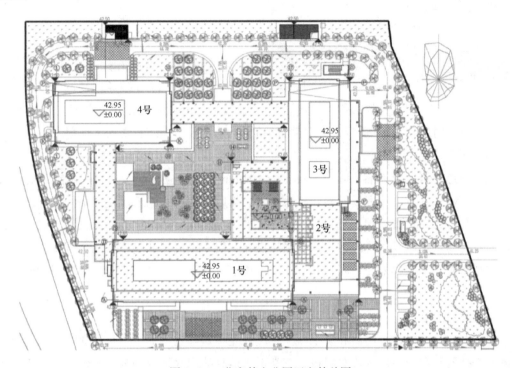

图 1.7-3　北京某企业园区室外总图

其中，生活给水系统竖向共分为三个区，二层及其以下为市政直接供水，二层以上为加压供水，其中三层～八层为加压一区，八层以上为加压二区；系统高低区加压共用一套生活给水变频调速恒压供水泵组供水，低区采用减压阀进行减压，生活水箱和变频加压泵组设置在地下二层生活水泵房内。

2. 改造范围

本工程改造范围为地上 3 号、4 号办公楼，供水系统相关联的地下一层、地下二层部分区域，以及厨房、餐厅的生活给水系统，即该区域的市政自来水直供和二次加压与调蓄系统。3 号楼高 49m，共 11 层，4 号楼高 37m，共 8 层。

3. 节水改造方案

1）节水改造的技术依据

节水改造在工程应用层面的技术依据，主要参照《绿色建筑评价标准》GB/T 50378—2019 中的建筑节水措施，包括：①按使用用途、付费或管理单元，分别设置用水计量；②用水点处水压大于 0.2MPa 的配水支管应设置减压设施；③采用较高用水效率等级的卫生器具。

图 1.7-4 现场水表安装图

同时，基于节水建筑评价获得更高分值的需求，在节水改造的过程中创新性地采用了 BIM 和 GIS 技术，对本工程进行 BIM 建模，并通过 GIS 技术构建数字孪生三维场景模型，并建立了信息化管理平台。

2）既有设施诊断

（1）水表的设置

经勘查，现场并未设置远传水表如图1.7-4所示，由于建筑内楼层较多，水表安装点位分散，无法统一管理，单纯靠人力巡查无法及时发现漏损点位和用水异常的情况，个别隐蔽性工程更是无法触及。

（2）压力控制

按《绿色建筑评价标准》GB/T 50378—2019 的要求，应将配水支管用水点处的压力控制在 0.2MPa 以下，经现场勘察并核对图纸获得以下信息：①二层及以下因采用市政压力直接供水，未设置减压阀，且为原始设计资料未提供明确市政压力数据；②三层及以上采用二次加压供水，设计阶段按照经验做法已在三层～十三层的高度区间，其支管起始段安装有减压阀，十四层未安装减压阀。上述条件下，各用水点是否满足压力控制的要求尚未知。

（3）节水型器具

现场设有坐便器、小便器和洗手盆（感应式龙头）等三类卫生器具，通过查阅业主方提供的产品资料和相关质量检验报告，三类卫生器具的用水量分别为：坐便器 3L/6L，小便器 2.9L/次，感应式龙头 0.025L/s。可知，坐便器满足《坐便器水效限定值及水效等级》GB 25502—2017 用水效率 2 级的要求；感应式龙头满足《水嘴水效限定值及水效等级》GB 25501—2019 用水效率 1 级的要求；小便器出水流量大于《小便器水效限定值及水效等级》GB 28377—2019 用水效率等级的要求，为非节水型器具。

3）节水改造措施

根据现场条件，提出以下具体的改造措施：

（1）整理图纸并明确点位，通过梳理设计图纸对建筑供水管网进行系统分区，并结合 DMA 分区编号对水表进行编号；水表编号的原则为：不存在相互包含关系 DMA 分区和水表各自独立编号，存在相互包含关系的 DMA 分区和水表逐级编号，水表编号编至区域管理的最后一级水表，DMA 分区编号编至倒数第二级水表，分级系统命名规则如图 1.7-5 所示；水表命名示例见表 1.7-11、表 1.7-12；DMA 分区管理逻辑图如图 1.7-6所示。

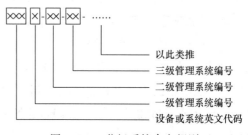

图 1.7.5 分级系统命名规则

分级系统命名示例　　　　　　　　　　　　　　　　　表 1.7-11

英文代码	一级管理系统	二级管理系统	三级管理系统
WM（水表）	WM1	WM1-1	WM1-1-1
DMA（独立计量分区）	DMA1	DMA1-1	DMA1-1-1

水表编号命名示例　　　　　　　　　　　　　　　　　表 1.7-12

水表等级	公共区域	餐厅	给水泵房
一级	B1-WM1	B1-WM1(C)	B1-WM1(P)
二级	B1-WM1-1	B1-WM1-1(C)	B1-WM1-1(P)
三级	B1-WM1-1-1	B1-WM1-1-1(C)	B1-WM1-1-1(P)

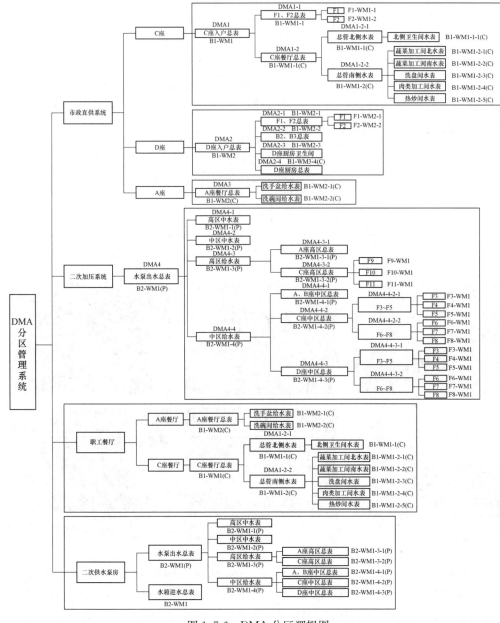

图 1.7-6　DMA 分区逻辑图

（2）结合 DMA 分区和水表编号进行现场勘察，确定现场需要安装设备的类型、位置及具体数量，最终确定在项目现场的建筑供水系统上安装智能水表 52 块，压力传感器 27 只，改造后的系统如图 1.7-7 所示；利用有线采集的方式采集实时工况数据，用于实时监测和运行分析（图 1.7-8）。

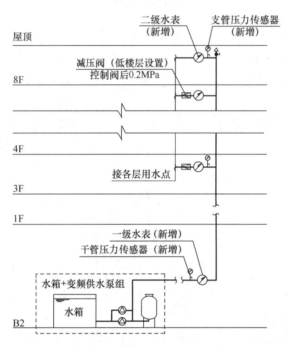

图 1.7-7　DMA 分区改造后水表设置系统示意图

图 1.7-8　现场远传设备安装图

（3）根据建筑工程项目竣工图纸建立 BIM 模型。BIM 模型包含建筑土建模型（图 1.7-9）和建筑供水管网模型（图 1.7-10），通过现场勘察梳理建设和使用过程中，实际使用功能和管道敷设与设计图不相符的情况，进一步修正 BIM 模型，使其尽可能与实际状态一致，达到 1:1 模型效果，以保证为后续环节提供更加真实的工程信息来源。

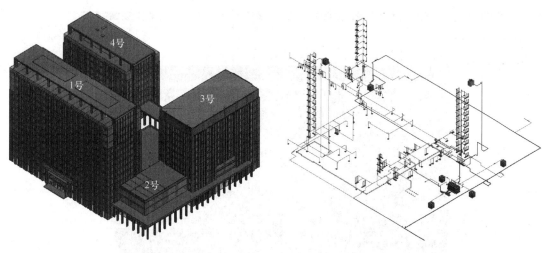

图 1.7-9　建筑土建 BIM 模型　　　　　　图 1.7-10　建筑供水管网模型

4) 利用 BIM+GIS 技术，对 BIM 模型进行地球坐标设定后导入 GIS 平台，在 GIS 平台上形成室外宏观环境场景和室内微观建筑管网模型，如图 1.7-11～图 1.7-13 所示；同时建立建筑供水管网 GIS 数据库，GIS 数据库包含 GIS 模型和 GIS 属性表；GIS 模型和属性表为信息化管理和系统运算提供可视化模型和属性数据（图 1.7-14）。

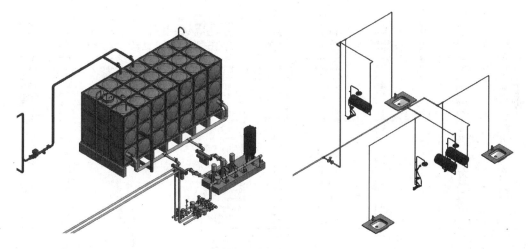

图 1.7-11　生活给水泵房 BIM 模型图　　　图 1.7-12　卫生间管道系统 BIM 模型

4. 节水改造的现实意义

1) 通过更换远传水表和 DMA 分区，对建筑用水进行分级计量和分区管理，通过"滴水计量"和"以秒计量"的方式对管网流量实行监测，并结合数字化信息管理平台精细化管理控制管网的"跑冒滴漏"。

2) 通过对楼层压力的实时监测，对供水压力进行逐层校验和调控，对供水压力大于 0.2MPa 的管道设置减压阀，实现支管减压，保障用水点出水压力小于 0.2MPa，削减多余水量，减少建筑用水的无效出流，实现节水节能的目的。

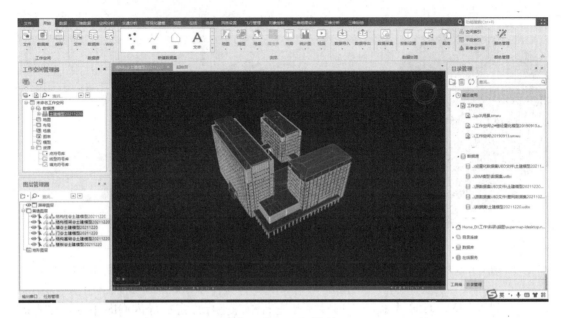

图 1.7-13　GIS 模型

标高	偏移	使用注释比例	类别	类型ID (TypeID)	类型	尺寸	公称直径	最小尺寸	系统类型	创建的阶段
八层	0.750	是	管件	536208	标准	15 mm-15 mm	15 mm	15 mm	二次供水	新构造
八层	0.800	是	管件	536208	标准	20 mm-20 mm	20 mm	20 mm	二次供水	新构造
八层	3.500	是	管件	536208	标准	20 mm-20 mm	20 mm	20 mm	二次供水	新构造
八层	3.500	是	管件	536208	标准	20 mm-20 mm	20 mm	20 mm	二次供水	新构造
八层	3.500	是	管件	536208	标准	20 mm-20 mm	20 mm	20 mm	二次供水	新构造
八层	-16.500	是	管件	536208	标准	32 mm-32 mm	32 mm	32 mm	市政直供	新构造
七层	-17.000	是	管道附件	1600713	标准	32 mm-32 mm	32 mm	32 mm	市政直供	新构造
七层	3.500	是	管道附件	545503	20 mm	20 mm-20 mm		20 mm	二次供水	新构造
七层	3.500	是	管道附件	545503	20 mm	20 mm-20 mm		20 mm	二次供水	新构造
七层	3.500	是	管道附件	1655700	标准	20 mm-20 mm		20 mm	二次供水	新构造
七层	3.500	是	管道附件	1668928	压力表带表环	32 mm-32 mm	32 mm	32 mm	二次供水	新构造
七层	3.500	是	管件	640366	异径三通	32 mm-32 mm-32 mm	32 mm	32 mm	二次供水	新构造
七层	3.500	是	管件	640366	异径三通	15 mm-15 mm-15 mm		15 mm	二次供水	新构造
七层	3.500	是	管件	640366	异径三通	15 mm-15 mm-15 mm		15 mm	二次供水	新构造
七层	3.500	是	管件	640366	异径三通	25 mm-25 mm-20 mm		20 mm	二次供水	新构造
七层	3.500	是	管件	640366	异径三通	25 mm-20 mm-20 mm		20 mm	二次供水	新构造
七层	3.500	是	管件	640366	异径三通	25 mm-25 mm-20 mm		20 mm	二次供水	新构造
七层	3.500	是	管件	1822612	标准	32 mm-25 mm-32 mm		25 mm	二次供水	新构造
七层	3.500	是	管件	1822612	标准	20 mm-15 mm-15 mm		15 mm	二次供水	新构造
七层	3.500	是	管件	1822612	标准	32 mm-20 mm-25 mm		20 mm	二次供水	新构造
七层	3.500	是	管件	1822612	标准	25 mm-15 mm-15 mm		15 mm	二次供水	新构造
七层	3.500	是	管件	1822612	标准	20 mm-15 mm-15 mm		15 mm	二次供水	新构造
七层	3.500	是	管件	1822612	标准	20 mm-15 mm-15 mm		15 mm	二次供水	新构造
七层	3.500	是	管件	1822612	标准	32 mm-20 mm-20 mm		20 mm	二次供水	新构造
七层	3.500	是	管件	1822612	标准	32 mm-25 mm-25 mm		25 mm	二次供水	新构造
七层	3.500	是	管件	1822612	标准	20 mm-15 mm-15 mm		15 mm	二次供水	新构造

图 1.7-14　GIS 模型属性

通过 BIM＋GIS 技术获得三维 GIS 模型，为接轨城市信息模型 CIM 平台提供技术支撑，同时建立属性数据库，辅助管理人员全面了解供水设备的性能、用途、管道系统走向和控制阀门的位置及相互关系，了解各用水设备和用水点布局，为提供更加直观便捷的节水管理模式创造信息基础。

第2章 大型公共建筑供用水节水系统工程技术和节水系统设计方法研究

2.1 引 言

为缓解水资源尤其是城市水资源短缺形势，国家颁布了一系列政策，如《国务院关于实行最严格水资源管理制度的意见》《中共中央 国务院关于加强推进生态文明建设的意见》、中共中央在"十三五"规划建议中提出的"节约水资源"战略目标、国务院颁布的"水污染防治行动计划"中提出的着力节约保护水资源和强化科技支撑政策。建筑生活用水约占城市总用水量的60%，因此，建筑节水成为缓解城市水资源压力的重要途径。同时，建筑节水对于建设节水型社会、推动社会经济及环境保护的发展具有重要意义。公共建筑用水量巨大，公共节水作为建筑节水的重要方面，具有重要研究价值。

依托多样性实测数据开展公共建筑用水规律特性分析，开创动态用水规律研究的先河，准确识别影响公共建筑节水的关键环节和影响因子。以公共建筑主要用水和节水环节为重点开展针对性研发，节流为先，降低高耗水环节、系统的用水；创新开源，开发适用现有公共建筑用水特点的雨污水回用技术；以国家全文强制标准体系为依托，迅速扩大技术成果的影响力，促成科技成果的转化落地。第一，通过对不同类型公共建筑的用水量的实时监测及不同公共建筑用水特性分析，识别建筑节水关键环节，为公共建筑给水各系统的设计与设备的运行提供科学的依据，以便达到公共建筑节水目标；填补国内系统性公共建筑用水量变化特性的相关资料的空白；为公共建筑给水系统用水规律的理论深化、规范设计参数的修订和补充以及设计和运行优化节能等方面提供技术支撑。第二，调研不同类型大型公共建筑冷却塔循环水系统供水、补水水质特征，研究相应的节水设计系统；研究开发针对大型公共建筑冷却塔循环系统的节水、节能集成一体化技术和设备；针对大型居住类公共建筑集中热水系统，研究同时满足舒适性和节水性能要求的节水措施；其一，针对集中热水闭式和开式系统耗水率开展工程调研，比较不同系统的节水率，探讨优化系统形式；其二，研究在保证热水末端出水温度、出水速率的不同节水措施。其三，在深度挖掘非传统水资源，提高城市公共建筑用水效率，开发公共建筑分散式污水生态处理与利用技术，研发集渗、蓄、净、用于一体的模块化雨水控制利用技术，建立公共建筑循环循序节水技术方法。第四，通过节水用水定额的市场调研，确定大型公共建筑用水定额的优化指标及用水量科学计算方法；识别节水设计关键参数，确定大型公共建筑节水系统优选设计方法和非传统水源的利用设计方法。提出适用于大型公共建筑节水系统设计的成套设计方法。具体研究内容包括以下几个方面：

（1）针对我国不同城市，不同规模的办公楼、酒店、学校和商业建筑等不同类型的大型公共建筑的供用水系统进行研究、监测和分析，找出不同用水类型（厨房餐饮、卫生间、洗浴、冷却塔、清洁、绿化等）的冷水、热水用水总量及其变化趋势，通过在线计量检测获得相应的秒流量、分钟流量和小时、天、周、月、年用水量等数据，结合使用人数的统计和变化，以及供水系统特性和用水器具性能进行综合分析，明确不同类型公共建筑的节水关键因素，总结不同类型公共建筑的典型用水动态变化规律和特性。

（2）结合《采暖空调系统水质》GB/T 29044—2012 的要求，通过实际案例调查不少于3个大型工程空调冷却塔的水质；调查对比目前电子类水处理的效果；收集分析现有大型公共建筑冷却塔的水质资料；研究大型公共建筑冷却塔循环水水质特征，确定公共建筑循环水水质的控制指标；分析工程案例，确定补水水质指标及相应的水处理工艺。居住类公共建筑一般采用集中热水系统，相应提高了生活标准和舒适性，同时大幅度提高建筑耗水量，生活热水系统设计具有较大的节水潜力。生活热水开式系统与冷水不同源，末端调节困难，研究开式系统对节水的不利影响，逐渐禁止采用开式系统，并推荐合适的热水系统设计方案；研究末端保证出水温度的速率对节水的影响，并提出针对性技术措施，保证水质和压力平衡进而有利于系统节水。

（3）针对公共建筑及其周边区域，归纳总结其污水水质及流量特性，研究适用的污水分散式生态处理技术。探索影响污水生态处理技术运行效果的主要设计参数和运行参数，对主要参数进行优化和调整，形成具有适用性的关键技术参数。探索建筑与污水生态处理的融合机制，开发成套模块化工艺，提升工艺流程的自动化和智能化水平，在污水就地资源化的同时，降低污水处理能耗和维护难度；研究适用的雨水模块化控制利用技术，开发集雨水收集、净化、调蓄、渗透和利用于一体的模块化系统工艺。

（4）针对我国不同类型的大型公共建筑，调研其节水用水定额和节水系统设计关键技术，对建筑原节水系统设计提出优化方案并进行水动态软件模拟比对分析；同时调研国外节水先进技术，结合我国实际情况筛选优化及其成果。主要研究确定大型公共建筑（包括酒店、医院、办公、商业、体育建筑等）用水定额的优化指标及用水量科学计算方法；研究确定大型公共建筑节水系统优选设计方法；研究确定大型公建筑非传统水源（包括中水、雨水）利用设计方法；合理筛选、吸纳适用大型公共建筑的安全可靠的节水、节能新技术、新设备，推进发展大型公共建筑节水节能设计方法。

2.2 公共建筑节水关键环节与用水动态变化特性

建议在设置建筑供水机组运行挡位时，在用水周期的基础上，进一步将季节及气温因素纳入考量，细化不同气温段运行状态的调整。首先可对建筑历史用水情况深入分析，确定各季节、气温段用水总量变化趋势及差异，根据各建筑用水特征针对性地调整供水机组运行策略。

2.2.1　公共建筑节水关键影响因素

1. 前提条件类影响因素

选取了对建筑供水系统的前提条件类影响因素：建筑类型、器具设置标准、器具数量、建筑规模、器具分布、用水人员类型、用水人数、用水天数、气候条件、水资源状况、用水形式、生活习惯、使用对象、设置场所、建筑标准、水质和水温等。下面分别进行分析：

1）水质和水温

水质和水温是建筑供水系统必须考虑的影响因素，从节水角度出发，对这两个影响因素与建筑性能的关系作如下分析：

（1）水质

水质对于公共建筑节水的影响主要包括建筑内部给水管网二次污染、贮水设备二次污染，现行国家标准《生活饮用水卫生标准》GB 5749、《城市污水再生利用　城市杂用水水质》GB/T 18920、《城市给水工程项目规范》GB 55026 均对其有着具体的水质标准及保障措施。只有在用水水质符合规定的前提下，建筑才能够投入运行。建筑用水变化特性是指在建筑投入运行的前提下，以建筑红线为边界，通过对红线范围内建筑用水系统的运行数据长期监测、采集、分析所得出的模型。属于对建筑用水系统正常运行状态特征的总结。水质合格是能够对建筑用水动态变化特性监测的前提，因此，水质对建筑用水动态特性变化不会产生影响。

（2）水温

水温对于公共建筑节水的影响主要是无效出流，这种浪费现象是在开启热水器后，不能及时获得满足使用温度的热水，往往要放掉不少冷水后才能正常使用，这部分放掉的冷水，未产生使用效益。原因包括以下两个方面：

① 热水供应系统管道中残存的无效冷水

热水供应系统中不设回水管，而热水器的设置点与卫生间相距较远时，每次洗浴都需放掉管内滞留的大量冷水，或者在洗浴过程中，当关闭淋浴器后再次开启时，要放掉的一些低温水，这种无效冷水量，随着热水管线增长而加大。

② 集中热水循环方式的选择不同形成的无效冷水量

热水系统采用不同的循环方式会产生不同的理论无效冷水量，无循环系统的理论无效冷水量最大，水量浪费极其严重。干管循环系统的理论无效冷水量较大，水量浪费严重，而且建筑的层数越多，无效冷水管段长度会因立管的增长、支管的增加而增加，因而理论无效冷水量也将越大，远大于支管循环系统和立管循环系统的无效冷水量。从节水效果来看，支管循环系统的节水效果最好，理论上不产生无效冷水；立管循环系统次之，但与干管循环和无循环系统相比，节水效果显著。所以，对于新建建筑的集中热水系统应避免采用无循环或干管循环方式，而应尽可能地采用立管循环甚至支管循环方式，要从根本上减少甚至杜绝无效冷水量。

从以上两种原因进行分析，温度对于公共建筑的节水的影响主要是设计不合理导致的，采用合理的循环系统可以有效杜绝这种情况，因此认为水温不是影响动态节水的关键因素。

通过分析认为水质、水温可不作为公共建筑节水的关键影响因素。

2）各影响因素的逻辑关系

对影响因素（建筑规模、建筑类型、建筑标准、气候条件、用水人数、用水人员类型、用水形式、器具数量、器具设置标准、器具类型、器具分布、设置场所、系统形式、系统规模、管材、设备、水源形式、输配水管网、供水设备、用水设备）进行进一步的分析。

主要从设计到施工完成，再到运行的全过程进行梳理，结合相关标准规范绘制逻辑关系如图 2.2-1 所示：

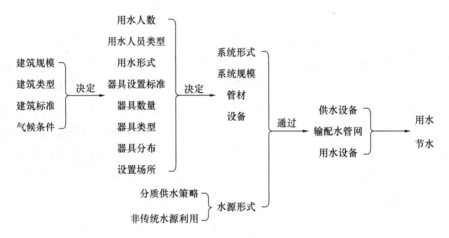

图 2.2-1　公共建筑用水影响因素逻辑关系

建筑规模、建筑类型、建筑标准与气候条件共同决定了建筑的用水人数、用水人员类型、用水形式、器具数量、器具设置标准、器具类型、器具分布、设置场所，是确定公共建筑供水的系统形式、系统规模、管材、设备、水源形式的前提，最终通过供水设备、输配水管网与用水设备，对公共建筑的节水起作用。

因此，前提条件类影响因素是根据实际使用需求而产生的固有特性。这些因素是确定公共建筑用水规模的前提条件，且只作用至公共建筑建设完成，不能直接影响建筑的节水性能，不能通过缩减建筑体量、限制人员数量等硬性降低用水规模的方法达到节水的目的，因此，此类因素并非公共建筑节水的关键因素。下面我们将对水源替代与运行节流类影响因素进一步加以分析。

2. 水源替代类影响因素分析

从建筑给水系统的供应来源方面考虑，可以通过水源替代的方式节约水资源。主要手段在于杂用水的开发利用上。杂用水的原水主要来源于建筑生活污废水、冷却水和雨水等。

水源替代主要是以采用与用水要求相适应的给水水质，高质高用、低质低用为指导思想，实现整体水资源的节约。主要体现在两个方面：一是通过循序利用的方式，从高质到低质依次使用，如盥洗排水用来冲厕；二是通过回用替代方式，如污水和雨水收集处理后的中水用于冲厕或景观用水，实现建筑红线范围内，外部输入水资源量的减少，达到节约水资源的目的。

1）分质供水策略

公共建筑用水的循序利用，主要按照高质的生活用水（盥洗）、中质的冷却塔用水、低质的冲厕用水依次使用，实现一份用水多处用途的目标。主要实施途径为分质供水。

水质等级可以分为三级，从低到高依次是杂用水、自来水和纯净水。杂用水为未经处理或仅经简单处理的原水、中水系统的回用水等低品质水，可用于园林绿化、清洗车辆、喷洒道路、冲洗厕所等，也可用于工厂中部分对水质要求较低的工艺过程；自来水即传统的市政给水，满足饮用水水质标准，可仅用于饮用、洗涤、盥洗、洗浴等与人密切接触的供水系统；纯净水也叫优质饮用水、直饮水，是对自来水的进一步深度处理、加工净化，可达到直接饮用的条件，一般只供应饮用和烹饪用水。

一般根据各不同功能的公共建筑的用水需求不同，选择相应的分质供水形式。根据用水水质的不同可划分为以下几种主要用途：直饮水、洗浴用水、洗涤用水、餐饮用水、冲厕用水、空调冷却水、灌溉用水和浇洒用水。

管道分质供水原水为自来水，一般针对不同用户对水质的要求，采用不同的处理工艺进行深度处理。往往这些处理工艺都有自耗水，因此分质供水是增加用水总量的。

2）非传统水源替代

公共建筑的非传统水源替代主要指中水和雨水的利用。建筑中水设施是指民用建筑物或建筑小区内使用后的各种排水如生活排水、冷却水及雨水等。经过适当处理后，回用于建筑物或建筑小区内，作为杂用水的供水设施，包括水处理、集水、供水等设施。通过将红线范围内收集的排水，通过净化处理后达到更高质量的用水，从而回用于部分使用功能，最终减少自来水的输入，有些城市提供市政中水也可以起到相同的作用。

3. 运行节流类影响因素

运行节流类影响因素主要包括用水器具性能、水压和水量、用水频次、用水时间等，公共建筑系统是否节水主要通过器具的出流量来进行判断。其与供水设备的性能、输配水管网的水力特性有着密切联系，逻辑关系如图 2.2-2 所示：

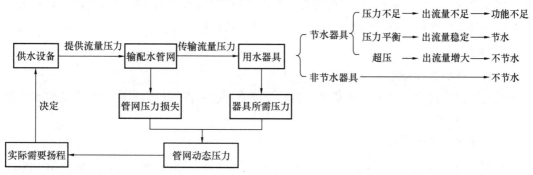

图 2.2-2　运行节流类影响因素逻辑关系

公共建筑供水系统由供水设备、输配水管网、用水器具组成，供水设备提供流量与压力通过输配水管网传输至用水器具，因此，管网的动态压力是输配水管网的压力损失与用水器具所需要的压力共同决定的，它直接体现在供水系统实际所需要的扬程，现阶段大部分供水设备均为恒压变频泵，泵出口压力不变，但管网的动态压力不断变化，这就造成用水器具压力不足、压力平衡、超压三种情况。当选用的器具为非节水器具时，不论是否超压，均不节水。选用器具为节水器具时，若压力不足造成器具出流量不足，不能满足实际使用需求；超压造成出流量增大，不节水；只有压力平衡时器具出流量稳定，能够最大化发挥节水器具的节水性能。

通过采用节水器具可有效减少末端用水设备的流量，但用水设备额定的节水流量是建立在动态水压稳定的前提下，公共建筑供水系统中，流量和压力贯穿始终，以下对这两个因素进行具体分析。

1）系统流量

流量是直接反映给水系统实际系统用水情况的重要参数，压力直接影响器具的出流量。实际上，输配水管网末端流量随着有无贮水器具的使用，不同程度实时地发生动态变化，并对末端用水设备产生着影响，这些变化在设计和理论计算等中均不能直接获得。所以，我们需要对管网接驳各用水器具前的末端部位进行监测。

输配水管网是整个供水系统中的主要环节，其中管道、弯头等管件，以及水表、阀门等管网的构成部分都可能因为各种因素而产生漏水现象。目前，公共建筑室内外供水管网漏损原因有很多。从企业经营角度来看，加强漏损控制是提高经营管理水平、降低供水成本、增加经济效益的重要前提；从宏观政策要求来看，做到漏损控制是确保公共建筑室内外供水安全的一个前提，同时也是实现水资源保护和可持续利用的必要途径。公共建筑输配水管网漏损是公共建筑中急需解决的事项，因其直接关系着经济发展和居民的日常生活。监测二次供水设备水量与用水点水量，通过计量二次供水设备与用水点之间的水量是否平衡来确定管段之间是否存在在漏损，可以发现并确定漏点所在管段，及时维修漏损点，减少水资源浪费，达到节水的目的。

不同类型的公共建筑在用水特点上存在差别。对不同类型公共建筑供水系统的用水量及变化趋势进行监测，通过连续在线计量获得相应用水数据，结合使用人数的统计和变化，以及供水系统特性和用水器具性能进行综合分析，总结不同类型公共建筑的典型用水动态变化规律和特性，可以为以后的公共建筑节水设计提供支持。

2）系统压力

（1）二次供水设备进出口压力

通过在供水设备的进出口处安装压力监测仪器，能够得到进入二次供水设备的水所获得的实际设备加压值。

（2）用水点压力监测

我国现行设计标准中明确限定了给水管道及给水配件的最大承压范围，避免给水配件和器具承压过高而损坏，但标准中并未考虑超压出流现象，由此造成的水量浪费一直未受到重视，对管道系统和用水器具造成潜在的危害。超压出流是指给水配件前的静水压大于流出水头，其流量大于额定流量的现象，两流量的差值为超压出流量，这部分流量未产生正常的使用效益，且其流失又不易被人们察觉和认识，属"隐形"水量浪费。给水系统超压出流不仅造成了水量的浪费，还会破坏给水系统中水压、水量的供给平衡，对用水工况产生影响。

用水点压力是影响器具出流的关键因素，在用水点处安装压力监测设备，可随时监测用水点处压力，若用水点静水压力超出我国现行设计标准中规定的数值，需立即采取减压措施，避免出现超压出流现象，减少水资源的浪费，从而达到节水的目的。

（3）最不利点压力监测

我国现行设计标准中明确规定各给水分区中最不利用水点处水压应满足该点卫生器具最低工作压力。给水系统水压如果能够满足最不利用水点处所需的水压时，则该系统中其他用水点的压力均能满足。因此，最不利用水点处水压是衡量供水系统、设备配置是否合理的重要指标。

在最不利用水点处安装压力监测设备，监测最不利用水点处水压，与该点处卫生器具所需的最低工作压力进行比较，可判断该系统的设计是否合理，若不合理则需采取相关措施，保障供水系统的可靠性。

3）超压出流分析

超压出流是指给水配件前的静水压大于流出水头，其流量大于额定流量的现象，两流量的差值为超压出流量，这部分流量未产生正常的使用效益，且其流失又不易被人们察觉和认识，属"隐形"水量浪费。此外超压出流会带来如下危害：①由于水压过大，水龙头开启时水呈射流喷溅，影响人们使用；②超压出流破坏了给水流量的正常分配；③易产生噪声、水击及管道振动，缩短阀门和水龙头等的使用寿命，并可能引起管道连接处松动、漏水甚至损坏，加剧水的浪费。

在建筑规模的不断扩展下，为了使建筑的排水供应得到保障，有必要铺设大量的给水管网，用来满足建筑居民的用水需求，所以水管网的范围通常比较大。为了让整个建筑供水管网都可以供水充足，因此要提高供水的压力，以此让最不利点的供水状况得到保障。在高供水压力的情况下，流出水头的水压小于给水配件前的水压，会超过所限制的额定流水量，导致水资源浪费。在供水系统中，这种浪费现象表现得不明显，通常不容易被人察觉到。在我国目前现有的建筑设计中，这种现象还比较普遍，也严重浪费水资源。

超压出流对用水工况的影响及造成的水量浪费尚未引起人们足够的重视，目前在《建筑给水排水设计标准》GB 50015—2019 中，仅对防止消防给水超压问题提出了明确的要求，而对防止建筑给水超压出流问题还无具体规定，防止建筑给水超压措施的研究还不够深入。

在设计中合理限定配水点的水压是解决这个的关键所在。超压出流除了造成水量的大量浪费以外，还会带来如下的危害：

（1）水龙头开启时，水成射流喷溅，影响使用。

（2）水龙头开关时还易产生噪声和水击，由于压力波动，管道振动，容易引起管道松动漏水，甚至损坏，造成水的浪费。

（3）阀门等五金配件容易磨损，缩短使用期限，同时增加维修工作量。水龙头处水压过高，水龙头的垫衬磨损较快，使用寿命缩短，造成大量漏水。

（4）如果不采取措施将水龙头流量控制在额定范围以内，就会造成管道水力计算与实际情况不相符合。下层水压高，出水量大，水流阻力比计算值高，导致上层水压偏低，其结果是下层供水有余而上层供水有可能中断。由于超压出流造成的"隐形"水量浪费并未引起人们的足够重视，因此在现行国家标准《建筑给水排水设计标准》GB 50015 中只是对给水配件与入户支管作一次规定，但这只是从防止给水配件承压过高损坏的角度考虑的，并未从防止超压出流的节水角度考虑，因此压力要求过于宽松，对限制超压出流基本没有作用，所以应根据建筑给水系统超压出流的实际情况，对给水系统的压力作出合理限定。

目前大多数公共建筑都采用水泵加压方式直接为高区供水，不同楼层的用水量及水压要求都不同，应根据不同楼层用水点的实际情况采取减压措施，合理配置减压阀、减压孔板或节流塞等减压装置，将水压控制在限制要求内，在满足水量、水压要求的前提下，避免管道承压过高而产生超压出流现象。经过测试比较后指出，给水系统中减压孔板设置简单，投资低且管理方便，实测节水效率达到 15%～20%，能明显改善给水系统的运行工况。在给水系统中针对不同减压装置的特点进行合理配置，是减少超压出流最有效的方法。

4. 小结

对于公共建筑节水来说，前提条件类影响因素为建筑固有的特性，无法通过缩减建筑规模、改变建筑类型、降低建筑标准的方式达到节水的目的。公共建筑用水循环循序使用、非传统水源替代的开源方式不能节约用水总量，因此运行节流类影响因素是公共建筑节水的关键因素。

通过采用节水器具，对管网进行优化，以及实现动态的压力平衡，保障末端不出现超压出流，进一步将用水设备接口处的压力稳定到标准规定的节水流量所对应动态压力值，就能实质上提高实现公共建筑的节水能力。

通过调研和测试研究，也发现超压出流和用水器具性能差是公共建筑节水的最大问题，根据压力和流量的理论关系，笔者认为影响公共建筑供水系统节水性能的动态关键因素是压力，静态关键因素是组成供水系统的三个环节：供水设备性能、管网特性和用水器具性能。

2.2.2 公共建筑节水关键环节研究

在公共建筑中，供水系统一般以城市自来水或自备井为水源，主要包括供水设备、供水管网和用水末端三个环节（图 2.2-3）。

通过调研和现场测试，公共建筑供水系统的供水压力平衡控制是建筑节水的关键因

图 2.2-3　供用水环节流程图

素，组成供水系统的三个主要环节是建筑节水的关键环节。

公共建筑中办公、医院、学校的主要用水明显集中在部分区域，如办公楼主要用水部位在卫生间与餐厅，占到总用水量的 65％以上。医院主要用水在病房和门诊，占 60％；大学用水主要在宿舍与教学办公区，可占 75％；中小学用水主要在食堂、教室与宿舍，占 74％；科研机构用水主要在冲刷洗涤，占 76％。由此可见，管控住这些公共建筑中的主要用水部位，就能实现节水。

公共建筑供水系统的整体特性与节水性能密切相关，下面对组成供水系统的主要环节：供水设备、供水管网和用水器具分别进行分析。

1. 供水设备

二次供水是指由于市政供水或自建供水设施水量或水压不足以满足使用要求，通过将市政供水或自建设施供水贮存或加压后，用管道供至相应使用位置的系统形式。

1）供水设备现状分析

目前常用的公共建筑供水系统主要采用变频水泵直接供水。

在之前的研究中，对北京市通州区的二次供水设施调查结果显示，低位水箱（池）加变频泵供水设施，占 77.1％；无负压无吸程变频恒压直供水设施占 14.3％；采用高、低位水箱（池）的供水设施占 5.7％；只设高位水箱的供水设施仅占 2.9％。

工程实测中，变频泵组的工作效率均处在较低的水平，一般为 30％。实验室中试系统模拟后发现，在额定供水流量条件下，变频供水工作效率可以达到 60％。而泵组运行效率低下主要因为泵组在较小流量状态运行较多。

由上述调研可见，水泵经常运行在其特性曲线里小流量、高扬程的位置，此时对应的水泵效率较低。

2）供水设备设计问题

通过对实测数据进行收集、分析研究得出现阶段二次供水系统设计问题如下：

（1）日常用水量低于系统最大设计流量

《建筑给水排水设计标准》GB 50015—2019 中规定：生活给水系统采用调速泵组供水时，应按系统最大设计流量选泵，调速泵在额定转速时的工作点，应位于水泵高效区的末端。而在实际系统运行中，达到水泵高效运行段流量及系统最大设计流量的时间频次普遍小于 5％，水泵效率超过 60％的时间不足总运行时间的 10％，40％时间流量所对应的效率在 30％～50％范围内，其余 45％时间流量所对应效率低于 30％。

从设计角度出发，虽应依据标准中的秒流量计算公式得到设计秒流量，并以此为依据选取泵组，以保障二次供水系统稳定供水。但实际工况与设计所选泵组并不匹配，且远大于实际需求。在稳压及减少泵组启停方面，采用隔膜式稳压罐-补水泵是经过工程实践检验的设计常用做法，但在该项目中未能起到良好预期效果。实际运行中，系统主泵频繁启泵，且长时间处于水泵特性曲线的低效段运行，能源浪费严重。

（2）供水机组选用不合理

供水系统最高效的工况应为用户端与供应端高度匹配，使得供水机组处于高效段运行。由于对于不同的建筑类型，用户端的用水量是时时变化的，因此，水泵的选择要深入挖掘用户端的变化规律，研究水泵的特性曲线，并且在同样的额定流量、扬程的条件下，要选择运行效率更高效的水泵。

由于用户端的水量变化幅度较大，因此为适应不同的工况，充分研究供水机组水泵间的匹配关系。可以肯定的是，一用一备的水泵配置从节能角度来讲是不可取的。把供水机组的流量进行有机拆分，形成不同流量的水泵配合运行，使得每台水泵均处于高效段运行。

对于凌晨等低峰用水时段，气压罐的设置可以有效减少水泵的启停次数，并且在小流量的工况下，水泵启动后即使有变频器的执行参与，水泵也必然属于低效段运行。因此，对于供水机组而言，气压罐的设置可以有效减少水泵低效运行的时间和频次。

3）供水设备优化

当前被广泛应用的变频恒压供水系统，将最不利工况下的流量、扬程作为选泵和水泵恒压运行时水泵出口端压力设置的依据。而在实际工程中，用水高峰时间短，水泵大多时间都在部分负荷状态下运行，使得供水系统能耗较大和卫生器具的超压出流，因此有必要对水泵部分负荷运行的状态进行合理的调节以实现节能。变频变压供水方式是一种被国内外学者一致认为比较节能节水的供水方式。

目前，变频变压供水系统的控制方式有水泵出口变压控制、供水系统最不利点恒压控制。

（1）出口变压控制

出口变压控制是将压力传感器安装在水泵出口处，与出口恒压控制不同的是其压力设定值不是一个恒定的值，即根据用水曲线的情况将用水时间酌情分为若干个时段，每个时段对应一个水泵出口压力值，在各个时段内进行恒压控制，进而实现全天变压。折线越靠近供水系统的管道系统特性曲线，即全天的用水时段分得越细和水泵出口处所需的压力值越符合实际情况就越节能。但这种供水方式并不能使变压折线与供水系统的管道系统特性曲线完全重合，无法实现最大化节能。

（2）最不利点恒压控制

最不利点恒压控制是将压力传感器置于给水系统的最不利点处，以最不利点作为控制点，将最不利点处所需的水压作为水泵调节的标准，让供水系统在运行过程中始终保持最不利点处压力恒定。这种供水的控制方式只要保证最不利点处的水量和水压满足用户需求，则其余部分的水量和水压也有了相应有了保障，根据最不利点反馈的压力信号对水泵进行调节，从而实现根据用户需求进行精准供水。这种供水控制方式的用水安全可靠性高，也比较节能。但在实际供水过程中，需水建筑往往楼层多、面积大，最不利点与水泵相距较远，压力信号的传递会受诸多条件的限制和众多因素的影响，所以该种供水控制方式实际工程中极少采用。

针对以上变频变压控制方式存在的问题，可以通过监测供水系统的流量和管网末端的压力值得到管道系统特性曲线，使泵组供水曲线接近于管网特性曲线，根据需求进行精准供水。

2. 供水管网

供水管网由泵后的横干管、给水立管、各层横干管、支管、器具立管等管道和弯头以及各处设置的减压阀、闸阀、截止阀、水表、角阀等部件组成，供水管网在设计和施工工作完成后一般很难有较大调整。

通过调研和监测发现，不仅系统相近的两栋公共建筑水力条件也会有所区别，同一建筑中即使相邻位置的各用水设备的水力条件也不尽相同，其主要原因是供水管网水力特性的差异。供水管网特性对系统中各用水设备处的动态压力和流量变化有非常大的影响。

1）管网水力特性分析

$$h_{\mathrm{f}} = \lambda \frac{l}{4R} \frac{v^2}{2g} \tag{2.2-1}$$

如式（2.2-1）所示，在管道的沿程水头损失公式中，λ 与雷诺数及管壁相对粗糙度（Δ/d）有关，而管长（l）与湿周（R）在满流的有压给水管网中不变。如某层的同一卫生间，因其他楼层是否出流，会导致立管中的流量变化，立管中的水流速也发生着变化。这导致了对于该卫生间而言，因立管中的流速增大，雷诺数增加，沿程损失有所增加，其对应所需的总扬程也增加了。但是，离心泵的特性决定了其扬程随流量增加而减小。所以，流量大时，系统最不利点可能存在压力不足，而系统流量小时，会存在系统超压问题。

管网的沿程损失可归纳如下：

（1）流体的流动型态

由于两种流态的内在结构上有着本质的差异。因此层流流动时，流动阻力来源于流层间的内摩擦力。紊流流动时，流动阻力来源于两个方面：一方面是层流底层的内摩擦力；另一方面是紊流核心区内流体质点掺混、碰撞等动量交换发生的附加阻力。因此，两种流态的能量损失的大小也就不相同。所以，在计算沿程阻力损失时，首先要正确判断管道中流体的流动型态。

（2）管长

由沿程阻力损失的特点可知，损失大小随流程长度而增加，管长越长，沿程阻力损失就越大。

（3）管中流速

由大量实验可得到当管中流速越大时，沿程阻力损失也就越大。在经济流速的范围内扩大管径可以减少沿程阻力损失。

（4）黏滞系数

实践证明，黏滞系数大，沿程能量损失也大，例如电厂输送燃油时，当油的温度低时，其黏滞系数就大，输油时就困难，说明沿程阻力损失就大，要顺利输送就一定要将燃油加热至一定温度。同理，不同温度下的水在管道内的黏滞系数也不相同，而室内管道中的水温受室外温度及室内供暖的影响，需要具体案例具体分析。

（5）管内径

由于管径越小，管壁对流体的约束作用越大，流动阻力增大，所以管径越小，沿程阻力损失就越大。

（6）管壁的粗糙度

任何管道由于材料、加工及腐蚀等因素的影响，管壁总是凹凸不平的。因此，管壁绝对粗糙度越大，沿程阻力损失就越大。

通常选泵时，以全楼的器具秒流量进行计算，大型公共建筑的给水系统管网因较为复杂，如不能进行完整的水力计算，多估算为 10～15m 的沿程水头损失。这意味着在多数时段中，仅出流一个或两个器具时，因水泵恒压供水，供应这一两个末端器具的沿程损失较小，静扬程不变，水泵的压力除因高差、阀门等局部水头损失外，其余压力可大部分传递至末端器具的支管处。

综上所述，接用水器具处的支管动态压力通常高于实际器具正常工作所需的压力。而实际动压情况难以通过计算得到，需要通过设置较高精度的在线压力监测设备进行监测，才能得到其动态变化情况，进而对供水设备进行调节。

2）管材性能比较分析

由于相同设计参数、不同管材的内径、粗糙度并不相同，设计中管材的选取也是影响沿程损失的重要因素，不同管材对管网的特性有很大影响。选择合适的管材对研究管网的动态特性有着显著意义。涂塑、衬塑以及薄壁不锈钢管均水力特性优于 PPR 管材，而铜管水力特性优于衬塑、薄壁不锈钢管。

3）减压阀应用分析

合理选用减压装置是控制公共建筑超压出流的有效手段。如按照前述分区设置合理，并如下节用水器具中的要求采用节水型器具，那么再通过设置减压阀、减压孔板等就对超压出流实现一定的控制。

给水系统目前多根据《建筑给水排水设计标准》GB 50015—2019 第 3.5.10 条要求设置减压阀。目前市面上的减压阀种类较多，原理各不相同。通过定义可知，减压阀是通过调节，将进口压力减至某一需要的出口压力，并依靠介质本身的能量，使出口压力自动保持稳定的阀门。从流体力学的观点看，减压阀是一个局部阻力可以变化的节流元件，即通过改变节流面积，使流速及流体的动能改变，造成不同的压力损失，从而达到减压的目的。然后依靠控制与调节系统的调节，使阀后压力的波动与弹簧力相平衡，使阀后压力在一定的误差范围内保持恒定。

对于公共建筑来说，防止静压超压是前提，减动压是关键。因此，减压阀的调试工作就显得尤为重要。首先，关闭减压阀后的检修阀，观察出口端压力表，按设计要求预调出口静压。开启减压阀后的阀门和用水点，调整减压阀出口动压，满足设计要求。关闭阀后所有用水点，检查出口静压是否超出规范要求。至此调试完成，并锁紧减压阀调节螺栓。

在大型公共建筑管网的干管、立管中采用比例式减压阀，而末端支管要采用可调式减压阀中的稳压减压阀，易出现短时超压的位置设置持压泄压阀。

4）管网漏损控制分析

管网漏损是造成水资源浪费的重要原因。公共建筑室内外供水管网的管道、管件等常见的基础设施都可能因为不同因素而产生漏水现象。

管网漏损的主要原因有：管网系统老化、管材质量问题、设计施工安装问题和供水超压问题。计量误差问题可能造成名义漏损，但不一定是实际产生漏损。

供水管网漏损控制是公共建筑室内外节水中重要的一部分，对其进行控制可以直接影响公共建筑节水性能。

大型公共建筑往往具有规模较大的室外管网，是建筑供水系统中最容易产生管网漏损的部分。可以通过合理选用管材和管道接口形式、增强管网施工管理、合理计量和定期维护管理等措施进行控制。

3. 用水器具

在公共建筑中，规模大的建筑，其用水的业态一般也更为丰富。总的来看，公共建筑中用水器具以水嘴（单阀、双阀、混合阀）、小便器（手动或自动自闭式冲洗阀、自动冲洗水箱进水阀）、大便器（冲洗水箱浮球阀、延时自闭式冲洗阀）为最常见的主要用水设备。但在酒店、宿舍等类型的公共建筑中，淋浴器和浴盆（单阀、混合阀）等同样是其主要用水设备，且占总用水量的比重较高。因用水设备使用时，人对水嘴等器具的开启程度、开启时间受到使用者年龄、用水习惯等因素影响较多，且人为因素仅可宣传引导却难以控制。

所以，用水器具环节应从政策规范和产品研发上对器具的出流进行控制，引导其高效、舒适地满足用水需求。在这一环节，相关企业和研究机构已经做了大量的相关工作，节水器具的性能也在随之逐步提高。

1）用水器具类型

不同用水类型对应着不同的用水器具，如冲厕用水的用水器具主要有小便器（手动或自动自闭式冲洗阀、自动冲洗水箱进水阀）、大便器（冲洗水箱浮球阀、延时自闭式冲洗阀）；厨房、盥洗、洗衣用水的用水器具主要为水嘴（单阀、双阀、混合阀）；沐浴的主要用水器具为淋浴器和浴盆（单阀、混合阀），不同公共建筑卫生器具所占比例如图 2.2-4 所示。综上，对于不同类型公共建筑的卫生器具节水的侧重也应有所不同。

2）标准规范要求

《建筑给水排水设计标准》GB 50015—2019 规定各用水器具的工作压力分别为：水嘴（0.1MPa）、淋浴器（0.1～0.2MPa）、蹲便器（0.1～0.15MPa）、坐便器（0.05MPa）、小便器（自闭式冲洗阀 0.05MPa；自动冲洗水箱进水阀 0.02MPa）。生活给水系统用水点

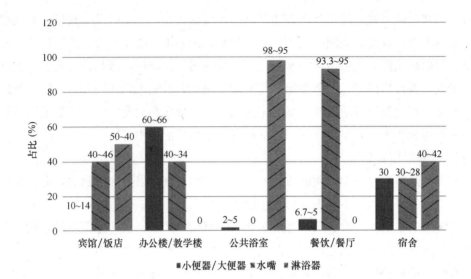

图 2.2-4　不同公共建筑用水器具占比

处供水压力不宜大于 0.20MPa，当用水点卫生设备对供水压力有特殊要求时，应满足设备供水压力要求，但一般不大于 0.35MPa。

判断用水器具节水等级有其标准依据，所有用水器具均须达到水效等级的 3 级指标，达到水效等级标准中的 2 级为节水型用水器具，达到 1 级为高效节水型用水器具。

《水嘴水效限定值及水效等级》GB 25501—2019 中规定，适用于安装在建筑物内的冷、热水供水管路末端，供水压力不大于 1.0MPa 的水效评价。《节水型卫生洁具》GB/T 31436—2015 中关于节水型陶瓷片密封水嘴的流量要求为 2.0～7.5L/min。《节水型生活用水器具》CJ/T 164—2014 中关于水嘴流量等级划分与普通洗涤水嘴相对应，且指标相同。

《坐便器水效限定值及水效等级》GB 25502—2017 中规定，适用于供水压力不大于 0.6MPa 条件下使用的各类坐便器的水效评价。

《便器冲洗阀水效限定值及水效等级》GB 28379—2022 中规定，适用于安装在建筑设施供水管路上，供水压力≤0.9MPa、介质温度≤40℃条件下使用的便器冲洗阀。《节水型生活用水器具》CJ/T 164—2014 中关于大便器的规定为一次用水量不应大于 6.0L。

《小便器水效限定值及水效等级》GB 28377—2019 中规定，适用于供水压力不大于 0.6MPa 下使用的各类小便器的水效评价。《节水型生活用水器具》CJ/T 164—2014 中关于小便器的规定为一次用水量不大于 3.0L，规定较为宽泛。

《淋浴器水效限定值及水效等级》GB 28378—2019 中规定，适用于安装在建筑物内的冷、热水供水管路末端，公称压力（静压）不大于 1.0MPa，介质温度为 4～90℃条件下的盥洗室、淋浴房等卫生设施上使用的淋浴器水效评价。《节水型生活用水器具》CJ/T 164—2014 中关于淋浴器的规定为：1 级－4.8L/min，2 级－7.2L/min。《节水型卫生洁具》GB/T 31436—2015 中关于节水型陶瓷片密封水嘴的流量要求为：12.0～15.0L/min。

3）系统特性影响

目前建筑节水技术开始不断完善，高效节水型用水器具不断改进和普及。但目前研究的侧重点为器具本身的功能和设计的优化，没有与供水系统本身紧密联系。供水系统中管网压力、人们用水行为是不断变化的，对于这种变化是否会对用水器具节水性能产生影响也应进行深入分析。

管网压力对节水器具的节水性能具有显著影响，在低压力状态下本来节水的卫生器具，在相对高压状态下可能无法保持其应有的节水能力。

对于用水器具而言，绝不是水压越小、水量越小越好，若一味提高节水效果，而使用效果不佳，会造成用水时间大幅增加，耗水量不减反增，满足用水舒适性要求的节水措施才是最合理的，既能缓解城市水资源紧张的状况，又能兼顾居民需求。

北京建筑大学的课题《基于终端用水舒适度的节水技术研究》对此进行了深入研究，以受试者在水嘴、花洒下用水的测试结果为依据，根据供水压力、流量及温度的舒适范围，考虑不同人群用水需求的差异，根据我国现行节水标准，结合测试结果中的用水量数据，对比用水舒适度的参数范围，提出兼顾用水舒适度的供水设备节能节水设计要点。

针对冷水洗手而言，其舒适度主要是根据设备的供水静压和出水流量来评价，当设备的配水支管供水静压在 0.15～0.20MPa（动压在 0.11～0.14MPa），设备的出水流量在 0.059～0.062L/s 时，受试者感觉用水舒适，满足上述用水舒适性的设计同时也能满足节水需求，可节水 58.7%～60.7%。

针对温水洗手而言，其舒适度主要是根据设备的供水静压、出水流量以及用水者类型来评价，当设备的配水支管供水静压在 0.20～0.25MPa（动压在 0.12～0.17MPa），设备的出水流量在 0.068～0.077L/s，出水温度在 35.3～36.5℃时，受试者感觉用水舒适。满足上述用水舒适性的设计同时也能满足节水需求，可节水 48.7%～57.3%。

针对淋浴而言，其舒适度主要是根据设备的供水静压、出水流量以及用水者类型来评价，以节能节水为前提兼顾舒适度，淋浴设备的配水支管供水静压应为 0.20MPa，设备的出水流量应在 0.13～0.15L/s，出水温度应在 39.0～40.0℃。此条件下，受试者对压力的满意度为 73.3%，出水流量满足三类人群的舒适需求，出水温度满足两类人群的舒适需求，人均用水量与其他工况相比可节水 4.3%～17.7%。

4）小结

公共建筑节水的关键可以聚焦为供水设备的能效、末端器具水力性能、过程管网水力特性与系统整体动态变化规律。

针对供水设备环节，在既往的研究中，普遍将变频供水系统的流量、压力与能耗作为研究的工作重点，以能耗为主要衡量指标，力求提高供水设备的系统效率。而作为公共建筑中供水环节的起点，现状通常只通过压力传感器监控泵组后出水管的压力值来控制泵的运行。对这一控制方式下的深入研究可以提高水泵的运行效率，但仍未能对管网中压力变化时的用水设备动态出流量加以控制。这既有长期以来建筑业粗放式发展，供水系统以高效保障末端用水压力和流量充足为目标的惯性思维影响，也与精密监测设备、数据采集、分析系统的实施成本较高等技术经济性考量有关。随着监测、数据实时采集分析等电子、信息技术等领域的技术进步，对供水系统动态变化已可以进行较为充分的监测，找出其规律。综上，供水设备的节水关键应在于使其匹配输配水管网和用水设备中的流量压力动态变化，并根据监测得到的规律，对供水设备进行调试。

供水管网环节，因不同建筑的给水系统各不相同、同建筑不同用水位置的水力条件也各不相同，即使相同系统的建筑，用水设备的动态出流特性也因用水器具实际使用情况、施工工艺、管道和管件生产批次等众多细微差异相累加而有所区别。当管网较复杂且用水器具较分散时，管网的特性曲线会随着用水点同时开启数量、位置偏移。同一时间用水点开启得少，用水量远远小于系统整体的设计秒流量，从而对应的沿程损失小，水泵在此工况下的实际扬程相较于系统设计秒流量工况下所需的扬程偏大，这不但会造成单一用水器具水压过高的情况，同时还会浪费水资源、电机能耗。而同时开启用水点多时，会导致部分管段流量大、流速高，进而这部分管段的沿程损失急剧升高，加之离心泵的特点是流量与扬程成反比，在这两种情况一起影响下，用水器具会出现水压不足的情况。所以，想实现用水设备按照较为理想的节水流量出流，就需要做好用水设备入口动态水压的控制。也即，输配水管网的动态变化特性是决定末端用水设备入口动态压力最为主要的环节，对做好节水起决定作用。另外，管材、管件、阀门的选取也是造成管网漏水的重要因素。由于不少建筑采用质量相对低劣的管材、阀门，加上安装质量差，其漏水量亦很可观。因此，选用质量好的管材、管件、阀门也是节水工作的重要一环。

用水器具环节，公共建筑性质不同导致用水类型比例不同，因此，卫生器具的类型对于节水的影响也不同。对于用水器具来说，供水系统对于带冲洗水箱的用水器具影响较小，其节水能力主要是由器具本身出流的节水性能决定的。而对于洗手盆、淋浴器或便器这种带单、双阀水嘴或冲洗阀的卫生器具，供水系统的变化对其影响尤为明显，特别是末端供水压力的变化，且实时变化。因此，可在保证有效供水的基础上，加装控压阀和流量计，以节能节水为前提，兼顾舒适度进行分区压力控制，并实时监测公共建筑的系统运行状态。从而实现公共建筑供水压力和水量的精细化管理。

对于减少水耗的三环节来说，供水设备和用水设备都有明确的性能变化规律，但输配水管网的特性受系统设计、施工和运行管理的影响很大，即使系统相近的两栋楼用水动态变化特性也不一样，因此，想兼顾保障系统正常使用和实现节水，需要充分了解该建筑的给水管网动态特性，对管网各分区末端接入用水设备前的水压、流量；给水设备后接入管网位置的水压，流量等进行持续一段时间的监测，深入了解该建筑的实际动态用水情况。

2.2.3 典型公共建筑用水特性及影响因素

1. 典型公共建筑用水变化特性

通过对教育（中国某大学）、办公（北京某办公楼）、交通（北京某交通建筑）等不同类型建筑用水情况调研及持续监测，总结分析典型公共建筑用水变化特性。

1）教育科研建筑

经调研分析，该教育科研建筑用水变化特性如下：

（1）2020年9月前学校线上教学，学生未返校，用水量较小；正常教学后，同比用水量增大。

（2）用水受寒暑假影响较大，放假时期用水量较小。

（3）短期内看，随着气温的升高，用水量随之增大，气温是影响用水量的重要因素之一。

（4）日变化系数 1.65，大于标准推算的 1.1～1.25 的系数，主要是寒暑假的因素导致整体波动性变大。

（5）因用水人数基数大，春秋季两个学期用水量相对稳定，秋季用水略大于春季用水。

（6）最高日小时变化系数为 1.98，比《建筑给水排水设计标准》GB 50015—2019 的宿舍用水变化系数小。

2）办公建筑

经调研分析，该办公建筑用水变化特性如下：

（1）大厦 2020 年 5 月～2021 年 6 月总用水量变化曲线基本与同期北京市平均气温变化趋势相吻合。

（2）监测时间段内，大厦内使用单位及人员总数无明显变化，可见用水量与同期气温呈正相关关系，在气温升高时，用水量增大；气温降低时，用水量呈减少趋势。

（3）按月划分时间段，日用水变化系数最低为 2021 年 6 月的 1.38，最高为 2021 年 5 月的 3.78，监测周期内除 2021 年 6 月外，其他各月日用水变化系数均高于城市综合用水日变化系数 1.1～1.5 的范围。

（4）办公建筑的用水受到工作日和休息日的影响。周一至周五为工作日用水量较大，周末为休息日，用水量较小。部分法定节假日期间，大厦用水量极低。

（5）随机选取监测期内各月某工作日分时用水情况，大致可分为三个阶段。

阶段一：21:30～次日 6:30，此时间段内几乎无用水。

阶段二：9:00～19:30，为大厦用水集中时段，流量长期大于 2m³/h，此时间段内各楼层用水器具交替出水，造成系统流量长时间处于波动中，11:30～12:00 流量中位值较本阶段中其他时间稍高。

阶段三：6:30～9:00 及 19:30～21:30，此时间段内出现零星用水。单次用水时间约 40s。

3）交通建筑

经调研分析，该交通建筑用水变化特性如下：

（1）工作日及周末用水量相比小长假期间用水量均高。

（2）用水量与人群工作时间高度相关，每周用水变化较为规律，周一至周五较周末明显用水量较大。

（3）单日大用水量峰值集中在上午早高峰，其余工作时间较均匀，早间用水量增速远高于下班时段的用水量降速。

（4）系统夜间仍存在少量出流，可能为设备用水。

（5）系统末端超压控制较好，但存在压力不足问题。

2. 典型公共建筑用水变化特性影响因素分析

通过对教育、办公、交通、医疗等不同类型建筑用水情况调研及持续监测，公共建筑用水受建筑规模与性质、季节与气温影响较为明显。在日用水量变化方面，各类建筑在服务功能及服务时间影响下的用水人数变化是最主要的影响因素。

1）建筑规模及性质

根据北京节水规划数据显示，2004年机关（包括写字楼）、科研、饭店、学校、商场、医院、餐饮7个行业的用水量占北京市公共生活用水量的78.2%，是北京市公共生活用水的主要行业。

公共生活用水行为复杂多样，但是由于公共生活用水各行业具有面向人提供直接或间接用水的基本性质，其用水行为的目的与行为主体是在服务过程中发生水消费的职工或顾客，这使得公共生活用水的各行业用水行为存在着一定的共性，表2.2-1为2006年城市公共生活主要行业的用水部位及其所占比重的统计结果。

2006年城市公共生活主要行业的用水部位及其占比   表 2.2-1

行业类别	人员用水（%）	设备用水（%）	特色用水（%）
机关（含写字楼）	70	30	—
教育科研	80	10	10
医疗	83	12	5
商业	—	—	20
饭店	71	11	18
餐饮	30	5	65

机关用水量在城市公共生活用水总量中占比最大。但机关不具备特色用水，是城市公共生活用水行业中用水类型较为简单的一个，其中包含的办公楼甚至更为简单。一般来讲，办公楼用水部位主要分布在办公楼的卫生间、食堂以及供冷或供暖使用的空调或锅炉处。此外，还有少量绿化用水。

办公楼随着规模与性质的不同，其用水构成有差别。一般来说，建筑面积越大，人数越多，用水量越大，用水部位越多，用水构成越复杂。人数少，面积小的办公楼有可能没有食堂、浴室以及中央空调，仅有卫生用水；人数多、面积大、规模大的办公楼则可能包含有各种用水类型，不仅有食堂、浴室、中央空调，也可能还有其他别的附属用水。所调研的北京某地区办公楼，地上17层，除一层为便利店、健身房，二层、三层为体检中心外均为办公用途。该建筑固定办公人数约3000人。根据监测结果计算每人平均日用水量为31.1L，处于《建筑给水排水设计标准》GB 50015—2019中办公楼用水定额的范围。

学校也是城市公共生活用水量所占比重较大的行业。其用水量在城市公共生活用水中所占比例为16.32%。学校用水构成十分复杂，以高等院校的用水量最大且最为典型，用水结构也最为复杂，是一个集教学、生活于一身的微型社会，其中包括教学区、生活区和附属区三个主要区域,其中每个区域又有各自不同的内部结构。通常意义上讲,在高校用水管理中,生活区与附属区这两个区域的用水属外供用水范畴,其用水不纳入本节的学校用水构成分析之中,教学、办公楼、图书馆、宿舍、食堂、浴室是学校用水的主要部位,其用水总量之和最高可以达到整个学校用水量的 80%,其中宿舍用水量最大,占 36%～44%,该部位的用水行为以盥洗、冲厕为主。上述部位的用水过程以学生与教师的用水为主,学生与教师人数的变动是该部分用水总量变化的主要影响因素。

2）季节及气温

从所调研的教育科研建筑来看,随着气候变化,人们的用水量也随之发生改变。2020年 3 月～2020 年 8 月,各大高校改为线上教学,几乎没有学生返校。因此,学校东区内用水团体主要为内部居民。3 月至 8 月期间,气候逐渐由春季向夏季过渡,气温升高,天气逐渐炎热,人们用于清洁自身的水量开始逐渐增加,用水量逐月增加。

2020 年 9 月～2020 年 12 月,各大高校陆续恢复开学,学校东区内用水团体主要为学生以及其内部居民。9 月～12 月期间,气候由夏末向秋冬季过渡,天气转凉,气温逐渐下降,人们用于清洁自身的水量开始逐渐减少,用水量逐月降低(图 2.2-5)。

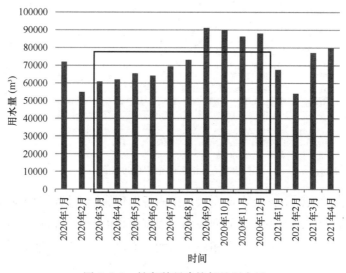

图 2.2-5　教育科研建筑每月用水量

对于办公建筑来说,2020 年 6 月～9 月各月总用水量均超过 4000m³,为全年用水量最高的 4 个月,同期平均气温也为全年最高时期。监测期间内,大厦内使用单位及人员总数无明显变化,可见用水量与同期气温呈正相关关系,在气温升高时,用水量增大;气温降低时,用水量呈减少趋势(图 2.2-6)。

北京市全年温度曲线如图 2.2-7 所示。

3）用水时间规律

不同建筑性质的用水时间规律也不尽相同,这直接影响建筑用水量变化,从教育科研建筑来看,用水相对集中的时段为 8:00～9:00、12:00～13:00、17:00～19:00、21:00～23:00。学校生活用水出现明显的早中晚高峰与大学学生的生活习性密切相关,早高峰的出现

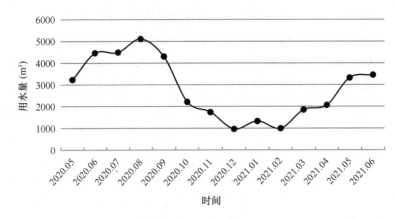

图 2.2-6　办公建筑 2020.05-2021.05 各月份总用水量

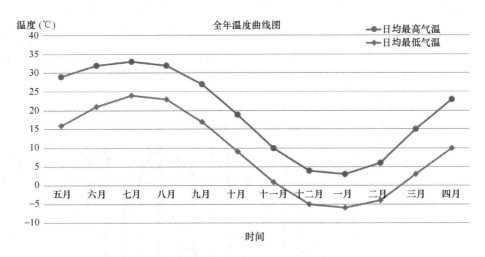

图 2.2-7　北京市全年温度曲线

是由于学生起床需要洗漱等消耗水量而致,中高峰出现缘于人们饭前饭后如厕洗手,晚高峰出现缘于晚上人们入睡前盥洗、如厕洗手。根据学生的行为习惯推断可知,早晚洗漱以及中午或晚上用餐的时间一般为用水相对集中的时间段,用水高峰期通常存在于这些时段内(图 2.2-8)。

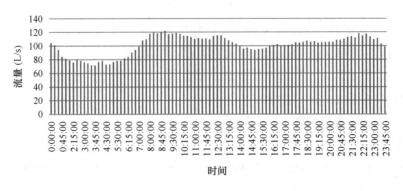

图 2.2-8　教育科研建筑某一时刻流量全年平均值

办公楼的生活水主要用于盥洗、饮用，由于办公楼在节假日与工作日的用水情况存在显著差异，以 2020 年 6 月各日用水量为例，周一至周五为工作日用水量较大，周末为休息日，用水量较小。部分法定节假日期间，大厦用水量极低，如 6 月 25 日～27 日为端午假期。在工作日五天内通常周一用水量较低，周二、周三逐渐增加，周四至周五呈降低趋势。用水峰值出现在周三的次数最多。在一周时间跨度内，用水量谷值通常出现在周日。

相对于教育科研建筑，办公建筑于一天的用水规律也有所不同，前日 21：30～当日 6：30，此时间段内几乎无用水。当日 6：30～9：00 及当日 19：30～21：30，此时间段内出现零星用水。当日 9：00～19：30，为大厦用水集中时段，流量长期大于 2m³/h，此时间段内各楼层用水器具交替出水，为集中用水阶段。

4）供水系统运行压力设定

在本次监测研究中，数据显示所调研的办公建筑供水系统以小流量为主，大流量的频次极低，其中生活给水系统 7m³/h 以上流量频次比合计仅约 0.36％，中水系统 8m³/h 以上流量频次比合计不足 0.02％。该建筑设计安装的生活给水系统主泵单台额定流量为 30m³/h，中水系统主泵单台额定流量为 12m³/h，远高于系统实际发生流量，性能严重过剩。从设计角度看，虽然应该依据标准中的秒流量计算公式得到设计秒流量，并以此为依据选取泵组，以保障二次供水系统稳定供水。但就本项目而言，实际工况与设计所选泵组并不匹配，且远大于实际需求。

通过变频调速控制水泵出口压力恒定，其压力设定值为依据设计计算流量计算的最不利工况水头损失，与正常工作状态下高频次流量的水头损失差值较大，导致系统超压出流情况频繁出现。

在稳压及减少泵组启停方面，采用隔膜式稳压罐-补水泵是经过工程实践检验的设计常用做法，但在该项目中未能起到良好预期效果。实际运行中，系统主泵频繁启泵，且长时间处于水泵特性曲线的低效段运行，能源浪费严重。

5）小结

建筑水系统运行是需求和供给的平衡。其中用水需求量为外因，同时也是水系统的服务指标，建筑服务时间、使用周期等直接影响使用人数，决定用水变化趋势。同时，公共建筑单个供水分区供水范围越大、业态越复杂、用水人员数量越多则用水动态变化较为平滑、波动较小。

通过对包括教育科研、办公、交通等多种类型建筑的用水变化特性进行研究，公共建筑用水变化均呈现周期性规律，通过建筑用途框架下的服务周期所反映出的用水人数变化是影响公共建筑用水总量的最主要因素。教育科研类建筑用水变化遵循"开学-寒暑假"周期；办公类建筑用水变化遵循"工作日-休息日"及"工作时-非工作时"周期；交通类建筑用水变化遵循"人流量早高峰-平时"周期，在各周期不同阶段内，建筑用水量差异明显。

同时，在建筑使用人数这一因素的基础上，单个用水设备的使用频率与用水人员总量呈正相关，而季节及气温对用水人员平均用水频率及单次用水时间产生影响。

对于本项目研究实测的三类公共建筑，其用水量变化情况均在不同程度上与当地平均气温变化趋势有所关联，其中办公类建筑的关联性最为明显。

建议在设置建筑供水机组运行挡位时，在用水周期的基础上，进一步将季节及气温因素纳入考量，细化不同气温段运行状态的调整。首先可对建筑历史用水情况深入分析，确定各季节、气温段用水总量变化趋势及差异，根据各建筑用水特征针对性地调整供水机组运行策略。

2.3 大型公共建筑高耗水系统节水工程技术

大型公共建筑的冷源一般采用水冷式机组制冷，采用机械通风冷却塔作为散热设备，调研数据显示公共建筑冷却塔耗水量超过整个建筑工程耗水量的50%。尤其是近几年大量建设的数据中心，绝大多数采用水冷式机组和冷却塔作为制冷设备，冷却塔耗水量占比超过90%。控制建筑冷源制备方式、减少冷却塔补水是建筑节水的重要组成部分，也是从源头控制用水量的重要技术措施。

集中热水供应系统一般应用于宾馆、宿舍、公寓、医院、老年人照料设施等公共建筑中，在节水、节能的前提下输送舒适、安全的生活热水为人们所用，其主要由热源、换（加）热设备、供回水管网、水质处理设施、为保证循环效果的循环泵、循环阀件、用水终端等部分组成；集中生活热水系统的节水、节能具有联动性，储热设备、供水的及时性对节水有较大影响。但是在日程使用过程中，设计采用开式水箱造成清洗浪费水资源；支管放出大量的无效冷温水，才能使得出水温度达到使用要求，为提高集中生活热水的节水效果，应从全系统角度考虑采取节水措施。

2.3.1 大型公共建筑冷却塔系统调研

通过对十余项实际工程的设计、安装、运行各阶段进行调研，对设计工况和运行工况进行对比分析，收集掌握工程设备的运行实际数据；分析冷却塔实际运行中的补水水源、水处理措施、排放措施及排放量等；并对工程相关水质进行采样、检测，根据测试资料计算相关工程数据，如浓缩倍数、含盐量等，测算实际工程冷却塔的补水量和节水效率。

通过对比《采暖空调系统水质》GB/T 29044—2012 中对冷却塔补水中氯化物的要求（≤100mg/L）和《生活饮用水卫生标准》GB 5749—2022 中氯化物的低限值是（≤250mg/L），鉴于民用建筑循环冷却水系统中部分补水是自来水补水，建议民用建筑工程中循环冷却水系统补水水源水质中 Cl^-（mg/L）、电导率指标按照《生活饮用水卫生标准》GB 5749—2022 中的水质标准执行即可。

浓缩倍数取值及循环冷却水系统补水量取值，通过对5个调研项目的浓缩倍数为定制反算冷却塔补水量，同时依据调研运行工况及冷却循环系统的实际补水量，得出冷却循环系统补水量推荐值为循环水量的 0.75%～1%，从设计角度达到节水目的。

2.3.2 冷却塔补水综合利用一体化集成技术

1. 技术背景

大型民用建筑一般采用水冷式机组作为空调冷源，采用机械式冷却塔作为散热设备，我国大部分地区一般 5～10 月为空调制冷时段，契合我国气候特点，大部分地区降雨集中在 5～10 月，与空调制冷时段具有高度的时空匹配性。

大型公共建筑一般具有较大的面积，弃流初期雨水后的雨水水质较好，雨季雨水用于冷却塔补水，具有较好的季节、水量和水质的匹配性；采用机电集成技术将雨水收集箱（利用废旧集装箱）贮存、处理、消毒、加压等集成一体化机组，机组可放置在低层屋面、地面或埋地敷设；机组可以模块化工厂生产、现场组装，大幅度提升施工安装质量、节省机房面积、方便维护管理；实现冷却塔补水的非传统水资源利用、实现冷却塔水处理的循环处理，充分提高水资源利用率。工艺设计如下：

屋面雨水→集装箱＋弃流＋贮水→集成机械过滤＋水处理工艺（膜过滤或臭氧处理）→消毒（臭氧）→冷却塔补水

根据相关研究成果，采用臭氧处理冷却循环水具有较好的综合效益，臭氧对 COD 具有较好的处理降解作用，雨水中主要污染指标为 COD，具有较好的工程耦合性。

2. 原理及控制

1）冷却塔补水综合利用一体化集成原理

冷却塔综合节水一体化设备，包括集装箱本体，集装箱内设有集水区和设备区；其中，集水区贮存流入的雨水，集水区通过杂用水管道与用水点连接；设备区设有控制箱，控制箱用于控制一体化设备的运行；集装箱内还设有弃流区，采用容积式弃流箱，将降雨初期的污水定期排出；弃流区位于集水区的上游且与集水区连通。一体化设备目的是实现雨水资源化，而且把雨水收集、处理等基本设备集成设置在一个集装箱内，可以在工厂内直接预制成型、一次安装到位，方便运输，显著提升施工效率。一体化设备构造见图 2.3-1～图 2.3-3（图释统一汇总于图 2.3-3 下）。

设备主要有三个区域，弃流区 100、收集区 200、设备区 300，各区域通过隔板进行

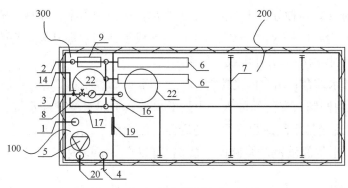

图 2.3-1 一体化设备构造平面图

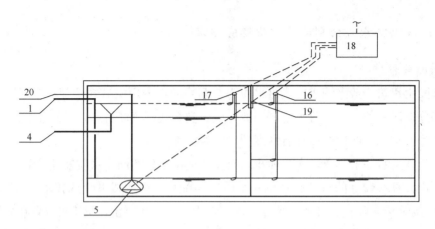

图 2.3-2　一体化设备构造剖面图（一）

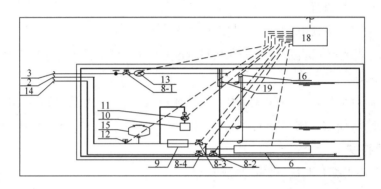

图 2.3-3　一体化设备构造剖面图（二）

100—弃流区；200—收集区；300—设备区；1—雨水排入管；2—杂用水管道；3—小市政供水管；4—溢流管；5—弃流提升泵；6—杂用水提升泵；7—穿孔冲洗管；8-1—第一电磁阀；8-2—第二电磁阀；8-3—第三电磁阀；8-4—第四电磁阀；9—机械过滤器；10—加药器；11—加药泵；12—压力传感器；13—流量计；14—反冲洗排水管；15—气压罐；16—第一电子液位计；17—第二电子液位计；18—控制箱；19—格栅；20—弃流提升排水管

分隔。包含各种设备，构成一个独立的雨水收集-处理-回用模块。雨水直接排入弃流区100内，弃流区100内还包含弃流提升泵及其排水管、溢流排水管，便于初期雨水蓄满弃流排放。当整个装置雨水贮存满了之后，同时可以直接溢流排放。弃流区100与收集区200通过格栅板连接，格栅处位于弃流区的上半部，在初期雨水弃流后，清洁雨水直接流入收集区200，贮存在收集区内。收集区200内集成了杂用水提升泵，将收集区的贮存的雨水提升、处理后供给冷却塔补水或其他用水点。

　　2）冷却塔补水综合利用一体化控制

　　（1）弃流箱的控制：弃流箱的水位为最低水位、中间水位、高水位。根据弃流箱内的水位，控制弃流箱排水阀或提升泵 5 的启停。屋面雨水先流入弃流箱，弃流箱内的液位计 17，监测到水位的位置。弃流提升泵 5，可以在 10min 内把弃流箱的弃流雨水排放干净。

　　（2）雨季旱季的控制：根据设备所在地，可以设置雨季、旱季的切换。以北京为例，可以设置 5～9 月份为雨季，此时雨量充沛。其他时间为旱季，雨量较少。其他地方根据当地的降雨量设置。南方城市，可以全部设置为雨季。

（3）市政补水管的控制：雨水箱内设置液位计 16，监测雨水箱的水位高低。雨水箱内从下至上，有最低水位、市政补水停水水位、最高水位（溢流水位）。

（4）杂用水提升泵 6 的控制。杂用水回用管路上设置了压力传感器 12，监测到管网压力过低时，直接启动杂用水提升泵 6。

（5）水质控制模块，集水箱或冷却塔内有水质控制传感器，在水质变差时，可以输出信号，启动加药泵 11，加药泵可以把加药箱 10 的药剂，直接加压至管网内，控制水质。

（6）设备并联控制。多组设备接入同一管网时，可以根据杂用水供水管网上的压力，依次控制各个设备内杂用水提升泵的启停。

3. 设备模块化

冷却塔综合节水一体化设备采用废旧半标集装箱改装而成，外形尺寸为 $6.058 \times 2.438 \times 2.591$（m），内部尺寸为 $5.898 \times 2.352 \times 2.385$（m）。

试制设备主要组件由弃流装置单元、水处理单元、蓄水单元、排污控制单元、集装箱体等组成。产品采用废旧半标集装箱改装而成，外形尺寸为 $6.058 \times 2.438 \times 2.591$（m），内部尺寸为 $5.898 \times 2.352 \times 2.385$（m）。

容积式弃流装置有效弃流容积 $v_1 = 1.0 \text{m}^3$；按一年一遇 24h 降雨量计算，屋面雨水弃流量按 2mm 计算，全国典型城市年均降雨量、屋面弃流量与屋面匹配数据见表 2.3-1。

全国典型城市年均降雨量、屋面弃流量与屋面匹配数据　　　　　　　表 2.3-1

序号	站名	年均降雨量（mm）	一年一遇日降雨量（mm）	弃流量（m³）	匹配屋面面积（m²）	有效贮存水量（m³）
1	北京	571.9	45.0	1	500	21.5
2	上海	1164.5	55.7	1	450	24.1
3	广州	1736.1	51.8	1	450	22.3
4	武汉	1269.0	61.3	1	400	23.5
5	南宁	1309.7	62.6	1	400	24.0

根据《建筑与小区雨水控制及利用工程技术规范》GB 50400—2016，年均降雨量大于 400mm 的城市适宜收集雨水作为再生水使用，该产品可根据实际屋面的汇水面积、匹配有效贮存容积，匹配容积式弃流装置容积。

1）案例分析

广州某城市综合体项目，空调建筑面积 25000m²，根据工程经验，一般按建筑面积来估算空调冷却循环水量指标是 40L/m²，空调冷却循环水量：1000 m³/h，补水量按 1.5% 计算，每天运行时间按 16h 计算。

则每天空调冷却塔补水量：$1000 \times 0.015 \times 16 = 240m^3/d$；

如果按空调冷却塔补水再生水利用率 40%，每天补水量 $96m^3/d$，如果采用该研制产品，匹配屋面面积 $2250m^2$。一般冷却塔设置在裙房屋面，可就近在裙房屋面设置该模块化产品，收集较高层的屋面雨水，重力收集到模块化装置，简化工程系统、节省机房面积，实现雨水的综合再生利用。

2）相关产品研制图示见图 2.3-4、图 2.3-5。

图 2.3-4　一体化设备外形图

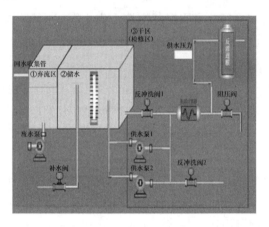

图 2.3-5　设备工艺原理图

3）容积式弃流装置

容积式雨水初期弃流装置，原理如图 2.3-6 所示，主要由雨水进出水管、弃流水箱、电磁阀和控制系统所组成。初期雨水先暂存在弃流箱内，当水位达到高水位时，后期雨水通过雨水收集管进入雨水贮水箱，同时高位水位电信号至控制箱，信号动作后延迟 24h 打开电磁阀门，使弃流水箱开始排水，将弃流水箱内的初期雨水排出；当水位下降达到低水位时，电信号至控制箱关闭电磁阀门，雨水初期弃流装置复位。本装置可最大化收集洁净雨水，可保证 24h 内降雨均溢流至雨水贮水箱。

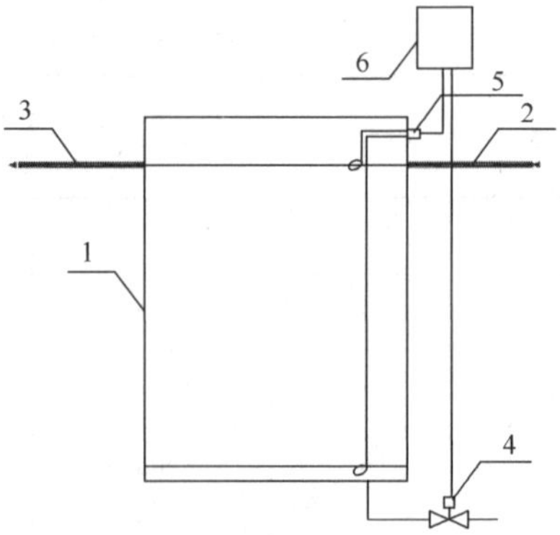

4）设备运行控制流程设计

设备正常运行控制流程设计如图 2.3-7 所示。

图 2.3-6　容积式雨水初期弃流装置原理图

1—弃流水箱；2—雨水进水管；3—雨水收集管；

4—电磁阀；5—液位控制器；6—控制箱

2.3.3　冷却塔自动排污技术

1. 技术背景

根据相关资料和本报告调研情况，以及与相关冷却塔设备厂商调研结果得出，目前我国民用建筑中绝大多数循环冷却水系统并没有自动排污措施，一般设有排污阀，人工操作。据了解，极个别项目有排污措施也是通过测定循环水中的电导率进行自动排污。

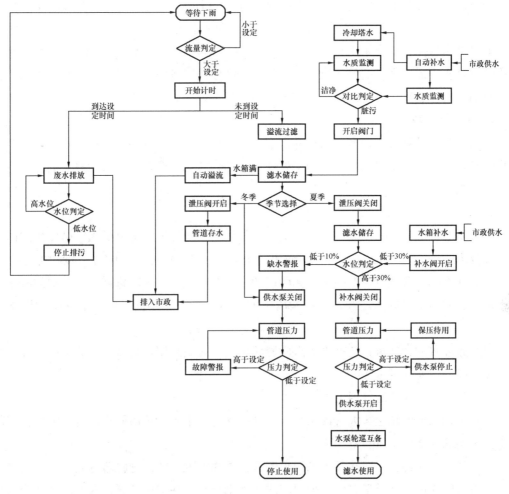

图 2.3-7　设备运行控制流程图

资料表明，上海金桥经济开发区有多家企业冷却塔安装了在线监测装置，实现了冷却水循环量、电导率、补水量等参数的实时监控，实时监督冷却塔运行管理状况，起到了良好的节水效益。

一般北方地区 5～10 月为空调时间、南方地区 4～11 月为空调时间；数据机房、餐饮厨房、冷链物流或类似准工业场所全年、24h 供冷。项目开启时间、负荷变化因项目不同存在较大的差异，冷却塔排污应根据项目特点因地制宜采取不同的技术措施。民用建筑冷却循环水按照《采暖空调系统水质》GB/T 29044—2012 的要求，补水 Cl^- 为 100mg/L，循环水 Cl^- 为 500mg/L；即认为标准认可的浓缩倍数为 5，超过这个值则需要排污。假设补水比例为 1%，以每年空调运行 150d 计算（扣除节假日，6 个月）、每天运行时间 10h 进行计算，则冷却循环水氯离子累计浓度为系统补水氯离子的 15 倍，不考虑其他影响因素，根据补充水氯离子浓度分析如下：

1）补充水氯离子浓度为 100mg/L，则冷却水累计 Cl^- 为 100×15＝1500mg/L，大于 GB/T 29044—2012 的氯离子浓度要求，需要排污，整个空调季需要约 3 次排污。

2）补充水氯离子浓度为 25mg/L，则冷却水累计 Cl^- 为 $30\times15=450mg/L$，小于 GB/T 29044—2012 的氯离子浓度要求，整个空调季不需要排污。

如果补水采用市政自来水补水，$Cl^-\leqslant30mg/L$ 时，也可以认为一般间歇式民用建筑的冷却循环水不需要专门的排污措施，每年冷却塔停用时排空即可。对自来水补水氯离子浓度较高或常年连续运行的冷却塔，应根据项目特点设置必要的排污措施。

2. 自动排污技术

浓缩倍数的计算方法较多，项目补水水质、气候特点、空气污染对冷却水均存在不同程度的影响。因此应根据项目特点和水处理方式综合考虑，合理确定浓缩倍数的计算方法和检测参数：

1）电导率作为检测参数

电解质溶液电导率的测量一般采用交流信号作用于电导池的两电极板，由测量到的电导池常数 K 和两电极板之间的电导 G 而求得电导率 σ。冷却循环水的含盐量与电导率有一定的关联度，但含盐量与电导率并无严格的正比对应关系、影响机理复杂。水的电导率等于水中各种离子电导率之和，而不同离子的导电性能有所不同，影响电导率的因素主要有：

（1）循环水的含盐量：与补水的水质密切相关，尤其采用含盐量较高的水源；如采用含盐量较高的沿海地区水源。

（2）气温：电导率随气温上升而增加。

（3）工程项目所在地区大气污染物：大气中含有较重的工业污染物飘落、沉积在冷却塔中，影响循环水的水质和电导率。

（4）管材的锈蚀：一般冷却水采用碳钢管，锈蚀严重，锈蚀物脱落造成电导率增加。

当项目所在地空气质量较好、采用市政自来水补水、并采用臭氧技术处理循环冷却水时，可利用电导率作为在线控制的检测参数。

2）采用氯离子（或钾离子）作为检测参数

一般民用建筑补水采用自来水作为水源，其氯离子（或钾离子）含量较为稳定，受其他因素影响较小，以此计算的浓缩倍数较为准确。可以用水中的氯离子、钾离子作为含盐量的指示指标。但氯离子（或钾离子）在线监测装置工程应用案例较少，目前仅限于实验室内使用。

3. 装置试制

为保证在制冷机和冷却塔在正常运行状态下，控制冷却水排污，采用以下控制方案进行控制。控制采用 2 组电导率（氯离子）传感器，分别检测补水（1 号传感器，默认为自来水）和冷却水（2 号传感器，目标水），将两个数据通过对比的方式进行计算。当 2 号传感器电导率（氯离子）数量比 1 号传感器数量高出 5 倍数值时，即判定目标水已经需要排污，需要排出补充干净水。通过计算判定需要排出时，控制器控制排水阀门打开进行排污，同时计算水质的变化，当水质电导率（氯离子）参数达到设定值后将阀门关闭，停止排水；以此循环控制。

1）冷却塔排污的控制方案如下：

（1）基准值：因各处补水的水质有差异，无法按照固定参数进行计算，所以在补水处设置水质传感器作为原始参照，即为基准值。

（2）测试点位：在冷却塔集水盘内设置水质检测点位，实时输出集水盘水质数据，在补水阀前设置水质检测点位，并加装检测装置，实时采集补水水质数据。

（3）判定及控制：根据设计院测算数据，分别设置上限（暂定 8 倍）和下限（暂定 5 倍）倍率设定值，当冷却塔集水盘内冷却水实测值大于基准值的上限倍数时，排污阀门开启，小于基准值下限倍数时，关闭排污阀，使控制在不同的初始水质环境下都可以达到相同的控制要求。

2）冷却塔排污相关设计及控制流程如图 2.3-8、图 2.3-9 所示。

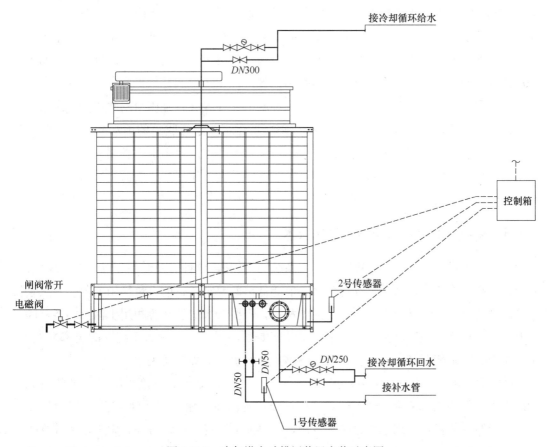

图 2.3-8　冷却塔自动排污装置安装示意图

2.3.4　非传统水源节水技术

非传统水源是指区别于传统意义上的地表水、地下水的（常规）水资源，主要有雨水、再生水（经过再生处理的污水和废水）、海水、矿井水、苦咸水等，这些水源的特点是经过处理后可以再生利用。非常规水源的开发利用方式主要有再生水利用、雨水利用、

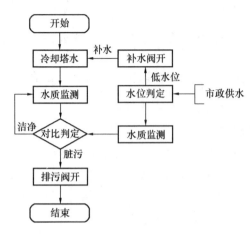

图 2.3-9　冷却塔自动排污电控逻辑图

海水淡化和海水直接利用、人工增雨、矿井水利用、苦咸水利用等。

基于节水的重要性，目前工程设计大量采用了非传统水源作为重要的节水手段，如海绵城市及雨水收集利用；建筑中水回收利用技术；市政中水利用技术；河湖水、海水等也均有不同程度应用。就民用大型公共建筑而言，当具有多种可供选择非传统水源时，应合理因地制宜选择非传统水源，避免重复设置的嫌疑，造成不必要的浪费。如华南某大学城市政设置中水系统，用于室内冲厕等杂用水；按海

绵城市相关标准规定，同时又设置了雨水收集回用系统，用于室外绿化用水，鉴于该地区的自然条件，降雨充沛，雨季绿化用水较少，雨水收集回用利用率不高。因此，民用大型公共建筑当设有冷却塔时，将利用就地收集、处理、用于空调补水更有实际工程意义。

在工程实践中，由于对"非传统水源"理解上存在歧义，采用河湖水用于建筑杂用水不能作为"非传统水源"，理解偏于狭窄，必须是建筑或小区收集的雨水才能作为绿色建筑的得分项，造成工程复杂化，事倍功半。河湖水源基本来自雨水，利用河湖水是更广泛的雨水利用。实践证明，广州地区大型社区、城区就近利用河水作为低质水用于建筑杂用水具有较好的社会效益和经济效益。

2.3.5　集中生活热水系统节水优化技术

集中热水供应系统（以下简称"热水系统"）具有连续性、及时性、舒适性、安全性、稳定性等高标准要求，为满足绿色建筑、节能低碳的要求，目前大量采用太阳能、热泵等新能源制备热水。新能源属于低密度热能利用，需要较大的储热容积用于储存热能，同时需要满足"热水系统"高标准的要求。多种能源联用增加了"热水系统"的技术复杂性，实际调查表明新能源利用系统存在诸多问题，已经引起业界广泛关注。

热水具有约 $1.5℃/m$ 的温度分层现象，即热水温度上升、密度下降。梯级储热原理利用管道式闭式贮水装置，加大热水温度梯级，提高热水输出率达到 70%。"热水系统"采用梯级储热装置，采用平均日用水定额，制热能力可满足传统最高日用水定额计算的耗热量，可以降低"热水系统"相关工程设备规模，有利实现以梯级储热装置为核心的系统模块化、标准化，满足热水系统节能、绿色、低碳的工程建设理念。

1. 传统"热水系统"储热设备的痛点

1）设备管线复杂臃肿

"热水系统"在利用新能源制备热水时，通常采用设置体积较大的储热水箱（罐），工程感观臃肿不堪。某学校一栋宿舍楼采用开式水箱体积 $150m^3$，如果采用闭式，水罐容积 $125m^3$（$5×25m^3$），系统极为复杂、安装及维护工程量巨大；由于水箱需要定期清洗，浪

费大量水资源（图 2.3-10～图 2.3-13）。

图 2.3-10　立式水罐

图 2.3-11　热泵＋室外水箱

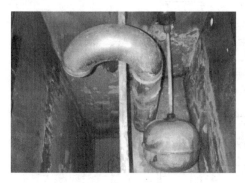
图 2.3-12　开式水箱内部污染

图 2.3-13　开式水箱内部清洗

2）梯级储热装置

利用管道式梯级储热单元，指单个储热罐体的高径比（高度与罐体直径比）≥2.0，多个罐体串联使用，形成线性管道式储热空间，加大了梯级储热的热水梯度，可理解为增加了复合高径比。实验梯级储热装置由 9 个单元组成，每个单元直径 ϕ600mm、高度约 1.6m、容积约 450L，高径比为 2.67，梯级储热复合高径比约 24。系统原理如图 2.3-14 所示。由于是全封闭系统，不需要定期清洗，可节约水资源。

机组如图 2.3-15、图 2.3-16 所示。

2. "热水系统"浪费水资源的其他因素

1）热水系统的供水与回水系统设计不合理，造成回水短路，增加无效冷水放水时间，存在能源浪费和水资源浪费。

2）冷热水压力不同源，不利于压力平衡，末端增加混水时间，存在能源浪费和水资源浪费。

3）居住类单元需要水量计量收费，热水计量复杂，水表后管线较长，需要放掉较大的冷温水水量，存在水资源浪费。

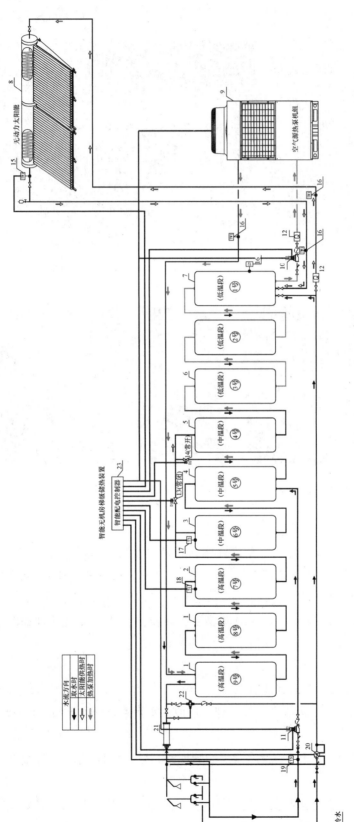

图 2.3-14 基于新能源与热泵联用的梯级贮热装置原理

1、2—管道式储热模块（高温段）可配置常规热源辅助；3、4、5—管道式储热模块（中温段）；6、7—管道式储热模块（低温段）；8—无动力太阳能集热器；9—空气源热泵机组；10—空气源热泵机组；11—生活热水回水循环泵 P1；12—流量计；13—电磁阀 D1；14—电磁阀 D1；15—水温水位传感器 TW1；16—温度探头 T2；17—温度探头 T3；18—温度探头 T4；19—温度探头 T5；20—计量表；21—AOT 热水消毒装置；22—恒温混凝水阀；23—智能配电控制器（分别电计量）

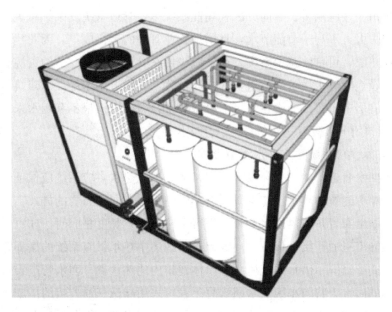

图 2.3-15　机组设计三维图

图 2.3-16　机组成品图

4）集中热水系统提高了用水舒适度和生活品质，用水指标明显高于普通非集中热水系统，存在水资源浪费。

5）管道材料品质较差，出水有锈蚀红黄水，需要放掉较大的水量，存在水资源浪费。

6）管道阀门质量较差，不能有效达到水力控制要求且跑冒滴漏现象严重，存在水资源浪费。

7）末端淋浴喷头、水嘴等质量不能满足节水器具标准要求，存在水资源浪费。

3. 集中生活热水系统节水优化技术措施

1）建筑群（含居住小区）集中热水系统宜采用分散设置机房

大型建筑由于楼座众多、竖向分区和功能系统多，管道系统复杂，布置困难，投资较大、管网热损失大，不利于节能节水，且增加物业管理的运行成本。因此建议分散设置机房、集中供应热媒，可有效减少系统管道，减少回水管道的短路、节约资源。集中设置的热交换机房宜设在有热水需求的建筑物的中间位置，并靠近用水量大的建筑。当集中设置换热设备时，宜居中布置，集中热水机房的服务半径（起点至最不利用水末端）不宜超过500m；可按建筑物分散设置热水机房，共用热媒管线。

2）集中热水供应系统热水回水管道合理设置

应设热水回水管道，并设循环泵，采取机械循环；热水供应系统应保证干管和立管中的热水循环；单栋建筑的热水供应系统，循环管道宜采取同程布置的方式。当系统内各供水立管（上行下给布置）或供回水立管（下行上给布置）长度相同时，亦可将回水立管与回水干管采用导流三通连接，保证循环效果；小区集中热水供应系统的循环管道可不采用同程布置的方式。当同一供水系统所服务单体建筑内的热水供、回水管道布置相同或相似时，单体建筑的回水干管与小区热水回水总干管可采用导流三通连接的措施；当不满足上述要求时，宜在单体建筑接至小区热水回水总干管的回水管上设分循环泵，确保各单体建筑热水管道的循环效果。

3）冷热水压力同源与压力平衡

（1）生活热水系统宜采用闭式系统，生活冷水与热水系统分区应一致，并应采用相同的压力源。

闭式系统可以有效避免二次污染，消除卫生隐患。热水系统与冷水系统的压力差值不宜大于0.01MPa，以免造成混水的出水温度忽高忽低，避免烫伤事故。另外，因温度不稳定而多次手动调节混水阀，也会造成水资源浪费，不利于节水节能。生活热水闭式系统应保证冷热水分区一致，水加热器和贮水罐的进水由同区的给水系统供应，保证冷热水压力平衡；

（2）不宜设置干管减压阀的方式来分区，用于保证冷热水压力平衡。主要原因为：减压阀质量良莠不齐，产品质量缺陷造成工程应用事故不断；减压阀的设置额定工况和实际应用工况存在较大的差异，存在一定的误差；热水存在颗粒物、焊渣等影响减压阀的精度，造成减压失效；安装工程质量不佳、影响减压阀的精度。

4）集中热水系统市政自来水供水区不宜独立设置热水竖向分区，理由如下：

（1）大部分市政自来水压力一般按0.20MPa设计，供水区分为不超过2层，供水区的范围较小，热水需要独立加热设备和管网系统，管网增加、投资加大、管理复杂、资源损耗巨大等，各方面不合理。

（2）集中热水系统属于高标准用水行为，应保证供水的高度可靠性，市政自来水压力存在断水可能，影响使用安全。

（3）集中热水系统宜采用冷热水同时加压并分区一致；可采用叠压无负压统一加压；采用水箱＋变频泵同源加压。

（4）设支管循环的集中生活热水系统不宜采用供回水支管分设水表计算差值作为计量

热水量的依据。

5）居住类单元需要水量计量问题

热水收费计量复杂，水表后管线较长，需要放掉较大的冷温水水量，存在水资源浪费；由于热水采用回水存在复杂的技术难题，回水是连续运行，而用水是短暂的，当供水、回水分别设置水表后，因水表计量误差，累积误差较大，供水、回水的计算差值不能准确反映实际用水量。措施要求如下：

（1）多设分立管，采用完善的立管循环取代支管循环，减少供水支管距离，保证热水出水时间满足标准要求。

（2）水表后采用不设回水管，支管采用电伴热满足水温要求。

（3）酒店、医院等高标准热水场所，当不能满足规定出热水时限要求时，宜设置支管循环系统。

（4）器具末端采用小型热水器进行补热。

（5）采用特殊的动态计量技术和设备，保证回水计量的准确性。

6）控制集中热水用水量指标

（1）太阳能、热泵等可再生能源设计小时耗热量计算宜分别采用平均日热水用水定额和最高日用水定额低值。

一般生活热水系统采用最高日用水定额进行系统设备的设计计算，是为保证系统在高峰期（如最高日）的可靠性和使用安全性。太阳能、热泵等可再生能源是为节能采取的措施要求，评价节能指标的优劣需要根据长期的运行数据进行分析，如按年运行数据进行测算分析，因此相关用水定额在相应时限内是平均值，因此采用平均日热水用水定额是合理的。如果太阳能、热泵可再生能源采用最高日用水定额进行设备选型，将造成约 50% 的能耗浪费，在建设初期或入住率较低时能源浪费更严重。太阳能、热泵可再生能源供热一般设有较大的储热容积和辅助热源，当新能源不能满足使用要求时，可采用辅助热源来满足系统需求。当热泵系统无辅助热源时，可以加大机组运行时间保证 Q_{max}。当热泵系统设有辅助热源时，采用《建筑给水排水设计标准》GB 50015—2019 热水用水定额表 6.2.1-1 中平均日用水定额低限值；当无辅助热源时采用表 6.2.1-1 中最高日用水定额低限值。多年实测调研资料表明，大型酒店实际日用水量只有设计用水量的 30%～50%。

（2）民用建筑卫生器具的一次和小时热水用水定额及水温宜按低限取值。

随着科技的进步，卫生器具及配套水龙头等设备制作精良，节水性能较好，且设计要求均应满足国家相应的节水器具标准。因此，为控制热水耗热量，尽量减少设计冗余量，卫生器具的一次和小时用水定额及水温宜按低限取值。建筑物可根据管理和卫生器具控制技术的要求，公共卫生间采用感应式龙头；公共淋浴设施宜采用刷卡式淋浴器。

同时，由于多年的宣传教育，人民大众的综合素质提高，节能节水意识提高，用水习惯趋于良好，行为节能、节水已经有了良好的社会效益。

7）采用高质量设备管材及附配件

（1）生活热水系统管材

干管宜采用不锈钢管、紫铜管，小于或等于 DN50 的支管可采用塑料管；所有管件、附配件耐温不得低于 100℃。生活热水与人体零距离接触，应采用优质的管材，干管指管径超过 DN50、不宜进行埋设安装的管道，采用不锈钢管或紫铜管具有较好的卫生条件。热水系统尤其是采用太阳能热水系统，其温度短时可超过 80℃，应采用耐温不低于 100℃的金属管材、管件及阀件；但采用闭式太阳能集热系统时，太阳能制热管道应采用耐温不低于 200℃的金属管材、管件及阀件；热水系统的热水管道温度变化范围较大，一般的塑料管道不能满足高温条件下的变形、耐久等要求，塑料或金属复合管道在频繁冷热伸缩变化时容易造成变形脱落，因此热水干管要求采用单一金属材质。管道材料品质较差，出水有锈蚀红黄水，需要放掉较大的水量，存在水资源浪费；采用优质管材避免跑冒滴漏，有利于管道系统节水。

（2）配水干管和立管最高点应设带集气功能的微泡排气装置。

热水系统中由于热水在管道内不断析出气体（溶解氧及二氧化碳），会使管内积气。为避免管道中积聚气体，影响过水能力和增加管道腐蚀，室外热水供、回水管及室内热水上行下给式配水干管的最高点应设专用自动排气装置，并采用具备集气功能的微泡排气装置；下行上给式管网的回水立管可在最高配水点以下（约 0.5m）与配水立管连接，并应在各供水立管顶设自动排气装置，及时有效排除立管内积气。及时排出管道内的气体，有利于热水循环，避免无效冷水的排放，有利于系统节水。

（3）养老院、安定医院、幼儿园、监狱等建筑的淋浴和浴盆设备热水系统宜采取防烫伤措施：针对弱势群体和特殊使用场所，在系统或用水终端设恒温混合阀，恒定出水温度是解决防烫伤问题的一项较好措施，同时也是避免无效冷水过度排放。措施如下：热水系统供水温度不宜超过 50℃；末端设置温度限温控制阀；末端设置恒温混水阀；末端采用防烫龙头等。

8）末端控制冷水放空时间，减少冷水排放

根据《建筑给水排水设计标准》GB 50015—2019 要求，居住类建筑要求热水出水时间不超过 15s，公共建筑出水时间不超过 10s。根据这一要求，结合不同的系统形式，一般有如下解决方式，见表 2.3-2。

控制热水出水时间措施　　　　　　　　　　　　　　　　　　表 2.3-2

系统形式	控制热水出水时间、减少冷水排放量措施
分散、局部热水系统	即热式或小容积电热水器（厨宝）
集中热水系统	1. 设置末端支管循环； 2. 设置水表或减压阀的集中热水系统，当设置支管循环有困难时，可采用以下方式保证出水时间： 1）电热水龙头； 2）末端支管设置电伴热系统； 3）末端设置即热式或小容积电热水器

9）集中热水系统末端控制出水时间的具体措施

对于集中热水系统来说，如何控制热水出水时间上面一直是一个业界关注的难题。尤其是对于设置水表和减压阀的系统，研究现有的工程实例，目前有如下措施，具体措施见表 2.3-3。

保证热水出水时间措施　　　　　　　　　　　　表 2.3-3

保证热水出水 时间措施	优点	缺点
设置电伴热维温方案	1. 系统简单； 2. 物业运行维护费用低，末端部分循环维温电费由使用方承担； 3. 用水末端出水时间有保障	1. 初投资高，优质电伴热带造价高； 2. 使用方维护费用高，如果无人使用的情况下，始终处于维温状态，维温电费相对较高； 3. 故障率高，存在火灾隐患； 4. 电伴热会发生老化，需要定期维护更换。维护成本高，需要拆除管道区域的吊顶； 5. 可能存在一定的安全风险
电热水龙头末端形式	1. 安装简单、方便； 2. 时间快； 3. 初投资低	1. 系统品质档次低； 2. 电热元件需要经常维护，避免因结垢而损坏； 3. 功率大，对于老旧建筑改造需要避免与其他大功率同时使用； 4. 故障率高，使用寿命短； 5. 质量不高的产品有漏电的风险
即热式或小容积电热器（厨宝）末端形式	1. 安装简单、方便； 2. 出水时间快； 3. 初始投资低	1. 系统档次低； 2. 加热元器件需要经常维护，避免因结垢而损坏； 3. 结垢后水温降低，并且耗电量大，运行成本高； 4. 功率大，对电线要求高，老旧建筑需要避免与其他大功率同时使用； 5. 小容积式电热水器不适合安装在洗涤盆等用水量大且需要连续用水的场所； 6. 小容积式电热水器加热时间长

10）共用热源的户式生活热水制备研制与应用

针对集中生活热水、集中供暖的居住类建筑，共用热源的户式生活热水机组（以下简称"机组"）来满足集中热水供应需求，实现了集中热水供应的高品质，减少 40%～50% 的管线投资、节省热水机房，相应节省了大量清洗、实验用水，减少光网漏损，节省了水资源，最大化实现了设备管道节能低碳的建设理念。供暖与生活热水共用热源、采用一体化热水机组制备生活热水，具有良好的节能效果及工程综合经济效益，在适合应用的建筑系统中值得大力推广应用。

目前，采用集中生活热水的居住建筑中，均是单独设置生活热水管道和供暖管道系统，分别设置供热、生活热水计量表。这种形式由于供暖、供生活热水系统完全独立，所以不能充分利用供暖管网的时效性和延展性，同时增加了系统运行维护成本。"机组"利用供暖热源制备生活热水，减少管道种类、削减管道数、降低管道能耗、优化运行管理，避免了生活热水计量方式的技术复杂性。共用热源的户式生活热水制备装置，欧洲产品以板式换热器为核心，配备高质量控制阀门，集成一个箱体内，作为一个成套设备整体销售，价格较高，国内还难以接受。团队针对国内实际需要，研制了一款容积式换热设备，内置有波节管换热器，壳程内为生活热水，管程内为热媒水，系统原理见图 2.3-17，实景见图 2.3-18。

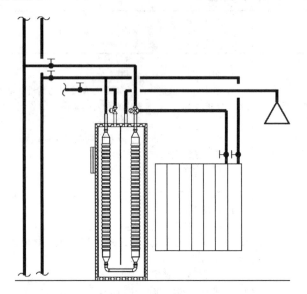

图 2.3-17　容积式一体换热机实验系统原理图　　图 2.3-18　"机组"实验实景照片图

2.4　大型公共建筑循环循序节水工程技术

2.4.1　大型公共建筑循环循序节水技术

1. 技术背景

2016 年 11 月，住房和城乡建设部发布的《城镇节水工作指南》中明确指出应从节流、开源、循环循序用水三方面实施城镇节水改造，推进优水优用、循环利用和梯级利用，提高水的循环利用效率，最大限度地减少城市取水量和外排水量。其中，循环与循序利用工程的核心是建设再生水梯级循环利用系统，公共建筑循环循序用水又是其重要的环节之一，要求以公共建筑的优质杂排水、杂排水或生活排水为水源，经集中或分散处理设施处理后，通过管道输送到回用部位。近年来，以生态循环理念为基础，生态工程学原理正逐步应用在污水处理和雨水循环利用领域，并获得了较好的效果。

公共建筑污水具有来源稳定的特点，是循环利用的可靠水源，污水生态处理循环利用技术跟污水常规处理技术相比，占地面积更小、更节能，更美观，在显著节省基建投资和折旧费用的同时，达到更高的处理和再用水质标准。目前，国内污水生态处理技术发展也较为成熟，包括序批式生物膜反应器技术、生态浮床技术、人工湿地技术等，但占地面积要求大，在公共建筑中使用较为困难。国外污水生态循环处理利用技术起步较早，具有成熟的分散式污水处理技术，不仅将生态处理与景观设计融合在一起，还有效地实现了传统污水处理装置的作用。

公共建筑的不透水下垫面比例高，建筑场地有限、对周边的景观融合性和配套设施的安全性要求较高，而传统的分散式雨水处理设施具有处理效率低、功能性质单一、占地面积广，以及安全系数不够高的特点，通过近几年的市场调研分析，单一分散式的雨水循环循序设施在施工质量上参差不齐，实施效果上难以满足设计目标要求，甚至会造成地下水污染和威胁周边建筑地基的结构安全，这与大型公共建筑的规划和建设理念违背，不能很好地服务大型公共建筑的使用。集中式、一体化的雨水模块化控制利用技术，是在不影响建筑基础安全的前提下，与传统的雨水管理设计方法相融合，贯彻新的集"渗、滞、蓄、净、用、排"于一体的雨水管理理念。雨水渗蓄净一体化控制利用技术与传统的分散式雨水处理设施具有处理效率高、功能多元化、占地面积小，以及安全系数高的特点，有效实现公共建筑雨水的循环循序效果，实现多元化利用，突破了挤占公共空间、景观融合性差的瓶颈。

2. 技术思路

通过现场调研，首先归纳总结公共建筑整体和分布雨污水的动态变化规律；其次，分析污水生态处理循环利用技术运行效果的主要设计参数和运行参数，开发成套工艺，研究废水模块化处理循序利用技术不同形式，结合不同系统形式污水流量特性等，确定关键工艺参数，研发成套工艺；再次，分析公共建筑雨水排放和非传统水源的用水需求，确定雨水控制利用的关键技术参数，研发雨水渗蓄净一体化控制利用系统工艺；最后，将研发的工艺进行技术应用模拟分析，获取实验数据，对工艺的关键参数进行反馈，确定关键性参数。最终形成一套公共建筑循环循序节水工程技术方法，并在技术研究基础上，进行循环循序节水技术试制设备设计，形成适用不同类型、规模公共建筑的试制设备。

3. 技术内容

1）公共建筑模块化雨水收集净化回用系统技术

针对公共建筑雨水管理设施技术的工程应用，从安全性、经济性、科学性和观赏性等角度提出，研发适用于公共建筑的新型多功能净用技术，具备雨水收集、净化、调蓄和利用于一体的模块化系统工艺，并明确新型设备应用方式和应用场景，同时针对技术方案中的关键技术参数进行优化，让技术集成更加切合实际应用。

2）针对筛选的污水生态处理循环利用技术，探索影响运行效果的主要设计参数和运行参数，对主要参数进行优化和调整，形成具有适用性的关键技术参数。优选适用于污水生态处理循环利用技术的主要滤料种类，探索最佳的滤料级配粒径范围。通过滤料的选择、参数的优化，最终能够实现工艺的高效、稳定运行，形成公共建筑污水生态处理循环利用技术体系。

2.4.2 大型公共建筑循环循序节水技术关键设备研制

1. 公共建筑模块化雨水收集净化回用技术

1）技术构造

（1）模块化雨水收集净化系统

模块化雨水收集净化系统主要包括雨水收集净化水渠、蓄水容器、雨水管、溢流堰、雨水井、雨水回用管（图 2.4-1）。

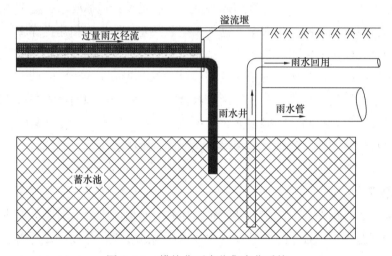

图 2.4-1 模块化雨水收集净化系统

（2）雨水收集净化渠

雨水收集净化渠包括：一体化收集净化渠体、贮水空间、雨水过滤层 A（活性炭颗粒）、净化后雨水收集管、雨水格栅、透水隔板、雨水过滤层 B（活性氧化铝和页岩陶粒）、可拆卸式支座（图 2.4-2、图 2.4-3）。

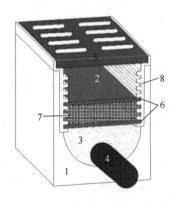

图 2.4-2 雨水收集净化渠
1—水渠 L 型槽；2—贮水空间；3—雨水过滤层 A；
4—净化后雨水收集管；5—雨水格栅；
6—透水隔板；7—雨水过滤层 B；8—可拆卸式支座

图 2.4-3 雨水收集净化渠试制设备

2）设备研发

（1）材料与尺寸

材质：HDPE 材质，单个长度不小于 1m。

型号：YJP200×300×1000 和 YJP250×360×1000

（2）性能参数要求

根据雨水收集净化渠的应用特性和要求，对型号 YJP200×300×1000 进行抗压强度、抗化学腐蚀性、氧化诱导时间等参数检测（表 2.4-1）。

技术设备参数　　　　　　　　　　　　　　　　　　　　表 2.4-1

类别		单位	要求
抗冻融性	25 次冻融循环后抗压强度损失率	%	≤10
	25 次冻融循环后质量损失率	%	≤5
抗垂直压强（28d）	荷载	MPa	≥1
抗水平压强（28d）	荷载	MPa	≥0.3
氧化诱导时间	温度 200℃，≥20min		
抗化学腐蚀	重量变化率≤0.5%、尺寸变化率≤0.5%		
抗冲击试验	无开裂或破损、严重变形		
50 年长期蠕变性能	50 年变形率减去 10h 后的变形率≤1%		

3）设备测试

（1）排水能力测试

取一定量清水置于水桶中，将布水软管与离心泵、流量计等附件连接好，启动离心泵后调节测试流量，待雨水收集净化渠上边缘水接近溢出时读取此时流量计的读数，即为极端最大排水能力。

经过测试可得，单位长度（1m）雨水收集净化渠的排水能力可达 18L/(min·m)，水力负荷可达 60 L/(min·m²)。根据《海绵城市雨水控制与利用工程设计规范》DB11/685—2021 中北京市第Ⅱ区暴雨强度规定，若忽略地表蒸发、填洼及入渗，即在不同降雨强度条件下雨水全部产生径流，则单位长度的雨水收集净化渠可服务的面积见表 2.4-2。

单位长度雨水收集净化渠可服务面积（m²）　　　　　　表 2.4-2

降雨历时 t（min）	重现期 P（a）							
	1	2	3	5	10	20	50	100
5	9.29	7.46	6.70	5.93	5.13	4.78	4.07	3.65
6	9.80	7.87	7.06	6.25	5.41	5.02	4.26	3.83
7	10.27	8.26	7.41	6.56	5.68	5.24	4.46	4.01
8	10.75	8.65	7.75	6.86	5.94	5.46	4.64	4.17
9	11.24	9.04	8.11	7.18	6.21	5.68	4.83	4.34
10	11.72	9.40	8.45	7.46	6.47	5.89	5.01	4.50
11	12.15	9.77	8.77	7.77	6.71	6.10	5.19	4.66

降雨历时 t (min)	重现期 P (a)							
	1	2	3	5	10	20	50	100
12	12.61	10.14	9.09	8.04	6.96	6.30	5.36	4.82
13	13.04	10.49	9.40	8.33	7.21	6.51	5.54	4.97
14	13.51	10.87	9.74	8.62	7.46	6.71	5.70	5.12
15	13.95	11.19	10.03	8.90	7.69	6.90	5.86	5.26
16	14.35	11.54	10.34	9.17	7.94	7.09	6.02	5.42
17	14.78	11.90	10.68	9.43	8.17	7.28	6.19	5.56
18	15.23	12.20	10.95	9.71	8.40	7.46	6.34	5.70
19	15.63	12.55	11.28	9.97	8.62	7.65	6.49	5.84
20	16.04	12.88	11.54	10.24	8.85	7.83	6.65	5.98
25	17.96	14.49	12.99	11.49	9.93	8.70	7.39	6.64
30	19.87	16.04	14.35	12.71	10.99	9.52	8.09	7.26
35	21.74	17.44	15.71	13.89	12.00	10.31	8.77	7.87
40	23.44	18.87	16.95	15.00	12.99	11.07	9.40	8.45
45	25.21	20.27	18.18	16.13	13.95	11.81	10.03	9.01
50	26.79	21.58	19.35	17.14	14.85	12.50	10.64	9.52
55	28.57	22.90	20.55	18.18	15.79	13.16	11.19	10.07
60	30.00	24.19	21.74	19.23	16.67	13.82	11.76	10.56
70	33.33	26.79	24.00	21.13	18.29	15.08	12.82	11.54
80	36.14	29.13	26.09	23.08	20.00	16.30	13.89	12.45
90	38.96	31.25	28.04	25.00	21.58	17.54	14.85	13.33
100	41.67	33.71	30.30	26.79	23.08	18.63	15.79	14.22
110	44.78	35.71	32.26	28.57	24.59	19.74	16.76	15.08
120	46.88	37.97	34.09	30.00	26.09	20.83	17.65	15.87
130	55.56	41.67	36.14	31.25	26.32	22.73	19.11	17.05
140	57.69	43.48	38.46	32.97	27.78	24.00	20.13	17.96
150	61.22	46.15	40.00	34.48	29.13	25.21	21.13	18.75
160	63.83	48.39	42.25	36.14	30.61	26.32	22.06	19.61
170	66.67	50.00	44.12	37.97	31.91	27.52	23.08	20.55
180	69.77	52.63	45.45	39.47	33.33	28.57	24.00	21.43

（2）去污能力测试

① 实验材料

雨水收集净化渠的上层净化层分别采用页岩陶粒和活性氧化铝，粒径分别为 $10\sim15$mm 和 5mm，铺着厚度为 50mm；下层净化层采用直径 4mm 柱状活性炭，铺设厚度确保充满半径为 125mm 的半柱形贮水空间。各污染物的配制浓度见表 2.4-3。试验装置如图 2.4-4 所示。

原水污染物浓度（mg/L）　　　　　　　　　　　表 2.4-3

污染物种类	SS	COD$_{Cr}$	TN	NH$_3$-N	TP	Zn	Pb
页岩陶粒＋活性炭	497	75.19	7.961	2.208	0.205	1.128	0.237
活性氧化铝＋活性炭	532	60.03	9.973	1.814	0.189	1.083	0.213

② 实验设备

测试分别采用的水力负荷为 11L/(min·m^2) 和 7L/(min·m^2)，上层净化层的水力停留时间分别为 13.2s 和 8.4s，下层净化层的水力停留时间分别为 11.9s 和 7.5s。将配制好的雨水贮存至右侧水桶中，连接水管至雨水净化排水渠；启动泵待雨水收集管出水稳定后开始采集水样，每间隔 2min 进行水样采集；水样在规定时间内进行检测。

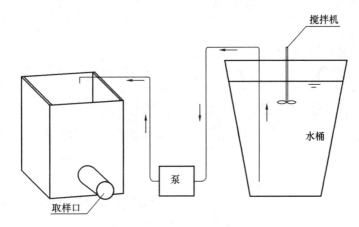

图 2.4-4　试验装置图

③ 实验效果

a. 页岩陶粒＋活性炭净化层

根据《地表水环境质量标准》GB 3838—2002 各污染物的标准，将进出水的各污染物浓度进行评价，结果见图 2.4-5、表 2.4-4。可以看出，采用页岩陶粒和活性炭净化层时，TP、Zn 和 Pb 的去除效果十分明显，进水分别为Ⅳ类、Ⅳ类和劣Ⅴ类，经过净化后分别达到了Ⅲ类、Ⅱ类和Ⅲ类。

净化后出水中污染物综合浓度及对应标准　　　　　　　表 2.4-4

污染物种类	进水浓度 (mg/L)	达标水质标准	高水力负荷		低水力负荷	
			出水浓度 (mg/L)	达标水质标准	出水浓度 (mg/L)	达标水质标准
SS	497	—	175	—	163	—
COD$_{Cr}$	75.19	劣Ⅴ类	74.23	劣Ⅴ类	72.74	劣Ⅴ类
TN	7.961	劣Ⅴ类	7.823	劣Ⅴ类	7.284	劣Ⅴ类
NH$_3$-N	2.208	劣Ⅴ类	1.983	Ⅴ类	1.927	Ⅴ类
TP	0.205	Ⅳ类	0.196	Ⅲ类	0.193	Ⅲ类
Zn	1.128	Ⅳ类	0.578	Ⅱ类	0.463	Ⅱ类
Pb	0.237	劣Ⅴ类	0.045	Ⅲ类	0.041	Ⅲ类

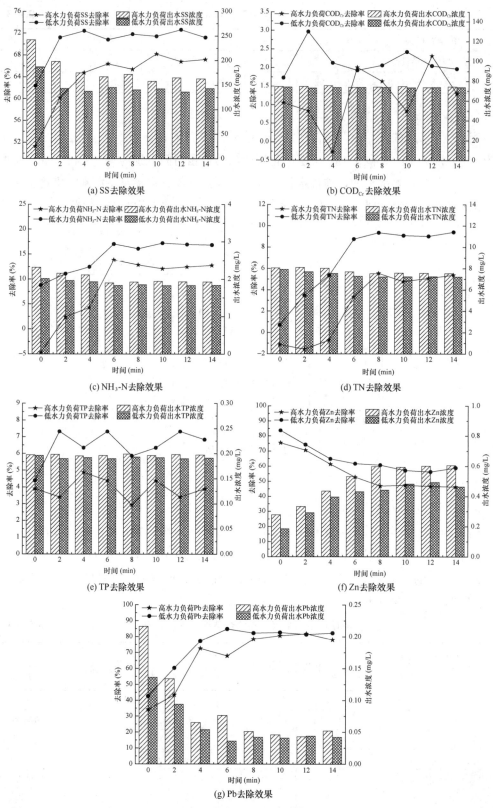

图 2.4-5　污染物去除效果图

b. 性氧化铝＋活性炭净化层

根据《地表水环境质量标准》GB 3838—2002 各污染物的标准，将进出水的各污染物浓度进行评价，结果见图 2.4-6、表 2.4-5。可以看出，采用活性氧化铝和活性炭净化层时，TP、Zn 和 Pb 的去除效果十分明显，进水分别为Ⅲ类、Ⅳ类和劣Ⅴ类，经过净化后分别达到了Ⅱ类、Ⅱ类和Ⅲ类。

净化后出水中污染物综合浓度及对应标准　　　　　　　　　　　　　　表 2.4-5

污染物种类	进水浓度（mg/L）	达标水质标准	高水力负荷		低水力负荷	
			出水浓度（mg/L）	达标水质标准	出水浓度（mg/L）	达标水质标准
SS	532	—	173	—	163	—
COD$_{Cr}$	60.03	劣Ⅴ类	58.86	劣Ⅴ类	58.32	劣Ⅴ类
TN	9.973	劣Ⅴ类	9.447	劣Ⅴ类	9.362	劣Ⅴ类
NH$_3$-N	1.814	Ⅴ类	1.464	Ⅳ类	1.403	Ⅳ类
TP	0.189	Ⅲ类	0.030	Ⅱ类	0.028	Ⅱ类
Zn	1.083	Ⅳ类	0.172	Ⅱ类	0.165	Ⅱ类
Pb	0.213	劣Ⅴ类	0.028	Ⅲ类	0.022	Ⅲ类

（3）应用示例

① 屋面雨水收集净化回用

公共建筑屋面雨水通过雨水立管排入导流槽中，经集中收集后直接排入雨水收集净化渠中，小雨时雨水径流经雨水收集净化渠中的页岩陶粒层和活性炭层，过滤后排入雨水调蓄池中，再经回用泵提升，经石英砂过滤器和紫外线消毒器的净化消毒后运送至雨水回用设施；中雨和大雨时，雨水优先排入雨水调蓄池中，部分雨水通过雨水收集净化渠的上端溢流堰直接排到雨水检查井中，后排入雨水管（图 2.4-7）。

② 停车场雨水收集调蓄回用洗车

公共建筑停车场及周边路面雨水径流，散排进入雨水收集净化渠中，小雨时雨水径流经雨水收集净化渠中的页岩陶粒层和活性炭层，过滤后排入雨水调蓄池中，再经回用泵提升，经石英砂过滤器和紫外线消毒器的净化消毒后运送至室外雨水洗车设施，中雨和大雨时，雨水优先排入雨水调蓄池中，部分雨水通过雨水收集净化渠的上端溢流堰直接排到雨水检查井中，后排入雨水管，洗车产生的污水经雨水排水渠收集排入污水检查井（图 2.4-8）。

③ 景观水体岸坡与道路雨水净化回用

道路雨水径流经散排进入景观水体的生态岸坡，在植被和绿地第一次过滤处理后排入沿河铺设的雨水收集净化渠中，在雨水收集净化渠的末端与环保型雨水口连接，经雨水收集净化渠第二次过滤处理后的雨水，排入环保型雨水口中，经第三次过滤处理后再排入景观水体中，以补充景观水体的用水需求（图 2.4-9）。

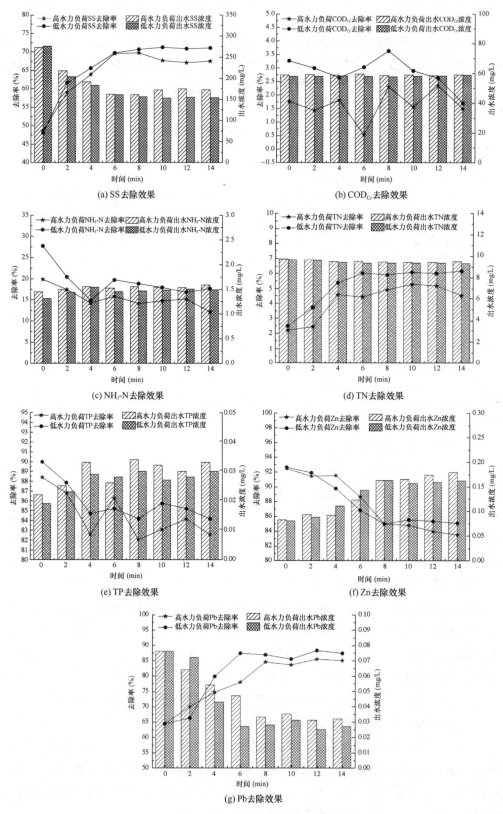

图 2.4-6　污染物去除效果图

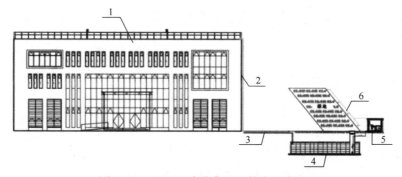

图 2.4-7　屋面雨水收集回用技术思路图

1—建筑屋顶；2—雨水立管；3—雨水收集净化渠；4—雨水调蓄池；
5—雨水过滤消毒装置；6—雨水回用管

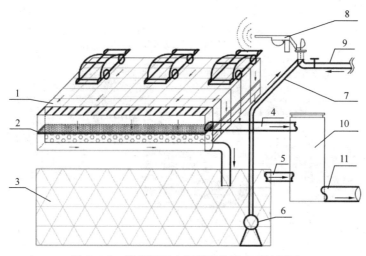

图 2.4-8　停车场雨水调蓄净化洗车系统图示

1—高强度透水铺装；2—雨水收集净化渗排渠；3—蓄水池；4—排放管；5—溢流管；6—变频提升泵；
7—回用管；8—喷洒枪头；9—自来水补水管；10—雨水检查井；11—雨水管

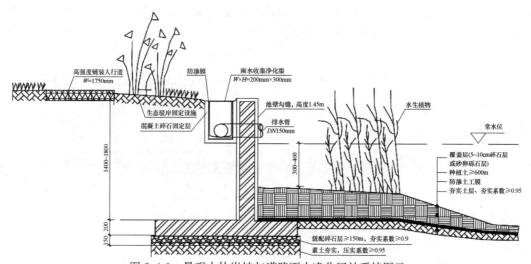

图 2.4-9　景观水体岸坡与道路雨水净化回补系统图示

2. 公共建筑模块化污水生态化处理回用系统技术

1）技术构造

（1）技术原理

污水首先进入预处理模块，经过初步的沉淀，去除污水中大块的有机物和无机物。然后进入调节池，将污水的流量和水质调节平衡后，污水进入核心处理模块。经过其中滤料的过滤和生物膜处理，使污水得到进一步净化。净化后的污水进入后处理模块，再次过滤和进行消毒处理。经过后处理的污水达到中水再利用水质，流入回用水箱，进行回用。控制系统模块可对在整个污水处理过程进行控制。表面植被衬托层模块则与核心处理模块相辅相成。植被可以增加处理效率，消除异味，核心处理模块中的处理单元可以为植物提供水分和养料（图 2.4-10）。

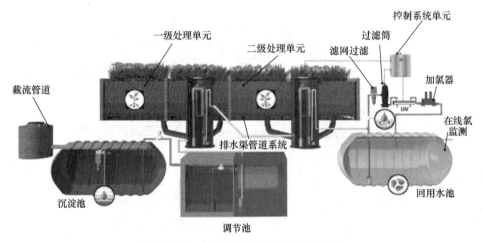

图 2.4-10　污水生态化处理系统原理图

（2）技术组成

分散式污水生态处理系统由六大模块组成，分别是预处理模块、调节模块、核心处理模块、后处理模块、控制系统模块、表面绿植衬托层模块。六大模块设备相互协作、相辅相成，共同组成了完整的污水生态处理系统（图 2.4-11）。

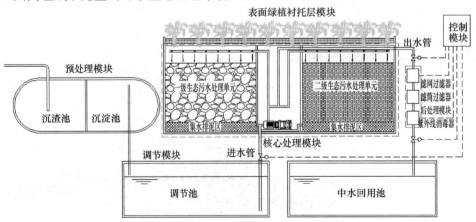

图 2.4-11　分散式污水生态处理系统示意图

预处理模块由沉渣池和沉淀池组成，对污水进行初步的沉淀处理。调节模块的装置为调节池，负责稳定和均衡污水的水量和水质。核心处理模块由两个污水生态处理单元和注、排水系统组成，主要用来过滤和净化污水。后处理模块由多个过滤器和紫外线消毒器组成，布置在核心处理模块之后，用于对处理后的污水进行进一步过滤和杀菌。控制模块由传感器、控制盘和控制程序组成，可以可视化地反映系统运行情况，也可以输入参数进行运行决策。表面绿植衬托层模块由承插模块化绿化装置和适宜的绿色植物组成。绿色植物可以防止污水产生的带有异味的气体散发到空气中，也有效的促进了微生物的生长，进而提高了污水净化的效率。

2）设备研发

核心单元（模块）是分散式污水处理系统的核心部分，也是处理污水的主要单元，核心单元的研发设计内容主要包括：一体化生态净化填料系统和绿植衬托层系统（图 2.4-12）。

图 2.4-12　系统设备图

（1）一体化生态净化填料系统

① 单体填料柱（图 2.4-13）

柱体在材质上选用 PP、PVC 材料进行制造。底面边长 20cm×20cm 的正方形，高度

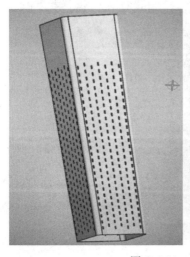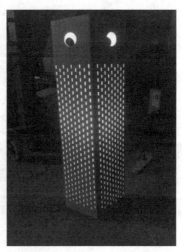

图 2.4-13　单体填料柱

为 140~150cm。每个滤柱的四壁及底部支撑结构为透水性良好的网状结构，网孔的尺寸小于滤料层粒径的大小。

② 组合填料柱（图 2.4-14）

由多个单体填料柱组成，单体之间应该保留一定缝隙（大于 3mm），保证液体的流动性和处理单元污染物传质要求。

③ 净化填料系统（图 2.4-15）

在组合填料柱中添加滤料，根据滤网的上、中、下三层，分别铺填粒径 10~15mm 砾石，粒径 3~10mm 的页岩陶粒，以及 1~4mm 的石英砂。

图 2.4-14　组合填料柱

图 2.4-15　净化填料系统

④ 铺设植被后的一体化生态净化填料系统（图 2.4-16）

图 2.4-16　一体化生态净化填料系统

在净化填料系统的上表层种植景观植被层，用于吸收污水处理单元中的水分和养分，也防止污水产生的有害气体散发到空气中。植被、滤料层、污水形成了一个小型人工湿地。

（2）绿植衬托层模块（图 2.4-17）

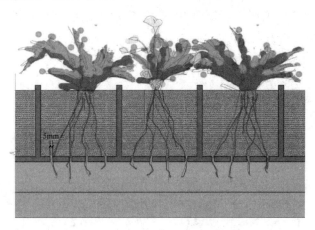

图 2.4-17　表面绿植衬托层模块

衬托层可以通过拼接组合成为任意形状。底部具有镂空结构，既能保持植物衬托层土壤，又能保证植物衬托层垂直方面的透气性及根系向下生长。内部可填充土壤或多种填料，为植物生长提供足够养分。植物的根系可以穿过隔板的网孔进入到内部容器的填料层中，从而吸收水分和养分。植被层可以防止污水产生的带有异味的气体散发到空气中，也有效促进了微生物的生长，进而提高了污水净化的效率，使得本污水生态处理系统更为节能环保。根据适用地点气候条件和功能，可选择多种植物。与核心处理模块结合，可用于建筑与小区内绿地，城市道路绿地，公园绿地等多种地点。

3）设备测试

（1）对 COD_{Cr} 去除效果分析（图 2.4-18）

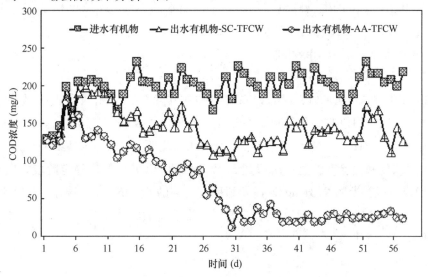

图 2.4-18　污水生态处理对 COD_{Cr} 的去除

在系统快速启动阶段的前 5d，潮汐流人工湿地对 COD$_{Cr}$ 无明显去除效果，平均去除率仅为 10.2%；当持续高进水负荷运行至 12d，SC-TFCW 中溶解氧和 COD 浓度无明显变化，而 AA-TFCW 中溶解氧浓度由进水的 5.02 mg/L 降至 3.49mg/L。在稳定运行阶段，AA-TFCW 的水力停留时间延长至 10h，两级潮汐流人工湿地对有机物达到稳定去除表现。此时，COD$_{Cr}$ 平均出水浓度为 28.3mg/L，达到《城镇污水处理厂污染物排放标准》GB 18918—2002 一级 A 标准（限值为 50mg/L）。

（2）对 NH$_4^+$-N 去除效果分析（图 2.4-19）

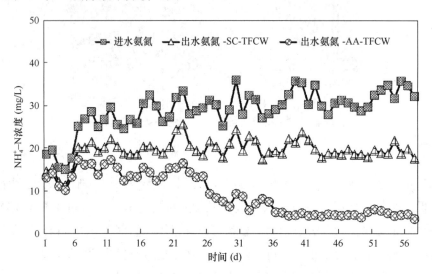

图 2.4-19 两级潮汐流人工湿地对 NH$_4^+$-N 去除表现

在快速启动阶段，前 5d 系统对 NH$_4^+$-N 的平均去除率为 23.2%，这主要依靠页岩和活性氧化铝对 NH$_4^+$-N 的吸附作用来完成；在持续运行 25d 后，系统对 NH$_4^+$-N 的去除作用逐渐提高并保持稳定在 51.4%，平均出水浓度为 14.4mg/L。稳定运行阶段，当污水在AA-TFCW 中经过 10h 的生物降解作用后，平均出水的 NH$_4^+$-N 浓度稳定在 4.45mg/L，去除率达到 84.3%。出水 NH$_4^+$-N 达到《城镇污水处理厂污染物排放标准》GB 18918—2002 一级 A 标准（限值为 5mg/L）。

（3）对 TN 去除效果分析（图 2.4-20）

在快速启动阶段初期（前 12d），系统对原水中 NO$_3^-$-N 无明显去除效果，TN 与NH$_4^+$-N 去除表现有相似的变化趋势。在第 13～25d，两级潮汐流人工湿地中 NO$_3^-$-N 平均浓度由进水的 6.21mg/L 降到出水的 2.31mg/L，无明显 NO$_2^-$-N 累计（<0.5mg/L）。TN 平均出水浓度和去除率在这一阶段达到 17.8mg/L 和 50.5%。稳定阶段，出水 NO$_3^-$-N 浓度由稳定阶段初期的 2.31mg/L 提高到稳定后期的 6.19mg/L，出水 TN 平均浓度可以稳定在 10.4mg/L，达到《城镇污水处理厂污染物排放标准》GB 18918—2002 一级 A 标准（限值为 15mg/L）。

4）应用图示

（1）公共建筑室内污水收集净化回用系统

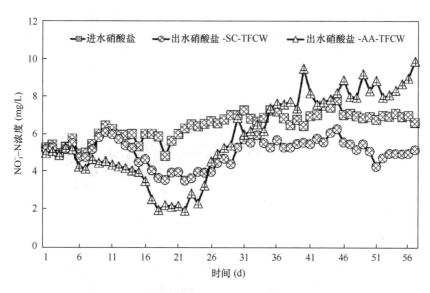

图 2.4-20　两级潮汐流人工湿地对 NO_3^- -N 去除表现

根据室内的绿植种植特点，铺设污水收集净化回用系统，系统的材料和种植的植物均与室内的建筑和景观设计相协调，以达到该建筑物要求的美观效果，同时处理后的水可供景观浇洒使用（图 2.4-21）。

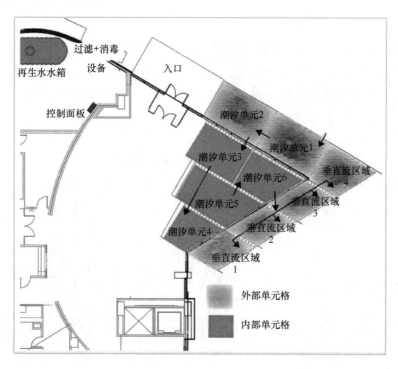

图 2.4-21　公共建筑室内污水生态处理设施布局

（2）公共建筑室外污水收集净化回用系统

利用室外的开阔场地，结合绿地系统将生活污水进行收集出。最初进入系统的第一阶段，在初始沉淀澄清处理后，继续进入第二阶段潮汐流单元进行处理。离开第二阶段的水非常干净，仅需要最后消毒就能再使用（图 2.4-22）。

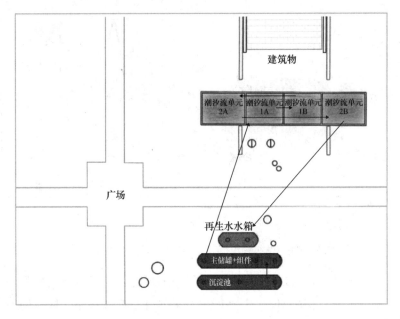

图 2.4-22　公共建筑室外污水生态处理设施布局

（3）公共建筑室内外污水收集净化回用系统

污水生态处理系统办公大楼内外的总体布置。一层大厅中设置人工湿地处理设施的一部分，主要是二级人工湿地。其余的人工湿地单元建在街边旁的人行道上。建筑内和建筑外的人工湿地单元的建筑材料和种植植物与建筑学和景观设计相协调，以实现与建筑物和周围美学的优化组合（图 2.4-23）。

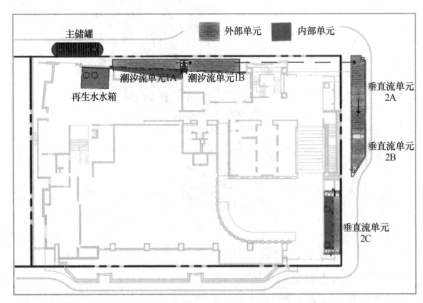

图 2.4-23　公共建筑"室内＋室外"污水生态处理设施布局

2.4.3　大型公共建筑循环循序节水技术工程应用

1. 以景观水体补水为主的公共建筑雨水回用工程

1）工程概况

某公共建筑位于北京市海淀区圆明园遗址，地处中关村科技园区中心地带，东临清华，南接北大，占地面积 20 万 m^2。地势呈现南高北低，地下雨水管网建设以节点型、片状形式为主，缺乏系统性，排水以地面散排为主、雨水管道排水为辅，最终排入北侧圆明园区。校内有 4 座人工湖体，水面总面积达 14000m^2，其中 1 号湖 7280m^2，2 号湖 2800m^2，3 号湖 1790m^2，4 号湖 1050m^2，水深在 0.8～1.0m，4 座湖体之间相互串联，在常水位下各湖泊独立运行，在高水位下湖体之间互通平衡水量，湖体补水除了来自自备井补水外，部分靠雨季的径流雨水补充。校园整体硬化率较高，雨水的收集回用设施缺乏，绿化浇洒主要靠自来水。

2）目标与指标确定

针对该公共建筑存在的问题与需求，制定以下建设目标：一是消除黑臭，提高湖体水质，修复湖体生态体系；二是恢复湖体岸坡生态系统，提高其景观效果；三是削减初期雨水径流污染，净化补给湖泊，降低传统水源使用量；四是消除内涝积水，将雨水进行净化回用，降低传统水源使用量（表 2.4-6）。

目标与指标　　　　　　　　　　　　　　　　表 2.4-6

序号	类别	目标	指标
1	岸坡生态退化问题	恢复湖体岸坡生态系统，提高其景观效果	岸坡景观修复率达到 100%
2	道路径流污染问题	消除初期雨水污染，净化后供湖泊回用	收集雨水径流中悬浮物 SS 削减率不低于 50%
3	内涝积水问题	消除内涝积水，将雨水进行净化回用	改造区域易涝点全部消除

3）设计方法

（1）岸坡海绵化改造提升与景观提升工程设计

构建"岸坡景观生态提升与海绵化融合技术体系"，以景观提升和海绵融合为目标，通过采用竖向重构、景观改造、海绵提升技术策略，重新规划湖体岸坡景观布局，改善岸坡雨水径流路径，建立起以透水铺装为主的人行道路，以阶梯型为主的生态护岸，以雨水收集净化为主的收集净化渠，实现海绵与景观间的相互融合（图 2.4-24）。

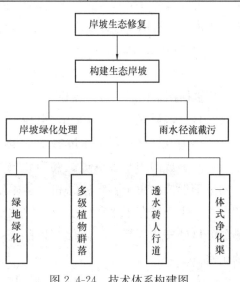

图 2.4-24　技术体系构建图

（2）路面雨水径流污染控制与净化回用工程设计

构建"路面雨水径流污染控制与净化回用技术体系"，以雨水净化回用为目标，通过采用雨水径流路径改善、水质净化回用技术策略，确定路面径流雨水散排、直排入湖的汇水面积和径流路径，重新规划雨水径流排放方式，布设环保型雨水口、初期雨水弃流井、雨水收集净化渠，保证入湖雨水得到充分净化（图2.4-25）。

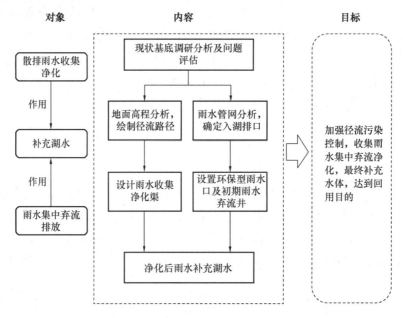

图 2.4-25 技术体系构建图

（3）内涝积水点消除与雨水回用工程设计

构建"内涝积水点消除与雨水调蓄净化回用技术"，以消除内涝和雨水回用为目标，通过采用雨水调蓄、净化、回用等技术策略，分析内涝积水点的汇水面积，计算雨水回用量，改善雨水径流路径，确定雨水调蓄池的位置和规模、雨水净化处理工艺、雨水回用路径、出水水质目标，最终实现内涝点的消除和雨水回收利用（图2.4-26）。

4）关键技术

（1）雨水收集净化渠（参见图2.4-2）

雨水格栅采用球墨铸铁盖板、填料为活性氧化铝包页岩+活性炭混合填料、渠体采用HDPE材料，渠宽为10～15cm，渠深为20～30cm，实际具体尺寸不限于此。内部容器包括所述雨水格栅板与透水隔板形成的内部用于暂时贮存雨水的贮水空间，相邻透水隔板之间形成的用于容纳过滤和净化雨水的所述填料层的上层，以及透水隔板与内部容器底部形成的用于容纳过滤和净化雨水的所述填料层的下层。内部容器位于U形槽的内部，用于贮存雨水和容纳用于过滤和净化雨水的所述填料层，其上部开口与U形槽的开口处于同一平面，内部容器的底端还设置有雨水收集管，用于收集净化处理后的雨水。

1号湖与2号湖岸坡改造示意如图2.4-27所示。

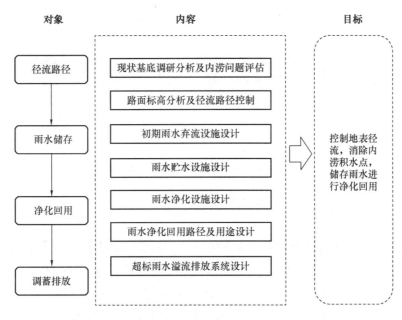

图 2.4-26　技术体系构建图

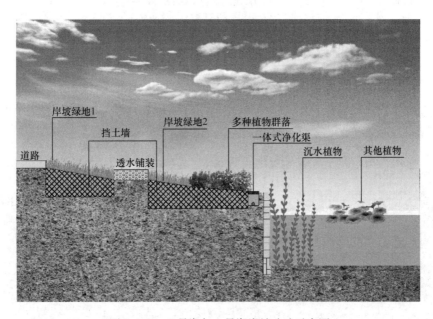

图 2.4-27　1 号湖与 2 号湖岸坡改造示意图

（2）雨水调蓄池（图 2.4-28）

雨水调蓄池是一种雨水收集设施，实现雨水的削峰错峰，提高雨水利用率，又能控制初期雨水对受纳水体的污染，还能对排水区域间的排水调度起到积极作用。雨水收集回用系统一般包括弃流装置、初沉或初级过滤装置、蓄存设施、净化处理设施。弃流装置分容积式、流量式、雨量式，分别通过弃流水箱水位、弃流管道流量计、降雨雨量计判别并控制弃流量。

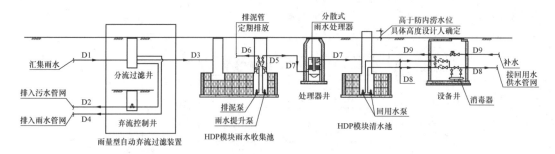

图 2.4-28　典型雨水收集回用系统流程

2. 模块化污水生态化处理系统技术应用

1）项目概况

该项目位于江苏省南通市百海企业园区内，针对生活区内排放的生活污水水质水量波动大的特点，对园区污水处理设施进行提升改造。工程涉及吸附-生物降解耦合的间歇式污水生态处理技术研究和开发，通过监测多种水质参数来控制污水生态处理过程的工况，改进和优化进水布水方式、水力负荷、处理流程，有效控制复氧程度和溶解氧含量，促进同步硝化反硝化过程和反应效率，通过不同基质层的有机组合，提高和改善对磷处理的稳定性和持久性，保证污水生态处理工艺对生活污水中有机物、氨氮、总氮和磷等关键性指标的处理效果始终在高效范围，使生态处理工艺处于稳定运行状态（图 2.4-29）。

图 2.4-29　污水生态系统建成实景图

高效潮汐流人工湿地污水处理系统装置主要分为预处理单元，核心处理单元和深度处理单元三部分。应用工程应用从启动到稳定运行主要进行了以下五方面近 60d 的运行和调试：①设备单元的优化改造，取样点和在线监测布置；②设备快速阶段；③设备冲击负荷测试阶段；④设备稳定运行阶段；⑤基于 HNADB 细菌的快速启动小试实验。

2）工程启动与运行

（1）设备进水浓度

试验期间原水为园区化粪池溢流生活污水。运行期间，原水温度在 24.6～27.8℃之间。原水污染物含量范围及平均值见表 2.4-7。在两级潮汐流人工湿地中，快速启动阶段的污水停留时间、水力负荷和日处理污水量分别为 4h，3.36m³/(m²·d) 和 7.72m³/d；稳定运行阶段上述参数分别为 12h，1.12m³/(m²·d) 和 2.24m³/d。

两级潮汐流人工湿地进水水质　　　　　　　　　　表 2.4-7

类别	进水浓度（mg/L）	平均值（mg/L）
化学需氧量（COD）	133.4～231.8	208.7
氨氮（NH_4^+-N）	15.5～35.4	28.7
硝酸盐氮（NH_3^--N）	5.31～7.82	6.62
总氮（TN）	22.5～38.2	34.13
颗粒磷（PP）	0.78～1.43	1.27
总磷（TP）	2.61～4.32	3.78
溶解氧（DO）	3.21～4.32	3.69
pH	7.98～8.43	8.35

（2）设备运行时间设定

潮汐流人工湿地停留时间（HRT）的设置主要分为快速启动和稳定运行 2 个阶段：

① 第 1d～第 25d 为快速启动阶段。污水在 5min 内从沉砂池快速布水至 SC-TFCW，HRT 设置为 2h。达到预定时间后，SCTFCW 中的污水在集水层通过污水泵 5min 内快速布水至 AA-TFCW，HRT 设置为 2h，达到预定时间后污水排走。

② 第 26d～第 57d 为稳定运行阶段，为达到稳定污染物去除表现，在其他运行参数不变的条件下，仅将 AA-TFCW 的 HRT 延长至 10h，达到预定时间后进入蓄水池，根据不同回用水质要求从中水回用池直接排放使用或者进入后处理单元后处理后排放使用。

（3）设备控制与水质监测（图 2.4-30）

水质监测：对两级单元总设置 18 个水质监测点和 6 个生物监测点，对不同水平高度

图 2.4-30　处理池与监测器

和不同位置出水水质进行定期监测，同时分阶段采集生物膜样本，进行分子生物学分析。

设备控制：对处理单元中的溶解氧和pH进行实时的在线监测，将辅助进行相关性分析，为设备自动化控制、远程监测和应急智能反应操作提供解决方案。

对两级单元总设置18个水质监测点和6个生物监测点，对不同水平高度和不同位置出水水质进行定期监测，同时分阶段采集生物膜样本，进行分子生物学分析。从宏观水质监测到微观的生物群落表征分析氮，磷强化去除机制，为设备的进一步优化提供可行性依据和方案。

3）工程运行效果（图2.4-31）

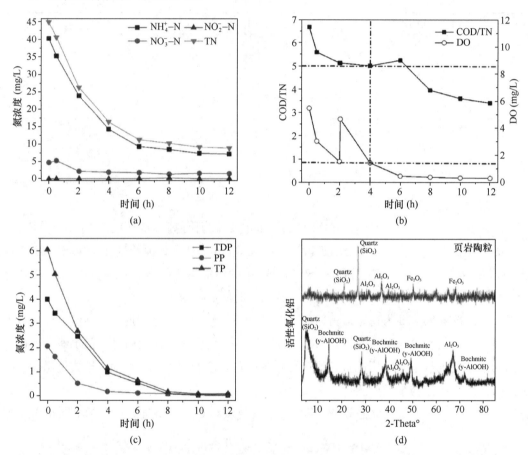

图2.4-31　污染物浓度去除效果过程线

（1）工程冲击负荷评估分析

为验证设备的抗冲击负荷能力，对设备进行提高进水负荷的操作，水力停留时间设置为1h，整个运行周期为2h。日处理污水量为12m³。整个实验阶段持续7d。系统溶解氧浓度介于4.5～2.3mg/L范围内变化，处于好氧状态。水中的氨氮有较好降解作用，平均氨氮的去除率在43.5％，出水平均浓度氨氮为14.5mg/L。同时发现，当碳氮比大于5.0条件下，未出现明显的 NO_3^--N，碳氮比小于3.0条件下，去除的氨氮基本全部转化为硝酸盐氮。因此建议：当地方标准无明确总氮出水要求时，设备处理负荷可以设定为周期

2h，处理负荷为 6m³/(m²·d)。

（2）工程稳定运行效能评估分析

在稳定运行阶段，提高水中氮、磷和有机物的浓度，原水平均有机物浓度为 216.5mg/L，氨氮浓度为 35.8mg/L，总氮浓度为 43.2mg/L 和总磷浓度为 5.5mg/L。碳氮比一直维持在 5.0～6.0，可以有效保证。将设备的水力停留时间设定为 12h(2+10)，日处理污水量为 2m³。目前已经连续稳定运行 14d。在整个 14d 的运行中，平均出水的 COD_{Cr} 浓度为 45.6mg/L，平均 NH_4^+-N 的出水浓度为 7.2mg/L，总氮出水浓度为 9.7mg/L。总磷出水浓度为 0.134mg/L。出水水质基本满足《城镇污水处理厂污染物排放标准》GB 18918—2002 一级 A 水质标准。

（3）进出水主要污染物去除率对比分析

通过对示范工程中系统设备的进水水质和出水水质浓度进行检测分析可知：COD_{Cr} 的去除率在 55.1%，NH_4^+-N 的去除率在 84.3%、TN 的去除率在 69.5%、TP 的去除率在 97.2%，同时对污水中的溶解氧含量降低了 92.7%，见表 2.4-8。

进出水污染物去除效率比例 表 2.4-8

类别	平均进水浓度（mg/L）	平均出水浓度（mg/L）	去除率（%）
化学需氧量（COD_{Cr}）	208.7	28.3	55.1
氨氮（NH_3-N）	28.7	4.45	84.3
总氮（TN）	34.13	10.4	69.5
总磷（TP）	3.78	0.11	97.2
溶解氧（DO）	3.69	0.27	92.7

2.5 大型公共建筑节水系统设计方法

2.5.1 大型公共建筑生活节水用水定额取值

根据现行国家标准《民用建筑节水设计标准》GB 50555—2010（以下简称《节水标》），节水用水定额是指在使用节水器具后的用水定额，专供编写节水设计专篇使用，包括计算节水用水量（如平均日用水量、年用水量）和进行节水设计评价时采用。在实际工程设计中，对于公共建筑的节水用水定额取值，设计中要综合考虑项目所在地区的水资源状况、经济技术水平和项目特点，针对不同的建筑性质按照《节水标》的规定进行选取。

对于大型公共建筑，空调循环冷却水系统是满足建筑使用功能需求之一的基本系统；空调循环冷却水系统的补充水量应根据气象条件、冷却塔形式、供水水质、水质处理及空调设计运行负荷，运行天数等确定，可按平均日循环水量的 1.0%～2.0% 计算。对于项目中冷却塔运行天数，可根据空调专业的需求进行计算。特别注意的是，空调"四管制"和"有内区供冷需求"的项目在冬季和过渡季也会有冷却塔运行要求，因此设计人员不能只考虑常规的空调季运行时间。

2.5.2 大型公共建筑节水系统设计方法

1. 供水系统

《节水标》规定，在进行供水系统设计时，首先应保证供水系统设置合理的分区，其次再利用减压设施控制供水末端的供水压力。分区供水的目的是避免过高的供水压力造成不必要的用水浪费；因为用水点的流量和动压成正比关系，压力越大，流量越大；控制供水压力即控制供水流量，以达到控压节水的目的。

1) 供水系统分区

(1) 无集中热水系统的供水分区

首先以某超高层办公楼为例分析超高层供水分区的合理性。

项目位于江苏省徐州市。总建筑面积为 121450m²，建筑高度 121m，地上 28 层，地下 3 层。其中一层～三层裙房为行政办公功能，四层～六层为海关办公；七层～二十八层为行政办公。其中十层、二十层为避难层。建筑性质为超高层办公建筑。供水水源为城市自来水，一路供水，市政供水压力 0.18MPa。供水系统设计分区见表 2.5-1。低位水箱及供水泵组设于地下一层生活水泵房内，二十层避难层设置转输水箱和高区加压泵组。生活水箱材质为 S30408 不锈钢材质，分成两格。供水系统原理图如图 2.5-1 所示。

某超高层办公楼给水竖向分区表　　　　　　　　　　　　表 2.5-1

分区	服务范围	供水方式	最大静压（MPa）	用水量（m³）		生活水箱	
				最高日	最大时	最小计算容积（m³）	底标高（m）
1 区	B3～F1	市政管网直供	0.36	108.93	14.05		
2 区	F2～F6	低位水箱＋低区变频调速泵组	0.42	93.12	14.89	57.0	−5.800
3 区	F7～F12	转输水箱重力供水＋减压阀	0.45	28.00	4.20		
4 区	F13～F16	转输水箱重力供水	0.29	22.40	3.36		
5 区	F17～F23	转输水箱＋高区变频调速泵组＋减压阀	0.45	33.60	5.04	21.1	80.500
6 区	F24～F28（设备层）	转输水箱＋高区变频调速泵组	0.40	28.00	4.20		

该 120m 超高层办公楼竖向共分为 6 个供水分区；各供水分区负担供水的楼层数为 4～7 层，各区最低、最高用水器具的高差约为 12～24m。该楼首先充分利用市政供水压力 0.18MPa，一层及以下均采用市政压力直接供水。二层及以上楼层采用供水泵分区、转输水箱分区及减压阀分区等多种分区形式，以实现"各分区静水压力不大于 0.45MPa 且满足卫生器具工作压力不低于 0.10MPa"的要求。

再以某博物馆、某文化中心项目为例分析在市政供水压力较高时合理的供水分区。

某博物馆项目总建筑面积 55780m²，地上建筑面积 32215m²，地下建筑面积 23565m²。建筑高度 32.75m，地上 5 层，地下 2 层。供水水源为城市自来水，双路供水，市政供水压力为 0.45MPa。四层及以下均采用市政压力直接供水，五层由叠压供水设备加压供水。

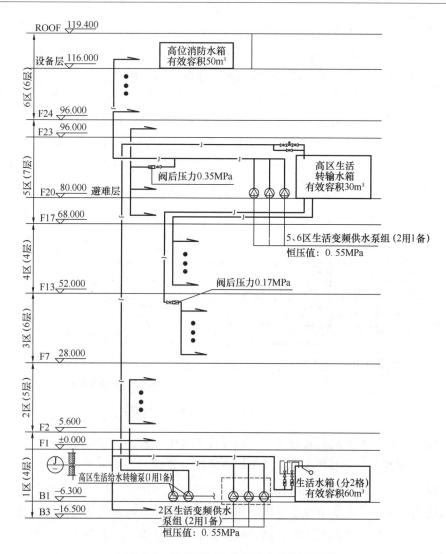

图 2.5-1　某超高层办公楼给水系统原理图

供水系统原理图如图 2.5-2 所示。

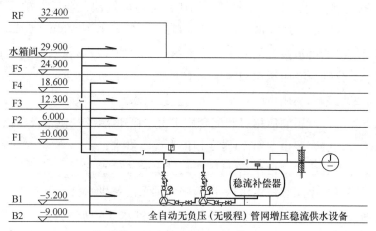

图 2.5-2　某博物馆给水系统原理图

该项目首先充分利用市政自来水供水压力，四层及以下楼层的用水均采用市政压力直接供给；其次，考虑到五层及以上用水量较小，且为最大限度避免水质污染，五层及以上楼层的用水采用叠压供水方式，最大限度地利用市政自来水压力。

某文化中心项目总建筑面积 19980m²，建筑高度 23.95m，地上共 4 层。主要功能包括报告厅、博物馆、非遗馆、美术馆、文物库房、档案室、资料室、后勤办公等。供水水源为城市自来水，一路供水 DN100，市政压力为 0.60MPa（相对于绝对标高 482m）。室内给水系统竖向不分区，全部由市政给水管网经减压阀减压后直接供水。系统最低点静水压（0 流量状态）不大于 0.40MPa。给水系统图原理图如图 2.5-3 所示。

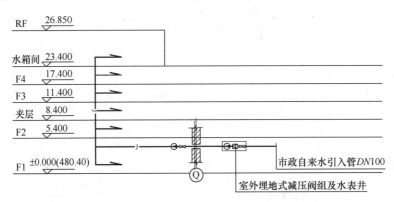

图 2.5-3　某文化中心给水系统原理图

该文化中心项目为多层公共建筑，且市政自来水压力较高（0.6MPa）；需首先在市政给水引入管处设置减压阀组和水表，减至合适的压力值后再入楼供水。

（2）设有集中热水系统的供水分区

如前所述，对于设有集中热水系统的建筑，其分区静水压力可适当放宽，且不宜大于 0.55MPa。下文以某酒店和某医院为例，比较分析在设有集中热水系统时，如何设置合理节水的供水分区。

某酒店项目位于海南省三亚市。总建筑面积 50385.07m²，地上建筑面积 33312.01m²，地下建筑面积 17073.06m²。酒店裙房内集餐饮、会议、娱乐等功能，而塔楼则包含了 216 间客房等设施功能。层数地上最高 20 层，地下 2 层，建筑高度最高 81m。

酒店裙房及塔楼的给水系统均采用低位水箱＋变频加压设备供水方式。共设置二次加压供水设备四套，分别为酒店裙房和客房部位供水。竖向分区如下：

一区：地下二层车库利用市政自来水压力直接供水，市政供水压力 0.2MPa；

二区：地下二层～三层酒店裙房和配套用房由水箱-恒压变频供水设备供水；

三区：四层～九层客房由水箱-恒压变频供水设备供水；

四区：十层～十五层客房由水箱-恒压变频供水设备供水；

五区：十六层～二十层客房由水箱-恒压变频供水设备供水。

应酒店管理公司要求，各供水分区所有配水点供水压力应维持为 0.27～0.55MPa，且不得设置支管减压阀，即最不利点的出水压力不应小于 0.27MPa。各二次供水区分别设置变频供水设备。生活给水系统原理图如图 2.5-4 所示。项目设置集中热水系统，供酒店客房及其配套的餐饮、卫生间等部位的生活热水使用，系统分区同生活给水系统。主要热源有太阳能和空调机组回收热。生活热水系统原理图如图 2.5-5 所示。

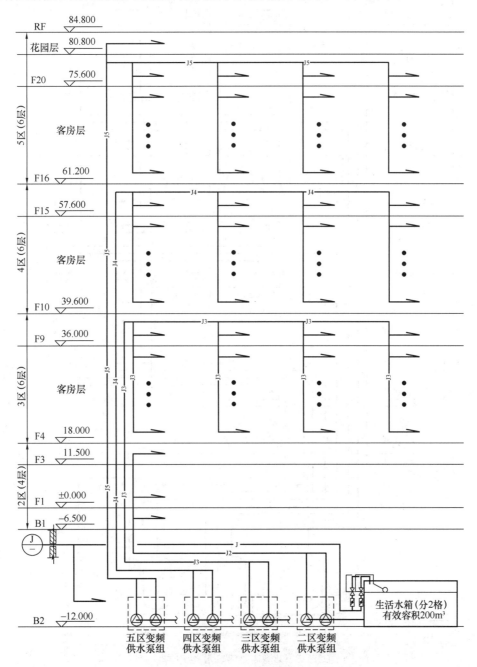

图 2.5-4　某酒店生活给水系统原理图

该 81m 高层酒店建筑竖向共分为五个供水分区；各二次加压供水分区负担供水的楼层数为 4～6 层，其中酒店公共区（地下一层～地上三层）最低、最高用水器具的高差为 18m，客房区最低、最高用水器具的高差为 18m。根据酒店管理公司要求，最不利点出水

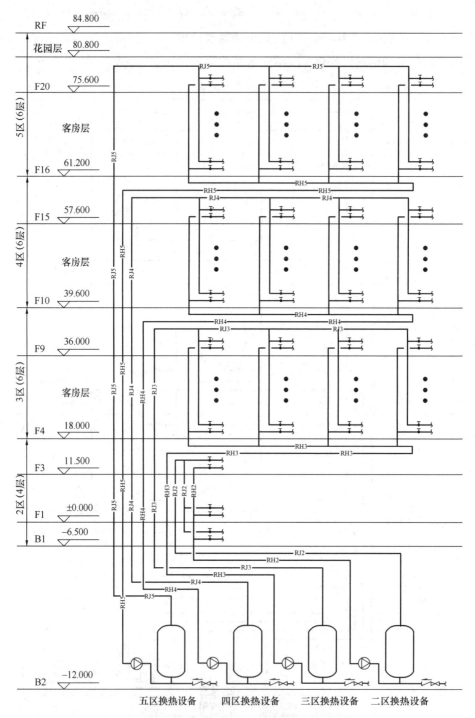

图 2.5-5　某酒店生活热水系统原理图

压力不应小于 0.27MPa；那么各区最低用水器具所承受的静压均高于 0.45MPa，可满足不超过 0.55MPa 的要求，如若按 0.45MPa 静压控制，势必增加竖向分区数量，投资和节水方面的矛盾，导致综合性价比并不高。为保证酒店热水用水的安全稳定及感官舒适，各分区冷热水绝对同源，且各分区均单独设置换热设备。而酒管公司对"最不利点出水压力不应小于 0.27MPa" 的要求，与节水标准"保证各用水点处供水压力不应大于 0.2MPa"相悖；但其条文解释也特别说明了"当用水点卫生设备对供水压力有特殊要求时，应满足卫生设备的供水压力要求，但一般不大于 0.35MPa"。建议末端用水器具采用节水型花洒和水龙头，以控制末端供水压力及流量，同时保证使用的舒适性。

　　某医院项目位于山东省日照市。共含 3 个单体，其中 3 号楼为康复门诊，5 号楼、6 号楼均为住院楼，地下主要功能为餐饮厨房、设备机房及汽车库。住院楼病床数为 666 床，康复楼门诊量为 900 人。总建筑面积 71644m²，最高建筑 6 号住院楼建筑高度为 34.4m，地上 8 层，地下 1 层。生活用水全部采用市政压力直接供给，市政自来水最低供水压力为 0.45MPa（相较于项目 ±0.00）；其中地下室至地面四层为低区，由市政给水管减压后供水，减压阀后压力 0.35MPa；地面五层及以上为高区。给水系统原理图如图 2.5-6 所示。

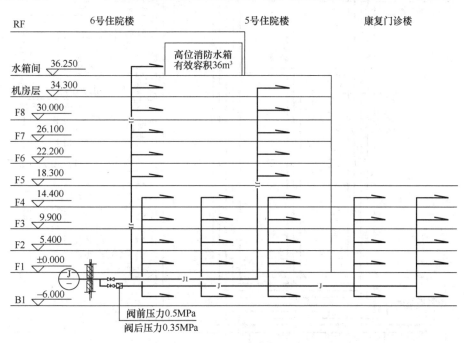

图 2.5-6　某医院给水系统原理图

　　5 号、6 号住院楼及厨房设置集中生活热水系统；康复门诊各层设置局部热水供应系统，每层设置模块化智能换热机组提供热水。主要热源为太阳能，辅助热源为自备锅炉提供的高温热水（供/回水温度为 85℃/65℃）。热水系统分区同给水系统。热水供水区域及耗热量见表 2.5-2。热水系统原理图如图 2.5-7 所示。

某医院热水供水区域及耗热量统计表　　　　　　　　　　　　表 2.5-2

热交换站名称及位置		供水分区	服务区域	最大时热水量 （m³/h）	设计小时耗热量 （kJ/h）
住院楼	地下一层	一区	B1F～4F	7.30	1680147
		二区	5F～8F	3.47	799556
康复楼	F1～F4 各层 热水机房	—	—	6.19	1426132

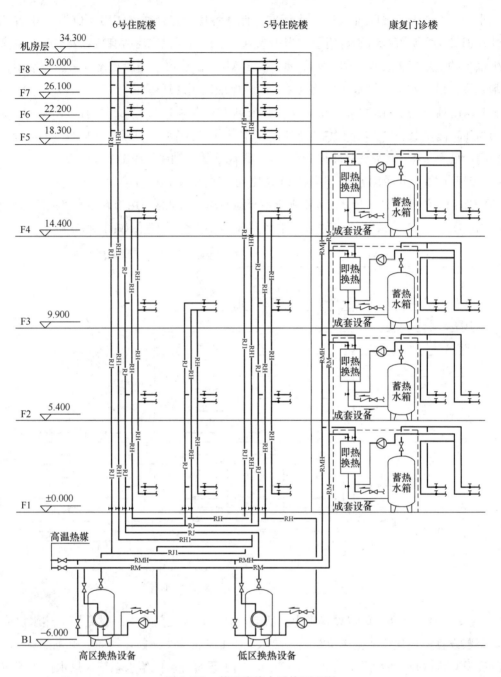

图 2.5-7　某医院热水系统原理图

本项目充分利用市政自来水压力 0.45MPa，同时采用减压阀分区降低低楼层供水压力。同样，为保证住院楼热水用水的安全稳定及感官舒适，各分区均单独设置换热设备，从压力源及运行阻力均保证冷热水压力平衡。另外，门诊楼每层设置模块化智能换热机组（含集热换热设备、蓄热水箱、循环水泵及相关控制阀件）分层提供热水，以实现分层计量的目标。该换热机组连接一个蓄热罐，由电子设备控制传热过程；当用水端有用水发生时，才由板式换热器进行加热；实现即用即热、无需贮存，可保证用水水质。

各类公共建筑的供水分区，首先应保证充分利用市政自来水供水压力。当市政供水压力较高时，可根据当地自来水公司的管理规定，适当采用叠压供水方式最大限度利用市政供水压力。对于无集中热水系统的公共建筑，二次加压供水部分的供水分区应尽量满足各分区最低卫生器具配水点处的静水压不大于 0.45MPa；各分区最低、最高用水器具的几何高差宜控制在 30m 以内。对于设有集中热水系统的建筑，其各分区静水压力可适当放宽，且不宜大于 0.55MPa；即各分区最低、最高用水器具的几何高差宜控制在 35～40m 范围内。

2）减压设施的应用

控制配水点处的供水压力是给水系统节水设计中非常关键的环节，选用合理的减压设施尤为重要。一般减压设施包括：支管减压阀和末端限流器具配件。

（1）支管减压阀的设置

对于一般公共建筑，各供水分区内最低、最高用水器具的几何高差约为 30～40m，最不利的用水点的出水压力不小于 0.15～0.10MPa；故各供水分区内较低楼层均需设置支管减压阀，以保证各用水点处供水压力均不大于 0.20MPa，从而实现控压节水的目标。

以某超高层办公楼项目市政供水区（B3～F1）和加压一区供水区（F2～F6）为例进行简要说明。首先，市政引入管（管中心标高－1.0m）压力 0.18MPa，室外埋地设置总水表（不设倒流防止器）的局部水损约为 2m；地下一层和首层用水点的供水压力均不超过 0.20MPa，但地下二层、地下三层用水点处（距本层地面 1m 高）供水压力约为 0.23MPa 和 0.28MPa，故地下二层和地下三层均需设置支管减压阀。同理，加压一区（F2～F6）变频泵组供水恒压值为 0.55MPa，加压泵位于地下一层；至六层（几何高差 33m）、五层（几何高差 29m）的供水压力均不超过 0.20MPa（水损约 7m）；而二层、三层和四层均需设置支管减压阀；详见图 2.5-8。

由图 2.5-8 可见，地下二层、地下三层均为车库冲洗用水，可在每层供水管前端集中设置减压阀，再供水至各冲洗用水点。

对于大型公共建筑，如体育场、嬉水乐园、机场航站楼等，其公共卫生间、淋浴间用水器具较多且同时使用率较高；如果在供水前端设置支管减压阀，可能导致最末端卫生器具供水压力不足。因此，对于此类建筑，需经过严格计算、路由优化等方式合理设置支管减压阀。图 2.5-9 和图 2.5-10 为某体育场大型卫生间给水方案图（方案 a 和方案 b）。

该卫生间共有 32 个洗手盆、1 个拖布池、28 个小便器和 43 个大便器；给水设计秒流量为 8.09L/s，起端给水管管径为 DN100（流速 1.04m/s），给水管材为薄壁不锈钢管。如仅设置 1 根给水管枝状、变径供水（方案 a），供至最不利点的管道长度为 30.83m，总水头损失为 0.112MPa（水力计算见表 2.5-3）；如果在卫生间给水管起端设置减压阀控制阀后压力≤0.20MPa，则末端卫生洁具的供水压力仅为 0.088MPa，无法满足最不利点大便器的给水工作压力 0.10MPa。此时可采用枝状给水管道不变径的方式（方案 b）降低水头损失，来满足最不利点卫生器具的供水压力（水力计算见表 2.5-4）；末端给水支管管径放大后，总水头损失为 0.073MPa，末端卫生洁具的供水压力可保证 0.10MPa。

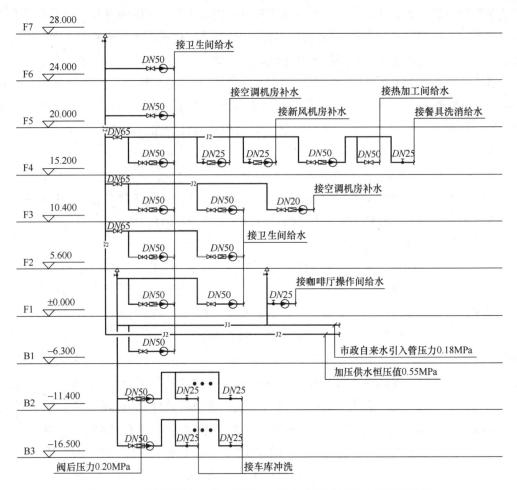

图 2.5-8 某超高层办公楼市政供水区和加压供水区给水系统原理图

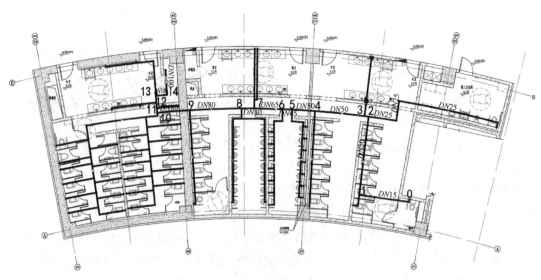

图 2.5-9 某体育场大型卫生间给水方案图（方案 a-变径供水）

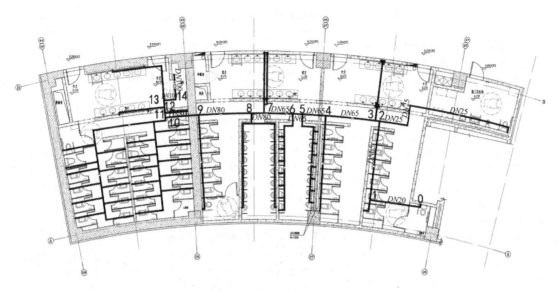

图 2.5-10　某体育场大型卫生间给水方案图（方案 b-不变径供水）

某体育馆大型卫生间给水管网水力计算-方案 a　　　　　　　　　表 2.5-3

管段编号	卫生器具名称、额定流量（q_0）、同时使用百分数（b）及个数				流量 q (L/s)	冲洗阀大便器	冲洗阀管段流量 (L/s)	设计秒流量 q_g (L/s)	管段长 L (m)	公称直径 DN (mm)	计算内径 D_j (mm)	流速 V (m/s)	比摩阻 R (Pa/m)	沿程阻力 H (Pa)	沿程阻力叠加 (Pa)
	拖布池	洗手盆	冲洗水箱大便器	小便器											
	0.2	0.15	0.1	0.1		1.2									
	33	70	70	70		5									
0-1			1		0.07	0	0	0.1	5.80	15	15.20	0.55	367.1	2129.3	2129.3
1-2			2		0.14	5	1.2	1.34	5.35	50	49.60	0.69	140.8	753.2	2882.5
2-3		2	4		0.49	5	1.2	1.69	0.30	50	49.60	0.88	216.3	64.9	2947.4
3-4		10	4		1.33	5	1.2	2.53	3.60	50	49.60	1.31	456.2	1642.4	4589.8
4-5		10	5		1.40	10	1.2	2.6	1.66	65	62.00	0.86	161.9	268.7	4858.5
5-6		10	5	7	1.89	10	1.2	3.09	0.71	65	62.00	1.02	222.8	158.2	5016.6
6-7		10	5	14	2.38	10	1.2	3.58	2.06	65	62.00	1.19	292.5	602.6	5619.2
7-8		22	5	14	3.64	10	1.2	4.84	0.92	80	74.20	1.12	213.1	196.0	5815.2
8-9		22	5	28	4.62	10	1.2	5.82	3.83	80	74.20	1.35	299.7	1147.7	6962.9
9-10		22	7	28	4.76	14	1.2	5.96	2.44	80	74.20	1.38	313.1	764.1	7727.0
10-11	1	22	11	28	5.11	31	1.86	6.966	0.30	80	74.20	1.61	417.9	125.4	7852.3
11-12	1	22	12	28	5.18	31	1.86	7.036	0.40	80	74.20	1.63	425.7	170.3	8022.6
12-13	1	27	12	28	5.70	31	1.86	7.561	0.46	80	74.20	1.75	486.3	223.7	8246.3
13-14	1	32	12	28	6.23	31	1.86	8.086	3.00	100	99.60	1.04	131.3	393.8	8640.1
								30.83						总水损	11232.1

表头说明：用水集中型建筑室内给水管网沿程阻力计算（薄壁不锈钢管）　海澄-威廉系数 $C=130$　计算公式：$q_g = \sum q_0 N_0 b$

| 某体育馆大型卫生间给水管网水力计算-方案 b | | | | | | | | | | | | | | 表 2.5-4 |

用水集中型建筑室内给水管网沿程阻力计算 （薄壁不锈钢管）							海澄-威廉系数 $C=130$		计算公式：$q_g = \sum q_0 N_0 b$					
管段编号	卫生器具名称、额定流量（q_0）、同时使用百分数（b）及个数				流量 q (L/s)	冲洗阀大便器	冲洗阀管段流量 (L/s)	设计秒流量 q_g (L/s)	管段长 L (m)	公称直径 DN (mm)	计算内径 D_j (mm)	流速 V (m/s)	比摩阻 R (Pa/m)	沿程阻力 H (Pa)	沿程阻力叠加 (Pa)
	拖布池	洗手盆	冲洗水箱大便器	小便器											
	0.2	0.15	0.1	0.1		1.2									
	33	70	70	70		5									
0-1			1		0.07	0	0	0.1	5.80	20	19.00	0.35	123.8	718.3	718.3
1-2			2		0.14	5	1.2	1.34	5.35	65	62.00	0.44	47.5	254.1	972.3
2-3		2	4		0.49	5	1.2	1.69	0.30	65	62.00	0.56	73.0	21.9	994.2
3-4		10	4		1.33	5	1.2	2.53	3.60	65	62.00	0.84	153.9	554.0	1548.2
4-5		10	5		1.40	10	1.2	2.6	1.66	65	62.00	0.86	161.9	268.7	1816.9
5-6		10	5	7	1.89	10	1.2	3.09	0.71	65	62.00	1.02	222.8	158.2	1975.1
6-7		10	5	14	2.38	10	1.2	3.58	2.06	65	62.00	1.19	292.5	602.6	2577.7
7-8		22	5	14	3.64	10	1.2	4.84	0.92	80	74.20	1.12	213.1	196.0	2773.7
8-9		22	5	28	4.62	10	1.2	5.82	3.83	80	74.20	1.35	299.7	1147.7	3921.4
9-10		22	7	28	4.76	14	1.2	5.96	2.44	80	74.20	1.38	313.1	764.1	4685.4
10-11	1	22	11	28	5.11	31	1.86	6.966	0.30	80	74.20	1.61	417.9	125.4	4810.8
11-12	1	22	12	28	5.18	31	1.86	7.036	0.40	80	74.20	1.63	425.7	170.3	4981.1
12-13	1	27	12	28	5.70	31	1.86	7.561	0.46	80	74.20	1.75	486.3	223.7	5204.8
13-14	1	32	12	28	6.23	31	1.86	8.086	3.00	100	99.60	1.04	131.3	393.8	5598.6
									30.83					总水损	7278.2

另外，考虑体育赛事时卫生间集中使用频率较高，支管减压阀损坏影响范围较大；也可结合卫生间平面布置将给水管分为 3 根支管分别供水（供左、中、右 3 个卫生间），同时分设 3 个支管减压阀（图 2.5-11），每个支路减压阀后管道系统的水头损失均控制在

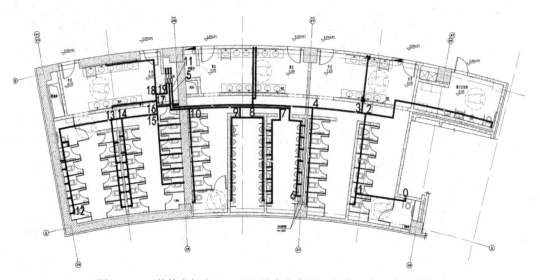

图 2.5-11 某体育场大型卫生间给水方案图（方案 c-分三支路供水）

10m 以内，水力计算见表 2.5-5。

某体育馆大型卫生间给水管网水力计算-方案 c　　　　　表 2.5-5

管段编号	用水集中型建筑室内给水管网沿程阻力计算（薄壁不锈钢管） 卫生器具名称、额定流量(q_0)、同时使用百分数(b)及个数				流量 q (L/s)	冲洗阀大便器	冲洗阀管段流量 (L/s)	海澄-威廉系数 $C=130$ 设计秒流量 q_g (L/s)	计算公式：$q_g = \sum q_0 N_0 b$ 管段长 L (m)	公称直径 DN (mm)	计算内径 D_j (mm)	流速 V (m/s)	比摩阻 R (Pa/m)	沿程阻力 H (Pa)	沿程阻力叠加 (Pa)
	拖布池	洗手盆	冲洗水箱大便器	小便器											
	0.2	0.15	0.1	0.1			1.2								
	33	70	70	70			5								
0-1				1	0.07	0	0	0.1	5.80	15	15.20	0.55	367.1	2129.3	2129.3
1-2				2	0.14	5	1.2	1.34	5.35	50	49.60	0.69	140.8	753.2	2882.5
2-3		2		4	0.49	5	1.2	1.69	0.30	50	49.60	0.88	216.3	64.9	2947.4
3-4		10		4	1.33	5	1.2	2.53	3.60	50	49.60	1.31	456.2	1642.4	4589.8
4-5		10		5	1.40	10	1.2	2.6	1.66	50	49.60	1.35	479.5	796.5	5386.3
6-7				7	0.49	0		0.49	7.76	50	49.60	0.25	21.9	169.9	169.9
7-8				14	0.98	0		0.98	2.06	50	49.60	0.51	78.9	162.6	332.4
8-9		12		14	2.24	0		2.24	0.90	50	49.60	1.16	364.2	327.8	660.2
9-10		12		28	3.22	0		3.22	3.83	65	62.00	1.07	240.4	920.8	1581.1
10-11		12	2	28	3.36	4	1.2	4.56	2.54	65	62.00	1.51	457.6	1162.4	2743.5
12-13				2	0.14	4	1.2	1.34	10.04	50	49.60	0.69	140.8	1413.4	1413.4
13-14				3	0.21	8	1.2	1.41	0.81	50	49.60	0.73	154.7	125.3	1538.7
14-15	1			4	0.35	12	1.2	1.546	2.67	50	49.60	0.80	183.4	489.7	2028.5
15-16	1			4	0.35	17	1.2	1.546		50	49.60	0.80	183.4	91.7	2120.2
16-17	1			5	0.42	17	1.2	1.616	0.40	50	49.60	0.84	199.1	79.6	2199.8
17-18	1	5		5	0.94	17	1.2	2.141	0.46	50	49.60	1.11	335.0	154.1	2353.9
18-19	1	10		5	1.47	17	1.2	2.666	0.85	50	49.60	1.38	502.6	427.2	2781.1

　　一般情况下，公共建筑各供水分区内较低楼层均需设置支管减压阀，以保证各用水点处供水压力均不大于 0.20MPa。对于同层同一功能的用水需求，例如车库冲洗用水、隔油器间冲洗用水等，可在本层供水管前端集中设置减压阀；对于同层不同功能的用水需求，如卫生间用水、设备机房补水可分别设置支管减压阀，如图 2.5-12 所示。对于大型公共卫生间，可根据建筑平面布局，分区域设置支管减压阀供水。

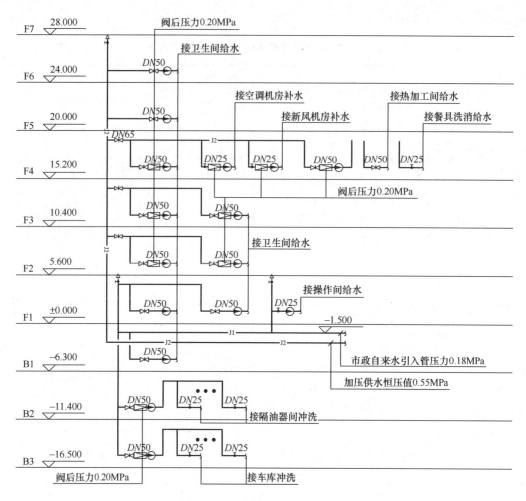

图 2.5-12　支管减压阀设置图示

（2）末端限流器具配件的应用

对于设有集中热水系统的公共淋浴间，为保证热水循环效果，一般设置支管循环，此时无法设置支管减压阀控制用水点的水压和流量。

图 2.5-13 为某水上乐园游客集中淋浴间给水方案图。该淋浴间共有 49 个淋浴器、6 个洗手盆、3 个小便器和 9 个大便器；给水设计秒流量为 7.29L/s，起端给水管管径为 DN80（流速 1.47m/s）。如仅设置 1 根给水管供水（不变径），供至最远端卫生洁具的管道长度约为 36m，水头损失约为 2.92m。根据淋浴间平面布置，该淋浴间被物理分隔为男淋浴间、女淋浴间和家庭淋浴间 3 个部分。其中男淋浴间设有淋浴器 21 个，女淋浴间设有淋浴器 25 个，家庭淋浴间设有淋浴器 3 个。为保证游客淋浴用水的舒适稳定性，3 处淋浴间分别成环供水。

为避免用水点处因供水压力过高导致用水浪费，其淋浴器处可采用调压富氧节水花洒，该节水型花洒是通过内置限流器来降低花洒的出水流量并平衡压力变化，同时通过改变花洒头结构引入空气实现节流节水并增加淋浴体感舒适性。

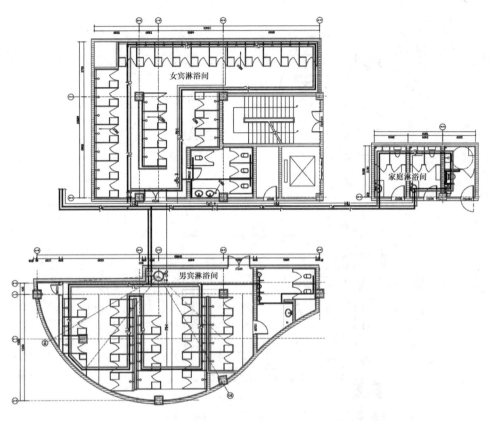

图 2.5-13　某水上乐园游客集中淋浴间给水、热水方案图

3）集中生活热水系统的节水措施

从节水角度出发，同时为保证用户用水安全、舒适，《节水标》规定"全日集中供应热水的循环系统，应保证配水点出水温度达到 46℃ 的时间……公共建筑不宜大于 5s，不得大于 10s"，同时应避免水温波动。为满足上述要求，可采取以下几种节水措施：

（1）保证用水点处冷、热水供水压力平衡的措施

保证用水点处冷、热水供水压力平衡的措施包括：冷、热水系统相同压力源且分区一致、设置支管减压阀（无支管循环时）和在用水点采用带调节压差功能的混合器、混合阀。系统分区原则和支管减压阀设置原则参考前述内容；混合阀可在一定范围内平衡冷、热水压力差，控制用水点水温在设定范围内（例如 37～40℃）。

（2）保证用水点热水温度的流出时间的措施

为保证生活热水系统的循环效果，集中生活热水系统应首先保证干管、立管和支管进行机械循环。图 2.5-14 为某酒店双床房卫生间给水、热水平面图，该供水方案实现了客房内的支管循环，可保证各配水点出水温度达到 46℃ 的时间不长于 5s。

居住类建筑因每户均设水表，而水表宜设户外，这样从立管接出入户支管一般均较长，而且该类建筑的热水采用支管循环或电伴热等措施，难度较大也不经济、不节能，因此允许放冷水的时间为 15s，即允许入户支管长度约为 10～12m。

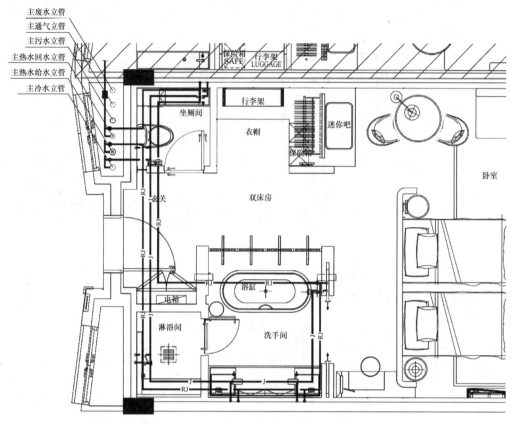

主废水立管
主通气立管
主污水立管
主热水回水立管
主热水给水立管
主冷水立管

坐厕间
行李架
迷你吧
衣帽
保险箱
卧室
玄关
双床房
电箱
浴缸
淋浴间
洗手间

图 2.5-14　某酒店双床房卫生间给水、热水平面图

（3）回水立管上装温控阀或热水平衡阀的应用

《节水标》规定"单体建筑的循环管道宜采用同程布置，当采用异程布置时，热水回水管、立管应采用导流循环管件连接、在回水立管上设温度控制或流量控制的循环阀件"。实际工程中，集中热水系统的循环管道多无法做到严格同程；南京某酒店客房区的集中热水系统应用了热水平衡阀来保证异程布置的循环效果。

酒店位于江苏省南京市，酒店建筑面积 59237.17m²，建筑高度 39.3m，地上 9 层，地下 1 层。酒店为坡地多层公共建筑。酒店全楼采用集中生活热水系统。热源由自备锅炉房提供，热媒供水温度为 95℃，回水温度为 70℃。热水系统分区同给水系统，分为客房区和公共区，各区均设 2 台半容积式换热器，采用机械循环全日制热水供应系统。

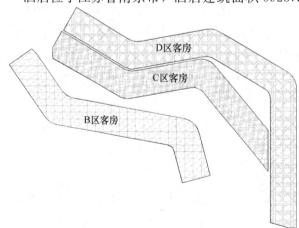

D区客房
C区客房
B区客房

图 2.5-15　酒店客房区平面关系示意图

该酒店客房共分为 B、C、D 三个区，各区平面关系见图 2.5-15，各区标高关系见图 2.5-16。B 区客

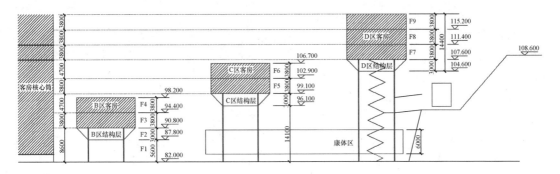

图 2.5-16　酒店客房区标高关系示意图

房两层（F3、F4），共有客房 26 间；C 区客房两层（F5、F6），共有客房 26 间；D 区客房三层（F7～F9），共有客房 63 间。其中 D 区客房建筑平面最为狭长，其单程供水横干管的长度约为 195m；C 区单程供水横干管的长度约为 125m；B 区单程供水横干管的长度约为 120m。B、C、D 三个客房区共用 1 套换热设备和 1 组热水循环泵；热水供水主干管自上而下，先供至标高较高的 D 区，再依次向下供至 C 区和 B 区；热水回水主干管同样自上而下，D 区、C 区和 B 区回水管依次接入后汇合至首层热水机房。在热水系统设置上，三个客房区均相对独立，各自形成 1 套热水供、回水管网，见图 2.5-17。但由于 D 区客房数较多且供水横管较长，其热水管网与 C 区、B 区无法做到物理同程；如不加措施调整，则处于 D 区供水末端的若干间客房会出现热水出水时间过长的现象。为避免热水出水时间过长导致水资源浪费，在 B、C、D 各区总热水回水管上装设热水平衡阀，以保证客房热水循环的动态平衡。

热水平衡阀由温度传感装置和一个小电动阀门组成，可以根据回水立管中的温度高低调节阀门开启度，使之达到全系统循环的动态平衡。该阀件根据循环流量、循环回水管的管径进行选型。

集中生活热水系统的节水设计应首先保证用水点处冷、热水供水压力平衡，同时应保证用水点热水流出时间在规定范围内。

保证用水点处冷、热水供水压力平衡应首先确保冷、热水系统相同压力源且分区一致；其次，在某供水分区内的低楼层可采用支管减压阀（无支管循环时）控制出流水头。若采取上述两种措施后，用水点处冷、热水仍存在压力差；为保证用水的安全和舒适，可在用水点采用带调节压差功能的混合器、混合阀。

为保证用水点热水温度的流出时间，集中生活热水系统应首先保证干管、立管进行机械循环；且单体建筑的循环管道宜采用同程布置。实际工程中，集中热水系统的循环管道多无法做到严格同程，可在各回水立管上装温控阀或热水平衡阀来保证异程布置的循环效果。对于居住类建筑，入户热水支管长度应小于 10～12m。对于酒店类建筑，热水系统可设置支管循环或支管电伴热等措施保证热水温度的出流时间。

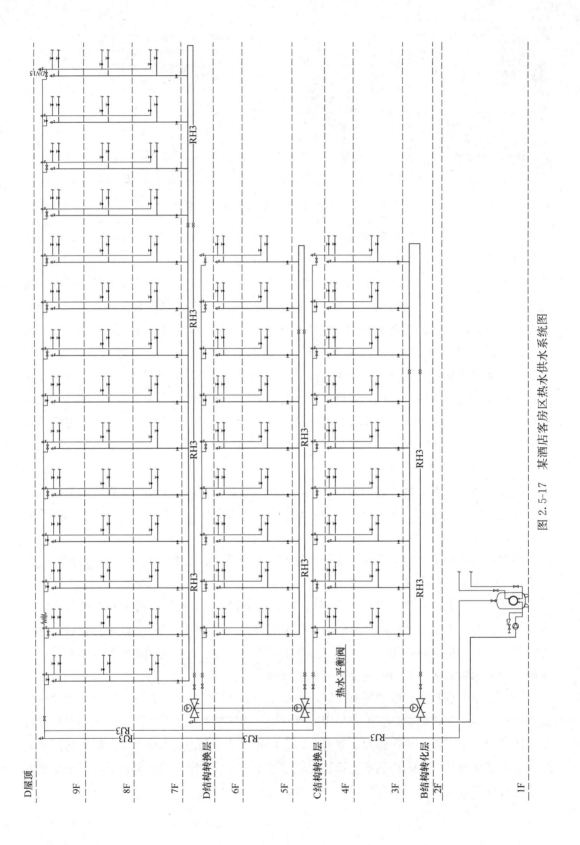

图 2.5-17 某酒店客房区热水供水系统图

2. 其他节水措施

1) 消防水与空调冷源水兼而互用

利用空调蓄冷水作为消防储水具有节能和节水的双重作用。蓄冷是空调制冷系统节能的重要环节。水蓄冷技术是利用水的物理特性，水的显热变化实现冷量的储存（一般蓄水温度为 4~14℃）。节能原理就是在电力负荷低的夜间，用电动制冷机制冷将冷量以冷水的形式储存起来。在电力高峰期的白天，不开或少开冷机，充分利用夜间储存的冷量进行供冷，从而达到电力移峰填谷的目的。水蓄冷技术利用的是水的温度变化产生的冷量，水量并不变化；而消防灭火用的是水量，两者有效的结合利用，是节水和节能的双重体现。对于采用电制冷主机＋蓄冷水罐（槽）为冷源的空调系统方案的航站楼等大型公共建筑，直接（建设消防水池的土建投资）和间接（节省消防水池的占地面积、节水和节能）经济效益是非常明显的。单从建筑节水层面来说，减少消防水池清洗造成的水资源浪费是很有必要的。

下面就某大型机场的消防用水利用空调蓄冷水的设计方案进行分析。

（1）消防水源设计方案

航站楼和陆侧配套共需消防水量约 1600m³，一次火灾的最大需水量为 1350m³。消防泵房分别位于航站楼西南指廊（±0.00）和停车楼。机场航站区空调冷源采用电制冷主机＋蓄冷水罐方案，电制冷主机＋蓄冷水罐位于航站区的动力能源中心。能源中心地面设有 3 个直径 22m 的蓄冷水罐总容积 2.8 万 m³，罐顶水位标高 25.00m（相对于航站楼±0.00），见图 2.5-18。两根 DN1000 的冷媒水供回管道沿陆侧环绕，冷媒水管中存水量约 3015m³（总长度 3840m），室内空调二次冷水系统管道内水量约 1500m³。蓄冷水罐水量作为消防贮水，消防加压泵直接从冷媒水管上吸水；消防系统平时由蓄水罐上部的专用高位消防水箱和设于消防泵房内的稳压泵补水稳压，稳压泵从高位消防水箱稳压管上吸

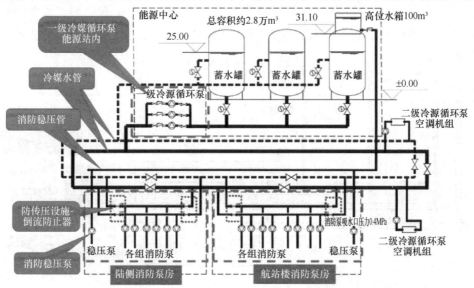

图 2.5-18　消防水源、消防泵吸水原理图

水，见图 2.5-18。

（2）消防安全分析

空调蓄冷水罐作为消防水源的问题，现行消防规范没有明确规定。《消防给水及消火栓系统技术规范》GB 50974—2014 第 4.1.6 条中提到，"雨水池、水景和游泳池必须作为消防水源时，应有保证在任何情况下均能满足消防给水系统所需水量和水质的技术措施"。本条款中虽然未明确有"空调蓄冷水罐"，但与"雨水池、水景和游泳池"则属于同类可替代专用消防水池的水源。

蓄冷水罐至冷水循环系统是闭式循环系统，且为常年满水，几个水罐和管道系统中的水不会同时放空，即使在夜间蓄冷运行工况，仅冷媒水管中的存水量约 $3015m^3$，就能满足消防所需水量，加之与整个冷水系统是连通的室内空调二次冷水系统管道内水量约 $1500m^3$，不但常年保证消防所需水量，而且室内空调二次冷水系统的压力维持消防泵吸水管口的压力约 0.25MPa。空调系统运行正常后，蓄冷水罐中水温为 5～14℃。冷媒水系统补水则为经软化处理后的自来水，初期充水温度亦为自来水水温。消防管网系统的平时稳压由高位消防水箱维持，平时管网中是静止不动的常温自来水，消防灭火时，蓄冷水罐水进入消防管网。所以，蓄冷水罐的水量、水温、水质满足消防要求。

消防系统设置专用的高位消防水箱及稳压装置保证消防系统的平时压力，消防管道系统内是静止不动的水，且为消防系统的补水来自于消防高位水箱，蓄冷水罐的低温水不会进入管道而导致管道外壁结露。

一旦发生火灾，消防信号发出，消防泵工作，空调系统可停止，即使不是全负荷停止，循环流动的空调冷水管道内的压力稳定，约为 0.25MPa，也不会影响消防泵吸水工作。一次火灾的设计消防用水量使水罐水位下降约 1.0m，即使在冷媒水罐的最低水位（即从水罐接出管标高）也高于航站楼（位于±0.00）消防泵的泵轴，满足任何情况下消防泵均处于自灌吸水状态，如图 2.5-19 和图 2.5-20 所示。另外，在空调水罐夜间蓄冷工况，冷水系统中压力也能满足消防泵的吸水。在消防泵吸水总管上设置倒流防止器，有效

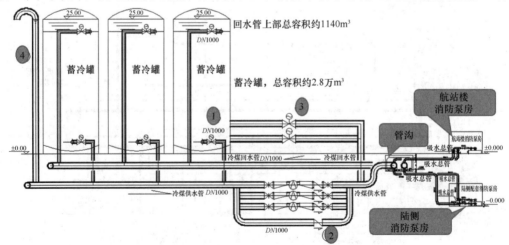

图 2.5-19 蓄冷水罐、消防泵竖向关系图

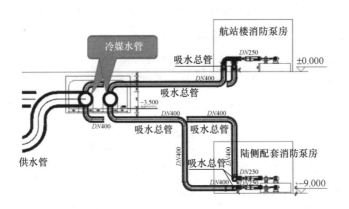

图 2.5-20　消防泵吸水节点图

防止消防水系统的压力回传至空调冷水系统，见图 2.5-18。

（3）节水效能和设计方法

本项目所需消防储水量约 1600m³，如建造消防水池，按每半年清洗消防水池进行维护，不计清洗所耗水量及消防水池溢流或渗漏所浪费的水量，仅每年放空水量约 3200m³，这部分放掉的水，要实现回收利用，则很难实施。利用蓄冷水作为消防水源，实际上每年节省了清洗消防水池的水量，在建筑的全生命期内，其节水量也是相当可观的。

蓄冷水作为消防水源，技术上是安全可行的，给水排水专业人员不但要了解水蓄冷技术基本原理，更重要的是在工程设计中与暖通空调专业的密切配合，确保各环节的落实到位。设计上要注意以下几点：

① 消防泵所处标高不应高于蓄冷水罐所处标高。

② 每个蓄冷水罐的进出管径不变径，与主环管同径，以平衡消防泵吸水段的压力，保障消防泵稳定运行。见图 2.5-19①。

③ 一级冷源循环泵组设置与主环管同径旁通管，见图 2.5-19②，保障任何情况下冷媒水管路通畅。

④ 任一个蓄冷水罐设置超越一级冷源循环泵组的双路管道和电动阀，见图 2.5-19③，该电动阀与消防泵联动开启。

⑤ 一级冷源循环泵组上游的冷水管上设置与水罐同高的稳压管，见图 2.5-19④，在蓄冷水罐出水阀关断的情况下稳定冷水管中的压力。

⑥ 对能源站工作人员进行消防专业培训，将冷媒水系统按照消防系统的要求进行管理，对一级冷水循环泵阀件挂牌标识并设阀门锁具，环路循环管及多组循环泵阀件常开，并不能同时关闭。

⑦ 正常运行后，蓄冷水罐和冷媒水循环管路全年不能放空。

2）水箱水池溢流报警装置的设置

给水调节贮存水池、水箱（含消防用水池、水箱）设置溢流信号管和报警装置及给水管道上采用双重控制是重要且必要的。据调查，有不少水池、水箱出现过溢水事故，不仅浪费水，而且易损害建筑物、设施和财产。因此，水池、水箱不仅要设溢流管，还应设置溢流信号管和溢流报警装置，发生溢流时，关闭水池（箱）进水管道上的电动阀。

图 2.5-21 表示水箱溢流报警和进水阀门自动联动关闭。①电动阀为常开阀门，当水箱水位低于常水位时，浮球阀自动打开补水；若浮球阀损坏，导致水箱水位持续高于常水位并达到溢流水位时，②溢流信号管将信号反馈给①电动阀，电动阀关闭。

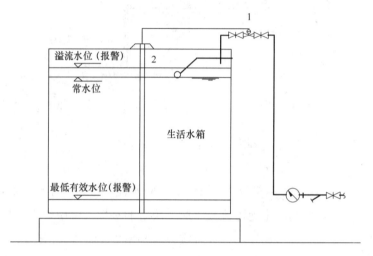

图 2.5-21　水箱溢流报警联动关闭进水阀门图示
1—电动阀；2—溢流信号管

另外，当建筑物内设有中水、雨水给水系统时，水池（箱）溢水和废水均宜排至中水、雨水原水调节池，加以利用。

3）智能贮水箱的应用

由于生活贮水箱或多或少存在一些死水区域，且公共建筑用水量不稳定，为避免水箱内水量闲置而造成二次污染，需要定期对水池、水箱进行排空和清洗。《节水标》规定：水池（箱）每半年必须清洗一次。采用传统的人工清洗，劳动强度大、清洗过程费水；采用自动清洗既可保证水质，又能减少人工成本，降低清洗的水量。因此，在满足建筑用水需求的前提下，尽可能减小水池（箱）容积，并宜采用智能贮水池（箱）。

智能水箱一般包含水质在线监测、液位自动运行控制、自动清洗、人孔盖板启闭报警、视频监视和远程通信管理系统等多项自动控制功能。其中"液位自动运行控制"可根据现场用水量的变动自动调整水箱水位，满足 24h 内水箱水的动态循环，有效控制贮水的停留时间和水质变化；当超过极限 48h 水箱贮水未能达到循环时，能及时报警。自动清洗针对以往水箱人工清洗存在着清洗不彻底、不安全、不节水的问题，在水箱内部安装自动清洗装置，根据管理指令（定期或由水质监测状况实时联动）启动自动清洗，对水箱内六面无死角进行高压冲洗；自动清洗比人工清洗节水 80%。

4）电子远传计量系统的应用

生活给水供水管网宜设置漏损监控设施，采用电子远传计量系统，利用计量数据进行管网漏损自动检测、分析与整改。控制管网的漏损率是节水及水质保障的重要环节，随着智慧水务的发展，采取设置电子远传计量水表，利用计量数据进行管网漏损的检测、分析并进行整改是可行的措施。

5）冷却塔及相关配置

各水盘设连通管，以保证水位平衡，防止溢水；配置电导率控制器和溢流报警装置，并配套高效除水器控制漂水率不超过循环水量的 0.005％。

2.5.3　非传统水源利用设计方法研究

1. 非传统水源的主要用水途径

1）冲厕

厕所便器冲洗用水，包括居民住宅和公共建筑的冲厕用水，以及某些公厕的冲洗用水。在人们日常生活中，冲厕用水量在总用水量中占相当大的比例，一般为 30％～40％，而且冲厕用水对水质的要求较低，因此，冲洗厕所是非传统水源利用的主要对象。

2）消防

消火栓、消防水炮用水。虽然消防用水量具有突发性，但平时用来扑灭火灾的消防水量也是非常巨大的，而且消防用水的水质也低于自来水水质，因此，消防用水也可称为非传统水源利用的对象之一。

3）洗车

随着汽车的拥有量迅速增加，就避免不了洗车用水的需求。以北京市为例，综合汽车用水的各种因素，平均洗车用水量取 60～100L/(辆·次)，平均每周清洗一次，北京每年洗车用水量约 612.8 万～1021.3 万 m³，可见洗车用水量不容忽视。因此，洗车用水也是非传统水源的又一潜在对象，随着社会发展，其需求量将不断增加。

4）绿化

公共绿地、专用绿地和防护绿地等的绿化用水。根据《绿色生态住宅小区建设要点及技术导则》中对小区绿化系统的规定"绿地率≥35％，绿地本身的绿化率≥70％"，并且规定小区绿化、景观、洗车、道路喷洒、公共卫生等用水宜使用中水或雨水。以天津某新建生态住宅小区为例，该小区的绿化面积为 4 万 m²，湖景绿化率为 58.5％，根据《建筑给水排水设计标准》GB 50015—2019 规定，小区绿化浇灌最高日用水定额可按浇灌面积 1.0～3.0L/(m²·d) 计算，干旱地区可酌情增加。若本小区浇洒绿地用水定额按 2.0L/(m²·d) 计算，则该小区浇洒绿地的用水量为 80m³/d，可见住宅小区的绿化用水需求也相当可观，绿化用水也是建筑小区中非传统水源利用的另一主要对象。

5）浇洒道路

道路的冲洗及喷洒用水。对市区、小区道路进行冲洗浇洒可以减少地面扬尘，增加空气湿度。如北京市道路浇洒及降尘用水量标准为 1.5～2.0L/(m²·d)，道路浇洒及降尘用水量约为 10.5 万 m³/d，可见对水质要求不高的浇洒道路用水完全可由非传统水源来替代。

6）景观环境用水

景观环境用水可分为两类：一类为观赏性景观环境用水，包括景观河道、景观湖泊、喷泉、瀑布等；另一类为娱乐性景观环境用水，包括娱乐性蓄水池、冲浪等。非传统水源主要利用于建筑周围河道、湖泊等观赏性景观用水。伴随着生活水平的提高，人们对居住环境的要求也相应提高，而水是生态环境中最动感、最活跃的因素，不但能吸收空气中的尘埃净化空气，而且能增强居住的舒适感，因此，小区水景是绿色生态小区不可或缺的组成部分，开发商也纷纷将开发的小区定位为水景住宅，以满足人们的需求，由此可见建筑小区景观对水量的需求呈现增长之势，这些水量可以用非传统水源代替，成为其利用的又一途径。

2. 非传统水源的选择和利用顺序

非传统水源的选择应根据排水的水质、水量、排水体制和回用水的水质、水量情况，通过水量平衡计算和技术经济比较确定，并应优先选择水量充足稳定、污染物浓度低、易于处理且容易被公众接受的水源。

在以建筑排水作为水源时，应该通过水量平衡计算和建筑物的排水体制来确定选用建筑排水的方式。对于未设置分质排水系统的已建建筑，通常只能选用生活排水作为水源。如果建筑物内设有分质排水系统，则可以通过水量平衡计算，优先选用优质杂排水作为水源。

根据《建筑中水设计标准》GB 50336—2018 中所规定的建筑物中水原水可选择的种类和选取顺序：卫生间、公共浴室的盆浴和淋浴等的排水；盥洗排水；空调循环冷却水系统排水；冷凝水；游泳池排水；洗衣排水；厨房排水；冲厕排水。若选择优质杂排水（冷却、游泳池、沐浴、盥洗、洗衣等排水）作为中水水源，则相应的需采用分质排水体制；若选择合流排水作为中水水源则采用传统的合流制排水方式。

对于利用市政再生水、雨水、海水作为水源时，要根据建筑物的地理位置、地区条件以及用水量、水质等因素来确定，并且要在计算水量平衡、进行经济技术比较的基础上综合确定水源。如果建筑物靠近污水再生水厂或周边有完善的市政再生水管网设施，可以考虑用市政再生水作为水源，这样就能省去长距离输水管网的建设和单独建立再生水处理设施的费用，实现就近回用。对于常年降雨量年大于 400mm 的地区，可以优先考虑利用雨水，处理后用于景观、冷却用水。沿海城市可以积极利用海水作为水源，处理后用于冲厕等生活杂用水，以缓解城市的水资源短缺问题。

2.5.4　节水器具及设备甄选

1. 节水设备

1）基于精细化控制的二次供水设备

基于水压调控和水量调控的设备样机基于泵出口不同压力控制点的供水压力模拟和优化的研究结果，研发出三罐式无负压设备流程如图 2.5-22 所示。

三罐式无负压与新型流量控制器对扩大叠压设备适用性起到关键作用，在绝大多数住宅、公共建筑项目中使用，适用于市政压力较好或略欠佳的区域，可以达到既保护市政最低服务压力又保护用户用水的双重供水目标。

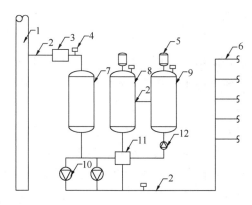

图 2.5-22　三罐式无负压设备流程图

1—市政管网；2—连接管；3—无负压流量控制器；4—压力传感器；5—能量储存器；6—用户管网；7—恒压补偿罐；8—差量补偿罐；9—小流量补偿罐；10—变频水泵；11—双向补偿器；12—增压变频水泵

2）分质供水及浓水回用集成设备

采用直接回用、再生回用、再生循环三种节水方式，构建出了基于膜滤的分质供水的浓水回用系统与零排放精细化调控方法，包括建筑供水总管、分质供水进水管、增压泵、膜滤装置、浓水贮存装置、电磁阀、液位计、净化装置、在线水质检测仪表、PLC 调控装置等，如图 2.5-23 所示。在膜滤装置运行时有浓水产生，PLC 利用供水管道系统的水质监测和控制方式，调控装置调控浓水加压泵和电磁阀，以直接混合或净化后混合方式将浓水混合到供水管中进行回用，采用在线污染物检测仪表实时监控混合水水质，实现分质供水产生的浓水回用的精细化调控；通过浓水管道系统切换和实时水质监测，浓水与供水混合后的混合水水质仍符合相关的水质标准，达到分质供水系统产生的浓水完全回用、实现浓水零排放，显著提高浓水的利用率，达到水资源的低成本循环利用和高效节水的目的。

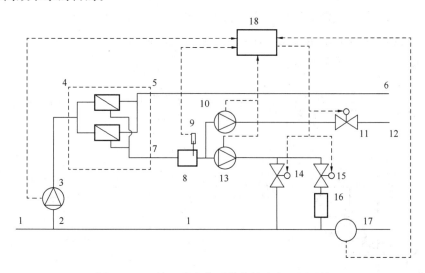

图 2.5-23　基于膜滤分质供水的浓水回用系统

1—建筑供水总管；2—分质供水进水管；3—增压泵；4—膜滤装置；5—产水管；6—纯水管道；7—浓水管；8—浓水贮存装置；9—液位计；10—浓水加压泵；11—电磁阀；12—非饮用水管道；13—浓水加压泵；14—电磁阀；15—电磁阀；16—净化装置；17—在线污染物检测仪表；18—PLC 调控装置

3）模块化中水回用设备

设备包括废水管道、废水核心模块、中水给水管道，废水核心模块饮用水补水管道、自动控制器、立管及卫生器具（大便器、小便器、洗手盆、淋浴）组成。可用于公共建筑错层中水回用系统。关于模块化中水回用设备的详细介绍参见第3.5节。

4）智能化雨水净化与回用设备

雨水具有的不连续性，不能随时收集和储备，在雨水无法满足使用需求时，可将中水或其他水源水作为补充水源，水源水包括自来水、建筑雨水、建筑中水、市政中水或其他的非传统水源水。此时雨水贮水池的水质会有很大变化和差异，需要采用不同处理工艺流程才能保障水质达标，因此在常规的混凝-过滤处理工艺基础上，增加了生物活性炭过滤装置和微滤膜、超滤膜、纳滤或反渗透膜滤装置。需根据不同水源水以及污染物种类和含量的变化，采用不同的处理工艺和运行方式，流程包括内循环处理工艺、低负荷循环处理工艺以及低负荷常规处理工艺等，以保证污染物得到有效去除，出水水质可以达到相关的用水水质标准。公共建筑的多种水源水回用时需要进行处理工艺流程的精细化调控，以便充分保障污染物的高效去除与水质的深度净化。

以满足相关领域及行业的用水水质标准为基础，提出了适用于多种水源水的公共建筑雨水净化与回用处理工艺和调控系统（见图2.5-24）。该工艺和调控系统可实现公共建筑雨水及多种水源水的净化和回用，大幅度拓宽了公共建筑雨水处理和回用工艺对不同水源水的适用范围，适用于更多的用水行业和用水途径，可用于水质不稳的水处理与回用，水质可符合包括现行国家标准《城市污水再生利用　城市杂用水水质》GB/T 18920在内的相关行业和应用领域的用水水质标准，提高了雨水和其他非常规水源水的净化效果和利用率，可实现公共建筑水资源的合理、高效利用。根据不同水源水的种类和水质污染程度的变化，采用处理工艺流程的精细化调控，可实现各类水源水高效处理和深度净化，同时可以满足不同用水水质标准的需求。

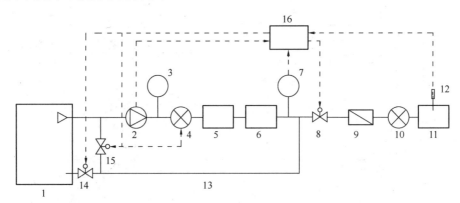

图2.5-24　适用于多种水源水的公共建筑雨水净化与回用的精细化调控系统

1—雨水贮存池；2—提升泵；3—流量检测仪；4—混凝剂投配装置；5—石英砂滤罐；6—生物活性炭滤罐；7—在线污染物检测仪；8、14、15—电动阀；9—膜滤装置；10—消毒剂投配装置；11—清水池；12—液位计；13—回流管；16—PLC调控装置

公共建筑收集的雨水经过相应的处理工艺流程后，可满足部分对水质要求较低的用水需求，如用于公共建筑区域的循环冷却水补水、景观用水、绿化浇洒、道路清洗、消防、车辆清洗、地面冲洗、冲厕、施工等。对于更高品质的水质需求，可采用膜滤、离子交换

等技术进行深度净化，以满足饮用等很高的回用需求。

5）冷却塔补水一体化设备

公共建筑冷却塔综合节水一体化设备包括设备区、收集区、弃流区三个部分，集合了杂用水提升泵、加药设备、传感器、控制箱等，均集中在集装箱内，构成一个独立的雨水收集-处理-回用模块，如图 2.3-1～图 2.3-3 所示。

仪器包括压力传感器 12、流量计 13、电子液位计 16 与 17，可以检测水箱市政补水的流量，杂用水使用的水量，管网的压力与水箱中水位的高低。控制箱 18 集中在集装箱内部，设置在设备区，根据传感器的信号，控制杂用水提升泵 6 的启停。管网集合中气压罐 15，可以保证管网时刻维持一定的水压。

雨水箱内设置了穿孔管 7，每隔一段时间，可以切换电磁阀 21 的开启模式，杂用水提升泵 6 加压时，可以把水加压至穿孔管，冲刷雨水箱底面，避免雨水杂质堆积，影响雨水箱的有效容积。

杂用水提升泵 6 设置在雨水箱底部，湿式安装，有效节约集装箱内的有效空间。加药设备 10，流量计 13，压力传感器 12、控制器 18、气压罐 15 等设备，均设置在设备区内，设备区顶部设置人孔，检修人员方便从上部直接下到设备区内，进行设备维修工作。

弃流箱内设置弃流提升泵 5、可以用于排除降雨初期，地面 2～3mm 的雨水容积。在小雨天气，控制箱判定 24h 内无新增雨水，则启动弃流提升泵 5，排除初期的弃流雨水，保证弃流箱的有效容积。初期雨水均贮存在弃流箱内，超过弃流箱容积的雨水，经格栅 19 过滤后，流入收集区雨水箱内贮存。中雨、大雨时，超过雨水箱容积的雨水，可通过溢流管 4 溢流至小市政雨水井内，保证设备的正常运行。

设备可考虑室外落地安装，或者埋地安装。埋地安装时，需要在地面上先挖好基坑，设备吊装进入基坑后，连接屋面雨水排入管 1，杂用水管道 2，小市政供水管 3，排入小市政雨水检查井的溢流管 4，排入小市政雨水检查井的溢流提升排水管 20。之后，基坑回填，保证人孔位置，在地面预留检查井，便于检修期间，人员进入设备内进行检修工作。

本设备可以考虑并联工作模式，不同位置的屋面雨水，以此设置一套设备，如编号设备 1、设备 2 等，以此类推，可以把设备 1、设备 2 等设备的杂用水管道 2 接入同一个供水管网，并统一由一套控制器进行控制连接。管网水压下降时，可以优先启动设备 1，管网水压满足压力后，依次启动设备 2，并由此类推。

进一步，设备 1、设备 2 等的杂用水管道 2 接入同一个供水管网，统一由一套控制器进行控制连接。管网水压下降时，优先启动设备 1，管网水压继续下降，依然不满足要求时，判定启动设备 2，以此类推，维持管网水正常的用水压力。

设备包括各种控制模块，如下：

（1）弃流箱的控制。弃流箱的水位为最低水位，中间水位，高水位。根据弃流箱内的水位，控制弃流提升泵 5 的启停。屋面雨水先流入弃流箱，弃流箱内的水位传感器 17，监测到水位的位置。15d 内，弃流箱的水位未达到过中间水位，则第一次达到中间水位后，启动弃流提升泵 5，2min 后，停泵。之后水位提升到高水位的时候，直接启动弃流提升泵 5。弃流提升泵 5，流量为 $15m^3/h$，可以在 4min 内把弃流箱的弃流雨水排放干净，则泵组启动 4min 后，停止泵组。24h 内（旱季）或者 48h 内（雨季）不再启动弃流提升泵 5。

（2）雨季旱季的控制。根据设备所在地，可以设置雨季、旱季的切换。以北京为例，可以设置 5～9 月份为雨季，此时雨量充沛。其他时间为旱季，雨量较少。其他地方根据当地的降雨量设置。南方城市，可以全部设置为雨季。

（3）市政补水管的控制。雨水箱内设置水位传感器 16，监测雨水箱的水位高低。雨水箱内从下至上，有最低水位、市政补水停水水位、最高水位（溢流水位）。雨水箱的水位到达最低水位时，启动市政补水管上的电磁阀 8，为雨水箱。达到市政补水停水水位时，电磁阀 8 关闭，停止市政供水。

（4）杂用水提升泵 6 的控制。杂用水回用管路上设置了压力监测模块 12，监测到管网压力过低时，直接启动杂用水提升泵 6。管网压力正常时，停止杂用水提升泵。杂用水提升泵有两台，1 用 1 备，每次启动 1 台，轮流启动。在雨水箱的水位传感器 16 监测到水位为最低水位时，停止启动杂用水提升泵 6。水位到市政补水停水水位时，再启动杂用水提升泵 6。

（5）反冲洗的控制。设定时间，如 1 个月时，启动一次反冲洗模块。一个周期如下：关闭杂用水管道的电磁阀 8，打开反冲洗管道的电磁阀 8，启动杂用水提升泵 6，在穿孔管的作用下，雨水箱底部的雨水冲刷，将雨水箱底部的淤泥搅动，10min 后，打开反冲洗排水管 14 上的电磁阀 8，关闭反冲洗管道的电磁阀 8，包含杂质的水排至市政排水管道。此过程为 5min。反冲洗可以设置程序，一次 1～3 个周期。

（6）水质控制模块，冷却塔内有水质控制传感器，在水质变差时，可以输出信号，启动加药泵 11，加药泵可以把加药箱 10 的药剂，直接加压至管网内，控制水质。

（7）设备并联控制。多组设备接入同一管网时，可以根据杂用水供水管网上的压力，依次控制各个设备内杂用水提升泵的启停。压力低时，依次启动一台设备上的一台杂用水提升泵。压力继续下降时，再启动第二台设备的一台杂用水提升泵。依次类推，所有并联设备上的单台杂用水提升泵均启动。压力达到设计要求时，依次关闭单台的杂用水提升泵。

6）精细化计量和漏损控制装置

（1）水表本体设计

水表本体采用水表管段与电子部件分离设计，同时通过灌胶工艺，确保水表的抗低温耐高温及 IP68 防护等级性能。

（2）水表管段设计

水表管段采用超声波计量技术，同时通过最大限度降低始动流量的内部自带两级前置程控运算放大器设计，确保水表始动流量尽可能小，最小可达 $0.002m^3/h$。

（3）阀控设计

在水表的基础上加装电动阀门，控制模块采用低功耗设计。控制模块与水表 MCU 控制电路采用有线或红外线连接。实现水表的预付费与远程控制功能。

（4）通信模块研发

完成有线＋无线自由组合联网数据传输技术的研究，并已集成安装在水表内，经测试已实现计量数据的远程传输。

2. 节水器具

1）盥洗盆感应水龙头

技术参数：压力 0.10～0.50MPa；流量 1.5～6L/min。

2）防烫伤淋浴器

技术参数：流量 6L/min；

恒温阀温度调节：从冷水至 38℃，第一温度限制器至 38℃，第二温度限制器至 41℃；

防烫伤保护：冷水停流时立即停止。

3）小便器冲洗阀

技术参数：压力 0.10～0.50MPa；流量 0.3L/s 可调节。

4）坐便器冲洗阀

技术参数：压力 0.15～0.30MPa；最低水量 2L/4L；最高水量 3L/9L。

5）富氧花洒

花洒的流量通过在花洒中增设限流器来降低花洒的出水流量并响应压力变化。有空气注入能够有效降低出水流量，起到节水的效果。空气注入在花洒头的节流效果最好。

2.6　本　章　小　结

依托多样性实测数据开展公共建筑用水规律特性的研究工作。开创动态用水规律研究的先河，准确识别影响公共建筑节水的关键环节和影响因子，完成公共建筑节水关键因素确定和典型公共建筑用水动态变化特性分析。

以公共建筑主要用水和节水环节为重点开展针对性技术研发。开展了现阶段已投入使用的酒店、办公等大型公共建筑循环冷却水系统及冷却塔使用情况的调研，形成了大型公共建筑高耗水系统节水工程技术研究调研报告，梳理并分析了关于浓缩倍数的理论计算方法，以形成冷却塔补水综合利用一体化集成技术为目标，提出了冷却循环系统自动检测排污及雨水收集、弃流、处理、提升补水于一体的集成技术方法，研制了冷却塔补水综合利用一体化设备，编写了公共建筑高耗水系统节水工程技术。

开发适用现有公共建筑用水特点的雨污水回用技术，针对公共建筑及其周边区域，归纳总结其污水水质及流量特性，研究适用的污水分散式生态处理技术。探索了影响污水生态处理技术运行效果的主要设计参数和运行参数，对主要参数进行优化和调整，形成了具有适用性的关键技术参数。研究适用的雨水模块化控制利用技术。形成了公共建筑循环循序节水工程技术方法。

　　以国家全文强制标准体系为依托，迅速扩大技术研究成果的影响力，促成科技成果的转化落地。在大型公共建筑平均日生活用水节水用水定额修正、大型公共建筑节水系统设计方法、非传统水源利用设计方法研究和节水器具及设备甄选四个方面继续深入开展技术研发，形成了《建筑给水排水与节水通用规范》GB 55020—2021，完成了《民用建筑节水设计标准》的修订，并形成报批稿。

第3章 公共建筑供水系统精细化节水技术与设备

3.1 引 言

我国公共建筑具有种类多样、功能复杂、体量巨大、耗水量高、耗能大等特点，是城镇生活供用水系统的重要节点。公共建筑供水系统存在供水种类多样、各供水系统彼此相对独立、供水利用率偏低、节水设备自控程度较低、节水设备与供水管路系统不匹配等多方面问题，亟需开展系统且全面的研究。

公共建筑节水是系统性问题，供水设备的节水效率与供水系统关系密切，与水质净化、水量传输和存储、管道系统等环节均有显著的相关性，不仅需要考虑整个供水系统中各个环节的协同性，还需要明确供水系统的水量、水压和水质之间的协同性。水的循环和循序利用是节水技术的关键环节之一，需要充分考虑各类公共建筑中供水系统的种类以及对水质需求，利用水质需求的差异化和水量需求的时空一致性构建循序用水体系，有效提升供水利用率和节水效率。

各种类型公共建筑供水系统组成与形式多样，供水系统的水质、水量、水压要求差异巨大，各类公共建筑的供水水量和水质的变化特点显著不同，水质的需求差异以及供水量的频繁变化造成净水设备和供给系统无法处于高效工况范围稳定运行，会造成明显的水量、能量浪费，也对供给水的水质产生显著影响，存在节水控制关键要素及调控指标不明确等问题，需要甄别精细化控制关键要素，建立公共建筑节水精细化控制技术体系。采用精细化、智能调控技术强化节水设备与供水系统耦合，可使得供水设备与供水系统的运行更稳定，运行工况更佳，调控更精确，节水与节能效果更显著。

本章针对公共建筑供水系统存在的多方面问题，从公共建筑节水的系统性、供水设备的节水效率、供水系统形式等方面开展了有针对性的研究，重点关注了公共建筑供水系统中各组成部分及环节的相关性与协同性，建立了公共建筑供水系统的循环和循序利用流程。

根据主要类型公共建筑供水系统的水质、水量、水压需求特性差异，研究了公共建筑供水系统中基于不同水质需求的循序供水系统，明确了高品质供水、常规供水、非常规供水的循序和循环利用协同性，以及公共建筑不同供水系统中节水设备与供水系统的协同性。在典型公共建筑供水系统中研究了无负压二次供水系统、医疗建筑分质供水及浓水回用系统、中水回用系统、雨水回用系统4类典型性的供水系统，对基于水压和水量调控的二次供水节水模式、基于分质供水的节水模式、基于循序使用的中水回用节水模式、基于循序使用的雨水回用节水模式等进行了精细化的节水方法研究。

3.2 公共建筑的精细化节水设备与供水系统耦合技术

3.2.1 基于水质和水量需求的循序和循环供水系统

常规的节水通常只关注单个单元操作,无法保证整个用水系统的用水量和废水产量最少。通过水系统集成优化可使得整个供水系统合理分配各用水单元的水量和水质,使得供水系统的水重复利用率达到最大,同时废水的排放量达到最低水平。供水系统的集成与优化主要包括回用、再生和循环,改变现有的用水途径,达到最大限度的供水回用和最小程度的废水生成量。供水系统的节水评价主要有水量、水效率、水生态环境和水经济四个方面。近年来,常采用的多指标综合评价方法有水夹点优化法、数学规划法、主成分分析法、层次分析法和模糊综合评价法等。

依据公共建筑供水系统的特点,采用直接回用、再生回用、再生循环 3 种节水方式,构建出基于膜过滤分质供水的浓水回用系统与零排放精细化调控系统(图 3.2-1)。PLC利用供水管道系统的水质监测和控制方式,调控装置调控浓水加压泵和电磁阀,以直接混合或净化后混合方式将膜过滤装置运行时产生的浓水混合到供水管中进行回用,采用在线污染物检测仪表实时监控混合水水质,实现分质供水产生的浓水回用的精细化调控;通过浓水管道系统切换和实时水质监测,确保浓水与供水混合后的混合水水质仍符合相关的水质标准,实现分质供水系统产生的浓水完全回用,达到浓水零排放水平。

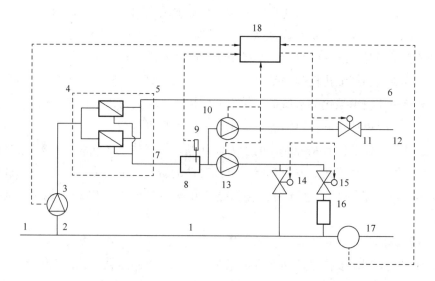

图 3.2-1 基于膜过滤分质供水的浓水回用系统

1—建筑供水总管;2—分质供水进水管;3—增压泵;4—膜过滤装置;5—产水管;6—纯水管道;7—浓水管;8—浓水储存装置;9—液位计;10—浓水加压泵;11、14、15—电磁阀;12—非饮用水管道;13—浓水加压泵;16—净化装置;17—在线污染物检测仪表;18—PLC调控装置雨水具有不连续性，不能随时收集和储备。在雨水量无法满足使用需求时，可将包括自来水以及建筑雨水、建筑中水、市政中水等非传统水源水作为补充水源。采用不同水源水的雨水储水池水质会有很大变化，需采用不同处理工艺流程才能保障水质达标，因此提出了适用于多种水源水的公共建筑雨水净化与回用处理工艺与调控系统（图 3.2-2）。在常规的混凝-过滤处理工艺基础上，增加了生物活性炭过滤装置和微滤膜、超滤膜、纳滤或反渗透膜等深度净化装置，流程的精细化调控和运行方式包括内循环处理工艺、低负荷循环处理工艺、低负荷常规处理工艺等，拓宽了工艺对不同水源水的适用范围，可满足对水质要求较低的用水需求，包括公共建筑区域的循环冷却水补水、景观用水、绿化浇洒、道路清洗、消防用水、车辆清洗、地面冲洗、冲厕用水、施工用水等；对于更高品质的水质需求可采用膜过滤等技术进行深度净化，保证出水水质满足相关行业和应用领域的水质标准。

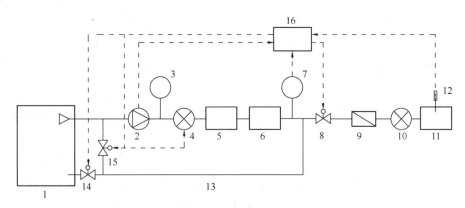

图 3.2-2　适用于多种水源水的公共建筑雨水净化与回用的精细化调控系统

1—雨水储存池；2—提升泵；3—流量检测仪；4—混凝剂投配装置；5—石英砂滤罐；6—生物活性炭滤罐；7—在线污染物检测仪；8、14、15—电动阀；9—膜过滤装置；10—消毒剂投配装置；11—清水池；12—液位计；13—回流管；16—PLC调控装置

3.2.2　供水系统的精细化节水方法研究

公共建筑供水系统普遍存在供水利用率偏低、节水措施不足、节水节能效率不高等问题，需开展建筑供水管道系统的优化设计与建筑节水、节能潜力的挖掘。为了保障建筑内部的生活给水水量与水压，在建筑供水管道流量设计时，须采用最不利工况下的最大用水量，即最高日最高时流量。建筑给水管道各管段的管径是通过计算管段的设计秒流量和经济流速后得到的，流量和压力都要满足最不利点的设计规范要求。建筑二次供水系统的加压泵都是依据最不利点进行选择和参数设置的，因此如何在满足最不利点的流量和压力前提下，进行建筑立管系统设计和优化，直接关系到二次供水系统建设成本、运维费用。采用公共建筑供水系统模型探究了不同用水情况下的水头损失关系，确定出立管成环形式供水与传统单立管供水方式的优劣，为二次供水的精细化节水提供了管道系统的优化方法。

采用 EPANET 软件构建出公共建筑学校宿舍楼给水立管模型，研究了不同流量、不

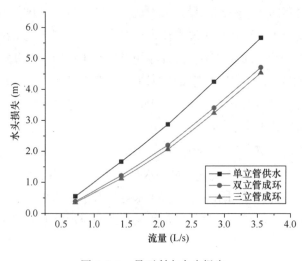

图 3.2-3　最不利点水头损失

同立管成环形式的水头损失变化规律，评价了枝状立管形式与立管成环形式的水头损失变化特点，对比了不同的立管成环形式，如图 3.2-3 所示。采用给水立管顶端相连构成环状形式时，不同流量下的最不利点水头损失均有明显的下降，且三立管成环形式的水头损失减小幅度最大，最高可达 36.26%。双立管成环形式与三立管成环形式的水头损失减小幅度不明显，最大仅相差 6.4%。随着流量的增大，最不利点

的水头损失也随之增加，单立管形式与立管成环形式的水头损失差值也呈增大趋势；当流量由 0.71L/s 增加到 3.55L/s 时，单立管形式与双立管成环形式、三立管成环形式的水头损失差值分别由 0.17m、0.20m 增大至 0.95m、1.13m，分别增大了 5.59 倍、5.65 倍，立管成环形式的水头损失消减量显著增大。可见，采用立管成环形式能够有效减小最不利点水头损失，降低水泵扬程。

　　不同立管成环形式的最不利点水头损失消减幅度有所差异，不同连通管长度和管径对立管成环形式的水头损失消减幅度影响也不同。改变连通管长度及管径的最不利点水头损失变化规律如图 3.2-4（a）、（b）所示。可以看出，单立管形式的水头损失约为 0.55m，当连通管管径固定时，随着连通管长度的增加，水头损失也增大；连通管在 10～16m 之间时，双立管成环形式、三立管成环形式对水头损失有一定消减效果。当连通管长度大于 16 m 时，立管成环形式与单立管形式的水头损失基本相等，已体现不出立管成环形式对最不利点的水头损失消减作用。可见，当连通管控制在一定长度范围内时，立管成环形式

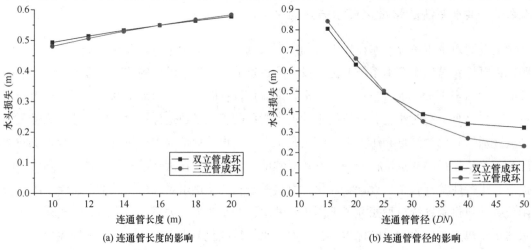

(a) 连通管长度的影响　　　　　　　　　　(b) 连通管管径的影响

图 3.2-4　连通管长度及管径对水头损失影响

具有较明显的最不利点水头损失消减效果。三立管成环形式与双立管成环形式的最不利点水头损失相近；在连通管长度大于 16 m 时，三立管成环形式的水头损失开始略大于双立管成环形式。

当连通管长度固定时，增大连通管管径可以有效减小最不利点水头损失。当连通管管径为 $DN15\sim DN20$ 时，2 种立管成环形式的最不利点水头损失要高于单立管形式，没有水头损失消减作用；当连通管在 $DN25\sim DN50$ 之间时，双立管成环形式和三立管成环形式的最不利点水头损失分别比单立管形式消减了 41.7％和 58.1％，有明显的水头损失消减作用，且连通管管径越大，水头损失消减效果越显著。

3.3　基于精细化控制的二次供水设备研发

3.3.1　二次供水系统存在的问题及解决方案

1. 二次供水系统的常见问题

1）二次供水设备运行状态

现有二次供水设备水泵长期处于低频率低负载运行状态，依据调研的一百余个现有二次供水设备普遍运行频率（图 3.3-1）可知，二次供水设备普遍运行频率较低，其中 30～35Hz 占 50％左右，35Hz 以下占近 60％。

2）二次供水设备配置

现有二次供水设备普遍存在不合理搭配大小泵的问题，2018 年进行了 6462 套二次供水设备调研，占全国二次供水设备约 15％。可知（表 3.3-1、图 3.3-2），二次供水设备配置小泵的比例很低；依据一用一备、两用一备及配置小泵时的流量分布区间可知，大部分条件下会出现水泵低效运行的现象。

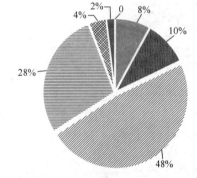

■ 小于等于20Hz　■ 20～25Hz　■ 25～30Hz　∥ 30～35Hz
≡ 35～40Hz　※ 40～45Hz　■ 45～50Hz

图 3.3-1　水泵运行频率分布图

水泵选型配置统计表　　　　　　　　　　　表 3.3-1

年份	30m³/h 以下			30～80m³/h			80～130m³/h			130m³/h 以上		
	一用一备	两用一备	大小泵结合	一用一备	两用一备	大小泵结合	一用一备	两用一备	大小泵结合	一用一备	两用一备	大小泵结合
2011 年	144	11	4	98	82	10	7	23	9	0	5	4
2012 年	181	18	4	102	138	8	5	34	15	0	12	13
2013 年	220	39	2	169	152	28	17	50	12	0	15	9
2014 年	229	43	3	181	288	6	12	69	8	0	22	13

续表

年份	30m³/h 以下			30～80m³/h			80～130m³/h			130m³/h 以上		
	一用一备	两用一备	大小泵结合	一用一备	两用一备	大小泵结合	一用一备	两用一备	大小泵结合	一用一备	两用一备	大小泵结合
2015 年	285	59	10	200	376	35	11	105	13	0	22	8
2016 年	342	111	5	149	572	32	9	130	16	0	28	17
2017 年	312	81	16	196	642	22	5	92	16	0	23	8
总计	1713	362	44	1095	2250	141	66	503	89	0	127	72

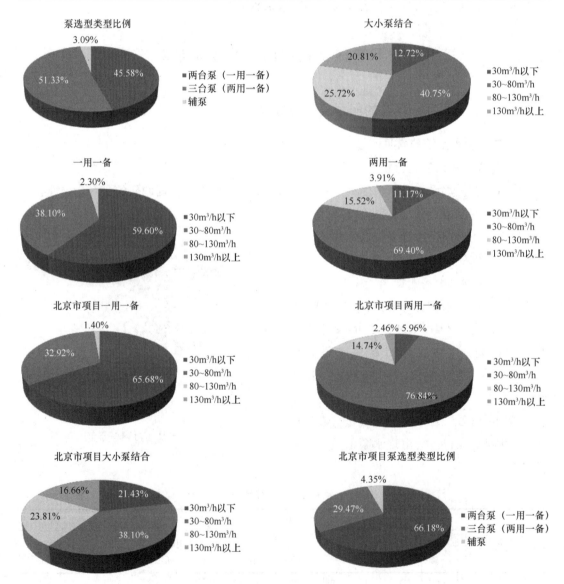

图 3.3-2　全国 2013—2017 年水泵配比综合数据

3）二次供水设备的运行状态

现有二次供水设备存在频繁启停的现象（图 3.3-3），每天有大量零流量的间歇运行

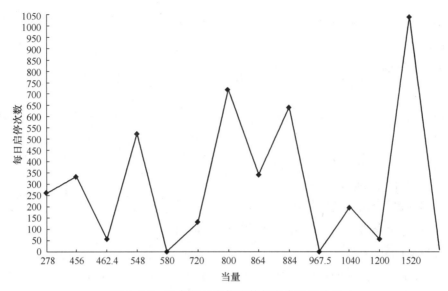

图 3.3-3　设备每日启停次数与户当量的关系

状态，住宅类平均 500 次/d，一套设备每天甚至能出现上千次零流量点。水泵频繁启停也是水泵低负载、低频率运行的重要原因。

4）二次供水设备的单位耗电量

现有二次供水设备的单位耗电量如图 3.3-4 所示。可见，二次供水设备能耗普遍都高

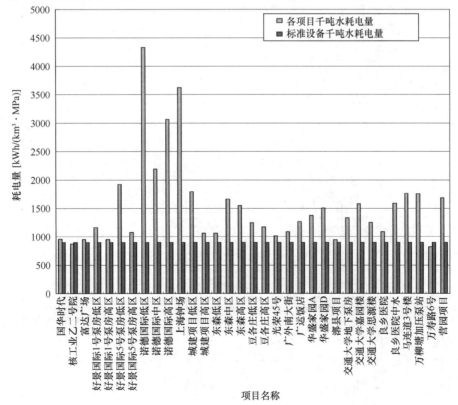

图 3.3-4　千吨水每兆帕耗电量

于国家节能指导标准［900kWh/(km³·MPa)］，有的甚至能达到 3000～4000kWh/(km³·MPa) 的耗电量。

2. 问题的原因

1) 用水量波动

受建筑类型与用户用水习惯的影响，公共建筑用水量变化幅度非常大，例如门诊楼就诊期间人员流动大、用水量高，过了就诊时间人员迅速减少，夜间甚至会出现没有人用水的现象。对于高校等集中供水公共建筑，用水量波动性会更加明显。

2) 小流量保压功能

采用变频技术与恒压变频供水技术的越来越多，但在恒压供水条件下，设备的保压功能较弱，在小流量条件下很容易出现水泵频繁启停现象。

3) 设备的能耗

影响设备能耗与性能的主要因素有阀门、焊接方式、开口方式等，各种影响因素对管路水头损失的影响如表 3.3-2、图 3.3-5、图 3.3-6、图 3.3-7 所示。

止回阀对管路水头损失的影响　　　　　　　　　　表 3.3-2

序号	实测流量		泵出口压力（m）	设定压力（MPa）	实际频率（Hz）	用消声止回阀后管路损失（m）	用对夹止回阀后管路损失（m）	球型止回阀（m）	操作备注
	流量计（m³/h）	监测平台（m³/h）							
1	1.7	1.8	84	8.3	50	1	—	1	变径在后
2	5	5.5	82.5	8	50	2.5		1	DN50 销声止回阀
3	12.9	12.58	75	7	50	5	4m/7kg	1.5	—
4	16.5	16.6	67.5	6	50	7.5	7m/6kg	2	—
5	18.7	19.17	59	5	50	9	9m/5kg	2.5	—
6	20.13	20.41	59	4.4	50	15	—	3	

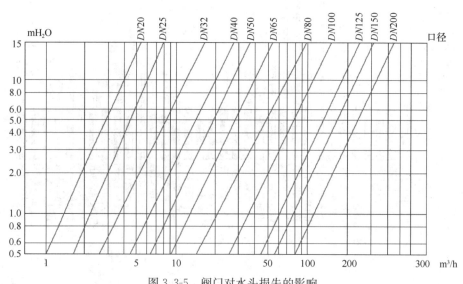

图 3.3-5　阀门对水头损失的影响

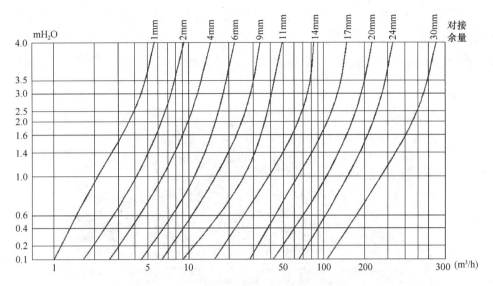

图 3.3-6　焊接方式对水头损失的影响

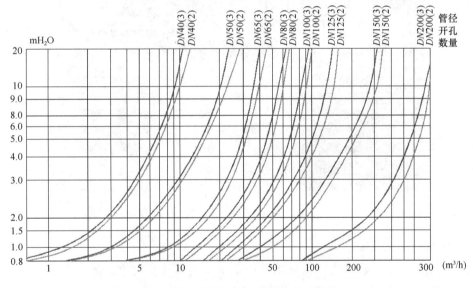

图 3.3-7　开孔数量对水头损失的影响

3. 解决方案

1）用水规律预测模型

（1）数据采集设备

① 用户用水规律采集仪器

研制出小型用水点用水规律采集仪器，可方便安装于小区住户家中主管或支管上面，内部包括电磁流量计、压力变送器、PLC 控制核心、触摸屏、数据储存单元及 IP54 防护外壳。仪器可采集用户用水流量、用水时压力变化及储存两年以上相应数据，可采集到 1 万余条用户用水规律。

② 二次供水设备用水规律采集仪器

二次供水设备用水规律采集仪器包括超声波流量计、设备前后压力采集用压力变送器、电能表、PLC控制器、触摸屏、数据存储单元、IP54防护外壳等，可采集包括小时流量、秒流量、流量变化系数、进出水压力、用电量等数据。采集过程及设备如图3.3-8所示。

图3.3-8 二次供水设备用水规律采集仪器

（2）用水规律预测模型

在二次供水中，准确有效地预测用户用水量和用水规律对水泵的节能运行有显著影响。现阶段二次供水设备水泵没有考虑用水量、用水规律的合理搭配，使水泵运行均偏离高效区。利用采集仪器收集用户的用水规律，可预测用户在长时间内的用水量和用水变化规律，可为预测用水定额与水泵优化提供依据。

在确定的二次供水用户条件下，流量变化具有一定的规律，流量和用水定额具有可归纳性与可预测性，但用户的用水规律变化具有非线性性，流量和用户用水定额预测具有较大难度。近年来，支持向量回归机（support vector regression，SVR）已广泛应用于预测领域，在此基础上发展起来的最小二乘支持向量机（least square support vector machine，LS-SVM）也越来越被关注，将LS-SVM预测方法应用到流量与用户用水定额预测中，可建立精度较高的流量预测模型。

LS-SVM用二次损失函数取代SVM中的不敏感损失函数，通过构造损失函数将原

SVM 中算法的二次寻优变为求解线性方程，求解速度高于标准 SVM 算法。由于流量样本个数较多，标准 SVM 法的计算量大、计算时间长，选用 LS-SVM 法建立流量预测模型更适用。

（3）预测模型的训练及结果对比

不同的训练特征得到的预测模型精度不同，选取的特征值与预测值之间的关联程度越高，预测精度也就越高。对于流量来说，时段（T）、压力（P）、节假日（H）等特征值对预测精度影响较大，有必要分别利用实验方式进行分析。

① 基于时段特征的预测模型

利用单一的时段特征建立出预测模型（简称模型一），其中时段特征为流量值所对应的时刻，训练样本集为 {T，Q}，确定出最佳参数。模型训练完成后，利用训练好的模型对某日 17：30～24：00 的流量进行了预测。对比结果可看出，预测结果能在一定程度上反映出流量的整体变化趋势，在流量较为平稳时的预测精度较高，但流量变化较大时的误差较大。

② 基于时段、压力特征的预测模型

将压力特征加入到训练特征中建立预测模型（简称模型二）可提高预测精度，构成了训练样本集 {T，P，Q}，确定出最佳参数。模型训练完成后，利用训练好的模型进行了流量预测并与真实值对比，表明模型二的预测精度取得了较大程度提高。

③ 基于时段、压力、节假日特征的预测模型

将压力特征加入到训练特征中建立预测模型（简称模型三）也可提高预测精度，构成了训练样本集 {T，P，H，Q}，模型训练完成后，利用训练好的模型进行了流量预测，表明模型三预测结果较好，但预测精度与模型二相差不大。

④ 预测模型对比

利用绝对误差的平均值可衡量预测模型的精度高低，3 种预测模型的误差对比见表 3.3-3。可以看出，模型二和模型三的预测精度远高于模型一，加入了节假日特征的模型三的预测精度相对于模型二也略有提高。

3 种预测模型误差对比　　　　　　　　　　　　　表 3.3-3

	模型一	模型二	模型三
平均绝对误差	0.2613	0.1384	0.1313

依据 LS-SVM 预测方法建立的流量预测模型具有以下 4 个方面的特点：

① 流量变化有一定规律性，可在一定程度上预测流量变化，可指导水泵选型；

② 利用 LS-SVM 方法可较好地预测出流量；

③ 时段特征、压力特征、节假日特征与流量之间的关联程度较大，适合作为预测模型的训练特征指标；

④ 选取合适的输入特征指标对预测模型精度的影响较大，除选取的 2 种特征指标外，其他特征指标的加入也会进一步提高预测精度。

2）水泵的搭配

（1）用水数据的采集

采集代表性的历史数据对用水流量规律进行了分析，得到基于流量和时间的变化关系，可看出实际用水量峰值远小于计算流量。

（2）泵组效率对比

水泵选型方式单一，在小流量段没有合理配备小泵，造成了水泵长期低频率、低负载运行。根据流量与时间的变化趋势，优化设备选型和大小泵搭配后，保证了水泵在高效区运行的时间，见表 3.3-4。

水泵搭配和控制优化前后效率对比　　　　　　表 3.3-4

项目名称	加压户数	平均运行流量（m³/h）	设计流量（m³/h）	扬程（m）	水泵型号	控制柜	大泵运行效率	增加小泵型号	小泵运行效率
城建项目低区	260	2.225	30	50	HDL32-40-2	WPK-7.5/2	15.20%	WDL8-8	42.22%
城建项目高区	200	2.587	25	91	WDL20-9	WPK-11/2	25.70%	WDL4-19	53.40%
东森低区	380	2.875	35	55	WDL20-5	WPK-5.5/3	25.70%	WDL4-10	52.00%
东查中区	216	2.335	27	75	L32-60-2	WPK-11/2	16.40%	WDL8-10	41.30%
东森高区	137	1.926	20	90	WDL20-8	WPK-11/2	17.60%	WDL4-19	46.20%
豆各庄低区	126	3.835	32	30	WLC16-2	WPK-2.2/3	21.80%	WDL4-5	44.90%
豆各庄高区	714	4.225	48	78	WLC16-6	WPK-5.5/3	23.20%	WL8-10	55.80%
广外南大街	96	2.783	20	69	CR15-5	WPK-4.0/2	25.10%	WDL4-14	53.40%
华庙家园 A	180	3.125	25	84	APV20-90	WPK-11/2	19.70%	WDL8-10	41.70%
华盛家园 D	144	1.426	22	74	APV20-70	WPK-7.5/2	18.10%	WDL8-8	29.50%
马连道 3 号楼	230	4.322	28	75	WDL32-60-2	WPK-11/2	28.30%	WDL8-10	56.40%
平均	—	—	—	—	—	—	21.53%	—	46.98%

通过实测与统计，在没有配备小泵时，平均运行流量工况下的主泵平均效率为 21.53%；在配备小泵后，主泵的平均效率为 46.98%；在小流量工况下，节能率可提升 20% 以上（注：小泵的搭配基于实测流量）。

（3）泵组选型

基于用水规律和水泵参数数据库，在全面研究不同用户用水规律与了解水泵各频率参数的基础上，大小泵配备方式可使水泵长期在高效区运行。

3）二次供水设备小流量点或零流量点的耗能

研究了不分腔罐式无负压以及新型三罐式无负压两类罐式无负压设备，建立了两类设备在运行中补偿能力的实际效果能耗方案。根据用水状况、用水规律、用水量数据进行了实际用水规律测量，可检测出真实的用水数据。根据用水规律（流量变化）建立了数学模型，提出了合理的水泵选型和搭配，分别与不分腔罐式无负压设备、新型三罐式无负压设备构成供水系统，模拟了小流量补水时设备运行和能耗情况。

依据建筑给水排水相关规范计算得到的流量及扬程进行水泵选择，应用在不分腔罐式无负压设备中，水泵选型如下：型号为 CR32-5-2，一用一备，功率为 11kW，单泵流量为 29m³/h，扬程为 62m。根据实际用水规律提出水泵型号，应用在新型三罐式无负压设备上，水泵选型如下：水泵共 3 台，其中 WDL20-6 一台，单泵流量为 24m³/h，扬程为 62m，功率为 3kW；WDL4-10 两台，单泵流量为 6m³/h，扬程为 62M，功率为 3kW。针对用水规律与监测的供水数据，时间设定为 1：00～5：00，在此 4h 的用户用水次数为 47 次，每次用水平均时间为 32.6s，总用水量为 372L，见表 3.3-5、表 3.3-6、表 3.3-7。

小流量点或零流量点过多的解决方法如下：

（1）不分腔罐式无负压设备的保压、补水能力

设备本身没有补水能力，供水过程主要为市政来水直接进入罐体中，加压泵组直接抽取供给用户。在夜间用户用水量较小、用水次数较少的工况下，主要是应用于夜间小流量保压，但没有专门保压功能，只能通过水泵的运行维持用户用水需求。

在实际运行过程中，设备出口端压力低于设定值时水泵瞬时启动，在用户用水过程中水泵持续运转，当用户停止用水时水泵继续运行以保证管道压力达到设定值，根据夜间流量的大小此段运行时间可取值 5～10s。当设备出口端压力恒定后，水泵还需延时 30～60s 停止运行以防止出口端压力波动。根据上述情况并结合水泵实际运行次数及时长平均值，设定平均每次水泵启动 120s 后停止运行。

监测项目概况表　　　　　　　　　　　　　　　　表 3.3-5

统计数据	系统扬程（m）	系统流量平均值（m³/h）	系统流速平均值（m/s）	累计流量（L）	每小时输水量（L）	系统能耗总值（kWh）
1：00～5：00	67	0.86	0.047	372	93	4.03

用户用水次数与时数　　　　　　　　　　　　　　表 3.3-6

用水次数编号	每次用水时间（s）	用水次数编号	每次用水时间（s）	用水次数编号	每次用水时间（s）	用水次数编号	每次用水时间（s）
1	142	13	54	25	14	37	24
2	78	14	22	26	24	38	16
3	24	15	30	27	24	39	28
4	20	16	28	28	18	40	26
5	68	17	36	29	30	41	42
6	24	18	36	30	30	42	42
7	38	19	12	31	20	43	42
8	32	20	14	32	24	44	28
9	12	21	18	33	18	45	44
10	24	22	24	34	32	46	36
11	40	23	8	35	20	47	112
12	24	24	28	36	26		

设备运行总体情况统计表　　　　　　　　　　　　表 3.3-7

总流量（L）	水泵启动次数	每次用水时间（s）	平均每次水泵启动时间（s）	流量监测次数	系统流量平均值（m³/h）	平均每次耗电量（kWh）	总耗电量（kWh）
372	47	33.106	120	1368	0.86	0.0859	4.029

根据用户用水规律，水泵每次启动运行 120s、总耗电量 4.03kWh、平均耗电量 1.0075kWh，平均每升水耗电量为 0.01083kWh。由于设备没有调蓄能力，根据设备运行状况得到水泵启停次数为 11.75 次，每小时水泵运行时间为 0.39h。由于水泵在夜间每小时至少在 0.39h 时间段内是运转的，且启停次数超过 8 次/h，已不符合建筑给排水相关规范中水泵启停次数的要求。

（2）新型三罐式无负压设备的保压、补水能力

新型三罐式无负压设备的三个罐分为超高压腔、高压腔、恒压腔。在小流量保压过程中，可利用超高压腔和高压腔的特性。当来水量不足、需要设备补水时，设备将超高压腔和高压腔水同时补到用户端，可最大限度地保证不启动水泵前提下满足用户端小流量用水；当来水量充足、不需要补水时，也拥有传统气压罐的稳压补偿功能。

设备的补水量按玻意耳-马略特定律计算。三罐式无负压设备出口压力为 0.57MPa，在超高压腔压力为 1.5MPa、有效体积为 180L、气体容积为 65L 时，补水后压力与高压腔的压力一致，经计算 V_2 为 171L，ΔV_1 为 106L。在高压腔压力为 0.67MPa、有效体积为 180L、气体容积为 150L 时，补水后高压力为水泵启动压力（0.57MPa），经计算 V_2 为 171L，ΔV_2 为 26L。设备每次补水能力：$\Delta V = \Delta V_1 + \Delta V_2 = 132L$，每次蓄能补水时间 $T_2 = 1.41935h$，说明每次蓄能可保证水泵在约 1.42h 内不启动。

设备 4h 内总启动次数 N_2 为 2.8 次，启动次数 N_3 为 0.7 次/h，对于新型三罐式设备而言，主要能耗为超高压蓄能泵运行，所消耗能量计算如下：超高压腔需充水 106L，则蓄能泵需要启动时间为 0.0212h。蓄能泵扬程为设定压力与补偿后压力之差为 93m；蓄能泵需消耗的能量 W_3 为 0.0477kWh，蓄能泵的平均能耗 W_4 为 0.0336kWh，4h 的总耗能 W_5 为 0.134kWh，表明在小流量保压工况下，设备可以有效地减少水泵启动次数。可见，新型三罐式设备节能性优于不分腔式罐式设备，可以节能 96.7%，节能率达 10% 以上。

3.3.2　基于水压调控和水量调控的二次供水、节水和节能模式

1. 水压和水量调控理论

建立扬程相对于实际流量的目标函数，在此基础上再约束水泵在高效区运行来建模。

$$H_{\text{设备扬程}} = \left[H_{\text{高差}} + H_{\text{出水头}} + 1.07 \times \frac{\left(\frac{Q}{900\pi d_j^2}\right)^2}{d_j^{1.3}} \right] \times 1.1 - H_{\text{上端来水压力}} \quad (3.3\text{-}1)$$

或

$$H_{设备扬程} = \left[H_{高差} + H_{出水头} + 0.912 \times \frac{\left(\frac{Q}{900\pi d_j^2} \right)^2}{d_j^{1.3}} \left(1 + \frac{0.867}{\frac{Q}{900\pi d_j^2}} \right)^{0.3} \right] \times 1.1 - H_{上端来水压力}$$

$$(3.3\text{-}2)$$

式中　d_j——管子的计算内径，m；

$\quad\quad$ Q——实际流量，$\mathrm{m^3/s}$。

离心泵在额定转速 n_0 下运行时满足扬程 H 与流量 Q 的特性曲线：$H = H_x - S_x Q^2$，其中 H_x 为流量为零时的虚总扬程，S_x 为泵体内虚阻耗系数。当其转速下调时，H—Q 曲线平行下移。若转速下调到 n_1，则 H—Q 特性变为：$H = kH_x - S_x Q^2$，其中 $k = (n_1/n_2)^2$ 为调速比。根据 η—Q 特性曲线，应限制水泵调速范围 $[k_{min}, 1]$ 和流量 Q 范围 $[Q_{min}, Q_{max}]$。计算临界点需要得到水泵的临界点，通过"水泵测试装置"找到水泵在不同流量下的 H 临界点和水泵的临界扬程，运行时作为约束控制条件。

2. 基于水压调控和水量调控

1）平台构建

在生活给水或生产用水加压的泵站中，用水量会随着生活习惯和气候的变化而变化，如假期用水量比平日高，夏季用水量比冬季多。通过对我国大中城市的用水情况监测可以看出，在一天内以早晨起床后和晚饭前后用水量最多，而工业企业的用水特点会随着气温和水温的变化而不同，常见的是夏季用水多于冬季。

国内变频给水泵站几乎都采用变频恒压 PID 控制。当水泵出水量减小时，水泵工作扬程将随之增大，供水泵站在绝大部分时间处于扬程过剩状态，造成能量浪费。采用调速技术能使水泵的流量与扬程适应用户用水量的变化，维持管网压力恒定。对于用户来说，不同时段用水量的变化会引起管损的变化，泵站出口到用户端压力并不是恒定不变，管网末端用户感觉水压持续波动。

针对以上问题构建了平台（图 3.3-9、图 3.3-10），分别以水泵出口、中间管段和最不利点作为压力恒定点，研究了水量、水压与能耗的相关性。

2）数据采集与模型

采用高精度的数据采集仪对采集的流量、压力和能耗数据基于平台的算法进行分析，结果表明通过控制最不利点的压力恒定的方法，节能效果最为明显。

3.3.3　基于 PID 自整定的设备出水压力控制方法

1. PID 自整定技术

改进和优化可使 PID 在多数场合应用。研究自整定控制以及调整 PID 参数可避免控制失效，还可提高系统的适应性和稳定性。二次供水具有大时滞、水泵运行状态切换频繁、难以确定数学模型等特点，普遍采用 PID 控制。控制系统采集的出水管压力信号可实时反馈给可编程控制器（PLC），PLC 通过控制算法产生控制量，实时维持管网水压基本恒定。PID 控制器的参数整定可根据被控过程的特性确定比例系数、积分时间和微分时间。

图 3.3-9　二次供水的水压调控和水量调控实验平台

图 3.3-10　二次供水的水压调控和水量调控系统的控制面板

2. PID 自整定

PID 自整定的改进措施如下：

基于恒压控制的供水模式主要有一次性整定、人工多次整定、多组参数整定这 3 种 PID 参数的整定方法。供水范围内同时存在着多个水厂、中途加压泵站等设备，用水量随季节的变化较大，每天的不同时段用水量变化也很大，传统的恒压供水技术无法针对不同流量下的不同压力变化自动调节控制；环状供水服务范围内不同供水分区的用水量、水压、水质、供水边界等都是时刻变化的，很难找到一个固定的压力控制点，可采用基于 PID 的自整定控制技术。

PID 自整定包括参数自动整定（auto-tuning）和参数在线自校正（self-tuning on-line）。具有自动整定功能的控制器，能通过一个按键就由控制器自身来完成控制参数的整定。当工况变化较大时，自动在线进行 PID 参数整定，使系统在优化状态下工作，满足对控制系统的性能需求。采用边缘计算与控制系统相结合的方法可解决 PID 参数实时整定的问题。主要分为以下两个部分：

1）性能评估系统

根据供水系统的特点建立了供水设备系统性能评价方案，包括一系列的指标，实现系统性能评估由定性向定量的转变。系统需要优化条件可根据性能指标的变化，确定需要优化的阈值。

2）提出优化解决方案

优化 PID 参数是改进系统性能的方法，包括 PID 参数优化，PID 参数自整定功能启动，不同时间段自优化实现，PID 参数与不同时段用水需求的匹配。

3. 基于 PID 自整定的系统实验平台

基于 PID 自整定的设备出水压力控制方法并将其应用于设备的精细化控制如下：

（1）判定 PID 参数的调整需求

PID 工作状态判断模型。控制器 PID 参数目前的工作状况、启动 PID 参数自整定以及自整定后是否满足要求，以衰减率、最大偏差、波动范围及稳定时间等多重目标，实现参数的最优控制。利用现代控制理论状态空间，确定目标决策模型，达到目标参数的最优控制。

$$\begin{vmatrix} K_p \\ T_i \\ T_d \end{vmatrix} = \begin{vmatrix} k_{11} & k_{12} & k_{13} & k_{14} \\ k_{21} & k_{22} & k_{23} & k_{24} \\ k_{31} & k_{32} & k_{33} & k_{34} \end{vmatrix} \begin{vmatrix} f \\ d_{max} \\ r \\ t_s \end{vmatrix} \tag{3.3-3}$$

式中　　K_p，T_i，T_d——分别为 PID 的三个参数；

f，d_{max}，r 和 t_s——判断指标；

k_{ij}——与系统有关的参数，属于时变参数。

（2）自整定算法的启动

① 基于神经网络算法 PID 自整定控制算法

基于人工智能 PID 参数自整定控制算法是单神经元网络的控制，即神经元的输入值为比例、积分和微分的偏差值，用神经网络构造 PID 控制器，具有网络权系数的在线自修正能力，达到参数在线自整定。

神经网络具有逼近任意非线性函数能力，可找到最优控制规律下的 P、I、D 参数。控制器包括：a 经典 PID 控制器：直接对被控对象进行闭环控制，三个参数 p_k、i_k、d_k 为在线调整方式。b 人工智能算法：根据系统的运行状态调节 PID 控制器参数，使输出状态对应于可调参数 p_k、i_k、d_k，通过神经网络自身学习、加权系数调整，使其稳定状态对应于最优控制规律下的 PID 控制器参数。

② 大数据模糊学习自整定算法

矩阵 ϕ 的维数为 $n \times b$，使用随机梯度算法沿着训练平方误差 JLS 的梯度下降，对参数依次进行学习。与线性模型相对应的训练平方误差 JLS 为凸函数大于 m 函数为凸函数，对于任意的两点 01、02 和任意的 $t \in [0, 1]$，$t \xi [0, 1]$。

$$J[t\theta_1 + (1-t)\theta_2 \leqslant tJ\theta_1] + (1-t)J\theta_2 \tag{3.3-4}$$

通过梯度法可得到训练平方误差 JLS 在值域范围内的最优解。

a. 给定 k 以初值；

b. 用水高峰时间段（18：00～19：30）的数据集作为训练样本；

c. 采用梯度下降方式对参数 k 进行更新；

$$k - \varepsilon \nabla J_{LS}^i(k) \rightarrow k \tag{3.3-5}$$

式中　ε——学习系数的无穷小正标量，表示梯度下降的幅度；

$\nabla J_{LS}^i(k)$——顺序为 i 的训练样本相对应的训练平方误差的梯度，表示梯度下降的方向。

$$\nabla J_{LS}^i(k) = \phi(x_i)(f_\theta(x_i) - y_i) \tag{3.3-6}$$

$f_\theta(x_i)$ 采用高斯模型

$$f_\theta(x) = \sum_{j=1}^n \theta_j k(x, x_j), \; k(X, C) = \exp\left(-\frac{\|x - c\|}{2h^2}\right) \tag{3.3-7}$$

d. 直到 k 达到收敛精度为止，重复上述 b、c 的计算过程。先计算 PID 比例系数 k 值，然后计算积分系数 Ti 及 Td。

（3）优化参数发送 PID 控制器

基于神经网络的 PID 自整定控制系统应用小区二次供水系统，在小区的入住率从 5% 到 70% 的变化过程中，控制器的 PID 参数进行自整定，使得系统设备运行平稳，供水系统的压力稳定（图 3.3-11、图 3.3-12）。

模糊控制可用于基于神经网络的 PID 自整定控制，参数 K_p、T_i、T_d 是复杂多变的"非线性组合"，具有模糊的特征。模糊 PID 控制器以误差 e 及误差变化 ec 作为输入，建立 K_p、K_i、K_d 与 e、ec 之间的函数关系，以满足不同 e 和 ec 对控制参数的不同控制要求，如图 3.3-13 所示。

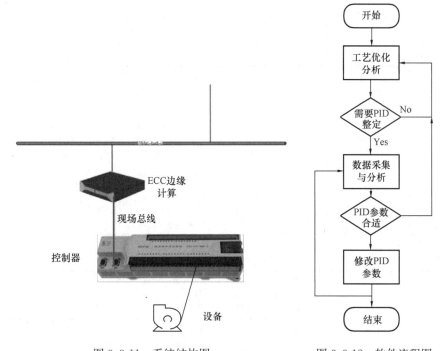

图 3.3-11   系统结构图   图 3.3-12   软件流程图

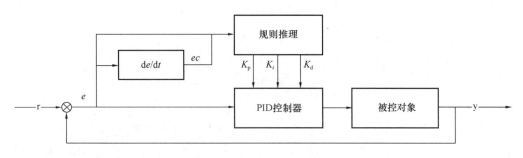

图 3.3-13   控制系统图

在模糊控制中，常用的语言值有 {负大，负中，负小，零，正小，正中，正大}，即 {NB，NM，NS，ZO，PS，PM，PB}。

① 当 $|e|$ 较大时，无论 ec 变化趋势如何，控制器均按最大或最小输出，使误差以最大速度减小。

② 当 $e \times ec > 0$ 时，误差在向绝对值增大的方向变化，若 $|e|$ 较大，控制器的控制作用较强，使 $|e|$ 朝小的方向；若 $|e|$ 较小，控制器的控制作用一般，使 $|e|$ 朝减小的方向。

③ 当 $e \times ec < 0$ 时，误差朝绝对值减小的方向，可保持控制器输出不变或者小幅改变。

④ 当 $e \times ec = 0$ 时，系统曲线与需求曲线一致，可采取当前 K_p、K_i 值。

上述规则的参数整定模型见表 3.3-8、表 3.3-9。

参数的整定模型　　　　　　　　　　　　表 3.3-8

K_p		ec						
		NB	NM	NS	ZO	PS	PM	PB
e	NB	PM	PB	PB	PB	PB	PM	PM
	NM	PM	PM	PS	ZO	NM	NS	NS
	NS	NS	ZO	ZO	ZO	ZO	ZO	PS
	ZO	ZO	ZO	ZO	ZO	ZO	ZO	ZO
	PS	PS	ZO	ZO	ZO	ZO	ZO	PS
	PM	NS	ZO	ZO	ZO	PS	PS	PM
	PB	NM	NM	NS	NS	NM	NB	NB

参数的整定模型　　　　　　　　　　　　表 3.3-9

K_i		ec						
		NB	NM	NS	ZO	PS	PM	PB
e	NB	PM	PM	PS	PS	PS	PM	PM
	NM	PM	PS	PS	ZO	NM	NS	NS
	NS	NS	NS	ZO	ZO	ZO	ZO	PS
	ZO	ZO	ZO	ZO	ZO	ZO	ZO	ZO
	PS	PS	ZO	ZO	ZO	PS	PS	PM
	PM	NM	NS	NS	ZO	NM	NS	NS
	PB	PM	PM	PS	PS	PS	PM	PM

　　基于上述模糊规则得到 PI 参数范围，按照中位数结合模糊理论将其划分为［NB，NM，NS，ZO，PS，PM，PB］。将实时压力划分为更小范围，在不同范围内结合模糊规则进行 PID 参数整定，即可得到最优 PID 参数值。该算法应用于深圳招商地产招商开元中心一期，参数为：$Q=36m^3/h$，$H=17m$；设备含 1 台大泵（$Q=36m^3/h$，$H=17m$，$N=3kW$），2 台小泵（$Q=18m^3/h$，$H=20m$，$N=2.2kW$），依据采集的流量、压力参数，计算出运行前后的出口压力数据，可知整定后的控制系统出口压力更加稳定。

　　（4）基于 PID 自整定设备实验平台

　　平台的设备直接应用于采用 PID 控制的楼宇供水设备或控制系统，工作工况或扰动阶段性变化比较大，并且在阶段工作时段内状态是时变比较大、非常不稳定的，而控制性能要求稳定的系统，如二次供水系统。例如对于新建设小区的二次供水系统，随着小区入住率的增加，在不同的入住率阶段，供水系统的变化呈现持续增加的趋势，对供水的需求也不同，对于采用 PID 控制算法的控制器，其控制参数也要求进行适当的变化，以满足供水性能的需求。对于一定时期内，即使小区的入住率相对稳定，每天的不同时段，对供水的需求也是不同的，所以是一个时变的不稳定系统。

现场采用 PID 算法的控制器通过现场总线与边缘计算系统进行通信，边缘计算系统（高性能工业计算机）具有强大的数据处理能力，将自整定算法部署在边缘计算系统内，自整定程序通过现场总线读取控制器的检测变量，计算性能评价参数并进行判断比较，然后调整 PID 控制算法的参数，进行下一轮迭代优化，直至获得优化的参数。

平台实验是基于 PID 自整定的设备运行、效能等评价，完善性能评价，如图 3.3-14、图 3.3-15 所示。

图 3.3-14　基于 PID 自整定的评估系统实验平台

图 3.3-15　基于 PID 自整定的评估系统实验平台自控系统

3.3.4 智能互联供水设备

1. 设备的原理与构造

1）设备的构成

基于泵出口不同压力控制点的供水压力模拟和优化，样机流程如图3.3-16所示。

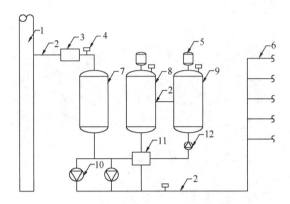

图 3.3-16　三罐式无负压设备结构图

1—市政管网；2—连接管；3—无负压流量控制器；

4—压力传感器；5—能量储存器；6—用户管网；

7—恒压补偿罐；8—差量补偿罐；9—小流量补偿罐；

10—变频水泵；11—双向补偿器；12—增压变频水泵

2）设备运行流程

如图3.3-16所示，三罐式稳压补偿无负压供水设备，包括恒压补偿罐、差量补偿罐、变频水泵和双向补偿器，恒压补偿罐的进水端与市政管网相连接，差量补偿罐与双向补偿器相连接，恒压补偿罐的出水端与变频水泵输入端和双向补偿器相连接，还包括小流量补偿罐和增压变频水泵，小流量补偿罐经增压变频水泵与双向补偿器相连接，小流量补偿罐通过连接管与差量补偿罐相连接。双向补偿器与变频水泵的出水端和用户管网相连接。恒压补偿罐与市政管网之间设置有无负压流量控制器和压力传感器。差量补偿罐和小流量补偿罐的顶部分别设置有能量储存器。

正常流量供水时段：市政管网工况条件良好，来水压力及水量均可以保证，此时市政管网的来水通过无负压流量控制器进入恒压补偿罐后，经变频水泵加压后一路供给用户管网，另一路进入双向补偿器，在此过程中，双向补偿器连通差量补偿罐与增压变频水泵，为了保证用户管网的正常供水，双向补偿器的高压水于双向补偿器内出水，一路进入差量补偿罐，一路经增压变频水泵再次提升压力后进入小流量补偿罐内。

用水流量高峰时段：市政管网来水压力出现短时波动，控制系统通过压力传感器采集信号并做出分析，控制无负压流量控制器，减少市政管网安全取水量，同时控制双向补偿器切换至与差量补偿罐及增压变频水泵连通状态，差量补偿罐通过双向补偿器对变频水泵进水端进行持续有效的差量补偿，弥补进水水量的不足。在此过程中，小流量补偿罐内高压水通过连接管对差量补偿罐进行定压补偿。

小流量用水时段：夜间小流量用水时间，设备变频水泵可不启动，控制系统控制双向补偿器切换至与差量补偿罐及用户管网连通状态，此时差量补偿罐通过双向补偿器对变频水泵出水端和用户管网进行持续有效的水量补偿，满足用户小流量用水的需求，在此过程中，小流量补偿罐内高压水通过连接管对差量补偿罐进行定压补偿。

3）重点结构

流量控制器带有持压功能、过滤功能，对流量进行调节，保证设备从市政管网取水并且保持压力稳定，具有以下效果：

（1）设置过滤网，可减少系统中的过滤装置；

（2）在持压型流量控制器上设置电磁阀；

（3）流量控制器可在管网叠压供水时准确监测市政管网最低压力，通过流量调节保证设备正常供水运行。

三罐式无负压与新型流量控制器对扩大叠压设备适用性起到关键作用，适用于绝大多数住宅、公共建筑，适用于市政供水压力较好或略欠佳的区域，样机如图 3.3-17 所示。

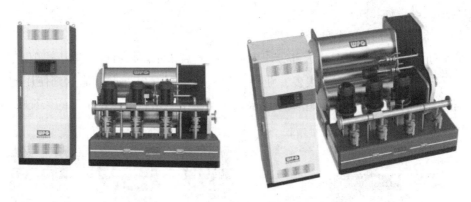

图 3.3-17　样机主视图和俯视图

2. 设备指标

研发出的基于精细化控制的二次供水设备采用多恒压值控制，流量范围在 $20\sim200\mathrm{m}^3/\mathrm{h}$，能耗小于 $0.9\ \mathrm{kWh}/(\mathrm{m}^3 \cdot \mathrm{MPa})$。借鉴相关标准《二次供水设备节能认证技术规范》CQC3135—2015 要求中对能耗的要求，见表 3.3-10。可知，流量段在 $20\sim200\mathrm{m}^3/\mathrm{h}$ 区间时，其能耗均满足小于 $0.9\ \mathrm{kWh}/(\mathrm{m}^3 \cdot \mathrm{MPa})$ 的要求，且能耗划分相对比较合理。

能耗表　　　　　　　　　　　　　　　　　　　　表 3.3-10

供水设备结构	设备流量范围（m³/h）	单位供水能耗 ［kWh/(m³·MPa)］
2 台泵（一用一备）	$Q \leqslant 15$	$\leqslant 0.96$
	$Q > 15$	$\leqslant 0.88$
3 台泵（两用一备）	$Q \leqslant 50$	$\leqslant 0.80$
	$Q > 50$	$\leqslant 0.76$
4 台泵（三用一备）	$45 < Q \leqslant 80$	$\leqslant 0.72$
	$Q > 80$	$\leqslant 0.64$

3.4　医疗建筑分质供水及浓水回用集成技术与设备

医用集中供水系统涉及纯水需求的科室较多，越来越多的医院建立了医用集中供水系统。近年来我国主要采用"集中制水、分质供水"方案。

3.4.1　综合性医院分质供水特点

按照用途和对水质的要求不同，医院用水包括生活饮用水、生活热水、直饮水、杂用水、工业用水、纯化水等，具有用水量大、水量波动大、水质要求各不相同的特点。医院日常生活用水大部分来自市政管网，无法满足水质要求较高的专业科室用水，如血液透析用水、检验用水、消毒用水等，需要采用分质供水净化系统进行不同程度的净化，将净化水按水质要求供应到不同的用水点。

对综合性医院的分质供水水质、水量、用水规律、使用特点等关键指标进行了调研和分析，总结了国内外医院纯水及常规供水使用特点，对现有分质供水制备和使用存在的水质和水量问题、国内外技术和解决方案等进行了筛选和梳理，提出了综合性医院的分质供水循序利用关键指标。

医用供水系统可按应用分类，如图 3.4-1（a）所示，也可按使用部门分类，如图 3.4-1（b）所示。医院的水源绝大部分均来自于市政自来水，均符合《生活饮用水卫生标准》GB 5749—2022，但是医院很多专业科室均需要进行水质处理才能达到使用的要求。水质标准要求的差异性决定了医用集中供水系统"集中制水、分质供水"的系统特性。

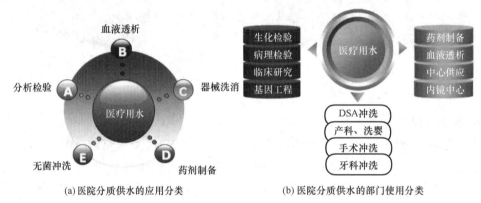

(a) 医院分质供水的应用分类　　　　(b) 医院分质供水的部门使用分类

图 3.4-1　医院分质供水的分类

医疗用水按水质指标主要分如下几种：

1）血液透析用水：进水经净水系统处理后去除固体颗粒、细菌、病毒、内毒素、有害离子等，供血液透析机用水和透析液配制用水，终端水质指标达到美国 AAMI/ASAIO 标准、中国《血液透析及相关治疗用水》YY 0572—2015 标准。使用科室主要为血液透析中心、ICU 等。

2）器械清洗消毒用水：进水经净水系统处理后去除固体颗粒、细菌、病毒、有害离子等，终端水质指标达到《医院消毒供应中心 第 1 部分　管理规范》WS 310.1—2016 和《医院消毒供应中心 第 2 部分　清洗消毒及灭菌技术操作规范》WS 310.2—2016 的相关要求，同时内镜中心清洗消毒水指标达到《软式内镜清洗消毒技术规范》WS 507—2016。使用科室主要为中心供应室、手术部供应室、手术部洗消间、内镜清洗室、DSA 导管清洗间、口腔科等。

3）生化检验用水：进水经净水系统处理后几乎去除全部杂质和离子，终端水质指标达到《分析实验室用水规格和试验方法》GB/T 6682—2008 中一级水质指标和 2005 版药典纯化水指标。使用科室主要为生化检验科、病理科、药物配置中心等。

4）手术刷手冲洗用水：进水经净水系统处理后去除固体颗粒、细菌、病毒，终端水质指标离子指标与进水基本一致，固体颗粒和细菌的去除率大于 99%，又称为无菌冲洗水。主要用于中心手术部刷手、产科手术无菌刷手、清洗婴儿、水中分娩、化疗病人无菌沐浴。

5）饮用纯水：进水经净水系统处理后去除固体颗粒、细菌、病毒、有害离子等，终端水质指标达到《食品安全国家标准　包装饮用水》GB 19298—2014 的指标要求。使用科室主要为医疗候诊区、办公区、护士站、桶装饮用水灌装间等。

6）软化水：进水经净水系统处理后去除固体颗粒、细菌、病毒、硬度等，出水硬度小于 17.1mg/L。主要用于中心供应室粗洗槽和清洗机。

以上 6 种供水基本上涵盖了一个综合性医院的医疗用水种类，其他类型的特殊用水可以根据具体的要求在以上 6 种供水基础上对工艺进行调整。

3.4.2　综合性医院水量平衡

根据医院发展和实际需求，结合综合性医院在规划、设计、运行过程中对各种供水系统的规范性要求和技术参数，建立了供水系统的水量平衡模型，对已有的综合性医院的分质供水水量进行了数据采集和统计，利用实际用水数据对水量平衡模型的相关系数和指标进行了验证，水量平衡如图 3.4-2 所示。

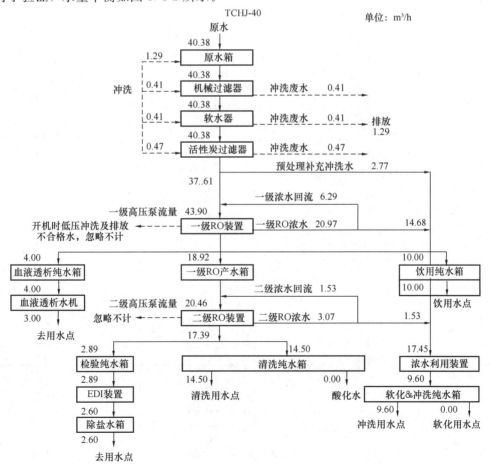

图 3.4-2　水量平衡图

231

以浙江某医院的医用中央供水系统为例进行了调研，表明进水来自于市政自来水，进水水质指标符合《生活饮用水卫生标准》GB 5749—2022。结合医院建筑特点与用水点分布，统计了用水点及用水量，不同科室用水点设置以及水质类型，饮用水用水点及用水量，酸化水用水点及用水量，采用分质供水方式时水量、水质及输水管网设计等，不同科室用水点设置以及水质类型见表 3.4-1，饮用水用水点及用水量见表 3.4-2，酸化水用水点及用水量见表 3.4-3，采用分质供水方式时水量、水质及输水管网设计见表 3.4-4。

用水点设置以及用水量 表 3.4-1

序号	楼号及楼层	用水科室/地点	用水点设置说明	水质类别	用水点（个）	设计用水量（L/h）
1	2号病房楼 D 5F	血液透析中心	病床	血液透析用水	60	2800
2			配液		1	200
3	门诊医技楼 C 2F	急诊检验	急诊检验	检验用水	1	50
4		检验科	染色体制片		1	50
5			细菌室		2	100
6			流质细胞室		1	50
7			电脉区		1	50
8			标本制备		1	50
9			化学染色		1	50
10			HIV		1	50
11			质谱室		1	50
12			全自动检测系统(2条线)		2	1200
13	门诊医技楼 C 3F	病理科	暗室		1	50
14			切片		2	100
15			染色		1	50
16			特殊染色		1	50
17			免疫组化		2	100
18			标本前处理		1	50
19			电脉区		1	50
20			测序区		1	50

续表

序号	楼号及楼层	用水科室/地点	用水点设置说明	水质类别	用水点（个）	设计用水量（L/h）
21	门诊医技楼 C 3F	病理科	文库检测区	检验用水	1	50
22			扩增二区		1	50
23			扩增一区		1	50
24			DNA 打断区		1	50
25			标本制备		2	100
26			分子室		1	50
27			细胞室		1	50
28	门诊医技楼 C 4F	中心供应	终末漂洗	清洗用水	4	5000
29			清洗机		5	
30			灭菌器		5	
31			蒸汽发生间		1	
32	1 号病房楼 B 2F	高温消毒间	消毒		1	200
33	1 号病房楼 B 3F	内镜	清洗消毒室		10	6000
34	行政楼 A 3F	口腔科	牙椅		16	800
35	VIP 医院 2F	VIP 内窥镜	内镜清洗		3	2000
36	门诊医技楼 C 1F	DSA 手术室、急诊手术室	刷手	冲洗用水	3	600
37	门诊医技楼 C 2F	手术室	刷手		24	3000
38	门诊医技楼 C 3F				24	3000
39	2 号病房楼 D 6F	清洗婴儿室	清洗婴儿		1	400
40	2 号病房楼 D 7F				1	400
41	VIP 医院 2F	小型手术室	刷手		2	200
42	门诊医技楼 C 4F	中心供应	粗洗		8	2000
43		酸性氧化电位水制备机房	—	清洗用水（用于制备酸化水）	2	500
合计					201	29700

233

饮用水用水点及用水量

表 3.4-2

序号	楼号及楼层	用水科室/地点	水质类别	壁挂式管线机（温热两用）220V/600W/无需排水	落地式管线机（温热两用）220V/2000W/需下排水	开水炉（双开水龙头）380V/6000W/需下排水	阀门（DN15）	用水点数	设计用水量（L/h）
1	1号病房楼B地下二层	病案库2、统计编码1、翻拍1、质控室1、接待1、档案库1（壁挂式）；开水间1（开水炉）	—	7	0	1	0	8	
2	门诊医技楼C地下二层	病理科标本库房1（壁挂式）；开水间1（开水炉）、床清洗单元1（阀门）	—	1	0	1	1	3	
3	1号病房楼B地下一层	VIP休息室1、办公2、VIP接待1（壁挂式）；治疗计划制定室1、示教室1、办公1（落地式）；开水间1（开水炉）	—	4	3	1	0	8	
4	门诊医技楼C地下一层	VIP休息室3、营养厨房间2、配餐间2、二更间1、收货办公室1、榨花间2、面点制作3、蒸煮区8、烹任区7（阀门）；办公4、员工休息室1、医工科办公1（落地式）；茶水间3、开水间1（开水炉）	—	6	6	5	24	41	
5	2号病房楼D地下一层	医工科办公2、中心药库1（落地式）	—	0	3	0	0	3	10000
6	门诊楼E地下一层	二更间1、面食档2、洗米机2、面食小吃售卖13、中式快餐售卖8、中式快餐烹任区11、小吃档10、西餐西点2（壁挂式）	—	0	0	0	49	49	
7	1号病房楼B 1F	EICU主任办公1、主任办公2、护士长办公1（壁挂式）；EICU呼吸治疗师办公1、EICU护士长办公1	—	3	0	0	0	3	
8	1号病房楼B 2F	办公4、副主任办公2、主任办公1、会议室1、会议室/休息室1（壁挂式）；办公1、检验科办公1（落地式）	—	7	4	0	0	11	
9	1号病房楼B 3F	主任办公2、护士长办公1、护理科办公区1（壁挂式）；办公4（落地式）；示教室1	—	7	4	0	0	11	
10	1号病房楼B 5F	开敞办公11、茶水文印室1、科长室1、医生办1、医生休息室1（壁挂式）；主任办公2、主任办公室1、会议室6、洽谈室3、配餐2、示教室1、会客室1（落地式）；茶水间3、示教室1、核算中心1（开水间1（开水炉））	—	17	16	3	0	36	

续表

序号	楼号及楼层	用水科室/地点	水质类别	壁挂式管线机（温热两用）220V/600W/无需排水	落地式管线机（温热两用）220V/2000W/需下排水	开水炉（双开水龙头）380V/6000W/需下排水	阀门(DN15)	用水点数	设计用水量(L/h)
11	1号病房楼 B 6F	开敞办公 11、办公室 11、主任办公室 1、护士长办公室 1、护士办公室 1、医生办公室 2、洽谈室 2、接待室 1、示教室 2、员工休息室 2、会议室 1、办公室 1（落地式）；茶水间 1、开水间 1（开水炉）	—	28	11	2	0	41	10000
12	1号病房楼 B 7F	办公室 2、主任办公室 2、护士长休息室 2、员工休息室 2、候考室 1、教室/候考室 1、人机对话室 1、示教室 2、办公室 1、准备室 1（壁挂式）；医生办公室 1、接待室 1（落地式）；茶水间 1、开水间 2（开水炉）	—	5	10	3	0	18	
13	1号病房楼 B 8F	办公室 1、主任办公室 2、护士长休息室 1、洽谈间 1、办公室 1（壁挂式）；医生办公室 2、示教室 2、员工休息室 2、讨论接待区 1、护士接待区 1、护理技能训练室 1、准备室 1、教室 1（落地式）；茶水间 1、开水间 2（开水炉）	—	6	10	3	0	19	
14	1号病房楼 B 9F	办公室 2、主任办公室 2、护士长办公室 2、示教室 2、洽谈间 1、办公室 1（壁挂式）；医生办公室 2、讨论室 2、影像思维电教室 3（落地式）；临床思维电教室 1、会议室 1、茶水间 1、开水间 2（开水炉）	—	6	15	3	0	24	
15	1号病房楼 B 10F	值班管理室 1、主任办公室 2、护士长办公室 2、洽谈话间 1（壁挂式）；医生办公室 2、示教室 2、实习生值班室 1（落地式）；活动室 1、开水间 3（开水炉）	—	6	7	3	0	16	
16	1号病房楼 B 11F	值班管理室 1、主任办公室 2、护士长办公室 2、洽谈话间 1（壁挂式）；医生办公室 2、示教室 2、员工休息室 2（落地式）；活动室 1、开水间 3（开水炉）	—	6	6	3	0	15	
17	2号病房楼 D 1F	主任办公室 2、开敞办公区 2、办公室 3、办公室 3（落地式）（壁挂式）；放射科开放办公 2、急诊科办公区 1；开水间 2（开水炉）	—	9	3	2	0	14	

续表

序号	楼号及楼层	用水科室/地点	水质类别	壁挂式管线机（温热两用）220V/600W/无需排水	落地式管线机（温热两用）220V/2000W/需下排水	开水炉（双开水龙头）380V/6000W/需下排水	阀门（DN15）	用水点数	设计用水量（L/h）
18	2号病房楼 D 2F	主任办公1，护士长办公1（壁挂式）；消防避难间示教室1，团队讨论间1，医生办公室2（落地式）；备餐1，开水炉1（开水炉）	—	2	4	2	0	8	10000
19	2号病房楼 D 3F	主任办公1，护士长办公1（壁挂式），医1，消防避难间示教室1，医生休息1，医生办公2（落地式）；备餐1，开水间1（开水炉）		2	6	2	0	10	
20	2号病房楼 D 4F	主任办公1（壁挂式）；会议室2，办公室2（落地式）		1	4	0	0	5	
21	2号病房楼 D 5F	护士长办公室2，主任办公室2（壁挂式）；示教室4，医生办公室1，开水间2		4	5	2	0	11	
22	2号病房楼 D 6F	办公2（壁挂式）；会议室2（落地式）；开水间2		2	3	2	0	7	
23	2号病房楼 D 7F	医生办公室2，护士长办公室2，主任办公室2（壁挂式）；示教室2，员工休息室1（落地式）；开水间2		6	3	2	0	11	
24	2号病房楼 D 8F-11F	医生办公室8，护士长办公室8，主任办公室8（壁挂式）；示教室4，会议室8（落地式）；开水间8		24	12	8	0	44	
25	门诊医技楼 C 1F	接待室1，办公室3，示教室2（落地式）		0	7	0	0	7	
26	门诊医技楼 C 2F	团队讨论间2		0	2	0	0	2	
27	门诊医技楼 C 3F	高级医生诊室3，接待室1，病理资料档案室1，技术办公室1（壁挂式）；诊断室4，团队讨论间2，示教室1（落地式）		4	11	0	0	15	
28	门诊医技楼 C 4F	交班室1，主任办公室9，办公1，会客室2，电子阅览区1，期刊阅览区1，医护休息1（壁挂式）；示教2，会议室3，办公室6，多媒体示教室2，会谈室2，示教室1，示教区1（落地式）；开水间2，示教室2，备餐1（开水炉）		17	18	3	0	38	

续表

序号	楼号及层层	用水科室/地点	水质类别	壁挂式管线机（温热两用）220V/600W/无需排水	落地式管线机（温热两用）220V/2000W/需下排水	开水炉（双开水龙头）380V/6000W/需下排水	阀门（DN15）	用水点数	设计用水量（L/h）
29	门诊楼E 1F	办公室1		0	1	0	0	1	
30	门诊楼E 2F	团队讨论间2		0	2	0	0	2	
31	门诊楼E 3F	团队讨论间2		0	2	0	0	2	
32	门诊楼E 4F	办公18、开敞办公3（壁挂式）；会议室4、团队讨论间1、会谈室2、开敞办公1（落地式）；茶水间1、茶水/文印1（开水炉）		21	8	2	0	31	
33	VIP医院1F	办公2		2	0	0	0	2	
34	VIP医院2F	会议室1		0	1	0	0	1	
35	VIP医院3F	办公室1（壁挂式）、团队讨论室1（落地式）		1	1	0	0	2	
36	VIP医院4F	办公10	—	10	0	0	0	10	
37	VIP医院5F	办公室1、诊疗室B超3、诊疗室内科2、诊疗室外科1、诊疗室心电2、DR2、诊疗室一般检查2、候诊区2、抽血室1、诊疗室口腔科1、诊疗室眼科1、诊疗室五官科1、诊疗室3、呼气检查1、诊疗室妇科1、诊疗咨询4、CT室2、CT控制室1、MRI1、MRI机房1（壁挂式）、餐厅1（落地式）		34	1	0	0	35	10000
38	VIP医院6F-10F	医生办公5、主任办公5、护士长办公5、办公5（壁挂式）；示教室5（落地式）；开水间5		20	5	5	0	30	
39	外籍专家招待所1F	全日餐厅1、自选餐厅1、招待所大堂1、会议接待区1、多功能厅2（落地式）		0	6	0	0	6	
40	外籍专家招待所2F	会议室9		0	9	0	0	9	
41	外籍专家招待所3F	书吧1		0	1	0	0	1	
		合计		268	210	58	74	610	10000

酸化水用水点及用水量　　　　　　　　　　　表 3.4-3

楼号	楼层	位置	数量	科室手动出水终端	科室自动出水终端		设计用水量（T/D）	水质标准	输水管路
				壁挂手动双水终端	壁挂感应单水终端	壁挂感应双水终端			
裙楼	二层	污物间	4	4	0	0	7T/D（水3.5T/D＋碱水3.5T/D）	酸性氧化电位水理化指标	管路材质：PVC-U 管径：DN15
		清洁间	3	3	0	0			
		污染器具	2	0	0	2			
		污洗间	2	2	0	0			
		冲洗消毒	5	0	0	5			
		刷手池	3	0	6	0			
		污物清洗	1	1	0	0			
	三层	污物间	4	4	0	0			
		清洁间	4	4	0	0			
		治疗室	6	0	0	6			
		清洗间	1	1	0	0			
		消毒间	1	0	0	1			
		内镜消毒	4	0	0	4			
		刷手池	8	0	16	0			
		冲洗消毒	5	0	0	5			
		洁净器具	2	0	0	2			
		缓冲间	1	0	0	1			
	四层	污物间	1	1	0	0			
		清洁间	1	1	0	0			
共计			58	21	22	26			

分质供水时水量、水质及输水管路　　　　　　　表 3.4-4

序号	分类	用水点（个）	用水量（L/h）	水质标准	输水管路
1	血液透析用水	61	3000	《血液透析及相关治疗用水》 YY 0572—2015	管路材质：SS304；管径：DN40（含保温材料）
2	检验用水	30	2600	《分析实验室用水规格和试验方法》 GB/T 6682—2008 一级标准	管路材质：SS304；管径：DN25
3	清洗用水	47	14500	医疗器械清洗消毒用水标准 DIN EN 285—2009	管路材质：SS304；管径：DN65
4	冲洗用水	63	9600	美国冲洗用水标准	管路材质：SS304；管径：DN50
5	饮用纯水	610	10000	《食品安全国家标准　包装饮用水》 GB 19298—2014	管路材质：SS304；管径：DN25 和 DN50

续表

序号	分类	用水点（个）	用水量（L/h）	水质标准	输水管路
合计	811	39700		水处理机的主要配件为RO膜元件，其特点是：其他条件恒定不变情况下，温度每下降1℃，产水量可下降3%左右。另外同时充分考虑RO膜元件的年衰减率，膜的堵塞，以及医院日后发展添置用水设备的可能，设计纯水实际量	
设计	811	40000			

中心水机房暂定在地下层，建议占地面积140～160m²，承重大于55t，做好防水和地坪

3.4.3　分质供水系统与净化设备

1. 组合式工艺流程

按照综合性医院的各专业科室对水质的不同需求，进行了生活用水、消毒用水、纯水等医疗用水分级、分质、分管路供给；依据上述分质供水系统的特点，采用超滤、吸附、软化、反渗透（RO）、电去离子（EDI）和蒸馏等技术构建分质供水集成工艺，按不同供水水质要求，集成工艺过程分为初级纯水、纯化水和注射用水3类水质，进行分段制水和分质供水，工艺流程如图3.4-3所示。采用"多膜法"组合式水质净化工艺对不同分级供水进行净化，构建可组合的工艺及设备，其中预处理-RO工艺用于制备初级纯水，预处

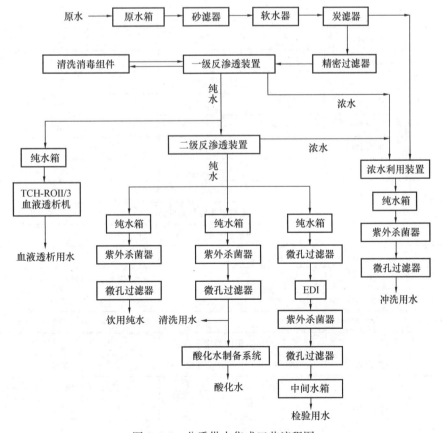

图 3.4-3　分质供水集成工艺流程图

理-RO-EDI 工艺用于制取纯化水，预处理-RO-EDI-蒸馏工艺用于制取注射用水。

各单元性能参数见表 3.4-5。

各单元性能参数 表 3.4-5

	(1) 多介质滤器			
序号	参数名称	单位	设计值	备注
1	净出力	m³/h	20.3	单套参数

	(2) 软水器			
序号	参数名称	单位	设计值	备注
1	净出力	m³/h	20.3	单套参数

	(3) 活性炭滤器			
序号	参数名称	单位	设计值	备注
1	净出力	m³/h	20.3	单套参数

反渗透系统主要装置技术性能

一级反渗透

序号	参数名称	单位	设计值	备注
1	纯水出力	m³/h	22.9	25℃，单套 11.45m³/h 含完整的化学清洗消毒系统
2	浓水利用	m³/h	14.7	25℃，单套 7.35m³/h
3	水利用率	%	99	25℃
4	脱盐率	%	≥97	25℃

二级反渗透

序号	参数名称	单位	设计值	备注
1	纯水出力	m³/h	17.4	25℃，含完整的化学清洗消毒系统
2	浓水利用	m³/h	1.5	25℃，单套 1.5m³/h
3	水利用率	%	99	25℃
4	脱盐率	%	≥97	25℃

后处理系统主要装置技术性能

(1) 血液透析用水系统

序号	参数名称	单位	设计值	备注
1	出力	m³/h	3.0	25℃，全封闭式循环恒压供水
2	水回收率	%	75	25℃
3	脱盐率	%	≥97	25℃

(2) 生化检验用水系统

序号	参数名称	单位	设计值	备注
1	出力	m³/h	2.6	25℃，全封闭式循环恒压供水
2	水回收率	%	90	25℃
3	产水电阻	兆欧	≥10	25℃

续表

		(3) 清洗用水系统		
序号	参数名称	单位	设计值	备注
1	出力	m³/h	14.5	25℃，全封闭式循环恒压供水
2	水回收率	%	100	25℃
3	产水电导	μs/cm	≤5	25℃
		(4) 冲洗用水系统		
序号	参数名称	单位	设计值	备注
1	出力	m³/h	9.6	25℃，全封闭式循环恒压供水
2	水回收率	%	55	25℃
3	细菌限值	cfu/mL	≤20	25℃
		(5) 饮用纯水系统		
序号	参数名称	单位	设计值	备注
1	出力	m³/h	10.0	25℃，全封闭式循环恒压供水
2	水回收率	%	100	25℃
3	产水电导	μs/cm	≤10	25℃
		(6) 酸性氧化电位水系统		
序号	参数名称	单位	设计值	备注
1	出力	T/D	7.0	—

2. 组合式工艺及设备

1) 预处理部分

预处理可防止胶体物质及悬浮固体微粒污染堵塞膜孔，使反渗透进水达到进水水质要求，使反渗透装置产水量保持稳定，使反渗透装置稳定运行并延长使用寿命，预处理由机械过滤器与活性炭过滤器等预处理设备组成，支持独立开启与在线维护。

动力泵扬程、流量以满足各用水点的实际需要为基本要求，预处理和反渗透动力泵的过流材质不低于 304 不锈钢，纯水输送泵的过流材质不低于 304 不锈钢。预处理采用机械滤器、软水器、炭滤器，滤器材质不低于 304 不锈钢。运行中被处理水在滤器介质内的有效停留时间 $T \geq 2.5$ min。

2) 反渗透部分

反渗透系统采用双套设计，支持单套运行。反渗透与浓水回用装置如图 3.4-4 所示。

在长期运行过程中，反渗透膜表面会沉积各种污染物，性能（产水量和脱盐率）下降，需进行定期化学清洗和无菌处理，清洗消毒要求双套错时分别进行，化学清洗流程如下：

清洗水箱 ——→ 清洗水泵 ——→ 清洗过滤器 ——→ 反渗透装置

3) 后处理部分

纯水箱采用 304 不锈钢及以上材质，杀菌器采用波长 254mm 的低压汞灯，辐射量至

图 3.4-4 反渗透设备与浓水回用装置

少为 30mm/cm²。每路纯水输送管路至少须有 1 套微孔过滤器，材质至少为 304 不锈钢。

酸化水处理系统利用酸性氧化电位水主机在电解槽内电解饱和氯化钠水制备酸性氧化电位水和碱性还原电位水，通过在各楼层不同科室配置自动出水终端、科室洗消操作台以及医用刷手装置等不同的出水终端为科室及病房提供清洗消毒，主要用于医护人员的洗手以及医疗器械、环境物体表面、相关设施、日常用品的消毒等。

酸化水系统包括酸化水制供站、管路系统、终端设备三个部分。制供站用于酸化水主机生产的酸碱水进入酸碱水箱内储存。制供站为双机组系统，设强电解水发生装置、电解剂溶解装置、酸碱水箱、原水箱。管道系统的酸化水管道材料为超纯 PVC-U 管，由主立管、层干管及终端立管组成。在各主立管上设置减压阀控制终端出水水压，控制阀后水压为 0.05MPa。终端设备根据各科室使用要求选取不同的酸化水终端设备，包括刷手池、污洗间洗消操作台、移动式出水终端、洗槽式感应出水终端。

（1）性能

① 酸化水发生装置可以连续 24h 长期运行；

② 酸化水发生装置的有效氯浓度在线可调；

③ 电解槽采用膜材及极板；

④ 电解生成的酸化水残余氯 ≤1000mg/L；电解槽无故障连续运行时间大于或等于 3000h；

⑤ 电解剂溶解装置具有自动功能，一次性电解剂补给量为 50kg，可供 10～14d 正常使用；

⑥ 系统采用分层调压装置，调压系统要求耐腐蚀；

⑦ 进水经过反渗透装置进行多级过滤，水质要求为，在 25℃ 条件下，纯水电导率小

于或等于 $15\mu s/cm$。

（2）酸性氧化电位水的消毒机制与效果

酸性氧化电位水是环保型消毒剂，氧化还原电位大于 1100mV、pH<2.7、有效氯为 $50\sim70mg/L$，杀菌效果见表 3.4-6。

酸性氧化电位水杀菌效果　　　　　　　　表 3.4-6

试验菌种	初发菌数	作用时间（CFU/mL）表中"0"代表菌数在检出界限以下						
	CFU/mL	10s	20s	30s	60s	10min	30min	60min
金葡萄球菌	3.8×10^6	0	0	0	0	未测定	未测定	未测定
MRSA	5.4×10^6	0	0	0	0	未测定	未测定	未测定
绿脓杆菌	4.4×10^6	0	0	0	0	未测定	未测定	未测定
大肠杆菌	6.2×10^5	0	0	0	0	未测定	未测定	未测定
枯草菌芽孢	1.0×10^5	$\geqslant1.0\times10^3$					4	0
白色念珠菌	2.4×10^3	0	0	0	0	0	0	0
黑曲霉菌	3.1×10^3	440	未测定	16	4	0	0	0

酸性环境：微生物生长繁殖的 pH 一般在 4～9，大多数微生物最适宜的 pH 范围都较窄。细菌最适宜的 pH 为 4～6，少数细菌如醋酸菌和某些硫酸菌的最适宜 pH 为 2～4，一般放线菌适合于弱碱条件下生长。

氧化还原电位：适合厌氧微生物生长的氧化还原电位小于 100mV，适合一般需氧微生物生长的氧化还原电位为 300～400mV。

有效氯：酸氧化电位水中的有效氯成分即次氯酸，可有效杀灭中性粒细胞。

酸性氧化电位水与常规消毒剂的适用性与价格分别如表 3.4-7 和图 3.4-5 所示。

酸性氧化电位水与常规消毒剂对比　　　　　　表 3.4-7

消毒剂	酸化水	含氯溶剂	过氧乙酸	戊二醛	碘伏	酒精	洗必泰	洁尔灭
消毒水平	高※	高※	高	高※	中※	中※	低	低
杀菌谱	广	广△	广	广	广△	广△	广△	广
气味	轻微	强	强	强	中度	中度	中度	轻度
对皮肤黏膜的刺激性	无	有	有	有	有	轻度	有	无
毒副作用	无	有	有	有	有	轻度	有	轻度
常用浓度	20～60mg/L	1000mg/L	0.2%～1%	2%	500～5000mg/L	75%	0.1%～0.5%	0.1%～0.5%
消毒时间（min）	0.5～45	10～30	10～60	20～600	2～30	2～60	5～30	10～60
辅助治疗作用	皮肤黏膜清洗消创	无	无	无	无	轻微	轻微	轻微
有机物对效能的影响	有	有	有	有	有	有	有	有
腐蚀性	无	有	中度	无	有	无	轻	无
对光学镜面的损伤	不	损	损	损	损	不	损	损
是否有化学残留	无	有	有	有	有	无	有	有
对环境的污染	无	有	有	有	有	无	轻度	轻度

注：※速效；△部分细菌、病毒不能杀死。

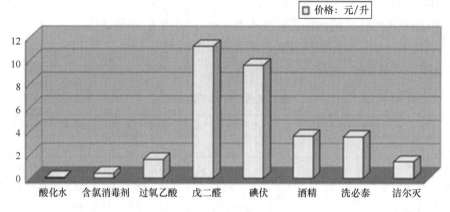

图 3.4-5　价格对比图

3. 集中供水特性与智能化特点

1) 集中供水

二级以上医院需要医用水供给的科室近 20 个，按常规分体式制水设备进行配备，设备数量总台套不少于 30 台套。采用医用集中供水系统则可采用一套设备集中制水，产品水通过分布式管路系统向各个用水点供应，其优势主要包括：

(1) 设备用房面积大大节约，科室和病房用房面积的占用几乎为零；

(2) 医用集中供水系统仅需 1 人监管，至少节省 80％的人工费用；

(3) 由于采用循环管路设计，医用集中供水系统各用水点即开即用；

(4) 节能环保，采用医用集中供水系统后可至少节约 9.5％的电费和 14％的水费，以及节约 90％的消毒剂费。

2) 分质供水

国外已有的医用集中供水处理系统只是制备单一质量品种的纯水向多科室供应，对于水质要求的具体功能匹配是以一级 RO 膜产水为基础，去离子要求低于或符合该基础的均用一级 RO 膜产水经处理后使用，RO 产水送至相关科室后再用科室单用水机二次处理。可按医院不同的科室要求一次性制备出不同规格的产品水，医用集中供水系统可同时生产出 7 种不同规格的医疗用水，最大化的实现水资源的利用和最少的废水排放。

3) 安全供水

针对医院的实际情况，安全性保障手段主要包括：

(1) 核心部件的品质；

(2) 纯水输送管路采用不锈钢，酸性氧化电位采用耐酸碱的非金属管路；

(3) 设备制水标准执行国内相关标准，并提供水质指标的不间断监测；

(4) 系统采用双路主机和全闭环输送系统保证维护维修时也可正常供水；

(5) 预处理系统采用自动清洗装置可实现定期自动清洗；

(6) 二级反渗透装置提供紧急备用原水接入，能支持市政自来水直供；

(7) 冲洗用水水质可自动调节，当冲洗用水指标恶化时，系统自动调节产水离子浓度。

4）模块化设计

在设计过程中采用模块化方式，主机设备支持模块化堆叠与并行，主机设备单元规格为 $10m^3/h$ 和 $20m^3/h$，可扩充若干个 $5m^3/h$ 或 $10m^3/h$ 的主机单元。

5）智能化管理手段

建立了医用集中供水运行/计量管理平台，提供了网络可视化的管理工具，基于西门子 SIMATIC WINCC 平台进行了二次开发。在专业化水处理控制管理平台下，医用集中供水运行/计量管理平台通过数据库接口和现场数据服务接口为医院信息化集成提供了优于其他封闭系统的兼容性。

医用集中供水运行/计量管理平台可提供整个系统全方位的在线运行监测点，提供网络可视化人机操作界面，提供基于 IE 浏览器的远程监控与管理，提供水质异常和设备异常紧急处理预案、事件报警过滤和归档功能，提供历史数据自动分析功能、历史数据自动分析和水量计量管理。

6）智能化远程监控服务体系

医用集中供水运行/计量管理平台为智慧水务远程运行维护平台子平台，专门服务于医院集中供水，一体化主机可连接多台远程监控显示终端设备，实现远程监控纯水系统各项运行参数，远程监控终端的连接距离可达到 2000km，自带数据接口可远程监控屏幕，可远程反控主机，面板可显示和控制所有功能，可在远端进行主机参数设定和操作工作，远程监测的数据可反馈回到主机系统储存显示。计算机软件支持动态添加设备数据项，支持多种 PLC 通信协议，可显示设备工艺流程图、运行数据、运行状况。控制中心如图 3.4-6 所示。

图 3.4-6　控制中心

3.4.4 分质供水系统中纳滤的除污染效能

纳滤是医院公共建筑分质供水系统的核心处理单元，除污染效能、进出水水质、压力、产水率、浓水回流率等与水资源的高效利用有着紧密联系。在保证出水水质条件下，提高产水率和浓水回流率可改善膜过滤单元节水效率，可为后续的反渗透等高纯水处理工艺提供保障。

1. 纳滤的浊度去除效能

纳滤的浊度去除效果如图 3.4-7 所示。可以看出，进水浊度波动范围为 0.12～0.26NTU，平均值为 0.17NTU；纳滤出水的浊度为 0.05～0.09NTU，平均值为 0.07NTU，并且当进水浊度发生较大波动时，纳滤出水浊度几乎不受影响。

2. 纳滤的有机物去除效能

纳滤膜的有机物去除效果如图 3.4-8 所示。可知，进水 COD_{Mn} 含量在 0.86～2.84mg/L，平均值为 1.50mg/L，纳滤出水 COD_{Mn} 含量介于 0.12～0.91mg/L，平均值为 0.50mg/L，平均去除率为 66.34%。在长期运行过程中，纳滤膜出水的 COD_{Mn} 含量均低于 1.0mg/L。纳滤膜对有机物具有较好的去除效果。

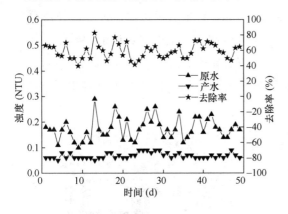

图 3.4-7 纳滤的浊度去除效果

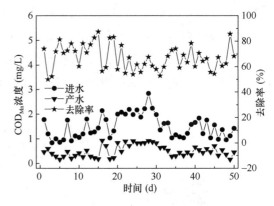

图 3.4-8 纳滤的 COD_{Mn} 去除效果

3. 纳滤的碱度和硬度去除效能

纳滤膜的碱度和硬度去除效果如图 3.4-9 所示。进水中碱度和硬度分别在 48.25～75.25mg/L 和 72～93mg/L，平均值为 58.97mg/L 和 82.38mg/L，出水碱度和硬度分别在 2.75～5.50mg/L 和 1.6～3.10mg/L，平均值分别为 3.94mg/L 和 2.48mg/L，平均去除率分别为 93.32% 和 96.99%。可见，纳滤膜能有效降低水的碱度和硬度。

4. 纳滤的氯化物和硫酸盐去除效能

纳滤膜的氯化物和硫酸盐去除效果如图 3.4-10 所示。进水中氯化物和硫酸盐含量分别在 12.6～17.8mg/L 和 19.8～25.9mg/L，平均值为 16.00mg/L 和 22.65mg/L，纳滤出水的氯化物和硫酸盐含量分别在 0.36～0.78mg/L 和 0.37～0.61mg/L，平均值为 0.53mg/L 和 0.48mg/L，平均去除率分别为 96.69% 和 97.88%。

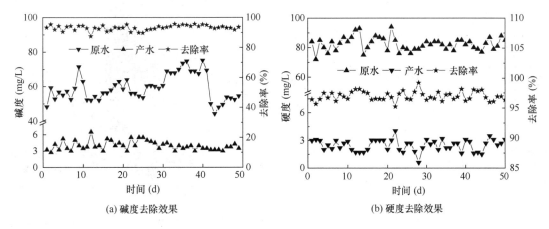

图 3.4-9 纳滤膜的碱度和硬度去除效果

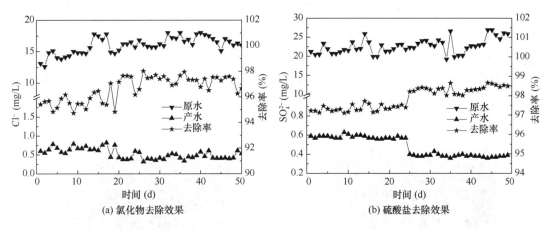

图 3.4-10 纳滤膜的氯化物和硫酸盐去除效果

5. 常规有机物的去除效能

在操作压力为 0.42MPa、产水率（产水与浓水比值）为 80%～90% 的条件下，纳滤膜的有机物去除效能如图 3.4-11 所示。可以看出，UV_{254}、COD_{Mn} 和 DOC 的去除率平均值分别为 72.5%、58.93% 和 61.17%，表明纳滤膜对各类有机物均有很好的去除效果。从图 3.4-13 还可看出，随进水有机物浓度的变化，纳滤出水中有机物含量波动较小，UV_{254}、COD_{Mn} 和 DOC 含量可维持较低水平，平均值分别为 $0.004cm^{-1}$、0.754mg/L 和 0.864mg/L。

6. 亲/疏水性有机物去除效能

纳滤膜对有机物亲/疏水性的影响如图 3.4-12 所示。可以看出，进水的溶解性有机物浓度为 2.01mg/L，其中疏水性有机物、亲水性有机物、中性有机物含量分别为 1.072mg/L、0.849mg/L、0.089mg/L，占比分别为 53.33%、42.24%、4.43%。纳滤膜出水的总有机碳、疏水性有机物、中水性有机物、亲水性有机物含量分别为 0.848mg/L、0.359mg/L、0.027mg/L、0.462mg/L，去除率分别为 57.81%、66.51%、69.66%、45.58%。可知，经过纳滤膜截留后，各类有机物含量均有所下降，其中中性有机物截留效果最好，疏水性有机物次之，亲水性有机物效果较差。

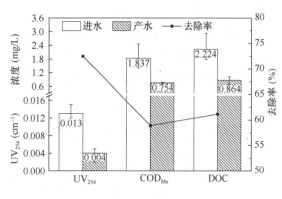 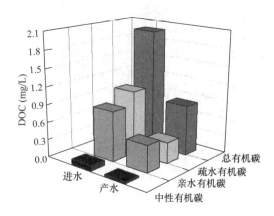

图 3.4-11　纳滤膜的有机物截留效能　　　　图 3.4-12　纳滤膜对亲疏水性的影响

7. 有机物荧光特性的去除效能

纳滤进出水的有机物荧光特性如图 3.4-13 所示。可看出，进水主要以 A 峰、C 峰和 T1 峰为主的类腐殖酸有机物和类蛋白质有机物；纳滤出水的 A 峰、C 峰和 T1 荧光物质强度均有明显降低，但是 T1 峰荧光物质强度仍较大，A 峰和 C 峰荧光基本消失。这表明纳滤膜能高效地截留水中溶解性有机物，对类腐殖酸的截留效果更佳，对类蛋白质的截留效果稍差。

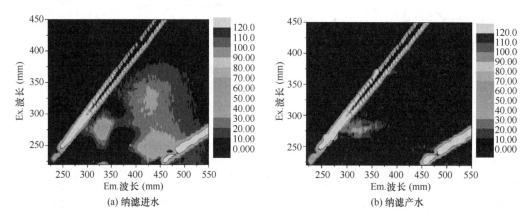

图 3.4-13　纳滤膜的有机物荧光特性去除效果

3.4.5　分质供水系统的双膜除污染效能

1. UF-NF 双膜工艺的浊度去除效能

UF-NF 双膜工艺的浊度去除效果如图 3.4-14 所示。进水浊度为 0.066～0.115NTU，平均值为 0.089NTU，超滤出水浊度为 0.041～0.054NTU，平均值为 0.048NTU，可见超滤膜的悬浮物、胶体等的截留效果极佳。超滤出水经纳滤后出水浊度为 0.037～0.046NTU，平均值为 0.042NTU。可见，超滤和纳滤出水浊度一直保持在很低水平。

2. UF-NF 双膜工艺的溶解性总固体去除效能

UF-NF 双膜工艺的 TDS 去除效果如图 3.4-15 所示。进水的 TDS 含量为 159.5～

179.3mg/L，平均值为 168.8mg/L，超滤出水 TDS 含量为 159.4～178.8mg/L，平均值为 168.5mg/L；纳滤出水 TDS 含量为 5.50～6.84mg/L，平均值为 6.09mg/L。双膜工艺的 TDS 平均去除率为 96.39%，TDS 含量处于较低水平。可以看出，超滤对 TDS 几乎没有去除效果，纳滤可很好地去除溶解性总固体。

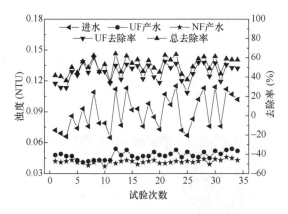

图 3.4-14 UF-NF 双膜工艺的浊度去除效果

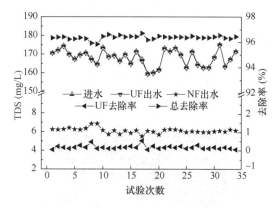

图 3.4-15 UF-NF 双膜工艺对 TDS 的去除效果

3. UF-NF 双膜工艺的有机物去除效能

UF-NF 双膜工艺的溶解性有机物去除效果如图 3.4-16 所示。从图 3.4-16（a）可看出，进水 COD_{Mn} 含量为 1.136～1.376mg/L，平均值为 1.261mg/L，超滤出水含量为 1.064～1.344mg/L，平均值分别为 1.186mg/L 和 0.325mg/L；UF-NF 双膜工艺出水的 COD_{Mn} 含量为 0.217～0.404mg/L，平均值为 0.325mg/L。可见超滤膜的 COD_{Mn} 去除率仅为 5.91%，UF-NF 双膜工艺对 COD_{Mn} 平均去除率达 74.24%。

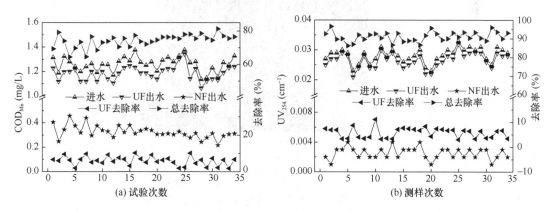

图 3.4-16 UF-NF 双膜工艺的常量有机物去除效果

由图 3.4-16(b) 还可看出，UF-NF 双膜工艺的 UV_{254} 去除规律与 COD_{Mn} 相似，进水 UV_{254} 含量为 0.023～0.033cm^{-1}，平均值为 0.028cm^{-1}，超滤和纳滤出水 UV_{254} 分别为 0.021～0.032cm^{-1} 和 0.001～0.004cm^{-1}，平均值分别为 0.027cm^{-1} 和 0.003cm^{-1}。超滤的 UV_{254} 平均去除率仅为 5.78%，UF-NF 双膜工艺的平均去除率则高达 91.08%。

4. UF-NF 双膜工艺的有机物类型去除效能

UF-NF 双膜工艺对不同种类有机物荧光特性的去除效果如图 3.4-17 所示。从图 3.4-17(a) 可以看出，进水中主要为以 A 峰和 C 峰为主要吸收峰的腐殖酸类物质以及以 T_1 峰为主要吸收峰的蛋白质类物质，其中 A 区域响应值最大，C 区域次之，T_1 区域最小。经过超滤后，A 峰、C 峰和 T_1 峰的荧光强度略有降低，但降低幅度不大，分别降低了 1.11%、4.60% 和 7.88% [图 3.4-17(b)]。从图 3.4-17(c) 可以看出，纳滤出水的 A 峰、C 峰和 T_1 峰荧光物质强度基本消失，峰强度分别降低了 95.79%、94.49% 和 50.04%，这表明纳滤膜能高效截留水中溶解性有机物，对腐殖酸和蛋白质等各类荧光物质均有较好的去除效果。

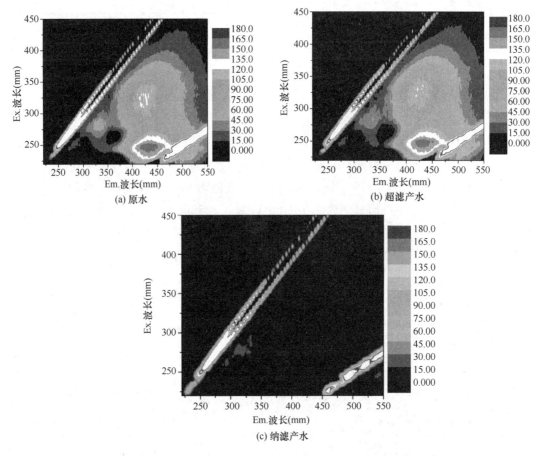

图 3.4-17　各工艺出水荧光光谱示意图

5. UF-NF 双膜工艺的无机离子去除效能

UF-NF 双膜工艺的碱度、氯化物、硫酸盐和硝酸盐氮去除效果如图 3.4-18 所示。进水的碱度、SO_4^{2-}、Cl^- 和 NO_3^- 含量分别为 45.4～57.8mg/L、17.4～23.1mg/L、10.2～12.4mg/L 和 2.69～3.53mg/L，平均值分别为 51.56mg/L、20.8mg/L、12.4mg/L 和 3.15mg/L，超滤出水含量分别为 44.2～56.5mg/L、17.3～23.0mg/L、10.2～13.4mg/L 和 2.65～3.53mg/L，平均值分别为 50.78mg/L、20.7mg/L、12.29mg/L 和 3.14mg/L；可

以看出，经过超滤后无机离子含量几乎没有变化，超滤对无机离子去除效果不明显。纳滤出水的碱度、SO_4^{2-}、Cl^- 和 NO_3^- 的含量分别为 1.5～3.1mg/L、0.59～0.71mg/L、0.43～0.59mg/L 和 0.32～0.52mg/L，平均值分别为 2.22mg/L、0.63mg/L、0.52mg/L 和 0.43mg/L，平均去除率分别为 95.61%、95.72%、86.44% 和 86.47%，表明纳滤对无机离子具有很好的去除效果。UF-NF 双膜工艺中对无机离子的去除主要是纳滤起主导作用，碱度、SO_4^{2-}、Cl^- 和 NO_3^- 的去除率分别达 95.68%、96.79%、95.76%和86.35%。

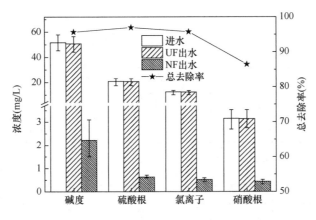

图 3.4-18　UF-NF 双膜工艺对阴离子的去除效果

3.5　公共建筑室内中水回用技术

3.5.1　公共建筑室内中水回用系统及方法

选取不同类型的典型公共建筑，分析了公共建筑内供水对象和供水用水规律、空间布局，研究了典型公共建筑供水系统的水量、水压、水质需求特点及变化规律，分析了中水回用在不同公共建筑中的适用性、节水效能及应用条件，提出了基于公共建筑优质杂排水的错层收集-处理-回用方式，构建了适用于公共建筑的户内中水回用方法以及系统形式，形成了与传统建筑给水排水系统相融合的公共建筑户内中水回用系统。

1. 公共建筑室内中水水量与水质特性

分析了不同办公、商业、酒店等类型公共建筑的单位面积用水量、日用水量等指标以及日用水量变化规律，研究了公共建筑用水点的主要用水类型以及不同用水类型的设置比例，从供水量和回用水需求量角度评价了盥洗、淋浴等优质杂排水以及冲厕水的水量平衡问题。

公共建筑中水水源来自本身用水产生的污废水，由表 3.5-1 可知，宾馆、饭店以淋浴用水为主，占比 40%～50%；办公楼、教学楼用水以冲厕为主，占比 60%～66%；公共浴室及餐饮类公共建筑以厨房和洗浴用水为主，占比 90% 以上，冲厕用水仅为 2%～6.7%。由表 3.5-2 可知，冲厕污水和厨房的 COD_{Cr} 浓度较高，分别超过 300mg/L 和

800～1100mg/L；三洗（淋浴、盥洗、洗衣）废水的污染物浓度较低，COD_{Cr} 在 80～330mg/L；在综合排水中，污染物浓度最高的是餐饮废水，COD_{Cr} 浓度在 1000mg/L 左右，污染物浓度最低的是公共浴室，COD_{Cr} 浓度在 115～135mg/L。

部分公共建筑的给水使用率（％）　　　　　　　　　表 3.5-1

类别	宾馆、饭店	办公楼、教学楼	公共浴室	餐饮、营业餐厅
冲厕	10～14	60～66	2～5	6.7～5
厨房	12.5～14	—	—	93.3～95
淋浴	50～40	—	98～95	—
盥洗	12.5～14	40～34	—	—
洗衣	15～18	—	—	—
总计	100	100	100	100

注：淋浴包括盆浴和淋浴。

部分公共建筑的排水污染物浓度表（mg/L）　　　　　　　表 3.5-2

类别	宾馆、饭店			办公楼、教学楼			公共浴室			餐饮业、营业餐厅		
	BOD_5	COD_{Cr}	SS	BOD_5	COD_{Cr}	SS	BOD_5	COD_{Cr}	SS	BOD_5	COD_{Cr}	SS
冲厕	250～300	700～1000	300～400	260～340	350～450	260～340	260～340	350～450	260～340	260～340	350～450	260～340
厨房	400～550	800～1100	180～220	—	—	—	—	—	—	500～600	900～1100	250～280
淋浴	40～50	100～110	30～50	—	—	—	45～55	110～120	35～55	—	—	—
盥洗	50～60	80～100	80～100	90～110	100～140	90～110	—	—	—	—	—	—
洗衣	180～220	270～330	50～60	—	—	—	—	—	—	—	—	—
综合	140～175	295～380	95～120	195～260	260～340	195～260	50～65	115～135	40～65	490～590	890～1075	255～285

公共建筑中水水源选择要依据水量平衡和技术经济对比确定，优先选择水量充足稳定、污染物浓度低、水质处理难度小、安全、易接受的水源，建议顺序为：①卫生间、公共浴室的盆浴和淋浴等的排水；②盥洗排水；③空调循环冷却系统排污水；④冷凝水；⑤游泳池排污水；⑥洗衣排水；⑦厨房排水；⑧冲厕排水。公共建筑用水定额及小时变化见表 3.5-3。

公共建筑用水定额及小时变化　　　　　　　　　　　　　　　　表 3.5-3

序号	公共建筑名称	单位	最高日生活用水定额（L）	使用时间（h）	小时变化系数 K_h
1	宿舍 　Ⅰ类、Ⅱ类 　Ⅲ类、Ⅳ类	 每人每日 每人每日	 50～100 100～200	 24 24	 2.5 2.5
2	招待所、培训中心、普通旅馆 　设公共盥洗室 　设公共盥洗室、淋浴室 　设公共盥洗室、淋浴室、洗衣室 　设单独卫生间、公共洗衣室	 每人每日 每人每日 每人每日 每人每日	 50～100 80～130 100～150 120～200	24	3.0～2.5
3	宾馆客房 　旅客 　员工	 每床位每日 每人每日	 250～400 80～100	24	2.5～2.0
4	医院住院部 　设公用盥洗室 　设公用盥洗室、淋浴室 　设独立卫生间 　医务人员 　门诊部、诊疗所 　疗养院、休养所住房部	 每床位每日 每床位每日 每床位每日 每人每班 每病人每次 每床位每日	 50～200 150～250 250～400 150～250 10～15 200～300	 24 24 24 8 8～12 24	 2.5～2.0 2.5～2.0 2.5～2.0 2.0～1.5 1.5～1.2 2.0～1.5
5	公共浴室 　淋浴 　盆浴、淋浴 　桑拿浴（淋浴、按摩池）	 每顾客每次 每顾客每次 每顾客每次	100 120～150 150～200	12 12 12	2.0～1.5
6	理发室、美容院	每顾客每次	40～100	12	2.0～1.5
7	洗衣房	每 1kg 干衣	40～80	8	1.5～1.2
8	餐饮业 　中餐酒楼 　快餐店、职工及学生食堂 　酒吧、咖啡馆、茶座、卡拉OK房	 每顾客每次 每顾客每次 每顾客每次	 40～60 20～25 5～15	 10～12 12～16 8～18	1.5～1.2
9	商场 　员工及顾客	每 1m² 营业厅面积每日	5～8	12	1.5～1.2
10	图书馆	每人每次	5～10	8～10	1.5～1.2
11	书店	每 1m² 营业厅面积每日	3～6	8～12	1.5～1.2
12	办公楼	每人每班	30～50	8～10	1.5～1.2
13	教学、实验楼 　中小学校 　高等院校	 每学生每日 每学生每日	 20～40 40～50	 8～9 8～9	 1.5～1.2 1.5～1.2
14	电影院、剧院	每观众每场	3～5	3	1.5～1.2
15	会展中心（博物馆、展览馆）	每 1m² 展厅面积每日	3～6	8～16	1.5～1.2
16	体育场（馆） 　运动员淋浴 　观众	 每人每次 每人每场	 30～40 3	4	 3.0～2.0 1.2

序号	公共建筑名称	单位	最高日生活用水定额（L）	使用时间（h）	小时变化系数 K_h
17	菜市场地面冲洗及保鲜用水	每 $1m^2$ 每日	10～20	8～10	2.54～2.0
18	游泳池 游泳池补充水 运动员淋浴 观众	每日点水池容积 每人每场 每人每场	10～15 60 3		2.0 2.0

1）公共建筑中水水源的水质特点

（1）餐饮、营业餐厅、菜市场等废水油污含量较高，厨房废水的 COD_{Cr} 在 900～1100mg/L，受污染程度远高于其他污废水；厨房废水处理到达标出水的难度较大、成本较高，分散式处理回用的经济性不高。

（2）医院的污水含有较多病菌，安全因素放在首位，必须经过严格的消毒处理，产出水不得与人体直接接触。由于冲厕、洗车等用途都有可能与人体直接接触，不应用于这类用途。传染病医院、结核病医院污水和放射性废水含有致病菌、病毒等微生物，经过消毒处理也不能保证绝对安全，也不得作为中水水源。

（3）理发店废水中含染发剂等难去除的化学物质，作为中水回用水源处理成本高、处理难度大，一些特殊化学物质与皮肤接触可能对人体产生毒害作用，属于非安全、可靠水源。

2）公共建筑中水水源的水量特点

部分公共建筑用水量较少，如电影院、剧场的中水水源以盥洗废水主，水量与观众客流量相关，节假日客流量大，工作日晚间客流量较大，水量不稳定、不可靠，不易作为中水水源。图书馆、书店、电影院、剧场、会展中心（博物馆、展览馆）等均属此类。

3）其他

游泳池主要用水以淋浴、游泳池补水为主，主要需水量为人体直接接触用水，不应使用淋浴排水作为水源，游泳池卫生间使用率相对较低，中水回用利用率较低。

2. 典型公共建筑中水回用的适用性

根据空间布局特点，对供水用途、排水水质进行了分类，研究了不同类型的典型公共建筑中水系统的用水水量及变化规律，确定出中水回用在不同类型的公共建筑中的适用性、节水效能以及应用条件，见表 3.5-4。综上所述，办公楼（写字楼）、商场、酒店、宿舍、洗浴中心、体育场馆、学校等作为典型公共建筑更具代表性。

公共建筑中水回用的适用性   表 3.5-4

序号	建筑类型	卫生器具设置	每日使用时间（h）	适用情况
1	办公楼	设置公共盥洗室	8～10	用水量小，用水时间相对集中。设置公共盥洗室情况下，需收集多处水龙头废水供给一冲厕用水点；设置有带淋浴室的卫生间，使用率相对较低，仅能供本身冲厕使用
2		设置公共盥洗室、淋浴室		

序号	建筑类型	卫生器具设置	每日使用时间（h）	适用情况
3	商场	设置公共盥洗室	12	用水量小，用水时间较为均匀，需收集多处水龙头废水供给一处冲厕用水点
4	酒店	设置独立卫生间	24	带洗浴的独立卫生间可满足自身的冲厕水量需求；设置公共洗衣房，可另供给公共卫生间冲厕使用
5		设置独立卫生间、公共洗衣房		
6	宿舍	居室内设有卫生间	24	居室内设有卫生间情况下，用水特点与住宅相似，三洗废水可供给本室冲厕；设置公共盥洗室情况下
7		设公共盥洗室		
8	公共浴室	淋浴	12	用水量大，用水时间相对均匀，满足自身冲厕需求外，过量废水可外排
9		桑拿浴（淋浴、按摩池）		
10	体育场	设置公共盥洗室	4	赛事期间，用水较为集中；非赛事期间，用水较为均匀。仅设置公共盥洗室的情况下，需收集多处水龙头废水供给一冲厕用水点；另设置淋浴室情况，水量基本可满足冲厕需求
11		设置公共盥洗室、淋浴室		
12	学校	设置公共盥洗室	—	用水量大，用水时间相对集中。需收集多处水龙头废水供给一冲厕用水点

3. 中水回用系统及方法

1）系统构成

系统形式：采用错层收集回用方式，包含收集模块、处理模块、回用模块，上层中水通过下层顶板横支管改造收集，回用于下层冲厕；

中水水源：盥洗水、拖布池；

回用用途：大便器、小便器；

补水水源：自来水间接补水，电磁阀自动补水、手动阀备用；

处理工艺：可选"PP棉-活性炭-超滤"三级过滤工艺等；

消毒方式：间接氯消毒，计量泵投加方式；

结构形式：竖向布置，占用边墙空间；

报警系统：缺水报警、缺药报警、耗材报警。

2）系统原理

公共建筑错层中水回用系统（图3.5-1）包括中水管道、中水核心模块、中水给水管道，中水核心模块由补水管道、自动控制器、排水立管及卫生器具（大便器、小便器、洗手盆、淋浴）等构成。

上层楼的洗手盆、淋浴排水经排水管道汇集到下层楼的中水核心模块的收集区（水封区），收集区可安装颗粒物智能检测传感器，水质不合格则直接排入污水立管，水质合格则经过细栅格过滤后直接进入处理区，同时在收集区中设置溢流液位，当液位过高时通过溢流管直接排入污水立管中。进入中水核心模块处理区后，经过处理区的活性炭过滤、超

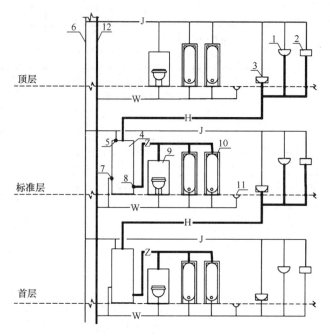

图 3.5-1　错层中水回用系统图

1—洗手盆；2—洗涤池；3—淋浴间；4—中水处理系统；5—自来水补水点；

6—给水立管；7—溢流排放点；8—中水回用点；9—大便器；

10—小便器；11—地漏；12—污水立管

滤精滤、消毒后供大便器、小便器冲厕使用。

4. 中水回用设备

1）工艺流程

灰水收集管收集上层楼的灰水，灰水经毛发过滤器处理后排入灰水储存箱中；在灰水储存箱的水位未达到最低液位时，控制阀始终开启，灰水持续进入灰水处理模块中进行净化；当灰水储存箱的水位超过最高液位时，灰水通过溢流管自动溢流到污水立管中；当灰水储存箱的液位低于最低液位时，开启自来水电磁阀进行自来水补水，同时增设自来水手动阀以防止电磁阀失灵；当灰水储存箱中沉积物较多时，通过排空手动阀将沉积物经排空管排入污水立管中。

开启变频泵和控制阀将灰水以一定压力输送到 PP 棉单元进行 30～60s 时间的一级过滤，再进入活性炭中进行 30～60s 时间的二级过滤净，之后进入超滤膜中进行 30～60s 时间的三级过滤，产出的中水经止回阀进入到中水气压水罐中。当超滤膜中截留大量杂质时，通过反冲洗方式进行清洗，清洗废水通过反冲洗电磁阀经反冲洗管排入污水立管中。

中水气压水罐中设有压力表、加药箱、计量泵等，加药箱中的消毒剂经计量泵投加到中水气压水罐中，消毒剂与中水混合消毒后以恒定压力经中水供水管供给中水使用点，使用后的中水直接排放，经污水支管排入污水立管中。

2）控制系统

建筑室内中水回用控制系统包括产水控制、消毒控制、显示和报警控制。

在产水控制流程中，包括"进水—储水—消毒—供水"4 个环节。系统开始运行后，上层楼的灰水经毛发过滤器处理后进入灰水储存箱，储存箱的灰水通过变频泵输送进入处理流程，依次经过 PP 棉、活性炭、超滤三级处理，净化后的水进入中水气压水罐储存，消毒剂经计量泵投加到中水气压水罐用于消毒。

在消毒控制流程中，按照产水水量进行投加消毒剂，消毒剂采用氯消毒，如 84 消毒液或者次氯酸钠消毒液。

在显示和报警控制中，主要包括液位显示、消毒剂显示、过滤体积显示。报警系统包括储水箱缺水报警、消毒剂量不足报警、耗材维护报警，警报方式为采用屏幕红色背景显示和声音报警。

3.5.2　中水净化与回用技术

1. 混凝处理效能

聚合氯化铝、硫酸铝、氯化铁混凝剂去除 COD_{Cr} 和 LAS 的效果如图 3.5-2 所示。可知，聚合氯化铝的 COD_{Cr} 和 LAS 去除率更优。随着聚合氯化铝投加量的增加，COD_{Cr} 和 LAS 去除率均明显增加；当投药量为 12mg/L 时，COD_{Cr} 去除率达到最高的 56.5%，LAS 去除率也相对较高；投药量超过 12mg/L 后，COD_{Cr} 去除率趋于平缓，而 LAS 去除率呈平缓增加趋势。

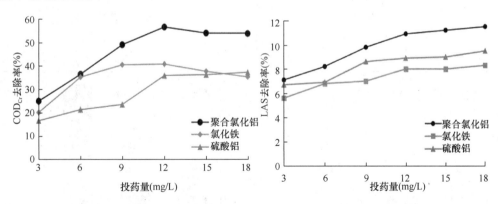

图 3.5-2　混凝剂投量对 COD_{Cr} 及 LAS 去除率影响

2. 滤料吸附特性及优化

1）滤料的理化特性

基于 Barret-Joyner-Halenda 模型的活性炭、陶粒、活性氧化铝和沸石的孔径分布如图 3.5-3 所示。可知，4 种滤料的孔径主要分布在中孔范围（2～50nm），活性炭的孔径主要分布在 5nm 以内，且集中在 4nm 左右；陶粒小于 2nm 的微孔相对较多；活性氧化铝的孔径主要小于 20nm 且集中在 5nm，无小于 2nm 的微孔；沸石孔径主要分布在 2nm 左右。

如图 3.5-4 所示为 4 种滤料的孔隙特性。可知，活性氧化铝的比表面积（S_{BET}）值最

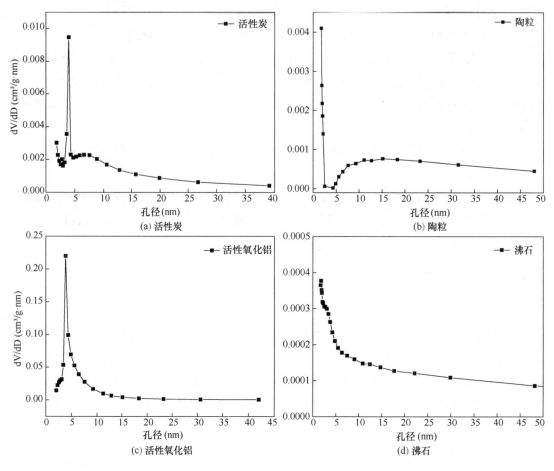

图 3.5-3　滤料的孔径分布特性

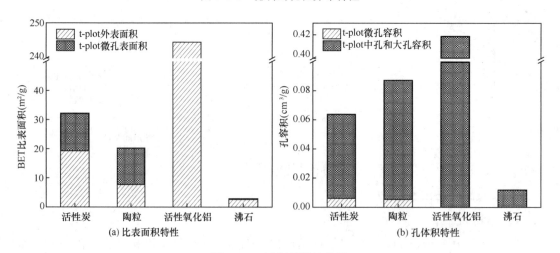

图 3.5-4　滤料的孔隙特性

大，达 244.57m²/g，活性炭和陶粒的 S_{BET} 值分别为 32.32m²/g 和 20.30m²/g，沸石的 S_{BET} 值仅为 2.94m²/g。外比表面积与 BET 法比表面积呈现类似的规律，沸石和活性氧化铝的外表面积占 S_{BET} 的 95% 以上，活性氧化铝无微孔存在。可以看到，活性氧化铝的总孔容积最大，陶粒、活性炭、沸石的总孔容积依次减小，这 4 种滤料的中孔和大孔容积均占总孔容积的 90％以上，孔径分布均以中孔和大孔为主，其中活性氧化铝比表面积最大且无微孔存在，活性炭和陶粒的孔径特性差异不大，活性炭的 S_{BET} 比陶粒大，沸石的 S_{BET} 最小。比表面积及孔隙结构的不同，会显著影响污染物的吸附过程和吸附效果。

2）滤料的吸附特性

如图 3.5-5 所示为活性炭、陶粒、活性氧化铝和沸石的 LAS 吸附动力学特性。活性炭和陶粒吸附 LAS 效果较好，在吸附 1440min 后达到吸附平衡，吸附容量分别为 0.2160mg/g 和 0.1979mg/g。活性氧化铝和沸石吸附 LAS 效果明显较差，最大吸附容量只有 0.0463mg/g。

可见，4 种滤料吸附 NH_4^+-N 的过程均呈现前期快速吸附，随后缓慢增加并趋于平衡的规律。活性炭的 NH_4^+-N 吸附容量最大为 0.1149mg/g，陶粒的 NH_4^+-N 吸附容量最小，为 0.0449mg/g。吸附前期，滤料表面的阳离子与 NH_4^+ 进行快速交换，吸附后期，NH_4^+ 向滤料孔隙内部运动并与内部阳离子交换。NH_4^+-N 吸附容量主要受比表面积和阳离子交换能力的影响，活性炭比表面积较大，NH_4^+-N 吸附位点较多，且表面官能团丰富，烃链官能团多，离子交换能力强，NH_4^+-N 吸附效果最佳。沸石的 NH_4^+-N 吸附效果比陶粒和活性氧化铝较好，但受到比表面积极小的限制，NH_4^+-N 吸附容量小。

3）改性活性炭的吸附特性

改性活性炭的 LAS 吸附效果如图 3.5-6 所示。经过 HNO_3 改性后活性炭吸附 LAS 速率加快，吸附容量达到 0.2182mg/g。CTAB 改性活性炭（CTAB-C）吸附 LAS 效果最佳，吸附速率提高了 3 倍，达到吸附平衡的时间由 1440min 缩短至 180min，吸附容量达 0.2367mg/g。

CTAB-C 的 LAS 吸附动力学特性如图 3.5-7 所示。可见，浓度越高，吸附达到平衡所需要的时间越长，3 种浓度的 CTAB-C 平衡吸附容量分别为 0.2367mg/g、0.3714mg/g、0.6337mg/g。

pH 对 CTAB-C 的 LAS 吸附效果的影响如图 3.5-8(a) 所示。可知，在偏酸性的环境中，CTAB-C 吸附 LAS 效果最好，当 pH 为 5 时，LAS 吸附容量最大达 0.2377mg/g。吸附容量随着 pH 的增大而减小，当 pH 为 13 时 CTAB-C 的 LAS 吸附效果最差，吸附容量降低到 0.2270mg/g。在酸性环境中 LAS 主要以离子形态存在，水解出的阴离子与负载在活性炭表面的 CTAB 正离子基结合。在碱性环境中 LAS 主要以分子形态存在，且 OH^- 与 LAS 的阴离子形成竞争吸附，导致吸附效果变差，吸附容量降低。

温度对 CTAB-C 的 LAS 吸附效果的影响如图 3.5-8(b) 所示。可知，随着温度的上升，LAS 吸附容量呈现增加趋势。温度由 5℃升至 45℃时，吸附容量由 0.2316mg/g 增长到 0.2449mg/g，温度在 35～45℃时，LAS 吸附容量趋于稳定。可见，升高温度可提高 CTAB-C 的 LAS 吸附容量。

改性前后活性炭的孔结构特性参数见表 3.5-5。可知，经 CTAB-C 的比表面积增大了 7.95％，微孔表面积降低了 67.62％，总孔容积和中大孔容积增大，微孔容积减少，平均

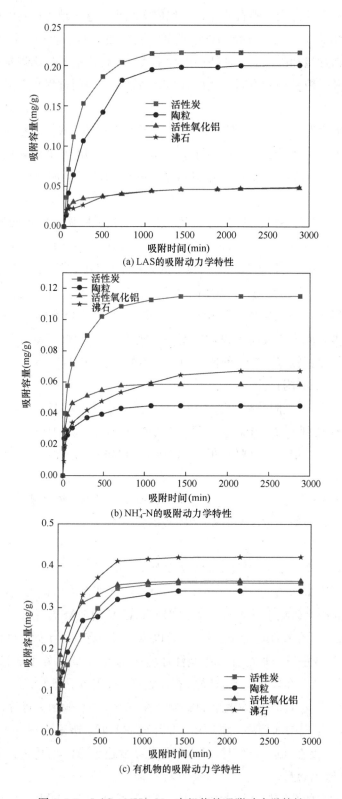

(a) LAS的吸附动力学特性

(b) NH$_4^+$-N的吸附动力学特性

(c) 有机物的吸附动力学特性

图 3.5-5　LAS、NH$_4^+$-N、有机物的吸附动力学特性

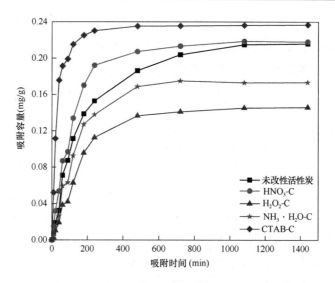

图 3.5-6　改性活性炭的 LAS 吸附效果

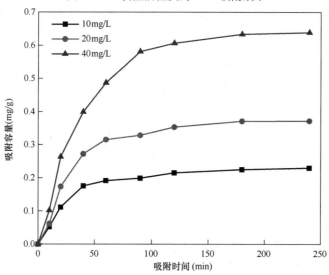

图 3.5-7　LAS 的吸附动力学特性

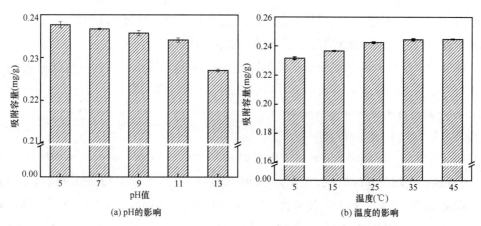

图 3.5-8　吸附影响因素

孔径增加了 19.17%。由图 3.5-9 可看出，CTAB-C 的孔径分布，改性后活性炭的孔径主要分布在 4～10nm，且集中在 4nm 左右；比表面积变大，中孔和大孔增多，平均孔径变大，均有利于增大改性活性炭的污染物吸附效能。

改性前后活性炭孔结构特性参数   表 3.5-5

材料	比表面积（cm²/g）			孔容积（cm³/g）			孔径（nm）
	比表面积（BET 法）	外表面积（t-plot 法）	微孔表面积（t-plot 法）	总孔容积	微孔容积（t-plot 法）	中孔和大孔容积	平均孔径
改性前活性炭	32.21	19.21	13.00	0.0639	0.0061	0.0578	7.9298
改性后活性炭	34.77	30.56	4.21	0.0853	0.0020	0.0833	9.811

改性前后活性炭红外光谱图如图 3.5-10 所示。CTAB-C 在 2851cm^{-1} 和 2920cm^{-1} 处存在新的吸收峰，在 1469cm^{-1} 处的吸收峰强度增强；在 2851cm^{-1} 和 2920cm^{-1} 处产生振动伸缩，说明 CTAB-C 表面有—CH$_3$ 和—CH$_2$；在 1469cm^{-1} 处由—CH$_3$ 产生的振动伸缩增强，表明 CTAB 成功负载到活性炭表面；在 1640cm^{-1} 和 3632cm^{-1} 处的相对宽峰为水的—OH 变形，但 CTAB-C 的峰强度低于改性前活性炭。

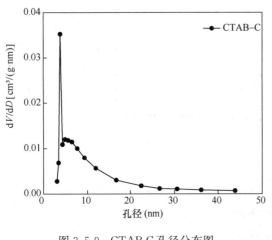

图 3.5-9   CTAB-C 孔径分布图

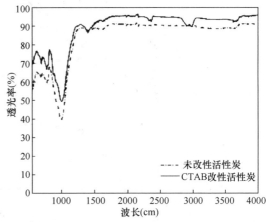

图 3.5-10   改性前后活性炭表面官能团特性

由图 3.5-11 可观察到未改性活性炭的表面光滑平整，纹理和孔隙结构清晰；经过 CTAB 改性后的活性炭表面粗糙、凹凸不平，孔隙结构不明显。

改性前后活性炭的 X 射线衍射谱图如图 3.5-12 所示。可见，改性活性炭的 X 射线衍射谱图与未改性活性炭基本一致，主要晶相为石墨、石英和素炭。

3. 紫外氧化技术除污染作用机制

1）VUV 及 UV 的降解特性

如图 3.5-13 所示是 VUV 和 UV 技术降解 SDBS 的特性。可见，在相同的条件下 VUV 更有效。在辐照 60min 时，UV 的 SDBS 降解率达 91%，在 120min 时 UV 的 SDBS 降解率仅为 67%。VUV 和 UV 技术的结果均具有较高的线性度（$R^2 > 0.999$），表明均符合拟一级动力学。VUV 和 UV 的 SDBS 降解速率分别为 0.0400min^{-1} 和 0.0104min^{-1}。

(a) 未改性活性炭　　　　　　　　　　　(b) CTAB改性活性炭

图 3.5-11　改性前后活性炭表面形貌特性

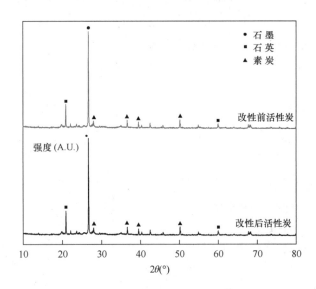

图 3.5-12　改性前后活性炭晶体结构特性

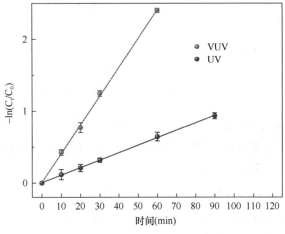

图 3.5-13　SDBS 在 VUV 和 UV 中的降解

UV 几乎完全依赖直接光解（λ＝254nm），VUV 可通过直接光解（λ＝185nm 和 λ＝254nm）或间接氧化活性自由基（例如，HO·／HO₂·／O₂⁻·）。如图 3.5-14 所示为 VUV 和 UV 降解 SDBS 的过程。在 224nm 光谱波段监测到了苯环的裂解 ［图 3.5-14(a) 和图 3.5-14(b)]，对应于最大 SDBS 吸光度。随着 VUV 和 UV 的作用时间延长，吸收峰变得更宽，并出现轻微的肩峰，这表明降解过程中出现了中间产物。VUV 降解有机物能力比 UV 降解有机物能力高，如图 3.5-14(c) 所示，在 120min 时 TOC 分别下降 53% 和 68%。在 VUV 和 UV 过程中，SO_4^{2-} 浓度与苯环降解的趋势相似，VUV 作用 30min 后，SO_4^{2-} 的生成显著加快，最终浓度分别为 1.66mg/L 和 0.63mg/L，说明在 VUV 中发生间接的高级氧化作用比直接光解作用更容易导致 SDBS 的苯环和磺基键裂解。

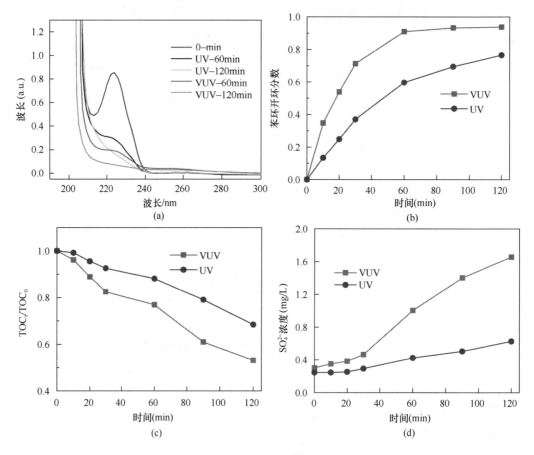

图 3.5-14　VUV 及 UV 降解 SDBS 过程

加入了自由基清除剂（叔丁醇），确定出反应过程中产生的主要自由基，如图 3.5-15 所示。可见，叔丁醇降解 SDBS 速率与浓度有正相关性，在 0mM、1mM、10mM、100mM 时，VUV 的降解速率 k 分别为 $0.0400min^{-1}$、$0.0142min^{-1}$、$0.0116min^{-1}$、$0.0084min^{-1}$，表明 HO· 是 VUV 的主要自由基。在相同浓度下，UV 的降解速率从 $0.0125min^{-1}$ 降至 $0.0123min^{-1}$、$0.0102min^{-1}$ 和 $0.0094min^{-1}$。

采用 DMPO 为自旋捕获剂验证了 HO· 的生成，记录了电子顺磁（EPR）波谱。

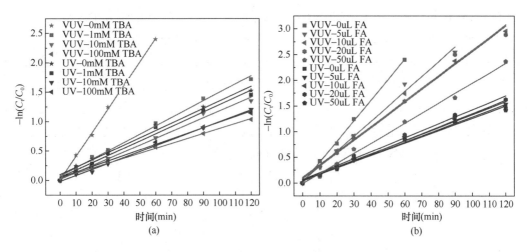

图 3.5-15　捕获剂对 VUV 和 UV 降解 SDBS 的影响

VUV 导致形成相对强度为 1：2：2：2：1 的 4 行光谱 [图 3.5-16(a)]，而 UV 过程中 DMPO-OH 的特征峰并不明显 [图 3.5-16（b）]，这说明 HO· 仅由 VUV 过程中的间接氧化产生，而非直接光解。

甲酸可同时清除 HO· 和 H·，并吸收 185nm 的光子，甲酸可抑制 VUV 的 SDBS 降解，如图 3.5-16（b）所示。分别为加入 $0\mu L$、$20\mu L$ 和 $50\mu L$ 甲酸时，k 值分别为 $0.0400min^{-1}$、$0.0247min^{-1}$ 和 $0.0195min^{-1}$。在 $0\sim 20\mu L$ 时，由于清除活性自由基能力的限制，SDBS 的降解速率趋于稳定，而当甲酸加入量增加到 $50\mu L$ 时，SDBS 的降解率明显降低，这表明甲酸可减少 HO· 的生成。UV 过程几乎不受甲酸影响，说明 UV 几乎不产生自由基，仅依靠光解作用降解 SDBS。

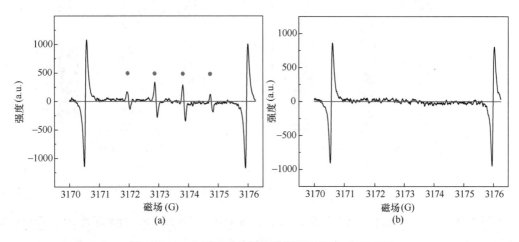

图 3.5-16　电子顺磁共振波谱图 VUV(a) 和 UV(b)

2）污染物浓度的适应性

如图 3.5-17 所示为 SDBS 浓度对 VUV 和 UV 降解动力学的影响。随着 SDBS 浓度的增加，VUV 过程的降解效率逐步降低，但对 UV 过程的影响很小，很可能是 SDBS 浓度影响了 VUV 和 UV 光子在水中的吸收,改变了反应中直接光解和间接氧化的比例。

随着 SDBS 浓度的增加,SDBS 吸收 VUV 光子的比例分别达 36.28%、42.84% 和 45.88%(图 3.5-18)。在不同浓度下,相应的降解速率从 0.0400min^{-1} 降低到 0.0310min^{-1} 和 0.0269min^{-1}。在 SDBS 浓度较低时,摩尔吸光系数在 185nm 较高,VUV 光子主要被水分子吸收,SDBS 吸收的光子较少,光解受到限制,生成大量活性自由基,使间接氧化降解作用占主导。而 SDBS 浓度较高时,可使更多的 VUV 光子被分配到效率较低的光解过程中,这表明间接氧化比直接光解更有效。

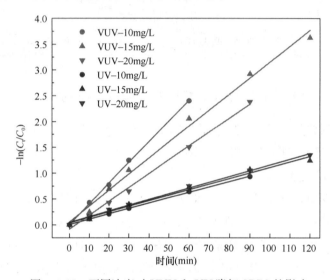

图 3.5-17　不同浓度对 VUV 和 UV 降解 SDBS 的影响

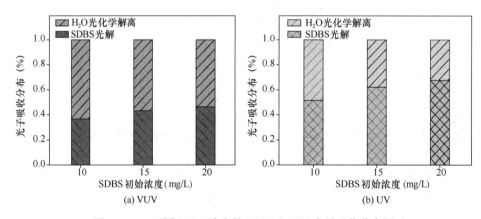

图 3.5-18　不同 SDBS 浓度的 VUV 和 UV 光子吸收分布图

UV 光子的吸收和分布与 VUV 的不同,这是由于水在 254nm 的摩尔吸附系数极小,且 254nm 光子的能量极低,水吸收光子的影响较小。在 SDBS 浓度分别为 10mg/L、15mg/L、20mg/L 时,SDBS 吸收的 254nm 光子比例分别为 51.06%、61.68%、66.92%。在相同条件下,UV 的降解速率也略有增加,从 0.0104min^{-1} 增加到 0.0107min^{-1} 和 0.0111min^{-1}。由于高浓度 SDBS 可增加 254nm 光子的利用率,使直接光解效率得以加强。

3) VUV 的 SDBS 降解途径

HO·作用于 SDBS 主要有两种机制,包括攻击烷基链和攻击苯环上烷基链的邻位,如图 3.5-19 所示。初级光产物大多含有磺酸盐基,表明 HO·对芳环的 α 碳位置的攻击较强,导致烷基链的断裂。由于烷基和磺酸基分别具有邻位和偏位的性质,在烷基链的邻位上增加苯环 HO··,反应可从中间产物 P1、P2 和 P3 中得出(表 3.5-6)。

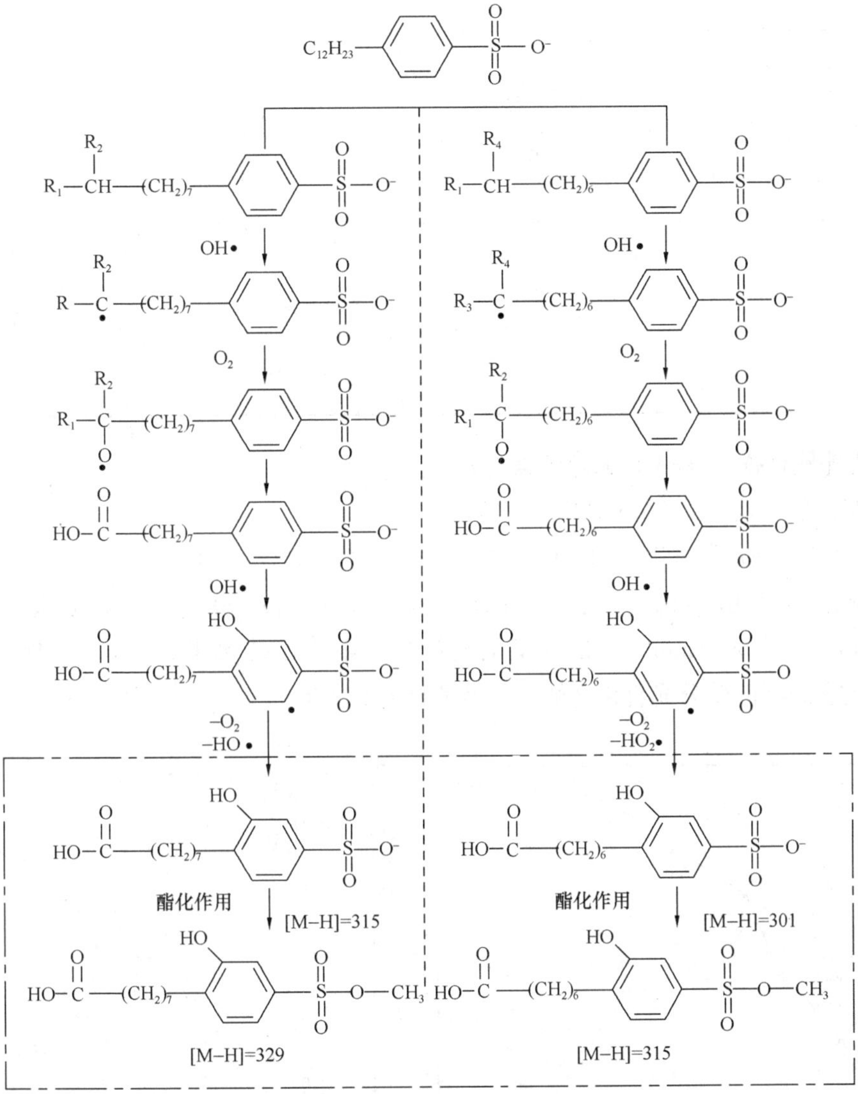

图 3.5-19　VUV 技术的 SDBS 降解路径

LC-MS 监测到的中间产物　　　　　　　　　　　　　　　　　　表 3.5-6

中间产物	化学式	m/z
P1	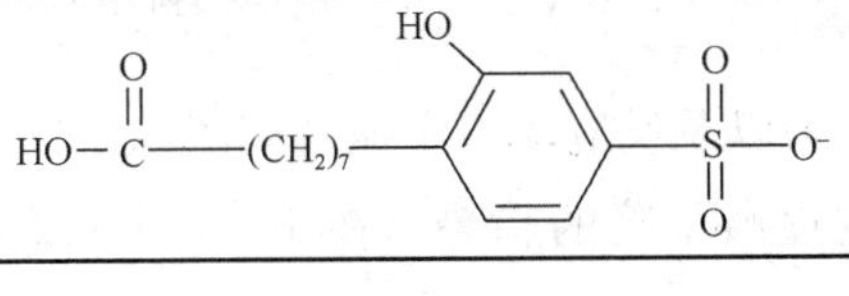	315

中间产物	化学式	m/z
P2		301
P3		271
P4		177

4. 紫外氧化技术（UV）的除污染效能

1）紫外氧化技术的 LAS 氧化降解特性

如图 3.5-20 所示，UV_{254}（UV）与加入叔丁醇（TBA）的 UV_{254} 在反应 120min 时 LAS 的降解基本达到稳定，去除率分别为 66.76% 和 66.27%，反应速率分别为 $0.0085min^{-1}$ 和 $0.0077min^{-1}$。TBA 的加入对 UV 降解 LAS 基本无影响，表明 UV 降解 LAS 仅通过 254nm 紫外光直接光解，无羟基自由基产生。

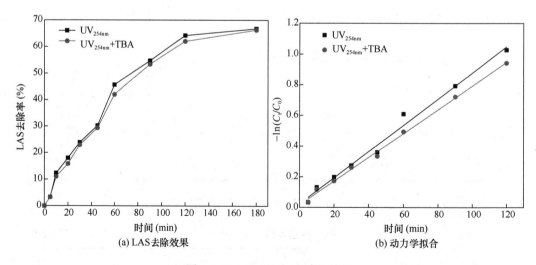

(a) LAS 去除效果　　　(b) 动力学拟合

图 3.5-20　UV 的 LAS 降解效果

UV 的 LAS 去除效果以及反应动力学拟合如图 3.5-21 所示。可见，随着 LAS 浓度的增加，LAS 去除率呈现逐渐下降的趋势。在 10mg/L、20mg/L 和 40mg/L 的 LAS 浓度

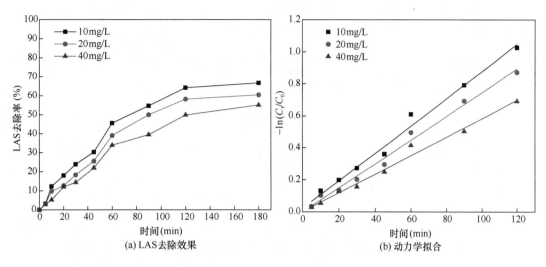

图 3.5-21　UV 的 LAS 降解效能

下，UV 反应 120min 时 LAS 的去除率可基本达到稳定状态，去除率分别为 64.20%、51.21% 和 42.89%。LAS 浓度为 10mg/L 和 40mg/L 时，降解速率分别为 $0.0085min^{-1}$ 和 $0.0058min^{-1}$，说明 UV 对低浓度 LAS 的降解效果更好。

2）真空紫外（VUV）的 LAS 氧化降解特性

波长 185nm（VUV）的紫外光能量高，能激活水分子生成更具有氧化性能的羟基自由基（·OH）。加入 TBA 前后的 LAS 去除效果如图 3.5-22 所示，未加入 TBA 时，LAS 的降解速率快，60min 后去除率缓慢增加，反应 180min 时 LAS 的去除率达 93.41%。而 TBA 极大地抑制了 LAS 的降解，LAS 去除率降低了约 17%，降解速率由 $0.0255min^{-1}$ 降低至 $0.0114min^{-1}$，说明 ·OH 是 VUV 产生的主要活性自由基。

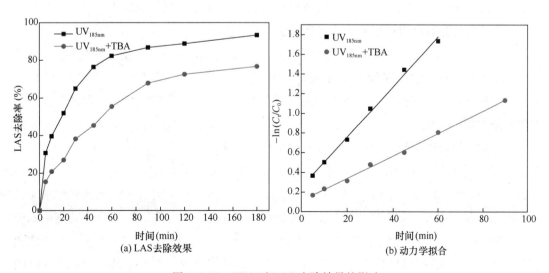

图 3.5-22　TBA 对 LAS 去除效果的影响

VUV 的 LAS 氧化降解效果如图 3.5-23 所示，可知，随着 LAS 浓度的增加，LAS 去除率和降解速率均呈降低趋势。当 LAS 浓度为 40mg/L 时，LAS 去除率为 72.72%，降解速率为 0.0080min^{-1}，比 10mg/L 的 LAS 去除率低了 20.69%。

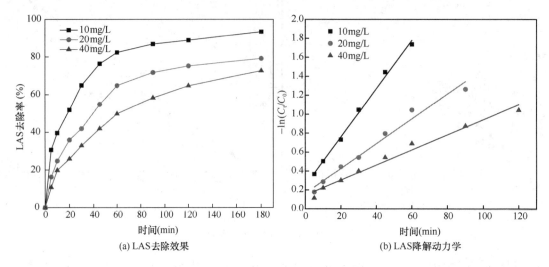

（a）LAS去除效果　　　　　　　　　　　（b）LAS降解动力学

图 3.5-23　VUV 的 LAS 降解效能

3）紫外氧化技术的建筑灰水处理效果

将 VUV 技术和 UV 技术应用于实际的洗浴和洗衣废水中，可知 VUV 技术和 UV 技术都可有效降解表面活性剂（图 3.5-24），且 VUV 的降解率更高。在表面活性剂降解的同时，COD_{Cr} 和 TOC 也都不同程度降低。在洗浴废水处理过程中，经过 VUV 和 UV 作用 180min 后，COD_{Cr} 从 242.5mg/L 分别降至 207.6mg/L 和 216.6mg/L，TOC 从 69.18mg/L 分别降至 52.91mg/L 和 60.03mg/L。在洗衣废水处理过程中，经过 VUV 和 UV 作用 180min 后，VUV 和 UV 技术的 COD_{Cr} 从 490.5mg/L 分别降至 439.2mg/L 和 452.6mg/L，TOC 从 158.56mg/L 分别降至 147.93mg/L 和 153.18mg/L。

5. 吸附/紫外氧化组合技术的除污染效能

建立了 3 种组合工艺流程，分别为 PP 棉过滤-紫外氧化（VUV）-活性炭吸附工艺（流程 1），PP 棉过滤-活性炭吸附-紫外氧化（VUV）工艺（流程 2），紫外氧化（VUV）-PP 棉过滤-活性炭吸附工艺（流程 3），考察了组合工艺的适应性，研究了处理单元顺序对组合工艺除污染效能的影响。

1）活性炭吸附与紫外氧化（VUV）的组合方式优化

流程 1 采用 PP 棉过滤-紫外氧化（VUV）-活性炭吸附工艺，如图 3.5-25 所示。可见，流程 1 的浊度、LAS、UV_{254}、COD_{Cr} 和 NH_4^+-N 去除率分别为 85.96%、82.64%、60.78%、48.84% 和 26.15%，其中浊度主要在 PP 棉过滤单元被去除，紫外氧化单元浊度的去除率很低；LAS 浓度由 12.45mg/L 降至 0.83mg/L，去除率达 93.33%。紫外氧化和吸附单元均能去除有机物，UV_{254} 和 COD_{Cr} 去除率分别为 60.78% 和 48.84%，UV_{254} 的去除率更高，说明 VUV 降解芳香族化合物的作用较强。NH_4^+-N 主要通过活性炭吸附去除，去除率较低。

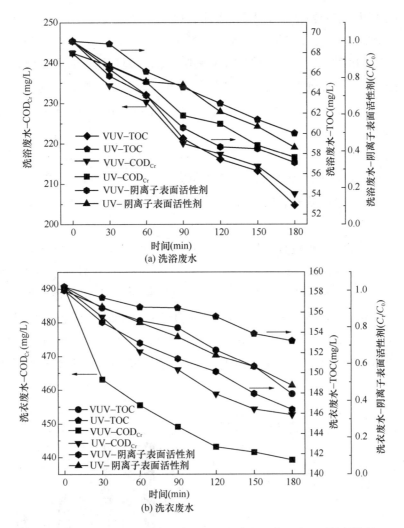

图 3.5-24　VUV 和 UV 工艺降解洗浴废水的阴离子表面活性剂特性

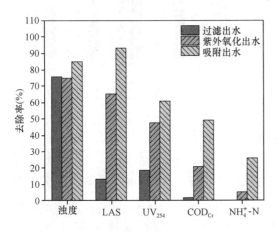

图 3.5-25　PP 棉过滤-紫外氧化(VUV)-
活性炭吸附工艺效能

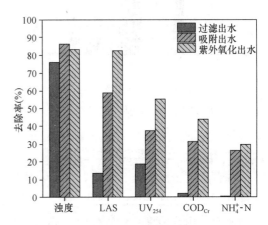

图 3.5-26　PP 棉过滤-活性炭吸
附-紫外氧化（VUV）工艺效能

流程 2 采用 PP 棉过滤-活性炭吸附-紫外氧化（VUV）工艺，如图 3.5-26 所示。可见，浊度、LAS、UV_{254}、COD_{Cr} 和 NH_4^+-N 的去除率分别为 83.19%、82.64%、58.92%、43.72% 和 29.46%。PP 棉过滤能去除大部分颗粒物，活性炭吸附单元进一步截留小部分的颗粒物与有机物，但经紫外氧化后可能会出现浊度升高现象。NH_4^+-N 和部分有机物主要经活性炭单元程的吸附作用被去除，表面活性剂和有机物的活性炭吸附效能受到一定影响。

流程 3 采用紫外氧化（VUV）-PP 棉过滤-活性炭吸附工艺，如图 3.5-27 所示。可知，浊度、LAS、UV_{254}、COD_{Cr} 和 NH_4^+-N 的去除率分别为 78.95%、65.14%、42.85%、36.83% 和 24.58%，其中紫外氧化的 LAS、UV_{254} 和 COD_{Cr} 去除效果不佳，可能是由于灰水浊度偏高造成的。

如图 3.5-28 所示为 3 种流程处理实际建筑灰水的效能对比。可见，流程 3 的处理效果相对较差，更适用于低浊度的建筑灰水。流程 1 和流程 2 的区别在于活性炭吸附和紫外氧化处理单元的先后顺序不同，可知 PP 棉过滤-紫外氧化（VUV）-活性炭吸附工艺（流程 1）的除污染效果优于 PP 棉过滤-活性炭吸附-紫外氧化（VUV）工艺（流程 2），其中流程 1 的 LAS、UV_{254} 和 COD_{Cr} 去除率分别为 93.33%、60.78% 和 48.84%，比流程 2 高 10.69%、5.86% 和 5.12%。因此流程 1 更有利于发挥和利用吸附和膜过滤技术的除污染作用。

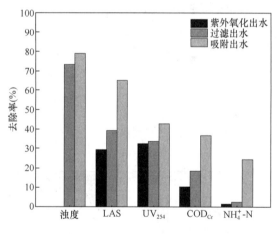

图 3.5-27　紫外氧化（VUV）-PP
棉过滤-活性炭吸附工艺的效能

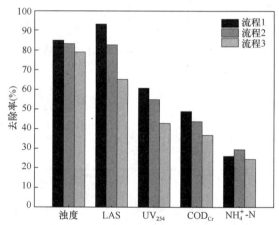

图 3.5-28　组合工艺除污染效能对比

2）组合工艺的灰水特性适用性

组合工艺去除盥洗、淋浴、洗衣灰水的浊度效果如图 3.5-29 所示。可见，盥洗灰水的进水、出水浊度平均值分别为 40.61NTU、3.86NTU，平均去除率为 90.49%。淋浴灰水的进水、出水浊度平均值分别为 118.14NTU、14.88NTU，平均去除率为 87.40%。洗衣灰水的进水、出水浊度平均值分别为 154.05NTU、22.57NTU，平均去除率为 85.35%。采用 PP 棉过滤-紫外氧化（VUV）-活性炭吸附组合工艺（流程 1）的浊度去除

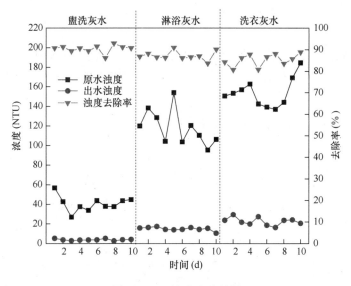

图 3.5-29 浊度去除效果

效果较好，3 种不同性质的建筑灰水浊度平均去除率达 87.75%。盥洗灰水浊度较低，采用该组合工艺处理后能满足水质要求。浊度较高的淋浴和洗衣灰水处理后浊度仍高于 5NTU。

不同性质的建筑灰水经组合工艺处理后，出水 LAS 浓度及去除率如图 3.5-30 所示。可知，盥洗灰水的进水、出水 LAS 浓度平均值分别为 4.07mg/L、0.21mg/L，平均去除率达 94.84%。淋浴灰水 LAS 浓度的进水、出水平均值分别为 8.19mg/L、0.35mg/L，平均去除率为 95.73%。洗衣灰水的进水、出水 LAS 浓度平均值分别为 12.38mg/L、0.57mg/L，平均去除率为 95.40%。可以看出，紫外氧化技术和活性炭吸附技术均能有效去除 LAS，3 种不同性质的建筑灰水经组合工艺处理后，盥洗灰水、淋浴灰水和洗衣灰

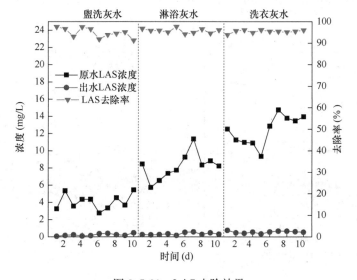

图 3.5-30 LAS 去除效果

水的 LAS 浓度均在 $2\sim15mg/L$，LAS 的平均去除率达 95.32%，组合工艺能适应一定的 LAS 浓度变化。

3 种不同建筑灰水经组合工艺处理的出水 NH_4^+-N 浓度及去除率如图 3.5-31 所示。可知，灰水的 NH_4^+-N 含量较低，盥洗灰水、淋浴灰水和洗衣灰水的 NH_4^+-N 浓度平均值分别为 0.58mg/L、2.39mg/L 和 3.54mg/L，组合工艺处理后的 NH_4^+-N 出水浓度平均值分别为 0.43mg/L、1.70mg/L 和 2.60mg/L，其中 NH_4^+-N 平均去除率仅为 27.01%。

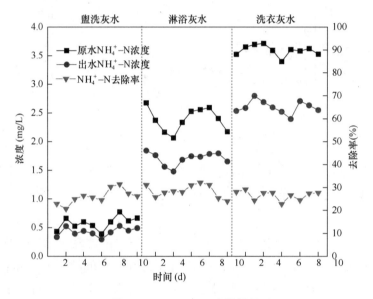

图 3.5-31　NH_4^+-N 去除效果

3 种不同性质的建筑灰水经组合工艺处理的出水有机物浓度及去除率如图 3.5-32 所示。可知，UV_{254} 和 COD_{Cr} 的平均去除率分别为 43.79% 和 62.75%，UV_{254} 去除率均低于 COD_{Cr}。

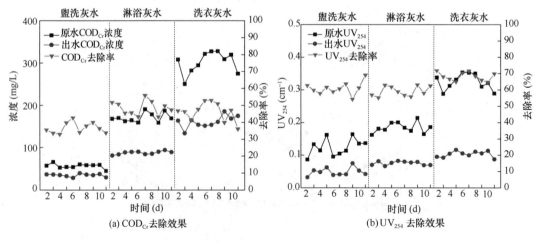

图 3.5-32　有机物去除效果

　　图 3.5-33 所示为建筑灰水、紫外氧化（VUV）出水、活性炭吸附出水的有机物荧光光谱特征。可以看出，T_1 区、T_2 区峰明显，表明灰水中含有大量的类蛋白质物质，包括 T_1 区的可溶性蛋白有机物和 T_2 区的芳香族蛋白有机物，A 区和 C 区的类腐殖质物质含量相对较少。经紫外氧化（VUV）后的有机物荧光光谱如图 5-33（b）所示，T_1 区和 T_2 区 2 个峰的荧光强度降低，A 区和 C 区的峰基本消失，说明类蛋白质物质和类腐殖质物质能被紫外氧化去除，有机物中的大分子组分被紫外氧化降解，芳香环和共轭键减少。活性炭吸附出水的有机物荧光光谱如图 5-33（c）所示，T_1 区和 T_2 区的峰基本消失，类蛋白质物质被进一步去除，出现的 A 区和 C 区峰说明类腐殖质物质含量少量增加。

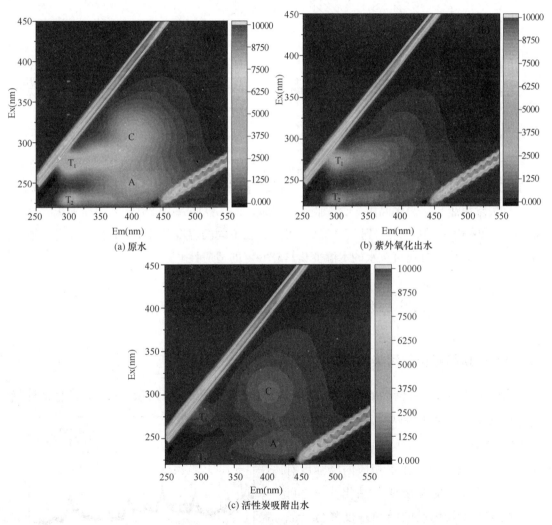

图 3.5-33　有机物分布特征示意图

　　3）PP 棉过滤-紫外氧化（VUV）-活性炭吸附组合工艺的适应性

　　针对 LAS 浓度的冲击负荷，PP 棉吸附-紫外氧化（VUV）-活性炭吸附组合工艺的 LAS 去除效果如图 3.5-34 所示。当进水 LAS 浓度由 10.69mg/L 增加到 21.73mg/L 时，组合工艺的出水 LAS 浓度由 0.52mg/L 仅增加到 0.86mg/L；进水 LAS 浓度增加到

40.62mg/L 时，出水 LAS 浓度为 2.10mg/L；这表明在 LAS 浓度冲击时 PP 棉过滤-紫外氧化(VUV)-活性炭吸附组合工艺仍能具有较好的 LAS 去除效果，对 LAS 冲击负荷具有一定的适应性。

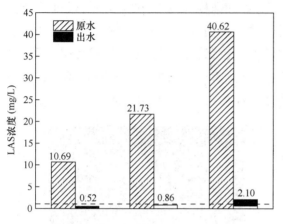

图 3.5-34　LAS 浓度对处理效果影响

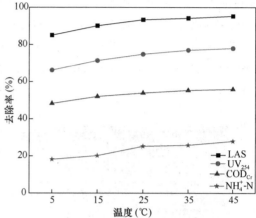

图 3.5-35　水温对污染物去除的影响

　　淋浴灰水水温明显高于盥洗及洗衣废水，PP 棉过滤-紫外氧化（VUV）-活性炭吸附组合工艺的灰水处理效果如图 3.5-35 所示。可知，温度越高，组合工艺的除污染效果越好，污染物去除率越高。当水温由 5℃增加至 45℃时，LAS 去除率由 85.00％增加到 95.24％，UV$_{254}$ 去除率由 66.16％增加到 77.95％。可见，在不同的温度条件下，该组合工艺均有一定的除污染效果，对建筑灰水的水温变化具有一定的适应性。

3.6　智能化雨水净化与回用工艺流程

3.6.1　多功能滤料的污染物吸附规律与理化特性

　　活性氧化铝和改性活性氧化铝的 X 射线衍射图谱如图 3.6-1 所示。可知，改性活性氧化铝的 X 射线衍射谱图与活性氧化铝基本一致，主要晶相为 AlO（OH）和 Al$_2$O$_3$，但主衍射峰比活性氧化铝相应的峰强度有所降低，部分衍射峰出现非晶化特征。可见，改性活性氧化铝的结晶程度降低，晶格缺陷增加，表面活性增强，更有利于氮磷的吸附。

1. 表面基团特性

　　活性氧化铝和改性活性氧化铝的红外光谱如图 3.6-2 所示。可知，与活性氧化铝

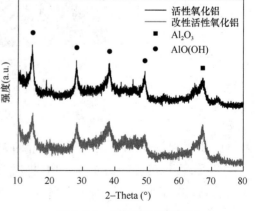

图 3.6-1　X 射线衍射图谱

相比，改性活性氧化铝在 $1063cm^{-1}$ 处的吸收强度增强，并在 $2987cm^{-1}$ 和 $2900cm^{-1}$ 处出现新的吸收峰，这是由-CH_2 和-CH_3 的伸缩振动引起的，表明改性活性氧化铝表面的 C-O-C、-CH_2 和－CH_3 数量增多，其中酸性含氧官能团 C-O-C 可通过离子交换功能减少溶液中的 NH_4^+-N，有利于 NH_4^+-N 吸附，同时－CH_2 和-CH_3 的数量增多说明硬脂酸钠已负载到活性氧化铝表面。

2. 吸附容量

如图 3.6-3 所示为活性氧化铝和改性活性氧化铝的 NH_4^+-N 吸附特性。可见，吸附速率均呈现在初始阶段快速增长，随后逐渐减缓的趋势。活性氧化铝在 240min 时达到吸附平衡状态，饱和吸附容量为 0.069mg/g；改性氧化铝在 540min 时基本达到平衡，饱和吸附容量为 0.081mg/g。与活性氧化铝相比，改性活性氧化铝在 240min 后出现了吸附量持续增加的现象，饱和吸附容量提高了约 17％，但吸附平衡时间增加了 1.25 倍。

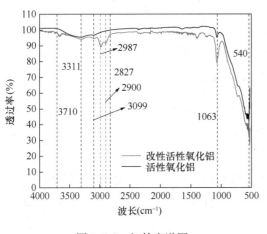

图 3.6-2　红外光谱图

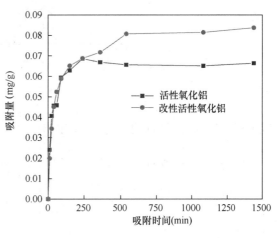

图 3.6-3　NH_4^+-N 吸附特性

3. 氮磷协同吸附效能

活性氧化铝、改性活性氧化铝吸附共同去除氨氮和总磷（TP）的效果如图 3.6-4 所示。可知，改性活性氧化铝单独吸附 NH_4^+-N 和 TP 的去除率分别达 57％和 94％，比活性氧化铝提高了 10.85％和 4.31％。采用活性氧化铝、改性活性氧化铝吸附共同去除氨氮和总磷时，改性活性氧化铝的 NH_4^+-N 和 TP 去除率分别达 55％和 97％，比活性氧化铝提高了 14.05％和 5.01％。可见，改性活性氧化铝吸附共同去除氮磷时的 TP 去除率比单独吸附 TP 时提高了 3.27％，而 NH_4^+-N 去除率仅比单独吸附 NH_4^+-N 时降低了 1.45％，改性活性氧化铝吸附共同去除氮磷的效果也比活性氧化铝有明显的改善。

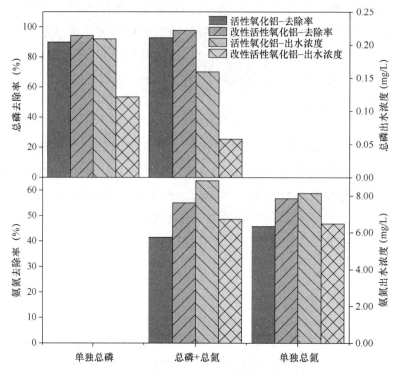

图 3.6-4　NH_4^+-N 与 TP 的共同吸附去除效果

3.6.2　雨水储存池的生物净水作用

1. 雨水储存池的自净性能

如图 3.6-5 所示为长期运行的旧（R1）、新（R2）雨水储存池净水效能。根据水力停留时间（HRT）分为：阶段Ⅰ，HRT 为 12h；阶段Ⅱ，HRT 为 4h；阶段Ⅲ，HRT 为 1h。

在阶段Ⅰ COD_{Cr} 和 DOC 的出水浓度持续下降，在阶段Ⅱ和Ⅲ则趋于稳定。在 HRT 变化的初期，出水水质出现明显波动，体现了微生物对环境变化的适应过程。NH_4^+-N 浓度在 40d 内逐渐降低，去除率相应升高；在阶段Ⅰ结束时，R1 和 R2 的去除率分别达到 88% 和 71%。随着 HRT 由 12h（阶段Ⅰ）缩短到 4h（阶段Ⅱ），在 R1 的 NH_4^+-N 平均去除率由 74% 提高到 88%；在 R2 的 NH_4^+-N 平均去除率由 61% 提高到 81%。当 HRT 缩短为 1h 时，R1 和 R2 的 NH_4^+-N 去除率略有降低，但仍不低于阶段Ⅰ。运行前 10d，R2 的 NO_3^--N 浓度继续下降，说明细菌的生长加速了 NO_3^--N 的去除；在此期间 R1 中的 NO_3^--N 浓度始终维持在较低水平。此后，R1 和 R2 的 NO_3^--N 浓度积累明显。在 41～100d 期间，R1 和 R2 的出水 NO_3^--N 分别稳定在 0.05～0.31mg/L 和 0.73～1.47mg/L。与阶段Ⅰ相比，阶段Ⅱ和阶段Ⅲ的 NO_3^--N 去除率更高、更稳定。在运行的前 40d 期间，总氮（TN）的变化趋势与 NO_3^--N 相似；在运行 40d 后，TN 的变化趋势与 NH^{4+}-N 的变化趋势相似；整体看来，TN 在阶段Ⅱ的去除效果最佳。对于总磷，R1

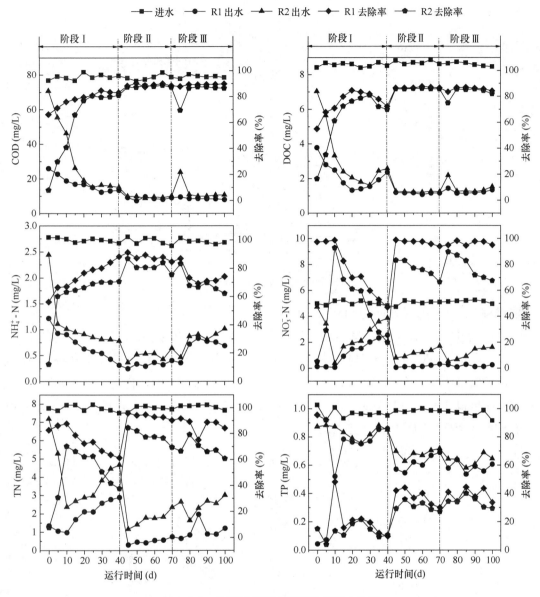

图 3.6-5　长期运行雨水储存池的净水效能

的 TP 浓度在前 10d 有所增加，之后趋于稳定；R2 的 TP 出水浓度仅略低于进水浓度，平均去除率为 13%。在阶段Ⅱ和阶段Ⅲ TP 的出水浓度比较稳定，且低于阶段Ⅰ。在长期运行过程中，R1 的有机物、氮和磷去除率始终高于 R2，表明生物膜具有明显的净水效果。

2. 生物膜细菌群落组成

全尺度分类法对雨水储存池中生物膜细菌群落的分析结果如图 3.6-6 所示。可以看出，生物膜细菌群落中，丰富类群（AT）和条件稀有或丰富类群（CRAT）占主导地位，绝对丰度分别为 $1.2 \times 10^3 \sim 4.2 \times 10^5$ 和 $1.3 \times 10^4 \sim 8.1 \times 10^4$ copies/ng DNA。条件丰度类群（CAT）、条件稀有类群（CRT）和稀有类群（RT）的绝对丰度较低，且波动较小，

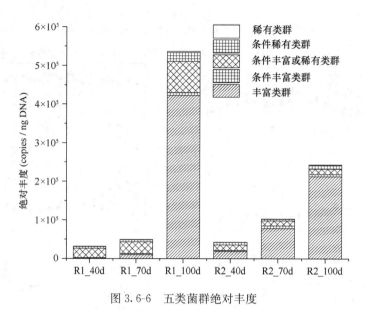

图 3.6-6　五类菌群绝对丰度

基本维持在 $10^2 \sim 10^3$ copies/ng DNA 之间。

如图 3.6-7 所示，在丰富类群中，仅包含食酸菌（*Acidovorax*，$7.4 \times 10^2 \sim 3.9 \times 10^5$ copies/ng DNA）和氮氢单胞菌属（*Azohydromonas*，$4.8 \times 10^2 \sim 7.3 \times 10^4$ copies/ng DNA）两个菌属，均属于变形菌门（*Proteobacteria*）。在 R1 中，食酸菌（*Acidovorax*）的绝对丰度高于氮氢单胞菌属（*Azohydromonas*），R2 运行 100d 后也出现这个现象，说明食酸菌在成熟生物膜中占优势地位。

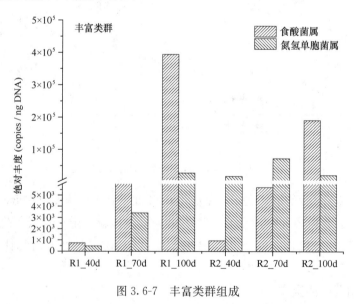

图 3.6-7　丰富类群组成

如图 3.6-8 所示，条件丰富类群包含三个菌属，分别为戴沃斯氏菌（*Devosia*，$7.7 \times 10^1 \sim 4.5 \times 10^3$ copies/ng DNA），土微菌（*Pedomicrobium*，$6.3 \times 10^2 \sim 2.2 \times 10^3$ copies/ng DNA）和慢生根瘤菌（*Bradyrhizobium*，$3.5 \times 10^2 \sim 2.5 \times 10^5$ copies/ng DNA），

其中戴沃斯氏菌和慢生根瘤菌分别在新生物膜和旧生物膜中均具有较高的丰度，而土微菌的丰度在新生物膜和旧生物膜中仅呈现出略微的波动。

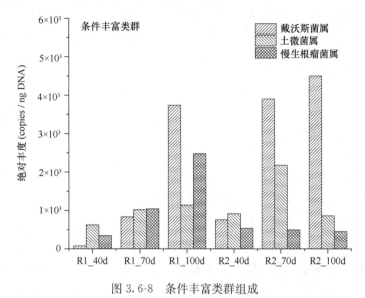

图 3.6-8　条件丰富类群组成

3. 优势菌属与环境因子的相关性

雨水储存池中生物膜的细菌群落（前 20 个菌属）与环境因子的相关性如图 3.6-9 所示。*Spartobacteria _ genera _ incertae _ sedis*，*Brevifollis* 和慢生根瘤菌分别与 NH_4^+-N、COD_{Cr} 和 TP 去除率呈正相关，表明细菌群落代谢活动可能会对雨水水质有积极的作用。大多数菌属与水力停留时间（HRT）和温度呈负相关，例如优势属食酸菌（*Acidovorax*）与 HRT 呈负相关关系，随着 HRT 的缩短，食酸菌的绝对丰度逐渐升高。

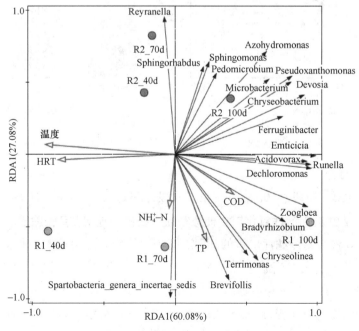

图 3.6-9　优势菌属与环境因子的相关性

3.6.3　生物慢滤的雨水净化特性

研究了不同滤速条件下生物慢滤池的雨水净化效果，对比了石英砂、活性炭、活性氧化铝滤料的净水效能，分析了生物膜微生物群落的多样性、组成及交互作用，构建了微生物群落与环境因子的相关性，阐明了生物净水机理，解析了生物膜中抗性基因的赋存特性。

1. 氮的去除效果

在 0.1m/h（第一阶段）、0.2m/h（第二阶段）和 0.3m/h（第三阶段）滤速条件下分别填装石英砂（QS）、活性炭（AC）、活性氧化铝（AA）3 种滤料的生物慢滤池对 NH_4^+-N 去除效果如图 3.6-10 所示。可以看出，在运行初期（0～2d），3 种生物慢滤池出水的 NH_4^+-N 浓度很低（0.52～3.34mg/L）；运行 2d 后，滤料对 NH_4^+-N 的吸附趋于饱和，出水的 NH_4^+-N 浓度明显升高。在滤速由 0.1m/h 增至 0.3m/h 时，3 种生物慢滤池出水的 NH_4^+-N 浓度均有所增加，NH_4^+-N 的去除率相应降低。在不同滤速条件下，活性炭生物慢滤池的 NH_4^+-N 去除效果均最佳，去除率为 19%～64%；石英砂生物慢滤池的 NH_4^+-N 去除效果次之，去除率为 3%～42%；活性氧化铝生物慢滤池的 NH_4^+-N 去除效果最差，去除率为 9%～33%。

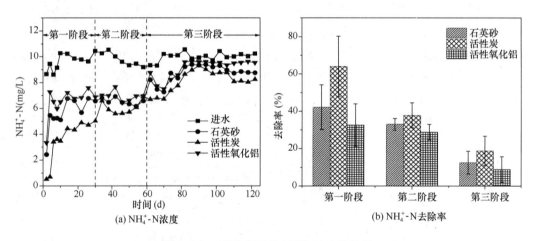

图 3.6-10　生物慢滤的 NH_4^+-N 去除效果

2. 磷的去除效果

在 0.1m/h（第一阶段）、0.2m/h（第二阶段）和 0.3m/h（第三阶段）滤速条件下分别填装石英砂、活性炭、活性氧化铝 3 种滤料的生物慢滤池对 TP 去除效果如图 3.6-11 所示。可以看出，3 种生物慢滤池出水的 TP 浓度相对稳定，这可能与较低的进水 TP 浓度（0.94±0.04mg/L）有关。当滤速由 0.1m/h 增至 0.2m/h 时，3 种生物慢滤池出水的 TP 浓度均有所降低，TP 去除率相应提高。当滤速由 0.2m/h 增加至 0.3m/h 时，3 种生物慢滤池出水的 TP 浓度均有所提高，TP 去除率相应降低。在第一阶段，石英砂生物慢滤池的 TP 去除效果优于活性炭生物慢滤池；在第二阶段和第三阶段，活性炭生物慢滤池的

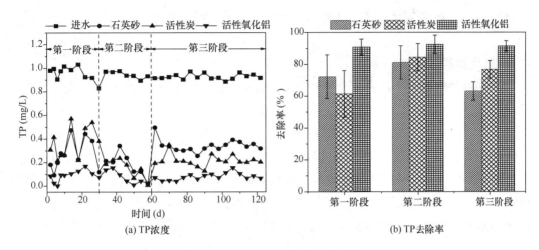

图 3.6-11　生物慢滤的 TP 去除效果

TP 去除效果优于石英砂生物慢滤池。在整个运行期间，活性氧化铝生物慢滤池的 TP 去除效果均最佳，去除率始终在 90% 以上。这可能是由于活性氧化铝有较大的比表面积（297.714m²/g）和孔容积（0.457cm³/g）。

3. 有机物的去除效果

在 0.1m/h（第一阶段）、0.2m/h（第二阶段）和 0.3m/h（第三阶段）滤速条件下石英砂生物慢滤池、活性炭生物慢滤池和活性氧化铝生物慢滤池的有机物去除效果如图 3.6-12 所示。可以看出，在运行 0～82d 期间，3 种生物慢滤池出水的 COD_{Cr} 浓度略有升高。在运行 83～122d 期间，出水的 COD_{Cr} 浓度逐渐降低并趋于稳定，说明滤料表面的生物膜已生长成熟，可提高有机物的去除效果。当滤速由 0.1m/h 增至 0.3m/h 时，石英砂生物慢滤池和活性炭生物慢滤池出水的 COD_{Cr} 浓度均呈增加趋势，COD_{Cr} 的去除率相应降低。但活性氧化铝生物慢滤池的出水在滤速由 0.1m/h 增至 0.2m/h 时 COD_{Cr} 去除率增加，在滤速由 0.2m/h 增至 0.3m/h 时 COD_{Cr} 去除率呈现先增加、后降低的趋势。在第一阶段，活性炭生物慢滤池的 COD_{Cr} 去除效果最佳。在第二阶段和第三阶段，3 种生物慢滤

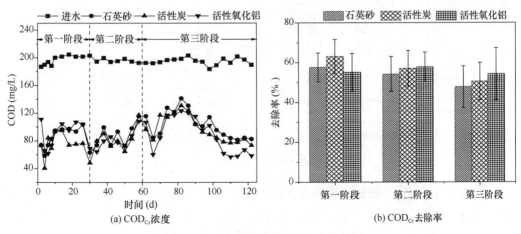

图 3.6-12　生物慢滤的 COD_{Cr} 去除效果

池的 COD_{Cr} 去除效果依次为活性氧化铝生物慢滤池、活性炭生物慢滤池和石英砂生物慢滤池。

4. 微生物群落特性

石英砂生物慢滤池、活性炭生物慢滤池、活性氧化铝生物慢滤池的滤料表面生物膜微生物群落多样性如图 3.6-13 所示。可以看出，30d 膜龄的生物膜物种数量（Observed species）最多（250～290 种），Chao 1 指数最高（295～357），表明初期生物膜的微生物群落也具有较高的丰富度；60～90d 膜龄的生物膜物种数量和 Chao 1 指数略有增加。随着运行时间的延长，3 种生物慢滤池的生物膜香浓（Shannon）指数和基于系统发育树的 PD whole tree 指数均逐渐减小，表明生物膜微生物群落的多样性降低。可知，活性炭滤料表面生物膜的微生物群落丰富度最高，3 种生物慢滤池的微生物群落多样性相差不大。

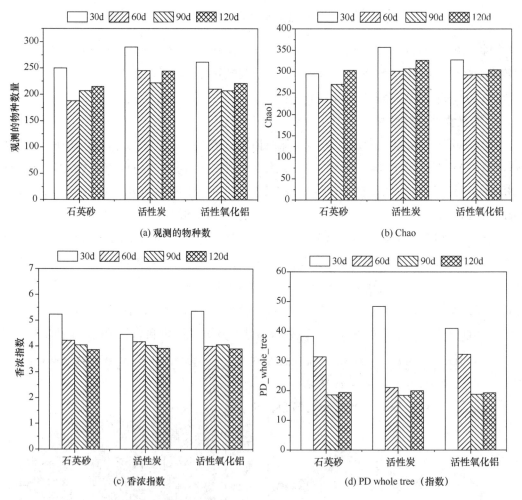

图 3.6-13　生物慢滤池的生物膜微生物群落多样性

石英砂生物慢滤池、活性炭生物慢滤池、活性氧化铝生物慢滤池表面生物膜的微生物群落结构如图 3.6-14 所示。可以看出，主成分 1(PC1) 和主成分 2(PC2) 的解释量分别为 34％和 12％。3 种生物慢滤池的生物膜微生物群落根据滤速聚类为 3 组，即 30d 膜龄的生物膜聚类为第 I 组（滤速 0.1m/h），60d 膜龄的生物膜聚类为第 II 组（滤速 0.2m/h），90d 和 120d 膜龄的生物膜聚类为第 III 组（滤速 0.3m/h）。可见，与滤料种类相比，滤速和生物膜龄对生物慢滤池中生物膜微生物群落结构的影响程度更大。

5. 功能菌及功能基因作用

1）功能菌的组成

筛选出的脱氮功能菌如图 3.6-15 所示。可以看出，25 个脱氮功能菌均为反硝化菌，这可能是由于生物慢滤池内的溶解氧含量低（<0.5mg/L），促进了反硝化菌的生长。生物慢滤池运行至

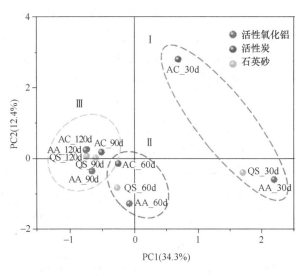

图 3.6-14 生物慢滤池的生物膜微生物群落结构

30d 时，石英砂生物慢滤池和活性氧化铝生物慢滤池的生物膜以金黄杆菌属（*Chryseobacterium*）、食酸菌属（*Acidovorax*）、黄杆菌属（*Flavobacterium*）和土地杆菌

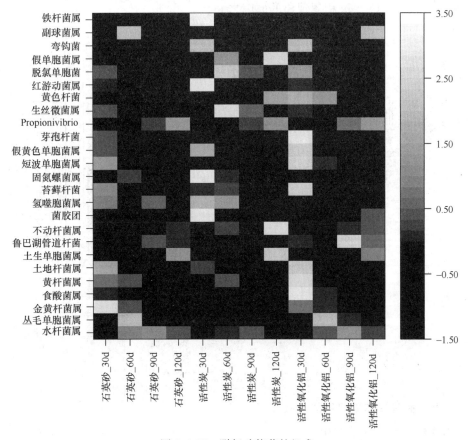

图 3.6-15 脱氮功能菌的组成

属（*Pedobacter*）为主要反硝化菌属，其中食酸菌属（*Acidovorax*）也能同步去除有机物和 NH_4^+-N，黄杆菌属（*Flavobacterium*）兼具除磷的功能；活性炭生物慢滤池生物膜中各菌属的分布较为均匀，其中菌胶团（*Zoogloea*，2.27%）和固氮螺菌属（*Azospira*，1.28%）的相对丰度明显高于其他生物膜。在运行 60～120d 期间，水杆菌属（*Aquabacterium*）和丛毛单胞菌属（*Comamonas*）在 3 种生物慢滤池的生物膜中均占绝对优势，其中丛毛单胞菌属（*Comamonas*）也是一种聚磷菌。可见，运行初期的生物膜中的反硝化菌分布与运行中期和后期存在明显差异。

2）氮代谢功能基因的分布

3 种生物慢滤池的氮代谢功能基因含量及分布的定量分析结果如图 3.6-16 所示。可以看出，共检测出 6 个氮代谢功能基因，包括 2 个硝化基因（*amoA* 和 *hao*）和 4 个反硝化基因（*narG*、*napA*、*nirK* 和 *nirS*）。*amoA* 和 *hao* 分别执行 NH_4^+-N 转化的第一、二步，且 *amoA*（0～9.44× 10^{-1} copies/ng DNA）基因的丰度高于 *hao*（0～5.50× 10^{-3} copies/ng DNA）。反硝化基因 *narG* 和 *napA* 负责将 NO_3^--N 还原为 NO_2^--N，而 *nirK* 和 *nirS* 负责将 NO_2^--N 还原为 NO；*napA*（3.14× 10^{-1}～13.17copies/ng DNA）和 *nirS*（0～27.05copies/ng DNA）基因的丰度高于 *narG*（0～2.29copies/ng DNA）和 *nirK*（0～1.92copies/ng DNA）。可知，反硝化基因丰度远高于硝化基因，这可能是生物慢滤池出水中没有 NO_3^--N 积累现象的原因之一。

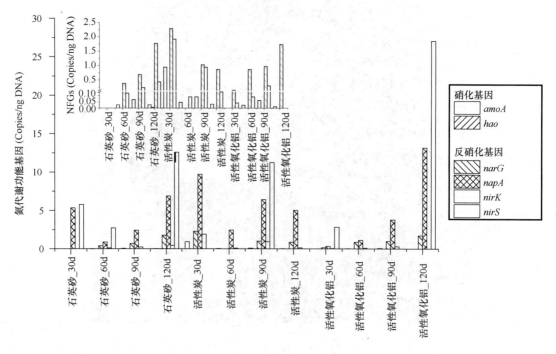

图 3.6-16　氮代谢功能基因的分布

6. 微生物群落与环境因子的关联

1）微生物与环境因子的相关性

采用斯皮尔曼分析得出的优势菌属与水质相关性结果如图 3.6-17 所示。可以看出，柄杆菌属（*Caulobacter*）、丹毒丝菌属（*Erysipelothrix*）、土地杆菌属（*Pedobacter*）、脱硫芽孢弯曲菌属（*Desulfosporosinus*）、紫色杆菌（*Janthinobacterium*）、黄杆菌属（*Flavobacterium*）、食酸菌属（*Acidovorax*）、氮氢单胞菌属（*Azohydromonas*）、梭菌属（*Clostridium*）、金黄杆菌属（*Chryseobacterium*）、克雷伯氏菌属（*Klebsiella*）、代尔夫特菌（*Delftia*）、博斯氏菌属（*Bosea*）和纤维素单胞菌（*Cellulomonas*）与滤速和出水的 NH_4^+-N 浓度呈显著负相关，与温度、pH、NH_4^+-N 去除率和进水的 TP 浓度呈显著正相关，表明在低滤速的运行条件下这些菌属更为丰富，且有助于 NH_4^+-N 的降解，其中丹毒丝菌属（*Erysipelothrix*）、土地杆菌属（*Pedobacter*）、脱硫芽孢弯曲菌属（*Desulfosporosinus*）、食酸菌属（*Acidovorax*）、代尔夫特菌（*Delftia*）、博斯氏菌属（*Bosea*）和纤维素单胞菌（*Cellulomonas*）还与进水的 COD_{Cr} 浓度呈正相关，说明高浓度有机物可促进这些菌属的生长。与之相反，产水乙酸拟杆菌（*Acetobacteroides*）、硫化螺旋菌属（*Sulfurospirillum*）、脱硫弧菌属（*Desulfovibrio*）、甲苯单胞菌属（*Tolumona*）和水杆

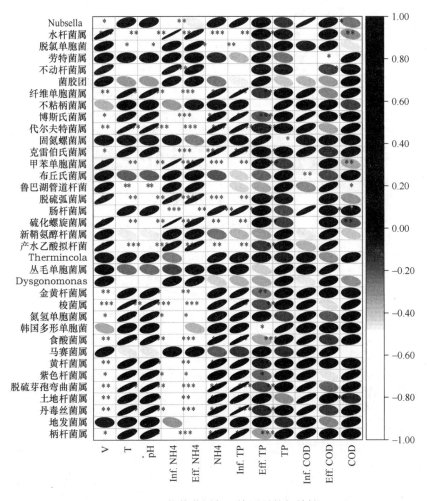

图 3.6-17　优势菌属与环境因子的相关性

菌属（*Aquabacterium*）与滤速、进水和出水的 NH_4^+-N 浓度呈显著正相关，与温度、pH、NH_4^+-N 去除率和进水 TP 浓度呈显著负相关，表明这些菌属更易出现在高滤速的生物慢滤池中，且不利于 NH_4^+-N 的去除。此外，韩国多形单胞菌（*Pleomorphomonas*）和固氮螺菌属（*Azospira*）分别与 TP 去除率呈正、负相关关系（$p<0.05$），鲁巴湖管道杆菌（*Cloacibacterium*）与 COD_{Cr} 去除率呈负相关（$p<0.05$），也体现出对净水效果的影响。

2）环境因子对微生物群落变化的贡献

采用 VPA 分析了滤速、滤料（比表面积、总孔容积和平均孔径）和水质（温度、pH、进出水的 NH_4^+-N、TP 和 COD_{Cr} 浓度及 NH_4^+-N、TP 和 COD_{Cr} 去除率）对微生物群落变化解释度，结果如图 3.6-18 所示。可以看出，在 3 类环境因子中，滤速对微生物群落变化的解释度最高（6.38%），其次为水质（5.21%），滤料的解释度最低（4.4%）。滤速和水质的共同解释度高达 36.38%，且具有统计学显著性（$p<0.01$），体现了二者在微生物群落结构中的协同作用。此外，47.51% 的微生物群落变化仍无法由上述 3 类环境因子解释。

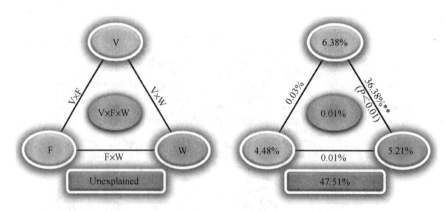

V:滤速 F:滤料 W:水质

图 3.6-18　环境因子对微生物群落变化的贡献

第4章　公共建筑用水系统研究及
节水设备产品研发与工程示范

4.1　引　　言

公共建筑是城市中用水量较大的场所之一，但用水浪费现象普遍，远高于居民家庭生活用水量，具有很大的节水潜力，是我国建设资源节约型社会的重要组成部分。随着节水意识的提高和科技的发展，我国的公共建筑用水情况有了一定的改善，节水型产品设备不断涌现，对应的节水技术研究已成为产品研发的重点和热点。

公共建筑用水主要包括各类建筑（办公建筑、商业建筑、旅游建筑、文化体育建筑等）的设备设施用水，其中，终端卫生器具（坐便器、花洒、水嘴等）用水、中央空调系统用水是公共建筑主要耗水点，具有显著的节水潜力。针对终端用水器具，我国先后发布了一系列强制性国家标准，例如《水嘴水效限定值及水效等级》GB 25501—2019、《淋浴器水效限定值及水效等级》GB 28378—2019 等；2017 年，《水效标识管理办法》的发布和实施进一步推广了高效节水产品，目前该办法已覆盖了坐便器、智能坐便器、淋浴器等终端器具，大大推动了节水技术研究，促进了我国节水产品产业健康快速发展。针对中央空调系统，循环冷却水处理技术是影响系统用水量、卫生和安全的重要因素，《节水型产品通用技术条件》GB/T 18870—2011 对冷却塔漂水率、冷却能力、耗电比等方面提出了技术要求，《绿色建筑评价标准》GB/T 50378—2019 中也包含了空调设备或系统采用节水冷却技术的评分项。因此，应选择节能型设备，优化系统化工和药品使用量，避免过度使用；同时，对循环水进行定期检测和监测，保证循环水清洁、卫生。

此外，公共建筑输配水管网及各设施的漏损水量也不可忽视。我国的供水管网漏损控制指标涵盖了漏损率、漏损水量、平均修复时间、漏检率、结构漏损率等多个方面。其中，漏损率是反映管网漏损情况的重要指标，通常以百分比表示。根据国际惯例，漏损率在 10% 以下为优良水平，10%～20% 为一般水平，超过 20% 为较差水平。平均修复时间是指管网泄漏点被发现后，平均需要多长时间进行修复。这个指标的改进可以缩短管网漏损持续时间，从而减少损失。

因此，公共建筑用水系统对实现水资源高效利用的贡献主要体现在以下几个方面：①通过减少卫生器具用水量，从而大大降低公共建筑用水系统的用水量，其节水效果最为显著。②通过循环冷却水处理技术革新，提高浓缩倍数降低循环冷却水用水量，并减少废水排放，实现公共建筑节水目标，同时保证卫生、环保等需求。③通过用水量精细化计量和管网漏损智能控制，减少系统漏损水量，节约水资源。

为了在保证公共建筑舒适、卫生、安全的同时，又能实现节水的目标，需根据节水方式的不同，分别针对用水终端、循环冷却水处理及漏损控制，进行多项节水技术研究，研发相应节水器具、循环冷却水处理设备和漏损控制装置，并通过工程示范验证产品的适用性、合理性，并不断改进，结合系统用水精准计量，实现公共建筑节水目标。

4.2 公共建筑用水系统节水技术要求

4.2.1 国内外公共建筑用水系统法规政策要求

1. 美国相关法规政策要求

美国是世界上较早实施依法治水的国家之一，现有水法几乎涵盖了水资源开发、利用、保护、管理的全过程，构建了较为完善的水资源保护、开发利用、水污染防治、水体维护和修复的法规框架。美国没有全国性统一的水法，采取多部单行法共同实施的混合型节水立法模式。

美国的建筑法规要求对水暖卫浴等在内的产品进行质量管控，并通过认证表明水暖卫浴产品符合美国的建筑法规，包括产品的质量（节水）、健康卫生、适用性等要求。

美国《联邦法规》10CFR PART 430 的内容涵盖了水嘴、淋浴花洒、小便池、马桶等卫浴产品的节水要求，由美国能源部负责颁布和强制执行。从联邦法规 10CFR PART 430 来看，节水要求也仅是产品标准本身的节水要求，换句话说，符合产品标准，就符合联邦法规 10CFR PART 430 的要求。此外，联邦法规 10CFR PART 430 还要求，凡是落在法规规定范围之内的产品，必须在一年内提交符合节水标准要求的证书报告和符合性声明，否则将导致巨额罚款。

2008 年，美国加州政府批准了《加利福尼亚州绿色建筑标准》（California Green Building Standards Code)，该标准在 2010 年前作为自愿执行标准，但从 2010 年 1 月起强制执行，适用于所有加利福尼亚州新建的公共建筑与居民住宅；2010 年以该标准为基础，通过调整修订部分内容，推出《加利福尼亚州绿色建筑法规 2010》，于 2011 年 1 月 1 日开始强制实施。加利福尼亚州成为美国第一个强制推行绿色建筑认证的州。在该法规4.303 节室内用水中强制要求使用节水型水暖管道产品，实现室内用水量比原有普通建筑标准减少 20%（建议最高目标为 40%），同时要求建筑开发商或者安装方必须使用节水型的卫浴产品，并提供测试报告、声明等资料证明产品符合要求。如果拒绝使用节水产品，将导致巨额罚款。

2014 年发布的《科罗拉多州州议会法令》14-103 条，要求从 2016 年 9 月 1 日开始，台盆水嘴、淋浴花洒、冲洗式小便器、水箱式马桶等室内用水暖产品必须首先获得节水认证（WaterSense），才可以进行销售。

2. 日本相关法规政策要求

日本水资源的法律调控起步较早，相应的法律、法规比较完善，立法、执法的经验比较丰富。日本节水立法模式是混合型立法模式，即先采取制定一部总的、纲领式的、综合性法律，然后根据经济发展、社会需求和法律实践的需要，逐步制定各种单行节水的法律法规。

《河川法》是日本全国性的水法，在日本的水资源管理和利用领域处于纲领性的地位。《河川法》按照水资源的不同用途，将水资源分为生活用水、工业用水和农业用水三大类。

日本在国家及地方层面制定了中水利用的指导计划，如日本福冈市早年出台了《福冈市节水推进条例》和《福冈市再生水利用下水道事业相关条例》，规定建筑面积在 5000m² 以上的新建大型公共建筑物必须配套再生水回用设施，在再生水供给范围内建筑面积达到 3000m² 的大型建筑物必须使用再生水。为了有效利用中水，日本在上水道和下水道之间又专门开设了中水道，新建的政府机关、写字楼、学校、商店、会馆、公园、运动场等公共建筑都要设置中水道，用于厕所冲洗、道路清洁、洗车、城市喷灌和冷却设备等。日本政府还制定了相关的法规条例，并推出减免税金、提供融资和补助金等补贴措施，积极鼓励社会广泛使用中水。

除了利用循环水，日本政府也十分重视雨水的收集利用。日本部分省市要求新建和改建的大型公共建筑群必须设置雨水地下渗透设施，要求城市中的新开发土地每公顷应附设 500m³ 的雨洪调蓄池。日本对雨水利用实行补助金制度，以此促进雨水利用技术的应用以及雨水资源化。

3. 澳大利亚相关法规政策要求

澳大利亚水资源管理的特色是实行区域管理和流域管理相结合的管理体系，管理机构分联邦、州和地方政府三级，其中以州的管理为主。流域内各州的水资源管理由相应州政府机构承担，灌溉协会或供水公司参与管理。

澳大利亚各州层面上，水法由各州、地区自己制定和监督实施，并且有自己的水法及水资源委员会或类似的机构。根据各自的水法，相关机构负责对州内水资源进行评价、规划、分配、监督、开发利用，以及建设州内所有与水有关的工程，包括公共建筑的供水、排水等。澳大利亚从联邦政府到州，都明确了水资源管理机构的职责，实现了水资源的统一管理。以澳大利亚昆士兰州为例，昆士兰州的水务主管部门即昆士兰水务委员会（Queensland Water Commission）根据《澳大利亚水法》（Water Act, 2000），针对非居民用水制定并实施水效管理计划（Water Efficiency Management Plan，简称 WEMP），该计划的目的是使得包括公共建筑在内的商业用水量降低 25%，从而实现昆士兰州的整体节水管理目标。WEMP 规定以下用水单元必须根据要求向水务委员会提出申请并经过评估合格后才能合法用水，包括：

1) 年用水量超过 10000m³ 的所有用户；

2) 年用水量不超过 10000m³ 的园艺花圃、花园以及菜园；

3) 年用水量不超过 10000m³ 的公共泳池；

4) 所有的冷却塔；

5）使用城市供水浇灌，且面积超过 500m² 的非居民用户。

水务委员会重点考察的方面包括节水管理措施、用水设备及用水量统计、冷却塔情况、已采用的节水方法、节水的经济效益评估以及节水行动计划等。对用水设备的要求是按照澳大利亚用水效率标签计划（Water Efficiency Labelling and Standards Scheme）的要求，使用经过认证的节水设备。

4. 新加坡相关法规政策要求

新加坡的水资源由新加坡公共事业管理局（Public Utilities Board，PUB）统筹规划、统一管理，包括对水资源的开发、利用、保护、供水、排水、处理、雨水排水的管理等一切涉水事务，并确立了开源与节流并举的可持续水务管理思路。新加坡先后颁布了《公共设施法》（Public Utilities Act）、《公共事业（供水）管理条例》[Public Utilities（Supply）Regulations] 等，对建筑中的用水器具提出了节水技术要求，对违反法律或规定的将处以罚款甚至判刑。

对于包括公共建筑在内的非家庭房屋的用水，必须向公共事业管理局提出申请并经允许后方能使用。公共事业管理局从 1983 年起核查申请的用水量，并对该用水量进行分解评估。另外，所有用户必须保证采取相应措施节约用水，以减少用水需求量。同时，从 1983 年起，新加坡所有办公大楼、大厦等公共建筑均强制安装水嘴节水装置或自闭式水嘴等节水设备。1997 年起，除公共厕所外，所有马桶均须换成超低冲水量（3.5～4.5L/次）的节水型马桶。此外，所有浴缸最大有效容积，不得超过 250L；所有冷却系统用水，必须循环使用；所有工业或商用锅炉，必须安装用水前处理设备，以减少水排放量；用于花园、高尔夫球场或运动场的浇灌设备，不得使用自来水；所有洗车场必须安装回用水设备，不得完全使用自来水。

5. 中国相关法规政策要求

我国历来十分重视节水工作，经过几十年的发展，我国节水制度形成了以基本法为支撑，以行政法规、部门规章为补充的节水法律法规体系。

节水法规最早出现在 1961 年中共中央批转农业部和水利电力部《关于加强水利管理工作的十条意见》中，这可谓我国现代最早的水资源管理法规。

我国正式将节水纳入国家法律，是 1988 年出台的《中华人民共和国水法》（以下简称《水法》）。《水法》是中国水法律规范体系的核心，是有关水的基本法，是制定水法律法规的主要依据之一。《水法》自 1988 年首次发布以来，经历了 3 次修正，但不管是首次制定，还是后续修正，都明确提出了国家的节水管理要求。最新的《水法》（2016 年）提出"城市人民政府应当因地制宜采取有效措施，推广节水型生活用水器具，降低城市供水管网漏失率，提高生活用水效率；加强城市污水集中处理，鼓励使用再生水，提高污水再生利用率""新建、扩建、改建建设项目，应当制定节水措施方案，配套建设节水设施"。将节约水资源的要求纳入到法律中来，提升了节约水资源在立法上的高度，解决了水管理方面存在的权力分散、职能错位等问题，提高了水资源管理的效率。

除此之外，我国还制定了很多与水资源节约相关的法规、政策性文件和相关规章制度，例如《水污染防治行动计划》和《国家节水行动方案》等。这些文件为我国的水资源节约制度提供了基础性保障，完善了水资源节约制度的细节部分，为水资源节约工作提供了具体的实施办法。

2015 年 2 月，中共中央政治局常务委员会会议审议通过《水污染防治行动计划》（以下简称《水十条》），同年 4 月 2 日成文，4 月 16 日发布。《水十条》中再次强调节水的重要性，指出"加快技术成果推广应用，重点推广饮用水净化、节水、水污染治理及循环利用、城市雨水收集利用、再生水安全回用、水生态修复、畜禽养殖污染防治等适用技术"，并且指出要从"控制用水总量""提高用水效率""科学保护水资源"等多角度着力"节约保护水资源"，《水十条》从技术推广、源头控制、生态修复等多角度、多维度提供了节水方法，将节水推向了一个新高度。

2017 年 9 月，国家发展和改革委员会、水利部、国家质量监督检验检疫总局联合发布《水效标识管理办法》，要求生产者应当于产品出厂前、进口商应当于产品入境前向授权机构提交完整备案材料，并申请水效标识备案，否则一律不得销售。目前已经实行水效标识的产品包括坐便器、智能坐便器、洗碗机、淋浴器、净水机。

2019 年 4 月，国家发展和改革委员会、水利部联合印发《国家节水行动方案》（以下简称《方案》），提出了不同阶段的节水目标。《方案》指出，"要深入开展公共领域节水等重点行动，大力推广绿色建筑，新建公共建筑必须安装节水器具""在公共建筑等领域，引导和推动合同节水管理"。

2021 年 10 月，国家发展和改革委员会、水利部、住房和城乡建设部、工业和信息化部、农业农村部联合印发《"十四五"节水型社会建设规划》，指出"在城市公共供水管网漏损治理、公共机构、公共建筑、高耗水工业、高耗水服务业等领域推广合同节水管理"，并将公共机构节水示范列为城镇节水重点工程，要求"新改扩建公共建筑必须采用节水器具，限期淘汰不符合水效标准要求的用水器具。实施公共机构节水改造，提高用水效率，创建 100 家以上节水型高校、500 家节水型机关"。

除了以上提到的国家部委出台的相关制度法规，地方政府也相继出台了相关的用水管理办法、条例或者规划，比如《北京市节约用水办法》《江苏省节约用水条例》《浙江省节约用水办法》《上海市节水型社会（城市）建设"十四五"规划》等。这些条例或者办法也提出在公共建筑中推广使用节水型器具（例如 IC 卡智能收费系统、节水型水嘴、节水型坐便器、节水型淋浴花洒等），完善计量水设施，甚至提出一定规模的新建建筑物/公共建筑安装中水设施，配备建设雨水净化、渗透和收集利用系统等要求。

4.2.2　国内外公共建筑用水系统认证要求

1. 美国相关节水认证

美国节水认证模式是自愿性认证为主，强制性要求和自愿性认证并存的模式。强制性要求主要包括建筑法规中的相关要求，自愿性认证比较有代表性的是 WaterSense 认证。

WaterSense Program 中文译为"水意识计划"，是美国国家环境保护局（EPA）支持和赞助的半官方性伙伴计划，法律依据是美国净水法案（Clean Water Act）以及安全饮用水法案（Safe Drinking Water Act）的相关条文。该计划的目的是希望通过购买粘贴WaterSense标志的产品，在不改变生活用水习惯的前提下，识别市场同类产品中的高效、节水型产品，减少公共建筑与居民住宅水资源的浪费，达到节省水资源的效果。该计划中涉及的公共建筑用水产品包括淋浴喷头、浴室水嘴、商用马桶、小便器、商用厨房预冲洗喷头、灌溉控制器等。

符合WaterSense计划的马桶，冲刷用水量比传统的同类产品节约20％。在严格控制用水量的同时，WaterSense对于冲刷能力的要求丝毫没有降低，在认证测试的项目中，有多项标准甚至要高于传统测试。比如节水型坐便器产品（HET，High Efficiency Toilet），在进行相关测试时，节水型马桶必须首先满足ASME A112.19.2的相关要求，同时单档马桶应保证每次冲水量不超过1.28gal（4.8L），双挡马桶应保证每次有效冲水量（两次半冲和一次全冲用水量的平均值）不超过1.28gal（4.8L）。符合WaterSense相关标准的水嘴，在流量设计方面比传统的同类产品减少32％～45％。尽管WaterSense认证在美国并非强制执行，属于自愿认证，但非常受重视，也被个别地区如科罗拉多州作为强制性认证推行。

2. 日本相关节水认证

日本鲜有专门针对建筑节水产品的认证，相关节水产品的认证都涵盖在其他认证制度中。日本比较典型的认证包括日本工业标准认证（JIS认证）和优良住宅产品认证（BL产品认证）。

JIS认证是根据日本工业标准化法的规定，自1949年7月开始实行的质量标志制度，最初仅以产品为对象。目前，现行的JIS标准共有超过1万个，细分为19项，其中建筑用水产品的认证包括住宅用综合卫生间、住宅用浴室设备、住宅用厕所设备、住宅用洗手间设备等。

BL产品认证主要针对建筑中大量使用的部品进行认证，如卫生器具、门窗、内外装修、建筑设备等。BL认证的部品必须是在工厂里生产的，具有优良（高于一般）质量的部品。BL认证建立于1974年，至今已建立了58类部品的认定标准，并开展了相应的认定工作。

3. 澳大利亚相关节水认证

澳大利亚的节水认证由起初的自愿性认证逐步转变为了强制性认证。

澳大利亚政府于2005年7月1日推出水效率标签计划（Water Efficiency Labeling Scheme），规定家庭用水产品在全国范围内实施最低水效标准，并根据产品水效加贴WELS标识。该计划最初采用自愿性形式，于2006年7月1日起转为强制性要求。水效率标签计划的法律依据是《水效标识和标准法案2005》。水效率标签计划监管机构是依据《水效标识和标准法案2005》成立的，隶属于澳大利亚环境部环境质量司，具体负责水效率标签计划的监督和执行，是保证水效率标签计划完整性和可信度的部门。目前，澳大利亚水效率标签计划实施覆盖的产品包括淋浴器、水嘴装置、流量控制器、洗手间设施、小便器设施、洗衣机、洗碗机等产品。水效率标签计划依据的标准是澳大利亚和新西兰联合标准 AS/NZS 6400:2016《水效产品等级和标识签》（Water efficient products Rating and labelling）。根据技术要求，下面列出了水嘴基于流量的 WELS 星级评定：

0 星级：每分钟高于 16L，或没有通过性能要求测试；

1 星级：每分钟高于 12L 但低于 16L；

2 星级：每分钟高于 9L 但低于 12L；

3 星级：每分钟高于 7.5L 但低于 9L；

4 星级：每分钟高于 6L 但低于 7.5L；

5 星级：每分钟高于 4.5L 但低于 6L；

6 星级：每分钟低于 4.5L。

澳大利亚政府通过实施水效率标签计划，国内每年将减少用水量 1 亿 m^3 以上，总计节约 8 亿 m^3 的水，每年减少温室气体排放量 40 万 t。

除了水效率标签计划，这里特别要提到的是澳大利亚著名的节水产品 WaterMark 认证。所有在澳大利亚安装的卫浴产品都需要强制进行此项认证，WaterMark 认证也是节水认证 WELS 的前提条件。WaterMark 认证是澳大利亚标准局（Standards Australia Limited）的认证标志，是由独立认证机构提供的产品质量认证，确保产品符合澳大利亚相关的卫浴法规以及产品标准。WaterMark 认证的产品分为 Level 1 和 Level 2 两个等级。Level 1（高风险）等级的产品认证须通过产品检测、安全评估和工厂审核；Level 2（低风险）等级的产品认证只需通过产品检测即可。WaterMark 认证的产品包括水嘴、水阀、水管、水箱配件、花洒、浴缸、管接头等供水、排污类产品。

4. 新加坡相关节水认证

新加坡对水嘴、小便器、冲水马桶等产品推行强制性认证，但对淋浴花洒、洗衣机则推行自愿性认证。

公共事业管理局为了降低人均用水量，也推行水效率标签计划。新加坡通过零售渠道，向消费者提供全国一致的水效率信息，并鼓励生产商设计更加节水的产品，来解决用水产品高耗水的问题。新加坡水效率标签计划规定所有在新加坡销售的卫浴产品（特别是水嘴、小便器、冲水马桶），必须符合 WELS 的节能流量测试后方可销售，否则将是违法的，而对于淋浴花洒和洗衣机暂时还没有强制规定，但鼓励购买具有 WELS 标示的淋浴花洒和洗衣机产品。

5. 中国相关节水认证

相比发达国家，我国节水产品认证工作起步较晚，且为自愿性认证。经过 10 余年的发展，节水自愿性认证的种类已经比较齐全，但真正进行节水认证的产品仍不多。

回顾我国节水产品的认证工作，取得实质性突破是在 2003 年。2003 年由中国节能产品认证中心公布了我国首批通过认证的节水产品型号及其生产企业名单（其中包括水嘴、坐便器和便器冲洗阀三大类产品）。在此之后，中国质量认证中心、中国建材检验认证集团股份有限公司、北京新华节水产品认证有限公司等多家机构陆续开展节水产品认证工作。除了自愿性认证，这里不得不提及我国从 2017 年起开始推行的水效标识工作。尽管水效标识不是认证工作，但它作为一项强制性要求，为推广高效节水产品，提高用水效率，促进我国节水产品产业健康快速发展起到了重要作用。《水效标识管理办法》由国家发展和改革委员会、水利部、国家质量监督检验检疫总局于 2017 年 9 月联合发布。水效标识制度是市场经济条件下政府对用水产品管理的重要举措。水效标识是附在用水产品上的信息标签，用来表示产品的水效等级、用水量等性能指标，目的是引导消费者选择高效节水产品。建立水效标识制度，具有重要的现实意义，现在已经开展水效标识工作的产品为坐便器、智能坐便器、洗碗机、淋浴器、净水机，其他产品的水效标识实施办法正在制定中。

4.2.3 国内外公共建筑用水系统技术标准要求

1. 绿色建筑评价与节水建筑设计指南

建筑物在开发、维护和使用过程中会消耗约 50% 的用水总量。美国、英国等发达国家借助绿色建筑标准体系及认证的推进，对节水技术的开发和管理提出了一系列要求和建议，建立了积极的市场引导机制，形成了良性循环的市场氛围。绿色建筑评估体系的建立和推广，已成为推进公共建筑节水管理的重要市场手段和工具。此外，建筑节水设计指南与规范从设计端对建筑用水系统提出了相关的技术要求与指导，对促进公共建筑节水技术的发展起到了积极作用。

1）美国绿色建筑评价标准

美国绿色建筑评价标准（LEED v4）中，对公共建筑用水系统与产品的要求主要包括室外用水减量和室内用水减量两部分。

（1）室外用水减量分为无需灌溉和减少灌溉量两类。对于无需灌溉需要证明景观在长达两年的定植期内不需要永久灌溉系统；对于需要室外灌溉的情况，采用与基线相比的方式评价，见表 4.2-1。

LEED v4 中减少灌溉用水评价指标　　　　　　表 4.2-1

室外灌溉基线取值	与基线相比节水百分比（%）
场址浇灌高峰用水月份的用水量	50
	100

（2）室内用水减量主要指室内的用水器具及设备的节水情况。表 4.2-2 中列出了用水器具的基线及与基线相比下降的比例。所有新安装的坐便器、小便器、私人使用卫生间水嘴和淋浴花洒都必须有 Water Sense 标签。

LEED v4 中用水器具的用水评价指标　　　　　　表 4.2-2

器具	基线（IP 单位）	基线（SI 单位）	与基线相比节水百分比（%）
坐便器 *	1.6gpf	6.0lpf	25
小便器 *	1.0gpf	3.8lpf	30

器具	基线（IP 单位）	基线（SI 单位）	与基线相比节水百分比（%）
台盆（盥洗室）水龙头	413.7kPa 压力下 0.5gpm，除私人使用的用水器具外的其他所有用水器具	415kPa 压力下 1.9lpm，除私人使用的用水器具外的其他所有用水器具	35
私人使用卫生间水龙头	413.7kPa 压力下 2.2gpm	415kPa 压力下 8.3lpm	40
厨房水龙头（专用于灌装操作的水龙头除外）	413.7kPa 压力下 2.2gpm	415kPa 压力下 8.3lpm	45
淋浴喷头 *	551.6kPa 压力下 2.5gpm	550kPa 压力下 9.5gpm	50

* 表示该产品类型使用 WaterSense 标签。

注：gpf＝每次冲水加仑数，gpm＝1gal/min，lpf＝每次冲水升数，lpm＝1L/min。

除了室内器具，LEED v4 中还对冷却塔提出了要求，规定高效除水器在逆流式冷却塔中减少漂水量，其漂水量不超过再循环水量的 0.002%，在横流塔中将漂水量减至不超过再循环水量的 0.005%。

2）英国绿色建筑评价标准

英国建筑研究中心于 1990 年提出了英国建筑研究院环境评估方法（BREEAM），它是国际上首套实际应用于市场和管理的绿色建筑评估体系，之后该标准也经过了多次修改，不断趋于完善。在绿色建筑评估体系领域，BREEAM 是先行者。

BREEAM 体系中关于公共建筑用水系统与产品的要求，主要通过采用节水灌溉以及节水器具等方式节约水资源。

（1）BREEAM 要求节水灌溉系统可以在以下几条中任选一个：①采用滴灌系统，配合土壤湿度感应器，同时灌溉系统要根据不同植被种类进行分区控制；②采用非传统水源进行绿化灌溉；③场地内的植被全部依靠自然降雨生存；④仅采用无需灌溉的耐候型植被；⑤采用全人工灌溉方式。可见，BREEAM 对于节水灌溉的方式要求还是比较灵活的，而且不仅仅依赖于节水的设备设施，植被物种的选择和人工的参与也有助于灌溉节水。

（2）在节水器具方面，BREEAM 的要求并不苛刻，具体要求见表 4.2-3。

BREEAM 中用水器具的节水要求　　　　　　　　　　　　表 4.2-3

器具	要求
马桶	最低要求有效冲水量小于或等于 4.5L； 其次可以选用冲水量在 3L 以下的设备或者加设延时供水阀
水嘴	流量小于或等于 6L/min，并设自动感应装置； 或者采用泡沫水嘴减少出水量
淋浴器	每分钟 9L，压力 0.3MPa，供水温度 37℃，同时需要设置一个自动停水装置，一旦一次用水量到达 100L 后将自动断水
小便器	采用超级节水设施或无水设计，或者采用人员感应装置，每次使用完后自动冲水

3）新加坡节水建筑设计指南

新加坡公共事业管理局推出了针对节水建筑的指导手册和评价标准，比较有代表性的是《节水建筑设计指南》，其中就包括楼宇等公共建筑用水器具的节水要求，具体要求见表 4.2-4 和表 4.2-5。

《节水建筑设计指南》中用水器具的节水要求   表 4.2-4

用水器具	最大允许流量（L/min）	节水流量（L/min）
洗脸盆水嘴	6	2（公共、员工用厕所） 4（其他区域）
淋浴喷头（宾馆）	12	7
淋浴喷头（其他）	9	7
水槽、厨房及其他水嘴（浴缸龙头除外）	8	6

《节水建筑设计指南》中延时自闭式水嘴及冲水时长   表 4.2-5

用途	最大允许流量（L/min）	冲水时长（s）
洗脸盆水嘴	6	2～3
淋浴喷头（宾馆）	12	13～15
淋浴喷头（其他）	9	13～15

4）我国绿色建筑评价标准

我国于 2019 年 3 月发布了新版的《绿色建筑评价标准》GB/T 50378—2019，相对于 2014 版，在评价指标体系、评价方法等方面作出了重大调整，这里主要梳理了《绿色建筑评价标准》GB/T 50378—2019 中有关节水的内容。

《绿色建筑评价标准》GB/T 50378—2019 中涉及节水要求的主要在生活便利、资源节约两部分内容中，具体要求见表 4.2-6。

《绿色建筑评价标准》GB/T 50378—2019 中节水指标相关要求   表 4.2-6

类别	要求
生活便利	用水远传计量
	建筑平均日用水量满足现行国家标准《民用建筑节水设计标准》GB 50555—2010 中节水用水定额的要求
资源节约	水资源利用方案、用水分项计、减压限流、节水器具及设备
	使用较高用水效率等级的卫生器具（2 级或 1 级）
	绿化灌溉及空调冷却水系统采用节水设备或技术
	景观水体利用雨水（室外景体利用雨水的补水量大于水体蒸发量的 60%）
	非传统水源利用（绿化灌溉、车库及道路冲洗、洗车用水、冲厕、冷却水补水）

《绿色建筑评价标准》GB/T 50378—2019 鼓励设置用水远传计量系统，为节水运行提供信息辅助和效果验证。用水远传计量系统采用远传水表代替传统的机械水表，通过远传水表的信号采集、数据处理、存储及数据上传功能，可以将用水量数据实时上传到管理系统。采用远传计量系统对各类用水进行计量，可准确掌握项目用水现状、用水总量和各

用水单元之间的定量关系，分析用水的合理性，发掘节水潜力。

平均日用水量是根据建筑实际运行期间的年总用水量、用水天数及用水单位数量计算得到的，可以体现建筑中各项节水技术和节水运行策略的综合实施效果，能够更加直观地体现实际节水效果。

用水量分项计量是量化节水和管网检漏的基础，减压限流措施在避免无效水量浪费的方面具有显著效果，二者几乎成为当前绿色建筑的"标配"。

采用节水器具和设备依然是建筑水资源节约的重要措施之一。节水器具用水效率等级是衡量用水器具节水性能差异性最直观的指标。近年来，我国关于各类用水器具的用水效率等级标准在不断更新和扩大适用范围，同时也促进了越来越多节水性能更好的节水器具广泛普及和应用。

绿化灌溉用水和空调冷却水系统补水也在建筑用水构成中占据着较高份额。《绿色建筑评价标准》GB/T 50378—2019 鼓励绿色建筑进一步采用灌溉系统节水控制措施和无蒸发耗水冷却系统。从节水角度出发，对于不设置空调设备或系统的建筑，由于没有空调系统等导致的水耗，则可以在"空调冷却水系统采用节水设备或技术"这一评分项中直接得分。

景观水体、雨水、非传统水源的再利用，都能在一定程度上实现节水。自然界的地表水体大多是由雨水汇集而成，结合场地的地形地貌汇集雨水，用于景观水体的补水，是节水及保护、修复水生态环境的最佳选择。绿化灌溉、车库及道路冲洗、洗车、冲厕、冷却水补水等杂用水则采用非传统水源补水来实现最大程度的节水效果。

2. 国内外用水产品与设备标准

用水产品与设备主要包括水嘴、坐便器、淋浴器、洗衣机、循环冷却水设备、灌溉设备等。国内外对这些产品都有相应的标准规范，以此来引导和规范用水产品与设备的发展。

1）水嘴

（1）国内外主要标准

澳大利亚将水嘴的水效等级细分为 7 个，对水嘴用水效率的规定较为细化；日本主要以《供水龙头》JIS B 2061:2017 来规范国内水嘴；美国则以 ASME 系列标准为水嘴的指导标准，并将标准范围延伸至与之对应的供水管道。我国的水嘴标准应用最广的是《陶瓷片密封水嘴》GB 18145—2014，另外一个比较重要的标准是《水嘴水效限定值及水效等级》GB 25501—2019，它进一步将水嘴用水效率等级分为 1 级、2 级和 3 级，其中 1 级用水效率最高，即水嘴用水流量最小。国内外主要的水嘴标准清单见表 4.2-7。

国内外主要水嘴标准清单　　　　　　　　　　　　　　　　　表 4.2-7

地区及国家	标准编号	标准名称
澳大利亚	AS/NZS 3718:2005	《供水用水嘴》
	AS/NZS 6400:2016	《水能效产品—等级和标签》
欧洲	EN 817：2008	《卫生用水嘴—机械混合阀（PN10）—通用技术要求》
	EN 1112：2008	《卫生设备供水用花洒通用技术要求》

地区及国家	标准编号	标准名称
美国	ASME A112.19.2-2018/CSA B45.1-18	《陶瓷卫生洁具》
	ASME A112.19.9M-1991	《无釉层陶瓷卫生设备》
	ASME A112.19.14-2013	《装备双重冲洗装置的六升抽水马桶》
	ASME A112.18.1-2018/CSA B 125.1-18	《管道器具配件》
	ASME A112.1016-2017	《独立淋浴设备和浴盆/花洒组合用自动补偿阀性能要求》
日本	JIS B 2061:2017	《供水龙头》
中国	GB/T 24293—2009	《数控恒温水嘴》
	GB 25501—2019	《水嘴水效限定值及水效等级》
	GB 18145—2014	《陶瓷片密封水嘴》
	GB/T 31436—2015	《节水型卫生洁具》
	CJ/T 164—2014	《节水型生活用水器具》
	CJ/T 194—2014	《非接触式给水器具》
	CJ/T 406—2012	《不锈钢水嘴》
	JC/T 758—2008	《面盆水嘴》
	JC/T 2115—2012	《非接触感应给水器具》
	QB/T 1334—2013	《水嘴通用技术条件》
	QB/T 4000—2010	《感应温控水嘴》

（2）水嘴节水技术要求对比

从水嘴标准中的技术要求来看，流量、抗水压机械性能、密封性能以及抗使用负载与水嘴的节水性能关系十分密切，因此国内外水嘴相关的标准中均对这些指标提出了要求，这些参数的区别见表 4.2-8。

国内外水嘴标准主要节水指标对比   表 4.2-8

指标	美国《陶瓷卫生洁具》ASME A112.18.1-2018/CSA B125.1-18	欧洲《卫生用水嘴—机械混合阀(PN10)—通用技术要求》EN 817:2008	澳大利亚《供水用水嘴》AS/NZS 3718：2005	日本《供水龙头》JIS B 2061:2017	中国《陶瓷片密封水嘴》GB 18145—2014
流量（普通洗涤水嘴、洗面器水嘴）（L/min）	普通型： 浴缸水嘴：$Q \geqslant 9.0$； 净身器水嘴：$Q \geqslant 5.7$； 洗衣机水嘴：$Q \geqslant 15$； 面盆水嘴：$Q \leqslant 8.3$ 节水型： 高效盥洗室水嘴：$Q \geqslant 3.0$ $Q \leqslant 5.7$； 公用面盆水嘴：$Q \leqslant 1.9$； 厨房水嘴：$Q \leqslant 8.3$	普通型：$Q \leqslant 12.0$ 节水型：$4.0 \leqslant Q \leqslant 9.0$	0星(警告)：$Q > 16$； 1星：$12.0 < Q \leqslant 16.0$； 2星：$9.0 < Q \leqslant 12.0$； 3星：$7.5 < Q \leqslant 9.0$； 4星：$6.0 < Q \leqslant 7.5$； 5星：$4.5 < Q \leqslant 6.0$； 6星：$1.1 < Q \leqslant 4.5$	$Q \geqslant 0.5$	普通型：$3.0 \leqslant Q \leqslant 9.0$； 节水型：$3.0 \leqslant Q \leqslant 7.5$

续表

指标	美国 《陶瓷卫生洁具》 ASME A112.18.1- 2018/CSA B125.1-18	欧洲 《卫生用水嘴—机械 混合阀(PN10)— 通用技术要求》 EN 817:2008	澳大利亚 《供水用水嘴》 AS/NZS 3718：2005	日本 《供水龙头》 JIS B 2061:2017	中国 《陶瓷片密封 水嘴》 GB 18145—2014
密封性能	无渗漏	无渗漏	无开裂、渗漏和其他缺陷	无相关要求	无渗漏
抗水压机械性能	无永久性变形	无永久性变形	无开裂、破损、变形和其他缺陷	无变形、破损、漏水等	无永久性变形
抗使用负载	无变形或损坏等现象出现	无变形或损坏等削弱水嘴功能的情况出现	经力矩试验后，水嘴无变形、损坏或其他削弱水嘴功能的情况出现	无变形损坏现象	无变形或损坏等削弱水嘴功能的情况出现

在流量、密封性能、抗水压机械性能、抗使用负载几个指标中，最直接反映节水能力的指标是流量。欧盟和美国根据流量大小，将水嘴分为普通型和节水型，澳大利亚则根据流量大小将水嘴分为 7 个星级。我国与欧盟和美国类似，将水嘴分为普通型和节水型。

（3）水嘴节水性能测试方法对比

水嘴流量测试方法的不同点主要在于供水压力以及保压时间上的不同，这是由于不同国家供水管网的供水压力不同所致。我国供水管网的供水压力为 0.1MPa，美国供水管网的供水压力为 0.4～0.6MPa，欧洲各国的供水压力为 0.25～0.30MPa，澳大利亚的供水管网供水压力波动比较大，为 0.15～0.65MPa，平均供水压力为 0.52MPa。因此，澳大利亚在水嘴流量的检测上也与众不同。在澳大利亚标准《供水用水嘴》AS/NZS 3718：2005 中，要求分别在 0.15MPa、0.25MPa 和 0.35MPa 下测试流量，取平均值作为最终流量结果，并且对每个压力下流量测试值的差值有所要求，这样既保证了同一压力下的流量均匀性，也可以较为全面地评价水嘴的流量水平。相对于其他国家的水嘴流量检测，澳大利亚的检测方法能更好地评价水嘴的流量性能。与澳大利亚相比，大多数国家供水管网的供水压力相对比较稳定，波动性不大，因此不需要使用这么繁琐的检测方法，各国会根据自己国家供水管网的供水压力，以某一个水压下的流量最小值（或最大值）为流量检测结果，以最简单有效的方式评价水嘴的流量性能。具体测试方法对比见表 4.2-9。

国内外水嘴节水指标测试方法对比 表 4.2-9

指标	美国 《陶瓷卫生洁具》 ASME A112.18.1- 2018/CSA B125.1-18	欧洲 《卫生用水嘴—机械 混合阀(PN10)— 通用技术要求》 EN 817:2008	澳大利亚 《供水用水嘴》 AS/NZS 3718：2005	日本 《供水龙头》 JIS B 2061:2017	中国 《陶瓷片密封 水嘴》 GB 18145—2014
流量（普通洗涤水嘴、洗面器水嘴）(L/min)	0.14MPa 测最小流量；0.41MPa 测最大流量	动压 0.3MPa	Q 为 0.15MPa、0.25MPa 和 0.35MPa 下的流量平均值，每个压力下最大值和最小值的差不超过 2.0L/min	正常供水压力	动压 0.1MPa

指标	美国 《陶瓷卫生洁具》 ASME A112.18.1-2018/CSA B125.1-18	欧洲 《卫生用水嘴—机械混合阀(PN10)—通用技术要求》 EN 817:2008	澳大利亚 《供水用水嘴》 AS/NZS 3718:2005	日本 《供水龙头》 JIS B 2061:2017	中国 《陶瓷片密封水嘴》 GB 18145—2014
密封性能	0.14MPa，10℃，冷水，无渗漏 0.14MPa，66℃，热水，无渗漏 0.86MPa，10℃，冷水，无渗漏 0.86MPa，66℃，热水，无渗漏	静压 1.6MPa，60s，阀芯及上游过水通道无渗漏 堵住出水口，静压，0.4MPa，60s，阀芯下游无渗漏 静压降至0.02MPa，60s，阀芯下游无渗漏	静压 2.0MPa，10~15s，无渗漏	无相关要求	静压 1.6MPa，60s，阀芯及上游过水通道有无渗漏 堵住出水口，静压0.4MPa，60s，阀芯下游有无渗漏
抗水压机械性能	普通型：3.45MPa，60s 节水型：1.03MPa，60s	静压 2.5MPa，60s，观察阀芯上游变形情况 动压 0.4MPa，60s，观察阀芯下游变形情况	静压 3.0MPa，60s	静压 1.75MPa，无变形、破损、漏水等	静压 2.5MPa，60s，观察阀芯上游变形情况 动压 0.4MPa，60s，观察阀芯下游变形情况
抗使用负载	承受 45N 的线性力以及 1.7N·m 的力矩，观察有无变形或损坏等现象出现	承受(6±0.2)N·m 力矩后，观察有无变形或损坏等削弱水嘴功能的情况出现	DN6~DN15：(11±1)N·m DN20：(14±1)N·m DN25：(19±1)N·m DN32：(24±1)N·m DN40：(34±1)N·m DN50：(39±1)N·m	手动进行开关切换，观察有无变形损坏现象	承受(6±0.2)N·m 力矩后，观察有无变形或损坏等削弱水嘴功能的情况出现

2）淋浴器

（1）国内外主要标准

澳大利亚以《淋浴基础和淋浴房》AS 3662:1996 与《水能效产品—等级和标签》AS/NZS 6400:2016 为主要标准对淋浴器的水效等级进行规范；欧洲主要以《卫生设备供水用花洒通用技术要求》EN 1112:2008 来规范两种不同供水系统下的淋浴器；美国主要以 ASME A112.18 系列标准对淋浴器进行规定；我国淋浴器标准应用比较广的是《卫生洁具 淋浴用花洒》GB/T 23447—2009 以及《淋浴器水效限定值及水效等级》GB 28378—2019。详细标准见表 4.2-10。

国内外主要淋浴器标准清单 表 4.2-10

地区及国家	标准编号	标准名称
澳大利亚	AS 3588:1996	《淋浴基础和淋浴房》
	AS/NZS 3662:2013	《淋浴花洒性能》
	AS/NZS 6400:2016	《水能效产品—等级和标签》
欧洲	EN 817:2008	《卫生用水嘴—机械混合阀（PN10）—通用技术要求》
	EN 1112:2008	《卫生设备供水用花洒通用技术要求》
美国	ASME A112.18.1-2018/CSA B125.1-18	《管道器具配件》
	ASME A112.18.6-2017/CSA B125.6-17-17	《柔性水管连接器》

地区及国家	标准编号	标准名称
中国	GB 18145—2014	《陶瓷片密封水嘴》
	GB/T 23447—2009	《卫生洁具　淋浴用花洒》
	GB 28378—2019	《淋浴器水效限定值及水效等级》
	JC/T 760—2008	《浴盆及淋浴水嘴》
	QB/T 4050—2010	《淋浴器》
	QB/T 5281—2018	《数显花洒》
	QB/T 5418—2019	《恒温淋浴器》
	CSC/T 36.1—2006	《淋浴器节水产品认证技术要求　第 1 部分：机械式淋浴器》
	CSC/T 36.2—2006	《淋浴器节水产品认证技术要求　第 2 部分：非接触式淋浴器》
	CSC/T 38—2006	《淋浴房节水产品认证技术要求》

（2）淋浴器节水技术要求对比

在淋浴器标准的技术要求中，流量是与淋浴器节水性能关系最密切的指标，除此之外，喷射力、机械强度、温降等指标也会影响淋浴器的节水效果。国内外淋浴器标准中流量等参数的对比结果见表 4.2-11。

国内外淋浴器标准主要节水指标对比　　　　表 4. 2-11

指标	美国《管道器具配件》ASME A112.18.1-2018/CSA B125.1-18	欧洲《卫生设备供水用花洒通用技术要求》EN 1112：2008	澳大利亚《淋浴花洒性能》AS 3662-2013		中国《卫生洁具淋浴用花洒》GB /T 23447—2009
流量 Q (L/min)	高效型： $4.56 \leqslant Q \leqslant 7.6$ (0.14MPa) $5.7 \leqslant Q \leqslant 7.6$ (0.31MPa、0.55MPa) 普通型：$Q \leqslant 9.5$	供水系统 1（0.05～1MPa）： ZZ：$1.5 \leqslant Q < 7.2$ Z：$7.2 \leqslant Q < 12$ A：$12 \leqslant Q < 15$ S：$15 \leqslant Q < 20$ B：$20 \leqslant Q < 25$ C：$25 \leqslant Q < 30$ D：$30 \leqslant Q < 38$ 供水系统 2（0.01～1MPa）： E：$3.6 \leqslant Q < 8.4$ H：$Q \geqslant 8.4$	高压淋浴器最高平均流量不应超过根据 AS/NZS 6400 确定的流量范围上限 1.0L/min，最低平均流量应不小于根据 AS/NZS 6400 确定的名义流量范围的下限 1.0L/min。以下为 AS/NZS 6400 中对淋浴器流量的规定。 Range A：$Q > 16.0$； Range B：$12.0 < Q \leqslant 16.0$； Range C：$9.0 < Q \leqslant 12.0$； Range D：$7.5 < Q \leqslant 9.0$； Range E：$6.0 < Q \leqslant 7.5$； Range F：$4.5 < Q \leqslant 6.0$； Range G：$Q \leqslant 4.5$ 高压花洒： 0 星(警告)：Range A； 1 星：Range B； 2 星：Range C； 3 星：Range D； 4 星：Range E 和 Range F(符合喷射力与覆盖率测试)； 非星级：Range E 和 Range F(不符合喷射力与覆盖率测试)、Range G	低压花洒： 0 星(警告)：Range A； 1 星：Range B； 2 星：Range C； 3 星：Range D、Range E 和 Range F； 非星级：Range G 注：如果 ws-032 批准并公布了适用于低压花洒的喷射力和覆盖率测试；若符合，则 Range E，Range F 归为 4 星；如果不符合，则为非星级评级	动压 0.1MPa 下 $Q \leqslant 9.0$；动压 0.3MPa 下 $Q \leqslant 12$

续表

指标	美国 《管道器具配件》 ASME A112.18.1- 2018/CSA B125.1-18	欧洲 《卫生设备供水用 花洒通用技术要求》 EN 1112:2008	澳大利亚 《淋浴花洒性能》AS 3662-2013	中国 《卫生洁具 淋浴用花洒》 GB/T 23447 —2009
喷射力	高效花洒和手持式 花洒不应低于0.56N	—	标称喷射力不小于85gf； 最高和最低平均喷射力的差异不大于 45gf	淋浴器手 持式花洒平 均喷射力应 不小于0.85N
机械 强度	—	无开裂或无永久可 见变形	—	无裂纹、无 可见永久性 变形或其他 损坏
温降	—	—	≤3℃	≤3℃

美国标准《管道器具配件》ASME A112.18.1-2018/CSA B125.1-18 将淋浴器水效分为高效型、普通型2类；欧洲标准《卫生用水嘴—机械混合阀（PN10）—通用技术要求》EN 1112:2008 根据两种不同的供水系统对淋浴器水效进行评价分级；澳大利亚标准《淋浴花洒性能》AS/NZS 3662-2013 将花洒分为高压花洒与低压花洒，设置了0～4星级；我国淋浴器标准《卫生洁具　淋浴用花洒》GB/T 23447—2009 分别规定了两种压力下花洒的最大流量。

（3）淋浴器节水测试方法对比

流量检测方法的不同点在于测试压力的不同。美国要求分别在0.14MPa、0.31MPa和0.55MPa下进行检测；欧盟分别对供水系统1（动压0.3MPa）和供水系统2（动压0.01MPa）下使用的淋浴器进行检测；澳大利亚在动压0.035MPa下对低压花洒进行检测，分别在0.14MPa、0.31MPa和0.55MPa下对高压花洒进行检测，取平均值进行判定，并且每个压力下最大值和最小值的差不超过2.0L/min；我国根据国内供水管网压力，在0.1MPa与0.3MPa下检测淋浴器流量。国内外淋浴器节水指标测试方法对比见表4.2-12。

国内外淋浴器节水指标测试方法对比　　　　　　　　　表4.2-12

测试 方法	美国 《管道器具配件》 ASME A112.18.1- 2018/CSA B125.1-18	欧洲 《卫生设备供水用 花洒通用技术要求》 EN 1112:2008	澳大利亚 《淋浴花洒性能》 AS 3662-2013	中国 《卫生洁具　淋浴用 花洒》 GB/T 23447—2009
流量 测试	分别在0.14MPa、 0.31MPa、0.55MPa 下进行测试	供水系统1：动 压0.3MPa 供水系统2：动 压0.01MPa	低压花洒：动压0.035MPa 高压花洒：Q为0.15MPa、 0.25MPa和0.35MPa下的 流量平均值，每个压力下最 大值和最小值的差不超过 2.0L/min	动压0.1MPa

测试方法	美国《管道器具配件》ASME A112.18.1-2018/CSA B125.1-18	欧洲《卫生设备供水用花洒通用技术要求》EN 1112:2008	澳大利亚《淋浴花洒性能》AS 3662-2013	中国《卫生洁具　淋浴用花洒》GB/T 23447—2009
喷射力测试	进口处的流动压力应为（0.14±0.007）MPa	—	待测花洒安装在测试台上，调节流量控制器，使水在 0.5MPa 的动压下流过花洒。带有喷射罩的测力装置位于花洒的正下方，这样花洒的喷射就会撞击到喷雾罩的中心部分。将动态流量压力依次调整为 0.15MPa、0.25MPa 和 0.35MPa，当相应的流量稳定时，记录每个水压下的喷射力	向手持式花洒通水并通过调压装置逐渐调整动压至 0.50MPa，稳定至少 60s；关闭水流，然后逐渐打开水流将压力调至 0.30MPa，保持稳定后读取喷射力试验装置的读数 P_1（至少 10s 稳定）；压力降至 0.20MPa 和 0.10MPa，并读数 P_2、P_3，计算 P_1、P_2 与 P_3 的平均值作为平均喷射力
机械强度	—	将花洒垂直固定于墙面，在花洒轴向和垂直方向分别施加力 $F=(60\pm2)$ N，保持 5min±10s	—	将花洒垂直固定于墙面，在花洒轴向和垂直方向分别施加力 $F=(60\pm2)$ N，保持 5min±10s
温降	—	—	热水以动压 35kPa（低压花洒）或 0.25MPa（高压花洒）流过，在面板以下 150mm 和 750mm 处测量水流的温度，并确定温降	在动压为 0.25MPa 下，热水经花洒流出后，在花洒面盘下方 150mm 和 750mm 处测得的水温差值

3）坐便器

（1）国内外主要坐便器标准

澳大利亚主要以《坐便器　第一部分：便池》AS 1172.1:2014 和《6/3 升卫生间便器或等效器具　第二部分：水箱》AS 1172.2:2014 为主要标准规定便池和水箱性能；欧洲主要以《带整体存水弯的坐便器》EN 997:2018、《净身器功能要求和测试方法》EN 14528:2015＋A1:2108 等标准对便器的功能、测试方法等作了规定；美国主要以 ASME A112.19 系列标准对坐便器性能作出了规定；日本主要以《卫浴洁具》JIS A5207—2019 对便器性能提出要求。国内外主要坐便器标准详见表 4.2-13。

国内外主要坐便器标准清单　　　　　　　　　　　　　　　表 4.2-13

地区及国家	标准编号	标准名称
澳大利亚	AS 1172.1:2014	《坐便器　第一部分：便池》
	AS 1172.2:2014	《6/3 升卫生间便器或等效器具　第二部分：水箱》
欧洲	EN 997:2018	《带整体存水弯的坐便器》
	EN 14528:2015＋A1:2018	《净身器功能要求和测试方法》

地区及国家	标准编号	标准名称
美国	ASME A112.19.2-2018/CSA B45.1-18	《陶瓷卫生洁具》
	ASME A112.19.9M-1991 （R2008）	《无釉层陶瓷卫生设备》
	ASME A112.19.14-2013 （R2018）	《装备双重冲洗装置的六升抽水马桶》
日本	JIS A5207—2019	《卫浴洁具》
中国	GB 25502—2017	《坐便器水效限定值及水效等级》
	GB/T 6952—2015	《卫生陶瓷》
	GB/T 31436—2015	《节水型卫生洁具》
	GB/T 26730—2011	《卫生洁具 便器用重力式冲水装置及洁具机架》
	GB/T 26750—2011	《卫生洁具 便器用压力冲水装置》
	GB/T 34549—2017	《卫生洁具 智能坐便器》
	CJ/T 164—2014	《节水型生活用水器具》
	JC/T 644—1996	《人造玛瑙及人造大理石卫生洁具》
	JC/T 2116—2012	《非陶瓷类卫生洁具》
	JG/T 285—2010	《坐便洁身器》
	JG/T 3040.1—1997	《大便器冲洗装置—液压式水箱配件》

（2）坐便器节水技术要求对比

在坐便器标准的技术要求中，用水量、密封性能、冲洗功能是与坐便器的节水性能关系密切的几项指标。国内外坐便器标准的主要节水参数对比结果见表4.2-14。

国内外坐便器主要节水参数对比　　　　　　　　　　表4.2-14

参数	美国 《陶瓷卫生洁具》 ASME A112.19.2-2018/ CSA B45.1-18	欧洲 《带整体存水弯的坐便器》 EN 997:2018	日本 《卫浴洁具》 JIS A5207—2019	中国 《卫生陶瓷》 GB/T 6952—2015
用水量	高效型：平均用水量小于或等于4.8L； 低耗型：平均用水量小于或等于6.0L； 节水型：平均用水量小于或等于13.2L	Class1： 全冲小于或等于 9.0L、7.0L、6.0L、5.0L、4.0L，半冲小于或等于2/3全冲； Class2： 全冲小于或等于 6.0L，半冲小于或等于2/3全冲	Ⅰ型：≤8.5； Ⅱ型：≤6.5	节水型：≤5.0； 普通型：≤6.4
密封性能	无渗漏	无渗漏	无渗漏	无渗漏
冲洗功能	累积墨线残留小于或等于51mm； 单段墨线残留小于或等于13mm	残留锯末不大于50cm²	无残留墨迹	累积墨线残留小于或等于50mm； 单段墨线残留小于或等于13mm

参数	美国 《陶瓷卫生洁具》 ASME A112.19.2-2018/ CSA B45.1-18	欧洲 《带整体存水弯的坐便器》 EN 997:2018	日本 《卫浴洁具》 JIS A5207—2019	中国 《卫生陶瓷》 GB/T 6952—2015
冲洗功能	聚乙烯颗粒小于或等于125 个; 尼龙球小于或等于 5 个	卫生纸 5 次中 4 次全部冲出; 塑料球 85% 冲出	污物代替物全部排出	球排放大于或等于90 个; 聚乙烯颗粒小于或等于 125 个; 尼龙球小于或等于5 个; 混合介质一次冲洗四次中三次大于或等于 22 个,第二次全部排出; 半冲无卫生纸残留

用水量、密封性能、冲洗功能这三项指标中,最直接反应节水能力的指标是用水量。单档坐便器为平均一次冲洗的用水量,双档坐便器为一次全冲、两次半冲的平均用水量。美国分为高效型(≤4.8L)、低耗型(≤6.0L)和节水型(≤13.2L);欧盟则分为 1 类和 2 类,其中 2 类用水量小于或等于 6.0L,且半冲用水量应小于或等于全冲的 2/3,1 类按不同的型号分为不同的用水等级;日本分为 Ⅰ 型(≤8.5L)和 Ⅱ 型(≤6.5L)。我国分为节水型(≤5.0L)和普通型(≤6.4L)。冲洗功能是指如厕后冲洗坐便器污物的功能,冲洗功能包括洗净功能、排放功能、排水管道输送特性、污水置换功能、卫生纸试验等。冲洗功能优异的坐便器,能一次将坐便器内的污物冲洗干净,相较于需要多次冲洗的坐便器,节水效果明显,因此也是坐便器的一个节水指标。

(3) 坐便器节水指标测试方法对比

从坐便器的标准内容来看,坐便器用水量检测的不同点在于测试压力的不同。美国要求在 0.14MPa 的常规压力下检测用水量;日本要求的检测压力为 0.1MPa;欧盟由于欧洲各国的供水管网压力各不相同,因此未对供水压力作出规定;我国在检测时需要分别在 0.14MPa、0.35MPa 和 0.55MPa 下进行检测,取平均值进行判定,保证了坐便器用水性能判断的合理性。

除了用水量外,坐便器标准对冲洗功能的检测方式也不同。坐便器的冲洗功能分为洗净功能和排放功能两类。坐便器常见的洗净功能测试方法有墨线法和锯末法两种,墨线法是在坐便器便池内用水性颜料涂画墨线,观察冲洗后墨线残留的长度;而锯末法是将锯末均匀地撒在便池内,观察冲洗后残留锯末的面积。美国和日本采用墨线法,而欧盟采用锯末法。坐便器的排放功能以模拟物的冲洗效果来评价,美国选择聚乙烯颗粒和尼龙球的混合颗粒作为测试介质,欧盟选择卫生纸、人造试体和塑料小球作为测试介质,日本选择纸团作为测试介质。中国结合了美国与欧洲的测试方法,综合使用塑料小球、聚乙烯和尼龙球的混合颗粒、卫生纸以及复写纸和海绵的混合介质进行模拟测试,排放测试的评价更具全面性。国内外坐便器节水性能测试方法对比见表 4.2-15。

国内外坐便器节水性能测试方法对比

表 4.2-15

参数	美国 《陶瓷卫生洁具》 ASME A112.19.2-2018/ CSA B45.1-18	欧洲 《带整体存水弯的 坐便器》 EN 997:2018	日本 《卫浴洁具》 JIS A5207—2019	中国 《卫生陶瓷》 GB/T 6952—2015
用水量	0.14MPa 下的用水量	测试 3 次取平均值	0.1MPa 下的用水量	0.14MPa, 0.35MPa, 0.55MPa 分别测试, 取平均值
冲洗功能	墨线法: 在出水圈下方 25mm 处画一条细墨线。立即冲水,记录三次残留墨线总长度平均值和单段最大值 混合颗粒试验: A 聚乙烯颗粒: 65g (约 2500 个), 直径为 (3.80±0.25)mm, 厚度为 (2.64±0.38)mm; B 尼龙球: 100 个, 直径为 (6±0.25)mm, 质量应在 13~15g	锯末法: 把细干锯末均匀地铺撒在洗净面,冲水,测量残留锯末面积 卫生纸试验: 全冲水 12 张; 半冲水 6 张; 单张尺寸: 140mm × 100mm; 单位面积质量: (30±10) g/cm³; 后续水: 按标准要求制成 4 个直径为 25mm, 长为 200mm 注入 37mL 水和一个金属环的人造试体 小球试验: 小塑料球 50 个, 质量 37±0.1g; 直径 (20±0.1) mm	墨线法: 在出水圈下方 30mm 处画一圈宽约 50mm 墨线, 立即冲水 纸团试验: 将长 760mm 的纸制成 ϕ(50~75)mm 的纸团 7 个	墨线法: 在出水圈下方 25mm 处画一条细墨线。立即冲水, 记录三次残留墨线总长度平均值和单段最大值 小球试验: 100 个 ϕ(19±0.4) mm, 质量为 (3.01±0.15)g 的聚丙烯球 混合颗粒试验: A 聚乙烯颗粒: 65g (约 2500 个), 直径为 (3.80±0.25)mm, 厚度为 (2.64±0.38) mm; B 尼龙球: 100 个, 直径为 (6±0.25) mm。质量应在 13~15g

4) 智能坐便器

(1) 国内外主要智能坐便器标准

《冲洗净式便座》JIS A 4422:2011 是日本智能坐便器的主要产品标准,对清洗水温、水流量、清洗力、清洗面积、机械强度和耐久性等方面进行了规定。美国主要以《抽水马桶个人卫生设备》ASME A112.4.2-2015/CSA B45.16-15 作为智能坐便器的标准。在电气安全方面,智能坐便器的国际标准 IEC 60335-2-84《家用和类似用途电器的安全电子坐便器的特殊要求》已被多个国家等同或等效采用,来规范该类产品的电气安全。在中国,智能坐便器的节水相关标准以《卫生洁具 智能坐便器》GB/T 34549—2017 与《坐便洁身器》JG/T 285—2010 为主,同时《智能坐便器能效水效限定值及等级》GB 38448—2019 对智能坐便器的用水效率等级做出了规定。国内外智能坐便器的主要标准见表 4.2-16。

国内外主要智能坐便器标准清单　　　　　　　　　　表 4.2-16

国家及国际组织	标准编号	标准名称
美国	ASME A112.4.2-2015/CSA B45.16-15	《抽水马桶个人卫生设备》
日本	JIS A4422：2011	《冲洗净式便座》
	JIS C 9335-2-84：2019	《家用和类似用途电气设备·安全·第2-84部分：卫生》
国际电工委员会	IEC 60335-2-84：2019	《家用和类似用途电器安全　第2-84部分：卫生间电器的特殊要求》
中国	GB 4706.53—2008	《家用和类似用途电器的安全 坐便器的特殊要求》
	GB/T 23131—2019	《家用和类似用途电坐便器便座》
	GB/T 34549—2017	《卫生洁具　智能坐便器》
	GB 38448—2019	《智能坐便器能效水效限定值及等级》
	JG/T 285—2010	《坐便洁身器》
	QB/T 5492—2021	《电坐便器喷淋用加热组件》
	CBMF 15—2016	《智能坐便器》
	SN/T 3241.12—2016	《进出口家用和类似用途电器的安全技术要求　第12部分：电子坐便器》
	SN/T 3532.3—2016	《进出口家用和类似用途电器的安全技术要求　第3部分：电子坐便器》
	T/CHEAA 0005—2018	《智能坐便器盖板与底座配套尺寸》
	T/ZZB 0147—2016	《智能坐便器》

（2）智能坐便器节水技术要求对比

从国内外智能坐便器标准来看，智能坐便器用水量与冲洗功能的要求基本保持一致，智能坐便器独有的节水指标是清洗水流量，同时水温稳定性、清洗力、坐圈强度以及寿命等指标也与智能坐便器的能耗及舒适度相关。国内外智能坐便器节水性能相关的技术参数对比结果见表 4.2-17。

国内外智能坐便器主要节水参数对比　　　　　　　表 4.2-17

参数	日本《冲洗净式便座》JIS A4422：2011	美国《抽水马桶个人卫生设备》ASME A112.4.2-2015/CSA B45.16-15	中国《卫生洁具 智能坐便器》GB/T 34549—2017	中国《坐便洁身器》JG/T 285—2010
用水量	—	—	普通型小于或等于6.4L 节水型小于或等于5.0L	—
清洗水流量	≥200mL/min	—	≥200mL/min（节水型智能坐便器清洗水量小于或等于500mL）	≥350mL/min

参数	日本 《冲洗净式便座》 JIS A4422:2011	美国 《抽水马桶个人 卫生设备》 ASME A112.4.2-2015/ CSA B45.16-15	中国 《卫生洁具　智能 坐便器》 GB/T 34549—2017	中国 《坐便洁身器》 JG/T 285—2010
水温稳定性	35~45℃	≤43℃	清洗用水最高档的温度应控制在35~42℃；即热式智能坐便器：在30s内偏差±2℃；储热式智能坐便器：30s内水温下降幅度不应大于5℃	30~45℃ 30s内的变化值小于或等于5℃
清洗力	洗涤水的全部受压负荷中心值大于0.06N	—	臀部清洗受力最大值大于0.06N	冲水30s后，实验板上无代用污物残留
坐圈强度	经坐圈强度测试后无损坏	经坐圈强度测试后无损坏	经坐圈强度测试后，坐圈不应有龟裂、开裂、破损、变形、功能缺失、性能下降和电线损伤等现象	经坐圈强度测试后无损坏
寿命	整机20000次寿命试验后，无破坏	喷嘴75000次循环后，仍能正常工作	25000个循环后无损坏	整机20000周期寿命试验后，各部件运行应正常

日本标准《冲洗净式便座》JIS A4422：2011仅对清洗水流量提出了最低200mL/min的要求，换算成清洗用水量为0.1L；美国、国际电工委员会主要对电气部分做出规定，未对清洗用水量部分提出节水要求。我国《卫生洁具　智能坐便器》GB/T 34549—2017要求清洗水流量最低为200mL/min，而《坐便洁身器》JG/T 285—2010则对于这一指标提出更高要求，最低350mL/min。

（3）智能坐便器节水测试方法对比

除了技术指标外，不同标准对于指标的测试方法上也有所不同。对于水温稳定性的测试，日本标准《冲洗净式便座》JIS A 4422:2011与我国《坐便洁身器》JG/T 285—2010均以最大吐水量操作30s后进行水温测试，美国标准则在初始温度为18℃的情况下开始操作5min后进行温度测试，我国《卫生洁具　智能坐便器》GB/T 34549—2017根据加热方式的不同（储热式与即热式）建立不同的测试方法。对于坐圈强度测试所施加的力与整机寿命的试验循环次数，不同标准也均做出了不同的规定。详细测试方法对比见表4.2-18。

国内外智能坐便器节水指标测试方法对比　　　　　　　　　表4.2-18

参数	日本 《冲洗净式便座》 JIS A4422:2011	美国 《抽水马桶个人 卫生设备》 ASME A112.4.2-2015/ CSA B45.16-15	中国 《卫生洁具　智能 坐便器》 GB/T 34549—2017	中国 《坐便洁身器》 JG/T 285—2010
用水量	—	—	0.14MPa，0.35MPa，0.55MPa分别测试，取平均值	

续表

参数	日本 《冲洗净式便座》 JIS A4422:2011	美国 《抽水马桶个人 卫生设备》 ASME A112.4.2-2015/ CSA B45.16-15	中国 《卫生洁具　智能 坐便器》 GB/T 34549—2017	中国 《坐便洁身器》 JG/T 285—2010
清洗 水流量	测试 1min 内臀洗和妇洗的用水量	—	测试时间 30s，臀洗和妇洗各测试 3 次，取 6 次平均值	将水势调节装置定位在最高档，启动洁身器的冲洗程序，喷水 30s 后，测定肛门冲洗和女性局部洗身的水量
水温 稳定性	将洗涤水温度调节装置设定为最高温度，通电 30min 后，以最大吐水量喷出 30s 的洗涤水，用温度计测定冲洗水温度	在入口压力为 345kPa，温度为 18℃ 的情况下操作 5min 后进行温度测试	将智能坐便器的水温度调节装置设定为最高档，通电 30min 后开始测试；储热式产品：保持进水温度为（5±1）℃，流量设定为最高档，使用多点温度测量记录仪，测量并记录到达坐便器上平面位置的清洗水温度-时间曲线；即热式产品：从开始吐水的 3s 后测量和记录到达坐便器上平面位置的清洗水温度—时间曲线	将温度调节装置设定在最高档，水势调节装置设定在最高档，洁身器在正常工作状态下通电运行稳定以后，启动冲洗程序喷水 30s，用热电偶温度计在距喷出口 50mm 处测量冲洗水的温度。喷水开始时的 5s 内不测水的温度，在随后持续的时间内平均完成 3 次测试
清洗力	将冲洗水温度调节装置设定为最高温度，并将水势调节装置设定为最大位置。吐水 30s，测量吐水中任意 2s 内马桶上表面位置的冲洗水的全部受压负荷	—	选择臀部最大清洗模式，温度调节装置设定为最高档，吐水 30s 后，测得任意 2s 内清洗力的最大值。选择符合受力峰值情况的 10 个数据点，取其平均值作为清洗力最大值	将洁身器的水势调节装置设定在最高档，把代用污物（如约 5g 新鲜土豆泥）均匀涂在试验板的水砂纸上，将试验板平放在坐圈上，然后启动冲洗按钮，将冲洗水流对准污物冲洗 30s
坐圈 强度	使用状态下 1500N 压力下保持 10min，水平方向施加 150N 的力，垂直打开的坐圈和盖板方向施加 150N 的力持续 60s；坐圈和盖 20000 次开合	垂直方向施加（1335±22）N 的力，持续（15±2）min；坐圈下落 50000 次	使用状态下 1500N 压力下保持 10min，水平方向施加 150N 的力，垂直打开的坐圈和盖板方向施加 150N 的力持续 60s	使用状态下 1500N 压力下保持 10min；坐圈 30000 次自由落下
寿命	整机 20000 次寿命试验后，无破坏	喷嘴 75000 次循环后，仍能正常工作	将智能坐便器整机安装成使用状态，以动压 0.30MPa 向智能坐便器清洗系统进水。以清洗 15s，妇洗 15s，暖风（若有暖风烘干功能）30s 为一个循环。对于电动控制的坐圈、盖板自动开合 1 次计入 1 个循环内	以肛门冲洗 15s、局部洗身 15s、暖风干燥 30s 为一个周期，共 20000 次周期试验

5) 小便器

(1) 国内外小便器主要标准

《陶瓷卫生洁具》ASME A112.19.2-2018/CSA B45.1-18 是美国主要的小便器产品标准。欧盟标准《壁挂式小便池—功能要求和试验方法》EN 13407:2015＋A1:2018 对壁挂式小便器的冲洗水量、耐久性、水流速等方面进行了规定。澳大利亚则以《节水产品—评级和标签》AS/NZS 6400:2016 对小便器产品的功能进行规定。在中国，以《小便器水效限定值及水效等级》GB 28377—2019 为主对小便器的用水效率等级作出规定。国内外小便器的主要标准见表 4.2-19。

国内外主要小便器标准清单　　　　　　　　　　　表 4.2-19

地区及国家	标准编号	标准名称
美国	ASME A112.19.2-2018/CSA B45.1-18	《陶瓷卫生洁具》
欧洲	EN 13407:2015＋A1:2018	《壁挂式小便池—功能要求和试验方法》
澳大利亚	AS/NZS 6400：2016	《节水产品—评级和标签》
中国	GB 28377—2019	《小便器水效限定值及水效等级》
	CJ/T 164—2014	《节水型生活用水器具》

(2) 小便器节水技术要求对比

在小便器标准的技术要求中，平均用水量、洗净功能、水封深度以及飞溅情况与小便器节水性能关系密切。国内外小便器标准的主要节水技术参数的对比结果见表 4.2-20。

国内外小便器主要节水参数对比　　　　　　　　表 4.2-20

参数	美国 《陶瓷卫生洁具》 ASME A112.19.2-2018/ CSA B45.1-18	欧洲 《壁挂式小便池—功能 要求和试验方法》 EN 13407:2015＋A1:2018	澳大利亚 《节水产品—评级和标签》 AS/NZS 6400:2016	中国 《小便器水效限定值 及水效等级》 GB 28377—2019
平均用水量	高效型：平均用水量小于或等于 1.9L； 节水型：平均用水量小于或等于 3.8L	Class1：冲洗阀驱动和手动冲洗水箱的小便器用水量 0.5～5.0L；自动冲洗水箱的小便器用水量 0.5～4.5L； Class2：冲洗阀驱动和手动冲洗水箱的小便器用水量 0.5～5.0L，同时流量小于 0.2L/s；自动冲洗水箱的小便器用水量 0.5～4.5L	0 星：每位大于 2.5L，每两位大于 4.0L(警告)； 1 星：每两位小于或等于 4.0L (只规定连体小便器)； 2 星：2.0～2.5L； 3 星：1.5～2.0L； 4 星：1.0～1.5L； 5 星：≤1.0L； 6 星：≤1.0L 且带智能感应操作装置	1 级：≤0.5； 2 级：≤1.5； 3 级：≤2.5
洗净功能	每次冲洗后，留在冲洗表面的墨水线段的总长度不得超过 25mm，且单段的长度不得超过 13mm	—	—	每次冲洗后累积残留墨线的总长度不大于 25mm，且每一段残留墨线长度不大于 13mm
水封深度	≥51mm	≥75mm	—	≥50mm
飞溅测试	—	冲洗水不应溅出边缘并弄湿地板，只允许在地板上滴几滴	不得将水溅到地板上	—

澳大利亚标准《节水产品—评级和标签》AS/NZS 6400:2016 将小便器水效分为 0～6星,节水评价值为 4 星和 5 星;欧洲标准《壁挂式小便池—功能要求和试验方法》EN 13407:2015＋A1:2018 中,根据小便器水箱的驱动方式将小便器分为 3 类:冲洗阀驱动、手动冲洗水箱、自动冲洗水箱,并对每种小便器的用水量和流量做出规定;美国标准《陶瓷卫生洁具》ASME A112.19.2-2018/CSA B45.1-18 将小便器用水量分为了高效型和节水型 2 类。我国水效标准《小便器水效限定值及水效等级》GB 28377—2019 将小便器水效分为 3 级,3 级为水效限定值,2 级为节水评价值。

(3) 小便器节水指标测试方法对比

对于平均用水量、洗净功能、水封深度、飞溅测试等与小便器节水性能相关的技术参数测试方法,见表 4.2-21。

国内外小便器节水指标测试方法对比　　　　　表 4.2-21

参数	美国《陶瓷卫生洁具》ASME A112.19.2-2018/CSA B45.1-18	欧洲《壁挂式小便池—功能要求和试验方法》EN 13407:2015＋A1:2018	澳大利亚《节水产品—评级和标签》AS/NZS 6400:2016	中国《小便器水效限定值及水效等级》GB 28377—2019
平均用水量	175kPa 和 550kPa 下,分别测试,取平均值	水箱充水至正常工作水位,关闭进水阀,启闭收集排水量,测试三次取平均值	水箱充水至正常工作水位,关闭进水阀,启闭收集排水量	0.17MPa 和 0.55MPa 下,分别测试,取平均值
洗净功能	将小便器表面擦洗干净,在小便池的后墙冲洗边缘最低点以下到水面顶部距离的 1/3 处画一条连续的水平线(这条线应沿内侧壁延伸至 50% 的距离)。如果内侧壁设有反向拉伸模,则应从吊具的前部向下绘制一条参考线,直到小便池后部顶部与护罩融合的位置。开启冲水装置,当疏水阀补充周期完成时,测量并记录冲洗表面上剩余的墨水线段的长度,重复测试三次	—	—	有出水圈从布水眼出水的小便器:将洗净面擦洗干净,在小便器出水圈最低布水眼至水封面垂直距离的 1/3 处沿洗净面画一条连续水平细线,墨线应延伸至小便器内侧壁宽度的 50% 处;无出水圈从中间冲水器出水的小便器:将洗净面擦洗干净,从冲水器最低出水点至水封面垂直距离的 1/2 处沿洗净面画一条连续水平细墨线,墨线延伸至以冲水器最低出水点为起点,与两侧呈 25°夹角的两条参考线处;启动冲水装置,观察、测量残留在洗净面上墨线的各段长度并记录各段长度和各段长度之和。连续进行 3 次试验,报告 3 次试验残留墨线的总长度平均值和单段长度最大值,精确至 1mm

参数	美国 《陶瓷卫生洁具》 ASME A112.19.2-2018/ CSA B45.1-18	欧洲 《壁挂式小便池—功能要求和试验方法》 EN 13407:2015＋A1:2018	澳大利亚 《节水产品—评级和标签》 AS/NZS 6400:2016	中国 《小便器水效限定值及水效等级》 GB 28377—2019
水封深度	降低探头，直到水平元件靠在圈闭倾角上，记录对应的刻度值为 h_1，将水平元件从探头上拆下，将探头完全抬出水面。通过缓慢地灌水，直到检测到小便器出口有轻微的溢出物滴落，当水滴停止时，调整探头，使其对准水面。记录对应的比例值为 h_2。通过 h_2 减去 h_1 来计算整个疏水阀密封深度 H	将疏水阀灌满水，冲洗两次。第二次冲洗后，测试水封深度	—	向小便器存水弯加水至有溢流，停止溢流后，用水封尺或直尺或有效仪器测量由水封水表面至水道入口上表面最低点的垂直距离，并记录
飞溅测试	—	启动冲水装置，使用最大流量冲洗便池，并记录下面区域地板上水痕迹	启动水箱或冲水装置，使长度 600mm 的平板小便器最大冲水量可达 2.5L，或单个隔间壁挂式小便器最大冲水量可达 2.5L，观察冲洗水是否溅过台阶、踏面、平台格栅或边缘到达地板上	—

6）便器冲洗阀

（1）国内外主要便器冲洗阀标准

美国标准《管道设备用压力冲洗装置性能要求》ASSE 1037-2015/ASME A112.1037-2015/CSA B125.37-15 适用于冲水大便器、小便器和其他管道器具的压力冲洗装置。欧洲便器冲洗阀的主要标准为《卫生水龙头—压力冲洗阀和自动关闭小便器阀 PN10》EN 12541:2002。我国便器冲洗阀的节水性能评价标准以《便器冲洗阀水效限定值及水效等级》GB 28379—2022 为主，该标准规定了机械式便器冲洗阀、压力式便器冲洗阀、非接触式便器冲洗阀的用水效率限定值、节水评价值、用水效率等级、技术要求和试验方法。国内外便器冲洗阀的主要标准见表 4.2-22。

国内外主要便器冲洗阀标准清单　　　　　　　　　表 4.2-22

地区及国家	标准编号	标准名称
美国	ASSE 1037-2015/ASME A 112.1037-2015/ CSA B125.37-15	《管道设备用压力冲洗装置性能要求》
欧洲	EN 12541:2002	《卫生水龙头—压力冲洗阀和自动关闭小便器阀 PN10》

续表

地区及国家	标准编号	标准名称
中国	GB 28379—2022	《便器冲洗阀水效限定值及水效等级》
	JC/T 931—2003	《机械式便器冲洗阀》
	JG/T 3040.2—1997	《大便器冲洗装置——液压缓闭式冲洗阀》
	QB/T 2948—2008	《小便冲洗阀》
	QB/T 5339—2018	《大便冲洗阀》
	CSC/T 32.1—2006	《便器冲洗阀节水产品认证技术要求　第1部分：机械式便器冲洗阀》
	CSC/T 32.2—2006	《便器冲洗阀节水产品认证技术要求　第2部分：非接触式便器冲洗阀》
	CSC/T 32.3—2006	《便器冲洗阀节水产品认证技术要求　第3部分：压力式便器冲洗阀》

（2）便器冲洗阀节水技术要求对比

从便器冲洗阀的技术标准内容来看，冲洗水量与峰值流量是便器冲洗阀最主要的节水性能指标。不同标准的指标要求也略有不同。国内外便器冲洗阀标准中与节水相关的技术参数对比结果见表4.2-23。

国内外便器冲洗阀主要节水参数对比　　　　　　表4.2-23

参数	美国《管道设备用压力冲洗装置性能要求》ASSE 1037-2015/ASME A 112.1037-2015/CSA B125.37-15	欧洲《卫生水龙头—压力冲洗阀和自动关闭小便器阀 PN10》EN 12541:2002	中国《便器冲洗阀水效限定值及水效等级》GB 28379—2022
大便器冲洗阀冲洗水量	产品在三个不同制造商的大便器上进行试验，冲洗性能应符合相关规定	6级：6L； 9级：9L	1级：≤4.0L； 2级：≤5.0L； 3级：≤6.0L； 4级：≤7.0L； 5级：≤8.0L
大便器冲洗阀峰值流量		—	机械式和压力式大便器：≥1.67L/s； 非接触大便器冲洗阀：≥1.2L/s
小便器冲洗阀冲洗水量	—	1.5级：0.75～1.5L； 4级：2～4L； 6级：3～6L	1级：≤2.0L； 2级：≤3.0L； 3级：≤4.0L
小便器冲洗阀峰值流量		1.5级：≥0.15L/s； 4级：≥0.3L/s； 6级：≥0.5L/s	≥0.12L/s

美国标准《管道设备用压力冲洗装置性能要求》ASSE 1037-2015/ASME A 112.1037-2015/CSA B125.37-15 对水力性能的要求描述为"产品在三个不同制造商的大便器上进行试验，冲洗性能应符合相关规定"，标准未给出水效的分级方式。欧洲标准《卫生水龙头—压力冲洗阀和自动关闭小便器阀 PN10》EN 12541:2002 按冲洗水量进行分级，并且对小便器的峰值流量进行了规定。《便器冲洗阀水效限定值及水效等级》GB 28379—2022 中将大便器冲洗阀冲洗水量分为 5 级，小便器冲洗阀冲洗水量分为 3 级，并对峰值流量分别进行了规定。

（3）便器冲洗阀节水指标测试方法对比

美国标准《管道设备用压力冲洗装置性能要求》ASSE 1037-2015/ ASME A 112.1037-2015/CSA B125.37-15 并未对便器冲洗阀的具体测试方法进行规定。我国标准《便器冲洗阀水效限定值及水效等级》GB 28379—2022 便器冲洗阀的冲洗水量与峰值流量测试方法与欧洲标准《卫生水龙头—压力冲洗阀和自动关闭小便器阀 PN10》EN 12541:2002 基本保持一致。详细测试方法对比见表 4.2-24。

国内外便器冲洗阀节水指标测试方法对比　　　　　　表 4.2-24

参数	美国《管道设备用压力冲洗装置性能要求》ASSE 1037-2015/ ASME A 112.1037-2015/ CSA B125.37-15	欧洲《卫生水龙头—压力冲洗阀和自动关闭小便器阀 PN10》EN 12541:2002	中国《便器冲洗阀》GB 28379—2022
大便器冲洗阀冲洗水量	按照制造商的相关要求试验	0.1MPa 下，测试 3 次，取平均值	0.1MPa 下，测试 3 次，取平均值
大便器冲洗阀峰值流量		—	开关按到底并保持 1s，测定最大瞬时流量。连续测试 3 次，结果取平均值
小便器冲洗阀冲洗水量		0.1MPa 下，测试 3 次，取平均值	0.1MPa 下，测试 3 次，取平均值
小便器冲洗阀峰值流量	—	0.1MPa 下，启动待测阀门 1s，测定最大瞬时流量，测试 3 次，取平均值	开关按到底并保持 1s，测定最大瞬时流量。连续测试 3 次，结果取平均值

7）洗衣机

（1）国内外洗衣机主要标准

欧洲的洗衣机标准为《家用洗衣机—性能测量方法》EN 60456:2016＋All:2020，美国有《电动洗衣机和甩干机的安全标准》ANSI/UL 2157—2004 等洗衣机标准，日本有多个标准来规范洗衣机，另外，澳大利亚、沙特阿拉伯王国等国都发布了洗衣机标准。在我国，洗衣机产品的节水评价标准以国标《电动洗衣机能效水效限定值及等级》GB 12021.4—2013 和《家用和类似用途电动洗衣机》GB/T 4288—2018 为主，其中，前者对市面上常见的波轮式洗衣机、双桶洗衣机和滚筒式洗衣机用水效率等级做了划分。国内外洗衣机主要标准的情况见表 4.2-25。

国内外主要洗衣机标准清单

表 4. 2-25

地区及国家	标准编号	标准名称
欧洲	EN 60456：2016＋A11：2020	《家用洗衣机．性能测量方法》
美国	ANSI/UL 2157-2004	《电动洗衣机和甩干机的安全标准》
	CAN/CSA-E60335-2-7-01-2001	《家用和类似用途电器的安全—第 2 部分：洗衣机的特殊要求》
日本	JIS C9606—1993	《电动洗衣机》
	JIS C9606 AMD1—2007	《电动洗衣机》
	JIS C9811—1999	《家庭用电动洗衣机的性能测定方法》
澳大利亚	AS/NZS 2040.1：2021	《家用电器的性能．洗衣机．第 1 部分：性能、能量和水消耗的测量方法》
沙特阿拉伯王国	SASO 2693/2007	《家用洗衣机—性能要求》
中国	GB 12021.4—2013	《电动洗衣机能效水效限定值及等级》
	GB 21551.5—2010	《家用和类似用途电器的抗菌、除菌、净化功能 洗衣机的特殊要求》
	GB/T 4288—2018	《家用和类似用途电动洗衣机》
	GB/T 22088—2008	《家用电动洗衣机 不用洗衣粉洗衣机性能测试方法及限值》
	GB/T 22758—2008	《家用电动洗衣机可靠性试验方法》
	GB/T 22937—2008	《商用洗衣机》
	CAS 113—2005	《家用电动双动力洗衣机》
	HG/T 2442—2012	《洗衣机 V 带》
	HJ/T 308—2006	《环境标志产品技术要求 家用电动洗衣机》
	JB/T 3758—2011	《家用洗衣机用电动机通用技术条件》
	QB/T 1291—1991	《自动洗衣机用进水电磁阀》
	QB/T 2323—2017	《工业洗衣机》
	QB/T 4680—2014	《复式高滚筒洗衣机技术规范》
	QB/T 4829—2015	《家用和类似用途节水型洗衣机技术要求及试验方法》
	QB/T 4830—2015	《家用微型电动洗衣机》

（2）洗衣机节水技术要求对比

国标《电动洗衣机能效水效限定值及等级》GB 12021.4—2013、欧洲标准《家用洗衣机—性能测量方法》EN 60456：2016＋A11：2020 和沙特阿拉伯王国标准《家用洗衣机—性能要求》SASO 2693/2007 对洗衣机能耗和水耗的测试理念有较大差异。国标以单位功效用水量、单位功效耗电量、洗净比 3 个指标来衡量一款产品的水效。欧洲标准对用水量的计算综合了全载棉60℃标准程序、半载棉60℃标准程序、半载40℃标准程序所消耗的水量，同时考虑年耗水量。沙特阿拉伯王国标准没有水效方面的特定要求。

（3）洗衣机节水指标测试方法对比

除了技术指标外，国标、欧洲标准和沙特阿拉伯王国标准在测试方法上也有所不同，主要体现在测试环境、测试负载、污染、洗涤剂和参比洗衣机几方面。详细测试方法对比见表4.2-26。

国内外洗衣机节水指标测试方法对比 表4.2-26

测试类别	欧洲标准《家用洗衣机—性能测量方法》EN 60456：2016＋A11：2020	沙特阿拉伯王国标准《家用洗衣机—性能要求》SASO 2693/2007	国标《电动洗衣机能效水效限定值及等级》GB 12021.4—2013
测试环境	环境温度保持在（23±2）℃；试验时，无相对湿度要求；电源电压230V±1％或400V±1％，频率为50Hz±1％；如试验用水为硬水，则水硬度为（2.5±0.2）mmol/L，如果使用软水，其总水硬度应为（0.5±0.2）mmol/L；进口水压力为（240±50）kPa	环境温度保持在（20±5）℃；试验时，无相对湿度要求；电源电压为（220±5）V，频率为60Hz；水硬度：（45±5）ppm；进口水压力（320±20）kPa	环境温度：（23±2）℃；相对湿度：60％～70％；电源电压和频率波动范围不得超过额定值的±1％；试验用水的硬度质量分数为（40～60）×10⁻⁶；进口水压力（0.24±0.02）MPa；无外界气流，无强烈阳光和其他热辐射作用
测试负载	棉测试负载材质为长绒纯棉，由床单、枕套和毛巾3种规格组成，其单位面积质量分别是（185±10）g/m²、（185±10）g/m²和（220±10）g/m²，单块质量分别为（725±15）g、（240±5）g、（110±3）g	测试负载由床单、浴巾、桌布、衬衫、T恤、枕套、短裤、毛巾和手帕组成。除衬衫的材质由聚酯和棉共同组成外，其他材质均为棉，单件物品的质量可能有轻微改变	测试负载采用GB/T 411中漂白钟平布，原布单位面积质量为（135±10）g/m²，由床单、衬衫、餐巾、手帕4种规格组成，尺寸偏差为±6％
测试污染物	污染布由连着的6块（120±5）mm×（120±5）mm方布组成，其中5块方布附着有污染源，按次序分别是油脂、炭黑/矿物油、血渍、可可和红酒	污染布采用满足《家用洗衣机—性能要求》SASO 2693/2007要求的油脂污染布	污染布采用GB/T 411中漂白中平布，经纱（21±2）支数，纬纱（21±2）支数，尺寸为120mm×60mm，污染均匀一致，用光电反射率计（或白度仪）测定反射率，各测试点反射率值应在20％～30％范围内
测试洗涤剂	洗涤剂为IEC A＊、四水合过硼酸钠和漂白粉洗涤剂	洗涤剂分为两种，即非滚筒式和滚筒式，非滚筒式洗涤剂由十二烷基苯磺酸钠、三聚磷酸钠、碱性硅酸钠、羧甲基纤维素钠、硫酸钠和水组成；滚筒式洗涤剂由IEC B类洗涤剂和四水合过硼酸钠组成	洗涤剂共有三种，第一种和第二种适用于波轮式洗衣机，第三种适用于滚筒式洗衣机；第一种为IEC B类和四水合过硼酸钠洗涤剂；第二种由烷基苯磺酸钠、硫酸钠、硅酸钠、三聚磷酸钠、碳酸钠和羧甲基纤维素钠组成；第三种则是IEC A＊洗涤剂

测试类别	欧洲标准 《家用洗衣机—性能测量方法》 EN 60456：2016＋A11：2020	沙特阿拉伯王国标准 《家用洗衣机—性能要求》 SASO 2693/2007	国标 《电动洗衣机能效水效 限定值及等级》 GB 12021.4—2013
参比洗衣机	Type 1："Wascator FOM 71CLS"配备了重量感应进水控制系统，对进水有非常小的公差； Type 2："FOM 71MP-Lab with flow meter"配备了一个流量计，用于对水进行体积测量，公差很小。流量计由参考机器的制造商提供；洗涤程序为棉 60℃标准程序	至少有一种由制造商推荐并适用于普通污染棉负载程序的洗衣机。对于双桶洗衣机，一个顶部装载的全自动洗衣机可认为是一个合适的参比洗衣机，但都要满足《家用洗衣机—性能要求》SASO2693/2007附录 J 中 J2 到 J5 的要求	波轮式和搅拌式洗衣机采用搅拌式参比洗衣机，滚筒式洗衣机采用滚筒式参比洗衣机。搅拌式参比洗衣机时间和程序为：洗涤 20min，漂洗 2 次，每次 5min，脱水 3 次，每次 5min；滚筒式参比洗衣机试验程序为 IEC 60456—2010 中 60℃棉布洗涤程序

8）冷却塔

（1）国内主要外冷却塔标准

国内关于冷却塔和循环冷却水的标准中，最具代表性的是《机械通风冷却塔　第 1 部分：中小型开式冷却塔》GB/T 7190.1—2018 和《机械通风冷却塔　第 2 部分：大型开式冷却塔》GB/T 7190.2—2018。国际标准为《冷却塔试验和热性能评价》ISO 16345：2014，英国较为成熟的标准是《水冷却塔规范　第 2 部分：性能试验方法》BS 4485：Part2：1988 至《水冷却塔规范　第 4 部分：冷却塔的结构设计使用规程》BS 4485：Part4：1996。美国 ASME 系列标准以及巴西的 ABNT NBR 系列标准都对冷却塔及循环冷却水的性能指标提出了要求。国内外冷却塔主要标准见表 4.2-27。

国内外主要冷却塔标准清单　　　　　　　　　　　　　　表 4.2-27

地区及国家	标准编号	标准名称
国际	ISO 16345：2014	《冷却塔试验和热性能的评价》
英国	BS 4485：Part2：1988	《水冷却塔规范　第 2 部分：性能试验方法》
	BS 4485：Part3：1988	《水冷却塔规范　第 3 部分：热设计和功能设计实用规程》
	BS 4485：Part4：1996	《水冷却塔规范　第 4 部分：冷却塔的结构设计使用规程》
	BS 3766：1979	《机床用冷却液泵规范》
	BS 7074-3：1989	《膨胀容器的应用、选择和安装以及密封水系统的辅助设备　第 3 部分：冷冻和冷凝器系统的实践规范》
巴西	ABNT NBR 14667—2001	《气体冷却系统内部水分的测定试验方法》
	ABNT NBR 15371—2006	《冷却用强制循环蒸发器 规范、性能要求和识别》
	ABNT NBR 15372—2006	《冷却用冷风机试验方法》
	ABNT NBR 9792-2015/Corrected version-2016	《冷却水塔在机械鼓风塔中进行性能的检测试验试验方法》
澳大利亚	AS/NZS 3666.3-2011	《建筑物的空气处理和供水系统　微生物防治　第 3 部分：冷却水系统的性能维护》
美国	ASME PTC 23—2003	《大气水冷却设备》
	ASME PTC 30—1991	《空气冷却式热交换器》
	ASTM D1122—2022	《用比重计测量发动机冷却剂浓缩物和发动机冷却剂的密度或相对密度的标准试验方法》

地区及国家	标准编号	标准名称
欧洲	EN 327:2014	《热交换器-强制对流空气冷却制冷剂冷凝器-确定性能的试验方法》
	EN 12284:2003	《冷却系统和加热泵-阀-要求、试验及标记》
	EN IEC 60974-2:2019	《弧焊设备 第2部分：液体冷却系统》
	EN 1117:2002	《热交换器-液体冷却制冷剂冷凝器-性能稳定性的试验方法》
	EN 12157:1999	《离心泵-车床用冷却液泵组件-额定流量率、尺寸》
	EN 45510-6-6:2000	《发电站设备采购指南-涡轮机辅助设备-湿式和湿/干式冷却塔》
	EN 60034-6:1993	《旋转电机-第6部分：冷却方法（IC代号）》
中国	GB/T 7190.1—2018	《机械通风冷却塔 第1部分：中小型开式冷却塔》
	GB/T 7190.2—2018	《机械通风冷却塔 第2部分：大型开式冷却塔》
	GB/T 34863—2017	《冷却塔节能用水轮机技术规范》
	GB/T 6908—2018	《锅炉用水和冷却水分析方法 电导率的测定》
	GB/T 6909—2018	《锅炉用水和冷却水分析方法 硬度的测定》
	GB/T 12151—2005	《锅炉用水和冷却水分析方法 浊度的测定（福马麟浊度）》
	GB/T 15579.2—2014	《弧焊设备 第2部分：液体冷却系统》
	GB/T 25142—2010	《风冷式循环冷却液制冷机组》
	GB/T 27681—2011	《铜及铜合金熔铸冷却水零排放和循环利用规范》
	GB/T 29629—2013	《静止无功补偿装置水冷却设备》
	GB/T 30192—2013	《水蒸发冷却空调机组》
	GB/T 30425—2013	《高压直流输电换流阀水冷却设备》
	GB/T 31329—2014	《循环冷却水节水技术规范》
	GB/T 32107—2015	《臭氧处理循环冷却水技术规范》
	CB/T 3777—2013	《船舶冷却水系统自动控制装置试验方法》
	DL/T 801—2010	《大型发电机内冷却水质及系统技术要求》
	DL/T 1010.5—2006	《高压静止无功补偿装置 第5部分：密闭式水冷却装置》
	DL/T 1067—2020	《蒸发冷却水轮发电机基本技术条件》
	DL/T 1027—2006	《工业冷却塔测试规程》
	HG/T 3923—2007	《循环冷却水用再生水水质标准》
	JB/T 11530—2013	《制冷用闭式冷却塔》

（2）冷却塔节水技术要求

英国标准《水冷却塔规范 第2部分：性能试验方法》BS 4485:Part2:1988至《水冷却塔规范 第4部分：冷却塔的结构设计使用规程》BS 4485:Part4:1996和我国标准《机械通风冷却塔 第1部分：中小型开式冷却塔》GB/T 7190.1—2018和《机械通风冷却塔 第2部分：大型开式冷却塔》GB/T 7190.2—2018中，对冷却塔的节水要求主要体现在风扇驱动器的功率输入（耗电比）和飘水损失两个指标上。中英冷却塔标准节水技术指标对比见表4.2-28。

中英冷却塔标准节水技术指标对比　　　　　　表 4.2-28

参数	中国《机械通风冷却塔　第 1 部分：中小型开式冷却塔》GB/T 7190.1—2018《机械通风冷却塔　第 2 部分：大型开式冷却塔》GB/T 7190.2—2018	英国 BS 4485
风扇驱动器的功率输入（耗电比）	按照不同类型、不同工况，将冷却塔的耗电比分为 5 个等级	额定功率±10%
飘水损失	中小型开式冷却塔的飘水率≤0.010%，大型开式冷却塔的飘水率≤0.005%	分为五个等级：非常严重：>0.05mm/h；严重：0.025～0.05mm/h；值得注意：0.012～0.025mm/h；易检出但不突兀：0.005～0.012mm/h；容易被忽视：0.0005～0.005mm/h；不易检出：<0.0005mm/h

从中英冷却塔标准中的节水技术内容来看，我国标准有耗电比的要求，对于不同的塔型，有不同的功率要求，而英国标准却未进行强制性要求，只是要求耗电量与产品明示额定功率相当；在飘水损失上，我国标准注重飘水损失的最大限制，以起到节水的效果，英国标准则是把飘水损失分了五个等级。

（3）冷却塔节水指标测试方法

在测试方法上，我国标准更注重便捷性，英国标准更注重测试准确性。在耗电比的测试中，我国标准使用实验室本身专业的设备进行测量，而英国标准则需要制造商提供相应的参数进行精准测量。飘水损失是循环冷却水设备主要的耗水组成，也是评价一个循环冷却水设备的重要节水指标。在飘水率的测试上，我国标准以一定时间收集到的飘水量来衡量冷却塔的飘水率，而英国标准则通过多次换算得到最后的结果。从测量准确度来说，英国的标准准确度更高，测量飘水量的方法直接消除了测试时间对测试结果的影响，但这种测试方法在后期换算结果的时候步骤繁琐；我国标准的测试准确度虽然没有英国标准的高，但是测试简便，操作性强。中英冷却塔标准节水指标测试方法对比见表 4.2-29。

中英冷却塔标准节水指标测试方法对比　　　　　　表 4.2-29

参数	中国《机械通风冷却塔　第 1 部分：中小型开式冷却塔》GB/T 7190.1—2018《机械通风冷却塔　第 2 部分：大型开式冷却塔》GB/T 7190.2—2018	英国 BS 4485
风扇驱动器的功率输入（耗电比）	用三相功率表配合互感器测定实耗功率	三相交流电源输入，根据电动机制造商引用的功率因数测量每相的电压和电流
飘水损失	将滤纸干燥之后放入塑料袋，用天平称量，取出滤纸，用辅助设施将滤纸水平放到各测点，计时。视飘水情况放置 1min～5min，快速取出，计时。放入原塑料袋中，用天平称量。得出先后两次称量的差值	将滤纸置于测试点，精确测量纸上记录的印迹直径，并根据直径计算印迹数，根据印迹数与飘水率的对应表格得到飘水率数据

9）灌溉设备

（1）国内外灌溉设备主要标准

从国内灌溉设备标准的情况来看，我国城镇浇灌设备相对于农村农业灌溉设备起步较晚，现在一些城镇浇灌设备的测试方法依然是引用农业灌溉设备的测试方法。国际标准主要有《农业灌溉设备 配置旋转式或非旋转式喷头的中心支轴式和平移式喷灌机 水量分布均匀度的测定》ISO 11545：2009 等，其他国外灌溉技术标准以农业灌溉设备的标准为主，也有专门用于绿化景观的浇灌设备标准，如欧洲的标准《灌溉技术 固体喷淋系统 第1部分：选择，设计，规划和安装》EN 13742-1：2004 和《灌溉技术 固体喷淋系统 第2部分：试验方法》EN 13742-2：2004，其规定了固体喷淋系统的选择、设计、规划、安装，以及对应的检测试验方法。除了欧洲外，其他地区的城镇浇灌设备产品标准较少，主要以国际标准为参考。国内外灌溉设备的主要标准见表 4.2-30。

国内外主要灌溉设备标准　　　　　　　　　表 4.2-30

地区及国家	标准编号	标准名称
国际	ISO 15873：2002	《灌溉设备 差压文丘里加液喷射器》
	ISO 11545：2009	《农业灌溉设备 配置旋转式或非旋转式喷头的中心支轴式和平移式喷灌机 水量分布均匀度的测定》
	ISO 18471：2015	《农业灌溉设备 过滤器 过滤等级的检验》
	ISO 15886－2：2021	《农业灌溉设备喷头 第2部分：设计和操作要求》
欧洲	EN 13742-1：2004	《灌溉技术 固体喷淋系统 第1部分：选择，设计，规划和安装》
	EN 13742-2：2004	《灌溉技术 固体喷淋系统 第2部分：试验方法》
	EN 14267：2004	《灌溉技术 灌溉消火栓》
法国	NF U51-461-1982	《灌溉设备 旋转洒水器 测试》
中国	GB/T 19812.1—2017	《塑料节水灌溉器材 第1部分：单翼迷宫式滴灌带》
	GB/T 19812.2—2017	《塑料节水灌溉器材 第2部分：压力补偿式滴头及滴灌管》
	GB/T 19812.3—2017	《塑料节水灌溉器材 第3部分：内镶式滴灌管及滴灌带》
	GB/T 21400.1—2008	《绞盘式喷灌机 第1部分：运行特性及实验室和田间试验方法》
	GB/T 21400.2—2008	《绞盘式喷灌机 第2部分：软管和接头 试验方法》
	GB/T 21403—2008	《喷灌设备文丘里式差压液体添加射流器》
	GB/T 25404—2010	《行走式节水灌溉机》
	GB/T 25405—2010	《轻小型管道输水灌溉机组》
	GB/T 25406—2010	《轻小型喷灌机》
	GB/T 25407—2010	《轻小型移动式灌溉机组》
	GB/T 25408—2010	《悬挂式远射程喷灌机》
	GB/T 33549—2017	《轻小型管道输水灌溉机组 性能评价规范》
	NB/T 32021—2014	《太阳能光伏滴灌系统》
	NB/T 34037—2016	《太阳能光伏喷灌系统》

（2）灌溉设备节水技术要求对比

根据灌溉设备标准内容，跟灌溉设备节水性能相关的指标有流量均匀性、耐水压、爆破压力、密封性能，这些指标在相关标准中的要求见表 4.2-31。

国内外灌溉产品节水指标对比　　　　　　　　　　　　　　表 4.2-31

指标	国际标准《农业灌溉设备 配置旋转式或非旋转式喷头的中心支轴式和平移式喷灌机 水量分布均匀度的测定》ISO 11545:2009	欧洲标准《灌溉技术 固体喷淋系统 第1部分：选择，设计，规划和安装》EN 13742-2:2004	中国标准《塑料节水灌溉器材 第1部分：单翼迷宫式滴灌带》GB/T 19812.1—2017
流量均匀性	—	—	偏差率在±7％的范围内
耐水压	无渗漏、无损坏	无渗漏、无损坏	无渗漏、无损坏
爆破压力	—	—	瞬间爆破压力不小于额定工作压力的2倍
密封性	—	无泄漏	—

从国内外标准的技术参数来看，仅中国标准对流量均匀性与爆破压力有规定，表中国标和国际标准虽无单独的密封性参数，但在耐水压性能的判定中已包含了密封性能的判定。

（3）灌溉设备节水测试方法对比

从表 4.2-32 三种不同标准的技术内容来看，耐水压测试方法的区别，主要在于测试条件的不同。国际标准和欧洲标准均要求设备在额定工作压力下工作，欧洲标准中还有工作 1h 的要求。国标则规定耐水压性能需要在 1.5 倍的额定工作压力下工作 1h。从测试条件来看，国标比国际标准和欧洲标准对耐水压性能的测试要求都要高，也反映了国家对浇灌设备耐水压性能的重视。

国内外灌溉产品节水指标测试方法对比　　　　　　　　　表 4.2-32

指标	国际标准《农业灌溉设备 配置旋转式或非旋转式喷头的中心支轴式和平移式喷灌机 水量分布均匀度的测定》ISO 11545:2009	欧洲标准《灌溉技术 固体喷淋系统 第1部分：选择，设计，规划和安装》EN 13742-2:2004	中国标准《塑料节水灌溉器材 第1部分：单翼迷宫式滴灌带》GB/T 19812.1—2017
耐水压	额定工作压力工作	额定工作压力工作 1h	1.5 倍额定工作压力工作 1h

4.2.4　公共建筑用水产品节水技术要求

中国工程建设标准化协会通过结合理论研究、试验验证、技术发展，编制了《建筑节水产品分级及技术要求》T/CECS 10168—2021。该标准构建了建筑节水器具与设备的用水效率、理化性能、使用效果分级及技术要求，形成了节水效能指标体系及评价方法，填补了国内外部分建筑节水产品在分级标准方面的空白。标准审查专家组一致认为标准总体达到了国际先进水平。

1. 公共建筑用水产品节水指标体系（图 4.2-1）

《建筑节水产品分级及技术要求》T/CECS 10168—2021 中的节水指标体系，主要是综合国内外的主要法规政策、技术标准，以及国内公共建筑用水产品的发展水平而来。标准中涵盖的产品包括水嘴、淋浴器、坐便器、智能坐便器、蹲便器、小便器、便器冲洗阀、旋转式喷头等，指标包括流量、流量均匀性、喷射力、平均用水量、全冲用水量、半冲用水量、清洗用水量、流量一致性、密封性等。

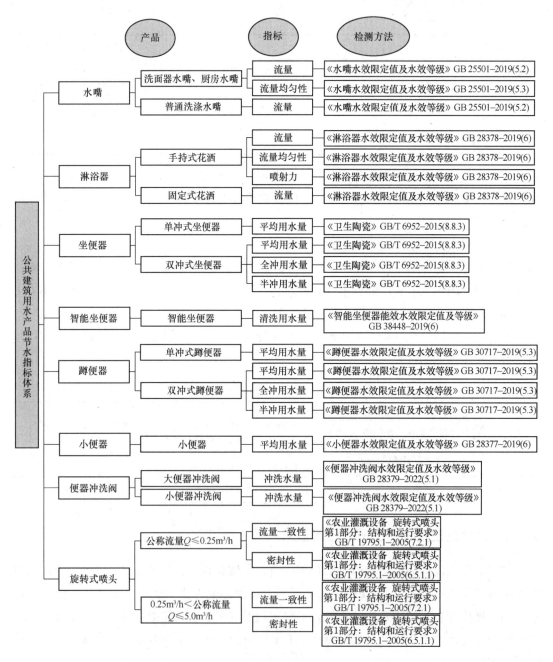

图 4.2-1　公共建筑用水产品节水指标体系（《建筑节水产品分级及技术要求》T/CECS 10168—2021）

2. 公共建筑用水产品节水评价指标

《建筑节水产品分级及技术要求》T/CECS 10168—2021 中用水产品指标评价值的确定，是通过随机选取市面上不同品牌、不同型号的产品若干，开展验证试验，对比现行相关标准要求而来。

1）水嘴

根据水嘴的结构差异，《建筑节水产品分级及技术要求》T/CECS 10168—2021 将水嘴分为洗面器水嘴和厨房水嘴、普通洗涤水嘴两类进行评价。与洗面器水嘴和厨房水嘴相关的节水指标包括流量和流量均匀性，与普通洗涤水嘴相关的节水指标则只有流量。随机选取不同厂家、不同型号的洗面器水嘴和厨房水嘴样品 50 个、普通洗涤水嘴样品 30 个进行试验，测试结果见表 4.2-33～表 4.2-35。

洗面器水嘴和厨房水嘴的流量测试结果　　　　　　表 4.2-33

样品编号	流量 Q（L/min）	样品编号	流量 Q（L/min）
样品 1 号	2.8	样品 26 号	4.4
样品 2 号	3.0	样品 27 号	4.5
样品 3 号	3.3	样品 28 号	4.5
样品 4 号	3.4	样品 29 号	4.7
样品 5 号	3.4	样品 30 号	4.7
样品 6 号	3.6	样品 31 号	4.8
样品 7 号	3.6	样品 32 号	4.9
样品 8 号	3.6	样品 33 号	5.0
样品 9 号	3.6	样品 34 号	5.1
样品 10 号	3.8	样品 35 号	5.1
样品 11 号	3.8	样品 36 号	5.2
样品 12 号	3.9	样品 37 号	5.3
样品 13 号	3.9	样品 38 号	5.4
样品 14 号	4.1	样品 39 号	5.4
样品 15 号	4.1	样品 40 号	5.5
样品 16 号	4.2	样品 41 号	5.7
样品 17 号	4.2	样品 42 号	5.7
样品 18 号	4.2	样品 43 号	5.9
样品 19 号	4.3	样品 44 号	6.2
样品 20 号	4.3	样品 45 号	6.5
样品 21 号	4.3	样品 46 号	7.0
样品 22 号	4.4	样品 47 号	7.0
样品 23 号	4.4	样品 48 号	7.0
样品 24 号	4.4	样品 49 号	7.1
样品 25 号	4.4	样品 50 号	7.2

洗面器水嘴和厨房水嘴的流量均匀性测试结果　　　　表 4.2-34

样品编号	流量均匀性 ΔF (L/min)	样品编号	流量均匀性 ΔF (L/min)
样品 1 号	0.2	样品 26 号	2.4
样品 2 号	0.3	样品 27 号	2.4
样品 3 号	0.5	样品 28 号	2.5
样品 4 号	0.6	样品 29 号	2.5
样品 5 号	0.7	样品 30 号	2.5
样品 6 号	0.9	样品 31 号	2.6
样品 7 号	0.9	样品 32 号	2.9
样品 8 号	1.0	样品 33 号	2.9
样品 9 号	1.1	样品 34 号	2.9
样品 10 号	1.1	样品 35 号	3.0
样品 11 号	1.2	样品 36 号	3.1
样品 12 号	1.2	样品 37 号	3.2
样品 13 号	1.2	样品 38 号	3.4
样品 14 号	1.4	样品 39 号	3.4
样品 15 号	1.5	样品 40 号	3.5
样品 16 号	1.6	样品 41 号	3.6
样品 17 号	1.7	样品 42 号	3.6
样品 18 号	1.8	样品 43 号	3.7
样品 19 号	1.8	样品 44 号	3.7
样品 20 号	1.8	样品 45 号	3.8
样品 21 号	1.9	样品 46 号	3.9
样品 22 号	2.0	样品 47 号	4.2
样品 23 号	2.1	样品 48 号	4.7
样品 24 号	2.1	样品 49 号	5.4
样品 25 号	2.4	样品 50 号	6.0

普通洗涤水嘴的流量测试结果　　　　表 4.2-35

样品	流量 Q (L/min)	样品	流量 Q (L/min)
样品 1 号	4.2	样品 9 号	5.5
样品 2 号	4.4	样品 10 号	5.7
样品 3 号	4.6	样品 11 号	5.7
样品 4 号	4.6	样品 12 号	5.8
样品 5 号	5.0	样品 13 号	5.8
样品 6 号	5.2	样品 14 号	6.0
样品 7 号	5.2	样品 15 号	6.0
样品 8 号	5.4	样品 16 号	6.1

续表

样品	流量 Q（L/min）	样品	流量 Q（L/min）
样品 17 号	6.1	样品 24 号	7.1
样品 18 号	6.2	样品 25 号	7.2
样品 19 号	6.2	样品 26 号	7.4
样品 20 号	6.4	样品 27 号	8.1
样品 21 号	6.5	样品 28 号	8.3
样品 22 号	6.7	样品 29 号	8.5
样品 23 号	6.9	样品 30 号	12.4

《建筑节水产品分级及技术要求》T/CECS 10168—2021 将水嘴分为 5 级，其中最低要求与《水嘴水效限定值及水效等级》GB 25501—2019 中的节水评价值持平，具体见表 4.2-36。《建筑节水产品分级及技术要求》T/CECS 10168—2021 中的分级，主要根据表 4.2-33～表 4.2-35 的结果，并结合现行主要标准的要求，尤其是强制性水效标准《水嘴水效限定值及水效等级》GB 25501—2019 要求而来。根据试验数据，洗面器水嘴和厨房水嘴流量不满足《建筑节水产品分级及技术要求》T/CECS 10168—2021 节水要求的产品有 7 个，占比 14%；满足 1 星的产品为 15 个，占比 30%；满足 2 星的产品有 15 个，占比 30%；满足 3 星的产品有 8 个，占比 16%；满足 4 星的产品有 3 个，占比 6%；满足 5 星的产品有 2 个，占比 4%。洗面器水嘴和厨房水嘴的流量均匀性不满足节水要求的产品有 15 个，占比 30%；满足 1 星的产品有 13 个，占比 26%；满足 2 星的产品有 7 个，占比 14%；满足 3 星的产品有 7 个，占比 14%；满足 4 星的产品有 5 个，占比 10%；满足 5 星的产品有 3 个，占比 6%。普通洗涤水嘴流量不满足节水要求的产品有 4 个，占比 13%；满足 1 星的产品有 11 个，占比 37%；满足 2 星的产品有 6 个，占比 20%；满足 3 星的产品有 4 个，占比 13%；满足 4 星的产品有 3 个，占比 10%；满足 5 星的产品有 2 个，占比 7%。

水嘴流量、流量均匀性分级及技术要求　　　　　　表 4.2-36

指标		1 星	2 星	3 星	4 星	5 星
流量 Q （L/min）	洗面器水嘴 厨房水嘴	≤6.0	≤4.5	≤4.0	≤3.5	≤3.2
	普通洗涤水嘴	≤7.5	≤6.0	≤5.5	≤5.0	≤4.5
流量均匀性 ΔF （L/min）	洗面器水嘴 厨房水嘴	≤3.0	≤2.0	≤1.5	≤1.0	≤0.5

2）淋浴器

《建筑节水产品分级及技术要求》T/CECS 10168—2021 将淋浴器分为淋浴器手持式花洒和淋浴器固定式花洒。跟淋浴器手持式花洒节水性能关系较大的指标包括 3 个，分别为流量、流量均匀性、喷射力；跟淋浴器固定式花洒节水性能关系密切的指标只有流量。随机选取不同厂家、不同型号的淋浴器手持式花洒、固定式花洒 50 个开展验证试验。试验结果见表 4.2 37~表 4.2-39。

淋浴器（手持式花洒和固定式花洒）的流量测试结果   表 4.2-37

样品编号	流量 Q（L/min）	样品编号	流量 Q（L/min）
样品 1 号	3.6	样品 26 号	5.3
样品 2 号	4.0	样品 27 号	5.4
样品 3 号	4.2	样品 28 号	5.4
样品 4 号	4.2	样品 29 号	5.4
样品 5 号	4.2	样品 30 号	5.4
样品 6 号	4.2	样品 31 号	5.4
样品 7 号	4.3	样品 32 号	5.4
样品 8 号	4.3	样品 33 号	5.4
样品 9 号	4.4	样品 34 号	5.5
样品 10 号	4.5	样品 35 号	5.6
样品 11 号	4.6	样品 36 号	5.7
样品 12 号	4.7	样品 37 号	5.7
样品 13 号	4.8	样品 38 号	5.8
样品 14 号	4.8	样品 39 号	5.8
样品 15 号	4.8	样品 40 号	5.9
样品 16 号	4.8	样品 41 号	5.9
样品 17 号	4.8	样品 42 号	5.9
样品 18 号	4.8	样品 43 号	6.0
样品 19 号	4.8	样品 44 号	6.0
样品 20 号	4.9	样品 45 号	6.0
样品 21 号	5.1	样品 46 号	6.0
样品 22 号	5.1	样品 47 号	6.6
样品 23 号	5.2	样品 48 号	6.6
样品 24 号	5.2	样品 49 号	6.9
样品 25 号	5.3	样品 50 号	7.2

淋浴器手持式花洒的流量均匀性测试结果   表 4.2-38

样品编号	流量均匀性 ΔF（L/min）	样品编号	流量均匀性 ΔF（L/min）
样品 1 号	1.0	样品 7 号	2.1
样品 2 号	1.0	样品 8 号	2.4
样品 3 号	1.2	样品 9 号	2.4
样品 4 号	1.3	样品 10 号	2.4
样品 5 号	1.8	样品 11 号	2.4
样品 6 号	1.9	样品 12 号	2.7

续表

样品编号	流量均匀性 ΔF (L/min)	样品编号	流量均匀性 ΔF (L/min)
样品 13 号	2.9	样品 32 号	3.6
样品 14 号	2.9	样品 33 号	3.6
样品 15 号	3.0	样品 34 号	3.6
样品 16 号	3.0	样品 35 号	3.6
样品 17 号	3.0	样品 36 号	3.8
样品 18 号	3.0	样品 37 号	3.9
样品 19 号	3.0	样品 38 号	3.9
样品 20 号	3.1	样品 39 号	4.0
样品 21 号	3.3	样品 40 号	4.2
样品 22 号	3.3	样品 41 号	4.2
样品 23 号	3.4	样品 42 号	4.2
样品 24 号	3.5	样品 43 号	4.2
样品 25 号	3.5	样品 44 号	4.2
样品 26 号	3.5	样品 45 号	4.2
样品 27 号	3.6	样品 46 号	4.8
样品 28 号	3.6	样品 47 号	4.8
样品 29 号	3.6	样品 48 号	4.9
样品 30 号	3.6	样品 49 号	5.4
样品 31 号	3.6	样品 50 号	6.0

淋浴器手持式花洒的喷射力测试结果　　　　表 4.2-39

样品编号	喷射力 f (N)	样品编号	喷射力 f (N)
样品 1 号	0.74	样品 15 号	0.89
样品 2 号	0.74	样品 16 号	0.89
样品 3 号	0.80	样品 17 号	0.89
样品 4 号	0.82	样品 18 号	0.89
样品 5 号	0.82	样品 19 号	0.91
样品 6 号	0.84	样品 20 号	0.91
样品 7 号	0.84	样品 21 号	0.94
样品 8 号	0.86	样品 22 号	0.94
样品 9 号	0.86	样品 23 号	0.96
样品 10 号	0.86	样品 24 号	0.97
样品 11 号	0.86	样品 25 号	0.97
样品 12 号	0.88	样品 26 号	0.97
样品 13 号	0.88	样品 27 号	0.99
样品 14 号	0.88	样品 28 号	1.01

样品编号	喷射力 f（N）	样品编号	喷射力 f（N）
样品 29 号	1.02	样品 40 号	1.13
样品 30 号	1.03	样品 41 号	1.13
样品 31 号	1.03	样品 42 号	1.13
样品 32 号	1.05	样品 43 号	1.16
样品 33 号	1.05	样品 44 号	1.17
样品 34 号	1.05	样品 45 号	1.17
样品 35 号	1.07	样品 46 号	1.19
样品 36 号	1.08	样品 47 号	1.24
样品 37 号	1.08	样品 48 号	1.24
样品 38 号	1.10	样品 49 号	1.25
样品 39 号	1.12	样品 50 号	1.27

根据表 4.2-37～表 4.2-39 的结果，并结合现行主要标准的要求，尤其是强制性水效标准《淋浴器水效限定值及水效等级》GB 28378—2019 内容，《建筑节水产品分级及技术要求》T/CECS 10168—2021 将淋浴器分为 5 级，其中最低要求与《淋浴器水效限定值及水效等级》GB 28378—2019 中的节水评价值持平，具体见表 4.2-40。根据试验数据，淋浴器手持式花洒和淋浴器固定式花洒流量不满足《建筑节水产品分级及技术要求》T/CECS 10168—2021 节水要求的产品有 4 个，占比 8%；满足 1 星的产品有 12 个，占比 24%；满足 2 星的产品有 14 个，占比 28%；满足 3 星的产品有 10 个，占比 20%；满足 4 星的产品有 4 个，占比 8%；满足 5 星的产品有 5 个，占比 10%。淋浴器手持式花洒流量均匀性不满足节水要求的产品有 11 个，占比 22%；满足 1 星的产品有 13 个，占比 26%；满足 2 星的产品有 7 个，占比 14%；满足 3 星的产品有 13 个，占比 26%；满足 4 星的产品有 4 个，占比 8%；满足 5 星的产品有 2 个，占比 4%。淋浴器手持式花洒喷射力不满足节水要求的产品有 7 个，占比 14%；满足 1 星的产品有 11 个，占比 22%；满足 2 星的产品有 9 个，占比 18%；满足 3 星的产品有 10 个，占比 20%；满足 4 星的产品有 9 个，占比 18%；满足 5 星的产品有 4 个，占比 8%。还有 1 个产品不符合 GB 18145—2014 要求，不在 T/CECS 10168—2021 的节水产品分级范围内。

淋浴器的流量、流量均匀性及喷射力分级及技术要求　　表 4.2-40

指标		1 星	2 星	3 星	4 星	5 星
流量 Q（L/min）	手持式花洒 固定式花洒	≤6.0	≤5.5	≤5.0	≤4.5	≤4.2
流量均匀性 ΔF（L/min）	手持式花洒	≤4.0	≤3.5	≤3.0	≤2.0	≤1.0
喷射力 f（N）	手持式花洒	≥0.85	≥0.90	≥1.00	≥1.10	≥1.20

3）坐便器

最直接反映坐便器节水性能的指标是用水量。坐便器分为单冲式坐便器和双冲式坐便器，双冲式坐便器需同时衡量全冲用水量、半冲用水量以及平均用水量，其中平均用水量＝（全冲用水量＋半冲用水量×2）/3。随机选取不同厂家型号的 36 个样品做坐便器用水量验证试验，结果见表 4.2-41。

坐便器用水量测试结果　　　　　　　　　　　表 4.2-41

样品编号	冲洗方式	平均用水量 V（L）	全冲用水量 V₁（L）	半冲用水量 V₂（L）	样品编号	平均用水量 V（L）	全冲用水量 V₁（L）	半冲用水量 V₂（L）
1 号	单冲	1.5			5 号	4.4		
2 号		3.2		—	6 号	4.7		—
3 号		3.7			7 号	4.9		
4 号		4.0			8 号	5.0		
9 号	双冲	2.7	3.5	2.3	23 号	4.4	5.5	3.9
10 号		3.2	4.1	2.8	24 号	4.4	5.5	3.9
11 号		3.4	4.3	3.0	25 号	4.5	5.7	3.9
12 号		3.5	4.7	2.9	26 号	4.6	5.7	4.0
13 号		3.8	4.7	3.4	27 号	4.6	5.8	3.9
14 号		3.9	4.9	3.4	28 号	4.6	5.5	4.1
15 号		3.9	5.0	3.4	29 号	4.7	5.8	4.2
16 号		4.0	4.0	3.5	30 号	4.7	5.8	4.2
17 号		4.1	5.2	3.6	31 号	4.8	5.9	4.2
18 号		4.1	5.3	3.5	32 号	4.8	6.0	4.1
19 号		4.2	5.2	3.7	33 号	4.8	6.0	4.2
20 号		4.2	5.4	3.6	34 号	5.0	5.0	5.0
21 号		4.3	5.5	3.7	35 号	5.1	7.0	4.2
22 号		4.4	5.5	3.8	36 号	6.2	7.9	5.4

《建筑节水产品分级及技术要求》T/CECS 10168—2021 将坐便器分为 5 级，其中最低要求与《坐便器水效限定值及水效等级》GB 25502—2017 中的节水评价值持平，具体见表 4.2-42。《建筑节水产品分级及技术要求》T/CECS 10168—2021 对坐便器的分级，主要根据表 4.2-41 的结果，结合现行主要标准的要求，重点参考了强制性水效标准《坐便器水效限定值及水效等级》GB 25502—2017 内容。根据试验数据，坐便器用水量不满足《建筑节水产品分级及技术要求》T/CECS 10168—2021 节水要求的产品有 3 个，占比 8%；满足 1 星的产品有 12 个，占比 33%；满足 2 星的产品有 9 个，占比 25%；满足 3 星的产品有 7 个，占比 20%；满足 4 星的产品有 3 个，占比 8%；满足 5 星的产品有 2 个，占比 6%。

坐便器用水量分级及技术要求　　　　　　　　表 4.2-42

指标		1 星	2 星	3 星	4 星	5 星
单、双冲式坐便器	平均用水量 V (L)	≤5.0	≤4.5	≤4.0	≤3.5	≤3.0
双冲式坐便器	全冲用水量 V_1 (L)	≤6.0	≤5.5	≤5.0	≤4.5	≤4.0
	半冲用水量 V_2 (L)	≤4.2	≤3.9	≤3.5	≤3.2	≤2.8

4）智能坐便器

智能坐便器的节水性能主要体现在冲洗用水量和清洁用水量两个方面，其中，冲洗用水量指标与坐便器的用水量一致。随机选取不同厂家型号的智能坐便器样品 32 个，对清洗用水量进行验证试验，结果见表 4.2-43。

智能坐便器清洗用水量测试结果　　　　　　　　表 4.2-43

样品编号	清洗用水量 V (L)	样品编号	清洗用水量 V (L)
1 号	0.25	17 号	0.40
2 号	0.28	18 号	0.40
3 号	0.28	19 号	0.42
4 号	0.29	20 号	0.44
5 号	0.30	21 号	0.46
6 号	0.30	22 号	0.47
7 号	0.32	23 号	0.48
8 号	0.32	24 号	0.49
9 号	0.32	25 号	0.49
10 号	0.33	26 号	0.49
11 号	0.37	27 号	0.49
12 号	0.37	28 号	0.50
13 号	0.37	29 号	0.50
14 号	0.38	30 号	0.63
15 号	0.39	31 号	0.66
16 号	0.39	32 号	0.67

《建筑节水产品分级及技术要求》T/CECS 10168—2021 将智能坐便器分为 5 级，其中最低要求与《智能坐便器能效水效限定值及等级》GB 38448—2019 中的节水评价值持平，具体见表 4.2-44。《建筑节水产品分级及技术要求》T/CECS 10168—2021 对智能坐便器的分级，主要根据表 4.2-43 的结果，结合现行主要标准的要求，重点参考了强制性水效标准《智能坐便器能效水效限定值及等级》GB 38448—2019 内容。根据试验数据，智能坐便器清洗用水量不满足《建筑节水产品分级及技术要求》T/CECS 10168—2021 节水要求的产品有 3 个，占比 9%，满足 1 星的产品有 11 个，占比 34%；满足 2 星的产品有 8 个，占比 25%；满足 3 星的产品有 4 个，占比 13%；满足 4 星的产品有 5 个，占比 16%；满足 5 星的产品有 1 个，占比 3%。

智能坐便器平均清洗用水量分级及技术要求　　　　　　表 4.2-44

指标	1 星	2 星	3 星	4 星	5 星
单、双冲式智能坐便器平均清洗用水量 V（L）	≤0.50	≤0.40	≤0.35	≤0.30	≤0.25

5）蹲便器

蹲便器分为单冲式蹲便器和双冲式蹲便器。用水量是蹲便器最主要的节水指标。与双冲式坐便器相同，双冲式蹲便器需同时对全冲用水量、半冲用水量以及平均用水量做出节水要求。随机选取不同厂家型号的单冲式蹲便器样品 5 个，双冲式蹲便器样品 15 个对用水量进行验证试验，结果见表 4.2-45。

蹲便器用水量测试结果　　　　　　表 4.2-45

样品编号	冲洗方式	平均用水量 V（L）	全冲用水量 V_1（L）	半冲用水量 V_2（L）
1 号	单冲	5.0	—	—
2 号		5.1	—	—
3 号		5.1	—	—
4 号		5.3	—	—
5 号		5.5	—	—
6 号	双冲	4.0	5.0	3.5
7 号		4.1	5.2	3.6
8 号		4.2	5.4	3.6
9 号		4.3	5.5	3.7
10 号		4.3	5.5	3.7
11 号		4.4	5.5	3.8
12 号		4.6	5.7	4.1
13 号		4.7	5.8	4.2
14 号		4.7	5.9	4.1
15 号		4.8	6.0	4.2
16 号		5.0	6.3	4.4
17 号		5.1	6.4	4.5
18 号		5.2	6.5	4.6
19 号		5.4	6.8	4.7
20 号		5.6	7.1	4.8

《建筑节水产品分级及技术要求》T/CECS 10168—2021 将蹲便器分为 5 级，其中最低要求与《蹲便器水效限定值及水效等级》GB 30717—2019 中的节水评价值持平，具体见表 4.2-46。《建筑节水产品分级及技术要求》T/CECS 10168—2021 对蹲便器的分级，根据表 4.2-45 的结果，结合现行主要标准的要求，重点参考了强制性水效标准《蹲便器水效限定值及水效等级》GB 30717—2019 内容。根据试验结果，蹲便器用水量不满足《建

筑节水产品分级及技术要求》T/CECS 10168—2021 节水要求的产品有 1 个，占比 5%；满足 1 星的产品有 3 个，占比 15%；满足 2 星的产品有 6 个，占比 30%；满足 3 星的产品有 4 个，占比 20%；满足 4 星的产品有 5 个，占比 25%；满足 5 星的产品有 1 个，占比 5%。

蹲便器用水量分级及技术要求 表 4.2-46

指标		1 星	2 星	3 星	4 星	5 星
单冲、双冲式蹲便器	平均用水量 V (L)	≤5.6	≤5.2	≤4.8	≤4.5	≤4.0
双冲式蹲便器	全冲用水量 V_1 (L)	≤7.0	≤6.5	≤6.0	≤5.5	≤5.0
	半冲用水量 V_2 (L)	≤4.9	≤4.6	≤4.2	≤3.9	≤3.5

6）小便器

小便器关键的节水指标是平均用水量。随机选取不同厂家型号的小便器样品 24 个对平均用水量进行验证，试验结果见表 4.2-47。

小便器平均用水量指标测试数据 表 4.2-47

样品编号	平均用水量 V (L)	样品编号	平均用水量 V (L)
样品 1 号	0.4	样品 13 号	1.2
样品 2 号	0.5	样品 14 号	1.2
样品 3 号	0.6	样品 15 号	1.2
样品 4 号	0.6	样品 16 号	1.3
样品 5 号	0.7	样品 17 号	1.4
样品 6 号	0.8	样品 18 号	1.4
样品 7 号	0.9	样品 19 号	1.4
样品 8 号	0.9	样品 20 号	1.4
样品 9 号	1.0	样品 21 号	1.8
样品 10 号	1.0	样品 22 号	2.0
样品 11 号	1.1	样品 23 号	2.1
样品 12 号	1.2	样品 24 号	2.8

根据表 4.2-47 的结果，结合现行主要标准的要求，重点参考了强制性水效标准《小便器水效限定值及水效等级》GB 28377—2019 要求，《建筑节水产品分级及技术要求》T/CECS 10168—2021 将小便器分为 5 级，其中最低要求与《小便器水效限定值及水效等级》GB 28377—2019 中的节水评价值持平，具体见表 4.2-48。根据试验结果，小便器平均用水量不满足《建筑节水产品分级及技术要求》T/CECS 10168—2021 节水要求的产品有 4 个，占比 17%；满足 1 星的产品有 5 个，占比 21%；满足 2 星的产品有 5 个，占比 21%；满足 3 星的产品有 4 个，占比 17%；满足 4 星的产品有 4 个，占比 17%；满足 5 星的产品有 2 个，占比 8%。

小便器平均用水量分级及技术要求 表 4.2-48

指标	1 星	2 星	3 星	4 星	5 星
平均用水量 V（L）	≤1.5	≤1.2	≤1.0	≤0.8	≤0.5

7）便器冲洗阀

便器冲洗阀与便器配套使用，分为小便器冲洗阀和大便器冲洗阀，主要的节水指标为冲洗水量。随机选取不同厂家型号的小便器冲洗阀样品 20 个，大便器冲洗阀样品 30 个对冲洗水量进行验证试验，结果见表 4.2-49。

便器冲洗阀冲洗水量的测试数据 表 4.2-49

产品类别	样品编号	冲洗水量 V（L）	样品编号	冲洗水量 V（L）
小便器冲洗阀	样品 1 号	0.8	样品 11 号	2.4
	样品 2 号	0.9	样品 12 号	2.5
	样品 3 号	1.3	样品 13 号	2.5
	样品 4 号	1.5	样品 14 号	2.7
	样品 5 号	1.8	样品 15 号	2.8
	样品 6 号	2.0	样品 16 号	2.8
	样品 7 号	2.3	样品 17 号	2.9
	样品 8 号	2.3	样品 18 号	2.9
	样品 9 号	2.4	样品 19 号	3.0
	样品 10 号	2.4	样品 20 号	3.1
大便器冲洗阀	样品 1 号	3.7	样品 16 号	3.7
	样品 2 号	3.7	样品 17 号	3.8
	样品 3 号	3.8	样品 18 号	3.8
	样品 4 号	4.0	样品 19 号	3.9
	样品 5 号	4.0	样品 20 号	4.0
	样品 6 号	4.0	样品 21 号	4.0
	样品 7 号	4.2	样品 22 号	4.3
	样品 8 号	4.3	样品 23 号	4.3
	样品 9 号	4.4	样品 24 号	4.4
	样品 10 号	4.5	样品 25 号	4.5
	样品 11 号	4.7	样品 26 号	4.5
	样品 12 号	4.8	样品 27 号	4.7
	样品 13 号	5.0	样品 28 号	4.9
	样品 14 号	5.0	样品 29 号	6.5
	样品 15 号	7.6	样品 30 号	7.8

根据表 4.2-49 的结果，结合现行主要标准的要求，尤其是强制性水效标准《便器冲洗阀水效限定值及水效等级》GB 28379—2022 要求，《建筑节水产品分级及技术要求》T/CECS 10168—2021 将便器冲洗阀分为 5 级，其中最低要求与《便器冲洗阀水效限定值

及水效等级》GB 28379—2022中的节水评价值持平，具体见表4.2-50。根据试验结果，大便器冲洗阀冲洗水量不满足《建筑节水产品分级及技术要求》T/CECS 10168—2021节水要求的产品有3个，占比10%；满足1星的产品有6个，占比20%；满足2星级的产品有9个，占比30%；满足3星的产品有6个，占比20%；满足4星的产品有6个，占比20%；满足5星的产品有占比0%。小便器冲洗阀冲洗水量不满足节水要求的产品有1个，占比5%；满足1星的产品有6个，占比30%；满足2星级的产品有7个，占比35%；满足3星的产品有2个，占比10%；满足4星的产品有2个，占比10%；满足5星的产品有2个，占比10%。

便器冲洗阀冲洗水量分级及技术要求 表4.2-50

指标	1星	2星	3星	4星	5星
大便器冲洗阀冲洗水量V（L）	≤5.0	≤4.5	≤4.0	≤3.8	≤3.6
小便器冲洗阀冲洗水量V（L）	≤3.0	≤2.5	≤2.0	≤1.5	≤1.0

8）旋转式喷头

旋转式喷头可用于观赏性喷泉或小范围草坪的浇洒，这两种场合下旋转式喷头的流量不宜过大，一般为公称流量小于或等于5.0m³/h的喷头，《建筑节水产品分级及技术要求》T/CECS 10168—2021仅对公称流量小于或等于5.0m³/h的喷头进行了规定。旋转式喷头的关键节水指标包括流量一致性和密封性。流量一致性为规定试验压力下喷头流量相比于公称流量的变化量。随机选取不同厂家型号的旋转式喷头（公称流量Q≤0.25m³/h）样品11个，旋转式喷头（0.25m³/h＜公称流量Q≤5.0m³/h）样品11个进行验证试验，结果见表4.2-51。

旋转式喷头流量一致性和密封性测试数据 表4.2-51

流量范围（m³/h）	样品编号	公称流量Q（m³/h）	试验压力（MPa）	实测流量Q_1（m³/h）	流量一致性（%）	密封性
≤0.25	样品1号	0.04	0.15	0.04	0.00	无渗漏
	样品2号	0.80	0.2	0.83	3.75	无渗漏
	样品3号	0.048	0.4	0.050	4.17	无渗漏
	样品4号	0.40	0.1	0.42	5.00	无渗漏
	样品5号	0.100	0.2	0.105	5.00	无渗漏
	样品6号	1.60	0.4	1.69	5.63	无渗漏
	样品7号	0.140	0.15	0.132	5.71	无渗漏
	样品8号	0.120	0.4	0.127	5.83	无渗漏
	样品9号	1.50	0.4	1.59	6.00	无渗漏
	样品10号	0.14	0.4	0.15	7.14	无渗漏
	样品11号	0.10	0.3	0.11	10.00	无渗漏

续表

流量范围 （m³/h）	样品编号	公称流量 Q （m³/h）	试验压力 （MPa）	实测流量 Q₁ （m³/h）	流量一致性 （%）	密封性
0.25<Q≤5.0	样品 1 号	1.22	0.25	1.21	0.82	无渗漏
	样品 2 号	0.55	0.15	0.56	1.82	无渗漏
	样品 3 号	1.20	0.4	1.23	2.50	无渗漏
	样品 4 号	4.0	0.2	4.1	2.50	无渗漏
	样品 5 号	1.64	0.4	1.59	3.05	无渗漏
	样品 6 号	0.30	0.6	0.29	3.33	无渗漏
	样品 7 号	0.80	0.2	0.77	3.75	无渗漏
	样品 8 号	0.52	0.3	0.50	3.85	无渗漏
	样品 9 号	0.50	0.2	0.52	4.00	无渗漏
	样品 10 号	0.70	0.35	0.75	7.14	无渗漏
	样品 11 号	0.30	0.15	0.28	6.67	无渗漏

根据表 4.2-51 的结果，结合现行主要标准的要求，重点参考了《旋转式喷头节水评价技术要求》GB/T 39924—2021 内容，《建筑节水产品分级及技术要求》T/CECS 10168—2021 将旋转式喷头分为 3 级，其中最低要求与《旋转式喷头节水评价技术要求》GB/T 39924—2021 中的节水评价值持平，具体见表 4.2-52。根据试验数据，公称流量 Q ≤0.25m³/h 的喷头，流量一致性不满足《建筑节水产品分级及技术要求》T/CECS 10168—2021 节水要求的产品有 2 个，占比 18%；满足 1 星的产品有 4 个，占比 36%；满足 2 星的产品有 3 个，占比 27%；满足 3 星的产品有 2 个，占比 18%。公称流量 0.25m³/h<Q≤5.0m³/h 的喷头，流量一致性不满足节水要求的产品有 2 个，占比 18%；满足 1 星的产品有 5 个，占比 45%；满足 2 星的产品有 2 个，占比 18%；满足 3 星的产品有 2 个，占比 18%。试验样品密封性均无渗漏，符合要求。

旋转式喷头分级及技术要求　　　　　　　　　表 4.2-52

指标		1 星	2 星	3 星
流量一致性	规定试验压力下喷头流量的变化量 （公称流量 Q≤0.25m³/h）	≤6.0%	≤5.0%	≤4.0%
	规定试验压力下喷头流量的变化量 （0.25m³/h<公称流量 Q≤5.0m³/h）	≤4.0%	≤3.0%	≤2.0%
密封性	旋转轴承处泄漏量 （公称流量 Q≤0.25m³/h）	≤0.004m³/h		
	旋转轴承处泄漏量相对于试验压力下喷头流量 （0.25m³/h<公称流量 Q≤5.0m³/h）	≤1.5%		

4.2.5　小结

从国外的公共建筑节水政策法规、标准体系来看，各个国家的侧重点各有不同。美国主要通过立法手段规范用水产品的节水性能，同时建立了在全球范围内有影响力的绿色建筑评价体系；澳大利亚则主要通过制定和实施水效管理计划，降低公共建筑用水量；新加坡除了推行水效管理计划，还制定并推行节水建筑评价。

根据国内公共建筑节水管理相关要求，我国从政策、认证与绿色建筑评价等多个维度形成了相应公共建筑节水管理措施。我国未来建立健全公共建筑节水管理体系时，可在法律法规、强制性认证、标准与规范等三方面提高要求。

中国工程建设标准化协会结合管理要求、现有标准、技术水平编制的《建筑节水产品分级及技术要求》T/CECS 10168—2021，构建了建筑节水器具与设备的用水效率、理化性能、使用效果分级及技术要求，形成了节水效能指标体系及评价方法，填补了国内外部分建筑节水产品在分级标准方面的空白。随着该标准的广泛实施，将积极推进建筑节水产品的规模化应用，为我国建筑节水精细化控制提供重要的依据，有效助力我国建设节水型社会。

4.3　公共建筑新型室内节水技术及器具

近年来，室内节水器具的应用越来越受到人们的关注，其主要目的就是为了减少居民的用水量，从而实现节水、环保的目的。在室内节水器具中，最常见的是淋浴喷头、马桶水箱、水龙头等。

根据研究，目前我国家庭用水的主要消耗是在厨房和卫生间，卫生间的用水量约占总用水量的30%。通过使用室内节水器具，可以有效地降低卫生间的用水量。例如，安装淋浴喷头可以将淋浴水量控制在6L/min以内，相比传统淋浴头可以节省50%的用水量。另外，安装节水型马桶水箱，冲水的用水量可以控制在3～6L/次，而传统马桶的用水量则达到了10L/次以上，因此安装节水型马桶水箱的节约用水量也非常明显。

在水资源短缺的今天，室内节水器具的应用已经成为一种不可或缺的节水手段。虽然安装室内节水器具需要一定的初期投资，但是长期来看，其节约的水资源和节省的经济成本将会远远超过安装的投入。因此，应该积极推广室内节水器具的应用，并加大对其研发和生产的支持，从而更好地保护水资源。

4.3.1　室内用水器具节水技术

1. 多功能稳量富氧节水技术

花洒是常见的浴室淋浴装置，传统的淋浴花洒，结构简洁，功能单一。传统花洒的水流量是通过控制水龙头流量的方式，来控制不同水花模式下的花洒出水流量。目前，市场上大部分花洒通常都不具备调节流量的功能，大多是采用角阀来实现开关和控制出水量。由于出水量只能通过打开角阀的程度来决定，导致出水量难以控制且不精确。不仅浪费了时间，而且无法准确、快速地调整得到需要的流量。实际用水时，当水压较低时，出水量减小，影响使用效果；当水压较高时，出水量超过其实际需求量，造成水资源浪费。研究发现，花洒进水水压、花洒出水气水比以及花洒出水水质均是影响花洒节水性能及使用性能的重要因素。下面分别就调压稳量节水技术、富氧淋浴节水技术，以及花洒调压稳量、富氧舒适度的耦合技术进行介绍。并对基于该技术所形成的新型花洒方案设计以及新产品论证进行介绍。

1）调压稳量节水技术

一般进水水压越大，出水流量也越大。现实生活中，无论是生活水箱式供水，还是市政加压供水，供水压力均会因使用者所在楼层的不同而有所区别。这就造成了同一款淋浴花洒，在不同地点使用，其使用的用水量和给人的淋浴感受往往不同。在高水压处，花洒出水流量偏大，花洒出水较急，淋浴冲击力较大，有时会使人感到刺痛，浪费水资源的同时还得不到一个很好的使用体验；同样，在低水压处，花洒出水流量较小，使用者往往会认为身体未清洗干净，消耗更长时间用于淋浴，同样造成了水资源浪费现象。

通常淋浴器供水连接结构为连接供水管网的软管、限流器、淋浴器本体(图 4.3-1)。限流器的基本原理是通过过水通道与弹性结构的组合达到调压稳量的效果，弹性结构会在不同水压下产生不同的形变量，从而改变过水通道的横截面积，在形变量和过水通道本身的结构组合下，改变出水口尺寸，起到调压稳量节流的效果。限流装置最重要的元件是弹性结构组件，目前常用的弹性结构组件主要有两种，分

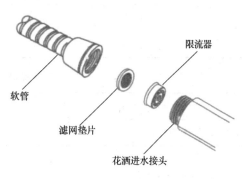

图 4.3-1　稳量限流装置所在位置图

别是橡胶圈结构和弹簧结构（图 4.3-2 和图 4.3-3）。弹簧结构相对复杂，限流器的更换也较为不便，淋浴器多采用橡胶圈结构作为主要弹性结构组件。

图 4.3-2　橡胶圈结构限流器

图 4.3-3　弹簧结构限流器

由上述内容可知，淋浴器的组成根据限流装置的位置可分为三个部分：限流器前的供水管路、限流器以及限流器后的淋浴器主体部分。因此，影响淋浴器节水效果的因素通常

可分为三部分，即供水管网压力、限流器限流效果以及淋浴器本体的内部结构。

稳量节水技术的关键在于限流器的装置。研究组选择同一型号淋浴器（1-1号），加装不同的限流装置，在不同压力下对淋浴器开展流量和流量均匀性指标测试，测试结果见表4.3-1、表4.3-2、图4.3-4和图4.3-5。

不同限流器流量-水压试验结果 表 4.3-1

水压（MPa）	流量 Q（L/min）		
	无限流器	非弹性结构限流	弹性结构限流
0.10	9.42	8.10	7.14
0.15	11.64	10.02	8.64
0.20	13.50	11.76	9.66
0.25	15.18	13.14	9.90
0.30	16.62	14.46	9.60

不同限流器流量均匀性试验结果 表 4.3-2

项目	无限流器	非弹性结构限流	弹性结构限流
流量均匀性（L/min）	7.20	6.36	2.46

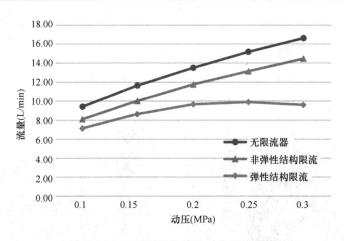

图 4.3-4 不同限流器流量-水压试验结果

由表4.3-1和图4.3-4可知，供水压力的变化会对淋浴器流量产生直接影响。在未安装限流器的情况下，淋浴器的流量会随着水压的增大而呈线性增大的趋势，且流量不符合《淋浴器水效限定值及水效等级》GB 28378—2019中淋浴器水效限定值指标的要求；安装非弹性结构限流器的淋浴器，随着水压增大，出水流量依然呈增大趋势，不能达到调压稳量的效果，虽然流量比无限流器的淋浴器流量总体偏小，但仅达到《淋浴器水效限定值及水效等级》GB 28378—2019中水效限定值的最低要求；安装弹性结构限流器的淋浴器随供水管网水压的上升，流量变化不明显，能达到调压稳量的

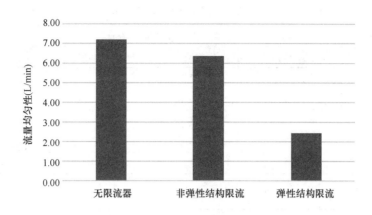

图 4.3-5　不同限流器流量均匀性试验结果

效果。表 4.3-2 和图 4.3-5 表明，安装不同限流装置的淋浴器流量均匀性出现较大差异，无弹性结构限流器、安装非弹性结构限流器的淋浴器流量均匀性无法达到《淋浴器水效限定值及水效等级》GB 28378—2019 中流量均匀性的指标要求，安装弹性结构限流器的淋浴器流量均匀性能够满足《淋浴器水效限定值及水效等级》GB 28378—2019 中流量均匀性的指标要求。

分析原理，安装弹性结构限流器的淋浴器，内部弹性结构在快速水流带来的高压强下受到挤压产生形变，橡胶圈扩大，加大了过水通道的截流面积，从而稳定出水流量；反之，内部弹性结构在低流速下仅产生少量变形或恢复到原始状态，过水通道被打开，保证水流通畅。因此，在同一花洒的前提下，设置橡胶圈弹性结构限流装置可以实现节水、稳定出水流量的效果。

配套使用不同限流装置的同一花洒的流量与流量均匀性也不同。研究组选择同一型号淋浴器（1-2 号），基于相同限流器加装不同弹性模量的密封圈（图 4.3-6，四个密封圈弹性模量分别为 8.0MPa、7.8MPa、7.5MPa 和 7.2MPa），在不同压力下开展流量和流量均匀性指标测试，测试结果见表 4.3-3、表 4.3-4、图 4.3-8 和图 4.3-9。

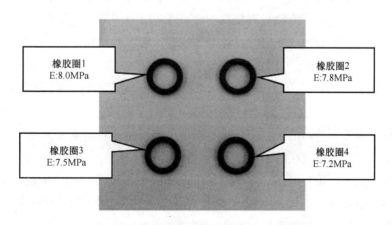

图 4.3-6　四种不同弹性模量密封圈

不同橡胶圈流量-水压试验结果　　　　　　　　　　　表 4.3-3

水压（MPa）	流量（L/min）			
	橡胶圈 1	橡胶圈 2	橡胶圈 3	橡胶圈 4
0.10	7.14	7.14	7.92	8.10
0.15	8.64	8.10	9.00	9.30
0.20	9.66	8.76	9.78	10.20
0.25	9.90	8.82	10.20	10.80
0.30	9.90	9.06	10.44	11.04

不同橡胶圈流量均匀性试验结果　　　　　　　　　　表 4.3-4

项目	橡胶圈 1	橡胶圈 2	橡胶圈 3	橡胶圈 4
流量均匀性（L/min）	2.46	1.92	2.52	2.94

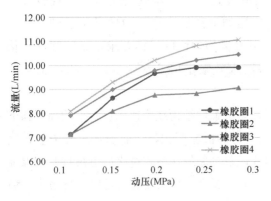

图 4.3-7　不同橡胶圈流量-水压试验结果

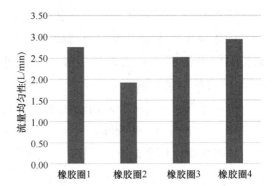

图 4.3-8　相同限流结构不同橡胶圈流量均匀性试验结果

由表 4.3-3、表 4.3-4、图 4.3-7 和图 4.3-8 可知，对于使用不同弹性模量橡胶圈的限流器，淋浴器的流量均匀性各不相同，稳量效果和节水效果也不同。首先，随着供水压力的增大，淋浴器流量逐渐增大，其中橡胶圈 2 的流量最低，且增长幅度最小；随着橡胶圈弹性模量的减小，淋浴器的流量和流量均匀性呈现先减小再增大的趋势。这主要是由于弹性模量小的橡胶圈在受到水压变化时，容易产生较大程度的形变，当供水压力偏大时，限流的效果不明显；但弹性模量过大时，橡胶圈对于水压的变化不敏感，过水通道所产生的截面积变化也较小，当供水压力偏小时，流量增加的幅度不够，稳量效果也同样受到影响。

因此，橡胶圈弹性结构的选取应基于不同的淋浴器构造和限流装置设计，弹性模量适中的橡胶圈才可以实现最优化的节水、稳量的效果。

除了限流装置外，研究组还针对不同的出水模式对水效指标的影响进行了对比试验。研究组选择同一型号具有不同出水模式的淋浴器（1-3 号），加装同一限流装置，在不同压力下对淋浴器开展流量和流量均匀性指标测试，通过比较同一淋浴器不同出水模式下的流量和流量均匀性测试结果，对比分析不同出水模式对淋浴器稳量节水效果的影响。

不同出水模式流量-水压试验结果　　　　　　　　　　表 4.3-5

水压（MPa）	流量 Q（L/min）			
	模式 1-激射式	模式 2-按摩式	模式 3-雨淋式	模式 4-富氧雨淋式
0.10	3.78	3.84	4.38	4.02
0.15	4.62	4.80	5.34	4.98
0.20	5.34	5.68	6.24	5.88
0.25	6.04	6.44	7.08	6.56
0.30	6.68	7.02	7.80	7.20

不同出水模式流量均匀性试验结果　　　　　　　　　　表 4.3-6

项目	流量 Q（L/min）			
	模式 1-激射式	模式 2-按摩式	模式 3-雨淋式	模式 4-富氧雨淋式
流量均匀性（L/min）	2.94	3.18	3.42	3.18

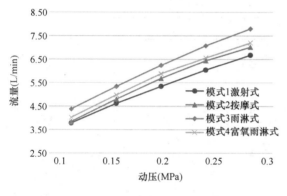

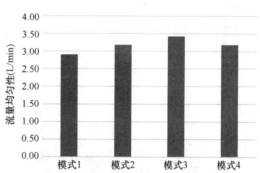

图 4.3-9　不同出水模式流量-水压试验结果　　　图 4.3-10　不同出水模式流量均匀性测试试验结果

通过表 4.3-5、表 4.3-6 中的测试数据以及图 4.3-9 和图 4.3-10 可以看出，对于同一个淋浴器，不同的出水模式其流量和流量均匀性存在一定的差异。首先，4 种模式下流量随水压变大均呈上升趋势，且上升幅度基本保持一致；其次，模式 1 和模式 2 相对流量和流量均匀性较小，这主要是由于这两种模式下淋浴器出水口较少，喷射面积较小，而模式 3 和模式 4 出水口较多、喷射范围较大，在保证体验感的同时依然能够满足 1 级水效的指标要求；另外，在同一压力下，模式 4 相较于模式 3 增加了富氧技术，即空气注入技术，降低淋浴器流量约 8%。该项技术依据文氏效应，在淋浴器内部过水通道中增设文丘里孔，外部空气因水流产生的负压由文丘里孔进入淋浴器内部过水通道，从而实现水气混合，通道内水含量占比减小同时不影响出水流速，起到节水稳量的效果。

因此，不同出水模式下淋浴器的流量和流量均匀性也随之变化，在保证舒适度的前提下，依然可以通过技术改进和创新减小用水量、降低供水压力的影响，从而实现调压稳量节水和舒适的双重效果。"稳量节水"就是即使供水压力不同，花洒的出水水流都可以以较为固定的流量及出水方式喷出。弹性限流装置可以起到让花洒稳量限流的效果。

2）富氧淋浴节水技术

研究组首先进行的是空气注入位置对花洒流量和温降的影响。研究组选择一款普通的无任何功能的花洒（1-4号）样品4件，将其中3件分别在手柄处（1-4-1号）、花洒头（1-4-2号）和花洒近出水口（1-4-3号）改造加入文丘里孔使其产生富氧效果（图4.3-11），在0.1MPa下开展流量和温降指标测试，

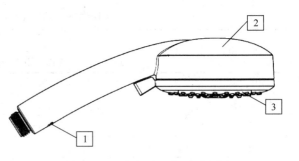

图 4.3-11　空气注入位置示意图

1—手柄；2—花洒头；3—近出水口

各组花洒的流量和温降测试结果见表4.3-7、图4.3-12和图4.3-13。

不同空气注入位置流量及温降试验结果　　　　　　　　表 4.3-7

空气注入位置	无	手柄处	花洒头	近出水口
流量 Q（L/min）	4.40	4.02	4.00	4.26
温降 T（℃）	0	2	1	0

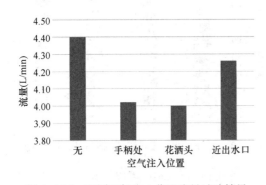

图 4.3-12　不同空气注入位置流量试验结果

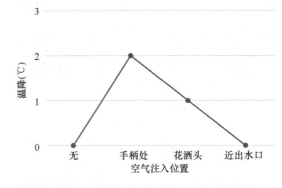

图 4.3-13　不同空气注入位置温降试验结果

通过表4.3-7中的测试数据以及图4.3-12和图4.3-13可以看出，对于同一款花洒，在不同位置注入空气，其流量和温降存在一定的差异。首先，在近出水口进行空气注入花洒样品（1-4-3号）相对于无空气注入的样品（1-4号），流量降低不明显，温降也无变化，这主要是由于空气注入在近出水口，空气和水流得不到充分地混合。空气注入在手柄处（1-4-1号）和花洒头处（1-4-2号）的花洒样品流量降低较为明显，相较于1-4号无空气注入花洒，可降低流量约9%。手柄处（1-4-1号）样品的温降比花洒头（1-4-2号）样品高1℃，这是由于过早的进行空气混合，影响了水流原本的温度。综合考虑不同空气注入位置流量和温降的试验结果，花洒头（1-4-2号）注入的综合性能最优，即拥有较为明显的节水效果和较少的温降变化。

研究组又对花洒空气注入结构对水效指标的影响情况进行试验。研究组选择一款普通的无任何功能的花洒（1-4号）样品4件，将其中3件分别进行不同空气注入结构的改造，分别为：空气从四周混入-结构1（1-4-4号）、空气从中间混入-结构2（1-4-5号）、空气从

两侧混入-结构 3（1-4-6 号）（图 4.3-14）。在 0.1MPa 下开展流量和温降指标测试，测试结果见表 4.3-8、图 4.3-15 和图 4.3-16。

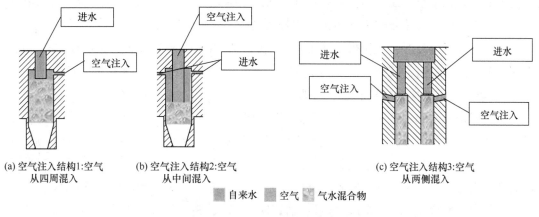

(a) 空气注入结构1:空气　　(b) 空气注入结构2:空气　　　　　　(c) 空气注入结构3:空气
　从四周混入　　　　　　　　从中间混入　　　　　　　　　　　　从两侧混入

自来水　　空气　　气水混合物

图 4.3-14　空气注入结构图

不同空气注入结构流量及温降试验结果　　　　　表 4.3-8

空气注入结构	无	结构 1	结构 2	结构 3
流量 Q（L/min）	4.40	4.14	4.02	4.26
温降 T（℃）	0	1	1	1

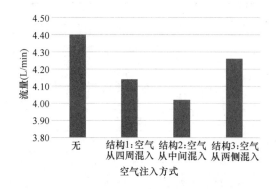

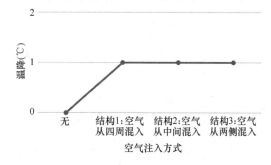

图 4.3-15　不同空气注入结构流量试验结果　　　　图 4.3-16　不同空气注入结构温降试验结果

　　通过表 4.3-8 中的测试数据以及图 4.3-15 和图 4.3-16 可以看出，对于同一款花洒，不同空气注入结构，其对温降影响几乎一致，对流量影响略有不同。空气从中间混入-结构 2（1-4-5 号）花洒样品流量最小，其节流效果最优。

　　因此，在实际淋浴过程中，并非水量越多越好，如果在花洒出水水流中混入空气，形成一定的气水比，可使淋浴过程更舒适。富氧节水技术就是在花洒的设计中，将外部空气引入内部水流管道，从而形成文丘里效应。文丘里效应会使流体在通过缩小的过流断面时，出现流速或流量增大的现象，其流量与过流断面成反比。由伯努利定律可知流速的增大伴随流体压力的降低。将文丘里现象应用到花洒中，可以使花洒内部的水流在文丘里效应的作用下通过文氏孔与空气充分混合，产生大量的富氧水分子，在增加液体流速的同时，增加空气含量，减少出水量，节约水资源。

富氧节水技术的关键就是通过文丘里效应将空气注入水流中，产生增压节水效果，其主要影响因素在于空气注入的位置和空气注入的结构方式。空气注入的最佳位置是在花洒近出水口位置，空气注入的最佳结构方式是空气从水流中间注入。这样，空气注入后，空气会与水流进行充分混合，使得水滴更大更饱满，喷出的水流呈滴洒状态，轻柔有力度，水滴饱满，落在身上会破裂。

3）花洒调压稳量、富氧舒适度的耦合技术

所谓复合技术的耦合试验，也就是同时考虑调压稳量技术，富氧淋浴节水技术以及淋浴舒适度感受三种因素，通过不断地摸索模拟，寻找三个参数之间的最佳平衡点。研究组设计一款多功能的花洒，分别选择 3 种弹性模量的橡胶圈，在花洒头的 3 个不同位置增设富氧结构进行耦合。S-1 产品为无限流器、无富氧结构的对比样品，S-2、S-3、S-4 产品采用橡胶圈弹性模量为 8.0MPa 的限流器；S-5、S-6、S-7 产品采用橡胶圈弹性模量为7.8MPa 的限流器；S-8、S-9、S-10 产品采用橡胶圈弹性模量为 7.5MPa 的限流器。S-2、S-5、S-8 空气注入位置在手柄处；S-3、S-6、S-9 空气注入位置在花洒头；S-4、S-7、S-10 空气注入位置在近出水口处。共试制出 10 款产品，耦合方案详见表 4.3-9。进行流量、喷射力、洗净时间的测试，其试验结果见表 4.3-10。

试制样品耦合方案　　　　　　　　　　　　　　　　表 4.3-9

编号	限流器	富氧位置
S-1	无	无
S-2	橡胶圈弹性模量为 8.0MPa	手柄处
S-3		花洒头
S-4		近出水口处
S-5	橡胶圈弹性模量为 7.8MPa	手柄处
S-6		花洒头
S-7		近出水口处
S-8	橡胶圈弹性模量为 7.5MPa	手柄处
S-9		花洒头
S-10		近出水口处

试制样品耦合试验结果　　　　　　　　　　　　　　表 4.3-10

编号	流量 Q (L/min)	洗净时间 t (s)	用水量 V (L)	喷射力 F (N)
S-1	5.76	10	0.960	0.945
S-2	4.36	18	1.308	0.755
S-3	4.00	7	0.467	1.100
S-4	3.30	38	2.090	0.627
S-5	3.02	40	2.013	0.610
S-6	3.11	8	0.415	1.146

续表

编号	流量 Q (L/min)	洗净时间 t (s)	用水量 V (L)	喷射力 F (N)
S-7	2.70	30	1.350	0.756
S-8	4.94	3	0.247	1.922
S-9	4.70	17	1.332	0.773
S-10	5.36	13	1.161	0.855

其中关于洗净时间指标，研究组根据《家用和类似用途电坐便器便座》GB/T 23131—2019 附录 A 中清洁率的试验方法，针对花洒产品进行洗净功能的试验方法设计。具体试验方法如下：

①准备试验基板（图 4.3-17）；②配制模拟清洗物；③将模拟清洗物均匀涂抹在尺寸为 50mm×20mm×3mm 的基板载污槽内（图 4.3-18）；④固定淋浴花洒，在距花洒出水口 200mm 处放置试验基板，基板中心与花洒出水水流中心保持一致；⑤将试验压力调至 0.1MPa，使花洒对基板进行正常喷淋作业；⑥测量试验基板上模拟污物被全部冲洗干净所用的时间，即清洗时间。

图 4.3-17　试验基板　　　　图 4.3-18　带清洗物的试验基板

通过表 4.3-10 的测试数据以及图 4.3-19 可以看出，在不同限流器和富氧位置的多重作用下，S-8 样品用水量（流量×洗净时间）最小，但喷射力超出舒适范围（0.85～1.8N）；在喷射力舒适范围（0.85～1.8N）内，S-6 样品用水量（流量×洗净时间）最小。

因此，在将稳量节水技术和富氧节水技术以及淋雨舒适度三者进行耦合后，三者平衡的最优状态应为 S-6 试制样品的状态，故最终设计的花洒产品将选择 S-6 试制样品，即限流器橡胶圈弹性模量为 7.8MPa、空气注入位置在花洒头的淋浴器产品进行量产。

4）新型花洒的方案设计

研究组在寻找到最佳耦合位置后，立即着手于新型花洒方案的设计工作。新型花洒的设计除了需要将先前研究的调压稳量技术、富氧节水技术以及复合耦合结果全部应用之外，还需要考虑花洒的整体外观，使用的便携性与简洁性等因素。因此在基于花洒调压稳量、富

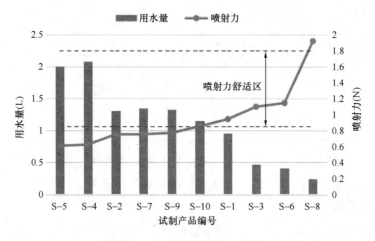

图 4.3-19 试制样品耦合试验结果

氧、舒适度多种技术的耦合作用下，确定的最优耦合方案进行新型多功能花洒的设计，其拥有节水性能优异、喷射力适宜、流量稳定、体感舒适度强等优点，具体设计如下：

首先是节水性能。在水资源日益紧张的当下，用水设备的节水性能已越来越受重视，在能满足功能性要求的同时，尽可能节水已成为各类用水产品的研发重点。根据富氧技术研究结果，在花洒头以空气从水流中间注入的形式，通过文丘里现象产生的空气注入技术可在冲洗过程中减少水的使用量，达到最优节水的效果。在设计富氧内部结构时设计团队使用了先进的内设花洒引擎水道的方式，结构如图 4.3-20 所示，淋浴花洒内部先进的花

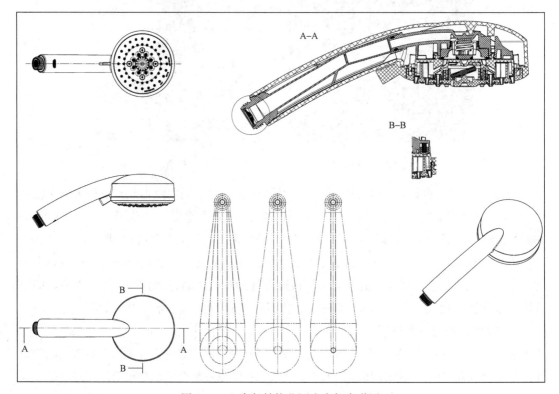

图 4.3-20 富氧结构花洒头内部水道图

洒引擎装置保证了每一个出水孔都能实现精确、持续的水量分配。

除此之外，设计的花洒结合调压稳量技术的研究成果，在软管末端与花洒进水口的连接处增加适配的限流器，从而控制花洒的流量及流量均匀性，限流器安装位置图如图 4.3-1 所示。

在产品设计过程中，还充分利用了用于手持花洒和顶喷花洒转换的分水器，在分水器中再设置限流装置，从而降低进入花洒的进水流量，节水分水器结构图如图 4.3-21 所示。

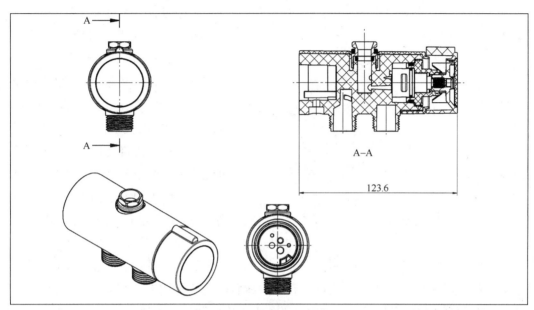

(a) 节水分水器设计图

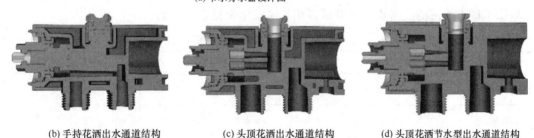

(b) 手持花洒出水通道结构　　　(c) 头顶花洒出水通道结构　　　(d) 头顶花洒节水型出水通道结构

图 4.3-21　节水分水器结构图

在性能达到舒适节水的效果的同时，研究组也注重花洒整体的美观和便捷性，基于传统花洒的设计经验，对花洒进行了如下设计：

（1）外壁有镀铬饰面，使外观光亮美观；

（2）水平 390mm 花洒臂，安装前可进行灵活调节；

（3）头顶花洒带球形接头，旋转角度±15°；

（4）可灵活安装：连接至供水龙头/墙出水弯管，配有 1250mm 长的 1/2 螺纹花洒软管；

（5）花洒前端出水使用医用橡胶，可实现快速清洁，防止水垢；

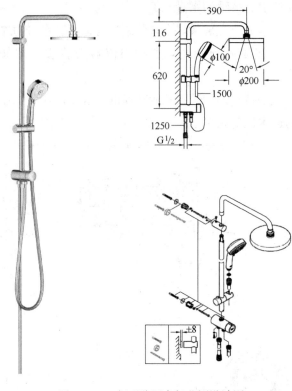

图 4.3-22　新型稳压富氧花洒设计图

（6）内部水流导管使用耐用材料，寿命比普通材料更长。

从三种设计方案的对比结果可知，设计方案 3 更适合，整体设计图如图 4.3-22 所示。

5）新产品论证研究

根据设计方案试制了一套新型稳压富氧花洒，依据强制性国家标准《淋浴器水效限定值及水效等级》GB 28378—2019 以及推荐性国家标准《卫生洁具淋浴用花洒》GB/T 23447—2009 的技术指标进行论证。

国家市场监督管理总局、国家标准化管理委员会于 2019 年 12 月 31 日发布了新版本的淋浴器水效标准《淋浴器水效限定值及水效等级》GB 28378—2019 代替《淋浴器用水效率限定值及用水效率等级》GB 28378—2012，新标准于 2021 年 1 月 1 日实施。新版本标准相较于 2012 年老版本标准不仅修改了标准名称和部分术语定义外，还对水效等级和流量均匀性的标准值和检测方法作了修正，并删除了最小流量的技术要求和测试方法。试验结果见表 4.3-11。

新型稳压富氧花洒检测情况表　　　　　　　　　　　　　　　　　表 4.3-11

检测项目	要求值	检测结果	检测方法	判定
水效等级（1级）	≤4.5L/min	4.0L/min	《淋浴器水效限定值及水效等级》GB 28378—2019	合格
流量均匀性	≤3.0L/min	2.9L/min		
平均喷射角	0°～8°	3°	《卫生洁具　淋浴用花洒》GB/T 23447—2009	合格
喷洒均匀度	在直径 120mm 范围内，接受的水量不大于总水量的 70% 且不小于 40%，在直径 420mm 范围内，接受的水量不小于总水量的 95%	在直径 120mm 范围内，接受的水量为总水量的 66%，在直径 420mm 范围内，接受的水量为总水量的 100%		

根据检测结果可知，新产品的各项检测参数均满足《淋浴器水效限定值及水效等级》GB 28378—2019 和《卫生洁具　淋浴用花洒》GB/T 23447—2009 的技术要求，综合判定合格。指标符合水效等级（1级）、流量均匀性不大于 0.05L/s、最小流量不小于 0.07L/s、平均喷射角在 0°～8°的技术要求。

2. 新型稳量高效节水净化软化淋浴花洒

淋浴用水看起来干净，但用起来却不那么舒适，一个很大的原因就是水质差。首先，常年埋于地下的自来水管道老化产生铁锈，滋生大量细菌，使水质越来越差。二次供水的自来水消毒后残留余氯，洗澡时浴室中氯气总量的 40% 经呼吸道吸入人体，30% 被皮肤吸收，是平时通过饮用进入人体里氯的 6～8 倍，使身体出现瘙痒，更严重的是患癌概率增加 30%。余氯会对皮肤、头发中的蛋白质等造成破坏，而对于皮肤敏感的人（尤其婴幼儿），在接触余氯后更易使皮肤感到不适、干燥，甚至发痒、发红，最终对身体健康造成严重影响。此外，未过滤的自来水水质较硬，水中钙、镁离子等较多，用硬水洗头发容易损伤头发发毛鳞片，引起头发干枯、分叉、脱落，有的人皮肤还会有龟裂感。

目前，常见的办法就是安装淋浴过滤器。常见的淋浴过滤器主要有三种，即活性炭滤芯淋浴过滤器、KDF 过滤器以及维他命 C 过滤器。

活性炭滤芯淋浴过滤器不用更换花洒，直接在花洒和管件中加入过滤器即可。一般使用活性炭过滤，活性炭过滤是目前过滤氯、重金属等的常用方式。这类过滤器一般也会加些额外材质，能在一定程度上软化水。根据家中的水质环境和使用情况，正常在 3～6 个月，需要更换一次滤芯。

KDF 过滤器的核心材料 KDF 是一种高纯度的铜合金，能够去除水中的重金属与酸根离子，提高水的活化程度，也能去除一定量的氯。使用较长时间后，需要直接更换新的过滤器。

维他命 C 过滤器多用于南方城市。南方地区，很多地方水质比较好，不硬而且重金属含量少，需要解决的是氯的问题。在此类水质的地区，可以考虑使用维他命 C 过滤器。维他命 C 的去氯效果比活性炭好，去氯率实验室数据为 99.9%。

1) PP 棉滤芯

除了上述三种滤芯外，研究组还发现了一种新型材料，PP 棉滤芯。PP 棉滤芯，是采用无毒无味的聚丙烯树脂为原料，制成纤维，经过加热熔融、喷丝、牵引、接受成形而制成的管状滤芯。若原料以聚丙烯为主，就可以称为 PP 熔喷滤芯。PP 棉滤芯优势包括有：

（1）可以有效去除水中的各种颗粒性物质

水从 PP 棉的外部往内部流动，经过层层过滤，越靠近滤芯里层，孔径越小过滤的精度也越高。颗粒杂质在经过 PP 滤芯孔道时，会发生架桥现象，即便是小于孔道的颗粒，也能被阻挡住，通过 PP 棉，就去除了所过滤液体中的各种颗粒杂质。

（2）多层式的深度结构，纳污量大

PP 棉滤芯外层的纤维比较粗，而内层纤维较细，外层相对疏松，内层则紧密，组成了渐变径渐紧的多层梯度结构。这种多层结构的每一层都能拦截水中的杂质，很多层加起来，纳污量就会很大。

（3）过滤流量大，压差小

PP 棉的原料聚丙烯纤维依靠自粘合相互缠结，形成三维曲径微孔结构，与传统织物和梳理成网非织造物中的纤维分布不同，它具有更大的比表面积，更高的孔隙率。大的表面积和较多的小孔，能让水很快通过 PP 棉，不会让内外水的高度相差太多，因此，不仅过滤流量大，而且压差也较小。

（4）不含化学胶粘剂

聚丙烯经熔喷、牵引、接收技术，使聚丙烯纤维依靠自粘合相互缠结，形成不同形状与大小的PP棉滤芯。PP棉滤芯的粘合不需要用其他材料。聚丙烯的化学成分稳定，符合食用卫生标准，不会因材料本身而对所要过滤的液体产生二次污染，使用起来更安全。

（5）良好的化学稳定性，耐酸、碱、有机溶液、油类

PP棉的化学稳定性与它的原料聚丙烯有密切的联系。聚丙烯的化学稳定性很好，除能被浓硫酸、浓硝酸侵蚀外，浸入其他各种化学制剂中都比较稳定。

综上所述，PP棉滤芯集表面、深层、粗精滤为一体，具有流量大、耐腐蚀、耐高压的特点，同时成本也不高，因而适用于淋浴器水处理系统中。

2）水质处理前后花洒性能指标对比

研究组针对同一花洒，对比安装PP棉滤芯后的流量、流量均匀性、喷射力、水质等指标，测试结果见表4.3-12。

有无 PP 棉滤芯花洒性能对比　　　　　　表 4.3-12

类型	流量 （L/min）	流量均匀性 （L/min）	喷射力 （N）	浊度 （NUT）	总硬度 （mg/L）	Fe （mg/L）	余氯
无 PP 棉滤芯	4.41	3.20	1.62	0.48	127	0.024	未检出
有 PP 棉滤芯	4.01	3.21	1.50	0.16	118	0.017	未检出

结果表明，有PP棉滤芯时流量相应降低，但流量均匀性差距不大，均符合水效等级（1级）的要求。喷射力虽有所降低，但远大于标准要求的0.85N，能够满足人体的舒适度要求，同时水质有所改善，尤其是浊度指标。

3）新型稳量高效节水净化软化淋浴花洒设计

现如今，城市供水管路的老化生锈，以及高层建筑的中间储水箱的污染，极大程度地影响到自来水水质，体弱者、老人、孕妇以及儿童在洗澡时，很容易发生细菌感染；洗浴初期的冲洗淋浴，其目的仅是将身体打湿，使用自来水即可满足要求。然而目前花洒功能单一无法根据使用情况进行水质功能的切换，为解决这一功能切换问题，研究组设计研发了一种新型稳量高效节水净化软化淋浴花洒。

新型花洒产品同时拥有稳量节水、水质改善、安装便捷、转换自由以及通用性强的特点。新型花洒产品无须改造原有淋浴或供水系统，在末端加装即可使用；可依个人喜好自由调节水压，并稳定在某个节点上，以适应人体舒适度需求，在保证舒适度的范围内实现尽可能多的节水；在水质改善上既可以通过外置装置除氯、除渣、软化水质。外置装置可除氯、除渣、软化水质，又可自由转换净化软化水与普通自来水，在需要对水进行净化和软化的时候才经过过滤和软化舱，实现一水多用，根据不同用途分质出水，节省过滤和软化材料。此外，设计的新型花洒产品既可安装在淋浴系统里，也可安装在需要净化或软化水质的出水末端，如水龙头、净水器，以及一些名贵花卉景观鱼缸等的进水端，使用场景广泛，如果有需要也可通过智能化控制来实现。

如图 4.3-23 所示是研究组设计的新型稳量高效节水净化软化淋浴花洒示意图，其分为花洒头、连接软管以及过滤装置。过滤装置示意图如图 4.3-24 所示，过滤装置内设两条管路，分别对应普通自来水和过滤软化水，使用时仅有一条管路处于使用状态，可通过面板上的阀杆进行手动管路切换，通过旋钮调节水压大小。过滤软化水管路内设过滤网、除氯介质和软化介质，当阀杆调节至右侧时，花洒出水口出水为过滤软化水，当阀杆调节至左侧时，花洒出水口出水为普通自来水。

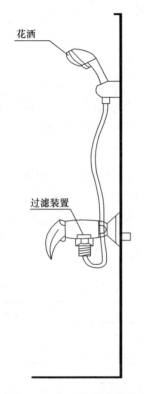

图 4.3-23　新型稳量高效节水净化软化淋浴花洒示意图

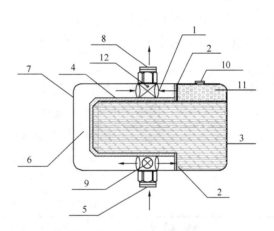

图 4.3-24　过滤装置示意图

1—单向阀；2—密封圈（带滤网）；3—水质处理腔（过滤装置可插拔）；4—密封圈；5—稳量节水阀；6—自来水流经腔；7—设备外壳；8—出水口；9—出水模式转换开关，左右拨为出水转换，旋钮调节水压大小；10—水质软化进料口；11—水质软化腔；12—负压空气导入孔

4.3.2　淋浴器节水测评技术

1. 舒适度测评技术

在大力弘扬创建节水型城市，高效利用水资源，保护水生态环境的当下，很多企业往往误解了节水的概念。"节水"的含义并不是传统意义上的减少水资源使用，在文明飞速发展的今天，"节水"代表着高效利用水资源，代表着达到使用目的并不影响人们使用舒适度的高效用水。然而一些淋浴器生产企业往往误解了"节水"的含义，一味地追求低用水量，反而得不到消费者的偏爱。特别是随着人们生活质量的提高，对淋浴产品使用舒适性的要求逐步提高，也使得消费者越来越关注花洒的舒适度功能。然而什么是舒适，如何评价淋浴舒适度，淋浴舒适度的指标是什么。这些问题很难准确定量的给予一个回答。

目前，国内外现有的产品标准、检测方法标准主要针对淋浴器及花洒的节水性能、产品安全性能和使用寿命，对于花洒淋浴舒适度的评价指标及测试方法并没有相关标准，许多淋浴产品的生产企业为了过分追求节水，控制淋浴器及花洒的流量，导致花洒的出水流量过小，影响淋浴清洗性能以及淋浴舒适度。为了解决此类问题，在提倡节水的同时应当对花洒使用的舒适度有一定的要求，填补当下花洒舒适度技术的空缺。

通过大量的文献查阅、问卷调查以及市场调研得知，使用者对舒适度的要求大多集中在淋浴温度、冲洗力、喷射角度、出水均匀性等方面。根据问卷调查和市场调研的结果，进行深入研究，将花洒舒适度的技术指标集中在温度、喷射力、平均喷射角、喷洒均匀度和灵敏度五个方面。

1）温度

法国研究人员 Herrmann C、Candas V 等随机对 99 名受试对象进行淋浴舒适度测试得到的结论中指出淋浴时较小的水温波动也会导致不舒适感受。我国热水器相关的公司也对家用热水器的淋浴舒适度进行了研究，发现淋浴过程中若水温波动超过 2℃，人们能明显察觉到。

根据调研，被调查者会表示当淋浴温度在38～40℃时，人体感受舒适度最佳。研究采用了市场上的 10 组花洒，设置花洒进水温度为 40℃，由于淋浴花洒顶喷的一般安装高度为 2000mm，成年人平均身高 1700mm，腰部距离地面约 1000mm，肩距离地面平均约 1500mm，分别测试距离花洒出水口 300mm、500mm 和 1000mm 处水的温度，测试结果见表 4.3-13。

温度论证试验数据　　　　　　　　　　　　　　表 4.3-13

编号	300mm 处温度（℃）	500mm 处温度（℃）	1000mm 处温度（℃）
1	40	39	38
2	40	39	38
3	39	39	39
4	40	39	39
5	40	40	40
6	40	39	38
7	39	39	38
8	40	40	39
9	40	40	39
10	39	38	38

测试表明，在距离花洒出水口 300mm 处、500mm 处、1000mm 处的出水温度均在 38～40℃。

2）喷射力

日本学者 M.Okamoto、Yaita R、Sato M 等人对比了中国台湾地区、越南河内市以及日本的花洒用水、满意度、物理性能三者之间的关系，结果显示：单孔冲击力和温降都是影响用水流量的物理特性，单孔冲击力存在舒适范围，超过范围舒适度较差。因此，将喷淋到身体的水珠冲击力，也就是喷射力作为评价花洒舒适度的技术指标之一。

淋浴器出水冲击身体产生的喷射力强弱影响使用舒适度。澳大利亚标准《淋浴用花洒》AS 3662：2013 中含有花洒喷射力的技术要求，其要求标称喷射力不小于 85gf（约 0.85N），最大喷射力和最小喷射力的差值不超过 45gf（约 0.45N）。结合喷射力舒适度感受模拟试验结果，受试者最舒适时的喷射力集中在 0.85～1.8N，故喷射力的技术指标设定为 0.85～1.8N。澳大利亚标准《淋浴用花洒》AS 3662：2013 中规定，在距离花洒垂直距离 400mm 处进行喷射力的测试，故可通过测试花洒至 400mm 落水处的喷射力大小来检测喷射力。

为验证花洒的喷射力现状及试验方法的可行性，随机抽取了 10 组花洒进行喷射力试验，试验结果见表 4.3-14。

手持式花洒喷射力论证试验数据 表 4.3-14

编号	检测结果（N）	编号	检测结果（N）
1	0.97	6	0.90
2	1.20	7	1.25
3	0.87	8	1.06
4	0.94	9	0.98
5	1.99	10	1.36

从试验结果可得到，90% 的花洒能达到技术指标要求，并且测试方便快捷。

3）平均喷射角和喷洒均匀度

日本学者 M. Okamoto 在进行花洒用水、满意度和物理性能三者之间关系的研究中发现：喷射角较大的花洒淋浴舒适度较低。在实际淋浴过程中，如果喷射角过小，水流无法覆盖整个身体，会造成淋浴的不舒适感，而喷射角度过大，则会让水流喷洒得比较分散，无法进行集中清洗，也会产生不舒适感。

淋浴装置的平均喷射角决定淋浴过程中被淋洒的面积，喷射角度较大的淋浴装置水的有效利用率低，且水滴较分散，起不到集中冲洗的效果，淋浴舒适度较弱。推荐性国家标准《卫生洁具 淋浴用花洒》GB/T 23447—2009 中平均喷射角的技术指标为平均喷射角应在 0°～8° 之间。

在研究平均喷射角时，随机选取了 10 组花洒通过上述试验进行了平均喷射角试验，试验结果见表 4.3-15。

手持式花洒平均喷射角论证试验数据 表 4.3-15

编号	平均喷射角（°）	编号	平均喷射角（°）
1	3	6	6
2	8	7	1
3	1	8	8
4	5	9	0
5	2	10	0

从试验结果可知，10组测试结果平均喷射角均在0°~8°之间。

淋浴装置的喷射均匀度决定了淋浴水流的集中程度，一般而言，水流覆盖面大，中央集中出水的淋浴水流用户体验感最优，舒适度最佳。《卫生洁具　淋浴用花洒》GB/T 23447—2009中喷洒均匀度的指标为：直径为420mm范围内的接收水量占总水量的95%以上，直径为120mm范围内的接收水流占总水量的（55±15）%。

在研究喷洒均匀度时，随机选取了市面上的10组花洒，分别接取了直径为120mm范围内和直径为420mm范围内的水量，通过计算占有量，试验结果见表4.3-16。

花洒喷洒均匀性论证试验数据 表4.3-16

编号	检测结果	
	直径120mm范围内接收水量占总水量的比值（%）	直径420mm范围内接收水量占总水量的比值（%）
1	65	100
2	54	98
3	32	100
4	54	100
5	50	96
6	60	96
7	62	100
8	41	100
9	40	100
10	43	100

从试验结果可知，10组样品接收水量占总水量的比值在直径420mm范围内均能达到95%以上；在直径120mm范围内，9组样品接收水量占总水量的比值达到40%，1组样品仅为32%，未达到《卫生洁具　淋浴用花洒》GB/T 23447—2009中40%的要求。

4）灵敏度

对于单柄双控的淋浴水嘴来说，控水灵敏度对舒适度的体验也很重要。法国研究人员Herrmann C、Candas V等在进行淋浴舒适度测试的研究中得出水温变化较慢（0.016℃/s）时，受试者皮肤对水温变化的热敏感性很强，水温变化较快（0.100℃/s）时热敏感性更强，即淋浴时较小的水温波动也会导致不舒适感受。因此，淋浴过程中的水温变化会直接影响使用者的淋浴舒适度。对于单柄双控的陶瓷片密封淋浴水嘴，手柄左右移动的灵敏度会直接影响出水温度的变化。当灵敏度过高，手柄的转动造成巨大的水温变化会使得使用者调节水温困难，并且会明显感觉洗浴不舒适，因此需要在调节水温的过程中让手柄有足够的调节距离。

单柄双控陶瓷片密封水嘴控制装置以一定的速度进行移动，使得水嘴出水口在全开状态下出水温度在一定范围内变化，在规定的变化温度范围内水嘴控制装置移动的距离或角度，定义为灵敏度。灵敏度对于陶瓷片密封淋浴水嘴产品本身而言就是一个"舒适度"指标，通过考察水嘴手柄移动的距离或角度使得出水温度在一定范围内的变化来判定淋浴水嘴灵敏度的高低。一般而言，如果温度在一定范围内变化时，手柄或手轮的移动距离过小，即使用者在操作的过程中略微移动手柄，出水温度会随着手柄或手轮的小幅度移动而产生大幅度变化，给人的舒适度较差，说明此淋浴水嘴的灵敏度差；如果温度在一定范围内变化，使用者操作水嘴手柄或手轮的移动距离大或者移动角度大，则在移动手柄或旋转手轮的过程中淋浴出水温度变化缓慢，给使用者适应水温变化的一个过程，说明此淋浴水嘴灵敏度好。

灵敏度是单柄双控水嘴控制温度变化灵敏程度的一项指标，灵敏度过高不利于调节淋浴出水温度。在实际淋浴过程中，若水温调节困难，会大大降低用户的舒适度。《陶瓷片密封水嘴》GB 18145—2014 中规定了灵敏度的测试方法和技术指标。要求控制装置半径大于 45mm 时，控制装置的位移不小于 12mm；控制装置半径不大于 45mm 时，控制装置的转动角度不小于 12° 或位移不小于 12mm。《陶瓷片密封水嘴》GB 18145—2014 中规定了灵敏度的测试方法，即保证冷水管水温为 10～15℃，热水管水嘴为 60～65℃，水嘴手柄开启至流量最大状态，将手柄操作装置运动速度调节为 0.5°/s 或 0.8mm/s，使水嘴手柄在整个温度控制范围内从冷水端移动到热水端，再从热水端返回到冷水端。绘制两条混合水温（T）与水嘴手柄末端位移或转动角度（G）的函数曲线，从得到的曲线确定混合水温 $[T_m = (T_c + T_h)/2]$ 在 $(T_m - 4℃) \sim (T_m + 4℃)$ 之间变化时对应的两个值 G_1 和 G_2，取 G_1 和 G_2 两个值中的较小值。

因此舒适度的测试技术应该包括花洒的温度、喷射力、平均喷射角、喷洒均匀度、灵敏度（仅适用于单柄双控水嘴），舒适度评价指标框架如图 4.3-25 所示，相关技术要求和试验方法见表 4.3-17。

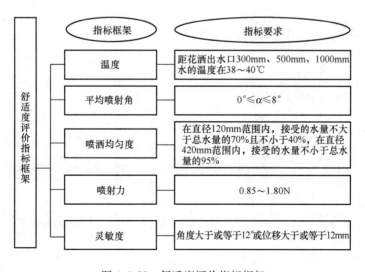

图 4.3-25　舒适度评价指标框架

舒适度测试技术汇总表

表 4.3-17

序号	参数名称		标准值	检测方法
1	温度		距花洒出水口 300mm、500mm、1000mm 水的温度在 38～40℃	花洒进水温度为 40℃，分别测量距出水口 300mm、500mm 和 1000mm 处的水温
2	喷射力		0.85～1.8N	测试花洒至 400mm 落水处的喷射力
3	平均喷射角		0°～8°	《卫生洁具　淋浴用花洒》GB/T 23447—2009
4	喷洒均匀度		直径 120mm 范围内，接受的水量不大于总水量的 70% 且不小于 40%；在直径 420mm 范围内，接受的水量不小于总水量的 95%	《卫生洁具　淋浴用花洒》GB/T 23447—2009
5	灵敏度	控制半径大于 45mm	控制装置的位移大于或等于 12mm	《陶瓷片密封水嘴》GB 18145—2014
		控制半径小于或等于 45mm	控制装置的转动角度大于或等于 12° 或位移大于或等于 12mm	

2. 舒适度测评设备

新构建的花洒舒适度测试体系可以满足对舒适度的评价功能，然而国内目前没有针对喷射力性能测试的专用设备，为简化检测过程，实现高效精准检测，研发了相应检测设备。

研发试制的花洒舒适度检测设备是一种用于手持花洒的可调式自动测力装置，如图 4.3-26 所示，其结构简单、设计合理、使用方便、测试高效，它利用可调式紧固装置固定花洒并调整花洒喷射角度，通过力传感器和输入输出模块直接在显示器上显示喷射力读数，整个过程具有高效、准确且便于操作等优点。是进行舒适度测评检测的一项辅助工具。该检测设备由控制系统、操作系统、测试系统、结果显示这四部分组成。其控制系统可以对花洒的测试条件进行控制和调节，例如调节水源压力、调节控制水温、调节进水流量等；操作系统用于对花洒进行固定，以及出水角度的调整等试验准备过程；测试系统可

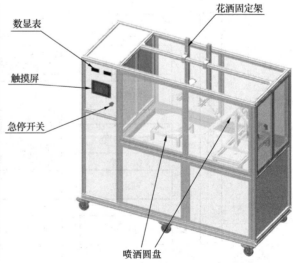

图 4.3-26　花洒舒适度检测设备

设定水温、水压、水流量、测试时间等，用以满足相关标准的测试要求；结果显示可直接得到试验结果，省去人为计算的繁琐过程，直接得到结果。

花洒舒适度综合试验机在设计时，将所有花洒舒适度测试技术的试验方法均写入设备的系统中，研发的设备可以大大降低人为误差，提高测试精确性，缩短整体的测试时间，从而提高测试效率。

该花洒舒适度检测设备便于使用，具体使用步骤如下：

（1）将花洒安装于紧固装置固定，并调节所需要的角度；

（2）选择接水所用的喷洒圆盘；

（3）调节喷洒圆盘角度；

（4）将测力计示数清零；

（5）开启水泵并调节温度和压力；

（6）待花洒流量稳定后，记录显示器上的读数，即可。

4.3.3　智能淋浴系统节水测评技术研究

1. 智能化技术在淋浴系统中的应用概况

1）智能化技术分类

智能化是指物品在现代先进技术的推动下，所具有的能满足人类各种需求的属性。对于卫浴产品市场来说，复合型功能的应用与智能概念的设计已成为产品发展的主要方向。随着智能化技术的迭代升级，应用于卫浴产品上的智能化技术也逐渐层次化，可分为基本智能化技术和扩展智能化技术。基本智能功能如恒温控制、预热功能、触控感应等；扩展智能功能则可参照人脑机理的运作模式处理问题、吸取思维，并做出分析反应，如记忆功能、人脸识别、APP 互联、安全报警功能等。其功能概览如图 4.3-27 所示。

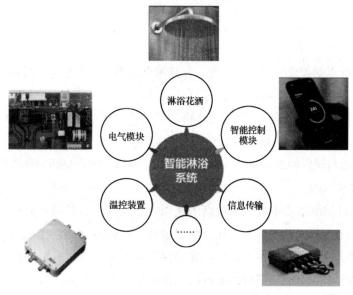

图 4.3-27　智能淋浴系统的功能概览

（1）感应技术

感应技术指产品通过红外线、电容、微波等媒介感应用户指令，并通过电磁阀等控制元件完成产品的基本功能如启闭等。红外感应技术由于拥有更好的性能和灵敏度，其应用也最为广泛。设备上的红外线探测器探测到人体所发射出的微米波长，从而进行下一步动作。如非接触式水嘴，手未接触产品就可自动出水，离开后几秒自动关闭；智能马桶盖在人走近时自动开启，人离开后冲洗杀菌。感应技术在大型商场、高铁站的水嘴、蹲便器产品中已较为普及，且值得继续推广。

（2）智能除菌技术

除菌技术主要应用于便器和柜体产品。通过与感应技术的结合，在除菌设备上配置如ALD系列的无线智能控制器和带有边缘计算能力的无线智能网关，在用户使用后，可自动杀菌，如图4.3-28所示。陈伟等人通过设置红外线加热器对浴室柜柜体内部空间进行升温，从而达到灭菌的目的；李猛等人提到的一种应用于冰箱的除菌技术也具有借鉴意义，采用臭氧和负离子相结合，特定菌种的除菌率可达99%，通过内置Wi-Fi模块连接手机APP实现人机互动。

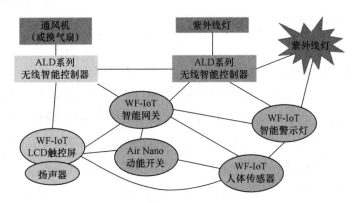

图4.3-28 智能紫外除菌系统原理图

（3）触控技术

触控技术从单点触控发展到多点触控，在技术升级方面利用光学和材料学技术，构建了多点化触控平台，实现了单个用户或多个用户的手势交互。产品表面接收信号后，平台进行采集、识别与分析，将手势或触点译为具体指令发送给控制元件。目前主要应用于水嘴，人可通过身体各个部位触摸产品规定区域内任意表面来控制水流的开关及大小，相比传统开关，实现了对水温与流量的高阶控制。家庭等非公共场景下用户更倾向选择触控类水嘴。

（4）恒温技术

恒温技术是目前淋浴器中普及率最高的基础智能化技术。基础恒温技术的原理是靠感温元件的独有特性达到恒温效果的。在淋浴出水口设有感温元件，当水温变化时，感温元件通过膨胀或收缩控制冷热水进水比例，保持恒温且对水压变化有缓冲能力，提高了淋浴安全性。在后续技术升级中，部分恒温淋浴器还增加了记忆功能，可针对每个用户的特点进行记忆储备，同时将室内的温湿度及洁净度控制在一定范围内，有了更高的人机交互性，向着扩展智能化技术发展。

（5）物联网

我国随着 5G 技术的发展，将进入"万物互联"时代。国际电信联盟（ITU）对物联网的定义是，通过二维码识读设备，射频识别装置（RFID）、红外感应器、全球定位系统和激光扫描器等信息传感设备，按约定的协议，把任何物品与互联网相连接，进行信息交换和通信，以实现智能化识别、定位、跟踪、监控和管理的一种网络。淋浴系统中物联网技术可用来实现整体卫浴间中各个设备的互联，用户可通过手机实现智能化控制，对卫浴间的照明系统、通风控制、淋浴温度、房间温湿度等进行远程调节，并可实时防盗报警、监测以及可编程定时控制等。

（6）记忆与人脸识别

人脸识别技术是现代化催生出的快捷服务技术，通过互联网来实现人脸和传感器之间的连接，在智能手机和门锁方面应用广泛，是智能属性较高的技术，通常与记忆功能联动使用。记忆功能是交互性较高的智能技术，可将用户的习惯和喜好保存为个人大数据，再配合人脸识别技术，将人脸与用户习惯对应植入数据库，根据不同用户的需求提供个性化卫浴服务。

（7）自动控制技术

自动控制技术即产品通过感应或学习，对周围环境变化进行判断，从而对某卫浴产品发送一系列人工智能化命令，实现产品的功能转换。自动控制技术可根据用户语音指令调控淋浴房的整体运行方式，包括淋浴的出水模式、水温调节、出风排风、升温降温、光照调节、影音播放等。汪思嘉等人提到一种基于 STM32 的智能淋浴系统设计，是将 STM32 处理器、红外体温感应探头、水温及体温传感器、舵机混水阀集成于淋浴系统，如图 4.3-29 所示。选择全自动感应模式后，红外传感器反馈体温数据，STM32 处理器分析得出适宜的沐浴水温，5s 后即可达到设定值，控制电磁阀出水，也可做到人走水断；通过 DS18B20 水温传感器和 PID 算法控制舵机转角达到精准控温，显示屏上实时显示水温，可实现快速调温和恒温效果。

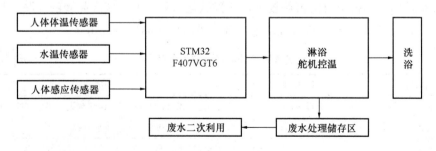

图 4.3-29　基于 STM32 的智能淋浴系统原理图

2）智能淋浴系统分类

（1）基本智能功能淋浴房

《淋浴房》QB/T 2584—2023 将淋浴房分为蒸汽淋浴房、整体淋浴房、淋浴屏 3 种。

一般整体淋浴房智能化水平比较高，是由沐浴产品、墙体材料、顶板、防水盘组成的一体化卫浴产品。表 4.3-18 是对具有基本智能功能的部分淋浴房产品进行的市场调研。

基本智能功能淋浴房部分产品　　　　　　　　　　　　表 4.3-18

产品名称	厂家/品牌	功能
摩普淋浴屏	摩普卫浴	空气注入、恒温、背部喷水按摩
SR86159 整体淋浴房	欧路莎卫浴	浴霸烘干、恒温、音乐播放、背部按摩
"蒙蒂莎"电控调光智能淋浴房	上海市第二轻工业学校	通电透明、断电雾化、智能电控调光、PVB＋EVA 膜液晶屏
桑拿淋浴室	天瑞	预热、水位和温度数显、恒温、蒸汽
多功能快捷安装淋浴房	雷乐思洁具	音响喇叭等娱乐设备装置
多功能按摩淋浴屏	赛维加卫浴	背部喷淋、足底按摩、触控液晶显示屏、MP3 音乐播放器
智能调温式淋浴房	澳克利亚洁具	温度感应、实时显示室温水温、自动控温

通过表 4.3-18 中的产品功能可以看出，基本智能功能淋浴房应用的智能化技术主要是恒温技术和材料升级方面，人机交互性不高，也是目前市场上大部分所谓"智能"产品的现状。以上产品所使用的恒温技术有水电联动控制、机械开关阀、热敏元件等，实现恒温或恒压功能。不论是通过 AT89C51 单片机，还是通过模糊算法 PID 等，只能实现对单一产品内部的温度控制。这类产品若想升级，可在此基础上增加记忆功能，当用户第一次使用完毕后，下一次自动设置上一次的设定值，不需要重复设定，增加与用户的交互性。材料升级则更为基础，如断电雾化、使用抗菌防水材料等，以上产品的音乐播放功能也仅是在淋浴房中设置了防水点位，便于用户放置手机等设备播放音乐，而并非淋浴房自带功能。这类产品升级，可考虑将智能音箱进行防水处理嵌入花洒或墙板中，通过蓝牙与手机或者其他智能设备连接使用。智能化不应该仅仅停留在升级材料上，更应该关注与用户的交互，与万物的互联，形成整体的智能生态。

（2）扩展智能功能淋浴房

部分企业因布局智能卫浴市场较早，其智能化水平已可实现产品间的互联及与用户的互动。表 4.3-19 是对具有扩展智能功能的部分淋浴房产品进行的市场调研。

扩展智能功能淋浴房部分产品　　　　　　　　　　　　表 4.3-19

产品名称	厂家/品牌	功能
麦斯迪克淋浴房	菲瑞卫浴	双流双控、Wi-Fi 同步资讯、记忆预设、多色调控、自洁
D-02 型多功能淋浴房	澳妮斯洁具	感应触摸、电话通信、顶级防水材料
赛恩微智能淋浴房	福瑞 FRAE	触摸感应拉手、实时显示时间温度湿度等、流量双控、自动开门、记忆预设、报警系统
智能移动淋浴舱	前田热能	废水回收利用、新能源融合供热、智能支付系统、全天候 SOS 安防、智能云服务
生态淋浴房	哈尔滨理工大学	冥想模式下光影音自动切换、语音互动、紫外自洁、废水回用、水质自动监测

续表

产品名称	厂家/品牌	功能
变频智能淋浴屏系列	苏伊士卫浴	智能恒温、高速 8GCPU 计算处理、断电记忆、流量计算、蓝牙 4.0、智能臭氧杀菌
雨莲智能恒温淋浴器	辉煌水暖	触感控制、实时显温、防烫、记忆
水之响淋浴系统	高仪	与手机互联、可选声光蒸汽的模式

通过表 4.3-19 中的产品功能可以看出，扩展智能功能淋浴房应用的智能化技术主要是自动控制技术，又可细分为进阶的温控技术和感知技术。进阶的温控技术，与恒温不同，且相比传统的温控技术，更注重与淋浴房其他模块的互联，并根据传感器部件反馈的数据进行自我判断和记忆。比如麦斯迪克淋浴房设在顶板的温度传感器可感知季节温度，根据记忆功能自动设定该季节下最适合用户的淋浴温度，同时控制器将信号传输到空调模块，空调模块启动调节淋浴空间温度，不仅是水温，还可以给用户提供适宜的室温和湿度，打造一体化的智能生态。感知技术在感应功能的基础上增加了"知道"这一人脑属性，感应功能只能控制产品的基础功能如启闭，而感知技术则可以通过一次感应，调动板块间的互联，为用户展示所需要的信息。如赛恩微智能淋浴房，用户在触摸它的拉手时，即可实时显示时间、室内温湿度、水温等信息，并自动播放用户喜爱的声光影，不触摸则进入省电模式且玻璃呈现透明状，使用者进入淋浴空间后无须触摸花洒就自动抬起来，5s 后达到预设温度出水。

考虑到淋浴房在公共场所也具有较大的市场潜力，山东前田热能技术股份有限公司提供了一种可自助智能消费的淋浴房——智能移动淋浴舱，这是一种集成空气源热泵、贮热水箱、循环水泵、多功能配电柜及标准卫浴间等为一体的可移动式淋浴房。配有二维码自助智能消费系统，用户在舱外扫描二维码，舱门开启，进入淋浴间后自动上锁，同时淋浴间电磁阀开启，屏幕显示计费。洗浴完毕，用户在内部打开门，电磁阀关闭，计时结束，过一段时间淋浴间门关闭消毒，整个过程全自动控制，完成了无人值守自动支付功能。该智能移动淋浴舱可应用于高速服务区、海滨浴场、交通枢纽等多种场所。

2. 智能淋浴系统检测评估方法

上海市化学建材行业协会通过结合理论研究、试验验证、技术发展，编制了《智能淋浴系统通用技术要求》T/SHHJ-000044—2022。该标准从通用性能、使用性能、安全性能和智能化功能四个维度构建了智能淋浴系统指标体系，首次区分了智能淋浴系统基本智能功能和扩展智能功能的范围，标准审查专家组一致认为标准总体达到了国际先进水平。

本节主要对《智能淋浴系统通用技术要求》T/SHHJ-000044—2022 的技术内容进行概述。根据智能淋浴系统独有的智能化功能，研究预热功能、记忆功能、流量显示、温度显示、智能控制功能、灯光和多媒体功能的技术要求和评价方法；对比智能淋浴系统与普通淋浴系统的差异性，提出智能淋浴系统安全性、节水性技术指标，具体如图 4.3-30 所示。

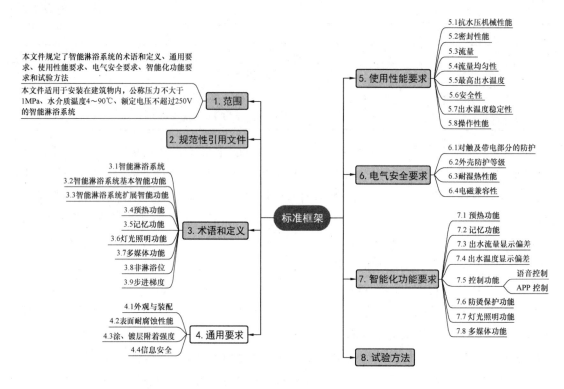

本文件规定了智能淋浴系统的术语和定义、通用要求、使用性能要求、电气安全要求、智能化功能要求和试验方法
本文件适用于安装在建筑物内，公称压力不大于1MPa、水介质温度4～90℃、额定电压不超过250V的智能淋浴系统 → 1.范围

2.规范性引用文件

3.1智能淋浴系统
3.2智能淋浴系统基本智能功能
3.3智能淋浴系统扩展智能功能
3.4预热功能
3.5记忆功能
3.6灯光照明功能
3.7多媒体功能
3.8非淋浴位
3.9步进梯度
→ 3.术语和定义

4.1外观与装配
4.2表面耐腐蚀性能
4.3涂、镀层附着强度
4.4信息安全
→ 4.通用要求

标准框架

5.1抗水压机械性能
5.2密封性能
5.3流量
5.4流量均匀性
5.5最高出水温度
5.6安全性
5.7出水温度稳定性
5.8操作性能
→ 5.使用性能要求

6.1对触及带电部分的防护
6.2外壳防护等级
6.3耐湿热性能
6.4电磁兼容性
→ 6.电气安全要求

7.1预热功能
7.2记忆功能
7.3出水流量显示偏差
7.4出水温度显示偏差
7.5控制功能 语音控制 APP 控制
7.6防烫保护功能
7.7灯光照明功能
7.8多媒体功能
→ 7.智能化功能要求

8.试验方法

图 4.3-30　智能淋浴系统指标体系

基于智能淋浴系统指标体系，主要针对流量、流量均匀性、出水温度、出水温度稳定性、操作性能、耐湿热性能、预热功能、记忆功能、出水温度显示偏差、出水流量显示偏差、遥控功能等 10 余项关键指标开展了 83 组验证试验，结合淋浴系统节水技术和标准体系的调研成果，确定了关键技术指标的检测评估方法。对智能淋浴系统提出了以下指标要求：

1）外观与装配

智能淋浴系统外观应光滑、色泽均匀、表面覆盖层牢固，不应有明显的划痕、麻坑、起泡、漏涂和表面覆盖层脱离等缺陷。人体易接触的表面不应有明显毛刺、划痕和磕碰等缺陷。智能淋浴系统应有互联互通模块或智能识别功能［包括通信模块（有线、无线）、智能语音功能等］。智能控制面板上标记应简洁易懂，按钮或触摸键明显，并留有间隙。智能电子装置上通信接口应标识规范，安装牢固。冷、热水混合装置应有清晰的冷热水标记。灯具及其配套装置、多媒体装置应布线合理，接线正确，标识规范，安装牢固。

2）表面耐腐蚀性能

对可视表面的耐腐蚀性能进行规定：部件进行乙酸盐雾试验后，可视面表面外观等级不应低于《金属基体上金属和其它无机覆盖层　经腐蚀试验后的试样和试件的评级》GB/T 6461—2002 表 1 中外观评级（RA）9 级的要求。

3）涂、镀层附着强度

分别就涂层、金属基体镀层、塑料基体镀层进行规定：涂层进行划格测试后，应达到1级要求。金属基体镀层进行热震试验后，表面应无裂纹、起皮或脱落等现象。塑料基体镀层进行试验后，表面应无裂纹、起泡、疏松等现象。

4）信息安全

智能淋浴系统的信息安全应符合《信息安全技术　智能家居通用安全规范》GB/T 41387—2022 的要求。

5）抗水压机械性能

智能淋浴系统的抗水压机械性能应符合表 4.3-20 的规定。

抗水压机械性能　　　　　　　　　　　　　　　　表 4.3-20

检测部位	阀芯位置	出水口状态	试验条件		技术要求
			压力（MPa）	持续时间（s）	
阀芯上游	关闭	开	2.5±0.05	60±5	阀芯上游的任何零部件无永久性变形
阀芯下游	打开	开	0.40±0.02		阀芯下游的任何零部件无永久性变形

6）密封性能

智能淋浴系统的密封性能应符合表 4.3-21 的规定。

密封性能　　　　　　　　　　　　　　　　表 4.3-21

检测部位	阀芯位置	出水口状态	试验条件		技术要求
			压力（MPa）	时间（s）	
阀芯上游	关	开	1.6±0.05		阀芯及阀体各部位无渗漏
出水口能够堵住的阀芯下游	开	开	0.40±0.02		
			0.05±0.01		
转换开关	阀芯开，转换开关处于顶喷花洒模式	人工堵住连接顶喷花洒的出水口，其他位置出水口畅通	0.40±0.02	60±5	各出水口无渗漏
			0.05±0.01		
	阀芯开，转换开关处于手持花洒模式	人工堵住连接手持花洒的出水口，其他位置出水口畅通	0.40±0.02		
			0.05±0.01		
	阀芯开，转换开关处于非淋浴出水口	人工堵住非淋浴出水口，其他位置出水口畅通	0.40±0.02		
			0.05±0.01		
止回阀密封性能	阀芯开	关	0.40±0.02		未连接的进水口无渗漏
			0.05±0.01		

7）流量、流量均匀性

随着时代的发展、用户需求的改变、产品的变革，现在淋浴系统产品的出水口种类越来越多。随着家庭浴缸越来越少，浴缸出水改为了下出水，该类出水口统称为非淋浴位，要求流量大于或等于 6.0L/min。试验样品数据见表 4.3-22，均满足要求。

流量、流量均匀性验证数据
表 4.3-22

样品编号	类型	流量			流量均匀性		
		要求 （L/min）	测试结果 （L/min）	判定	要求 （L/min）	测试结果 （L/min）	判定
1 号	淋浴位不带花洒	≥6.0	10.5	合格	—	—	—
2 号	淋浴位不带花洒	≥6.0	7.3	合格	—	—	—
	非淋浴位	≥6.0	9.6	合格	—	—	—
3 号	淋浴位不带花洒	≥6.0	8.5	合格	—	—	—
4 号	固定花洒	4.0～9.0	7.4	合格	—	—	—
	手持花洒	4.0～7.5	5.8	合格	4.0	3.2	合格
5 号	手持花洒	4.0～7.5	4.9	合格	4.0	3.5	合格
6 号	淋浴位不带花洒	≥6.0	9.1	合格	—	—	—
7 号	淋浴位不带花洒	≥6.0	11.2	合格	—	—	—
8 号	淋浴位不带花洒	≥6.0	8.9	合格	—	—	—
	非淋浴位	≥6.0	7.3	合格	—	—	—
9 号	手持花洒	4.0～7.5	6.1	合格	4.0	3.3	合格
10 号	淋浴位不带花洒	≥6.0	9.8	合格	—	—	—
11 号	固定花洒	4.0～9.0	10.2	不合格	—	—	—
	手持花洒	4.0～7.5	4.8	合格	4.0	1.6	合格

淋浴位包括固定花洒和手持花洒，智能淋浴系统一般包括智能控制装置和淋浴器本体，大部分产品会分开，仅提供智能控制装置的产品只有出水位，不包含花洒，两者流量差别较大。因此参照《陶瓷片密封水嘴》GB 18145—2014 分别对淋浴位不带花洒、淋浴位固定花洒、淋浴位手持式花洒流量做出了规定。淋浴位不带花洒流量要求大于或等于 6.0L/min，试验样品均满足要求。固定花洒流量要求为 4.0～9.0L/min，试验样品中有 1 个不合格。手持花洒流量要求为 4.0～7.5L/min，试验样品均满足要求。

手持式花洒流量均匀性均小于 4.0L/min，符合《淋浴器水效限定值及水效等级》GB 28378—2019 的要求。具体要求见表 4.3-23。

流量
表 4.3-23

类型		试验压力（MPa）	流量（L/min）
非淋浴位		动压：0.1±0.01	≥6.0
淋浴位	不带花洒		≥6.0
	固定式花洒		4.0～9.0
	手持式花洒		4.0～7.5

注：节水型智能淋浴系统的流量等级应符合《淋浴器水效限定值及水效等级》的要求。

8）最高出水温度

该指标是考核产品在冷水温度为 4～29℃、热水温度为 55～85℃的条件下，出水温度至少可调节至 38℃，以满足用户的洗浴要求；同时出水温度不超过 49℃，防止出水温度过高导致烫伤。

9）安全性

安全性应符合表 4.3-24 的规定。

安全性 表 4.3-24

进水口	前 5s 内	其后 30s 内	恢复冷水/热水供应后
冷水失效	出水量不大于 200mL 时，混合水温度不应高于 49℃；出水量大于 200mL 时，混合水温度不应高于 42℃	出水量不应大于 300mL	混合水温度与初始温度的偏差不应超过 2℃
热水失效	出水量不应大于 250mL	—	

10）出水温度稳定性

出水温度稳定性主要考核当温度调节装置、出水流量、供水压力和供水温度等外界条件突然改变时对出水温度的影响。出水温度稳定性应符合表 4.3-25 的规定。

出水温度稳定性 表 4.3-25

调节方式	试验过程中要求	前 5s 要求	5s 后要求	30s 后要求
温度调节	—	淋浴出水口：混合水温度与初始温度的偏差超过 3℃的时间不应超过 1s	淋浴出水口：混合水温度与初始温度的偏差不应超过 2℃且温度波动不大于 1℃	—
流量减少	—	—	—	淋浴出水口：混合水温度与初始温度的偏差不应超过 2℃且温度波动不应大于 1℃
供水压力变化	非淋浴出水口：混合水温度与初始温度的偏差不应超过 2℃	淋浴出水口：混合水温度与初始温度的偏差超过 3℃的时间不应超过 1s	淋浴出水口：混合水温度与初始温度的偏差不应超过 2℃且温度波动不大于 1℃	—
供水温度变化				

11）操作性能

智能淋浴系统的操作一般分为旋钮、按钮、触控等方式。要求如下：

（1）旋钮调节开关操作力矩不应大于 1.7N·m，且操作顺畅，无卡阻、无异音。

（2）按钮调节开关操作力不大于 45N，且操作顺畅，无卡阻、无异音。与《恒温淋浴器》GB/T 5418—2019 保持一致。

（3）触控按钮响应时间不应大于 200ms。与《触控式水嘴》QB/T 5003—2016 保持一致。

12）电气安全要求

（1）对触及带电部分的防护：智能淋浴系统应符合《家用和类似用途电器的安全　第1部分：通用要求》GB 4706.1—2005中第8章对触及带电部件的防护要求。

（2）外壳防护等级：智能淋浴系统长期在淋浴环境中，电气部分安装位置经常被水喷到，电气部分的外壳防护等级不应低于《外壳防护等级（IP代码）》GB/T 4208—2017中IPX5的规定。

（3）耐湿热性能：智能淋浴系统长期在淋浴湿热环境下，因此要求经耐湿热试验后仍能正常工作，并符合密封性能和对触及带电部分的防护的规定。

（4）电磁兼容性：智能淋浴系统的电磁兼容应符合《智能家用电器通用技术要求》GB/T 28219—2018中4.1.3节的要求。

13）预热功能

预热功能是智能淋浴系统基本的智能化功能之一，产品应按用户设定的温度出水，预热完成后，出水温度与设定温度不能超过1℃。试验设定三种预热温度，启动并完成预热功能后，测定5s内出水温度，试验结果见表4.3-26，试验样品有1个不符合要求。

预热功能验证试验结果　　　　　　　　　　　　　　　　　　　表4.3-26

样品编号	要求	测试结果	判定
1号	开启预热功能后，初始出水温度与设定温度偏差不超过1℃	初始出水温度与设定温度偏差：0.6℃	合格
2号		初始出水温度与设定温度偏差：1.6℃	不合格
3号		初始出水温度与设定温度偏差：0.7℃	合格
4号		初始出水温度与设定温度偏差：0.9℃	合格

14）记忆功能

记忆功能是智能淋浴系统根据用户参数的设定，一键启动达到设定的各种参数，标准对设定的温度和流量的记忆功能做出规定。分别就三种用户模式进行试验，模式1：水温34℃、流量4.0L/min；模式2：水温38℃、流量5.0L/min；模式3：水温44℃、流量6.0L/min。试验样品均符合要求，结果见表4.3-27。因此要求：智能淋浴系统在通过一次参数设定来满足以后一键启动功能时，实际出水温度与设定温度偏差不超过2℃，出水流量与设定出水流量偏差不超过1L/min。

记忆功能验证试验结果　　　　　　　　　　　　　　　　　　　表4.3-27

样品编号	要求	测试结果	判定
1号	出水温度与设定温度偏差不超过1℃，出水流量与设定出水流量偏差不超过1L/min	初始出水温度与设定温度偏差：0.6℃ 出水流量与设定出水流量偏差：0.3L/min	合格
2号		初始出水温度与设定温度偏差：0.8℃ 出水流量与设定出水流量偏差：0.4L/min	合格
3号		初始出水温度与设定温度偏差：0.7℃ 出水流量与设定出水流量偏差：0.6L/min	合格

15）出水流量显示偏差

智能淋浴系统一般带有流量显示，显示的流量应能向用户反映实际使用情况，验证试验选取显示流量分别为最大值、流量最大值减去 1L/min 或 1 个步进梯度、流量最大值减去 2L/min 或 2 个步进梯度时，测定其实际出水流量，试验结果见表 4.3-28，试验样品中有 2 个不符合要求。因此要求：带有显示屏的，显示流量与实测流量偏差应不超过 1L/min，如果产品流量调节有步进梯度的，该产品显示偏差应不大于固定可调的梯度。

出水流量显示偏差验证试验结果　　　　　　　　　　　　　　表 4.3-28

样品编号	要求	测试结果	判定
1 号	出水口实际出水流量与屏幕显示出水流量偏差不应大于 1L/min 或不大于固定可调的梯度	出水口实际出水流量与屏幕显示出水流量偏差：0.7L/min	合格
2 号		出水口实际出水流量与屏幕显示出水流量偏差：0.3L/min	合格
3 号		出水口实际出水流量与屏幕显示出水流量偏差：0.4L/min	合格
4 号		偏差 0.6L/min，小于固定可调的梯度 1L/min	合格
5 号		出水口实际出水流量与屏幕显示出水流量偏差：1.6L/min	不合格
6 号		出水口实际出水流量与屏幕显示出水流量偏差：0.3L/min	合格
7 号		偏差 0.7L/min，小于固定可调的梯度 1L/min	合格
8 号		出水口实际出水流量与屏幕显示出水流量偏差：1.4L/min	不合格
9 号		偏差 0.3L/min，小于固定可调的梯度 1L/min	合格
10 号		出水口实际出水流量与屏幕显示出水流量偏差：0.7L/min	合格
11 号		出水口实际出水流量与屏幕显示出水流量偏差：0.5L/min	合格

16）出水温度显示偏差

智能淋浴系统一般带有温度显示，显示的温度应能向用户反映实际使用情况，验证试验选取显示流量分别为 34℃、38℃、44℃，测定其实际出水温度，试验结果见表 4.3-29，试验样品中有 2 个不符合要求。因此要求：带有显示屏的智能淋浴系统，显示温度与实测温度偏差应不超过 2℃，如果产品温度调节有步进梯度的，该产品显示偏差应不大于固定可调的梯度。

出水温度显示偏差验证试验结果　　　　　　　　　　　　　　表 4.3-29

样品编号	要求	测试结果	判定
1 号	出水口实际出水温度与屏幕显示出水温度偏差不应超过 1℃ 或不应大于固定可调的梯度	出水口实际出水温度与屏幕显示出水温度偏差：0.4℃	合格
2 号		出水口实际出水温度与屏幕显示出水温度偏差：0.7℃	合格
3 号		出水口实际出水温度与屏幕显示出水温度偏差：1.6℃	不合格
4 号		偏差 0.3℃，小于固定可调的梯度 1℃	合格
5 号		出水口实际出水温度与屏幕显示出水温度偏差：0.3℃	合格
6 号		出水口实际出水温度与屏幕显示出水温度偏差：0.8℃	合格
7 号		偏差 0.6℃，小于固定可调的梯度 1℃	合格
8 号		出水口实际出水温度与屏幕显示出水温度偏差：0.6℃	合格
9 号		偏差 3.3℃，大于固定可调的梯度 1℃	不合格

17) 控制功能

智能淋浴系统可通过手机 APP 远程控制各项功能，验证试验结果见表 4.3-30，试验样品均符合要求。因此要求：①带有语音控制功能的智能淋浴系统，语音交互成功率不应低于 80%，平均响应时间不应大于 2s；②带有 APP 控制功能的智能淋浴系统，APP 操作应能正确控制智能淋浴系统，完成产品使用说明书所述各种功能。

遥控功能验证试验结果 表 4.3-30

样品编号	类型	要求	测试结果	判定
1号	APP 控制	APP 操作应能正确控制智能淋浴系统，完成产品使用说明书所述各种功能	符合	合格
2号	APP 控制		符合	合格

18) 防烫保护功能

智能淋浴系统应具有预设预警温度的自动防烫保护功能，用户可以设置自动预警的温度。当水温到达预警温度时，应自动报警；当水温到达关停温度时，系统应在 1s 内关闭出水阀门。特别的，预警温度建议出厂设置为 45℃，关停温度建议出厂设置为 50℃。

19) 灯光照明功能

灯具及其配套装置多种控制方式均启闭正常。

20) 多媒体功能

多媒体装置可通过访问视频、音频的存储设备，读取、播放相应的影音文件，具有互联网功能的视频、音频可通过访问设备上的影音播放软件或绑定的客户端应用程序，通过多媒体播放相应的影音文件。

4.3.4 坐便器节水测评技术

1. 智能坐便器分类

智能坐便器是指在传统坐便器的基础上，融合微电脑数字处理系统、纳米材料、激光或热合等，使其拥有多种功能。智能坐便器是指由机电系统或程序控制，至少具有人体臀部和女性下体温水冲洗功能、冲水排污功能的坐便器。该器具能独立完成清洗、冲水排污等必要动作，该器具还可相应增加臀部干燥、坐圈加温、除臭、按摩、抗菌、自动冲水等辅助功能。智能坐便器属于更新换代的产品，迎合了未来人性化的卫浴发展趋势，解决了传统"冲水式坐便器、简易式便槽"遇到的污染与环保相矛盾的问题。智能坐便器冲水方式包括以下两种：

1) 直冲式

直冲式智能马桶是利用水流的冲力来排出脏污，一般池壁较陡，存水面积较小，水力集中，冲污效率高。利用被压缩的空气产生的推力，冲水速度快，冲力大，但冲击管壁的声音比较大，后排水多为直冲式。此外，直冲式马桶下水管道直径大，可以冲掉较大的脏物。

2）虹吸式

虹吸式智能马桶的结构是排水管道呈"∽"形，排水管道充满水后会产生一定的水位差，借冲洗水在便器内排污管内产生的吸力将污物排走，虹吸式智能马桶不是借助水流冲力，且池内存水面较大，因此冲水时噪声较小。

我国高层建筑越来越多，在高楼层或者老小区，水压过小，智能马桶经常冲不干净。智能坐便器多采用无水箱、压力式冲洗阀，无水箱的智能马桶，不管冲水还是清洗都是使用自来水水管中的水，要想达到较好的冲水效果，必须有一定的水压、水量作为保证，水压不够则可能导致清洗力度不够。

2. 不同压力下智能坐便器冲洗功能

为了研究不同压力下智能坐便器的冲洗功能差异，采用常温清水进行试验，试验装置如图 5-1 所示，试验压力分别在 0.1MPa、0.14MPa、0.24MPa 条件下，冲洗功能试验项目包括：洗净功能、球排放试验、颗粒排放试验、混合介质排放试验、排水管道输送特性、污水置换功能、卫生纸试验。

洗净功能：进行墨线试验，在坐便器水圈下方 25mm 处画一条连续的细墨线，冲水并观察墨线残留的长度，模拟边缘污染物在正常冲水过程中能否被冲洗干净。

球排放试验、颗粒排放试验、混合介质排放试验：分别采用 100 个直径为（19±0.4）mm，质量为（3.01±0.1）g 的实心固体球模拟大型固体污染物，采用聚乙烯颗粒和尼龙球模拟小型颗粒污染物，采用定量的海绵条和打字纸模拟不同形态污染物在一定压力和水量下能否被冲洗干净。

排水管道输送特性：采用 100 个直径为（19±0.4)mm，质量为（3.01±0.1)g 的实心固体球模拟污染物的排放过程，采用 18m 透明管道观察排放距离。

污水置换功能：采用亚甲基蓝溶液模拟污水，完成正常冲水进水周期后，观察污水稀释倍数。

卫生纸试验：模拟卫生纸在正常冲洗过程中能否被冲洗干净。

不同压力下的测试数据见表 4.3-31。

不同压力下冲洗功能测试结果

表 4.3-31

冲洗功能	指标要求 《卫生陶瓷》 GB/T 6952—2015	压力为 0.1MPa	压力为 0.14MPa	压力为 0.24MPa
洗净功能	单段残留墨线： ≤13mm 累计残留墨线： ≤50mm	单段残留墨线：25mm 累计残留墨线：62mm	单段残留：15mm 累计残留：24mm	墨线无残留
球排放试验	≥90 个	82 个	92 个	100 个
颗粒排放试验	聚乙烯颗粒残留量：≤125 个 尼龙球残留量：≤5 个	聚乙烯颗粒残留量：54 个 尼龙球残留量：10 个	聚乙烯颗粒残留量：30 个 尼龙球残留量：8 个	聚乙烯颗粒残留量：6 个 尼龙球残留量：2 个

冲洗功能	指标要求 《卫生陶瓷》 GB/T 6952—2015	压力为 0.1MPa	压力为 0.14MPa	压力为 0.24MPa
混合介质 排放试验	第一次冲出坐便器的混合介质（海绵条和纸球）应不少于 22 个，如有残留介质，第二次应全部冲出	第一次冲出坐便器的混合介质（海绵条和纸球）为 23 个，第二次未冲出	第一次冲出坐便器的混合介质（海绵条和纸球）为 24 个，第二次全部冲出	第一次冲出坐便器的混合介质（海绵条和纸球）为 28 个，第二次全部冲出
排水管道 输送特性	平均传输距离应不小于 12m	平均传输距离：10m	平均传输距离：14m	平均传输距离：17m
污水置换 功能	单冲式坐便器稀释率应不低于 100，双冲式坐便器半冲水稀释率应不低于 25	双冲式坐便器半冲水稀释倍数：>25	双冲式坐便器半冲水稀释倍数：>25	双冲式坐便器半冲水稀释倍数：>25
卫生纸试验	测定 3 次，每次坐便器便池中应无可见纸	两次有可见纸	一次有可见纸	两次均无可见纸

试验结果表明，压力对智能坐便器冲洗功能的影响较大，所有测试项目在压力降低的同时冲洗效果均有所降低，洗净功能、颗粒排放试验、混合介质排放试验、排水管道输送特性、卫生纸试验按现行标准指标甚至存在不合格的现象。因此，现行的测试方法无法体现产品真实的冲洗功能，按现行测试方法测试合格的产品在实际使用过程中可能出现冲洗不干净的现象，影响了用户的使用体验。

3. 智能坐便器冲洗功能评价指标及方法

智能坐便器冲洗功能测试方法应覆盖高层建筑和老小区，以此为基础本书完善了智能坐便器冲洗功能评价指标及方法。

智能坐便器冲洗功能评价指标包括：洗净功能、球排放试验、颗粒排放试验、混合介质排放试验、排水管道输送特性、污水置换功能、卫生纸试验。

冲洗功能测试应在 0.14MPa 下进行，智能坐便器冲洗功能评价指标体系如图 4.3-31 所示。

4. 智能坐便器综合测试装置

针对检测评价市场智能化发展需求，根据坐便器相关产品标准要求，研发智能坐便器综合测试装置。产品标准是判断产品合格与否的主要依据。智能坐便器产品目前所执行的标准主要有以下几个：

1)《家用和类似用途电坐便器便座》GB/T 23132—2019：该标准是由中国轻工业联合会提出，归口单位为全国家用电器标准化技术委员会（SAC/TC 46），标准的主要起草单位是中国家用电器研究院。适用于家庭及类似场所且额定电压不超过 250V 的单相电坐便器便座。

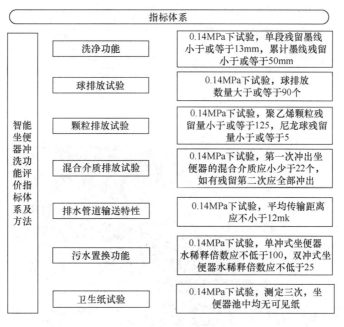

图 4.3-31　智能坐便器冲洗功能评价指标体系

2)《卫生洁具智能坐便器》GB/T 34549—2017：该标准由中国建筑材料联合会提出，归口单位为全国建筑卫生陶瓷标准化技术委员会（SAC/TC 249），标准的主要起草单位是咸阳陶瓷研究设计院。该标准是针对分体式智能坐便器和一体式智能坐便器而提出的，适用于环境温度为 0～40℃、相对湿度不大于 95％、供水静压力为 0.1～0.6MPa、在民用或公用各类建筑物内、安装于给排水管路上的智能坐便器。

3)《智能坐便器》CBMF 15—2016：该标准是我国标准化法改革后首部由协会起草的团体标准，由中国建筑卫生陶瓷协会提出，归口单位为中国建筑材料联合会，标准的主要起草单位是中国建筑卫生陶瓷协会标准化技术委员会及行业内的检测机构、科研机构和制造业等 30 多个单位共同参与完成的。该标准主要是针对分体式智能坐便器和一体式智能坐便器而提出的，适用于智能坐便器。

《家用和类似用途电坐便器便座》GB/T 23131—2019、《智能坐便器》CBMF 15—2016 中未对智能坐便器冲洗功能作要求，《卫生洁具智能坐便器》GB/T 34549—2017 中冲洗功能要求引用《卫生陶瓷》GB/T 6952—2015，未提出新的测试方法。《卫生陶瓷》GB/T 6952—2015 中冲洗功能项目包括：洗净功能、球排放试验、颗粒排放试验、混合介质排放试验、排水管道输送特性、水封恢复功能、污水置换功能、卫生纸试验，标准规定了冲洗功能试验压力，重力式坐便器试验压力为 0.14MPa，压力式坐便器试验压力为 0.24MPa。对于重力式即水箱式坐便器而言，压力对冲洗功能影响不大，但对于压力式坐便器，试验压力对冲洗效果影响较大，现行标准中只规定了在 0.24MPa 条件下进行冲洗功能试验。我国标准平面情况下表前 0.28MPa，高度每升高 10m 降低 0.1MPa，部分 6 层建筑的老小区，若每层楼高以 3m 计，无二次供压情况下则 6 楼水压为 0.1MPa。目前我国高层建筑越来越多，在高楼层或者老小区，0.1MPa 的低水压情况较多，按现行标准 0.24MPa 进行检测合格的坐便器，可能在实际应用 0.1MPa 的低水压下冲洗不干净。

研发的智能坐便器综合测试装置如图 4.3-32 所示。完成了智能便器水效等级、用水量、冲洗功能、连接密封性、清洗功能（升温性能、水温稳定性、清洗水流量、清洗水量、清洗力、清洗面积）、喷头自洁能力、暖风烘干性能、坐圈加热功能等性能的综合测试。

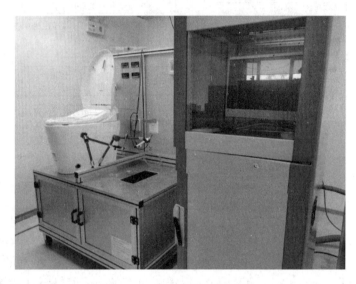

图 4.3-32　智能坐便器测试装置

该装置包括硬件系统和软件系统两部分：

1）软件系统分为触摸电脑和下位机，采用组态软件和 PLC 作为控制系统；

2）硬件系统包括水箱液位，温控仪表，水泵电机装置等。

主界面由用户系统操作区、机台水压水温控制区、基本参数监控区组成。上下两排的各项参数可切换各项实验子画面，如图 4.3-33 所示。

部分参数测试界面如图 4.3-34 所示。

1）系数修改、水压调整、水温控制

（1）调整界面左侧可对水压、风速、流量等各参数系数进行修改调整，若系数修改需进行用户登录，一般在设备出厂时系数已调整好；

（2）调整界面右侧为三个水箱水温控制区，可进行温度设定与系数修改，水箱自动补水按钮为绿色时将关闭该水箱自动补水系统。

2）暖风温度测试（图 4.3-35）

（1）暖风温度测试界面上半部分为测试曲线-风温实时曲线图，可以直观监控暖风温度随时间变化曲线；

（2）暖风温度测试界面下半部分为测试数据和功能按钮，测试数据由实时暖风温度，数据采集时间（采集时间自由设定）和已采集数据时间构成；功能按钮由测试启动按钮、

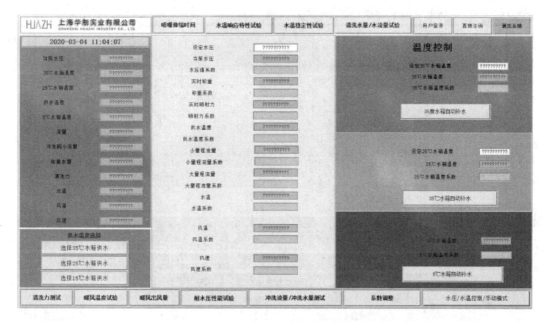

图 4.3-33　智能坐便器测试装置 PC 端主界面

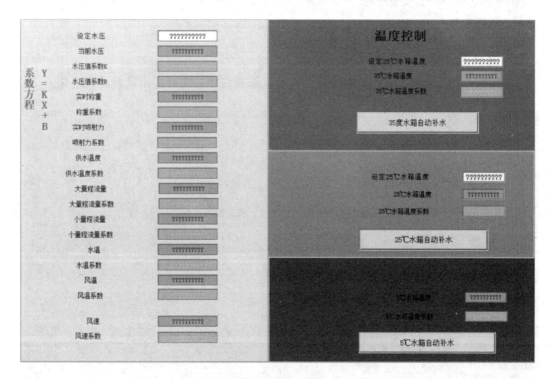

图 4.3-34　智能坐便器测试装置系数调整界面

保存曲线按钮、调取曲线按钮、保存图片按钮等构成。其中：①保存曲线：对测试曲线进行保存；②调取曲线：对保存的历史曲线进行上传；③保存图片：保存该曲线图片至电脑文件夹。

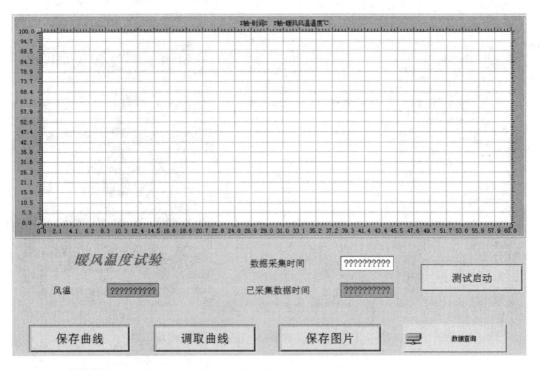

图 4.3-35　智能坐便器测试装置暖风温度测试界面

3）暖风出风量（图 4.3-36）

（1）暖风出风量测试界面上半部分为实时风量曲线图，实时显示风量曲线变化。

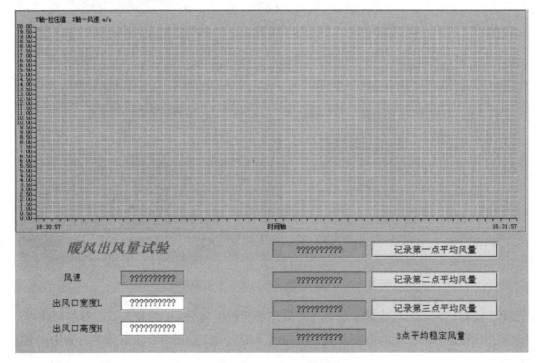

图 4.3-36　智能坐便器测试装置暖风出风量测试界面

（2）暖风出风量测试界面下半部分由测试数据与功能按钮构成，其中：①出风口宽度/高度：根据产品自行设定，设定完成后方可进行测试；②风速：显示实时风速；③记录某点平均风量按钮：设置好参数后，按标准将风速测试装置放置于正确位置后，点击该按钮，记录该点平均风速，记录 3 次后将自动显示 3 点平均稳定风量。

4）喷嘴伸缩时间测试

该界面如图 4.3-37 所示，可测试喷嘴伸出时间和缩回时间。点击测试开始后记录 6 次伸出时间，并计算 6 次平均伸出时间。

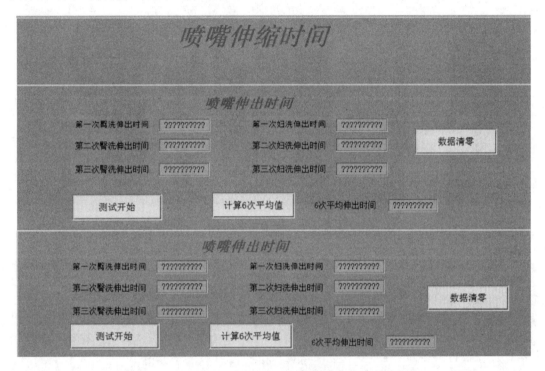

图 4.3-37　智能坐便器测试装置喷嘴伸缩时间测试界面

5）清洗水量（图 4.3-38）

（1）清洗水量测试界面上半部分为实时流量曲线图。下半部分左侧为流量实时监控数据，右侧为清洗水量测试；

（2）测试之前需先设定测试时间，按照臀洗 3 次，妇洗 3 次顺序进行测试。测试时先点击臀洗启动，到达设定时间后记录 1 次臀洗水量，依次点击 3 次后臀洗水量记录完毕，妇洗水量测试同上，完成 3 次测试记录后单击计算，将计算 6 次平均水量；

（3）单击清零按钮后将清除测试数据。

6）冲洗水流量/冲洗水量（图 4.3-39）

（1）冲洗水流量/冲洗水量测试界面上半部分为冲洗水流量试验，下半部分为冲洗水量试验；

（2）测试时，设定测试时间，关闭排水阀，排空称重水箱确保无残留水。点击"测试开始"按钮，时间达到设定时间后测试自动停止。

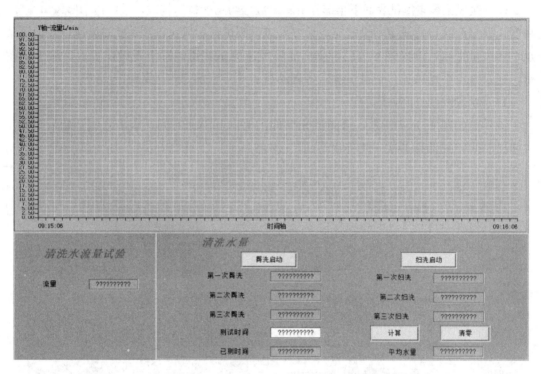

图 4.3-38　智能坐便器测试装置清洗水量测试界面

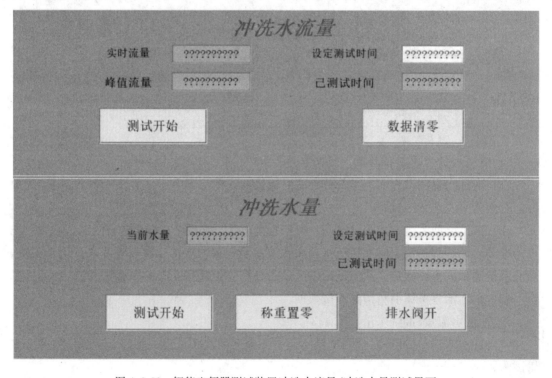

图 4.3-39　智能坐便器测试装置冲洗水流量/冲洗水量测试界面

4.4　公共建筑中央空调循环冷却水处理技术及设备

近年来，大型民用建筑大多装有中央空调，而中央空调绝大多数须使用冷却水。随着我国城市化快速发展，民用建筑中央空调及其循环冷却水系统也不断增加。据统计，2016年我国中央空调市场规模达到了 700 亿元，2019 年我国中央空调整体行业规模或已接近1000 亿。中央空调广泛应用于城市综合体、酒店、办公楼、购物中心，以及学校、博物馆及车站等场所。可以看出，冷却水作为我国关键耗水环节，具有很大的节水潜力，循环冷却水则是减少冷却水用量最有效的措施。

4.4.1　中央空调循环冷却水系统现状

1. 中央空调循环冷却水系统特点

中央空调水系统一般由三部分构成，即冷冻水、供暖水、冷却水系统，其中，冷却水系统广泛采用开式系统。中央空调系统通过冷冻水循环、制冷剂循环和冷却水循环，不断将建筑物内的热量传递到自然界中，而获得舒适的空间环境。

中央空调循环冷却水系统与工业循环冷却水系统存在很大的不同，见表 4.4-1。中央空调循环冷却水用于制冷，工业循环冷却水用于工业生产散热。工业中常用的热交换设备包括预热器（或加热器）、冷却器、冷凝器、蒸发器等，热交换器的传热方式主要有间壁式、混合式和蓄热式三类，其中管壳式热交换器使用最为广泛。中央空调系统热交换设备主要有冷凝器和蒸发器，采用间壁式传热，常用的冷凝器为壳管式、套管式和焊接板式，蒸发器常用盘管式。开式循环冷却水系统是工业生产和空调制冷中应用最普遍的一种冷却水系统。中央空调循环冷却水系统多为开式系统，冷却水通过在冷却塔中蒸发飘逸到大气中而将热量散发到周围环境中；工业系统中开式系统和闭式系统均有应用。中央空调循环冷却水系统多为间冷系统，循环冷却水与被冷却介质间接传热；工业系统中间冷系统和直冷系统均有应用。中央空调循环冷却水系统和工业系统均有采用水冷式方式和水-空气冷却方式。中央空调系统中冷却塔比较单一，多采用机械通风方式；工业冷却塔中自然通风、机械通风和混合式三种均有应用。中央空调系统冷却塔多属于标准型（进塔水温约为37℃，出塔水温约为32℃）；工业生产如化工、冶金等行业中多采用中温型（进塔水温约为43℃，出塔水温约为33℃）和高温型（进塔水温约为60℃，出塔水温约为35℃）。中央空调系统冷却塔和集水池可设置在屋面或地面上，为了减少占地面积和减小冷却塔对周围环境的影响，通常采用高置冷却塔的方式，即将冷却塔布置在裙房或主楼的屋顶上；工业冷却塔安装的位置多设置在通风条件比较好、环境空旷、交通便利的地区，远离车间、办公楼等比较集中的工作环境和人流密集区域。中央空调系统的冷却设备多采用系列化、定型化、规模化产品，一般不需要进行热力和填料选型等计算。工业系统中根据需要采用定型和非定型产品。中央空调水系统的补充水通常分为两类，即未经过任何处理的自来水和软化水。由于冷却水用水量大，一般都补充自来水。而工业循环冷却水的水源较杂，由于地域及条件所限，分别采用自来水、地表水、地下水、海水等水源。相比于火电、钢铁、化工等系统，中央空调循环水量较小，目前由于大体量民用建筑的不断涌现，建筑功能不断增多，循环水量范围从每小时几立方米到几千立方米；而工业循环冷却水可高达几万立方米每小时。中央空调制冷多为季节性运转；用于工业生产的循环冷却水需根据工业需求决定。

中央空调循环冷却水系统和工业循环冷却水系统的比较 表 4.4-1

项目	中央空调循环冷却水系统	工业循环冷却水系统
用途	空调制冷	工业生产
换热器类型	间壁式	间壁式、混合式、蓄热式
与被冷却介质接触类型	间冷	间冷、直冷
与空气接触类型	开式、闭式	开式、闭式
冷却方式	水冷、水-空气	水冷、水-空气
冷却塔通风方式	机械通风	自然通风、机械通风、混合式
冷却塔进出水温	标准型	标准型、中温型、高温型
冷却塔位置	屋面、地面	环境空旷，远离工作环境和人流密集区域
设备选型	定型产品	定型、非定型产品
水源	城镇供水	地表水、地下水、回用水、城镇供水、软化水
水量	水量小	水量大
运转时间	季节性运转	根据工业生产工艺要求

2. 中央空调循环冷却水系统问题

中央空调循环冷却水通常采用当地自来水，在运行过程中会不断蒸发浓缩，同时与空气有充分接触，空气中的微生物、CO_2、O_2 等不断混入其中，若处理不当，会导致冷却水低浓缩倍数排放，浪费水资源；滋生军团菌等致病菌，危害公共卫生健康；含化学药剂的排放水直接进入雨水管道，污染水环境；产生严重的结垢、设备腐蚀和微生物大量繁殖等问题。冷却水系统一旦结垢，会使空调机组的传热效率大大降低，导致制冷效率下降，增加耗电量，严重时甚至会导致主机因高压断开保护，影响机组的稳定运行。腐蚀的发生会使循环冷却水系统管材和设备的运行维修费用大大增加，进而缩短设备的使用寿命，严重时甚至导致主机提前报废。因此，为使中央空调安全、经济的运行，必须选用适当的水处理方式以解决循环冷却水系统的腐蚀和结垢问题。

循环冷却水系统的管理宗旨是处理好微生物、腐蚀、结垢这三者所形成的"循环冷却水三角形"，如图 4.4-1 所示。

三个元素之间是相互影响彼此关联的。腐蚀和结垢严重影响循环冷却系统，微生物是循环冷却水系统中容易被忽视但却是对腐蚀、结垢影响最大的一个元素。微生物的存在不但会污染水体，还会通过冷却塔

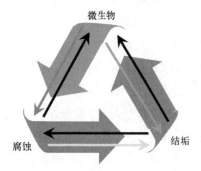

图 4.4-1　循环冷却水系统管理

的喷淋水,扩大影响范围,危害人体健康。此外,水中的微生物增多,还会使管道和换热器表面的生物黏泥迅速增多,生物黏泥的传热性能只有金属铜的1/600,会严重影响换热器效率。同时生物黏泥又是碳酸钙等无机垢的"胶粘剂",它可以迅速给换热器表面穿上一层厚厚的"棉袄",发生结硬垢现象,在生物黏泥的"庇护"下,噬铁菌、硫化细菌会大量滋生,使管道产生严重的点蚀。

4.4.2　循环冷却水处理技术现状

目前,对循环冷却水的处理方法主要是化学药剂法,其他还有物理处理法、臭氧处理法、生物酶水质稳定剂技术。

1. 化学药剂法

化学药剂法顾名思义是向循环冷却水系统中投加药剂,针对水处理中的结垢、腐蚀及微生物问题,投加阻垢剂、缓蚀剂、杀生剂或复合药剂等药剂。该方法是历史最久也是最为普遍的处理方法,发展进程大致可分为两个阶段,第一阶段是单纯防止碳酸钙结垢阶段,第二阶段是综合处理污垢、腐蚀和菌藻。到目前为止,积累了较为成熟的使用经验,处理效果趋于稳定,可根据气候环境、供水水质及工艺设计调节药剂的投加量,浓缩倍数可达到3~5倍,运行费用适中,常用于大型工业循环冷却水的处理。

1) 投加铬酸盐为缓蚀剂

这类缓蚀剂的优势是缓蚀效果优越,且适合处理各种水质;但由于对环境具有很高的毒性,逐渐淡出了水处理技术领域。之后,相继开发出了一系列复合配方的缓蚀阻垢剂如铬酸盐/磷酸盐、铬酸盐/锌盐等。

2) 以聚磷酸盐为缓蚀剂

这类缓蚀剂可能造成水体富营养化,因此逐渐被其他结构稳定、使用浓度低的缓蚀剂所代替。

3) 有机磷缓蚀剂

HEDP、ATMP、EDTMP和多元醇磷酸酯等都是当时较为常用的有机磷缓蚀剂。其优势在于结构稳定不易分解,同时具有显著的阻垢和缓释作用,因此在工业上得到广泛的应用。

4) 低磷缓蚀剂

新一代的低磷缓蚀剂如2PBTCA、HPAA等,不仅含磷量很低,而且化学稳定性非常好,对环境的危害性很低,有的甚至能够达到无毒无害。

5) 阻垢分散剂

阻垢分散剂主要有聚羧酸、多官能团共聚物,以及具有特种结构和性能的阻垢分散剂。聚羧酸阻垢分散剂主要包括PAA(S)、HPMA、MA-AA、AA/AMPS等。多官能团共聚物阻垢分散剂阻垢性能良好,且对生物黏泥、硅铝酸盐等悬浮物也有较好的分散作用。特种结构和性能的阻垢分散剂:对生物黏泥的剥离效果显著;能够处理超高硬度碱度的水质;并且对较多类型水垢都能够产生良好的阻垢分散效果。

2. 物理处理法

物理处理法是通过改变水分子结构或水分子的电子结构，达到水处理的目的，包括磁化法和静电法。

磁化法是将冷却水通过永久磁场，形成磁化水，在磁化水中产生的晶体不形成水垢，而是无定形的粉末状物，不会黏附在管壁或其他物体表面，在运行过程中应通过补水及定期排污控制其水质的稳定。但磁化处理只能起阻垢作用，处理效果不稳定，不能起到缓蚀、杀菌灭藻功能。在应用过程中需增加缓蚀、杀菌等水处理过程。

静电法通过静电场作用，改变水分子结垢，减少结垢形成机会；另外在静电场下产生活性氧成分，可以破坏微生物细胞，达到杀菌的目的，同时产生致密的氧化膜，起到缓蚀的作用，被广泛应用于小型循环水处理系统中。目前国内外开发的静电水处理设备有两大类：一类是静电除垢器，利用高压静电场进行水质处理；另一类是高频电子除垢器，运用现代电子技术使分子表面能量重新排列，当水体吸收高频电磁能量后，在不改变原有化学成分的情况下，使其物理结构发生变化，使水中的钙镁离子无法与碳酸根离子结合成碳酸钙和碳酸镁，从而达到除垢的目的。高频电磁波也能杀菌灭藻和阻垢防锈。静电水处理技术的优势在于其水处理器的体积较小、能耗较低；设备经久耐用方便管理；同时阻垢和杀菌灭藻的效果显著。这种处理方法不会造成环境二次污染问题，对环境较为友好。

3. 臭氧处理法

臭氧处理法是利用臭氧作为唯一的水处理剂，替代其他化学药剂处理循环冷却水，可以在较高的浓缩倍数下同时达到缓蚀、阻垢、杀菌灭藻的目的，且臭氧处理循环冷却水不存在任何环境污染、不增加水中的含盐量。控制臭氧投加浓度是臭氧处理法的关键，浓缩倍数可以达到 5~8 倍。臭氧技术适用于水冷式系统循环冷却水的处理，包括民用建筑空调制冷循环冷却水，工业建筑空调制冷和工业生产制冷的敞开式标准型冷却塔（水温不超过 42℃）循环冷却水。因中央空调循环冷却水系统采用城镇供水作为补充水，水质稳定，污染物浓度低，用于氧化有机物等的臭氧消耗少，臭氧处理循环冷却水系统具有稳定、高效等优点。

臭氧处理循环冷却水技术的研究始于 20 世纪 90 年代，因杀菌、缓蚀和阻垢等功效显著，被美国能源部以政府名义推荐应用于中央空调和工业冷却水系统的水处理系统，应用广泛，收效显著，目前已成功用于近千座冷却水系统。国内于 21 世纪初将臭氧处理循环冷却水技术的研究从实验室转向工程应用。

4. 生物酶水质稳定剂技术

采取生物酶处理技术，相比于传统的化学处理方法在除垢、防锈、抑制菌藻等方面有着显著的特点。其系统的投加过程简单，不需要加药设备，不需要多种药剂，不会对设备造成二次损坏和腐蚀；同时生物酶制剂法也不需要排水，处理之后的水和原水水质相近，起到了省水节能的效果。

4.4.3　臭氧处理中央空调循环冷却水技术

1. 臭氧处理中央空调循环冷却水优势

臭氧处理循环冷却水技术是在制备臭氧后，有控制地加入到循环冷却水中，其本质是利用臭氧在水中产生一系列羟基等自由基。它可使水中的有机物和微生物被分解破坏，产生小分子和天然无害的物质，无二次污染且可使水质得到净化、消毒。其优势包括：

1) 彻底杀灭致病菌，保障公共卫生

臭氧具有强氧化性，氧化能力强，其氧化还原电位为 2.07V，仅次于氟（2.87V），高于氯（1.36V）和二氧化氯（1.26V）。臭氧可直接破坏细菌及微生物的细胞壁并"杀死"细胞核，能够将细菌和微生物完全杀灭而不使其产生免疫抗药性；臭氧能够有效去除生物膜，当水中有残留臭氧时，可完全杀灭制造生物膜的细菌。臭氧氧化后没有残留的臭味，也不会生成有毒的产物。臭氧还可彻底杀灭军团菌，保障公共卫生安全。

臭氧的氧化速度快，可瞬时完成反应，臭氧杀灭细菌的速度是氯的 3000 倍，效能是氯的 50 倍。臭氧的灭藻性能也是快速有效的。当水中臭氧残留浓度达 $0.01 \sim 0.10 \mathrm{mg/L}$ 时，数分钟内即可杀灭藻类，并维持这一条件，阻止其再生长。

2) 阻垢脱垢效果显著，提高换热效率，节约能源

悬浮物和生物膜及水垢混合在一起，在热交换器列管表面形成沉积物，从而降低了冷凝器的热交换效率。实践证明：使用臭氧处理循环冷却水，短时间内即可破坏 70% ～ 80% 的生物膜。利用臭氧的除垢、脱垢作用，可以清洁空调换热器和管壁，大大提高能源效率，使电耗降低 5% ～ 25%，压缩机工作能力增加 6% ～ 10%。

臭氧的阻垢能力主要来源于以下几方面，一是臭氧的强氧化性可有效控制和防治生物黏泥，美国冷却塔技术研究所（CTI）的报告显示，生物膜（黏泥）的热传导率只有碳酸钙垢的 1/5。臭氧可有效破坏生物膜，显著提高换热效率；二是由于臭氧的强氧化作用，水中的一些有机物（如腐殖质等）被氧化，生成一些含有醛基或羧基的产物，使 Ca^{2+} 以可溶的络合形式存在于水中，增加 Ca^{2+} 在水中的溶解度，使之不能达到饱和状态而析出，臭氧还具有微絮凝作用，使颗粒物沉淀，从而达到一定的阻垢作用；三是臭氧氧化有机物也可生成二氧化碳，使溶液中的二氧化碳浓度增加，从而使碳酸钙转化为碳酸氢钙，碳酸氢钙的溶解度是碳酸钙的 40 倍，使冷却水中 Ca^{2+} 浓度增加，达到阻垢效果。四是经臭氧处理后的垢样晶格会发生畸变，结构变疏松，水中的悬浮物无法牢固地在晶格空隙内沉积，导致水垢不易在热交换器的表面产生。

此外，臭氧还具有一定的脱垢能力。臭氧的强力杀菌作用，既可以阻止新的生物污垢的生成，同时还可以氧化已有生物污垢中的有机物成分，破坏污垢的结构，使其变松散，再通过流体的冲刷作用将污垢从换热器表面剥离。

3) 防腐作用显著，保证设备安全

臭氧处理循环冷却水技术具有缓蚀作用。采用臭氧处理的碳钢和铜材，其腐蚀率比一般化学药剂低 50% 以上。这是因为，一方面吸附在金属表面的臭氧影响双电层的电极电

位，阻止了金属的溶解趋势；另一方面臭氧能够在金属表面生成一层致密的含 $\gamma\text{-}Fe_2O_3$ 的金属氧化膜，使金属表面钝化，阻碍水中的溶解氧扩散到金属表面，从而抑制腐蚀反应的进行。同时，由于这种氧化膜的产生，减少了阳极和阴极区间的电流，从而降低腐蚀速率；另一方面臭氧对生物垢具有剥离作用，能够破坏因生物垢的不均匀沉积产生的氧浓差极化电池效应。同时，水系统中超过 70% 的腐蚀是由微生物加速或者导致的，臭氧有效地控制了循环水中微生物的生长，减轻了生物污垢及其引起的垢下腐蚀现象。此外，经臭氧处理的循环水 pH 维持在 8～9 之间，呈弱碱性，也减轻了腐蚀作用。

2. 臭氧法与化学药剂法处理循环冷却水对比

分别应用臭氧法和化学药剂法处理循环冷却水，臭氧法处理流程如图 4.4-2 所示。试验设计循环水量为 $200m^3/h$，管道总长 50m，系统水容积 $10m^3$，以自来水作为补充水，其电导率为 $550\mu s/cm$，总溶解固体（TDS）约为 354mg/L。在 2019 年的运行期间内，于每个月的月初、月中，在同一取水点取水，比较两种处理方法在水质、卫生保障、节水方面的效果。

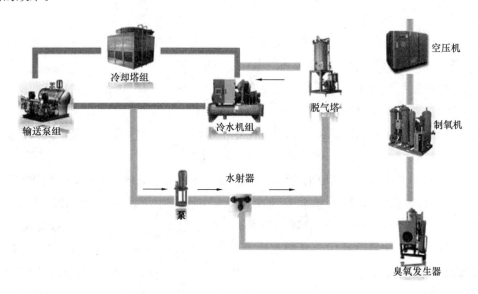

图 4.4-2　臭氧法处理流程示意图

1）水质指标对比分析

选取浊度、pH、铁、铜、化学需氧量、氨氮和总磷作为典型水质指标进行测试对比。其中，循环冷却水的浊度对换热设备的污垢热阻和腐蚀速率影响很大，水中含有有机物、无机物、浮游生物、微生物等都可以使水变浑浊，从而使水体具有一定的浊度。pH 是循环冷却水水质控制的重要指标，对循环冷却水的结垢和腐蚀倾向具有影响，多个标准中已对 pH 的控制做出了规定，如《工业循环冷却水处理设计规范》GB/T 50050—2017 中指出循环冷却水 pH 宜为 6.8～9.5，《采暖空调系统水质》GB/T 29044—2012 中规定集中空调敞开式循环冷却水 pH 应为 7.5～9.5，《循环冷却水节水技术规范》GB/T 31329—2014 中指出循环冷却水中 pH 要达到 7.0～9.2。铁离子含量高会给铁细菌的繁殖创造有利条件，水中铁离子浓度过高时，会使碳钢换热器的年腐蚀速率增加 6~7 倍，局部腐蚀也会加剧。铁离子还会与磷酸盐形成坚硬的磷酸铁垢。铜离子的沉积，则会引起碳钢的缝隙腐蚀和点蚀。另外，循环冷却水中的铁和铜的含量也是设备腐蚀的一个指示性指标，如果循环冷却水中的铁和铜含量不断升高，则表明设备被腐蚀。化学需氧量是微生物的营养源，有机物含量增多将导致细菌大量繁殖，从而产生黏泥沉积、垢下腐蚀等一系列问题。有机物也会随排放水进入水体，给环境带来影响。氮和磷是微生物生长所必需的营养元素，也是植物营养元素。氮和磷将促进微生物和藻类的繁殖和生物量的增加。氨氮还会促使硝化菌群的大量繁殖，导致系统 pH 降低，腐蚀加剧。循环冷却水中氨氮和总磷会随系统排水而排放，最终进入自然水体，易导致水体富营养化，危害水生态环境。

经臭氧法处理的水质与化学药剂法处理的水质对比结果见表 4.4-2。

臭氧法处理和化学药剂法处理的水质对比 表 4.4-2

水质参数	臭氧法处理		化学药剂法处理		《工业循环冷却水处理设计规范》GB/T 50050—2017 要求
	范围	中值	范围	中值	
浊度（NTU）	0.494~2.72	0.958	0.938~4.79	1.88	≤20
pH	8.02~8.75	8.38	7.6~8.68	8.57	6.8~9.5
铁（mg/L）	0.065~0.512	0.16	0.049~1.36	0.277	≤2.0
铜（mg/L）	0.05~0.082	0.07	0.05~0.414	0.307	≤0.1
COD_{Cr}（mg/L）	<30	<30	30~1400	420	≤150
氨氮（mg/L）	<1	0.587	—	—	≤10

由表 4.4-2 可知，经臭氧处理后的水质较好，其 pH、药剂浊度、铁、铜、COD_{Cr}、氨氮等指标都符合《工业循环冷却水处理设计规范》GB/T 50050—2017 的标准，且水质较稳定。使用化学药剂法处理后，水中的铜、COD_{Cr} 等多项水质指标都出现了超过《工业循环冷却水处理设计规范》GB/T 50050—2017 标准范围的现象，且数值变化不稳定，有的取水点 COD_{Cr} 浓度高于臭氧处理的出水，也远超过国标规定，不符合国家节能减排的政策要求。臭氧处理后水的浊度、铜、化学需氧量指标明显低于化学药剂法处理后的水。

臭氧具有强氧化性，可分解有机物，杀菌灭藻，可显著降低有机物和微生物引起的浊度。经臭氧处理的循环冷却水的 pH 集中在 8.02~8.75 之间，呈微碱性，具有防腐的作用。臭氧处理技术不投加其他化学药剂，不引入有机物，通过其强氧化性分解有机物，降低水中 COD_{Cr} 浓度。臭氧处理技术不引入增加氨氮和总磷的化学物质，对环境友好。

总的来看，臭氧技术处理后的循环冷却水水质明显优于化学药剂法处理后的循环冷却水水质。

2）杀菌效果分析

循环冷却水中存在的军团菌对人类危害最大，它是一种水源微生物，普遍存在于有水的环境中，其存活、繁殖温度条件为 20~58℃（最佳条件为 35~46℃）。感染军团菌所引起较轻的症状为庞蒂亚克热，发病与重感冒相似，需要用药治疗，7~10d 治愈；较重的症状称嗜肺军团菌，出现典型肺炎症状，治疗不及时或免疫力低下时，死亡率高达30％～70％。臭氧法处理和化学药剂法处理的细菌数测定结果对比见表4.4-3。

臭氧法处理和化学药剂法处理的细菌数 表4.4-3

参数	臭氧法处理		化学药剂法处理		《工业循环冷却水处理设计规范》GB/T 50050—2017 要求
	范围	中值	范围	中值	
菌落总数（CFU/mL）	50～600	105	3900～210000	70725	1×10^5
军团菌数（CFU/mL）	未检出		少数情况有检出		—

由表4.4-3可知，臭氧法处理后细菌总数低于600CFU/mL，远远低于《工业循环冷却水处理设计规范》GB/T 50050—2017所要求的1×10^5CFU/mL，臭氧处理法表现出强大的杀菌作用。化学药剂法处理后的细菌总数很不稳定，其中最高达到210000CFU/mL，约为臭氧法处理后细菌总数最高值的350倍，超过《工业循环冷却水处理设计规范》GB/T 50050—2017规定的1倍多，军团菌的杀灭率达到100％，对于人流量大的人员密集场所和楼宇众多且人口密集的大城市，其保障公共卫生的功效尤显优势。

臭氧法处理后集水盘内及填料上无青苔、菌藻和生物黏泥的生长、堆积和垂挂，水质较好，如图4.4-3和图4.4-4所示。

 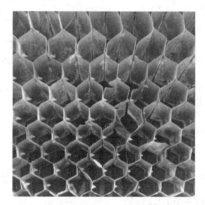

图4.4-3　臭氧法处理前冷却塔集水盘和填料　　　图4.4-4　臭氧法处理后冷却塔集水盘和填料

3）节水效果分析

循环冷却水的一个主要节水途径是提高循环冷却水的浓缩倍数。提高浓缩倍数可以降低补水量，节约水资源，降低排污量，减少对环境的污染，降低循环冷却水系统的运行成本。浓缩倍数是指在循环冷却水中，由于蒸发而浓缩的物质含量与补充水中同一物质含量的比值，或指补充水量与排污水量的比值。循环水在运行过程中水分不断蒸发，若溶液浓度超过同样条件下饱和溶解度时，会出现结晶，因此循环水的浓缩倍数有一定的限制值。利用臭氧法处理循环冷却水后水的电导率均可维持在$4000\mu s/cm$左右，甚至更高，当电导率超过设定值时开始自动补水。臭氧法处理和化学药剂法处理浓缩倍数见表4.4-4。

如表 4.4-4 所示，以循环冷却水和补充水的电导率计算出的臭氧法处理浓缩倍数达到 6.5～7.6 倍，远高于化学药剂法处理的浓缩倍数（2.5～3.5 倍）；以循环冷却水和补充水的 TDS 计算出的臭氧法处理浓缩倍数达到 6.6～8.1 倍，化学药剂法处理的浓缩倍数为 2.6～3.6 倍。由此可见，使用臭氧法处理循环冷却水，节水效果显著。臭氧法处理循环冷却水技术只向水中投加臭氧，臭氧可自行分解不在水中残留，该技术不改变冷却水的蒸发量和飘移量，但是由于不使用其他化学药剂，可降低循环冷却水中颗粒物和残余化学试剂的总负荷，能够提高循环冷却水的浓缩倍数，减少排水量和补充水量。

臭氧法处理和化学药剂法处理浓缩倍数　　　　　　　　　　　　　　表 4.4-4

参数	臭氧法处理			化学药剂法处理		
	范围	中值	浓缩倍数	范围	中值	浓缩倍数
电导率（μs/cm）	3571～4180	3890	6.5～7.6	1400～1922	1687	2.5～3.5
TDS（mg/L）	2270～2791	2480	6.6～8.1	896～1249	1086	2.6～3.6

3. 臭氧法处理中央空调循环冷却水案例分析

1）典型工程项目案例

臭氧法处理中央空调循环冷却水系统多应用于人群密集的公共场所，且由于初期设备投入较高，多用于经济较为发达的城市。根据实际应用情况，选取了上海、广州、北京三个典型城市的轨道交通车站、商业、宾馆三种公共建筑类型共四个工程项目作为研究对象。具体见表 4.4-5。

工程项目循环冷却水系统相关参数　　　　　　　　　　　　　　　　表 4.4-5

项目案例	开机时间	循环水量（m³/h）	臭氧发生量（g/h）	注入方式
上海某轨道交通车站	6:00～23:00	250	50	泵后取水，泵前注入
上海某商业广场	7:00～23:00	5300	700	泵后取水，泵前和冷凝器后注入
广州某轨道交通车站	6:00～23:00	230	50	泵后取水，泵前和冷凝器后注入
北京某宾馆	全天	2000	300	泵后取水，泵前注入

目前，中央空调循环冷却水广泛采用城镇供水作为补充水，补充水中的 pH、浊度、菌落总数、氯化物、硫酸盐、铁、铜等对循环冷却水水质控制具有重要影响。表 4.4-6 中列出了四个工程项目所在城市供水中相关指标的实测情况，供水中菌落总数、氯化物、硫酸盐、铁、铜等指标都优于国家标准《生活饮用水卫生标准》GB 5749—2006 要求，这为循环冷却水水质控制打下了良好的基础。

案例所在城市供水水质实测值　　　　　　　　　　　　　　　　　　表 4.4-6

城市	数据来源	pH	浊度（NTU）	氯化物（mg/L）	硫酸盐（mg/L）	总硬度（以 CaCO₃ 计）（mg/L）	COD_Mn（mg/L）	铁（mg/L）	铜（mg/L）	菌落总数（CFU/mL）
北京	北京市水务局、北京顺义自来水有限责任公司	7.08～7.40	0.321～0.572	16.44～55.12	32.68～54.63	222～274	0.35～0.72	<0.05	<0.20	未检出

城市	数据来源	pH	浊度 (NTU)	氯化物 (mg/L)	硫酸盐 (mg/L)	总硬度 (以 CaCO₃ 计) (mg/L)	COD_{Mn} (mg/L)	铁 (mg/L)	铜 (mg/L)	菌落总数 (CFU/mL)
上海	上海市水务局	7.4～7.8	0.08～0.11	32～69	32～63	102～150	0.9～1.5	＜0.02	＜0.001	未检出～5
广州	广州市自来水有限公司江村水厂	7.78	0.48	11.4	35.6	146	0.92	0.01	＜0.001	未检出
	《生活饮用水卫生标准》 GB 5749—2022	6.5～8.5	≤1	≤250	≤250	≤450	≤3	≤0.3	≤1.0	≤100

2）测试结果

根据四个项目中臭氧处理设备投入使用的时间（6～9 月），分别进行水样和空气样品的采集，依据《臭氧处理中央空调循环冷却水技术要求》GB/T 39434—2020 对样品进行测试。水样采集点位于冷凝器循环冷却水进水水管压力表取样口，空气样品采集点位于机房内距臭氧处理设备 1m 处、室外距冷却塔 1m 处。测试结果见表 4.4-7。

卫生、能效和环保指标测试结果　　　　　　　　　表 4.4-7

	参数	上海某轨道交通车站	上海某商业广场	广州某轨道交通车站	北京某宾馆
卫生指标	嗜肺军团菌	未检出	未检出	未检出	未检出
	臭氧发生器机房空气中臭氧浓度（mg/m³）	0～0.026	0～0.011	0.097～0.118	0.016～0.032
能效指标	循环水中臭氧浓度（mg/L）	0.01～0.08	0.01～0.07	0.03～0.07	0.03～0.06
	浊度（NTU）	0.3～1.8	0.5～1.0	未检出	未检出
	化学需氧量（COD_{Cr}）（mg/L）	0～19	6～17	11～42	0～19
	生物黏泥量（mL/m³）	＜1	＜1	＜1	＜1
	钙硬度＋总碱度（以 CaCO₃ 计）（mg/L）	449～744	508～689	—	913
环保指标	氨氮（mg/）L	0～0.66	0～0.26	0.02～0.08	0～0.09
	总磷（mg/L）	0～0.04	0～0.02	0.41～0.77	0.46～0.56
	冷却塔周围空气中臭氧浓度（mg/m³）	0～0.079	0～0.017	0～0.030	0.055～0.112

从表 4.4-7 可知，卫生指标方面，臭氧处理技术杀菌效果明显，嗜肺军团菌均未检出。有数据显示，当循环冷却水系统中臭氧浓度为 0.05mg/L 时，只需要 10min 左右就可以达到 99％以上的杀菌率。此外，系统采用了分解器对多余臭氧进行处理后排放，保证了机房内臭氧浓度远低于《公共场所集中空调通风系统卫生规范》WS 394—2012 标准要

求，因此，该套系统表现出良好的卫生指标控制效果。

能效指标方面，水中臭氧浓度控制在合理区间，浊度、COD_{Cr}、生物黏泥量、钙硬度＋总碱度均满足指标要求。一方面臭氧处理技术不投加其他化学药剂，不引入有机物，且臭氧的强氧化性可分解有机物；另一方面控制好投加的臭氧量，可以使金属表面形成一层稳定的不易溶解的氧化物钝化膜，降低了金属腐蚀速度，从而实现了缓蚀阻垢的效果，提升了循环冷却水系统的能效。

环保指标方面，氨氮、总磷、冷却塔周围空气中臭氧浓度均远低于标准要求，臭氧处理技术表现出较好的氨氮、总磷去除效果，系统未对环境造成富营养化污染，也未对周边空气环境造成危害。

4.4.4 臭氧处理中央空调循环冷却水设备

1. 示范项目场地概况

臭氧处理工艺的设计需基于实际场地条件及冷却塔设计情况，深圳国际会展中心展贸馆空调冷却水系统，由 3 台冷水机、3 台冷却塔、5 台冷却水泵组成。冷水机和冷却水泵安装在 B1 层，标高－6.9m，冷却塔安装在商业裙楼屋面，标高 16.2m。其中，3 台冷水机由 2 台制冷量为 2812kW（800 冷吨）的离心式冷水机和 1 台制冷量为 909kW（258 冷吨）的螺杆式冷水机组成，冷却水进出口温度为 32～37℃，设计配有胶球自动在线清洗装置。5 台冷却水泵由 3 台流量为 615m³/h 的单级双吸离心泵（2 用 1 备）和 2 台流量为 200m³/h 的单级双吸离心泵（1 用 1 备）组成，均不配置变频单机。3 台冷却塔由 2 台处理水量为 800m³/h 的冷却塔和 1 台处理水量为 250m³/h 的冷却塔组成，进出水温度 32～37℃，风机采用双速风机。连接总管管径 DN450。深圳国际会展中心展贸馆空调冷却水系统如图 4.4-5 所示。

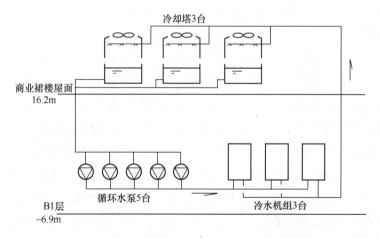

图 4.4-5 深圳国际会展中心展贸馆空调冷却水系统

根据上述情况，估算系统水容积约 90m³。以循环水量 1430m³/h（2×615m³/h＋200m³/h），系统水容积 90m³ 为设计依据，对该冷却水循环系统进行处理。由于楼层高度差不大，AOP 设备安装在 B1 层冷冻机房内。AOP 设备的接入示意图如图 4.4-6 所示。

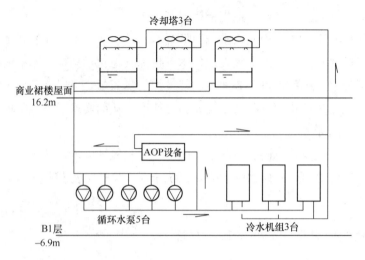

图 4.4-6　AOP 设备的接入示意图

2. 工艺设计

根据项目循环水量 $1430m^3/h$（$615m^3/h \times 2 + 200m^3/h$），系统水容积 $90m^3$ 为设计依据，对该冷却水循环系统进行处理。由于楼层高度差不大，AOP 设备安装在 B1 层冷冻机房内。为满足示范设备要求（浓缩倍数大于或等于 7，军团菌含量为 0），以及现场安装要求，工艺条件设计如下：

1）工艺流程设计

循环冷却水臭氧处理系统主要由现场制氧、臭氧发生、气水混合溶解、脱气、尾气分解、水质监测传感等构成。该系统与循环冷却水系统旁路连接，本项目从循环冷却水系统中取出 3%～5% 的循环冷却水，在气水混合装置中与臭氧水气体充分混合，再将混合后的水注入循环冷却水系统。循环冷却水处理工艺流程示意图如图 4.4-7 所示。

2）制氧设备

变压吸附法是 20 世纪 70 年代迅速发展起来的一种新的制氧技术。它是以空气为原料，利用一种高效能、高选择性的固体吸附剂—分子筛对氧和氮的选择性吸附，把空气中的氧和氮分离出来。分子筛是非极性分子，优先吸附氮。制氧分子筛对氧和氮的分离作用主要是基于这两种气体在制氧分子筛表面的扩散速率不同，较小直径的气体（氮气）扩散较快，较多进入分子筛固相；较大直径的气体（氧气）扩散较慢，较少进入分子筛固相。这样气相中就可以得到氧的富集成分。一段时间后，分子筛对氮的吸附达到平衡，根据分子筛在不同压力下对吸附气体的吸附量不同的特性，降低压力使碳分子筛解除对氮的吸附，这一过程称为再生。变压吸附法通常使用两塔并联，交替进行加压吸附和解压再生，从而获得连续的氧气流。

本次示范采用 PSA 变压吸附空分制氧机，以压缩空气为原料，采用新型吸附剂碳分子筛，在常温下利用变压吸附原理，将空气中氧气和氮气加以分离，从而获得纯度大于 90% 的氧气。

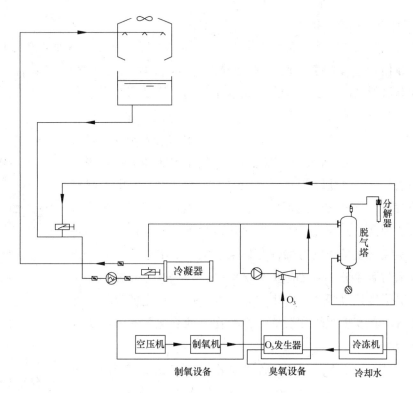

图 4.4-7　循环冷却水处理工艺流程示意图

3）投加臭氧量

理论臭氧发生量计算方式见公式（4.4-1）。

$$D = k \frac{Q_r \rho_w}{r} \tag{4.4-1}$$

式中　k——设计余量系数，通常取 1.2～1.3；

　　　Q_r——循环冷却水量的数值，m^3/h；

　　　D——理论臭氧发生量，g/h；

　　　ρ_w——循环冷却水控制点处水中臭氧浓度的数值，mg/L（通常取值范围为 0.01～0.1mg/L）；

　　　r——溶气效率数值，根据不同的气水混合元件，可取 50%～80%。

计算理论臭氧发生量为 170g/h，考虑示范地地处南方，选用臭氧发生量 300g/h 的臭氧发生器，应用时可调节臭氧发生量，可调节范围为 30%～100%，使发生量接近理论计算量。设备根据系统中所设 ORP 表（氧化还原在线分析仪）数值进行自动调节。

4）含臭氧水注入方式

根据循环水量采用单点或多点注入的方式将含臭氧水注入循环冷却水系统或冷却塔集水池中，确保水中臭氧浓度达到工艺设计要求。

冷冻机后的注入点即冷却塔进口。考虑深圳气温较高，臭氧溶解度可能会随着管道流动而降低，为了保证水中臭氧浓度，本设备选取两点注入的方式，即在循环冷却水系统冷冻机前和后分别设置臭氧注入点。

5）臭氧尾气分解

臭氧是世界公认的广谱、高效杀菌剂。在一定浓度下，臭氧可迅速杀灭水中和空气中的细菌。但在使用过程中多余的臭氧也危害环境，影响人类健康。因而在使用臭氧的同时，必须考虑臭氧的副作用，将多余的臭氧尾气进行分解，使环境中的臭氧浓度符合国家规定的卫生标准。

臭氧尾气的环境排放规定为 0.3mg/L。常用的臭氧尾气处理方法有化学法和电加热分解法。化学法通常为催化剂法和活性炭吸收法。催化剂法是以二氧化锰为基质和填料作为催化剂，它能对臭氧起到催化分解作用。该方法设备投资少，运行能耗低，其不足之处是尾气进入处理器前必须先除湿，安全稳定性差，催化剂要定期更换等。活性炭吸附法是利用可烯性载体炭表面对臭氧吸收分解，以及一部分臭氧与活性炭直接反应生成 CO_2 和 CO。该方法的缺点是臭氧在活性炭吸附氧化过程中，产生热量，并生成不稳定的臭氧化产物，吸收装置容易发生燃烧和爆炸，当存在氮的氧化物时发生爆炸的危险性更大。

图 4.4-8　臭氧尾气分解器示意图

如图 4.4-8 所示，该臭氧尾气分解器采用国际上先进的微热常压催化裂解技术，能在 0.1s 内把臭氧分解成氧气，分解效率达到 98%。

3. 设备研制

循环冷却水臭氧处理系统主要由现场制氧、臭氧发生、气水混合溶解、脱气、尾气分解、水质监测传感等过程构成。臭氧处理中央空调循环冷却水设备组成如下：

1）空压机和制氧机

如图 4.4-9 所示，空压机收集空气并形成高压压缩空气，作为动力空气源。排出气体压力高、温度高、湿度高。如图 4.4-10 所示，制氧机以压缩空气为气源，分子筛为分离

图 4.4-9　空压机

图 4.4-10　制氧机

介质，采用变压吸附方式，制取纯度为 90%±3% 的氧气，来制备臭氧（O_3），制氧压力为 0.3MPa，出氧压力0.1～0.12MPa。

2）臭氧发生器和冷冻机

如图 4.4-11 所示，臭氧发生器以高纯度氧为气源，经高频、高压作用制成臭氧气体。臭氧发生器运行过程中，氧气进气压力为 0.1MPa，臭氧出气压力为 0.07～0.09MPa。由于臭氧易分解，臭氧发生过程中产生大量热，必须用水或空气进行冷却，冷冻机如图 4.4-12所示。

图 4.4-11　臭氧发生器　　　　　　图 4.4-12　冷冻机

3）气水混合装置

为了满足后续设备正常运行所需水量和水压，同时增加臭氧溶解量，通过加压泵及水射器，进行水力提升与输送，如图 4.4-13 所示，提出了"两点式注入法"，针对南方气温高、臭氧易挥发的特点，在冷却水从机组回流至冷却塔的管道通路上，使用加压泵及水射器保证臭氧浓度。水射器加压，可提高水流速度，增加臭氧溶解量，加压泵向罐体加压，进一步将冷却水和臭氧混合，保证了冷却水处理效果。

4）脱气及尾气分解装置

如图 4.4-14 所示，含臭氧（O_3）的水从脱气塔上部进入，至脱气塔下部出来，在塔内气态臭氧（O_3）与水再次混合，同时使不溶解的气体从水中分离，在脱气塔顶部排出。脱气塔下部出来的溶解臭氧水进入循环冷却水系统进行处理。脱气塔顶部排出的少量臭氧尾气进入臭氧分解器，

图 4.4-13　气水混合装置

经高温（270℃）或催化分解（70℃左右）破坏臭氧。

5）水质监测装置

如图 4.4-15 所示，设备前端设置 ORP、电导率指标监测传感器，可实时监测设备运行情况。考虑设备在地下室，信号传输采用 4G，充分满足数据和速度的传输要求。

图 4.4-14　脱气塔及臭氧分解器　　　　图 4.4-15　水质监测传感器

如图 4.4-16 所示，臭氧处理系统与循环冷却水系统旁路连接，本项目从循环冷却水系统中取泵前水 3％～5％的循环冷却水，在气水混合装置中与臭氧气体充分混合，再将臭氧水注入循环冷却水系统，其中总水量的 25％直接回冷却塔，以保证冷却塔中臭氧量。基于示范项目循环冷却水水量及场地，研发的臭氧处理中央空调循环冷却水设备如图 4.4-17所示。

图 4.4-16　臭氧处理系统流程图

图 4.4-17　臭氧处理中央空调循环冷却水设备

4.4.5　臭氧处理中央空调循环冷却水技术要求

国家标准《臭氧处理中央空调循环冷却水技术要求》GB/T 39434—2020，借鉴了国内外相关标准和工程实践经验，明确了臭氧处理中央空调循环冷却水技术在民用建筑中的技术和管理规范，保障了臭氧处理循环冷却水技术在民用建筑上的有效应用和推广。标准审查专家组一致认为该标准总体达到了国际先进水平。

1. 标准指标框架

从安全、节水、水质、卫生四个维度构建了臭氧处理中央空调循环冷却水技术要求标准框架，如图 4.4-18 所示。水质指标包括浊度、pH、化学需氧量（COD_{Cr}）、氨氮、铁、

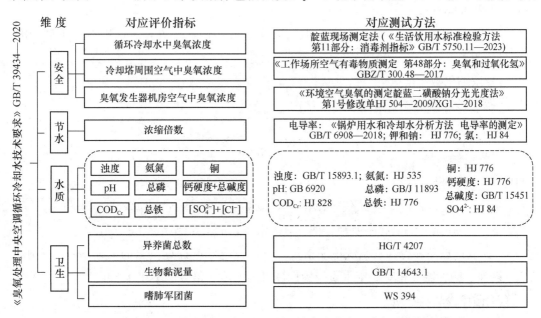

图 4.4-18　臭氧处理中央空调循环冷却水技术要求标准框架

铜、钙硬度＋总碱度、硫酸盐、氯化物，卫生指标包括异养菌总数、嗜肺军团菌，节水指标为浓缩倍数，根据实际应用风险分析，臭氧浓度指标不仅包括循环冷却水中臭氧浓度指标，还包括机房及冷却塔周围臭氧浓度。

2. 标准主要内容

1) 一般要求

(1) 中央空调循环冷却水臭氧处理系统（以下简称循环冷却水臭氧处理系统）包括臭氧发生装置、气水混合装置、自动监控装置等。循环冷却水臭氧处理系统及安全措施应符合《臭氧处理循环冷却水技术规范》GB/T 32107—2015 的规定。

(2) 中央空调循环冷却水的补充水宜采用符合《生活饮用水卫生标准》GB 5749—2022 规定的城镇供水，可使用非传统水源，其水质应符合《采暖空调系统水质》GB/T 29044—2012 中集中空调间接供冷开式循环冷却水的系统补充水的水质要求，总磷和细菌总数不低于《工业循环冷却水处理设计规范》GB/T 50050—2017 中再生水用于间冷开式循环冷却水系统补充水的水质指标要求。

(3) 中央空调循环冷却水排水水质应符合《污水排入城镇下水道水质标准》GB/T 31962—2015 的规定。

2) 要求

(1) 臭氧浓度

a. 采用臭氧处理的循环冷却水系统，进入热交换器前的循环冷却水中臭氧浓度应为 $0.01\sim0.1\text{mg/L}$。

b. 臭氧发生器机房空气中臭氧浓度应不大于 0.30mg/m^3，且符合《工作场所有害因素职业接触限值 第 1 部分：化学有害因素》行业标准第 1 号修改单 GBZ 2.1—2019/XG1—2022 的规定。

c. 冷却塔周围空气中臭氧浓度应不大于 0.20mg/m^3，且符合《环境空气质量标准》第 1 号修改单 GB 3095—2012/XG1—2018 的规定。

(2) 浓缩倍数

a. 循环冷却水浓缩倍数应按式（4.4-2）计算：

$$N = \frac{\rho_r}{\rho_m} \tag{4.4-2}$$

式中　N——浓缩倍数；

　　　ρ_r——循环冷却水中电导率或钾、钠、氯等浓度，$\mu\text{S/cm}$ 或 mg/L；

　　　ρ_m——补充水中电导率或钾、钠、氯等浓度，$\mu\text{S/cm}$ 或 mg/L。

b. 臭氧处理循环冷却水系统浓缩倍数控制，以电导率计算得出的浓缩倍数应不小于 5.0；以钾、钠、氯等相对稳定水质指标计算得出的浓缩倍数应不小于 8.0。

(3) 循环冷却水水质

a. 臭氧处理的循环冷却水水质应符合表 4.4-8 的规定。

臭氧处理的循环冷却水水质　　　　　　　　　　表 4.4-8

项目	单位	指标
浊度	NTU	≤5.0
pH	无量纲	7.5～9.5
化学需氧量（COD_{Cr}）	mg/L	≤50
氨氮	mg/L	≤1.0
总磷	mg/L	≤3.0
总铁	mg/L	≤1.0
铜	mg/L	≤0.1
钙硬度＋总碱度（以 $CaCO_3$ 计）	mg/L	≤1100
$[SO_4^{2-}]＋[Cl^-]$	mg/L	≤2500
异养菌总数	CFU/mL	≤$1.0×10^3$
生物黏泥量	mL/m³	≤2
嗜肺军团菌	—	不得检出

b. 臭氧处理的中央空调循环冷却水系统的金属材质腐蚀速率、污垢热阻值应符合《工业循环冷却水处理设计规范》GB/T 50050—2017 的规定。

3. 国内外标准指标对比

为明确臭氧处理中央空调循环冷却水过程中关键性指标，梳理并比对了我国现行有效的相关标准及指标要求，现行有效同类标准包括《工业循环冷却水处理设计规范》GB/T 50050—2017、《臭氧处理循环冷却水技术规范》GB/T 32107—2015、《采暖空调系统水质》GB/T 29044—2012、《循环冷却水节水技术规范》GB/T 31329—2014、《公共场所集中空调通风系统卫生规范》WS 394—2012。

1）臭氧浓度

控制循环冷却水中臭氧浓度是确保循环冷却水处理效果的关键之一。浓度太低可能会出现结垢，微生物大量繁殖，局部腐蚀等情况，浓度太高也会影响处理效果，可能会引起局部腐蚀等情况。维持水中臭氧浓度在一定范围才能达到循环水系统的除垢、防腐、杀菌三者平衡。

美国某中心的多个冷却系统的设计方案，臭氧发生量选择的范围为 0.03～0.05g/(h·t)，即每 1m³/h 的流量，需要 0.03～0.05g 臭氧量，循环冷却水中臭氧浓度为 0.03～0.05mg/L。美国某车辆装配厂采用 0.05～0.06g/(h·t)，即 1m³/h 的流量，需要 0.05～0.06g 臭氧量，循环冷却水中臭氧浓度为 0.05～0.06mg/L。美国其他设计标准为 0.05～0.1g/(h·t)，即 1m³/h 的流量，需要 0.05～0.1g 臭氧量，即循环冷却水中臭氧浓度为 0.05～0.1mg/L。上海轻工业研究所有限公司设计的某公共场馆中央空调循环冷却水臭氧处理体系，对水中臭氧浓度控制在 0.01～0.05mg/L。上海某集团轨道交通车站中央空调循环冷却水系统，对水中臭氧浓度控制在 0.02～0.05mg/L。上海某电子公司工业循环冷却水臭氧处理系统，对水中臭氧浓度控制在 0.05～0.1mg/L。

《臭氧处理循环冷却水技术规范》GB/T 32107—2015 中规定进入热交换器前的循环冷却水中臭氧浓度宜为 0.01~0.1mg/L。结合国内外技术文献以及工程应用情况，循环冷却系统进入热交换器前水中臭氧浓度应在 0.01~0.1mg/L 范围内。

2）浓缩倍数

浓缩倍数是循环冷却水系统的一个重要指标，提高循环冷却水的浓缩倍数，可降低补充水用量，节约水资源，可降低排污水量，减少对环境的污染。

在开式循环冷却水系统中，如图 4.4-19 所示，循环水量（Q）损失的水量包括以下四种情况：①以水蒸气方式蒸发掉的蒸发损失水量 E；②随着水蒸气携带未被截留下来的风吹损失水量 D；③根据循环水质要求，需强制排放的高浓度污水，即强制排污水量 B；④循环管道中渗漏水量 F。

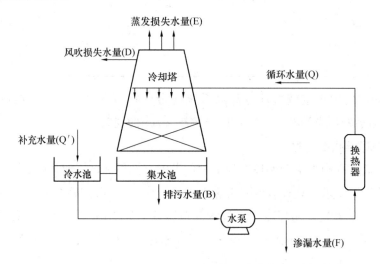

图 4.4-19　开式循环冷却水系统示意图

为保持循环水量不变，则需加入补充水量 $Q' = E + D + B + F$。当冷却塔系统运行正常且收水效果较好时，渗漏水量及风吹损失水量可忽略不计，则循环冷却水系统水量平衡式为：Q'（补充水量）＝ E（蒸发损失水量）＋ B（排污水量）。循环冷却水盐度平衡为：$Q' \cdot C'_Q = B \cdot C_Q$，$C'_Q$ 为补充水盐浓度，C_Q 为循环水盐浓度，一般认为排水水质与浓缩循环水水质相同。

浓缩倍数指的是在循环冷却水中，由于蒸发而浓缩的物质含量与补充水中同一物质含量的比值，或指补充水量与排污水量的比值。浓缩倍数是开式循环冷却水系统的关键节水参数。可表示为浓缩倍数（N）＝ Q'（补充水量）/B（排污水量）＝ C_Q（浓缩后循环水盐浓度）/C'_Q（补充水盐浓度）。补充水量、排污水量与浓缩倍数的关系，如图 4.4-20 所示。

根据浓缩倍数与补充水量之间的关系，浓缩倍数越高，补充水量越少，排污水量越少越节水，补充水量与排污水量之间始终相差蒸发水量。当浓缩倍数达到 6 倍之后，补充水量趋于平缓。《工业循环冷却水处理设计规范》GB/T 50050—2017 条文说明 3.1.11 中列出了不同浓缩倍数系统的补充水量与排污水量，当浓缩倍数从 3 倍提高到 7 倍时，该系统

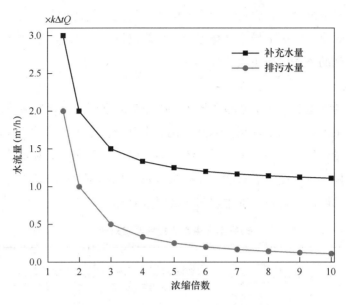

图 4.4-20　补充水量、排污水量与浓缩倍数的关系

的补充水量下降了 22%。由此可见，提高浓缩倍数，是降低补充水用量，实现循环冷却水节水的重要途径。

我国针对循环冷却水的标准主要有 3 个，但各标准适用的范围有差异，节水指标的要求、测试方法、计算方法不一致。《工业循环冷却水处理设计规范》GB/T 50050—2017，针对工业领域循环冷却水处理设计，重点突出了节水、节能和保护环境。标准要求间冷开式系统的设计浓缩倍数不宜小于 5.0，且不应小于 3.0。浓缩倍数的计算方式为：浓缩倍数 = 补充水量 /（排污水量 + 风吹损失水量）。《循环冷却水节水技术规范》GB/T 31329—2014，针对间冷开式循环冷却水系统采用化学处理技术，提出在保证系统安全、节能的前提下，提高循环冷却水的浓缩倍数。要求当采用地表水、地下水或海水淡化水为补充水水源时，浓缩倍数应大于或等于 5，当采用再生水作为补充水水源时，浓缩倍数应大于或等于 3。浓缩倍数的计算方式为：浓缩倍数 = 循环冷却水中钾离子的质量浓度/补充水中钾离子的质量浓度，也可采用在系统中相对稳定的其他离子。当采用化学处理技术时，提高浓缩倍数的方法：水质软化，脱盐或部分脱盐，以及加酸处理技术。《臭氧处理循环冷却水技术规范》GB/T 32107—2015，针对间冷开式循环冷却水系统采用臭氧处理技术的工艺设计，含臭氧水注入方式、水中臭氧浓度、臭氧发生装置设计，但未规定采用臭氧处理时的浓缩倍数。

浓缩倍数计算受所采用的水质指标的影响较大。其中，以水中钾、钠、氯等离子计算得出的浓缩倍数比较接近，比根据电导率计算所得的浓缩倍数大得多。一般由电导率计算所得的浓缩倍数比最大浓缩倍数低约 50%。因此，以电导率计算浓缩倍数具有更为显著的节水效果。电导率在线监测技术可实时获得数据，设备稳定可靠，应用广泛，使得由电导率计算浓缩倍数最为简便。但，以钾、钠等相对稳定离子计算浓缩倍数的方式在标准中使用较多。如，《循环冷却水节水技术规范》GB/T 31329—2014 中规定循环冷却水浓缩倍数以钾离子质量浓度计算，也可采用系统中相对稳定的其他离子。结合臭氧处理循环冷却水项目的运行效果，采用电导率计算得到的浓缩倍数不大于5，采用钾、钠、氯等相对稳定离子计算得到的浓缩倍数不大于8。

3）水质指标

循环冷却水的浊度和pH是循环冷却水水质控制的重要指标，对换热设备的污垢热阻和腐蚀速率影响很大，所以要求越低越好。化学需氧量是微生物的营养源，有机物含量增多将导致细菌大量繁殖，从而产生黏泥沉积、垢下腐蚀等问题。铁和铜的含量也是设备腐蚀的一个指示指标，钙硬度＋总碱度是控制水垢形成的指标。Cl^-会加剧碳钢、不锈钢等金属或合金的局部腐蚀。现行标准中水质指标要求对比见表4.4-9。

现行标准中水质指标要求对比   表4.4-9

指标	《工业循环冷却水处理设计规范》GB/T 50050—2017	《采暖空调系统水质》GB/T 29044—2012	《循环冷却水节水技术规范》GB/T 31329—2014
浊度（NTU）	≤20.0；≤10.0（换热设备为板式、翅片管式、螺旋板式）		
pH	6.8～9.5	7.5～9.5	7.0～9.2
化学需氧量（COD_{Cr}）（mg/L）	≤150	≤100	≤100（地表水、地下水、海水淡化水）；≤150（再生水）
氨氮（mg/L）	≤10.0；≤1.0（铜合金设备）	≤10	≤10
铁（mg/L）	≤2.0	≤1.0	≤1.5
铜（mg/L）	≤0.1	—	—
钙硬度＋总碱度（以 $CaCO_3$ 计）（mg/L）	≤1100	≤1100	≤1500
SO_4^{2-}＋Cl^-（mg/L）	≤2500		

4）卫生指标

生物黏泥由微生物及其产生的黏液，与其他有机和无机杂质组成，其粘着在管道和设备表面，是引起结垢、腐蚀的根本原因之一，是循环冷却水处理的关键所在。结合《臭氧处理循环冷却水技术规范》GB/T 32107—2015 要求，生物黏泥量不大于$2mL/m^3$。

中央空调系统多设置于人口稠密的办公楼、商场、场馆等地，为了保障公共卫生安全，应对循环冷却水中的嗜肺军团菌进行有效控制。《公共场所集中空调通风系统卫生规范》WS 394—2012 中规定集中空调通风系统冷却水中不得检出嗜肺军团菌。《臭氧处理循环冷却水技术规范》GB/T 32107—2015 中规定循环冷却水中军团杆菌不得检出。由于中央空调多服务于人口稠密的公共区域，需更为注重公共安全，嗜肺军团菌的危害更大，为此循环冷却水中嗜肺军团菌不得检出。现行标准中卫生指标对比见表4.4-10。

现行标准中卫生指标对比　　　　　　　　　　　表 4.4-10

指标	《工业循环冷却水处理设计规范》GB/T 50050—2017	《臭氧处理循环冷却水技术规范》GB/T 32107—2015	《采暖空调系统水质》GB/T 29044—2012	《循环冷却水节水技术规范》GB/T 31329—2014	《公共场所集中空调通风系统卫生规范》WS 394—2012
异养菌总数（CFU/mL）	$\leqslant 1 \times 10^5$	$\leqslant 1 \times 10^3$	$\leqslant 1 \times 10^5$	$\leqslant 1 \times 10^5$	—
嗜肺军团菌	—	不得检出	—	—	不得检出

4.4.6　小结

臭氧处理技术利用臭氧作为唯一的水处理剂来替代其他化学药剂处理循环冷却水，可以在较高的浓缩倍数下同时达到缓蚀、阻垢、杀菌灭藻的目的，且臭氧处理循环冷却水不存在任何环境污染、不增加水中的含盐量，更加环保。

针对示范地深圳国际会展中心商业配套 03-01 地块商业展贸馆循环水量以及环境，设计开发的高效节水的臭氧处理中央空调冷却水处理设备，采用臭氧发生量为 300g/h，对该冷却水循环系统进行处理，实现了浓缩倍数大于或等于 7，军团杆菌未检出，浊度小于或等于 10NUT，生物黏泥量小于或等于 $3mL/m^3$。

国家标准《臭氧处理中央空调循环冷却水技术要求》GB/T 39434—2020 针对臭氧处理技术的特点，调研国内外循环冷却水处理过程中节水、减排、公共卫生等相关标准规范，对臭氧处理中央空调循环冷却水技术进行深入研究，分析研究循环冷却水性能指标与工艺条件的关系，从安全、节水、水质、卫生四个维度构建臭氧处理中央空调循环冷却水技术的标准体系。该标准明确了臭氧处理中央空调循环冷却水技术在民用建筑中的技术和管理规范，保障了臭氧处理中央空调循环冷却水技术在民用建筑上的有效应用和推广。

4.5　公共建筑精细化计量和漏损智能控制技术与装置

4.5.1　超声波水表技术应用现状

随着城镇化进程加快、用水人口增加，同时居民节水意识不强、水资源浪费严重，我国城镇水资源短缺问题十分严峻。为引导节约用水，促进水资源可持续发展，2021 年，国家发展和改革委员会及住房和城乡建设部修订印发新版《城市供水价格管理办法》和《城镇供水定价成本监审办法》，《城市供水价格管理办法》首次提出"准许成本加合理收益"的方法，提出各地应积极推进城镇供水"一户一表"改造，具备条件的应当安装智能水表，为全面实施居民生活用水阶梯水价制度创造条件，对比传统机械水表，采用人工抄表时抄表工作量大、效率低且准确性差，供水公司可能 2～3 个月才进行一次集中抄表，欠费用户收费难情况严重，无法满足实施阶梯水价收费的目标要求。通过安装智能水表，利用远程抄表技术、智能终端阀控技术，实现自动抄表、实时监测、欠费报警等功能，从而确保阶梯水价有效实施，且办法明确提出未实行抄表到户的和表户居民供水价格按照不低于第一阶梯价格确定。

全球水表生产国家约 100 多个，水表主要生产国有德国、法国、意大利、英国、波兰、捷克、中国、日本、美国。全球知名且具备高精度计量的水表生产厂家有肯特公司、BR 公司（属 ABB 集团）、波罗克斯公司、迈内克公司、斯龙贝谢公司、法罗尼克公司等欧美与日本企业。欧美市场基本完成了智能水表（如电磁水表、超声波水表、复式水表等）对传统机械表的替代，而我国水表产业则从 20 世纪 90 年代才开始快速发展，目前相关企业数量和产品产量都有大幅增长，品种规格也逐渐丰富，各种智能水表和水表抄表系统等新型产品也随之兴起。目前我国普及较广的是卡式水表，但其对水表阀门的破坏比较严重，且与超声波水表相比没有技术优势和发展潜力。目前存在的有线远传水表也因成本昂贵、维护困难等因素，制约了其产业发展。

近些年来，随着城市小区建设规模的不断扩大和水务管理企业对计量管理的加强，居民对家庭用水量抄收与统计的及时性和准确性要求也越来越高。水表按照测量原理及结构特征的不同，主要可分为机械水表、电磁式水表、射流水表和超声波水表四种。超声波水表的被测管道内无任何运动、阻流部件，无磨损，压力损失小；灵敏度高，可检测到流速的微小变化；对被测介质几乎无要求；拥有更小的始动流量和更大的流量测流范围，其在性能上优于另外三类水表，并且超声波水表结构简单、便于维护，非常适合民用和工业测量。

由于超声波流体测量技术近年来才应用于户用水表，因此在智能水表市场中，目前仍以智能机械水表为主，智能超声波水表占比相对较低。目前市场上销售规模较大的超声波水表生产企业包括迈拓仪表股份有限公司、汇中仪表股份有限公司和威海市天罡仪表股份有限公司，三家厂商 2019 年超声波水表产量合计不足 100 万只，相对于整体水表市场，超声波水表的市场渗透率仍不足 1％。根据相关咨询公司出具的研究报告，2024 年我国智能水表需求量将达到 6136 万只，据此估算 2024 年超声波水表占智能水表的渗透率将达到 6.05％～12.38％。

4.5.2　精准计量与漏损控制系统

1. 精准计量技术

1）时差法超声波流量测量

超声波水表的计量原理为时差法，即采用超声波脉冲在流体中顺流传播时间和逆流时间的差值来测量流体流速，从而计算出管道内流体流量。此种方法可减少供水管网始动流量及最小流量计量所致的计量差值，达到滴水计量的精确效果。如图 4.5-1 所示为时差法计量的工作原理图。

管道内流体流量 Q 的原理公式为：

$$Q = \frac{\pi}{4}D^2 \times C \times (t_2 - t_1) \tag{4.5-1}$$

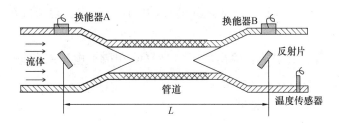

图 4.5-1　时差法计量工作原理

式中　D——管道内径；

　　　C——超声波速度；

　　　t_1——流体从换能器 A 到 B 的时间；

　　　t_2——流体从换能器 B 到 A 的时间。

2）自动增益放大器的应用

由于不同用水系统水质不同，水中的一些杂质会在超声波水表的内部产生结垢，引起流量计量的不准确。主要表现在两个方面：第一，反射片、超声波换能器表面覆盖结垢层会导致超声波信号衰减，影响信号接收，产生计量误差；第二，在计算瞬时流量时，管径用的是初始管径，在结垢的不断生成过程中，管径不断变小，会导致计算出来的瞬时流量偏大。

在这些问题基础上，应用 AGC 自动增益控制电路，依照信号衰减程度和预先实验数据，进行信号增益补偿，以此减少因结垢带来的测量误差。对比多种可变增益放大器，结合远传水表在功耗和线性增益模式上的要求，最终选择具有失调勘正和 AGC 功能的 AD8338 放大器，AD8338 功能框图如图 4.5-2 所示。该放大器基本增益函数为线性，通

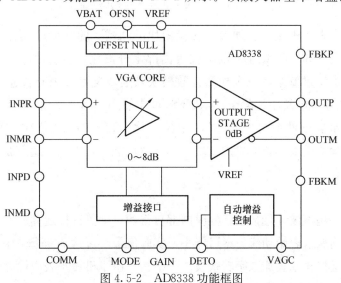

图 4.5-2　AD8338 功能框图

INPR—电压输入应用的正 500Ω 电阻输入；INPD—电流输入应用的正输入；INMD—电流输入应用的负输入；

INMR—电压输入应用的负 500Ω 电阻输入；COMM—地；MODE—增益模式；GAIN—增益控制输入；

DETO—检波器输出引脚；FBKM—负反馈节点；OUTM—负输出；OUTP—正输出；FBKP—正反馈节点；

VAGC—自动增益控制电路的电压；OFSN—失调零点校准引脚；VBAT—正电源电压；

VREF—内部 1.5V 基准电压源

过更改增益引脚上范围为 0.1～1.1V 之间的控制电压，对应实现增益在 0～80dB 之间线性变化。

AGC 功能主要是对比放大器输出电压和 VAGC 引脚上电压来自动改变 AD8338 的增益，来保持较为稳定的均方根输出电压，达到信号增益补偿的效果，减少超声波水表的流量测量误差，提升水表的计量精度。

2. 阀控水表结构设计

1）水表本体设计

水表本体采用水表管段与电子部件分离的设计，结合灌胶工艺，使得水表具备抗低温耐高温性能及 IP68 防护等级性能，并确保水表可以在无任何防护的前提下在 0℃以下等冰冻环境中长期正常运行，甚至在高温、高压（如水下 30m）环境中也可正常运行。超声波水表的结构图如图 4.5-3 所示。

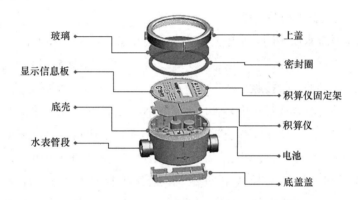

图 4.5-3　超声波水表结构图

目前大部分水表是机械水表加数字转换模块的结构，即水表过水管段与计数模块相连，但当温度过高（如 70℃以上）时，仪表内部水分汽化，会腐蚀电子器件，影响水表使用寿命。如果水温过低结冰，会导致计数模块及表盘冻裂。因此普通水表只适用于在 0℃以上不结冰的环境中使用，若在 0℃以下环境中使用，则需要加装防护措施。

超声波远传水表硬件系统由 STM32 主控芯片、TDC-GP22 芯片、AD8338 放大器、电源模块、温度检测模块、压力检测模块、超声波换能器等组成，超声波远传水表硬件架构如图 4.5-4 所示。

2）水表管段设计

水表管段采用超声波计量技术，同时内部自带两级前置程控运算放大器，可最大限度降低始动流量，确保水表始动流量尽可能小，实验值最小可达 0.002m³/h。市场上大部分远传水表采用的是机械水表加数字转换模块的结构，由于机械水表内设叶轮、齿轮等运动部件，需要足够的水流冲击才能运作，因此始动流量较大。此外，各部分运动部件对重心位置有精确要求，如果重心偏离将导致运动部件不平衡，导致计量不准，所以普通机械水表在安装时对安装角度有严格的要求，不能有任何角度偏离，否则会导致计量结果出现很大偏差。普通水表各运动部件也会随着运行时间的增加，产生磨损，一旦磨损就会造成计

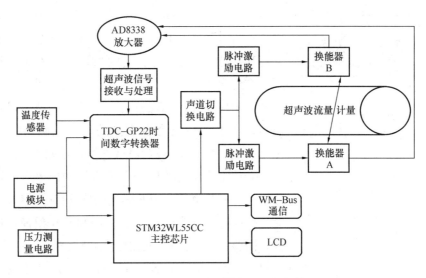

图 4.5-4　超声波远传水表硬件架构

量不精准，所以使用寿命有限。

3）阀控设计

研发了可与水表配套使用的远程控制阀门，控制模块采用低功耗设计。控制模块与水表 MCU 控制电路采用有线或红外线连接，实现水表的预付费与远程控制功能。当发现漏损和异常情况时，可远程操控阀门的开启和关闭，其产品图如图 4.5-5 所示。

产品参数

项目	参数		
公称口径	DN15	DN20	DN25
长×宽×高	110×78×97 (mm)	110×78×99 (mm)	110×78×135 (mm)
接口螺纹	G3/4B	G1B	G11/4B
阀芯通径尺寸	15mm	20mm	25mm
工作压力	1.6MPa		
防护等级	IP68		
电池寿命	10年，2颗ER1850锂电池		
阀门类别	球阀，不锈钢阀芯		
阀体材料	黄铜		
开关阀时间	<15s		
通信方式	远红外通信、LoRa无线通信、NB-IoT通信（可选）		

图 4.5-5　智能无线远传控制阀产品

4）压力测定电路

因超声波水表内部的安装尺寸限制，选择 MEMS 制造的小型化压力传感器集成在超声波水表内部，负责测定水管内的压力变化。传感器信号经过 AD 转换器传输至

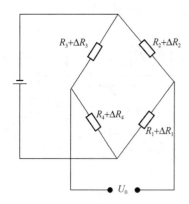

图 4.5-6　MEMS 硅压阻式压力
传感器电桥原理

STM32WL55CC 主控芯片，由 WM Bus 通信上传至监控中心进行处理和分析。考虑压力传感器功耗，选择具有运行功耗低、传感信号稳定的 MEMS 硅压阻式压力传感器，在测定压力无变化时，输出功耗为零。这款传感器中的电阻应变片是实现精密测量的关键技术，由它搭建出惠斯顿电桥构成力电变换的测量电路，电桥原理如图 4.5-6 所示，具有较为灵敏的测量性能。

硅压阻式压力传感器在测定管网内电压时，电压变化往往只有数毫伏，因此得到的传输信号一般较为微弱。为了提高电压变化数据的准确性和监控预警信息的可靠性，需要 AD 转换器提前对传感器信号进行一定的增益，选择了海芯科技制造的高精度 HX711 模拟/数字转换器芯片。HX711 芯片不仅集成了片内时钟振荡器，稳压电源等外围电路，还具有响应速度快、抗干扰能力强等特点。HX711 具有两个通道，其中通道 A 的可编程增益为 128 或 64，可以很好地增益传感器传输信号，再转换传输至主控芯片，压力测定原理框架如图 4.5-7 所示。

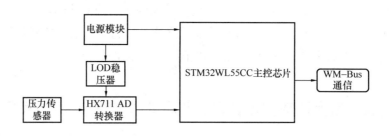

图 4.5-7　压力测定原理框架

5）通信模块设计

超声波水表的 WM-Bus 通信模块主要由三部分组成，包括 STM32WL55CC 主控芯片、Telit 公司的 ME50-868 无线射频模块、信号收发天线。智能采集器上的 WM-Bus 通信模块和水表内部的基本相同，在同一栋楼房或多栋楼房之间使用该射频模块的水表与采集器之间组成 WM-Bus 总线网络，水表读取的数据封装成一个 WM-Bus 帧格式，由通信模块发送至智能采集器，能够实现超声波水表与智能采集器之间的实时通信。无线通信收发原理如图 4.5-8 所示，水表换能器声波信号和压力传感器信号经过转换器处理分析后到主控芯片，主控芯片控制 ME50－868 进行数据整理、加密，封装成一个 WM-Bus 帧格式，发送至智能采集器接收模块，接收模块将收到的信号解调、整理后变成数据传输至采集器 MCU，最后采集器 MCU 将数据通过 GPRS 发送至监控中心、用户终端、云服务器等设备进行处理。

完成有线＋无线自由组合联网数据传输技术的研究，集成安装在水表内，实现计量数据的远程传输，如图 4.5-9 所示；

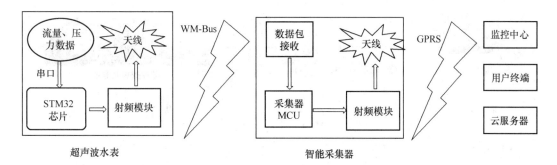

图 4.5-8 无线通信收发原理

图 4.5-9 有线＋无线通信模块

（1）水表无线传输距离大于或等于 5km（空旷地域），实际距离通过测试。

（2）M-BUS（有线）、NB-Iot（无线）等多种通信方式可选，满足各种项目现场的需求。

（3）数据采集器：数据采集器主要用来完成水表和服务器的数据通信和数据存储工作。上端接口主要通过公共无线 GPRS 通道和云服务器建立连接，下端接口主要通过 M-BUS、NB-Iot 等和水表建立连接，把相关水表数据传递到云服务器。数据传输采用《电、水、气、热能源计量管理系统　第 1 部分：总则》T/CEC 122.1—2016 标准。

3. 节水软件系统平台

1）系统功能

（1）可查询 24h 水量数据，分析用水规律；

（2）具有空管、电池电压、温度、负流量等数据的查询与预警功能；

（3）可远程控制阀门；

（4）可集成流量、压力、水质等数据；

（5）具有漏损分析与预警功能。

2）系统架构

有线、无线通信方式系统架构分别如图 4.5-10、图 4.5-11 所示。

节水软件平台可进行数据分析、加强用水管理，还可以兼容智能收费等管理和服务，融入智慧城市建设，能够有效解决机械水表人工抄读效率低、抄录数据误差大等问题。同

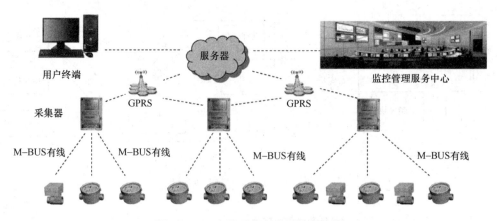

图 4.5-10　有线通信方式系统架构图

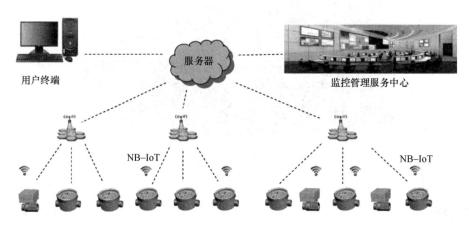

图 4.5-11　无线通信方式系统架构图

时，用水户可通过供水企业的外部网站实时查询用水情况，遇到水费突增突减情况时，可结合自己的实际用水情况进行分析，及时发现是否有内部管道漏水情况，可有效避免不必要的损失。超声波智能水表可实现在每月统一时间点进行水表读数数据采集，使每月的用水情况计量准确，及时发现水表计量故障，减少用水户计量损失。

4.5.3　智能减压阀

基于公共建筑供水压力值，设定减压阀体的压力阈值，并通过内部结构设计，研发能够根据水流情况自动开启和关闭的减压阀。

1. 产品结构设计

智能减压阀包含减压主阀体、控制器、旁通控制管路。减压阀主阀体由阀体、阀板、阀盖、隔膜、弹簧等零件组成。智能减压阀的结构原理如图 4.5-12 所示。

控制原理：两个电磁阀接收控制器 [1] 指令，确定阀门所需要的开度。控制器 [1] 向电磁阀 [2] 发出指令时，系统压力进入控制腔上部 [3]，压力增加促使主阀趋于关闭。控制器向阀后电磁阀 [4] 发出指令时，系统压力从出口处排出，主阀趋于打开。

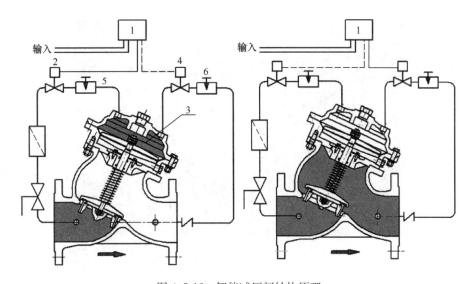

图 4.5-12　智能减压阀结构原理

1—控制器；2，4—电磁阀；3—膜片上腔；5，6—针阀

2. 智能减压阀的仿真分析

使用 Flow Simulation 软件对 DN150-10 多功能减压阀进行流场仿真分析，分析阀门全开时的流量系数及流阻系数，为设计提供参考值，如图 4.5-13 所示。

为了保证流体的延展性及覆盖面积，进出口流体计算域延伸入口直径的 10 倍和出口直径的 5 倍，如图 4.5-14 所示为阀门流体计算域的几何模型。

3. 智能减压阀样机试验

使用减压阀（PRV）性能测试装置对智能减压阀进行测试，如图 4.5-15 所示。在试验装置中通过设定前后端压力差，对减压阀进行区间调压性能测试，并监测数据进行实时调压。试验项目包含调压试验、流量特性试验、压力特性试验等。

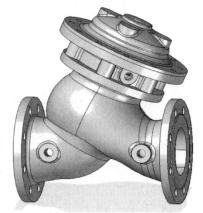

图 4.5-13　阀体几何模型

1）调压试验

减压阀关闭，开启减压阀后的截止阀，将进口压力调至最高工作压力，缓慢调节减压阀导阀，使出口压力在调压范围最大最小之间连续变化。反复两次，每调一档时，必须使出口

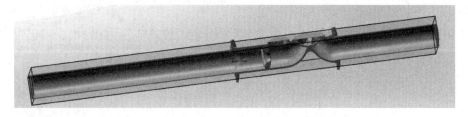

图 4.5-14　阀门流体计算域几何模型

图 4.5-15　智能减压阀样机性能测试

压力表指针回零，否则重新调整截止阀开度。记录观察压力、流量情况，见表 4.5-1。

压力、流量情况统计表　　　　　　　　　　　　　　　表 4.5-1

序号	流量（m³/h）	阀前压力（MPa）	阀后压力（MPa）
1	73.2	0.11	0.09
2	244.9	0.46	0.20
3	72.9	0.11	0.08
4	246.2	0.46	0.16

2）流量特性试验

记录观察压力偏差情况，见表 4.5-2。

压力偏差值　　　　　　　　　　　　　　　　　　表 4.5-2

序号	流量（m³/h）	阀前压力（MPa）	阀后压力（MPa）
1	73.2	0.110	0.090
2	92.1	0.135	0.098
3	101.2	0.140	0.100
4	103.0	0.145	0.095
5	110.0	0.155	0.100
6	120.0	0.165	0.115
7	128.2	0.180	0.110

3）压力特性试验

保持工况最大流量，改变减压阀前截止阀的开度，使进口压力在 80%～105% 最高工作压力范围内变化，出口压力值偏差不超过 10%。试验结果符合要求。

4.5.4　小结

创新研制高感知度水表，并与电磁阀结合，实现管网末端微量漏损的精准化计量、智能化监控和快速化响应。

　　通过调研现有水表技术，开发新型的流量计量设备超声波水表，水表管段采用超声波计量技术，同时内部自带两级前置程控运算放大器，可最大限度降低始动流量，确保水表始动流量尽可能小，实验值最小可达 $0.002m^3/h$。并与电磁阀结合，可实现远程控制终端出水口的开启和关闭。并基于多通信方式和技术集成等技术，实现了计量的准确性以及计量数据的远程传输，对比多种可变增益放大器，结合远传水表在功耗和线性增益模式上的要求，选择具有失调勘正和 AGC 功能的 AD8338 放大器，来保持较为稳定的均方根输出电压，达到信号增益补偿的效果，减少超声波水表的流量测量误差，提升水表的计量精度。基于公共建筑供水压力，设定减压阀体的压力阈值，通过内部结构设计，研发智能减压控制系统，设计能够根据管网压力情况自动调控的减压阀。通过搭载通信模块，进行漏损预警、漏损管段定位和及时关闭。同时超声波水表搭载的节水软件系统平台可查询 24h 水量数据，分析用水规律；具有空管、电池电压、温度、负流量等数据的查询与预警功能；可远程控制阀门；可集成流量、压力、水质等数据；具有漏损分析与预警功能。

第5章 公共建筑精细化控制及节水监管

5.1 引 言

近年来，随着越来越多的公共建筑供水排水事故的发生，公共建筑的供水安全已逐渐引起社会及国家有关部门的重视，能及时反馈水系统状态的监测体系也成为有效保障供水安全的重要因素，我国在此方面基本处于空白状态，随着供水安全问题的增多，人们开始意识到，保障公共建筑的供水安全，必须尽快构建出一套科学、合理、全面的公共建筑水系统监测体系。

当前国内各类型公共建筑用水状况的数据较少，对不同种类公共建筑及商业综合体建筑用水规律的研究也不充分，而现有的对设计有指导意义的规范中所规定的用水参数普遍偏保守，完全脱离实际情况而参照规范来计算用水量，会导致供水水箱容量偏大，泵组配置过大，末端用水压力偏大等情况，这些情况不但会增大供水系统的建设成本，还会增加整个系统的后期维护费用。

因此，构建出一套公共建筑水系统监管体系对于促进可持续发展，建设资源节约型、环境友好型社会具有十分重要的意义。

5.2 公共建筑节水精细化控制管理方法

5.2.1 不同类型公共建筑用水特征与节水技术指标

公共建筑节水是解决水资源短缺，促进经济社会可持续发展的必然选择。节水建筑评价指标体系表现出一定复合型特征，其中涉及各种评价指标，包括技术指标、管理指标、效能评价指标等，其中各指标又组成子系统，各部分之间也存在一定的交互影响。因而在建设过程中应该具体分析这些因素，确保建立的指标体系满足一定层次性要求，同时也可以对节水建筑的总体特性进行良好的反映。通过对公共建筑节水技术指标的构建，可以帮助我国各地区制定合理的节水目标，有效有序提高水资源的利用率，并对社会的可持续发展有着重要的促进作用和借鉴意义。

1. 公共建筑节水技术指标

公共建筑节水技术指标包括公共建筑实际用水指标、用水计量技术指标、管网漏损控制指标、限压与节流技术指标、特殊用水设备节水技术指标、建筑循环冷却水利用指标、节水器具技术指标、非常规水资源利用技术指标、二次供水节水技术指标、绿化灌溉节水技术指标、建筑景观水节水技术指标、游泳池节水指标、热水系统节水指标、节水碳排放量计算指标。

公共建筑实际用水指标主要包括：

1）公共建筑实际用水定额 actual water quota for public buildings

根据建筑物的性质，确定不同建筑性质建筑物的平均用水量。各地根据管理情况选取合适的时间单位（如年、月、日），用该公共建筑实际取水量通过计算得到与上表单位相同的实际用水定额。得到实际用水定额后与各地规定的用水定额进行比较，如果小于或等于该地所规定的用水定额，则为节水型公共建筑，若大于则为不节水型公共建筑。

2）公共建筑节水用水定额 water saving quota of public buildings

宿舍、旅馆和其他公共建筑的平均日生活用水的节水用水定额，可根据建筑物类型和卫生器具设置标准所对应的节水用水定额规定确定。

用水计量技术指标包括：

1）水表准确度 accuracy of water meter measurement

水表准确度是指水表的测量结果与实际用水量之间的一致程度，水表准确度等级规定了水表的示值误差限。公共建筑水表计量的流量宜在分界流量与常用流量的范围内，且不大于水表的过载流量和不小于水表的最小流量。水表分界流量是以层流和紊流的过渡区域临界点来定义的，也就是说，当水流的液态为层流时为一个区域，当水流的流态为紊流时为另一个区域。水表常用流量是指水表在正常工作条件即稳定或间歇流动下，最佳使用的流量。水表过载流量是只允许短时间流经水表的流量，是水表使用的上限值。水表最小流量即是水表开始准确计数的流量点。

2）水计量器具配备率 equipping ratio of water measuring instrument

公共建筑用水单位、次级用水单位、用水设备（用水系统）实际安装配备的水计量器具数量占测量其对应级别的全部水量所需配备的水计量器具数量的百分比。水计量器具的计量范围。

（1）公共建筑用水单位的输入水量和输出水量，包括自建供水设施的供水量、公共供水系统供水量、其他外购水量、净水厂输出水量、外排水量、外供水量等。

（2）公共建筑次级用水单位的输入水量和输出水量。

（3）公共建筑用水设备（用水系统）需计量以下的有关水量。

① 冷却水系统：补充水量；

② 软化水、除盐水系统：输入水量、输出水量、排水量；

③ 锅炉系统：补充水量、排水量、冷凝水回用量；

④ 污水处理系统：输入水量、外排水量、回用水量；

⑤ 工艺用水系统：输入水量；

⑥ 其他用水系统：输入水量。

注：以上计量的水量如包括常规水资源和非常规水资源，宜分别计量；以上计量的补充水量，如包

括新水量，宜单独计量。

3）水计量率 water metering ratio

水计量率是指在一定的计量时间内，公共建筑用水单位、次级用水单位、用水设备（用水系统）的水计量器具计量的水量占其对应级别全部水量的百分比。其计算公式按照《用水单位水计量器具配备和管理通则》GB 24789—2022 执行。公共建筑用水单位应建立水计量管理体系，形成文件，实施并保持和持续改进其有效性。公共建筑用水单位应建立、保持和使用文件化的程序来规范水计量人员的行为和水计量数据的采集。公共建筑用水单位应建立水统计报表制度，水统计报表数据应能追溯至计量测试记录。水计量数据记录应采用规范的表格样式，计量测试记录表格应便于数据的汇总与分析，应说明被测量与记录数据之间的转换方法或关系。

管网漏损控制指标包括：

1）给水系统漏损率 leakage rate of water supply system

给水系统漏损率是指公共建筑漏水量与供水总量之比，它是一个衡量供水效率的指标。公共建筑的漏水探测和修复工作，应符合行业标准《城镇供水管网运行、维护及安全技术规程》CJJ 207—2013、《城镇供水管网抢修技术规程》CJJ/T 226—2014 和《城镇供水管网漏水探测技术规程》CJJ 159—2011 的有关规定。公共建筑用水单位应进行漏损控制，采取合理有效的技术和管理措施，减少漏损水量。漏损控制应以漏损水量分析、漏点出现频次及原因分析为基础，明确漏损控制重点，制定漏损控制方案。进行漏损水量分析时，应明确管网边界，确保收集的水量数据保持时间一致性、完整性和准确性。

2）管网保温层合格率 qualified rate of pipe network insulation layer

公共建筑中热水管道敷设保温效果决定管道热损失情况，热损失越小则无效冷水的排放量越少，起到控制水量节水作用。具有下列工况之一的设备、管道及其附件必须进行保温：①外表面温度高于50℃者；②工艺生产中需要减少介质的温降或延迟介质凝结的部位；③工艺生产中不需保温的设备、管道及其附件，其外表面温度超过60℃并需要经常操作维护，而又无法采用其他措施防止引起烫伤的部位。

3）管网修漏及时率 timely repair rate of pipe network leakage

管网修漏及时率是指从公共建筑给水进户干管至用户水表之间的管道损坏后，及时修理的程度。公共建筑用水单位应建立应急抢修机制，组建专业抢修队伍，合理设置抢修站点，按规定对漏水管线及时进行止水和修复。

漏损控制应以漏损水量分析、漏点出现频次及原因分析为基础，明确漏损控制重点，制定漏损控制方案。由于交通、道路或其他障碍等非本企业原因不能修理的不列为不及时，计算及时率时可予扣除。建立基于管网漏点监测设备的漏点主动监测和数据分析系统，是提高漏点探测及时性和工作效率的重要技术手段，有助于对管网健康状况进行诊断和评估，确定漏损严重的区域并优先重点控制。

限压与节流技术指标包括：

1）末端水压达标率 compliance rate of terminal water pressure

用水量与水压密切相关，超压外流是公共建筑浪费水的一个非常常见的原因。对末端水压达标率进行测定，可以对症下药制定压力管理措施，如通过支管减压等措施合理控制末端用水点水压，在提高用水舒适性的同时将大大节约用水量。

2）出流水压舒适率 comfort rate of outlet water pressure

供水静压是给水系统中重要的设计参数，也是末端出流用水点节水与否的评定标准，与流量、用水量均相关。用水舒适度属于用水者的主观感受，不同个体有不同的流量、水温满意值。故设置出流水压舒适率，作为衡量公共建筑内水压对人体舒适度影响的指标。

对于公共建筑内的节水器具而言，若一味提高节水效果而使用效果不佳，会导致用水人群的用水舒适满意率降低，且用水时间大幅增加，耗水量不减反增。故最合理的节水应是满足用水舒适度要求下的节水。

综合国内外对用水舒适度的研究成果，认为用水舒适度是用水者在完成一项用水活动过程中，从生理和心理两方面对用水器具出流特性（如水压、流量、水温等）的满意程度，其满意的出水流量称为舒适流量，其满意的出水温度称为舒适温度。

针对本指标宜开展问卷调查研究，子指标内容由测试单位选定，包括但不限于受访人群和性别比例、洗手舒适度（包括洗手时调节习惯、洗手水龙头开启类型、理想安装与现实使用水龙头出水类型统计、洗手时水流接触感受喜好统计等）、淋浴舒适度（包括淋浴温度、水流接触感觉等）等。

3）超压出流率 overpressure flow rate

超压出流是指卫生器具的给水配件（如水龙头，淋浴器等）在较高水压条件下，流出大于其额定流量的水量，超出额定流量的那部分流量未产生正常的使用效益，是浪费的水量。给水配件前的静水压大于流出水头，其出水量大于额定流量，该流量与额定流量的差值，为超压出流量。依照我国现行建筑给水排水设计规范的规定，高层建筑给水系统设计中，最低卫生器具给水配件处的静水压力为 0.30~0.35MPa。显然，在同样的开启度下，同一给水分区中，上层的给水龙头因压力较小出流量较少，而下层压力大出流量多。

超压出流会带来如下危害：①由于水压过大，龙头开启时水成射流喷溅，影响人们使用；②超压出流破坏了给水流量的正常分配；③易产生噪声、水击及管道振动，使阀门和给水龙头等使用寿命缩短，并可能引起管道连接处松动、漏水甚至损坏，加剧了水的浪费。作为定性衡量公共建筑超压出流现象严重与否的参照，要求对公共建筑内尽可能全部的末端用水点进行测试，力求全面、精准控制。

特殊用水设备节水技术指标包括：

1）中央空调冷却水补水率 replenishment rate of central air conditioning cooling water

中央空调冷却水补水率与损失水量有关，补水量计算按冷却水循环水量的 1%~2%确定。空调冷却水通过冷却塔循环使用，冷却塔集水盘设连接管保证水量平衡。冷却循环水可以采用一水多用的措施，应满足提高水的重复利用率的原则，达到节水的目的。应建立日常检漏制度，应尽量减少循环冷却水系统的跑、冒、滴、漏，降低循环水损失率。鼓励再生水作为补充水，当其用量占总补水量的 50%以上时，再生水的水质应符合国家标准《循环冷却水节水技术规范》GB/T 31329—2014 的要求。循环冷却水系统应严格闭路循环，不得将循环水任意排放，也不得将其他不符合循环水补水标准的水排入循环水系统。

2）锅炉冷凝水回收率 recovery rate of boiler condensate

锅炉冷凝水回收率是指在例如公共浴室、澡堂等使用锅炉加热的建筑中，用于生产的锅炉蒸汽冷凝水回收用于锅炉水的回收水量占锅炉蒸汽发汽量的百分比。锅炉冷凝水回收率是考核蒸汽冷凝水回收用于锅炉给水程度的专项指标。它是重复利用率的一个组成部分。锅炉冷凝水回收率与系统密闭性有关，系统密闭性越好，锅炉冷凝水回收率越高，节水效果越好。若冷凝水量计算不正确，便会使冷凝水回收管径选择不当，造成不必要的浪费。正确掌握冷凝水的压力和温度，回收系统采用何种方式、何种设备、如何布置管网，都和冷凝水的压力、温度息息相关。冷凝水回收系统疏水阀选型不当，会影响冷凝水利用时的压力和温度，影响整个回收系统的正常运行。

选用冷凝水回收系统时，应根据设备压力、温度、冷凝水回收量、冷凝水水质、输送距离及地形条件等因素进行综合分析，提出多个方案，经技术和经济比较后确定。在条件允许时尽量采用高温冷凝水梯级利用和闭式冷凝水回收系统或装置。回收系统密闭性越好，冷凝水回收率越高，越有利于节水。

节水器具技术指标包括：

1）节水器具普及率 the penetration rate of water-saving appliances

节水器具指比同类常规产品能减少流量或用水量，提高用水效率、体现节水技术的器件、用具。节水器具普及率是公共建筑整体节水效能的重要体现，可作为设计、评判节水效能的参照。在用水方式相同、用水效果相同的前提下，以安装节水器前的用水量和安装节水器后的用水量的差除以安装节水器前的用水量。

水量作为常规统计，主要是采用用水定额或典型调查的方法进行估算。水量统计可采用普查或典型调查的方法，水量普查的目的是掌握详细的用水情况，而典型调查的目的主要是为了掌握用水指标的变化情况，例如公共建筑的人均日用水量等统计指标。

2）节水器具失效率 inefficiency of water saving appliances

公共建筑中节水器具失效情况，属于特殊的公共建筑物的节水器具节水指标，用来衡量失效的节水型生活用水器具数量以及失效的采取节水措施的生活用水器具数量占生活用水器具总数的比例。

3）节水器具换修率 replacement and repair rate of water saving appliances

公共建筑中节水器具换修情况，属于特殊的公共建筑物的节水器具节水指标。公共建筑采用的各个节水器具寿命周期不同，故本指标可作为选用标准参考，且在统计换修的节水器具前，须先确定换修周期。

4）水嘴水效限定值及水效等级 water efficiency limit value and water efficiency grade of water nozzle

本指标适用于安装在公共建筑内的冷、热水供水管路末端，公称压力（静压）不大于1.0MPa，介质温度 4～90℃条件下的洗面器水嘴、厨房水嘴、妇洗器水嘴和普通洗涤水嘴的水效评价。本指标不适于具有延时自闭功能的水嘴。

水嘴的水效等级分为 3 级，其中 3 级水效最低。多挡水嘴的大挡水效等级不应低于 3 级，以大挡实际达到的水效等级作为该水嘴的水效等级级别。水嘴水效限定值为水效等级 3 级中规定的水嘴流量，水嘴节水评价值为水效等级 2 级中规定的水嘴流量。

非常规水利用技术指标包括：

1）非常规水利用率 unconventional water utilization rate

非常规水源主要指雨水、再生水这两类。提高公共建筑非常规水的利用率对解决水资源短缺和水环境污染都具有重要的现实和长远意义，同时也是建设资源节约型、环境友好型社会以及实现可持续发展的重要措施。

非传统水源的利用需要因地制宜。缺水城市需要积极开发利用非传统水源；雨洪控制迫切的城市需要积极回用雨水；建设人工景观水体需要优先利用非传统水源等。

2）建筑中水利用率 utilization ratio of reclaimed water source rate

中水系统根据应用的范围可分为建筑中水系统、区域中水系统和城市中水系统，由于这些水源的水质介于上水和下水之间，所以被普遍称为中水，建筑水资源循环系统就是要将这部分中水进行回收和利用，以达到减少上水用量、下水排量的目的。公共建筑中水年总供水量和年总用水量之比即为建筑的中水利用率。现有中水设施大多建于宾馆、高校，水源基本为浴室洗浴废水，盥洗废水具有水量大、使用时间均匀、水质和处理效果相对较好等特点，应作为公共建筑中水水源，加以充分利用。

二次供水节水技术指标包括：

1）二次供水系统超压出流控制率 control rate of super extrusion flow

二次供水系统中，超压出流控制率是指对卫生器具的给水配件（如水龙头、淋浴器等）在较高水压条件下，流出大于其额定流量的水量，超出额定流量的那部分流量进行控制。供水方式建议采用水箱供水方式，在市政管网不能满足用户供水的情况下，尽量采用水箱供水方式。无论是水箱独立供水，还是各种联合水箱供水方式，比如：水泵-水箱供水方式、水池-水泵供水方式等，不但供水可靠，而且水压稳定，因而各配水点的压力波动很小，有利于节水。

2）管网压力合格率 qualified rate of pipe network pressure

管网压力合格率指公共建筑物中管网服务压力的合格程度。检测管网压力时，测压站的设置均按每 10km² 设置一处，最低不得少于 3 处，设置均匀，并能代表各主要管网点压力的地点。测压站均应使用自动压力记录计，按 15min、30min、45min、60min 四个时点所记录的压力值综合计算出每天的检测次数及合格次数，然后全年相加计算出全年的合格率。

在除因水源短缺或不可抗力因素引起突然爆管事件，造成局部地区出现降压断水的情况外，要对管网所能达到的供水区域保障持续不间断供水。

公共建筑物中的管网压力合格率的确定，参考国家相关行业规定的要求，供水水压应符合《城镇供水厂运行、维护及安全技术规程》CJJ 58—2019 的要求。

绿化灌溉节水技术指标包括：

1）高效浇灌节水率 efficient irrigation and water saving rate

高效节水灌溉是对除土渠输水和地表漫灌之外所有输、灌水方式的统称。通过高效的浇灌方式可以有效提高节水率。绿化灌溉宜采取喷灌、微灌、滴灌等节水高效灌溉方式。要根据植物的生长时期，植物水分临界期制定相应的灌溉计划，不在植物不需水的时间灌溉，在植物需水时及时灌溉。充分考虑利用中水进行绿地的灌溉，有效节约水资源。充分利用智能技术，把人工智能和节水灌溉相结合，通过传感器来监测土壤的信息（土壤湿度、土壤温度等）并把信息传输到控制器，控制器对数据进行处理分析来决定是否打开喷头喷水。

2）景观绿化节水率 water saving rate of landscape afforestation

景观绿化节水率是指利用非常规用水量与全部景观绿化用水的比，以百分比计。景观用水、绿化用水等不与人体接触的生活用水，宜采用市政再生水、雨水、建筑中水等非传统水源，且应达到相应的水质标准。有条件时应优先使用市政再生水。提高水资源的重复利用率，以达到节水的目的。

建筑景观水节水技术指标包括：

1）喷水池水循环利用率 water recycling efficiency of spray pool

喷水池水循环利用率是指喷水池水的循环利用量与外加新鲜水量和循环水利用量之和的比，以百分比计。在水资源匮乏地区，采用再生水（中水）作为初次注水或补水水源时，其水质不应低于现行国家标准《城市污水再生利用 景观环境用水水质》GB/T 18921—2019 的规定。

喷水池水常用循环处理方法有格栅、滤网和滤料过滤、投加水质稳定剂（除藻剂、阻垢剂、防腐剂等）、物理法水质稳定处理（安装电子处理桥、静电处理器、离子处理器、磁水器等）。居住区水景的水质要求确保景观性（如水的透明度、色度和浊度）和功能性（如养鱼、戏水等）。

2）水景补水节水率 average daily water supply of waterscape

水景平均日补水量由日均蒸发量、渗透量、处理站机房自用水量等组成。在水景的形态设计上尽量采用既有较强视觉效果又对水量要求不大的形式。如冷雾喷泉、旱喷泉、线喷泉、水雕塑等。将处理过的工业用水或生活用水来创造各种水景观和绿化喷水。绿化喷水可以通过喷嘴的设计形成水景，而且这种形式具有随时随地的普遍性，能很大程度丰富城市景观。

在设计初期，应充分考虑场所特性，选择合适的水景类型，既可以满足人们观赏的需要，又有利于水资源的可持续发展。作为景观主题元素的水源、水质等问题都需要考虑。同时，城市水景设计要做到少而精，应以点、线状水体为主，不宜建设大规模水景，更不能单纯为追求表面形式而做水景，以免进一步加剧水资源的缺乏。水景用水可以与农林灌溉用水相结合，形成循环供水，这样既可以节省投资，又可以保证水的供应。

为贯彻节水政策，杜绝不切实际地大量使用自来水作为人工景观水体补充水的不良行为。景观水池兼作雨水收集贮存水池，应满足《城市污水再生利用 景观环境用水水质》GB/T 18921—2019 的规定。

游泳池节水指标包括：

1）水循环利用率 water recycling efficiency rate

循环流量就是将游泳池内全部水量按一定比例用水泵从池内抽出，经过全部管道和水净化设备处理系统到游泳池往返的水流量，也有称其为循环速率。其与池水总量的比值即为泳池的水循环利用率。

为保证正常使用中的水质要求，需要不断地向池内注入新水，则所需水量相当大。这在我国水资源不充足的条件下，采取一边排放被污染的水，一边向池内补充符合使用要求的水，其水的消耗量难以承受。所以，游泳池、水上游乐池及文艺演出池采用循环净化处理给水的供水方式，符合国家节约水资源的方针、政策要求。游泳池必须采用循环给水的供水方式，并应设置池水循环净化处理系统。

池水循环应保证经过净化处理过的水能均匀地被分配到游泳池、水上游乐池及文艺演出池的各个部位，并使池内尚未净化的水能均匀被排出，回到池水净化处理系统。

2）蒸发量控制率 evaporation control rate

游泳池蒸发量是指在一定时段内，水分经蒸发而散布到空中的量，通常用蒸发掉的水层厚度的毫米数表示。一般温度越高、湿度越小、风速越大、气压越低，则蒸发量就越大，反之蒸发量就越小。通过一定的措施，可以控制蒸发量的多少，减少补水量，从而实现节水的目的。

池区空气与池水的温差还与池水的加热负荷及池水的蒸发率有关，而取 1～2℃温差是比较合适的。池水温度为 25～27℃，池区空气温度则取 26～29℃，冬夏取值相同。

游泳池的相对湿度过高，则使冬季围护结构表面容易结露，相对湿度过低，会加速水面水分的蒸发。一般为 60%±10%较合适。为减少除湿的通风量可取 60%～70%，但不应超过 75%。

游泳池水面上的风速，室内可取 0.2～0.5m/s，露天的可取 2～3m/s。风速过高，会使游泳者上岸时有吹风感；风速过低，气流组织较困难。

热水系统节水指标包括：

1）热水系统理论无效冷水量 theoretical invalid cold water volume of hot water system

大多数集中热水供应系统存在严重的浪费现象，主要体现在开启热水配水装置后，不能及时获得满足使用温度的热水，而是放掉部分冷水之后才能正常使用。这部分冷水未产生应有的效益，因此称之为无效冷水。无效冷水管道内的总贮水体积为该建筑的理论无效冷水量。

无效冷水的产生原因是多方面的，热水循环方式的选择，是直接影响无效冷水量多少的最主要因素。此外，管线设计、施工和日常管理等因素也会对系统中无效冷水量产生一定影响，如在设计时未考虑热水循环系统多环路阻力的平衡或管网计算不合理，在施工中使用质量不合格的保温材料，管道保温层脱落、系统温控或排气装置失灵而没有得到及时的维护、检修，以上种种因素都将会导致热水系统中无效冷水量的增加。科学合理地设计、安装、管理和使用热水系统，减少无效冷水的产生，是节水的重要环节。

建筑集中热水供应系统应保证干管和立管中的热水循环，循环方式有 3 种：干管循环（仅干管设对应的回水管）、立管循环（干管、立管均设对应的回水管）、支管循环（干管、立管、支管均设对应的回水管）。根据循环方式的不同，产生的无效冷水量也就不同：采用支管循环时，由于热水供水系统中的各个管路均形成了循环，理论上不产生无效冷水；采用立管循环方式是在立管、干管的管路上增加循环管道，在配水管没有循环，因此产生的无效水量主要是支管中的储水量；采用干管循环方式，只是在干管上配有循环管道，所以无效水量的产生来自立管和支管；不设循环方式，整个热水供水系统中所有管道均产生无效水量，此种方式是最浪费水源的老式热水供应方式。

2）热水系统节水龙头配备率 allocation rate of water-saving faucet in hot water system

公共建筑集中供热水系统的用水浪费是一种常见现象，因而宜采用延时自闭龙头、感应自闭龙头等节水龙头。

所选用的节水龙头应符合《节水型生活用水器具》CJ/T 164—2014 及《节水型产品通用技术条件》GB/T 18870—2011 的要求。尽量选择采用手压、脚踏、肘动式水龙头、延时自动关闭（延时自闭）式、水力式、光电感应和电容感应式等类型的水龙头，陶瓷片防漏水龙头等。对于办公、商场类公共建筑，可选用光电感应式等延时自动关闭水龙头、停水自动关闭水龙头。对于公共建筑，如酒店客房可选用陶瓷阀芯、停水自动关闭水龙头、水温调节器、节水型淋浴头等节水淋浴装置；公用洗手间可选用延时自动关闭、停水自动关闭水龙头；厨房可选用加气式节水龙头等节水型水龙头。对餐饮业、营业餐厅类公共建筑，厨房可选用加气式节水龙头等节水型水龙头。对 95％ 以上的水量用在沐浴方面的建筑，宜采用节水型淋浴头等节水淋浴装置。

节水碳排放量计算指标包括：

1）碳排放因子 carbon emission factor

将能源与材料消耗量与二氧化碳排放相对应的系数，用于量化建筑物不同阶段相关活动的碳排放。

建筑在运行阶段的用能系统消耗电能、燃油、燃煤、燃气等形式的终端能源，人类用水包括多种能源活动及 CO_2 的直接排放，对建筑能源进行汇总，再根据不同能源的碳排放因子计算出建筑物用能系统的碳排放量。

建筑运行、建造及拆除阶段中因电力消耗造成的碳排放计算，应采用由国家相关机构公布的区域电网平均碳排放因子。

2）太阳能保证率 solar fraction

太阳能热水系统中由太阳能供给能量占系统总消耗能量的百分率。太阳能热水系统提供的能量不应计入生活热水的耗能量。太阳能保证率的提升帮助减少了建筑生活热水的耗能量以及碳排放量。

公共建筑宜采用集中集热、集中供热太阳能热水系统。太阳能热水系统运转设备，应采取隔振、降噪设计。使用噪声应符合《声环境质量标准》GB 3096—2008 要求。太阳能热水系统中和供热水直接接触的所有设备和部件，均应满足《建筑给水排水设计标准》

GB 50015—2019 对生活热水卫生要求的规定。公共建筑物上安装太阳能热水系统，不得降低相邻建筑的日照标准。

2. 公共建筑节水精细化指标

针对教育建筑、医疗建筑、宾馆建筑、办公建筑、商业建筑不同特征用水单元，应制定相应的节水精细化指标。

1）教育类建筑

教育类建筑的供水和城市其他建筑的供水相比较为特殊，主要是由于校园内学生住宿区都较为集中，造成了学生宿舍、食堂的用水十分集中且用水量较大。而其他建筑物如教室、实验室、教师住宿区等的用水量则相对较少。同时，用水的时间性强，一般在早上6：00～10：00，晚上 10：00～11：00 的两个时间段用水量较大，而其他时间则用水量趋于平稳。教育建筑节水技术指标图如图 5.2-1 所示。

图 5.2-1　教育建筑节水技术指标图

2）医疗建筑

医疗建筑的总用水量一般由住院用水（65％）、门诊用水（20％）和其他用水（15％）组成。其中住院和门诊用水又可划分为医疗用水和生活用水。医疗用水具体来说指医疗器械的消毒、制剂、医疗设备的冷却用水和冲洗用水；生活用水指病人和陪护人员、医护、职工的冲洗清洁用水。其他用水指绿化、饭堂、洗衣房、锅炉房、车辆及职工宿舍用水。医院建筑节水技术指标图如图 5.2-2 所示。

图 5.2-2 医疗建筑节水技术指标图

3）宾馆建筑

客房、餐饮是多数宾馆建筑的主要用水单元，五星级、四星级、三星级在客房和餐饮两项用水上水量占比逐渐递增，星级越低其主要用水更侧重于客房和餐饮单元。空调冷却系统用水占比高，需要重点关注，在节水管理时需改进冷却装置，提高冷却效率，减少耗水量。洗衣房、锅炉、泳池用水占比与星级水平呈正相关，星级越高在洗涤、热水、娱乐方面的用水量越大。宾馆建筑节水技术指标图如图 5.2-3 所示。

图 5.2-3　宾馆建筑节水技术指标图

4）办公建筑

办公建筑应采用符合现行行业标准《节水型生活用水器具》CJ/T 164—2014 规定的节水型卫生器具，宜选用用水效率等级不低于 3 级的用水器具。办公建筑内的卫生间设有储水式电热水器时，储水式电热水器的能效等级不宜低于 2 级。该类型建筑的用水点主要集中在办公区以及餐饮区。办公建筑节水技术指标图如图 5.2-4 所示。

图 5.2-4　办公建筑节水技术指标图

5）商业建筑

与其他公共建筑相比，商业建筑人流量大，建筑内的公共卫生间及餐饮区是其用水的集中点，用水设施数量多，节水潜力大。商场服务部这些区域的室内用水等可以按照《建筑给水排水设计标准》GB 50015—2019 实行。而对于餐饮用水量，一般来说可以通过使用人数来确定，人数则由商家或建筑专业提供，在数据不足时也可以采用按照餐厅面积来进行估算的方法。商业建筑节水技术指标图如图 5.2-5 所示。

图 5.2-5　商业建筑节水技术指标图

5.2.2　公共建筑水平衡测试

1. 水平衡测试作用和目的

水平衡是研究水在用水过程中，水量在供水、消耗、漏失、排放等环节上的平衡关系。任一用水范围内的水平衡，是指此确定的用水系统的输入量应等于其输出量。而公共建筑的水平衡则是以公共建筑为考核对象的水量平衡，即该公共建筑各单元用水系统的输入水量之和应等于其输出水量之和，即 $\sum Q_入 = \sum Q_出$。水平衡是相对于某一确定用水系统而言的，确定其用水系统边界，只有在确定的一定空间和时间范围内，各种水量的输入值与输出值才会保持平衡。水平衡模型基本图式如图 5.2-6 所示。

各水量之间的数量关系见公式（5.2-1）和公式（5.2-2）。

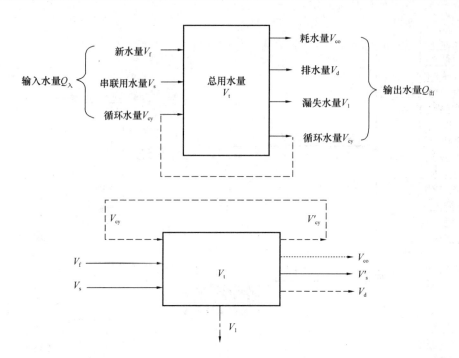

图 5.2-6　水平衡模型基本图式

水平衡关系式：

$$V_f + V_s = V_{co} + V_d + V_l \tag{5.2-1}$$

$$V_{cy} + V_f + V_s = V'_{cy} + V_{co} + V_d + V_l \tag{5.2-2}$$

式中　V_f——新水量，指取自任何水源（海水应注明）被第一次利用的水量，m^3；

　　　V_s——串联水量，即以串联式方式重复利用的水量，指在确定的用水单元或系统内，生产过程中产生的或使用后的水量，用于另一个用水单元或系统的水量，m^3；

　　　V_{co}——耗水量，指在确定的用水单元或系统内，生产过程中进入产品、蒸发、飞溅、携带及生活饮用等所消耗的水量，m^3；

　　　V_d——排水量，指在确定的用水单元或系统内，排出系统外的水量，m^3；

　　　V_l——漏失水量，指在确定的用水单元或系统内，设备、管网、阀门、水箱、水池等用水与储水设施漏失或漏出的水量，m^3；

　　　V_{cy}——循环水量，指在确定的用水单元或系统内，生产过程中已用过的水，无需处理或经过处理再用于系统代替新水的水量，m^3。

　　水平衡测试是对用水单元和用水系统的水量进行系统的测试、统计、分析得出其水量平衡关系的过程。

　　水平衡测试有利于加强用水科学管理，是节水的基础性工作之一，很多城市现都在开展水平衡测试工作。它涉及用水单位管理的各个方面，包括且不仅限于用水户用水管理、用水效率指标制定、用水效率控制制度建设等基础性技术工作，同时也表现出较强的综合性、技术性。通过水平衡测试应达到如下目的：

　　1）通过水平衡测试，可以收集用水单元的基本情况，掌握公共建筑中用水现状及管网状态，包括用水管理现状，如供水排水管网的分布情况，各类用水设备、设施、仪器、仪表的分布情况及运转状态，总用水量和各单元用水量之间的定量关系，获取各实测数据，求得各实测水量间的平衡关系。

2）通过对用水单元现状科学合理化分析，通过掌握的情况与获取的实测数据，进行计算、分析、评价有关用水经济指标，掌握用水情况，找出现存问题及薄弱环节，通过对测试单元管网进行修复措施，制定切实可行的技术管理措施和规划，堵塞跑、冒、滴、漏等，从而提升节水潜力。

3）完善技术，健全计量设备，完善管理体系，建立完善的用水档案，形成一套完整翔实的包括有图、表、文字材料在内的用水档案，为以后制定科学合理的用水方案奠定基础。

4）提升用水管理人员的节水意识和技术素质。目标化管理，定期考核，调动各方面的节水积极性。

5）积累用水定额、节水用水定额等基础数据，为节水测评提供准确的原始资料。

近年来，为进一步加强水资源管理工作，落实科学发展观，实现水资源管理的战略举措，以水资源总量控制、用水效率控制和分功能区控制提出水资源管理的三条红线。尤其是工业企业的水平衡测试工作取得了较大进展。随着我国经济蓬勃发展，非工业企业（民用）用水单位发展迅猛，水的消耗在国民经济全行业中的占比愈来愈大，非工业企业（民用）用水控制及节水化日趋提上日程。国家对民用建筑的计划用水、节约用水、定额管理等工作提出了更高的要求。民用建筑中主要为两大类，一类是住宅建筑，一类是公共建筑。住宅建筑由于建筑性质单一，产权明晰，界限分明，用户相对固定，水表等计量设施逐级完备，节水意识相对完备，公共建筑节水意识相对薄弱。为更好地提升公共建筑节水效率，借鉴工业企业水平衡测试方法，引出公共建筑水平衡测试。

公共建筑水平衡测试是以公共建筑为考核分析对象，健全用水三级计量仪表，通过全面系统地对公共建筑内各用水系统或者用水单元进行水量测定，记录各种用水系统的水量数值，根据水平衡关系分析其用水的合理程度。即在确定的公共建筑内，在一定的规定时段内，测定各单元运行水量，计算其所占份额，用统计表和平衡图表达用水单元系统各水量之间的平衡关系，并据此分析用水的合理性，制定科学用水方案。因此，水平衡测试能如实地反映公共建筑用水过程中，各水量及其相互关系，从而实现科学管理、合理用水、充分节水，促使用水达到更高的利用效率，获得更好的效益。

2. 公共建筑水平衡测试要点

公共建筑用水水平衡测试范围应包含测试公共建筑所消耗的所有用水部位的总用水量，包括居民或客房生活用水量（有居住需求的公共建筑，例如公寓或宾馆等）、公共建筑用水量、绿化用水量、水景及娱乐设施用水量、道路及广场用水量、公用设施用水量、管网漏失水量、消防用水量、其他用水量等。测试公共建筑室外用水量与室内用水量总和，包括且不仅限于消防、生活及工艺用水等。室外用水可分为：公共设施用水、水景用水、道路广场用水、绿化园林用水、室外消火栓用水、室外雨水回用等；室内用水按照系统划分可分为：室内各消防系统用水（室内消火栓系统、自动喷水灭火系统、水喷雾灭火系统、高压细水雾灭火系统、泡沫水喷淋系统等）、生活水系统、直饮水系统、热水系统、中水回用系统、工艺用水（空调冷却水、锅炉补水、游泳池补水）等。

在公共建筑水平衡测试时，不能忽略消防用水量。水平衡测试的公共建筑内可能有各种不同的消防系统，但消防水池、消防泵房及高位消防水箱等设备不一定设置在测试的公共建筑中，消防泵房及消防水池可以根据建筑规模、建筑功能分区及后期管理需求等情况设置在其他建筑内。例如，多栋不同建筑功能的建筑共用一个消防水池和消防泵房；或根据物业管理要求不同，一栋建筑（城市综合体，或者包含有高星级酒店的综合楼）设置有多个消防水池和消防泵房、高位消防等。计量水表多设置在消防池旁或消防水泵房内，消防设施管道定期测试部位则分布在建筑其他位置，公共建筑水平衡测试时很容易忽略此种情况，应逐一记录并将数据逐级反馈到对应的消防水池和消防水泵房处。公共建筑的消防水池、高位消防水箱间应设置计量仪器，将消防系统定期运行所损耗的消防用水量记录并反馈到相应用水网络图中。区域内多个建筑共用一个消防系统时，计量仪器只会在某个建筑内出现消防水池或者高位消防水箱间，此时其他无计量仪器的建筑应将此部分用水量逐一记录并反馈到上一水平衡测试层级，不得遗漏。

公共建筑水量平衡测试范围包括且不仅限于以上各系统用水。在公共建筑中，由于建筑类别及建筑功能不同，室内外及各功能区块系统用水及水源均应包括在水平衡测试范围之内。结合低影响开发和海绵城市建设相关要求，公共建筑区块内的雨水及回用中水也应考虑在水平衡测试范畴之内。在寒冷及严寒地区，如果设置有融雪回用系统时，此部分水量应作为一种水源补充在水路管网图中。

公共建筑是指供人们进行各种公共活动的建筑，包括：公共停车场（库）；宾馆、酒店建筑；办公、科研、司法建筑：政府办公建筑、司法办公建筑、企事业办公建筑、各类科研建筑、社区办公及其他办公建筑等；商业服务建筑：百货店、购物中心、超市、专卖店、专业店、餐饮建筑，银行、证券等金融服务建筑，邮局、电信局等邮电建筑等；体育建筑：体育比赛（训练）、体育教学、体育休闲的体育场馆和场地设施等；教育建筑：高等院校建筑、职业教育建筑、特殊教育建筑，托儿所、幼儿园建筑、中小学建筑等；文化建筑：文化馆、活动中心、图书馆、档案馆、纪念馆、宗教建筑、博物馆、展览馆、科技馆、艺术馆、美术馆、会展中心、剧场、音乐厅、电影院、会堂、演艺中心等；医疗康复建筑：综合医院、专科医院、疗养院、康复中心、急救中心和其他所有与医疗、康复有关的建筑物等；福利及特殊服务建筑：福利院、敬（安、养）老院、老年护理院、残疾人综合服务设施等；交通运输类建筑：客运站、码头、地铁、火车站、机场等；还有超大公共建筑：商业综合体、城市综合体；及其他特殊建筑：如军营营房、监狱、拘留所等。

某些建筑群是多个公共建筑功能组合而成，比如商业综合体、大专院校、综合医院等，根据公共建筑使用功能或者管理不同，各个用水系统可划分为不同功能区块的不同的子系统，如商业用水系统包含自持物业用水系统与销售物业用水系统；还可以进行更细化的用水系统划分：商业生活用水系统；超市生活用水系统；办公用水系统；酒店用水系统等；教育建筑生活给水系统可包括：教学楼用水系统；图书馆用水系统；宿舍用水系统；学生餐厅用水系统等。在同一供水系统的不同子系统中，由于水质要求、付费单元或者管理的不同，子系统会继续分级为次子系统；如上述酒店生活用水系统又可继续划分：餐饮用水系统；客房用水系统；酒店办公用水系统；泳池及洗浴中心用水系统；洗衣房用水系统；中水回用系统等。超大公共建筑或者超高建筑，考虑节能，结合供水半径或者供水高度，将单一功能的供水系统拆分成多个同一供水子系统的情况也很普遍。

由于水平衡测试工作需按系统、分层次进行，为便于水平衡测试、记录、汇总、统计、计算与分析，不论公共建筑使用功能多复杂，系统如何多样，都可以按照系统及逐级子系统逐级进行划分，以便于开展水平衡测试工作。公共建筑可根据建筑规模、建筑性质、使用功能分区、供水管路分布覆盖情况及管理要求等因素，将公共建筑的全部用水部门或单元，划分为若干单元测试系统，也称之为子系统。

根据研究和测试公共建筑规模和建筑功能性质的不同，用水单元的划分也不相同，一个用水单元可以是单台用水设备，单个用水功能区，一个用水系统或一栋建筑物。用水单元的用水情况可以通过绘制水平衡图来简便、准确、形象地表示出来，该水平衡图中各种水量关系应满足水平衡方程式的要求。

公共建筑的每个测试系统应自上而下分成若干级，较为常见的是分为二级或三级。其分级数应根据建筑内相关功能区块与规模大小、各供水系统子系统中用水单元的多少和分区层级的简繁情况而定。公共建筑的建筑规模、功能分区、管理要求及使用功能会决定水平衡测试子系统的数量，即决定了其二级的个数。针对以上各层级及子系统均应逐一分列子项并进行测试统计汇总。

公共建筑一级系统下的每个二级子系统，都可能由不同建筑功能下并列的一个或数个用水区块组成。同样，每个二级系统会由若干个三级用水计费部门或单元组成，每个三级系统会由若干基本用水单元组成。水平衡测试的数据，应按照系统自下而上逐级进行实测和汇总，所有二级数据的汇总即为公共建筑水平衡测试的结果。

一个公共建筑的水平衡测试的级别层次，有各种组合系列。以三级测试系统为例，公共建筑→各系统功能分区→区域用水单元等。

水平衡测试方式有三种，即一次平衡测试、逐级平衡测试和综合平衡测试。

一次平衡测试，是对测试对象各个用水系统的水量测定，均在同时同步进行，并获得水量平衡的一种测试方式。该种测试方式测试时间短，便于开展工作，容易较快取得水量间的平衡。但公共建筑用水存在诸多影响因素，由于公共建筑分类较多，建筑功能复杂且多样，用水时段及连续性不能完全一致，一次水平衡测试方式只适用于建筑功能单一、用水系统简单，用水连续且稳定的单一建筑功能的公共建筑。

逐级平衡测试是应用较多的测试方式。逐级平衡测试，是按水平衡测试系统的划分，自下而上，从局部到总体逐级进行水平衡测试的一种方式。为使测试成果具有代表性，各级各功能分区的各种用水系统的水平衡测试，都应在具有代表性的各测试时段内，按一次平衡测试的方式进行。

逐级平衡测试是"化整为零"的多个一次平衡测试过程。它适用于具有可以逐层分解的用水系统，易于选取具有代表性测试时段的公共建筑。逐级平衡测试工作，需在较严密的组织计划安排下进行，所需总的水平衡测试周期较长，应视公共建筑的建筑功能、商业业态分布情况及水平衡测试计划安排而定。例如建筑功能相对多样的公共建筑。

综合平衡测试，是指在较长的水平衡测试周期内，在正常生产生活条件下，每隔一定时间，分别进行水量测定，然后综合历次测试数据，以取得水量总体平衡的一种方式。这种测试方式，适用于一定时段内用水连续型公共建筑。例如大专院校与科研院所。

这种测试方式所需周期较长，便于结合日常管理进行，便于利用日常用水统计数据，可以简化水平衡测试组织，所得水量总体平衡数据稳定可靠，但要求有较多的测定数据或样本，需进行较复杂的统计分析。

水平衡测试周期指用水单位从实测开始到建立一个完整的、具有代表性的水量平衡图所需的时间段范围及时间量。它应同用水单位的工作、生产周期相协调一致，才能全面反映生产用水的情况。水平衡测试时段指测定用水系统的一组或多组有效水量数据所需要的时间，一个测试周期可包括若干个具有代表性的测试时段。为此，应选取工作（用水）稳定、有代表性的时段进行测试，若能找到具有代表性的时段，也可适当缩短测试周期。水平衡测试周期和时段的选择，直接关系到测试方法的选择和测试数据的实用性。一般会选取具有代表时段的48～72h，每24h记录一次，共记录3～4次。

公共建筑相对于工业企业用水明显有所不同，用水量没有工业企业用水量大；水质也相对单一，多来自市政自来水；工业企业受工艺或工作流程限制和控制，用水具有明显的均匀性、连续性、规律性等规律，公共建筑用水则明显不同。公共建筑水平衡测试中，影响测试周期和时段的因素很多，包括测试对象所在地的地理位置、气候因素、当地生活习惯等。建筑类型如会议建筑、展览建筑、体育场馆、音乐厅、交通运输建筑因会议（展览、赛事）或机船航班班次的影响，用水是间歇且不连续的，且存在瞬时用水密集的高峰时段；建筑类型如医疗建筑、养老建筑、宾馆、酒店公寓、招待所等，因其建筑功能影响，其用水相对连续且均匀；建筑类型如办公建筑、商业建筑等，其用水可按照日、夜区分，在白天一定时段内是连续且相对均匀的。公共建筑内的建筑规模越大，建筑功能类型越多，各建筑功能用水系统互相交织、系统越复杂。建筑规模越大，原本单一的建筑功能会相应增加配套服务设施，例如建筑功能单一的办公楼当增大建筑规模时，需要增加配套的餐饮、超市、后勤服务等辅助功能设施，相当于在单一建筑功能上增加不同建筑业态的其他服务型业态，当每一个功能区域规模继续增大时，就演变成另一建筑功能的公共建筑。其他非因素（如季节、气候等）也会影响测试周期和时段，例如教育建筑中的大专院校、职业高中、中小学校、科研院所等，在寒暑假时，相对长一个时段内用水会明显变化。

为了建立水量平衡关系，应对公共建筑室内、室外各个用水系统的流量进行测试，包括室内生活用水系统、中水回用系统、热水系统、消防水系统、特水工艺用水系统、暖通空调冷水等，室外雨水系统、道路冲洗及绿化用水系统、景观用水系统等。每个用水系统或用水单元处均应安装水流量的量测设施，并保证其完好率。

公共建筑应采用逐级计量，以三级计量划分用水区的计量器具及设施（图 5.2-7）。一级计量范围为公共建筑红线内的各公共建筑各种类型供水引入管（生活用水及回用水）和各种排水量的计量。二级计量范围为公共建筑内的各功能分区的子系统的工艺用水、生活用水和排水的计量。

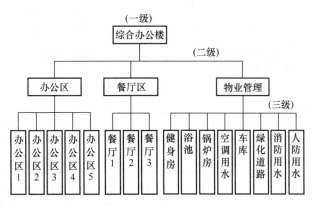

图 5.2-7 建筑区域内的层级

教学建筑如教学办公、学生宿舍区、后勤区、体育场及图书馆等；旅馆建筑如客房区、餐饮区、会议区、娱乐区、后期服务区等；医疗建筑如住院部、门诊部、医技楼、行政办公楼、后勤服务区等；三级计量是子系统下各用水单元，如餐饮区子系统下的卫生间、中餐厅、西餐厅、咖啡厅等主要用水设备为单位的计量点。当消防水池在建筑区域内时，应将消防用水绘制在网络图中，当消防用水不在本建筑区域内时，应将消防用水量记录并反馈到计量消防水池及消防用水的建筑区域内的层级图中。

3. 水平衡测试方法

公共建筑水平衡测试工作应遵循以下原则进行：

1）应在当地节水行政主管部门的监督下定期进行，并对其合格性进行考核认可，以作评估合理用水的考核依据之一。

2）公共建筑水平衡测试必须依照国家有关法规标准进行，目前公共建筑水量平衡的相关标准和通则还是空缺，可参照已有的企业水平衡测试通则等。

3）测试所用水表等各类计量仪表，在安装使用前须经有关主管部门校验合格，以保证所测数据准确。

4）水量计量仪表的配置，要保证建筑楼栋、功能分区、用水设备三级水表的水量计量率、装表率、完好率达到有关的要求。

5）水量测试时，必须在有代表性或正常工作下进行，以使测试数据准确真实地反映用水状况。

6）水量测试和计算时，应按自下而上的顺序进行。用水单元的用水器具→建筑功能分区→公共建筑→区域公共建筑或城市综合体。

7）测试过程中，所得数据应全部填制于水平衡测试专用表中，不允许漏项，在测试结束后及时进行整理汇总。

公共建筑水平衡测试工作可概括为四个阶段，即测试前准备工作、测试实施工作、测后汇总分析工作和报告书编制工作。具体工作程序如图 5.2-8 所示。

根据实测公共建筑的建筑规模、建筑功能，调查用水情况，绘制测试用水单元或系统的水路管网图，选择测试点，确定水平衡测试方式、划分用水单元与级别、测试周期与测

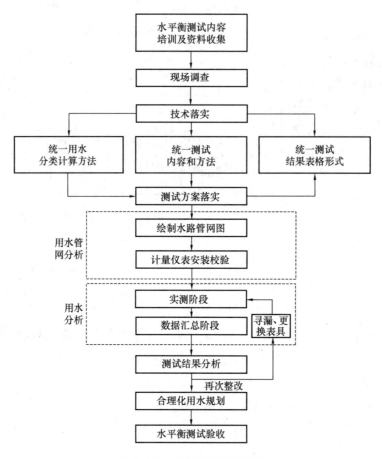

图 5.2-8　水平衡测试流程图

试时段等，汇总各项测试数据。

水平衡测试时，水流量的测定常用方法有仪表计量法、堰测法、容积法，除上述 3 种水平衡测试中常用的水量测定方法外，还有其他方法，如：按水泵特性曲线估算水量法；按用水设备铭牌的额定水量估算水量法；运用类比法和替代法估算水量法；用所测流速乘过水断面面积估算水量法；利用经验法和直观判定法估算水量法等。在公共建筑水平衡测试时，多采用仪表计量法，常使用的测量仪器为水表和流量计。

公共建筑水平衡测试的内容分为两部分：测试参数和用水设备参数。测试参数包含水量参数、水质参数和水温参数。需要测试的水量参数包含有：各个系统及建筑功能业态的新水量、循环水量、串联水量、耗水量、排水量和漏失水量；水质参数受公共建筑建筑性质影响有所不同，根据具体情况而定。测定水温参数时，应测定循环水进出口及对水温有要求的串联水的控制点的水温。用水设备水量参数测定包含一般用水设备、间歇性用水设备、季节性用水设备。

公共建筑水平衡测试的目的是通过测试结果进行合理化用水分析。通过各系统水量水平衡计算（新水量、耗水量、漏失水量、排水量、循环用水量、串联水量、重复利用水量等）、用水考核指标计算（重复利用率、工艺水回用率、单位面积用水量、二级水表计量率、用水综合漏失率、人均生活取水量、非常规水资源代替率等）、各项用水指标的分析对比，找出存在的问题；根据测试分析结果，总结经验，提出改进方案，如改进和完善日常计量制度，提高用水计量统计的力度和精度；分析测算相关节水改造项目的节水效益和成本；通过查找存在的问题，并与同类公共建筑对比，挖掘节水潜力；进一步完善用水技术档案（相关规章制度，各种水源参数，给水排水管网图，水表系统图，各水量汇总表，用水节水技术改造情况，水平衡测试报告书等）；最后，提出相应的节水措施和管理办法，从而使测试对象节水效益和总体效益得到进一步提高。

4. 公共建筑水平衡测试技术指标及计算

1）重复利用率 water reuse rate

在一定的计量时间（年）内，生产、生活和提供公共服务过程中所使用的重复利用水量与总水量之比。

2）冷却水循环率 cooling water circulation rate

在一定计量时间（年）内，冷却水循环量与冷却水总用量之比。

3）排水率 drainage rate

在一定计量时间（年）内，总外排废水量占取水量的百分比，排水率是评价企业合理回用的一个指标。

4）用水综合漏失率 comprehensive water loss rate

在一定计量时间（年）内，用水设备的漏水量与取水总用量之比。

5）新水利用率 utilization coefficient of freshwater

在一定的计量时间（年）内，生产、生活和提供公共服务过程中所使用的新水量与外排水量之差同新水量之比。

6）非常规水资源替代率 unconventional water resource replacement rate

再生水、雨水、矿井水、苦咸水等非常规水资源利用总量与城市用水总量（新水量）的比值。

7）水表计量率 water meter metering rate

水表计量率是单位对重点部位进行日常检查管理，统计用水和开展水平衡测试等具有重要作用的指标。

8）节水器具使用率 the penetration rate of water-saving appliances

节水器具指比同类常规产品能减少流量或用水量，提高用水效率、体现节水技术的器件、用具。节水器具普及率是公共建筑整体节水效能的重要体现，可作为设计、评判节水效能的参照。

9）人均生活日新水量 fresh water per person's daily life

人均生活日新水量是居住用户或居住型用水单元每天用于生活的新水量。

10）公共服务类日均新水量 daily fresh water of public services

公共服务类用水定额是按照公共服务的不同类别，以服务设施的数量或服务对象的数量分摊的每日新水量。

水平衡测试计算示意图如图 5.2-9 所示。

水平衡测试主要计算公式与符号见表 5.2-1。

主要计算公式和符号 表 5.2-1

基本公式	输入表达式	$V_{cy}+V_f+V_s=V_t$		
	输出表达式	$V_t=V'_{cy}+V_{co}+V_d+V_i+V'_s$		
	水平衡方程式	$V_{cy}+V_f+V_s=V'_{cy}+V_{co}+V_d+V_i+V'_s$		
符号含义	V_{cy}、V'_{cy}——循环水量，m^3	V_{co}——耗水量，m^3	V_t——用水量，m^3
	V_s、V'_s——串联水量，m^3	V_f——新水量，m^3	V_d——排水量，m^3
	V_i——漏失水量，m^3	—	—

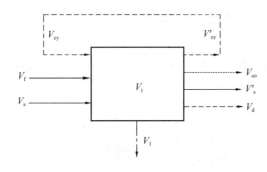

图 5.2-9　水平衡测试计算示意图

通过对于公共建筑进行水平衡测试，可以在测量分析输入总水量和输出总水量两者之间的差额、统计各个用水单元实际用水量的基础上，得出总水量与各个分水量之间的平衡关系；可以清楚地掌握公共机构详细的用水现状，包括各类用水设备、设施、仪器、仪表分布及运转状态，用水总量和各用水单元之间的定量关系，获取准确的实测数据，进而求得各实测水量间的平衡关系，建立全面的用水技术档案；可以通过对掌握的资料和获取的数据进行计算、分析、评价有关用水技术经济指标，对单位用水现状进行合理化分析，找出公共建筑用水薄弱环节，并制订出切实可行的节水技术、节水管理措施和节水规划，从而提升公共建筑的节水潜力；可以通过对实测数据的分析，判断出公共建筑是否存在漏水的情况，进而寻找公共建筑用水渗漏的区域，并采取修复措施，堵塞跑、冒、滴、漏，进而实现公共建筑节约用水的目标；可以积累用水定额、节水用水定额等基础数据，为节水测评提供准确的原始资料。

通过对于公共建筑进行水平衡测试，能如实地反映公共建筑用水过程中，各水量及其相互关系，从而实现科学管理、合理用水、充分节水，促使用水达到更高的利用率，获得更好的效益；也可提高单位管理人员的节水意识，单位节水管理节水水平和业务技术素质；在提升公共机构节水能力的同时，更能进一步加强公共机构对用水的科学管理与合理利用。

5.2.3　公共建筑节水精细化控制与运维管理

1. 规章制度

制度建设作为节水建设的重要组成部分，是落实节水优先方针的首要条件，对公共建筑节水管理起着主导作用。公共建筑节水制度主要包括用水计量统计制度、节水管理与巡回检查制度、设备维护和保养制度、管理培训与绩效评价制度,以及节水技术改造与宣传制度。

1) 用水计量统计制度

用水计量与统计是水资源管理的重要内容和手段,也是水行政主管部门落实各项用水管理制度与行使管理权的重要基础。建设计量系统、实行用水计量是保障单位合理用水、科学管理必不可少的基础设施。节水型单位标准要求建设节水型单位必须实行用水计量,其一级表计量率要达到 100%,同时还要根据单位用水实际和主要用水部位分布,充分考虑管理需求,合理规划和建设次级水量计量系统,次级用水单位计量率不低于 95%。

用水单位应建立水计量管理体系,形成文件,实施并保持和持续改进其有效性。建立、保持和使用文件化的程序来规范水计量人员行为、水计量器具管理和水计量数据的采集和处理。用水单位应设专人负责水计量器具的管理,负责水计量器具的配备、使用、检定(校准)、维修、报废等管理工作。用水单位的水计量管理人员应通过相关部门的培训考核,持证上岗。用水单位应建立和保存水计量管理人员的技术档案。用水单位应建立能源资源计量数据管理与分析制度,按月、季、年及时统计各种主要能源和水消耗量。建立能源资源统计报表制度,统计报表数据应能追溯至计量测试记录。能源资源计量数据记录应采用表格形式,记录表格应便于数据的汇总与分析,应说明被测量与记录数据之间的转换方法或关系。水平衡测试是查找供水管网和用水设备设施运行状况、定量分析单位用水水平和管理水平、制定节水技术改造方案的重要手段,通过水平衡测试可以帮助分析各部位用水情况和用水效率,查找单位存在的隐蔽漏水点,进而指导整改工作。

根据所测数据及各部门的情况汇总,进行合理用水分析,通过分析要找出用水不合理的地方,挖掘节水潜力,提出整改措施方案及措施实施后的节水预期。

按照《用水单位水计量器具配备和管理通则》GB/T 24789—2022 和有关要求配备、使用和管理用水计量器具和设备,制定用水计量统计分析制度以及水计量器具和设备管理制度,并按照规定要求实施取水用水计量、监测和统计分析。计量人员应符合有关专业能力要求。

按照《水平衡测试通则》GB/T 12452—2022 及有关要求定期开展水平衡测试,建立用水技术档案,保持原始记录和台账,进行统计、分析和数据管理。

2) 节水管理与巡回检查制度

公共建筑用水不同于工农业用水,主要集中在建筑生活与服务用水,其节水制度的重点在于人员的管理和节水意识的养成。因此管理部门要高度重视节水工作,建立健全单位用水管理网络,落实专兼职节水管理机构和节水管理人员,明确相关领导和人员责任。完善内部节水管理规章制度,健全节水管理岗位责任制,建立节水激励机制。加强用水定额管理,制定、实施节水计划和用水计划分解落实,定期进行目标考核。

同时,要加强节水日常管理。严格用水设施设备的日常管理,定期巡护和维修,杜绝跑、冒、滴、漏现象。依据国家有关标准配备、管理用水设备和用水计量设施,实现用水分级、分单元计量，重点加强食堂、浴室等高耗水部位的用水监控。建立完整、规范的用水原始记录和统计台账，编制详细的供排水管网图和计量网络图，做好用水总量和用水效率的统计分析，按规定开展水平衡测试，摸清单位的用水状况。

3）设备维护和保养制度

公共建筑应建立供水、用水管道和设备的巡检、维修和养护制度，编制完整的用水管网系统图，定期对供水、用水管道和设备进行检查、维护和保养，保证管道设备运行完好，漏损率小于2%，杜绝跑、冒、滴、漏现象。同时，应加强重点供用水设备与节水器具管理，制定并实施重点供用水设备与节水器具操作使用规程。

4）管理培训与绩效评价制度

用水单位应制定并实施节水工作管理培训制度与绩效评价制度，定期对专、兼职节水管理机构和节水管理人员进行培训，并对用水单位的节水绩效进行评价，根据评价的结论对其管理进行保持、调整、改进和提高，以确保其用水管理的持续有效。

5）节水技术改造与宣传制度

积极推广应用先进适用的节水新技术和新产品，充分利用设施改造和维修等契机，实施洁具、食堂用水设施、空调设备冷却系统、老旧供水管网和耗水设备等的节水改造，淘汰不符合节水标准的用水设备和器具。新建、改建、扩建的建设项目，制定节水措施方案，节水设施与主体工程同时设计、同时施工、同时投入使用。有条件的用水单位，鼓励开展再生水、雨水等非传统水源利用。

节水除了依靠科技、机制外，还依靠公众的节水意识和节水观念，尤其是在当科技达到一定水平、管理机制逐步完善的情况下，节水更在很大程度上依赖人们的用水行为和用水习惯，依赖于社会节水文化的培育。因此，作为公共机构应加强日常节水宣传，将水情和节水教育纳入管理部门教育和培训内容，充分利用网络、宣传栏、显示屏等，发挥自身优势，广泛宣传节水技术、节水知识等，结合世界水日、节水宣传周等，组织开展节水主题活动，举办讲座，在主要用水部位和人员活动场所张贴节水标识和节水宣传品，营造节水氛围，倡导社会节水文化。

2. 公共建筑节水系统精细化管理

1）资料管理

公共建筑给水排水系统的设计、施工验收、设备材料、运行、维修、节能改造、节能测评等技术资料应建立文件档案，并应妥善保存。除运行记录可保存2～3年外，其他技术资料应永久性保存。竣工图、运行记录除纸质资料外，应有电子归档资料，其他技术资料宜有电子归档资料。

2）制度管理与仪器配置

公共建筑用水单位运行管理部门应建立健全运行管理制度，严格执行安全生产管理规定，制定给水排水设备、热源设备等事故应急措施和救援预案，应定期检查规章制度的执行情况。运行管理部门应根据公共建筑给水排水系统的规模、复杂程度，配备运行管理人员，并组建运行班组。

给水排水设备机房应配备给水排水系统的流程图,标注设备、阀门、主要技术参数及计量仪表的设置位置、用户的相关数据等。设有建筑设备监控系统时,宜配备相应的电子模拟图,自动显示各受控设备的工作状态。

运行管理部门应对运行人员进行公共建筑给水排水系统节水设备操作使用等方面基本知识的培训,并经考试合格后上岗。运行管理部门应建立健全培训和考核档案,运行人员所参加的基本技术知识培训、节水法规学习及考核成绩等应有记录。

3)节水技术应用及管理要求

公共建筑应按照国家规范要求完善用水三级计量设施,满足日常用水节水管理和水平衡测试要求。用水计量设施应有质量技术监督部门或其授权机构出具的定期检验合格证明。公共机构应设专人负责节水工作管理,并建立用水、节水记录台账及重大节水技改项目资料,按要求及时向上级部门报送用水、节水报表。

可根据自身条件选择委托专业测试服务机构或自行组织测试。用水单位和测试服务机构应严格按照《水平衡测试通则》GB/T 12452—2022、《节水型企业评价导则》GB/T 7119—2018 及地方相关标准和规范开展测试工作,并按照规范格式编写水平衡测试报告书。

为实现绿色建筑目标,还需推广使用新型的节水设备及器具,提高公共建筑水资源利用率。各地市普遍要求公共机构开展供水管网、绿化浇灌系统等节水诊断,推广应用节水新技术、新工艺和新产品,大力推广绿色建筑,新建公共建筑必须安装节水器具。对于公共建筑给排水系统中管道、水表、各种阀门仪表、部件及洁具等要强化日常维护保养与管理。

4)节水系统运行管理要求

公共建筑应遵守国家和地方主管部门制定的有关取水定额和人均水资源消耗指标的要求,合理规划和核算取水量,做到总量控制、定额管理,制定和实施切实可行的节水措施,以满足主管部门下达的节水指标要求。

公共建筑应建立供水、用水管道和设备的巡检、维修和养护制度,编制完整的用水管网系统图,定期对供水、用水管道和设备进行检查、维护和保养,保证管道设备运行完好,漏损率小于 2%,杜绝跑、冒、滴、漏现象。应加强重点用水设备管理,制定并实施重点用水设备操作规程。

5)节水计量精细化控制

根据公共建筑的使用特性及需求,采取分区、分类、分质的计量与统计,用水单位应建立并实施水计量与统计管理制度,规范水计量与统计的岗位职责、工作程序、人员管理、水计量器具管理、数据记录和统计分析等具体内容。用水单位应设立负责水计量与统计的岗位,并配备具有相应能力的人员。负责水计量器具的配备、使用、检定(校准)、维修、报废等管理工作。用水单位应设专人负责主要次级用水单位和主要用水设备水计量器具的管理。水计量管理人员应通过相关部门的培训考核,持证上岗。用水单位应建立和保存水计量管理人员的技术档案。用水单位应按有关规定要求和程序进行数据的采集、记录、统计、分析和报送，每24h抄表记录各种计量水量。

公共建筑应建立能源资源统计报表制度，统计报表数据应能追溯至计量测试记录。能源资源计量数据记录应采用表格形式，记录表格应便于数据的汇总与分析，应说明被测量与记录数据之间的转换方法或关系。公共建筑应建立能源资源计量数据管理与分析制度。公共机构应按月、季、年及时统计各种主要能源和水消耗量。用水单位应定期根据计量统计数据进行用水规律及节水潜力分析。

6）节水监管系统

公共建筑节水管理应适应"智慧水务"建设要求，建立并优化集信息采集、分析决策、故障预警和远程监控于一体的供水、用水监管系统，加快供水系统信息管理系统、实时监测系统和远程监控系统的开发应用，通过先进的计算机网络技术，实现对公共建筑供水、用水设施和系统运行状态和环境状况的全自动远程监控，最大程度降低管网漏损，减少用水能耗。

公共建筑节水监管系统主要适用于对公共建筑供水、用水设施的计量、数据分析、数据统计、节水分析及节水指标管理。监管系统由计量表具、数据采集及转换装置（简称网关设备）、数据传输网络、数据中转站、数据服务器、管理软件组成。系统应具备能耗数据实时采集和通信、远程传输、自动分类统计、数据分析、指标比对、图表显示、报表管理、数据储存、数据上传等功能。

公共建筑节水监管平台主要架构包括计量表具、网关设备、数据中转站、节水管理平台软件、数据中心。

7）设施运行与日常巡检

公共建筑应加强重点供水、用水设备管理，制定并实施重点用水设备操作规程，编制完整的管网图和水平衡图，定期对用水管道、设备等进行检修；建立节水管理巡回检查制度，主要检查公共建筑用水设备安装运行情况、节水器具普及使用情况、管网运行现状（是否有跑、冒、滴、漏现象）及用水管理台账建立情况等。

日常巡检应按规定的路线进行巡视，宜为先远后近、由外及里。巡视检查供水、用水设备，泵房和管理平台时，应做到预防为主、职责到位。与此同时，及时填写巡检记录，对于巡检中发现的问题应如实填写，需报修的应及时汇报设备管理部门。日常巡检应按照规定的周期进行巡检任务。

巡检范围包括公共建筑内供水主管道、供水支管道、计量水表、用水器具及各类附属设施等。日常巡检为每天早晚各一次，如遇特殊情况可提前或延时进行，但不可缺少，并做好巡检记录。巡检公共建筑内主、支供水管道是否完好，沿线有无泄漏或地面塌陷现象；检查计量水表是否运行正常，有无损坏、破裂等情况；检查阀门、排气阀、设施井等有无渗漏、损坏、被填压等情况。

供水泵房与供水设备的日常巡检，可在远程监测的同时辅以人工巡检。巡检工作人员必须持有卫生部门颁发的健康证，禁止无证上岗。

8）系统维护与保养

为保证公共建筑供水、用水系统正常运行，践行节水精细化管理，必须做好供水管道、计量水表、用水器具等设备的维护与保养管理。公共建筑供水、用水系统维护与保养应符合下列规定：

（1）所有设备必须选购节水型用水设备、器具，各类器具需符合《节水型卫生洁具》GB/T 31436—2015 标准或有节水认证证书。

（2）建立供用水设备维护台账，便于设备的维护和管理。

（3）制定供用水设备维修保养计划，维修保养费用列入年度用款计划。

（4）对用水设备和计量表定期进行维护保养，确保设备正常运行，保证用水安全。

3. 安全管理与应急处理

根据我国政策需求和公共建筑安全运营特点，安全运营与风险管理一方面需要站在战略的高度进行宏观的研究和判断，以确定管理机制、政策、力量配置、资源储备等多方面的宏观决策，另一方面，公共建筑安全问题又是具体的，由大量琐碎的日常管理缺位、硬件老化、矛盾冲突等隐患与缺陷导致的。本节从公共建筑安全运行与应急抢修，和应急事件处理的角度出发，制定建筑节水安全运行精细化控制与运维管理要求，为管理部门提供决策借鉴与参考。

在日常巡检、养护的基础上适时报修维修，结合巡检记录及事故信息，诊断设备的异常情况，从而制定具有针对性的维修计划，对供水、用水设备进行及时修复、更换，恢复其应有的性能和功能。

报修维修要坚持状态检测维修和故障维修相结合的原则，即对关键设备以状态检测维修为主；对非关键的、不易损耗又无法周期更换的设备可实施故障维修。

公共建筑供水、用水设备的管理，一定要严格执行巡检制度及保养制度，实施恶化倾向管理，对处于临界状态运行的设备一定要控制恰当，避免将状态检测维修变成故障维修。报修维修的时间安排一定要及时、适时、有效，减少水的漏损量，防止故障扩大影响正常供用水，避免水资源大量流失造成的浪费。

应建立健全公共建筑供水、用水应急管理制度，制定应急预案并定期自检自查，确保发生供水、用水突发性事件后能够快速控制，及时止损，避免水资源大量浪费。应急预案框架包括总则、组织体系、运行机制、应急保障、监督管理等五个内容；运行机制部分包括事故预警、应急处置、善后处理、信息报告与发布；应急保障部分包括应急技术专家贮备保障、备用水源、资金、通信、交通、医疗、监测，监督管理部分包括预案的演练、培训等。

发生供水、用水突发性事件后，运行管理单位应按突发事件级别立即启动应急预案。突发事件应急处置完成后，运行管理单位应形成书面总结报告，总结报告应包括下列内容：

1）事故原因、发展过程及造成的后果分析和评价。

2）采取的主要应急响应措施和经验教训等。

3）检查突发事件应急预案是否存在缺陷，并提出改进措施。

4）对规划设计、建设施工和运行管理等方面提出改进建议。

5.3 典型公共建筑综合用水模拟

5.3.1 公共建筑综合用水影响因素

1. 建筑用水量影响因素研究现状

美国是最早研究建筑用水量影响因素的国家，在20世纪60年代就已发表了以住宅为研究对象文献。国外研究虽然起步较早，但还是集中在住宅建筑上，对公共建筑的关注度到近年来才有所提升，国内关于这方面的文献很少，研究深度也与国外有所差距。

表5.3-1列出了近十几年来一些关于建筑用水量影响因素的研究案例，包含居住建筑和公共建筑。根据其研究成果，可将影响建筑用水量的因素分为五大类：自然因素、使用人群、建筑设计与规模、建筑节水措施及其他。自然因素包括地理环境、气候季节等；使用人群包括用水人数、各类用水人群所占比例、用水行为及态度等；建筑设计与规模包括建筑年份、建筑面积、建筑层数、配套设施等；建筑节水措施包括节水器具使用、中水回用及雨水利用；其他主要指建筑管理水平、建筑产权、建筑价值等。在不同的文献中，同一因素对建筑用水量影响的显著水平不同，甚至还出现正负相关性不同的情况。由此可得，建筑用水量受到多种因素叠加影响，必须根据实际情况因地制宜地进行调查、统计和分析。

建筑用水量影响因素研究案例

表5.3-1

地区及发表年	研究对象	显著相关	无显著相关性
西班牙巴塞罗那（2006）	（住宅）每户人均日用水量	家庭收入（＋）、家庭人数（－）、住宅类型、花园植被组成、游泳池、住户行为、季节	建筑面积、花园面积
美国俄勒冈州希尔斯博罗（2010）	单户独栋住宅的月均用水量	每户人数（＋）、受过高等教育成年人的比例（＋）、室外面积（＋）	建筑年份、建筑面积、建筑价值、家庭收入、人口年龄
西班牙马洛卡岛（2011）	季节性旅游酒店用水量	客房数（＋）、开业时长（＋）、游泳池、高尔夫球场、营销策略、食宿类型、节水措施、连锁酒店	水量、平均入住率
美国纽约（2015）	多户住宅建筑总用水量	建筑人数（＋）、租客比例（＋）、建筑能耗（＋）、建筑面积（－）、家庭收入（－）、游泳池、建筑公有或私有	卧室数、套房数、洗碗机数、老人比例、女性比例、种族、建筑层数、建筑价值
中国台湾（2017）	政府机构建筑用水量	建筑面积、绿化面积、员工人数、访客人数、住宿人数、地下水使用率、厨房、游泳池[①]	雨水用量、雨水使用率、中水用量、中水使用率、自来水水价

地区及发表年	研究对象	显著相关	无显著相关性
巴西若因维利（2018）	住宅建筑月均用水量	距市区距离（＋）、建筑人数（＋）、套房数（＋）、楼层数（＋）、建筑年份（＋）、公寓价值（＋）、租客比例（－）、替代水源、污水处理系统、用水计量方式	浴缸数、卫生间数、游泳池
中国北京（2019）	星级饭店年用水量	床位数（＋）、客房数（＋）、建筑面积（＋）、职工人数（＋）、餐厅面积（＋）、绿化面积（＋）	—

注：显著相关中，（＋）代表正相关、（－）代表负相关、未标注则为非数值型变量。
　　① 文献中未公开相关系数的具体数值。

表 5.3-2 列出了表 5.3-1 中各案例采用的研究方法，可将其归纳为：确定研究对象、收集相关数据、统计建模分析这三大步骤。在列出的 7 个案例中，其中有 2 个案例建立的模型被用于预估建筑用水量，这 2 个案例的建筑所在地和研究对象分别为：巴西若因维利市的住宅建筑和中国台湾地区的公共建筑。

建筑用水量影响因素研究方法　　　　　　　　　　　　　　　　表 5.3-2

地区及发表年	研究对象	数据收集方法	主要统计分析方法	判断系数 R^2
西班牙巴塞罗那（2006）	（住宅）每户人均日用水量	电话问卷、水费账单	分层抽样、多元线性回归	0.38
美国俄勒冈州希尔斯博罗（2010）	单户独栋住宅的月均用水量	政府部门	Moran's Ⅰ统计、普通最小二乘回归模型、空间滞后回归模型	0.16~0.68[①]
西班牙马洛卡岛（2011）	季节性旅游酒店用水量	问卷调查	层次回归模型	0.75
美国纽约（2015）	多户住宅建筑总用水量	数据库、人口普查	加权稳健多元回归模型	0.25
中国台湾（2017）[③]	政府机构建筑用水量	数据库	多元线性回归、多元非线性回归、人工神经网络	$R=0.95$[②]
巴西若因维利（2018）[③]	住宅建筑月均用水量	物业、政府部门	多元线性回归	0.87
中国北京（2019）	星级饭店年用水量	统计年鉴、政府部门、调查问卷	相关性分析、聚类分析、主成分分析	—

① 拟合的多个模型中 R^2 最小为 0.16，最大为 0.68；
② 0.95 为最优模型（采用人工神经网络进行拟合）的 R 值；
③ 此案例建立的模型被用于预测用水量。

国内外对建筑用水量的研究除了综合考虑多种因素外，还会针对某一因素进行详细讨论，例如用水终端和节水行为。美国和澳大利亚都对家庭用水终端开展过详细研究。研究人员收集了美国西雅图市和坦帕市各类卫生器具改造前后的用水量、使用频率和使用时间等信息，建立针对不同用水器具的分析模型、混合模型和回归模型，用于确定影响不同用水器具用水量的关键因素，及评估未进行用水器具改造家庭的节水潜力。澳大利亚的研究通过建立综合预测模型，分析昆士兰地区家庭淋浴用水量的影响因素，并将模型用于预测用水量。

相比用水终端，有更多的国家关注居民节水行为。在我国已开展了针对北京市居民和南京市大学生的节水行为影响因素研究，研究人员采用的方法分别为：行为离散选择模型和基于计划行为理论的模型。为了解马来西亚公众参与河流和饮用水管理可持续发展的影响因素，Minhaz等人建立了偏最小二乘结构方程模型。Katrin等人收集了来自不同经合组织国家的数据，采用Probit模型分析影响家庭购买节水器具的因素。Untaru等人利用聚类分析和统计检验的方法讨论了不同类型的人群在家时和外出住宿时节水行为之间的关联。

2. 典型公共建筑综合用水影响因素

1) 典型公共建筑综合用水影响因素确定

随着我国经济不断发展，公共建筑类别和功能逐渐变得丰富。按照《建筑给水排水设计标准》GB 50015—2019中的分类标准，公共建筑类型达20类以上，较为常见且数量较多的公共建筑主要有办公楼、酒店、医院、学校、商场和餐饮业等。受人力物力和建筑业主单位配合程度等问题的限制，在选择公共建筑类别时，主要考虑了以下几个方面：一是调研建筑是独栋建筑且对用水量进行计量；二是调研建筑的用水人数要易于统计；三是调研建筑用水终端对外开放且便于调查。

基于上述原则，在上述几种常见的公共建筑中，医院和学校通常是由多栋建筑组成的用水大户，有可能实施统一计量制度，不会对每栋建筑进行单独计量；商场建筑规模较大、功能多样，入驻商家除了购物类外，一般还包括餐厅、电影院，健身房等，调查困难程度较高；餐饮业后厨用水量占比很大，但后厨一般不对外人开放，类似的还有医院科室及手术室等。并且，医院、学校、商场和餐饮业人口流动非常频繁，通常不会记录访客数量，很难获取一个较为准确的用水人数数值。因此，在制定调研方案时，未将上述四类公共建筑作为研究对象。

考虑到酒店和办公楼一般为独栋建筑，而且，为便于管理，物业部门通常会记录每月用水量。与其他类型公共建筑相比，办公楼用水人群相对固定，人员流动频繁程度也相对较低；酒店用水人数虽然会随着节假日波动，但酒店一般会对客人数量或入住率进行统计，也能获得一个比较准确的用水人数。办公楼和酒店卫生器具的设置具有一定规律性，复杂程度较低，易于调查。综上所述，本研究将选择办公楼及酒店这两类典型的公共建筑开展研究。

本研究不考虑自然因素及人为因素，以用水人数、建筑规模与设计、建筑内水系统设计及建筑节水措施等作为研究因素，从中确定与公共建筑用水量显著相关的影响因素。在调研建筑的选择上主要考虑了以下两个方面：一是建筑所在地域的差异，二是建筑之间的差异。在城市选择上，只考虑地理位置上的差异，不考虑城市发展水平及规模上的差距。调研建筑所在地以重庆市为主，尽量向其他大型城市扩展，争取囊括东西南北中地区。对于建筑本身的差异，办公楼可以从使用性质（行政办公楼、专业领域办公楼）和建筑规模（建筑面积、建筑高度）上作区分；酒店主要从星级（五星级、四星级、三星级、普通）上作区分。

2）典型公共建筑综合用水影响因素数据收集及分析

（1）办公楼

通过调研，共收集到 23 栋办公楼的用水量及基本信息。针对办公楼，拟定的调研内容包括用水量、用水人数、建筑规模与设计、建筑内水系统设计及建筑节水措施。

① 用水量

23 栋办公楼均以月为最小计量单位进行用水量统计，其中有 20 栋办公楼提供了半年以上的逐月用水量数据，其余 3 栋办公楼仅提供平均月用水量数据。所有办公楼均包括卫生间用水及空调系统用水，其中一些办公楼还包括绿化或餐饮用水，但所有办公楼均未做详细的用水量分类统计，只有少数办公楼提供了餐饮用水量。根据调研情况，本研究将以平均日用水量代表办公楼的总用水量。

以 23 栋办公楼的平均日用水量绘制箱线图，如图 5.3-1 所示。由图可知，该组数据中存在两个离群值，经检查，样本 22 和样本 23 的数值均无误，但其平均日用水量与其他样本相差很大，会对数据分析造成一定影响，在相关性分析及建立预测模型时将其剔除。

② 用水人数

办公楼用水人群通常包括常驻工作人员和外来访客两类，本次调研获得的用水人数并不是一个准确值。通过咨询大楼的管理人员一般可以获得常驻工作人员数量，但对于外租给多个企业的办公楼和高校内办公楼，其中一些是无常驻工作人员数量统计值的，对于这部分办公楼，只能通过办公室数量及现场走访大致估算出用水人数。比起常驻工作人员数量，外来访客数量更加难以确定，因为只有少数办公楼会统计外来访客数量，且外来访客是否在大楼内产生用水行为也是未知的。综上所述，本次统计的用水人数与实际用水人数之间将存在一定偏差。

以办公楼每日用水人数为横坐标，以办公楼平均日用水量为纵坐标，绘制散点图并进行线性拟合。从图 5.3-2可以看出，用水人数与平均日用水量呈正相关，R^2 为 0.625，若剔

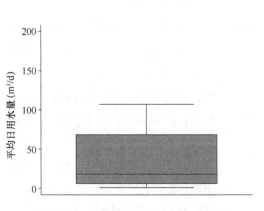

图 5.3-1 办公楼平均日用水量箱线图

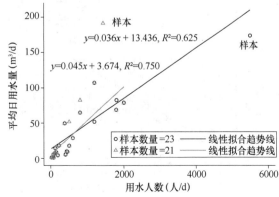

图 5.3-2 办公楼平均日用水量与用水人数关系图

除两个离群值（即样本 22 和样本 23），R^2 增至 0.750，即可说明用水人数与平均日用水量的线性相关性较强，除此之外，可看出离群值对统计分析影响较大。

根据《建筑给水排水设计标准》GB 50015—2019，办公楼每人每班平均日生活用水定额为 25～40L（包含热水、不包含餐厅及空调用水）。根据《民用建筑节水设计标准》GB 50555—2010，办公楼每人每班平均日生活用水节水定额为 25～40L（包含热水、不包含餐厅及空调用水）。样本 22 的人均日用水量为 31.6L，处于上述两个标准规定范围内。样本 23 的人均日用水量为 134.5L，其用水量很大，但用水人数偏少，可以视为异常值。根据样本 23 的调研问卷可知，该办公楼位于大数据产业园区，在大楼内部设置多家互联网企业的数据处理机房，推测为保证大量数据处理器正常运转，会设置空调系统用于降温，空调冷却用水量使建筑总用水量大幅度增加，人均日用水量随之增加。

通过计算，23 个样本人均日用水量的均值为 58.5L（包含热水、餐厅及空调用水），高于常规用水定额及节水用水定额。在 23 栋办公楼中，设置食堂的占 34.8%，设置空调系统的占 100%，若扣除食堂及空调用水，人均日用水量将低于 58.5L，或许将满足常规用水定额及节水用水定额的要求，但由于缺少各用水单元的用水量，不能计算出扣除后的人均日用水量加以验证。

③ 建筑规模与设计

关于建筑规模与设计，调查内容包括建筑年份、建筑面积、建筑层数、是否设计绿化及是否设置餐厅，其中建筑年份指建筑投入使用年份或最近一次装修年份。调研数据统计情况如下：

关于建筑年份，存在缺失情况，仅收集到 14 栋办公楼的相关数据，其建筑年份处于1995～2018 年，缺失该部分数据的办公楼以高校内建筑为主，主要原因为高校建筑历史悠久，内部经历过数次翻新，很难获取其最近一次装修年份。23 栋办公楼的建筑面积与建筑层数信息完整，在所有办公楼中，建筑面积最少为 1500m²，最多达 91000m²；建筑层数最少为 2 层，最高达 38 层。在 23 栋办公楼中，有 4 栋办公楼设计了绿化，其所占比例为 17.4%；有 8 栋办公楼设置了餐厅，其所占比例为 34.8%，本次收集到对应的绿化面积，但未收集到完整的绿化用水量及餐饮用水量。

以建筑面积为横坐标，以平均日用水量为纵坐标，绘制散点图并进行线性拟合。从图 5.3-3 可以看出，建筑面积与平均日用水量呈正相关，R^2 达 0.948，若剔除两个离群值（即样本 22 和样本 23），R^2 将降至 0.754。与用水人数相比，建筑面积与平均日用水量的线性相关关系更加紧密。根据计算，23 个样本单

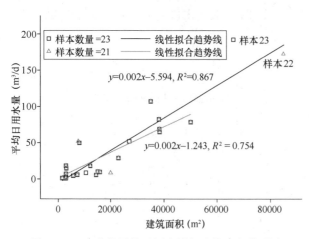

图 5.3-3　办公楼平均日用水量与建筑面积关系图

位面积日均用水量的均值为 2.0L/(m² · d)（包含热水、餐厅及空调用水）。

④ 建筑内水系统设计

关于建筑内水系统设计，调查内容包括供水方式、是否供应热水及空调系统。供水方式是指建筑室内给水系统供水方式，常见的有市政直接供水、市政与变频泵组合供水、市政与恒速泵-水箱组合供水。供应热水的办公楼，调查其加热方式及供应范围。设置空调系统的办公楼，调查其采用的是中央空调系统或单体空调系统。调研数据统计情况如下：

23 栋办公楼采取的供水方式共计两种，即市政直接供水、市政与变频泵组合供水，其所占比例分别为 39.1%、60.9%。供应热水的办公楼有 10 栋，所占比例为 43.5%，其中有 40% 的办公楼仅对部分楼层供应热水。这 10 栋办公楼均未设计集中热水供应系统，全部采用热水器进行加热。所有办公楼均安装了空调系统，采用中央空调系统及单体空调系统的占比分别为 44.4%、55.6%。

⑤ 建筑节水措施

本次调研考虑的节水措施有节水宣传、非传统水源利用和节水器具使用。节水宣传是指是否在公共卫生间内张贴节水宣传标语。非传统水源利用包括中水回用和雨水利用，若存在再生水利用，则调查其处理系统的原水量、净化工艺、供水量和用水途径。针对节水器具使用，调查各类用水器具的类型，统计节水器具使用率。按照《节水型生活用水器具》CJ/T 164—2014 的规定，节水器具的判别需要在一定压力条件下进行流量测试。这种方法实施难度较大，本研究仅依据用水器具的类型判断其是否为节水器具。

根据调研结果，在 23 栋办公楼中，有 13 栋办公楼在公共卫生间内张贴节约用水宣传标语，其所占比例为 56.5%。位于高校内的办公楼均未采取节水宣传措施，若剔除源自高校的样本，进行节水宣传的办公楼占比可达 76.5%。

在此次调研的办公楼中，所有建筑均未利用非传统水源，但节水器具使用率处于较高水平，其中有 86.9% 的办公楼，其节水器具使用率达 80% 以上，具体情况见表 5.3-3。从表 5.3-3 可以看出，节水器具使用率与建筑年份存在一定关系。总体来看，建筑越新，其节水器具使用率越高。

办公楼节水器具使用率统计表 表 5.3-3

节水器具使用率	建筑年份	样本数量	占比
100%	2015～2018 年，2 栋缺失	9	39.1%
90%～100%	2003～2006 年	4	17.4%
80%～90%	2003 年，6 栋缺失	7	30.4%
70%～80%	1995 年、2012 年	2	8.7%
60% 以下	缺失	1	4.3%

表 5.3-4 列出了 23 栋办公楼中各类卫生器具的使用情况，需要指出的是，某些办公楼会同时使用两种不同形式的同类用水器具，例如同时使用感应式水龙头和快开式水龙头。在统计时，若其中一类所占比例不大（<10%），则忽略不计。根据统计结果，在 23 栋办公楼中，使用节水型小便器的占比达 100%，使用节水型大便器的占比达 95.7%，除

延时自闭式大便器外，其余节水型大便器和节水型小便器的一次用水量通常为固定值，受人为影响因素较小，能更好地发挥出节水效果。关于洗手池水龙头，快开式和感应式占比分别为 78.3%、21.7%。若能大力推广感应式洗手池水龙头，不仅能减少人为因素带来的影响，提高节水效果，也能加强对公共卫生安全的保障。在调研中发现，某些建筑的拖把池快开式水龙头未设置限流装置（如限流片、起泡器等），当建筑水压过大时，将会导致水资源的严重浪费。

办公楼用水器具类型统计表   表 5.3-4

器具类型	不同类型器具的占比
洗手池水龙头	快开式 78.3%[①]，感应式 21.7%
大便器	双挡水箱式 34.5%，延时自闭式 47.5%，感应式 13.9%，手动式 4.1%
小便器	延时自闭式 17.4%，感应式 82.6%
拖把池水龙头	快开式 100%[①]

① 某些办公楼同时使用带限流装置快开式水龙头及无限流装置快开式水龙头，故此处未单独列出两者所占比例。

（2）酒店

针对酒店，拟定的调研内容包括用水量、用水人数、建筑规模与设计、建筑内水系统设计、建筑节水措施及其他。通过调研，共收集到 18 个酒店的用水量及相关信息。

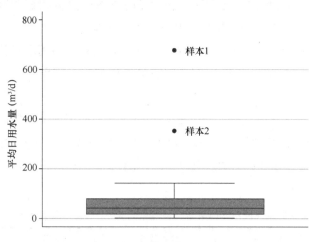

图 5.3-4 酒店平均日用水量箱线图

① 用水量

在 18 个酒店中，所有酒店均以月为最小计量单位进行用水量统计，其中有 12 个酒店提供了半年以上的逐月用水量数据，其余 6 个酒店仅提供平均月用水量数据。根据调研结果，本研究将以平均日用水量代表酒店的总用水量。

对于提供逐月水量的酒店，利用箱线图逐一确定各个样本的离群值并剔除离群值。以处理后的数据计算各个酒店的平均日用水量，并绘制箱线图。如图 5.3-4 所示，18 个样本中存在 2 个离群值，经检查，样本 1 和样本 2 的数值均无误，且其源自仅有的两个五星级酒店，具有一定代表性，在后续分析中将其保留。

按用水途径分类，酒店用水单元可大致分为客房用水、餐饮用水、员工用水、后勤用水和前厅用水，这种分类方式基于一些酒店工程管理部门用水量分类统计表。选择用水分类计量较详细的酒店，计算其各部门用水量所占比例，以了解不同星级酒店的用水结构，所选酒店为样本 2、样本 4 及样本 8。如表 5.3-5 所示，样本 2 为五星级酒店，其用水量占比最多的部门为餐饮部，其次为后勤部、客房部、员工部及前厅部，其中后勤用水包括空调、洗衣、消防及景观用水；样本 4 为四星级酒店，其用水量占比最多的部门为客房部，其次为餐饮部、员工部、前厅部。该酒店未对后勤用水做单独计量，其后勤用水主要包括空调、洗衣及消防用水，此部分用水或许被归类到其他用水单元；样本 8 为三星级酒店，其仅对餐饮部及空调冷却用水做单独计量。

不同星级酒店用水部门用水量占比　　　　　　　　　　　　　表 5.3-5

样本编号	酒店星级	客房用水	餐饮用水	员工用水	后勤用水	前厅用水	其余未分类统计用水	合计
样本 2	五星级	23.6%	34.0%	9.9%	31.4%	1.1%	0	100%
样本 4	四星级	69.7%	17.2%	7.6%	—	5.5%	0	100%
样本 8	三星级	—	20.4%	—	4.4%①	—	75.2%	100%

① 为空调冷却用水量，占比 4.4%。

总体来看，客房部和餐饮部在酒店总用水量中所占比例最高，且酒店星级越低，其客房部用水占比越高；员工用水量及前厅用水量一般小于 10.0%，上述结论与毛萱杭等人对上海市星级酒店的研究结果一致。除此之外，空调冷却用水量所占比例较大，应重点关注。样本 8 的空调冷却用水量占比接近 5.0%；样本 2 的后勤用水量达 30.0% 以上，参考毛萱杭等人的研究成果，上海市五星级酒店后勤部用水量占比为 30.4%，空调冷却用水量占比高达 15.7%，推测样本 2 的空调冷却用水量也处于较高水平。

② 用水人数

在酒店内产生用水行为的人群主要可以分为三类：住宿型顾客、非住宿型顾客和酒店员工，其中非住宿型顾客是指未在酒店住宿，但在酒店提供的餐饮、会议和水疗等服务领域产生消费的顾客，此类顾客主要集中于三星级及以上酒店。在此次调研中，收集了各酒店的床位数、入住率、客人数以及员工数。对于非住宿型顾客，调研建筑均未做详细统计，故本研究将酒店用水人群分为两类，住宿型顾客（以下简称为客人）和酒店员工。酒店提供客人数（部分酒店包含非住宿型顾客）的，直接计算其平均每日数量；未提供客人数的，以床位数乘以入住率进行计算。

为了解酒店的客人用水量与员工用水量，计算各个酒店的每位客人平均日用水量及每位员工平均日用水量，计算结果见表 5.3-6。由于缺少 18 个酒店关于员工用水量的完整数据，依据表 5.3-5，再结合毛萱杭及刘华先等人对酒店用水结构的研究成果，设五星级、四星级、三星级及普通酒店的员工用水量分别占酒店总用水的 10.0%、9.0%、8.0%、6.0%，并以剩余用水量计算每位客人平均日用水量。

从表 5.3-6 可以看出，每位客人平均日用水量及每位员工平均日用水量的均值随酒店星级升高而增加。酒店星级越高，提供服务也越丰富，用水量相应增加。用水量也会随着建筑规模增加，这样分摊到每位客人或每位员工上的用水量相应增多。不同星级酒店的用水量差异明显，利用用水量预测模型计算酒店用水量时，应综合考虑多种因素。

不同星级酒店每位客人及每位员工平均日用水量 表 5.3-6

酒店星级	样本数量	每位客人平均日用水量 [L/(d·人)]	每位员工平均日用水量 [L/(d·人)]
五星级	2	710.0～791.1（750.5）	104.9～149.8（127.4）
四星级	5	298.7～737.8（490.2）	43.7～131.0（79.8）
三星级	3	354.9～411.8（383.7）	47.0～118.0（76.5）
普通	8	128.4～363.4（218.3）	23.6～50.2（37.2）

注：括号内为各星级酒店的每位客人或每位员工平均日用水量的均值。

根据《建筑给水排水设计标准》GB 50015—2019，宾馆客房每位员工平均日生活用水定额为 70～80L（包含热水、不包含餐饮及空调用水）。根据《民用建筑节水设计标准》GB 50555—2010，宾馆客房每位员工平均日生活用水节水定额为 70～80L（包含热水、不包含餐饮及空调用水）。据表 5.3-6 可知，三、四星级酒店的每位员工平均日用水量的均值处于规定范围内，8 个普通酒店的每位员工平均日用水量均低于规定范围，2 个五星级酒店的每位员工平均日用水量均高于规定范围。由此可见，酒店员工用水定额不宜使用同一标准，可按酒店星级进行编制。

根据《建筑给水排水设计标准》GB 50015—2019，宾馆客房每床位平均日生活用水定额为 220～320L（包含热水、不包含餐饮及空调用水）。根据《民用建筑节水设计标准》GB 50555—2010，宾馆客房每床位平均日生活用水节水定额为 220～320L（包含热水、不包含餐饮及空调用水）。据表 5.3-6 可知，仅有普通酒店处于规定范围内，说明普通酒店客房用水占比较大，接近酒店总用水量。

以毛萱杭等人关于上海市星级宾馆的研究成果作为参考，验证调研及计算数据的可信度。毛萱杭等人提出五星级、四星级、三星级及普通酒店的通用用水定额分别为 1100L/（床·d）、832L/（床·d）、480L/（床·d）、365L/（床·d）。此用水定额以酒店总用水量计算，并且考虑了入住率，与表 5.3-6 中的每位客人平均日用水量具有可比性。通过对比可得，本次调研及计算数据具有可信度。

③ 建筑规模与设计

关于建筑规模与设计，调查内容包括建筑年份、酒店星级、建筑面积、建筑层数、是否设计绿化、是否提供餐饮服务及是否提供会议服务，其中建筑年份指酒店投入使用年份或最近一次装修年份。18 个酒店的建筑规模与设计信息完整，数据统计情况如下：

调研酒店的建筑年份处于 2011～2020 年之间，其中 33.3% 的建筑年份集中于 2011～2013 年，剩余 66.7% 的建筑年份集中于 2016～2020 年。在 18 个酒店中，五星级、四星级、三星级及普通酒店所占比例分别为 11.1%、27.8%、16.7%、44.4%；建筑面积最小的为 842m²，最大的为 100000m²；建筑层数最少为 1 层，最高达 41 层；有 4 座酒店设计了绿化，所占比例为 22.2%，其分别为样本 1（五星级）、样本 3（四星级）、样本 7（四星级）、样本 12（普通）；有 14 个酒店提供餐饮服务，所占比例为 77.8%；有 13 个酒店提供会议服务，所占比例为 72.2%，未提供餐饮或会议服务的酒店均为普通酒店。

以建筑面积为横坐标，以平均日用水量为纵坐标，绘制散点图并进行线性拟合。从

图 5.3-5 可以看出，建筑面积与平均日用水量呈正相关，R^2 达 0.89，说明建筑面积与平均日用水量的线性相关性很强。计算各星级酒店的单位面积日均用水量，考察其是否存在明显差异。据表 5.3-7 可知各星级酒店单位面积日均用水量的均值，其中五星级酒店用水量最高，普通酒店用水量最低。在四星级酒店中，样本 7 的单位面积日均用水量仅为 1.62L，不仅低于三个三星级酒店，甚至低于某些普通酒店；

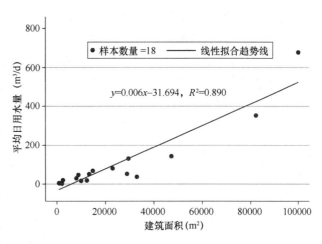

图 5.3-5　酒店平均日用水量与建筑面积关系图

在三星级酒店中，样本 9 的单位面积日均用水量高达 5.32L，高于五个四星级酒店，甚至超过其中一个五星级酒店，可见酒店星级越高，其单位面积日均用水量不一定越大，酒店用水量会受多种因素叠加影响。

不同星级酒店单位面积日均用水量　　　　　　　　　　　　　表 5.3-7

酒店星级	样本数量	单位面积日均用水量〔L/(m² · d)〕
五星级	2	4.3～6.8（5.5）
四星级	5	1.6～4.6（3.5）
三星级	3	3.5～5.3（4.2）
普通	8	0.9～7.9（3.2）

注：括号内为各星级酒店单位面积日均用水量的均值。

④ 建筑内水系统设计

关于建筑内水系统设计，调查内容包括供水方式、热水系统、空调系统、其他大规模用水情况及浴缸设置。供水方式指酒店室内给水系统供水方式；针对热水系统，调查其循环方式为立管循环或支管循环；针对空调系统，调查酒店采用中央空调系统或单体空调系统；其他大规模用水情况指酒店是否提供游泳池、洗浴桑拿等服务；由于浴缸一次用水量很大，调查各酒店客房浴缸布置情况很有必要。关于建筑内水系统设计的数据统计情况如下：

18 个酒店采用的供水方式共计三种，即市政直接供水、市政与变频泵组合供水、市政与恒速泵-水箱组合供水，其所占比例分别为 33.3%、50.0%、16.7%。关于热水系统循环方式，有 14 个酒店采用立管循环，剩余 4 个酒店（1 个五星级酒店、1 个四星级酒店、1 个三星级酒店、1 个普通酒店）采用支管循环，分别占比 77.8% 和 22.2%。关于空调系统选择，有 12 个酒店采用中央空调系统，剩余 6 个酒店（均为普通酒店）采用单体空调系统，其所占比例分别为 66.7%、33.3%。在 18 个酒店中，有 3 个酒店提供游泳池或洗浴桑拿等服务，包括 2 个五星级酒店和 1 个四星级酒店，其所占比例为 16.7%。各酒店浴缸设置情况见表 5.3-8，可以看出浴缸设置与酒店星级存在一定关系，即从总体而言，酒店星级越高，带浴缸客房数相对越多。

酒店客房浴缸布置情况 表 5.3-8

客房浴缸布置情况	样本数量（酒店星级）
所有客房均有	2（五星级）、1（四星级）
部分客房有	1（四星级）、2（三星级）、1（普通）
所有客房均无	3（四星级）①、1（三星级）、7（普通）

① 酒店仅在套房内安装浴缸，其占客房总数比例很小，近似为无浴缸酒店。

⑤ 节水措施

关于酒店节水措施，主要调查了以下三点：节水宣传、非传统水源利用及节水器具使用情况。调研情况如下：

在 18 个酒店中，有 10 个在卫生间内张贴了节水宣传标语，剩余 8 个酒店（2 个四星级酒店、6 个普通酒店）未进行节水宣传，其所占比例分别为 55.6%、44.4%。关于非传统水源利用，仅有 1 个四星级酒店（样本 3）进行中水回用，处理后的水用于绿地浇灌，但该酒店并未提供中水处理系统的原水量、处理方式和供水量等数据。本次调研并未收集到更多的关于用水器具的数据。调查重庆地区的酒店时，并未在酒店客房区域内走动，主要与工程管理部门工作人员交流，以收集相关信息；调查其他地区的酒店时，通过发放调研问卷获得相关数据，在回收的问卷中缺失大量与用水器具有关的内容。由于数据缺失严重，在此不介绍酒店节水器具使用情况。

⑥ 其他

关于该部分内容，主要调查酒店所在地理位置及其是否设置洗衣房。若酒店位于商业圈或交通枢纽旁等繁华地段，往往会使其入住率提高，增加酒店总用水量；若酒店设置洗衣房，在其内部清洗衣物及床上用品等，也会增加其总用水量。数据统计情况如下：

在 18 个酒店中，有 12 个酒店位于繁华地段，未处于繁华地段的 6 个酒店包括 1 个五星级酒店、1 个四星级酒店和 4 个普通酒店，两者所占比例分别为 66.7%、33.3%。关于洗衣方式，有 7 个酒店（2 个五星级酒店、2 个四星级酒店、3 个普通酒店）设置了洗衣房，剩余 11 个酒店均外包给专业洗衣公司，两者占比分别为 38.9%、61.1%。

5.3.2 公共建筑综合用水预测模型

1. 建筑综合用水预测模型研究现状

从 19 世纪初 Gauss 提出最小二乘法起，回归分析已有超过 200 年的历史。回归分析是通过建立统计模型来研究变量间相关关系的紧密程度、结构状态及进行预测的一种有效工具。回归分析中最常见，应用最多的是线性回归（Linear Regression）和逻辑回归（Logistic Regression），其中线性回归适用于数值型因变量，逻辑回归适用于名义型因变量（例如性别、国籍等变量）。

线性回归基于最小二乘估计（Least Square Estimation），其常用于选择变量的方法有向前选择法（Forward Selection）、向后剔除法（Backward Elimination）和逐步回归法（Stepwise Regression）。若自变量之间相互独立，那么采用上述三种方法得到的最优方程是相同的。但在实际问题中，自变量之间一般都会存在一定相关性，严重时将会导致多重共线性，使最小二乘估计失效，参数估计存在偏差。

为解决多重共线性的问题，新的参数估计方法应运而生，例如岭回归（Ridge Regression）。这种回归分析的参数估计方法是对最小二乘估计的改进，通过引入惩罚项来消除多重共线性带来的影响，是一种有偏估计。

除多重共线性以外，当数据中存在离群值时，也会对基于最小二乘估计的回归分析造成一定影响。为了解决这个问题，可以采用对离群值不敏感的稳健回归（Robust Regression）。在求取未知参数时，最小二乘估计是将残差的平方和最小化，而稳健回归根据估计量的不同，最小化的是其他统计量（如中位数），或最小化以残差为自变量的其他函数，而非二次函数。

总体而言，线性回归、岭回归和稳健回归的模型表达式均为多元线性方程，其不同点在于参数估计方法不同，即回归系数 β 的求取方法不同。

1）线性回归

（1）模型描述

因变量 y 与自变量 x_1，x_2，$\cdots$，x_m 的线性回归模型见公式（5.3-1）。

$$y = \beta_0 + \beta_1 x_1 + \beta_2 x_2 + \cdots + \beta_m x_m + \varepsilon \tag{5.3-1}$$

式中　　β_0，β_1，β_2，$\cdots$，β_m——回归系数；

ε——随机误差。

对一个实际问题，假设获取了 n 组观测数据 $(x_{i1}, x_{i2}, \cdots, x_{im}, y_i)(i=1,2,\cdots,n)$，则一般的多元线性回归模型可见公式（5.3-2）。

$$\begin{cases} y_1 = \beta_0 + \beta_1 x_{11} + \beta_2 x_{12} + \cdots + \beta_m x_{1m} + \varepsilon_1 \\ y_2 = \beta_0 + \beta_1 x_{21} + \beta_2 x_{22} + \cdots + \beta_m x_{2m} + \varepsilon_2 \\ \cdots\cdots \\ y_n = \beta_0 + \beta_1 x_{n1} + \beta_2 x_{n2} + \cdots + \beta_m x_{nm} + \varepsilon_n \end{cases} \tag{5.3-2}$$

将模型表示为矩阵形式，见公式（5.3-3）：

$$\boldsymbol{Y} = \boldsymbol{X\beta} + \boldsymbol{\varepsilon} \tag{5.3-3}$$

式中　　$\boldsymbol{Y} = (y_1, y_2, \cdots, y_n)^{\mathrm{T}}$；

$$\boldsymbol{X} = \begin{pmatrix} 1 & x_{11} & x_{12} & \cdots & x_{1m} \\ 1 & x_{21} & x_{22} & \cdots & x_{2m} \\ \vdots & \vdots & \vdots & & \vdots \\ 1 & x_{n1} & x_{n2} & \cdots & x_{nm} \end{pmatrix}_{n\times(m+1)} ；$$

$\boldsymbol{\beta} = (\beta_0, \beta_1, \cdots, \beta_m)^{\mathrm{T}}$；

$\boldsymbol{\varepsilon} = (\varepsilon_0, \varepsilon_1, \cdots, \varepsilon_m)^{\mathrm{T}}$。

（2）基本假设

为了对参数 $\boldsymbol{\beta}$ 进行无偏估计，有必要对回归方程式（5.3-2）进行一些基本假设：

① 自变量 x_1，x_2，$\cdots$，x_m 是可控制的非随机变量，且要求 $\mathrm{rank}(\boldsymbol{X}) = m+1 < n$，即 $\boldsymbol{X}$ 是满秩矩阵，表明 $\boldsymbol{X}$ 中自变量列与列之间不相关，则进行回归分析时样本容量 n 应大于自变量个数 m；

② 随机误差 ε_i 之间相互独立，$\mathrm{Cov}(\varepsilon_i, \varepsilon_j) = 0, i \neq j$；

③ 随机误差 ε_i 独立同分布于均值为 0，方差为 σ^2 的正态分布，$\varepsilon_i \sim N(0, \sigma^2)$。

（3）参数估计

用于估计未知参数 β_0，β_1，β_2，$\cdots$，β_m 的方法是最小二乘估计，其基本思想是使误差平方和达到最小，见公式（5.3-4）

$$\sum_{i=1}^{n} \left(y_i - \sum_{j=1}^{m} \beta_j x_{ij} \right)^2 = \sum_{i=1}^{n} (\varepsilon_i)^2 \tag{5.3-4}$$

达到最小时的 $Q(\beta_0, \beta_1, \cdots, \beta_m)$，那么求解目标见公式（5.3-5）。

$$\min Q(\beta_0, \beta_1, \cdots, \beta_m) = \min \sum_{i=1}^{n} \varepsilon_i^2 \tag{5.3-5}$$

上式等价于求解公式（5.3-6）方程组。

$$\frac{\partial Q(\beta_0, \beta_1, \cdots, \beta_m)}{\partial \beta_j} = 0, \ j = 1, 2, \cdots, m \tag{5.3-6}$$

经计算，该方程组等价于：

$$\boldsymbol{X}^{\mathrm{T}} \boldsymbol{X} \boldsymbol{\beta} = \boldsymbol{X}^{\mathrm{T}} \boldsymbol{Y} \tag{5.3-7}$$

那么，

$$\hat{\boldsymbol{\beta}} = (\boldsymbol{X}^{\mathrm{T}} \boldsymbol{X})^{-1} \boldsymbol{X}^{\mathrm{T}} \boldsymbol{Y} \tag{5.3-8}$$

即可得到线性回归方程的表达式：$\hat{y} = \hat{\beta}_0 + \hat{\beta}_1 x_1 + \hat{\beta}_2 x_2 + \cdots + \hat{\beta}_m x_m$，称 $e_i = y_i - \hat{y_i}$ 为残差。

（4）显著性检验

由于因变量与自变量之间是否存在线性关系是未知的，在求出线性回归方程后不能直接使用，要对其进行显著性检验。欲检验问题为 $H_0: \beta_1 = \beta_2 = \cdots = \beta_m = 0$，$H_1: \beta_1, \beta_2, \cdots, \beta_m$ 中至少有一个不为零。构造 F 统计量为：

$$F = \frac{\dfrac{S_{\mathrm{R}}^2}{m}}{\dfrac{S_{\mathrm{E}}^2}{(n-m-1)}} = \frac{\overline{S_{\mathrm{R}}^2}}{\overline{S_{\mathrm{E}}^2}} \sim F(m, n-m-1) \tag{5.3-9}$$

式中　S_{R}^2——回归平方和；

S_{E}^2——残差平方和。

$$S_{\mathrm{R}}^2 = \sum_{i=1}^{n} (\hat{y_i} - \overline{y})^2 \tag{5.3-10}$$

$$S_E^2 = \sum_{i=1}^{n}(y_i - \hat{y_i})^2 \qquad (5.3\text{-}11)$$

当 P 小于显著水平 α 时，回归方程显著。

回归方程显著并不意味着每个自变量对因变量的影响都显著，因此还需对每个自变量进行显著性检验。欲检验问题为 H_{0j}：$\beta_j = 0$，$j = 1, 2, \cdots, m$。构造 t 统计量为：

$$t_j = \frac{\hat{\beta_j}}{\sqrt{c_{jj}}\,\hat{\sigma}} \qquad (5.3\text{-}12)$$

其中 c_{jj} 为矩阵 $(X^TX)^{-1}$ 中对角线上的元素，$\hat{\sigma}$ 为回归标准差，

$$\hat{\sigma} = \sqrt{\frac{1}{n-m-1}\sum_{i=1}^{n}e_i^2} \qquad (5.3\text{-}13)$$

若 $P < \alpha$，则拒绝原假设，认为自变量 x_j 对因变量线性影响显著。

（5）拟合优度

为了检验回归方程对数据观测值的拟合程度，可以用回归平方和在离差平方和中所占比例来衡量，即判定系数 R^2，其表达式为：

$$R^2 = \frac{S_R^2}{S_T^2} = 1 - \frac{S_E^2}{S_T^2} \qquad (5.3\text{-}14)$$

其中 S_T^2 称为离差平方和，$S_T^2 = S_E^2 + S_R^2$，

$$S_T^2 = \sum_{i=1}^{n}(y_i - \overline{y})^2 \qquad (5.3\text{-}15)$$

判定系数 R^2 取值范围为 $[0, 1]$，R^2 越接近 1，表明回归方程中的自变量对因变量的解释能力越大。

回归模型中自变量的个数增加时，判定系数 R^2 也会随之增大。残差的自由度为 $n-m-1$，也就是说自变量增加，自由度降低，那么回归模型的估计和预测有效性降低，为了防止这种现象，需要修正判定系数 R^2。

$$R_a^2 = 1 - \frac{\dfrac{S_E^2}{(n-m)}}{\dfrac{S_T^2}{(n-1)}} \qquad (5.3\text{-}16)$$

（6）多重共线性诊断

如第（2）点中所述，多元线性回归的基本假设之一是 $\text{rank}(X) = m+1 < n$，即列向量间线性无关。若存在不全为零的 m 个数，使得

$$c_0 + c_1 x_{i1} + c_2 x_{i2} + \cdots + c_m x_{im} \approx 0, \quad i = 1, 2, \cdots, n \qquad (5.3\text{-}17)$$

则称自变量 $x_1, x_2, \cdots, x_m$ 之间存在多重共线性。

若 $x_1, x_2, \cdots, x_m$ 之间相关性较弱时，可以认为符合基本假设；若 $x_1, x_2, \cdots, x_m$ 之间相关性较强时，就认为该模型违背基本假设。通常采用方差膨胀因子 VIF 进行判断，计算公式为：

$$VIF = \frac{1}{1 - R_i^2} \qquad (5.3\text{-}18)$$

其中 R_i 为自变量对其余自变量作回归分析后求得的负相关系数，若 VIF 大于 10，则认为自变量之间存在多重共线性。

（7）基本假设检验

建立多元线性回归方程是基于第（2）点中的三个基本假设，在第（6）点中已经对违背第一条基本假设的情况进行了讨论，接下来讨论剩余两种违背基本假设的情况，即残差序列存在自相关性和异方差性。

通常采用德宾-沃森（Durbin-Watson）检验（以下简称 DW）对残差序列的独立性进行检验，DW 统计量计算公式为：

$$\text{DW} = \frac{\sum\limits_{i=2}^{n} (e_i - e_{i-1})^2}{\sum\limits_{i=2}^{n} e_i^2} \qquad (5.3\text{-}19)$$

DW 值的取值范围为 $[0, 4]$，当 DW 值为 2 时，残差之间无相关性；当 DW 值愈接近 0 时，残差间正相关性愈强；当 DW 值愈接近 4 时，残差间负相关性愈强。查 DW 分布表，获得临界值 d_L，d_U，依据如下准则（表 5.3-9）来判断残差序列的自相关性。

德宾-沃森检验判断准则表 表 5.3-9

DW 取值范围	相关性
$0 \leqslant \text{DW} \leqslant d_\text{L}$	误差序列正相关
$d_\text{L} \leqslant \text{DW} \leqslant d_\text{U}$	不能判断
$d_\text{U} \leqslant \text{DW} \leqslant 4 - d_\text{U}$	无自相关
$4 - d_\text{U} \leqslant \text{DW} \leqslant 4 - d_\text{L}$	不能判断
$4 - d_\text{L} \leqslant \text{DW} \leqslant 4$	误差序列负相关

一般采用图形来判断残差序列是否具有异方差性，一是采用标准化残差频率分布直方图或 P-P 图进行判断，看其是否满足正态分布，二是采用残差散点图进行判断，以残差 e_i 为纵坐标，以预测值 $\hat{y}$ 为横坐标做散点图，若图中的点随机分布于纵轴两侧，看不出任何规律，则可以判断残差序列的方差相等。

2）岭回归

岭回归由 Hoerl 和 Kennard 于 1970 年提出，是一种用于消除多重共线性的有偏估计方法。岭估计通过损失部分信息来求取回归系数，是对最小二乘估计的改良。

如前节所述，多元线性回归的一个假定条件为自变量之间不存在相关性，即矩阵 $\boldsymbol{X}$ 为满秩矩阵。当自变量之间存在相关性时，矩阵 $\boldsymbol{X}$ 的列向量之间线性相关，$\text{rank}(\boldsymbol{X}) < m + 1$，$|\boldsymbol{X}^\text{T}\boldsymbol{X}|$ 接近于零，$|\boldsymbol{X}^\text{T}\boldsymbol{X}|$ 接近奇异，那么 $\boldsymbol{X}^\text{T}\boldsymbol{X}\boldsymbol{\beta} = \boldsymbol{X}^\text{T}\boldsymbol{Y}$ 的解不唯一。若给式（5.3-7)中的 $|\boldsymbol{X}^\text{T}\boldsymbol{X}|$ 加上一个常数矩阵 $k\boldsymbol{I}(k > 0)$，矩阵（$\boldsymbol{X}^\text{T}\boldsymbol{X} + k\boldsymbol{I}$）可逆，则有：

$$\hat{\boldsymbol{\beta}}(\boldsymbol{X}^\text{T}\boldsymbol{X} + k\boldsymbol{I}) = \boldsymbol{X}^\text{T}\boldsymbol{Y} \qquad (5.3\text{-}20)$$

参数 $\boldsymbol{\beta}$ 的岭估计为

$$\hat{\boldsymbol{\beta}} = (\boldsymbol{X}^{\mathrm{T}}\boldsymbol{X} + k\boldsymbol{I})^{-1}\,\boldsymbol{X}^{\mathrm{T}}\boldsymbol{Y} \tag{5.3-21}$$

其中 k 为岭参数，k 的取值范围为 $(0, +\infty)$，一般建议不大于 1。k 越大，模型越不容易受到共线性的影响，但也会使得 β 的估计偏移增大，模型的拟合优度下降。

设 $\hat{\beta}(k)$ 为 k 的函数，将 $\hat{\beta}(k)$ 绘制在平面直角坐标系中，得出的曲线称为岭迹。岭迹图可用于了解自变量与因变量的关系及自变量之间的关系。k 的取值可通过岭迹图来判断，一般选取岭迹图上的岭迹趋于平稳时的 k 值，这种方法存在一定的主观性，在一些统计软件中也会给出一个建议值。通过岭迹图还可以对回归方程的变量进行筛选，其基本原则为：

① 剔除标准化岭回归系数趋于稳定且比较小的自变量；
② 剔除标准化岭回归系数随着 k 增大迅速趋近于零的自变量；
③ 剔除标准化岭回归系数很不稳定的自变量。

3）稳健回归

稳健回归（Robust Regression），又称鲁棒回归，稳健的含义是指对离群值的不敏感性、抗干扰性。稳健回归不同于最小二乘估计，对不同点会赋予不同权重，一般来说残差越小，其所获权重越高，因此拟合结果更加稳健可靠。稳健回归常用的方法有 LAV 估计、M 估计、GM 估计和 MM 估计。本研究利用 Stata16 软件构建稳健回归模型，该软件采用的方法为 M 估计中的 Huber 估计和双权数（Bisquare Weight，BW）估计。

根据式（5.3-5），最小二乘估计的求解目标为残差平方和最小化，若存在某一函数，其增长速率小于二次函数，那么就会得到一个具有稳健性的估计值，故采用 M 估计的目标函数为：

$$\min\sum_{i=1}^{n}\rho(y_i - \Sigma\beta_j\,x_{ij}) = \min\sum_{i=1}^{n}\rho(\varepsilon_i) \tag{5.3-22}$$

其中 ε_i 为随机误差；$\rho(\varepsilon)$ 为稳健损失函数，其递增速率应小于二次函数。由于这个函数的解不具备尺度同变性，因此要对残差进行标准化处理，对式（5.3-22）进行求导，可得：

$$\sum_{i=1}^{n}\psi(y_i - \sum\beta_j\,x_{ij}/\hat{\sigma})\,x_{ik} = \min\sum_{i=1}^{n}\psi(\varepsilon_i/\hat{\sigma_\varepsilon})\,x_i = 0 \tag{5.3-23}$$

其中，$\psi(\varepsilon)$ 为 $\rho(\varepsilon)$ 的导函数，称 $\psi(\varepsilon)$ 为影响函数。这样式（5.3-23）就转换为由 $k+1$ 个方程组成的方程组，将 $\psi(\varepsilon)$ 替换为随着残差增加而降低的权重：

$$\sum_{i=1}^{n}\omega_i(\varepsilon_i/\hat{\sigma_\varepsilon})\,x_i = 0 \tag{5.3-24}$$

Huber 估计的稳健损失函数、影响函数和权重函数分别为：

$$\rho_{\mathrm{H}}(\varepsilon) = \begin{cases} \dfrac{1}{2}\varepsilon^2, \varepsilon \leqslant c \\ c|\varepsilon| - \dfrac{1}{2}c^2, \varepsilon > c \end{cases} \tag{5.3-25}$$

$$\psi_{\mathrm{H}}(\varepsilon) = \begin{cases} c, \varepsilon > c \\ \varepsilon, -c \leqslant \varepsilon \leqslant c \\ -c, \varepsilon < -c \end{cases} \tag{5.3-26}$$

$$\omega_{\mathrm{H}}(\varepsilon) = \begin{cases} 1, \varepsilon \leqslant c \\ \dfrac{c}{|\varepsilon|}, \varepsilon > c \end{cases} \tag{5.3-27}$$

双权数估计的稳健损失函数、影响函数和权重函数分别为：

$$\rho_{\mathrm{BW}}(\varepsilon) = \begin{cases} \dfrac{1}{6}c^2 \left\{ 1 - \left[1 - \left(\dfrac{\varepsilon}{c} \right)^2 \right]^3 \right\}, \varepsilon \leqslant c \\ \dfrac{1}{6}c^2, \varepsilon > c \end{cases} \tag{5.3-28}$$

$$\psi_{\mathrm{BW}}(\varepsilon) = \begin{cases} \varepsilon \left[1 - \left(\dfrac{\varepsilon}{c} \right)^2 \right]^2, |\varepsilon| \leqslant c \\ 0, |\varepsilon| > c \end{cases} \tag{5.3-29}$$

$$\omega_{\mathrm{BW}}(\varepsilon) = \begin{cases} \left[1 - \left(\dfrac{y}{c} \right)^2 \right]^2, |\varepsilon| \leqslant c \\ 0, |\varepsilon| > c \end{cases} \tag{5.3-30}$$

其中 c 为常数，Huber 估计和双权数估计的取值一般为 1.345 和 4.685。

在得到回归方程以前不可能知道残差序列的值，要求解未知参数 β 的 M 估计量需要采用迭代再加权最小二乘法（Iteratively Reweighted Least Squares），具体步骤可参见《现代稳健回归方法》。Stata16 软件的第一次迭代从最小二乘估计所得结果开始，先采用 Huber 估计，经历几次迭代后转为双权数估计，直至 $\hat{\boldsymbol{\beta}}$ 稳定在某一次迭代结果上，第 a 次迭代结果的 $\hat{\boldsymbol{\beta}}^{(a)}$ 为：

$$\hat{\boldsymbol{\beta}}^{(a)} = (\boldsymbol{X}^{\mathrm{T}} \boldsymbol{W}_a \boldsymbol{X})^{-1} \boldsymbol{X}^{\mathrm{T}} \boldsymbol{W}_a \boldsymbol{Y} \tag{5.3-31}$$

式中 $\boldsymbol{W}_a$——第 a 次迭代的 $n \times n$ 权重对角矩阵，依据式（5.3-27）或式（5.3-30）取值。

4）模型评价指标

采用上述三种回归分析建立数学模型后，可通过一些评价指标选出一个最佳模型。回归模型的评价准则为真实值与预测值之间的差距，一般来说可以从两方面进行评价，一是模型是否拟合了足够多的信息，可以通过判定系数 R^2 进行评价，R^2 越接近于 1，模型越好；二是模型是否预测到正确的数值，可以通过以下这些指标进行评价。

（1）绝对平均误差（The Mean Absolute Deviation，MAD）

$$\mathrm{MAD} = \frac{1}{n} \sum_{i=1}^{n} |y_i - \hat{y}_i| \tag{5.3-32}$$

（2）均方根误差（Root Mean Squared Error，RMSE）

$$\mathrm{RMSE} = \sqrt{\frac{\sum_{i=1}^{n} (y_i - \hat{y}_i)^2}{n}} \tag{5.3-33}$$

（3）相关系数（Correlation Coefficient，CC）

$$CC = \frac{\sum_{i=1}^{n}(y_i - \overline{y_i})(\hat{y}_i - \overline{\hat{y}_i})}{\sqrt{\sum_{i=1}^{n}(y_i - \overline{y_i})^2 \cdot \sum_{i=1}^{n}(\hat{y}_i - \overline{\hat{y}_i})^2}} \tag{5.3-34}$$

（4）有效系数（Coefficient of Efficiency，CE）

$$CE = 1 - \frac{\sum_{i=1}^{n}(y_i - \hat{y}_i)^2}{\sum_{i=1}^{n}(y_i - \overline{y_i})^2} \tag{5.3-35}$$

其中 MAD，RMSE 的值越接近于 0，模型越好；CC，CE 的值越接近于 1，模型越好。

2. 典型公共建筑综合用水预测模型

1）用水量影响因素分析及变量确定

本节采用 SPSS23.0.0 软件计算各因变量与各自变量的斯皮尔曼等级相关系数，以判断其相关性是否显著。在相关性分析之前，利用聚类分析从 23 栋办公楼和 18 个酒店中各选出 3 个样本，用于验证用水量预测模型。被选出的 6 个样本不再用于后续的相关性分析及模型构建。

（1）办公室

相关性分析之前，利用 SPSS23.0.0 软件对 23 个办公楼进行聚类分析，以便于合理地选出 3 个样本，用于验证用水量预测模型。以平均日用水量和建筑面积为分类依据，使用欧式距离作为相异性测量（Dissimilarity Measure），聚类方法为组间连接法。聚类过程可以用树状图表示，每个样本是一个叶片，聚合过程用枝干连接的方式标出，确定叶片到树干的距离即可将树状图分为若干子类。

23 个办公楼的聚类树状图如图 5.3-6 所示，各枝干连接的叶片（样本）被归类为一

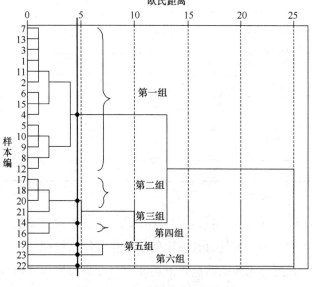

图 5.3-6　办公楼的聚类树状图

组，则 23 个样本被分为 6 组。第一组包含 14 个样本，第二组包含 4 个样本，第三组包含 2 个样本，第四、五、六组各包含 1 个样本。由于第四、五、六组仅包含 1 个样本，故从第一、二、三组中随机抽出 3 个样本用于模型验证，所选样本为样本 8、样本 16 及样本 20。根据前节，样本 22 及样本 23 为离群值，对统计分析影响较大，故将其剔除，在后续统计分析中，办公楼样本数量为 18 个。

以办公楼的平均日用水量、人均日用水量、单位面积日均用水量作为因变量，分别计算其与各自变量的斯皮尔曼等级相关系数，其中建筑年份的样本数量为 9，其余自变量的样本数量均为 18，计算结果见表 5.3-10。

办公楼因变量与自变量的相关系数统计表　　　　　　　　　　表 5.3-10

变量名称	斯皮尔曼等级相关系数		
	平均日用水量 （m³/d）	人均日用水量 [m³/(人·d)]	单位面积日均用水量 [m³/(m²·d)]
用水人数（人）	0.849**	−0.123	0.245
建筑年份（年）	−0.151	−0.269	−0.143
建筑面积（m²）	0.783**	−0.079	0.123
建筑层数（层）	0.711**	−0.070	0.097
绿化	0.101	0.273	0.215
绿化面积（m²）	0.087	0.268	0.211
餐厅	0.349	0.657**	0.634**
供水方式	0.653**	0.161	0.268
水龙头热水	0.101	0.291	0.324
空调系统	0.172	−0.194	−0.151
节水宣传	0.388	0.108	0.151
用水器具总数（个）	0.824**	0.035	0.250
洗手池水龙头数量（个）	0.774**	−0.027	0.200
洗手池水龙头类型	0.273	0.034	0.000
大便器数量（个）	0.815**	0.046	0.220
大便器类型	0.026	0.016	−0.096
小便器数量（个）	0.861**	0.149	0.350
小便器类型	0.103	0.000	0.129
拖把池水龙头数量（个）	0.650**	−0.171	0.049
节水器具使用率（%）	0.144	−0.018	−0.092

** 表示显著水平为 0.01 时，显著相关。

由表 5.3-10 可得，与平均日用水量显著相关的自变量按相关系数从大到小依次为：小便器数量、用水人数、用水器具总数、大便器数量、建筑面积、洗手池水龙头数量、建筑层数、供水方式、拖把池水龙头数量，上述 9 个自变量与平均日用水量均呈正相关，其相关系数均大于 0.6。建筑面积和建筑层数决定了建筑规模与用水器具总数，这些又共同决定了建筑所能承载的用水人数，通常来说用水人数越多，用水量也就越大。

在现有的样本容量下，仅有 1 个自变量，即餐厅，与人均日用水量及单位面积日均用水量显著相关，在 Huang 等人关于公共建筑的研究中也证实了这点。一般来说，办公楼用水单元主要包括卫生间用水、空调冷却用水、绿化用水（若设计绿化）及餐饮用水（若设置餐厅）。由于 18 栋办公楼均设置了空调系统，无法分析办公楼设置空调系统时，是否会显著增加其人均日用水量或单位面积日均用水量。根据计算结果，空调系统与三个因变量的相关系数均小于 0.2，可以认为采用单体空调系统或中央空调系统在办公楼中无显著差异。与设置绿化相比，设置餐厅会显著增加人均用水量及单位面积日均用水量，推测造成这种现象的原因为餐饮用水量通常大于绿化用水量，用水时间、用水量相对更加规律，且餐饮水源为自来水，绿化浇灌水源除自来水外，还有可能是雨水或生活杂排水。

在国外相关研究中，人均用水量是其主要研究对象。虽然其他自变量与人均日用水量的相关性并不显著，但也可参考国外相关研究结论对一些典型自变量进行分析。根据计算结果，人均日用水量与用水人数呈负相关，这与 Domene、Talita 和 Hussien 等人关于住宅的研究结果相同，参考其原因分析，推测造成这种情况是由于用水人数越少，分摊到个人的公共用水量越大，例如绿化用水、空调冷却用水及打扫用水等。平均日用水量与建筑面积呈负相关的分析结果与 Kontokosta 等人对美国纽约住宅建筑的研究结论一致，他们认为造成这种情况的原因或许是由于建筑规模越大，其用水节水管理水平越高，人均用水量越低。

综上所述，针对办公楼设置了 3 个因变量和 20 个自变量，其中因变量分别为平均日用水量、人均日用水量和单位面积日均用水量。构建模型时，仅选择与因变量显著相关的自变量，与平均日用水量显著相关的自变量为用水人数、建筑面积、建筑层数、供水方式、用水器具总数、洗手池水龙头数量、大便器数量、小便器数量和拖把池水龙头数量，共计 9 个；与人均日用水量显著相关的自变量为餐厅，共计 1 个；与单位面积日均用水量显著相关的自变量为餐厅，共计 1 个。用水器具总数是各类用水器具数量的总和，为避免多重共线性，不以用水器具总数作为模型的自变量，最终用于构建办公楼平均日用水量预测模型的自变量共计 8 个，见表 5.3-11。由于仅有 1 个名义型自变量与人均日用水量和单位面积日均用水量显著相关，因此，在后续的回归分析中，不再考虑以人均日用水量和单位面积日均用水量为因变量的用水量预测模型。

办公楼平均日用水量预测模型的自变量　　　　　　表 5.3-11

符号	变量名称	符号	变量名称
x_1	用水人数	x_5	洗手池水龙头数量
x_2	建筑面积	x_6	大便器数量
x_3	建筑层数	x_7	小便器数量
x_4	供水方式	x_8	拖把池水龙头数量

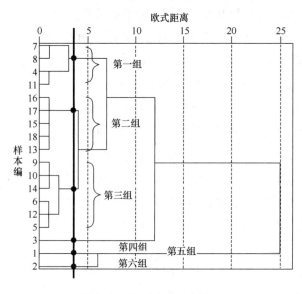

图 5.3-7 酒店的聚类树状图

（2）酒店

相关性分析之前，利用 SPSS23.0 软件对 18 个酒店进行聚类分析，以便于合理地选出 3 个样本，用于验证用水量预测模型。以平均日用水量和建筑面积为分类依据，使用欧式距离作为相异性测量，聚类方法为组间连接法，所得聚类树状图如图 5.3-7 所示。

各枝干连接的叶片（样本）被归类为一组，则 18 个样本被分为 6 组。第一组包含 4 个样本，分别为 2 个四星级酒店、1 个三星级酒店和 1 个普通酒店；第二组的 5 个样本均为普通酒店；第三组包含 6 个样本，分别为 2 个四星级酒店、2 个三星级酒店和 2 个普通酒店；第四组包含 1 个四星级酒店；第五、六组各包含 1 个五星级酒店。由于第四、五、六组仅含 1 个样本，故从第一、二、三组中各随机抽出 1 个样本用于模型验证，所选样本为样本 5（四星级酒店）、样本 7（四星级酒店）及样本 15（普通酒店）。在后续的统计分析中，酒店样本数量由 18 个减少至 15 个。

以酒店的平均日用水量、单位面积日均用水量作为因变量，分别计算其与各自变量的斯皮尔曼等级相关系数，计算结果见表 5.3-12。由于未收集到餐饮用水量、绿化用水量和绿化面积的完整数据，故不对其进行相关性分析。

酒店因变量与自变量间相关系数统计表　　　　　　　表 5.3-12

变量名称	斯皮尔曼等级相关系数	
	平均日用水量（m³/d）	单位面积日均用水量 [m³/(m²·d)]
用水计量详细程度	0.691**	0.332
床位数（床）	0.911**	0.171
入住率（%）	0.598*	0.314
客人数（人）	0.971**	0.207
员工数（人）	0.949**	0.252
建筑年份（年）	0.041	−0.081
酒店星级	0.860**	0.378
建筑面积（m²）	0.929**	0.039
建筑层数（层）	0.911**	0.052
绿化	0.347	−0.116
餐饮	0.694**	0.116

变量名称	斯皮尔曼等级相关系数	
	平均日用水量（m³/d）	单位面积日均用水量［m³/(m²·d)］
会议	0.768**	0.279
供水方式	0.677**	0.143
热水系统	0.077	0.039
空调系统	0.818**	0.458
其他大规模用水	0.656**	0.424
浴缸设置	0.729**	0.269
节水宣传	0.598*	−0.031
非传统水源利用	0.309	−0.186
地理位置	0.000	0.426
洗衣房	0.478	0.033

*表示显著水平为 0.05 时，显著相关；**表示显著水平为 0.01 时，显著相关。

据表 5.3-12 可知，在 21 个自变量中，无与单位面积日均用水量显著相关的自变量，与平均日用水量显著相关的自变量共计 15 个，包括 6 个数值型变量和 9 个名义型变量，其相关系数符号均为正。15 个自变量按相关系数由大到小依次排列为：客人数、员工数、建筑面积、床位数/建筑层数、酒店星级、空调系统、会议、浴缸设置、餐饮、用水计量详细程度、供水方式、其他大规模用水、入住率/节水宣传。

6 个数值型变量均与平均日用水量呈正相关，除入住率外，其余变量与平均日用水量的相关系数高达 0.9。酒店的建筑面积和建筑层数决定了建筑规模，建筑规模决定了床位数、能承载的客人数及需要配备的员工数，当用水人数及入住率增大时，酒店平均日用水量随之增多。

9 个名义型变量的相关系数均为正，其中酒店星级和空调系统与平均日用水量的相关系数达 0.8 以上。酒店星级越高，其所具备的功能往往越多，这就使用水点相应增多，平均日用水量增大。酒店提供会议及餐饮服务、提供游泳池及洗浴桑拿服务时会显著增加其平均日用水量。酒店带浴缸客房数越多，其平均日用水量越大。采用中央空调系统及二次加压供水的酒店，其平均用水量大于采用单体空调系统及市政供水的酒店。进行节水宣传的酒店，其平均日用水量大于未进行节水宣传的酒店平均日用水量，除此之外，分用水计量越详细的酒店，其平均日用水量越大，这或许可以反映出酒店规模越大，用水量越大，其用水管理水平越高，越注重节约用水。

综上所述，针对酒店设置了 2 个因变量和 21 个自变量，其中因变量分为平均日用水量和单位面积日均用水量。通过相关性分析，与平均日用水量显著相关的自变量共计 15 个，分别为用水计量详细程度、床位数、入住率、客人数、员工数、酒店星级、建筑面积、建筑层数、餐饮、会议、供水方式、空调系统、其他大规模用水、浴缸设置、节水宣传。考虑到入住率、客人数及员工数的实际数据在进行建筑给水系统设计时是未知，故不

公共建筑节水精细化控制技术及应用

以上述三个自变量构建模型，最终用于构建酒店平均日用水量预测模型的自变量见表5.3-13。由于没有与单位面积日均用水量显著相关的自变量，故在后续的回归分析中，不再考虑以其为因变量的用水量预测模型。

酒店平均日用水量预测模型的自变量　　　表5.3-13

符号	变量名称	符号	变量名称
x_1	用水计量详细程度	x_7	会议
x_2	床位数	x_8	供水方式
x_3	酒店星级	x_9	空调系统
x_4	建筑面积	x_{10}	其他大规模用水
x_5	建筑层数	x_{11}	浴缸设置
x_6	餐饮	x_{12}	节水宣传

2）建模方法选择

（1）因变量分布检验

在建立数学模型之前，有必要检验因变量是否服从正态分布。若因变量服从正态分布，则可以选择线性回归模型；若因变量不服从正态分布，那么就要考虑采用广义线性回归模型。本节将采用频率分布直方图、P-P图及W检验统计量进行检验，若因变量不服从正态分布，可求其自然对数值或算术平方根值后再次进行检验。

① 办公楼

以18个办公楼的平均日用水量观测数据绘制频率分布直方图［图5.3-8（a）］和P-P图［图5.3-8（b）］。据图可知，因变量分布呈右偏趋势，P-P图的点未沿着对角线分布，因变量显然不服从正态分布。

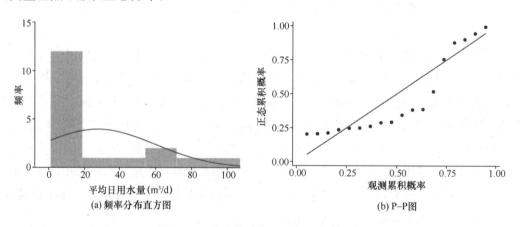

(a) 频率分布直方图　　　　　　　(b) P-P图

图5.3-8　办公楼平均日用水量统计图表

计算因变量观测数据的自然对数值后再绘制频率分布直方图［图5.3-9（a）］和P-P图［图5.3-9（b）］。如图所示，频率分布直方图的趋势线左右基本对称，P-P图的点大致沿着对角线分布。为准确判断对数变换后因变量的正态性，采用W检验，经计算，其P值为0.558，当显著水平为0.05时，可认为其服从正态分布。

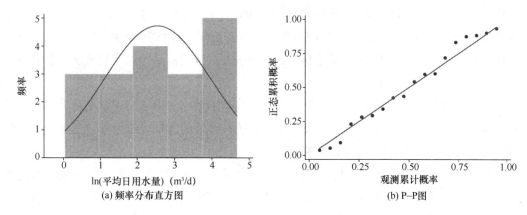

图 5.3-9　办公楼平均日用水量自然对数变换后统计图表

② 酒店

以 20 个酒店的平均日用水量观测数据绘制频率分布直方图 ［图 5.3-10 （a）］ 和 P-P 图 ［图 5.3-10 （b）］，据频率分布直方图可以看出因变量分布呈右偏趋势，P-P 图上的点未沿着对角线分布，因变量明显不服从正态分布。

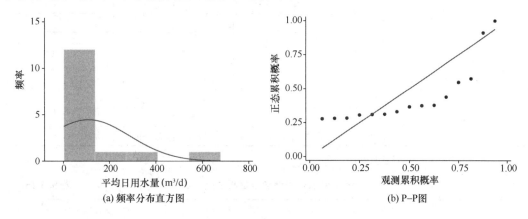

图 5.3-10　酒店平均日用水量统计图表

计算因变量观测数据的自然对数值后再绘制频率分布直方图 ［图 5.3-11 （a）］ 和 P-P

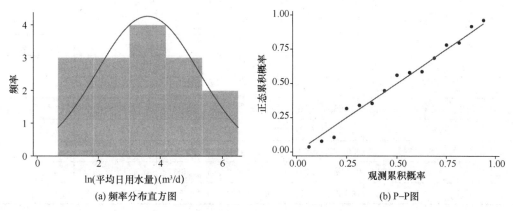

图 5.3-11　酒店平均日用水量自然对数变换后统计图表

图 [图 5.3-11（b）]。如图所示，频率分布直方图的趋势线左右对称，P-P 图的点基本沿着对角线分布。为准确判断对数变换后因变量的正态性，计算其 W 统计量，得 P 值为 0.956，当显著水平为 0.05 时，接受原假设，即认为对数变换后的因变量服从正态分布。

（2）自变量相关性分析

自变量间相关性较强时会导致多重共线性，使基于最小二乘法的参数估计失效，参数的解不唯一。了解各自变量间的相关关系有利于选择合适的建模方法，若自变量间相关性较强，可以考虑采用岭回归构建数学模型。

采用 SPSS23.0 软件分别计算办公楼 8 个自变量及酒店 12 个自变量间的斯皮尔曼等级相关系数，计算结果见表 5.3-14 和表 5.3-15。根据表 5.3-14 可知，办公楼任意两个自变量的相关系数均大于 0.6，且在显著水平为 0.01 时，其相关性均显著。根据表 5.3-15 可知，酒店任意两个自变量相关性显著的所占比例达 75% 以上。综上所述，两类公共建筑的自变量间相关性极强，在建立平均日用水量预测模型时，极有可能导致多重共线性。

办公楼用水量模型自变量相关性分析

表 5.3-14

r	x_1	x_2	x_3	x_4	x_5	x_6	x_7	x_8
x_1	1.000							
x_2	0.934**	1.000						
x_3	0.841**	0.912**	1.000					
x_4	0.675**	0.717**	0.669**	1.000				
x_5	0.888**	0.914**	0.920**	0.739**	1.000			
x_6	0.909**	0.958**	0.909**	0.698**	0.918**	1.000		
x_7	0.882**	0.919**	0.893**	0.741**	0.916**	0.941**	1.000	
x_8	0.854**	0.856**	0.880**	0.667**	0.885**	0.889**	0.845**	1.000

** 表示显著水平为 0.01 时显著相关。

酒店用水量模型自变量相关性分析

表 5.3-15

r	x_1	x_2	x_3	x_4	x_5	x_6	x_7	x_8	x_9	x_{10}	x_{11}	x_{12}
x_1	1.000											
x_2	0.757**	1.000										
x_3	0.770**	0.872**	1.000									
x_4	0.663**	0.932**	0.765**	1.000								
x_5	0.591*	0.902**	0.773**	0.920**	1.000							
x_6	0.347	0.694**	0.492	0.694**	0.638*	1.000						
x_7	0.418	0.593*	0.594*	0.663**	0.647**	0.829**	1.000					
x_8	0.532*	0.733**	0.615*	0.586*	0.744**	0.625*	0.528*	1.000				
x_9	0.490	0.655**	0.696**	0.622*	0.721**	0.707**	0.853**	0.672**	1.000			
x_{10}	0.786**	0.694**	0.698**	0.656*	0.541*	0.250	0.302	0.333	0.354	1.000		
x_{11}	0.662**	0.861**	0.726**	0.729**	0.701**	0.446	0.307	0.680**	0.414	0.764**	1.000	
x_{12}	0.321	0.535*	0.536*	0.535*	0.710**	0.272	0.431	0.612*	0.577*	0.408	0.520*	1.000

* 表示显著水平为 0.05 时显著相关；** 表示显著水平为 0.01 时显著相关。

（3）建模方法选择

办公楼和酒店的因变量（平均日用水量）经自然对数变换后均服从正态分布，因此将首先采用基于最小二乘估计的线性回归分别建立这两类公共建筑的用水量预测模型，自变量的选择方法为向前选择法、向后剔除法和逐步回归法。这两类公共建筑的自变量间均存在显著相关关系，为消除极有可能产生的多重共线性，还将采用岭回归构建用水量预测模型。在15个酒店中，存在两个未剔除的离群值，故还将采用对离群值不敏感的稳健回归建立用水量预测模型。除此之外，采用线性回归建立的回归方程，需检验其是否满足基本假设。

3）用水量预测模型构建

（1）用水量线性回归模型构建

本研究采用 SPSS23.0.0 软件构建线性回归模型，自变量的选择方法为向前选择法、向后剔除法和逐步回归法。对于线性回归，在参数估计之前假定回归方程满足三个基本假设，因此，在得到回归方程后，需要进行共线性诊断，除此之外，还需要检验残差序列是否存在异方差性及自相关性。

① 办公楼

采用18栋办公楼的观测数据建立线性回归方程，以 y 表示平均日用水量，以 $\ln(y)$ 表示经对数变换后的平均日用水量。采用逐步回归法和向前选择法得到的回归方程一致，其系数见表 5.3-16。表 5.3-17 为采用向后剔除法得到的回归方程系数。两个回归方程的表达式分别为：

办公楼模型 1：$\ln(y) = 1.116 + 0.046 x_7$　　　　　　　　　　　　　　(5.3-36)

办公楼模型 2：$\ln(y) = 0.778 + 0.004 x_1 - 2.520 \times 10^{-4} x_2 + 0.065 x_6 - 0.052 x_8$

(5.3-37)

办公楼模型 1 系数表　　　　　　　表 5.3-16

变量名称	系数 β	标准误差	t 值	P 值	VIF
常量	1.116	0.304	3.665	0.002	
x_7 小便器数量	0.046	0.008	6.002	0.000	1.000

注：1. $R^2 = 0.692$，调整后 $R^2 = 0.673$；
　　2. $F = 36.020$；
　　3. DW 值 = 1.264。

办公楼模型 2 系数表　　　　　　　表 5.3-17

变量名称	系数 β	标准误差	t 值	P 值	VIF
常量	0.778423	0.272206	2.860	0.013	
x_1 用水人数	0.004199	0.001054	3.983	0.002	16.978
x_2 建筑面积	−0.000252	0.000070	−3.621	0.003	49.480
x_6 大便器数量	0.064689	0.014030	4.611	0.000	22.268
x_8 拖把池水龙头数量	−0.051945	0.021999	−2.361	0.034	3.352

注：1. $R^2 = 0.854$，调整后 $R^2 = 0.809$；
　　2. $F = 18.992$；
　　3. DW 值 = 1.950。

模型 1 和模型 2 的回归方程及其系数经 F 检验、t 检验后均显著，R^2 分别为 0.692、0.854，调整后 R^2 分别为 0.673、0.809。模型 2 的 VIF 值大于 10，说明回归方程存在多重共线性，而且，建筑面积（x_2）和拖把池水龙头数量（x_8）系数为负，即多重共线性甚至改变建筑面积和拖把池水龙头数量与平均日用水量的相关性方向。

图 5.3-12（a）和图 5.3-12（b）分别为模型 1 与模型 2 标准化残差的频率分布直方图，据图可知两模型的标准化残差分布基本左右对称，可认为其服从正态分布，不存在异方差性。模型 1 的 DW 值为 1.264，查 DW 检验上下界表，得 $d_U = 1.391$，DW 值未落入 $[d_U, 4 - d_U]$；模型 2 的 DW 值为 1.950，查表得 $d_U = 1.872$，DW 值落入 $[d_U, 4 - d_U]$，说明模型 1 残差序列存在自相关性，模型 2 残差序列间相互独立。

根据多重共线性诊断及基本假设检验，可得模型 1 与模型 2 均无效。

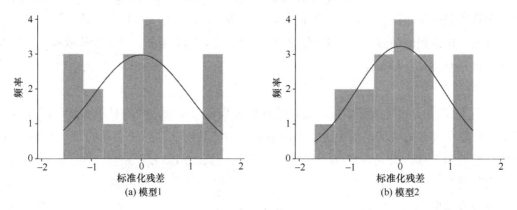

图 5.3-12　办公楼模型标准化残差频率分布直方图

② 酒店

采用 SPSS23 软件及 15 个酒店建立线性回归方程，以 y 表示平均日用水量，以 $\ln(y)$ 表示经对数变换后的平均日用水量。采用逐步回归法和向前选择法得到的回归方程一致，其系数见表 5.3-18。表 5.3-19 为采用向后剔除法得到的回归方程系数，两回归方程的表达式分别为：

酒店模型 1：$\ln(y) = 1.010712 + 0.608626x_3 + 0.054280x_5 + 1.582896x_6$　　（5.3-38）

酒店模型 2：$\ln(y) = 1.130251 + 0.000033x_4 + 0.865657x_6 + 0.733769x_7 + 0.491251x_8$

（5.3-39）

酒店模型 1 系数表　　　　　　　　　　　　　　　　　　表 5.3-18

变量名称	系数 β	标准误差	t 值	P 值	VIF
常量	1.010712	0.223407	4.524	0.001	
x_3 酒店星级	0.608626	0.136547	4.457	0.001	2.346
x_5 建筑层数	0.054280	0.015738	3.449	0.005	2.524
x_6 餐饮	1.582896	0.286774	5.520	0.000	1.380

注：1. $R^2 = 0.958$，调整后 $R^2 = 0.947$；

2. $F = 83.986$；

3. DW 值 $= 2.220$。

酒店模型 2 系数表　　　　　　　　　　　　　　表 5.3-19

变量名称	系数 β	标准误差	t 值	P 值	VIF
常量	1.130251	0.159118	7.103	0.000	
x_4 建筑面积	0.000033	0.000003	12.046	0.000	1.250
x_6 餐饮	0.865657	0.341965	2.531	0.030	3.697
x_7 会议	0.733769	0.294263	2.494	0.032	3.346
x_8 供水方式	0.491251	0.124605	3.942	0.003	1.582

注：1. $R^2 = 0.980$，调整后 $R^2 = 0.972$；

　　2. $F = 121.367$；

　　3. DW 值 = 1.388。

模型 1 和模型 2 的回归方程及其系数经 F 检验、t 检验后均显著，其 R^2 分别为 0.958、0.980，调整后 R^2 分别为 0.947、0.972。两模型的 VIF 值均小于 5，各自变量系数符号与相关性分析结果一致，可认为不存在多重共线性。

图 5.3-13 分别展示了模型 1 与模型 2 的标准化残差频率分布直方图，经观察，其分布左右对称，可判定标准化残差服从正态分布，即两回归方程残差序列不存在异方差性。模型 1 的 DW 值为 2.220，查表得 $d_U = 1.750$，DW 值落入 $[d_U, 4-d_U]$，残差序列相互独立；模型 2 的 DW 值为 1.388，查表得 $d_U = 1.977$，DW 值未落入 $[d_U, 4-d_U]$，残差序列存在自相关性。

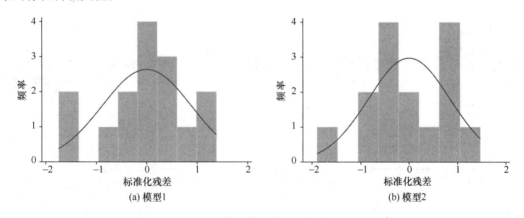

(a) 模型 1　　　　　　　　　　　　(b) 模型 2

图 5.3-13　酒店模型标准化残差频率分布直方图

根据多重共线性诊断及基本假设检验，可得模型 1 有效，模型 2 无效。

（2）用水量岭回归模型构建

① 办公楼

以办公楼 8 个自变量绘制岭迹图（图 5.3-14），图中岭迹相互重叠，说明自变量间多重共线性严重。根据图 5.3-14 可知，建筑层数、供水方式、洗手池水龙头数量及拖把池水龙头数量的标准化回归系数随 k 值增加较为稳定且其绝对值接近于零，依据自变量筛选原则，可以剔除上述四个自变量。

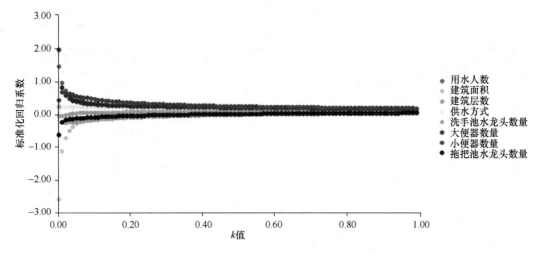

图 5.3-14　办公楼 8 个自变量的岭迹图

以用水人数、建筑面积、大便器数量和小便器数量建立岭回归方程，在此之前先绘制岭迹图用于选取 k 值。由图 5.3-15 可知，当 $k=0.1$ 时，各岭迹开始收缩，各自变量的标准化回归系数趋于稳定；当 $k=0.2$ 时，建筑面积的标准化回归系数大于零，即当 $k>0.2$ 时，回归系数的符号不再受多重共线性影响。

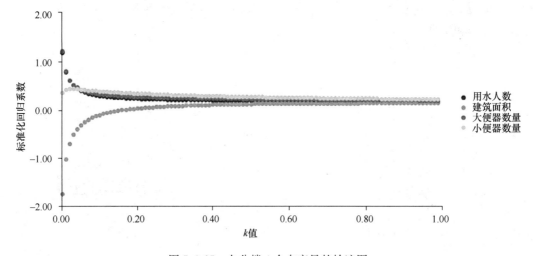

图 5.3-15　办公楼 4 个自变量的岭迹图

当 k 最小为 0.56 时，回归方程及回归系数均显著，该模型系数见表 5.3-20，回归方程表达式为：

办公楼模型 3：$\ln(y)=1.314+4.340\times10^{-4}x_1+1.100\times10^{-5}x_2+0.006x_6+0.014x_7$

$$(5.3-40)$$

办公楼模型 3 系数表　　　　　　　　　　　　　　　表 5.3-20

变量名称	系数 β	标准误差	t 值	P 值
常数	1.314291	0.303646	4.328	0.001
x_1 用水人数	0.000434	0.000191	2.269	0.041

续表

变量名称	系数 β	标准误差	t 值	P 值
x_2建筑面积	0.000011	0.000005	2.181	0.048
x_6大便器数量	0.006045	0.001944	3.110	0.008
x_7小便器数量	0.013969	0.004357	3.206	0.007

注：1. $R^2=0.700$，调整后的 $R^2=0.608$；

　　2. $F=7.586$；

　　3. P 值 $=0.002$。

考虑到 k 为 0.56 时，回归系数估计偏移过大，故剔除一个自变量以降低 k 值，提高模型的拟合优度。当选择用水人数、建筑面积和大便器数量进行拟合时，k 值最低可降至 0.31。以上述 3 个自变量绘制的岭迹图如图 5.3-16 所示，当 $k=0.05$ 时，各岭迹开始收缩；当 k 接近 0.2 时，建筑面积的标准化回归系数符号由负变为正。该模型的系数见表 5.3-21，回归方程的表达式为：

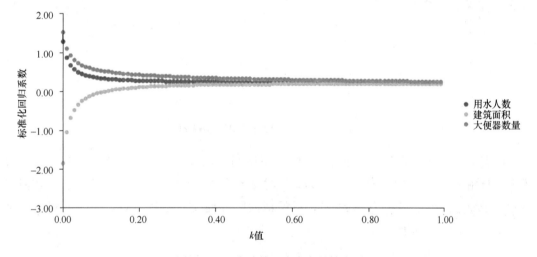

图 5.3-16　办公楼 3 个自变量岭迹图

办公楼模型 4：$\ln(y) = 1.331 + 6.020 \times 10^{-4} x_1 + 1.400 \times 10^{-5} x_2 + 0.010 x_6$

$$(5.3-41)$$

办公楼模型 4 系数表　　　　　　　　　　　　　　　　表 5.3-21

变量名称	系数 β	标准误差	t 值	P 值
常数	1.331244	0.307523	4.329	0.001
x_1用水人数	0.000602	0.000261	2.304	0.037
x_2建筑面积	0.000014	0.000006	2.146	0.050
x_6大便器数量	0.010284	0.003075	3.345	0.005

注：1. $R^2=0.672$，调整后的 $R^2=0.602$；

　　2. $F=9.571$；

　　3. P 值 $=0.001$。

② 酒店

以酒店的 12 个自变量绘制岭迹图，如图 5.3-17 所示，图中岭迹相互重叠，说明多重共线性严重。根据图 5.3-17 可知，用水计量详细程度、供水方式、其他大规模用水及节水宣传的标准化回归系数随 k 值增加较为稳定且其绝对值接近于零，可以剔除上述四个自变量。除此之外，观察到建筑层数与床位数的岭迹基本重合，故剔除建筑层数，保留床位数。

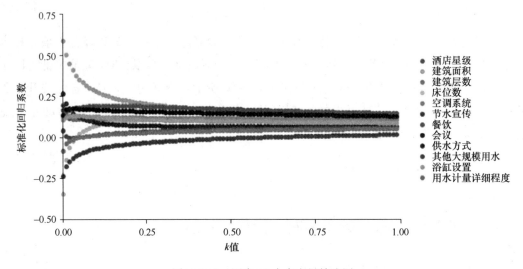

图 5.3-17　酒店 12 个自变量岭迹图

以剩余 7 个自变量绘制岭迹图，由图 5.3-18 可知，各自变量的标准化回归系数均大于零，与相关性分析结果一致。当 k 为 0.1 时，各岭迹开始收缩，各自变量的标准化回归系数趋于稳定。当 k 最小为 0.21 时，可保证回归方程及其系数显著，回归方程系数见表 5.3-22，其表达式为：

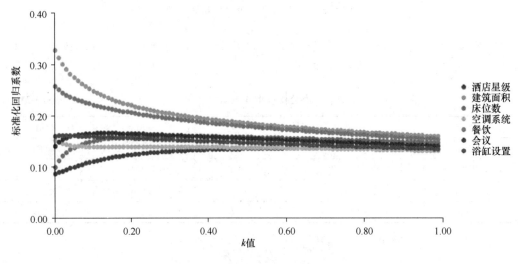

图 5.3-18　酒店 7 个自变量的岭迹图

酒店模型 3：$\ln(y) = 1.214 + 0.001x_2 + 0.179x_3 + 1.200 \times 10^{-5}x_4 + 0.807x_6 +$

$$0.587x_7 + 0.465x_9 + 0.312x_{11} \tag{5.3-42}$$

酒店模型 3 系数表　　　　　　　　表 5.3-22

变量名称	系数 β	标准误差	t 值	P 值
常数	1.214037	0.178152	6.815	0.000
x_2 床位数	0.001291	0.000401	3.216	0.015
x_3 酒店星级	0.178889	0.075108	2.382	0.049
x_4 建筑面积	0.000012	0.000003	4.276	0.004
x_6 餐饮	0.807371	0.198735	4.063	0.005
x_7 会议	0.587460	0.170288	3.450	0.011
x_9 空调系统	0.464847	0.173686	2.676	0.032
x_{11} 浴缸设置	0.311749	0.105981	2.942	0.022

注：1. $R^2 = 0.979$，调整后 $R^2 = 0.958$；

　　2. $F = 46.749$；

　　3. P 值 $= 0.000$。

为进一步降低 k 值，可剔除一个自变量后再次进行拟合。当剔除表 5.3-22 中 P 值最大的自变量（酒店星级）时，k 值最低可降至 0.07。该模型的系数见表 5.3-23，回归方程的表达式为：

酒店模型 4：$\ln(y) = 1.109 + 0.001x_2 + 1.500 \times 10^{-5}x_4 + 0.817x_6 + 0.653x_7$

$$+ 0.553x_9 + 0.372x_{11} \tag{5.3-43}$$

酒店模型 4 系数表　　　　　　　　表 5.3-23

变量名称	系数 β	标准误差	t 值	P 值
常数	1.109409	0.168846	6.571	0.000
x_2 床位数	0.001454	0.000607	2.395	0.044
x_4 建筑面积	0.000015	0.000004	3.972	0.004
x_6 餐饮	0.817011	0.260189	3.140	0.014
x_7 会议	0.653282	0.259803	2.515	0.036
x_9 空调系统	0.552638	0.227877	2.425	0.042
x_{11} 浴缸设置	0.372488	0.132425	2.813	0.023

注：1. $R^2 = 0.981$，调整后 $R^2 = 0.967$；

　　2. $F = 69.632$；

　　3. P 值 $= 0.000$。

4）用水量稳健回归模型构建

（1）办公楼

采用 Stata16.0 软件和 18 栋办公楼的观测数据建立稳健回归模型，最终得到的回归方程系数见表 5.3-24。回归方程及回归系数经 F 检验和 t 检验后均显著，但洗手池水龙头数量的回归系数符号与相关性分析结果不一致，即自变量间的相互影响改变了回归系数的符号。回归方程的表达式为：

办公楼模型 5：$\ln (y) = 0.925 + 0.002x_1 - 0.044x_5 + 0.084x_7$ (5.3-44)

办公楼模型 5 系数表　　　　　　　　　　　　　表 5.3-24

变量名称	系数 β	标准误差	t 值	P 值
常量	0.925	0.313	2.959	0.011
x_1 用水人数	0.002	0.001	2.281	0.040
x_5 洗手池水龙头数量	−0.044	0.018	−2.379	0.033
x_7 小便器数量	0.084	0.024	3.479	0.004

注：1. $R^2 = 0.770$，调整后 $R^2 = 0.717$；

2. $F = 14.544$；

3. P 值 $= 0.000$。

（2）酒店

采用 Stata16 软件及 15 个酒店的观测数据建立稳健回归模型，最终得到的回归方程系数见表 5.3-25。回归方程及回归系数经 F 检验和 t 检验后均显著，回归方程的表达式为：

酒店模型 5：$\ln (y) = 1.173 + 0.003x_2 + 2.100 \times 10^{-5} x_4 + 0.883x_6 + 0.748x_9$

(5.3-45)

酒店模型 5 系数表　　　　　　　　　　　　　表 5.3-25

变量名称	系数 β	标准误差	t 值	P 值
常量	1.173118	0.185606	6.32	0.000
x_2 床位数	0.003311	0.001312	2.52	0.033
x_4 建筑面积	0.000021	0.000006	3.41	0.008
x_6 餐饮	0.882552	0.290064	3.04	0.014
x_9 空调系统	0.748311	0.242699	3.08	0.013

注：1. $R^2 = 0.970$，调整后 $R^2 = 0.956$；

2. $F(8,3) = 71.57$；

3. P 值 $= 0.000$。

5）典型公共建筑用水量预测模型评价与验证

在一部分中，采用线性回归、岭回归及稳健回归构建了多个办公楼及酒店的平均日用水量预测模型，但各模型的拟合优度及预测能力尚不明确。本研究将对各用水量预测模型进行评价及验证。通过模型评价指标，评价各模型对建模数据的拟合优度。利用各模型计算其余建筑的平均日用水量，以验证各模型的预测能力，并从中确定最佳预测模型。对比预测用水量及依据相关标准计算的用水量判断最佳预测模型是否具有实用意义。

（1）用水量预测模型评价

对公共建筑平均日用水量预测模型进行评价的目的在于判断各模型对建模数据的拟合优度。本节通过对比各模型预测值与真实值的差距，利用绝对平均误差（MAD）、均方根误差（RMSE）、相关系数（CC）、有效系数（CE）、判定系数 R^2 及调整后 R^2 对 3 个办公楼模型和 4 个酒店模型进行评价。

① 办公楼

采用岭回归和稳健回归共计得到 3 个有效的办公楼用水量预测模型，如下：

办公楼模型 3：$\ln (y) = 1.314 + 4.340 \times 10^{-4} x_1 + 1.100 \times 10^{-5} x_2 + 0.006 x_6 +$
$$0.014 x_7 \tag{5.3-46}$$

办公楼模型 4：$\ln (y) = 1.331 + 6.020 \times 10^{-4} x_1 + 1.400 \times 10^{-5} x_2 + 0.010 x_6 \tag{5.3-47}$

办公楼模型 5：$\ln (y) = 0.925 + 0.002 x_1 - 0.044 x_5 + 0.084 x_7 \tag{5.3-48}$

式中　y——平均日用水量；

x_1——用水人数；

x_2——建筑面积；

x_5——洗手池水龙头数；

x_6——大便器数；

x_7——小便器数；

x_8——拖把池水龙头数量。

根据回归方程计算出预测值后，以 18 个办公楼的实际平均日用水量、模型 3、模型 4 和模型 5 的预测平均日用水量绘制折线图。如图 5.3-19 所示，对于样本 17，模型 5 的拟合出现了严重偏差，为便于观察其余样本的拟合情况，剔除样本 17 后再次绘制折线图，如图 5.3-20 所示。

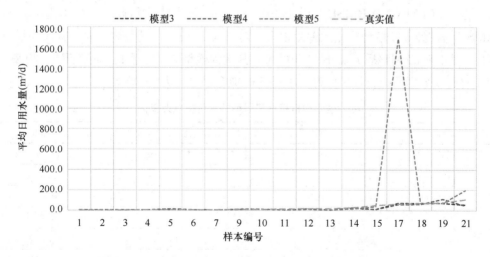

图 5.3-19　办公楼平均日用水量的真实值与预测值对比图 1

根据图 5.3-20 依次分析 3 个模型对各样本的拟合准确度。对于样本 1 至样本 10，3 个模型的预测值均接近真实值，说明 3 个模型对用水量偏小的办公楼具有较优的拟合效果；对于样本 11 至样本 18，3 个模型对样本 12、样本 14 及样本 18 的拟合准确度较优，而对样本 11、样本 13 及样本 15 的拟合均存在偏差。与其余样本相比，上述三个样本的单位面积日均用水量偏大，最小为 4.9L/($m^2 \cdot$ d)，最大为 6.4L/($m^2 \cdot$ d)，而 18 个样本的单位面积日均用水量的均值仅为 2.0L/(m² · d)，这就说明 3 个模型对用水量大、建筑面积小的办公楼的拟合效果不佳。对于样本 19，模型 3 和模型 5 的预测值均靠近真实值，但模型 4 的预测值与真实值相差 33m³/d。对于样本 21，3 个模型的拟合均存在偏差，其中模型 5 的预测值与真实值相差最大。样本 21 的平均日用水量达 100m³/d 以上，说明 3 个模型对用水量较大的办公楼的拟合准确度较差。

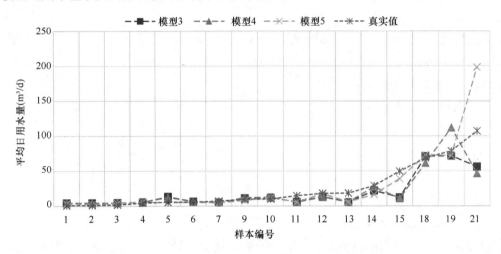

图 5.3-20　办公楼平均日用水量的真实值与预测值对比图 2

分别计算模型 3、模型 4 及模型 5 对建模数据的 MAD、RMSE、CC 和 CE，其计算结果、R^2 及调整后 R^2 见表 5.3-26。对于 MAD 及 RMSE，模型 3 最小，其次为模型 4、模型 5。模型 3 的 MAD 及 RMSE 与模型 4 相差不大，但模型 5 受样本 17 的影响，其 MAD 和 RMSE 与模型 3 及模型 4 相比差距很大。对于 CC 及 CE，模型 3 最大，其次为模型 4、模型 5。对于 R^2 及调整后 R^2，模型 5 最大，其次为模型 3、模型 4。综上所述，模型 3 及模型 4 对建模数据的拟合效果较好，模型 5 的拟合误差较大。

办公楼平均日用水量模型的评价指标计算值　　　　　　表 5.3-26

指标	模型 3	模型 4	模型 5
MAD	8.97	11.10	99.00
RMSE	15.81	19.35	382.70
CC	0.88	0.81	0.40
CE	0.74	0.61	失效
R^2	0.70	0.67	0.77
调整后 R^2	0.61	0.60	0.72

② 酒店

采用线性回归、岭回归及稳健回归共得到 4 个有效的酒店平均日用水量预测模型，如下：

酒店模型 1：$\ln(y) = 1.011 + 0.609x_3 + 0.054x_5 + 1.583x_6$　　　　　　　(5.3-49)

酒店模型 3：$\ln(y) = 1.214 + 0.001x_2 + 0.179x_3 + 1.200 \times 10^{-5} x_4 + 0.807x_6 +$

$$0.587x_7 + 0.465x_9 + 0.312x_{11} \tag{5.3-50}$$

酒店模型 4：$\ln(y) = 1.109 + 0.001x_2 + 1.500 \times 10^{-5}x_4 + 0.817x_6 + 0.653x_7 +$

$$0.553x_9 + 0.372x_{11} \tag{5.3-51}$$

酒店模型 5：$\ln(y) = 1.173 + 0.003x_2 + 2.100 \times 10^{-5}x_4 + 0.883x_6 + 0.748x_9$

$$\tag{5.3-52}$$

式中　y——平均日用水量；

　　　x_2——床位数；

　　　x_3——酒店星级；

　　　x_4——建筑面积；

　　　x_5——建筑层数；

　　　x_6——餐饮；

　　　x_7——会议；

　　　x_9——空调系统；

　　　x_{11}——浴缸设置。

　　根据回归方程计算出预测值后，以 15 个酒店的实际平均日用水量，模型 1、模型 3、模型 4 及模型 5 的预测平均日用水量绘制折线图。如图 5.3-21 所示，对于样本 1，模型 5 的拟合偏差非常大，这说明稳健回归为提高其他样本的拟合优度，牺牲了对离群值的拟合优度。为便于观察其余样本的拟合情况，剔除样本 1 后再次绘制折线图，如图 5.3-21 所示。

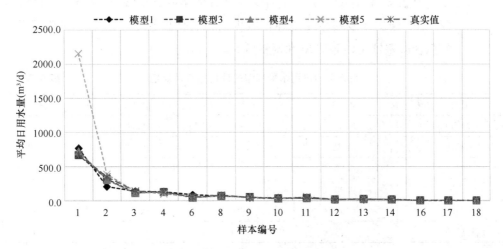

图 5.3-21　酒店平均日用水量真实值与预测值对比图 1

　　由图 5.3-22 可知，对于样本 2，模型 3 和模型 5 的预测值最接近真实值，模型 1 拟合偏差过大，差距接近 150m³。对于样本 3，模型 1 及模型 5 的预测值与真实值基本重合，模型 3 和模型 4 的预测值略低于真实值。对于样本 4，模型 1、模型 3 和模型 4 均具有不错的预测能力，模型 5 预测值与真实值的差距在 50m³ 以内。当平均日用水量低于 100m³ 时（样本 8～样本 18），模型 3、模型 4 和模型 5 的预测值与真实值大致相等，而模型 1 在样本 6 处存在较大偏差。

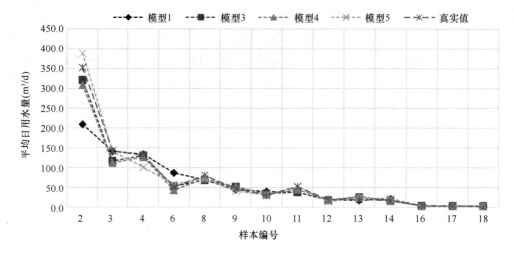

图 5.3-22　酒店平均日用水量真实值与预测值对比图 2

计算模型 1、模型 3、模型 4 和模型 5 的 MAD、RMSE、CC 和 CE，其计算结果、R^2 和调整后 R^2 见表 5.3-27。由于受到样本 1 的影响，模型 5 的 MAD 和 RMSE 最大，其次为模型 1、模型 4 及模型 3。对于 CE 和 CC，模型 3 及模型 4 高达 0.99，最后为模型 1、模型 5。4 个模型的 R^2 和调整后 R^2 均大于 0.9，处于一个非常高的水平，参考 Deya 等人针对西班牙某度假岛屿酒店开展的研究，其样本数量为 748，用水量数学模型的 R^2 为 0.75，考虑本次 R^2 很高不是在于模型准确度高，而是样本数量偏小，故拟合效果较好。综上所述，模型 1、模型 3 及模型 4 对建模数据的拟合优度较好，由于受到离群值的影响，模型 5 的拟合误差较大，但其 R^2 和调整后 R^2 也均大于 0.9。

酒店平均日用水量模型的评价指标计算值　　　　　　　　表 5.3-27

指标	模型 1	模型 3	模型 4	模型 5
MAD	21.72	7.54	11.20	105.73
RMSE	45.33	12.02	19.02	381.64
CC	0.97	0.99	0.99	0.94
CE	0.93	0.99	0.99	失效
R^2	0.96	0.98	0.98	0.97
调整后的 R^2	0.95	0.96	0.97	0.96

（2）用水量预测模型验证

上文已经对办公楼及酒店的平均日用水量预测模型的拟合优度进行评价。对建模数据的拟合效果好并不意味对新样本的预测能力强，因为模型有可能出现过拟合现象。过拟合的模型误差很小，但用于预测时，出现偏差的可能性极大，因此需要通过新样本判断模型的预测能力。

如前所述，在相关性分析及模型构建之前，各预留 3 个样本，用于验证办公楼及酒店用水量预测模型。以下参考 Talita 等人的验证方法，计算 6 个样本的预测值、置信区间和相对误差，评价各模型的预测能力，并从中选出最佳模型。最后通过比较建筑的实际用水量、最佳模型预测用水量及依据相关标准计算出的用水量，判断用水量预测模型是否具备实用价值。

① 办公楼

表 5.3-28 展示了办公楼模型 3、模型 4 及模型 5 对 3 个预留样本的预测情况。3 个样本的实际日用水量均落入 3 个模型的置信区间。模型 3 的相对误差中位数为 38.20%，相对误差平均值为 31.62%；模型 4 的相对误差中位数为 24.83%，相对误差平均值为 22.37%；模型 5 的相对误差中位数为 37.89%，相对误差平均值为 70.55%。模型 5 预测出现严重偏差是在意料之中的，模型 5 回归方程中洗手池水龙头数量的回归系数符号为负，与相关性分析结果不一致，在预测新样本的平均日用水量时，出现严重偏差的可能性极大。

办公楼平均日用水量预测模型验证表　　　　　表 5.3-28

模型编号	样本编号	ln(y)	预测值 ln$(\hat{y})$ 及置信区间	实际平均日用水量 y（m³/d）	预测平均日用水量 $\hat{y}$（m³/d）	y 与 $\hat{y}$ 相对误差绝对值
3	8	2.15	2.26±2.07	8.58	9.62	12.08%
	16	3.95	3.36±2.59	51.91	28.76	44.59%
	20	4.41	3.93±2.360	82.38	50.91	38.20%
4	8	2.15	2.31±2.03	8.58	10.05	17.04%
	16	3.95	3.66±2.34	51.91	39.02	24.83%
	20	4.41	4.12±2.33	82.38	61.60	25.24%
5	8	2.15	1.67±0.82	8.58	5.33	37.89%
	16	3.95	3.76±0.88	51.91	42.73	17.68%
	20	4.41	5.35±1.07	82.38	210.97	156.08%

对于样本 8，模型 3 的相对误差最小，为 12.08%；对于样本 16 及样本 20，模型 4 的相对误差最小，分别为 24.83%、25.24%，总体而言，模型 4 的相对误差在 30% 以内，且接近 25%，在 3 个模型中预测能力最佳。根据模型 4 的预测效果，规定模型 4 预测值与真实值的相对误差为 ±26%，利用模型 4 计算办公楼平均日用水量时，其预测区间为：$\left[\dfrac{\hat{y}}{1+26\%}, \dfrac{\hat{y}}{1-26\%}\right]$。

表 5.3-29 列出了《建筑给水排水设计标准》GB 50015—2019、《民用建筑节水设计标准》GB 50555—2010、天津市地方标准及北京市地方标准中规定的办公楼用水定额。依据上述 4 个标准，计算出样本 8、样本 10 及样本 16 的平均日用水量，并与其实际值、模型 4 预测值进行比较，见表 5.3-29。

相关标准中办公楼平均日用水量的计算依据 　　　　　　　表 5.3-29

标准	相关条例
《建筑给水排水设计标准》 GB 50015—2019	坐班制办公每人每班平均日生活用水定额为 25～40L（不包含餐饮、空调及绿化用水），职工食堂每人每次平均日生活用水定额为 15～20L
《民用建筑节水设计标准》 GB 50555—2010	办公楼每人每班平均日生活用水节水定额为 25～40L（不包含餐饮、空调及绿化用水），职工食堂每人每次平均日生活用水节水定额为 15～20L
北京市地方标准： 《用水定额 第29部分：写字楼》 DB11/T 1764.29—2021	写字楼水冷中央空调取水定额为 1.0m³/（m²·年）；其他空调取水定额为 0.9m³/（m²·年）（包括饮用、卫生及空调用水，不包括餐饮等非办公区用水）

根据表 5.3-29 可知，3 栋办公楼的实际平均日用水量处于模型 4 的预测区间内，处于《建筑给水排水设计标准》GB 50015—2019 及《民用建筑节水设计标准》GB 50555—2010 的计算区间（以下简称设计计算区间）内，低于各市地方标准计算值。

对于样本 16 及样本 20，若考虑空调及餐饮用水，设计计算区间将在此基础上增大，或许实际用水量将低于设计计算区间下限值，但由于缺乏 3 栋办公楼的给水系统设计资料，不能计算出包括上述用水量在内的设计计算区间加以比较。尽管如此，对于样本 16 和样本 20，无论是否考虑餐饮及空调用水，模型 4 的预测区间上限值均小于设计计算区间上限值，设计时参考模型 4 预测区间能缩小设计计算区间范围。同时，与地方标准计算值相比，模型 4 的预测区间更接近实际平均日用水量。综上所述，可认为办公楼平均日用水量预测模型具有实用性（表 5.3-30）。

办公楼平均日用水量计算值比较（m³/d）　　　　　　　　表 5.3-30

项目	样本 8	样本 16	样本 20
建筑所在地	天津	北京	北京
用水单元	卫生、餐饮、空调、绿化	卫生、餐饮、空调	卫生、餐饮、空调
实际用水量	8.58	51.91	82.38
办公楼模型 4 预测区间	7.97～13.58	30.97～52.74	48.89～83.24
《建筑给水排水设计标准》GB 50015—2019 或《民用建筑节水设计标准》GB 50555—2010 计算区间	6.00～9.00	48.00～72.00	72.00～108.00
地方标准计算值	17.20	73.67	104.38

注：1. 包含餐饮用水，按每位员工每天一次计算；
　　2. 样本 8 采用天津市地方标准计算，样本 16 及样本 20 采用北京市地方标准计算。

② 酒店

表 5.3-31 展示了酒店模型 1、模型 3、模型 4 及模型 5 对 3 个预留样本的预测情况。3 个样本的实际日用水量均落入 4 个模型的置信区间。模型 1 的相对误差中位数为 18.19%，相对误差平均值为 29.55%；模型 3 的相对误差中位数为 29.21%，相对误差平均值为 27.61%；模型 4 的相对误差中位数为 35.27%，相对误差平均值为 26.38%；模型 5 的相对误差中位数为 19.69%，相对误差平均值为 18.25%。

对于样本 5，模型 1 的相对误差最小，为 2.57%；对于样本 7，模型 4 的相对误差最小，为 8.48%；对于样本 15，模型 1 的相对误差最小，为 18.19%。尽管模型 1 在 4 个模型中对样本 5 和样本 15 的预测准确度最高，但从总体来看，模型 5 的相对误差在 25% 以内，预测能力最佳。模型 5 回归方程的自变量有床位数、建筑面积、餐饮及空调系统。根据模型 5 的预测效果，规定模型 5 预测值与真实值的相对误差为 ±25%，利用模型 5 预测酒店平均日用水量时，其预测区间为：$\left[\dfrac{\hat{y}}{1+25\%}, \dfrac{\hat{y}}{1-25\%}\right]$。

酒店平均日用水量模型验证表　　　　　　　　　　表 5.3-31

模型编号	样本编号	$\ln(y)$	预测值 $\ln(\hat{y})$ 及置信区间	实际日用水量 y（m^3/d）	预测日用水量 $\hat{y}$（m^3/d）	y 与 $\hat{y}$ 相对误差绝对值
1	5	4.22	4.24±0.98	68.01	69.76	2.57%
	7	3.62	4.14±1.01	37.28	62.59	67.89%
	15	1.65	1.44±0.98	5.19	4.24	18.19%
3	5	4.22	3.99±1.03	68.01	54.12	20.42%
	7	3.62	3.91±1.06	37.28	49.65	33.19%
	15	1.65	1.30±0.91	5.19	3.67	29.21%
4	5	4.22	3.78±0.81	68.01	44.02	35.27%
	7	3.62	3.70±0.79	37.28	40.44	8.48%
	15	1.65	1.21±0.79	5.19	3.35	35.38%
5	5	4.22	4.10±0.75	68.01	60.20	11.48%
	7	3.62	3.80±0.76	37.28	44.62	19.69%
	15	1.65	1.378±0.77	5.19	3.96	23.58%

表 5.3-32 列出了《建筑给水排水设计标准》GB 50015—2019、《民用建筑节水设计标准》GB 50555—2010、甘肃省地方标准、江西省地方标准及贵州省地方标准中规定的酒店用水定额。根据上述 5 个标准分别计算样本 5、样本 7 及样本 15 的平均日用水量，并与其实际值、模型 5 预测值进行比较，计算结果见表 5.3-33。

根据表 5.3-33 可知，3 个酒店的实际平均日用水量处于模型 5 的预测区间内，且低于各省地方标准计算值。样本 5 的平均日用水量处于《建筑给水排水设计标准》GB 50015—2019 及《民用建筑节水设计标准》GB 50555—2010 的计算区间（以下简称设计计算区间）内，样本 7 的平均日用水量高于设计计算区间的上限值，样本 15 的平均日用水量低于设计计算区间的下限值。若考虑餐饮、会议、绿化、空调及洗衣用水时，设计计算区间将在此基础上增大，样本 5 及样本 7 的实际平均日用水量极有可能低于设计计算区间的下限值，但由于缺乏两个酒店的给水系统设计资料，不能计算出包括上述用水量在内的设计计算区间加以比较。

在毛萱杭等人关于上海市星级宾馆的研究中，四星级宾馆的客房及员工用水量所占比例接近 40%；在刘华先等人关于北京市星级宾馆的研究中，四星级宾馆的客房及员工用水占比达60%。依据上述研究成果，取最大值（60%）计算样本5及样本7总用水量的设计计算区间。根据计算结果可知，样本5及样本7的设计计算区间分别增大至92.31～129.17m³/d、38.00～54.36m³/d，其下限值均高于两个酒店的实际平均日用水量。

相关标准中酒店平均日用水量的计算依据 表5.3-32

标准名称	相关条例
《建筑给水排水设计标准》 GB 50015—2019	宾馆旅客每床位每日生活用水定额为220～320L，员工每人每日生活用水定额为70～80L（不包括餐饮、会议、空调及绿化等用水）
《民用建筑节水设计标准》 GB 50555—2010	宾馆旅客每床位每日生活用水节水定额为220～320L，员工每人每日生活用水节水定额为70～80L（不包括餐饮、会议、空调及绿化等用水）
甘肃省地方标准： 《行业用水定额 第3部分 生活用水定额》 DB62/T 2987.3—2019	四、五星级宾馆：400L/（床·d）；二、三星级宾馆：400L/（床·d）；一星级宾馆：260L/（床·d）
江西省地方标准：《江西省生活用水定额》 DB36/T 419—2017	四、五星级宾馆：600L/（床·d）；二、三星级宾馆：300L/（床·d）；一星级宾馆：200L/（床·d）
贵州省地方标准：《用水定额》 DB52/T 725—2019	四、五星级旅游饭店：300m³/（床·年）；三星级旅游饭店：200m³/（床·年）；一、二星级宾馆：150m³/（床·年）

酒店平均日用水量计算值比较（m³/d） 表5.3-33

项目	样本5	样本7	样本15
建筑所在地及酒店星级	甘肃，四星级	江西，四星级	贵州，普通
用水单元	客房、员工、餐饮、会议、空调	客房、员工、餐饮、绿化、会议、空调、洗衣	客房、员工、空调、洗衣
实际用水量	68.01	37.28	5.19
酒店模型5预测区间	48.16～80.27	35.69～59.49	3.17～5.28
《建筑给水排水设计标准》GB 50015—2019 或《民用建筑节水设计标准》GB 50555—2010 计算区间	55.38～77.50	23.40～32.62	7.09～10.16
地方标准计算值[①]	82.88	51.41	12.33

注：地方标准计算值计算时考虑各酒店的实际入住率。

① 样本5、样本7、样本15分别采用甘肃省、江西省、贵州省地方标准计算。

与地方标准计算值相比，模型5的预测区间更接近实际平均日用水量。对于样本5及样本7，若假设客房及员工用水占总水量的比例为60%，则模型5的预测区间比设计计算区间更接近实际用水量。对于样本15，无论是否考虑空调及洗衣用水量，模型5的设计计算区间下限值都大于实际平均日用水量。综上所述，可认为酒店平均日用水量预测模型具有实用价值。

5.3.3　典型公共建筑综合用水效率模拟平台

1. 平台基本信息

典型公共建筑综合用水效率模拟平台用于对公共建筑综合用水的效率进行模拟，通过与 AutoCAD 等绘图软件进行对接，获取用水设备的数量，并通过系统预置的算法和参数，实现用水效率的自动模拟和分析，并通过图形可视化进行分析结果的展示（图 5.3-23）。

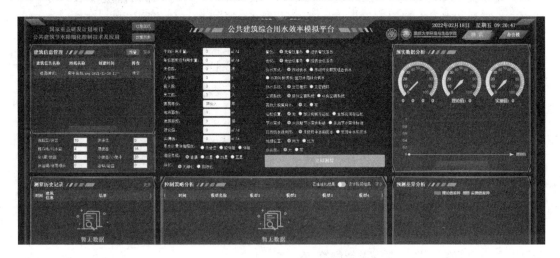

图 5.3-23　公共建筑综合用水效率模拟平台操作界面

1）插件及软件可视化：采用 .NET 和 CAD 插件进行对接，此工具在很大程度上提高了编码效率，从而加快了项目的开发进程。使用数据库建模 PowerDesigner 工具，来建立系统数据库模型，以方便开发较易理解的业务流和掌握系统架构者的架构思想，更好地满足功能需求。此外，本系统中使用了 AutoCAD 第三方软件，此控件满足了使用者对软件界面的需求，从而也给软件的操作带来了方便，使软件界面具有美观性、友好性和易操作性。

同时，本系统的后端框架使用的是 Python＋Flask＋WebAPI 框架技术，前端框架采用最新 Vue. js＋element 和使用者交互，前后端技术结合，用 Python 进行开发使数据分析具有较高的可靠性。考虑到系统安全问题，在前后端数据进行交互过程中，对数据进行了安全加密传输，以保证使用者的数据在使用时不被泄露和篡改，保证了系统的安全性和可靠性。

软件开发过程还定义了一系列的标准，具体包括：

（1）数据接口规范：对 API 实现的协议、版本控制、路径规则、请求方式、传入参数、响应结果、权限认证等进行规范。

（2）UI 界面的标准：规范了界面色彩、字体、布局、组件等内容。

（3）数据类标准：明确每个数据表使用的中文名称、定义、数据类型、值域、注解等属性内容。

2）主要操作步骤：

（1）使用者通过上传图纸设计附件即可通过插件自动识别图纸信息，自动识别出图纸中包含的洗脸盆/台盆、洗涤盆、拖布池、污水盆、蹲便器、坐便器、小便器、沐浴间、沐浴喷头、浴缸、浴盆等用水器具信息，同时支持倍率录入。

（2）图纸识别完成后，对识别后的建筑信息进行数据管理，使用者可随时查看详细的图纸信息，在模拟计算时，使用者选中图纸信息后，系统自动带入识别信息，使用者根据情况可自行输入其他如建筑年份、员工人数、床位数、平均日用水量、建筑层数、面积等信息，信息录入完整后，使用者点击立即测算按钮，系统将自动匹配模拟酒店/办公楼计算公式，自动计算出结果。并且在可视化界面，系统支持手动录入建筑信息名称，录入成功后用户选择当前建筑信息，录入建筑物其他模拟测算数据，进行模拟测算得出数据计算结果。

（3）系统根据公式计算结果，对各个算法的结果以及设计值、实测值通过仪表盘进行展示，使用者可以直观地看到设计计算结果。同时通过曲线图的方式，使各个模型模拟计算结果和设计值、实测值形成对比差异，让使用者更直观地看到数据对比结果。

（4）对图纸识别后的模拟计算结果进行数据存储，使用者可随时查看模型图纸模拟计算历史记录，并且可通过时间范围进行数据筛选。若测算结果偏差与预期差异过大，使用者可清空历史测算记录，进行重新测算。

（5）使用者筛选数据后，系统根据筛选数据，自动匹配图纸设计结果匹配规则，根据匹配规则自动识别出各个模型设计符合度，通过正常、异常、待确认的方式直接展现给使用者，使用者可根据匹配识别结果做出设计结果符合度判断。同时对模型识别结果进行汇总处理，使结果与设计值、实际值形成对比，再通过柱状图进行展示。

2. 平台功能介绍

1）CAD图纸的识别功能：通过插件对建筑图纸的数据进行自动采集或者通过表单填报相关的信息，然后传输到分析平台并将相关数据存储至数据库进行数据分析。

2）建筑信息管理功能：对上传的建筑信息进行数据的存储、修改、展示以及其他操作的管理。

3）数据预测：通过系统内置预测模型逻辑和参数，对上传的建筑信息进行智能计算以及预测数据的可视化输出。

4）预实数据分析：通过预测的数据与建筑实际的测量值或者理论值进行比对分析，通过图表的方式进行可视化的输出。

5）测算历史记录：系统将记录每一次的预测结果，用于后续的数据分析和追溯。

6）控制策略分析：通过对单一建筑进行不同参数的多次预测之后，通过数据分析，展示出不同预测模型的分析结果，用于提示是否需要进行控制干预。

7）预测差异分析：通过汇总分析不同预测模型多次的预测结果与理论值或者实测值的差异，以图表的形式进行可视化输出，用于直观地展示模型的准确性情况。

5.4　公共建筑用水计量与节水监管平台

5.4.1　节水监管平台构建

1. 系统建设要求

构建的公共建筑水系统监管体系应达到以下要求：

（1）系统具有实用性、先进性、专业性、开放性、安全性、集成性和经济性；

（2）总体结构的先进性、合理性、兼容性和可拓展性；

（3）监测参数及分析对比方法符合国家、行业有关技术标准和规范；

（4）监测数据准确、可靠；

（5）监测点位合理，便于维护；

（6）具有良好的开放性、拓展性，便于维护及升级；

（7）监测站在有条件的情况下设置于楼内监控室、值班室等有人员长期驻守位置；

（8）系统需具备实时监测、统计、查询、分析数据功能，同时可以快速反映漏损情况。

2. 系统构成

在线监管系统由测量系统（采集层）、数据采集传输系统（管理层）、数据对比系统（应用层）三部分组成，测量系统由测量部件采集测量点的用水量、供水水温、供水压力、水质等数据，后经过数据传输汇总到监测站点进行储存对比，系统构成如图 5.4-1 所示。

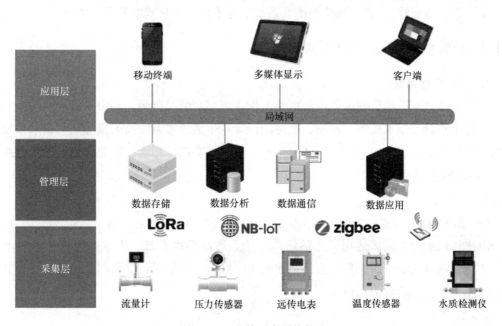

图 5.4-1　监管平台系统构成

3. 部署监测点位原则

在各个末端用水点前、单体总水表及园区总水表后布置监测点。如图 5.4-2 所示。

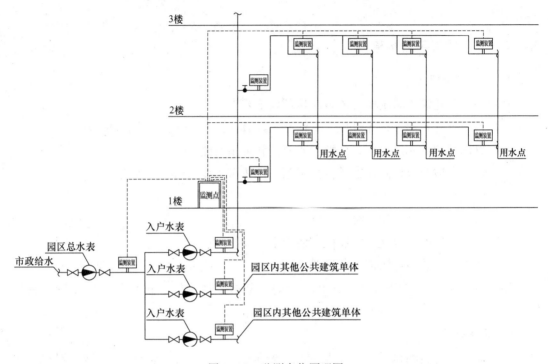

图 5.4-2 监测点位原理图

监测系统根据监测点位传回的实时数据汇总成建筑内水系统的使用统计表，通过计算分析出"跑、冒、滴、漏"、系统超压、系统压力不足、水泵效率低下等情况。

5.4.2 监管平台前端硬件体系构建

1. 监测指标筛选

公共建筑节水系统监测体系中的核心工作在于用水情况监测，其中生活给水系统监测指标包括用水量、供水压力、水质、能源消耗等；生活热水系统监测指标则在给水系统的基础上增加供水水温；对于建筑内其他用水类型，如空调冷却水、景观绿化用水等着重关注其用水量及供水能耗方面。

1）用水量

（1）监测范围

对建筑用水量的监测适用于生活给水系统、生活热水系统、中水系统、建筑生产用水、建筑景观绿化等方面，是衡量公共建筑用水最核心的指标，其数据直接反映了公共建筑各功能类型的水资源消耗情况。

（2）监测意义

对于用水量的监测，按照所需监测时间的长短可分为以下几个类型。

① 秒用水量，或称为实时用水量。公共建筑水系统监测体系获取数据的最小间隔应

以秒计，前文中所涉及的时用水量、日用水量、季度或月用水量、年用水总量均为相应时间内秒用水量的累积。由于公共建筑给水系统相对较为复杂，由加压设备到各用水点的管路长度、管径各不相同，用水点开启、关闭时间相对独立，用水情况变化快，系统状态随之做出相应反应。对公共建筑进行节水、节能、精细化控制等研究需在数据获取层面即与用水动态变化特征保持一致，实时跟进供水系统变化情况。

② 时用水量，经长期统计，可汇总分析同类型建筑最高日最大时用水量的实际情况，对标准、规范所规定的用水定额进行修正。

③ 日用水总量，对日用水总量的监测、分析可在一定程度上反馈至设计、建筑运维优化方面，根据历史数据推算出建筑最高日用水量，在汇集诸多相同功能建筑的用水数据后，可对后续同类型建筑设计提出优化方案，包括但不限于水池容积优化等方面。

④ 季度或月用水总量，对于分析不同季节对建筑用水情况的影响有积极意义。

⑤ 年用水总量，年用水总量的环比可较为准确地反映公共建筑用水整体趋势的变化情况。

（3）监测要点

公共建筑用水可分为生活给水（冷水、热水、中水）、生产用水（空调冷却水）、景观绿化用水、消防用水等方面，应对除消防用水外的几种用水用途进行全面监测，全方位挖掘公共建筑节水潜力。

2）供水压力

（1）监测范围

供水压力指标的监测频率应与用水量监测同步。对于生产用水（空调冷却水）、景观绿化用水两方面，其用水成效的表现形式均为用水量，即供水压力对于空调冷却用水及景观绿化用水的目标量不产生直接影响，故对供水压力的监测应主要集中于公共建筑的生活给水系统。

（2）监测意义

供水压力作为供水系统舒适度的直接体现，以器具出流量的形式表现，同时在一定程度上反映了供水系统设计的合理性。另外，超压出流还导致用水噪声增大，用水器具活动部件加速磨损等。

对于各种用水器具，均有规定的额定压力，若压力不足，则器具出流量变小，影响使用的舒适性；若供水压力超标，则导致出水水流变大，出流量增加，冲击力增强。压力起伏不定将导致用水器具水流波动，影响用水舒适度的同时降低用水效率，导致器具开启时间增长，加大用水量。

供水压力的决定性因素在于加压设备的能量供给，同时受系统用水情况变化及水泵工作状态的交叉影响。在实际使用中，各用水点开启及关闭时间不同，用水出流量也存在差异，导致水泵工作状态的调节一直滞后于系统运行状态变化，难以做到用水与供水在量和压力两方面实时匹配，导致各器具处的供水压力波动不定。

对供水压力进行监测的意义在于通过监测典型用水点的供水压力情况，判断是否频繁出现超压出流情况，进而判断在用供水加压设备与系统运行状态的匹配度。

（3）监测要点

对供水压力的监测一方面应关注公共建筑水系统各典型用水点的情况，同时应监测水泵处进水及出水的压力变化，即水泵所做的有用功，以衡量其在供水系统中的实际效果。

3）供水能耗

（1）监测范围

供水能耗为供水系统将各用水点所需的水从取水端，经管路系统输送至用水点所消耗的能量资源。

公共建筑供水系统中，仅有加压设备即水泵消耗能量资源，供水系统能耗即为水泵能耗。

（2）监测意义

对供水能耗的监测并不能直接反映公共建筑水系统用水或节水情况，但结合用水量及供水压力数据，可将系统总能耗与有用功进行对比分析。

在监测频率与用水量、供水压力同步后，可绘制出完整的公共建筑水系统状态图，将用水量、供水压力与水泵工作状态进行对应分析。

（3）监测要点

由于公共建筑二次供水系统存在多种类型，包括高位水箱（池）与增压设备联合供水系统、气压供水系统、变频调速供水系统、叠压供水系统等，其中设置高位水箱（池）的系统水泵供水量与系统用水量并非实时相关，监测时只能获取其向高位水箱（池）供水的能耗情况，需与其他几种由水泵直接供水使用的系统加以区分。

4）水温

（1）监测范围

对于公共建筑水系统，其生产用水（空调冷却水）、景观绿化用水及除生活热水外的生活用水水源一般皆为市政管网自来水（部分地区、项目景观绿化用水水源为中水），其对出水水温并无特殊要求，无需过多关注其水温情况。

《建筑给水排水设计标准》GB 50015—2019 中对生活热水系统供水温度有明确要求，使用过程中应保证供水温度合规，对生活热水系统给水水温应进行监测。

由于热水系统设计为满足短时间用水点开启可流出热水的要求，通常需设置循环系统，其循环流量的设定以回水水温为依据，故应对其循环回水温度进行监测。

（2）监测意义

水温是生活热水系统舒适度的重要指标，也是热水系统卫生方面的重要指标，由于市政管网所供给的自来水经过加热设备提升温度，其中用于保证水质、杀灭并抑制各种病原微生物的余氯被去除，为嗜肺军团菌的滋生创造了有利条件，在不设消毒设备的前提下，若供水温度低于55℃将导致嗜肺军团菌滋生的概率大幅增加。

循环生活热水系统的循环流量通常依据循环回水管内的水温及时调整设定，避免系统因循环水量与散热量不匹配导致供水温度波动。

（3）监测要点

由于水温是人员用水时的一项感性指标，其在标准中规定也设定为适宜范围，故精准控制其处于某一固定温度的实际意义不大，在监测过程中应更多地关注其前后变化差值，及时调整循环泵、换热器等运行状态，可减少对其实时数据绝对值的关注。

5）水质

公共建筑水系统供水水质直接关系到用户的用水安全，对其进行在线实时监测可及时识别供水安全问题，发出用水警报，有效开展应急控制措施。

现行国家标准《生活饮用水卫生标准》GB 5749—2022 中对生活饮用水作出了多项、多类型指标规定，包括微生物指标、毒理指标、化学指标、放射性指标等多方面指标要求，其中作为衡量水质的一项重要指标为余氯值，若其满足要求，则水质不达标的可能性较低，同时余氯也是少数可以实现实时在线监测的水质指标之一。

对公共建筑水系统的水质进行监测，应保证其数据获取的实时性，以便在水质出现问题时可及时作出反应，防止大规模群体性事件发生。

在余氯监测之外，也可选用氧化还原电位（ORP）监测设备对供水的氧化还原电位进行监测，此指标可反映水中氧化性物质即余氯的含量，同时方便监测数据。

2. 监测目标及位置

对于获得公共建筑水系统中用水量、供水压力、供水能耗、水温及水质等监测指标数据，选取适当的监测目标和位置十分重要。一方面监测目标的选取关系到监测系统数据的代表性及准确性，另一方面通过筛选确定合适的监测位置可实现用较少的点位掌控系统的整体动态情况，方便节约成本，降低系统构建费用。

1）用水量监测

（1）公共建筑水系统按照使用功能可分为：

① 生产用水，包括空调冷却水，泳池用水等；

② 生活用水，主要包括卫生间、浴室用水；

③ 景观绿化用水，指建筑配套景观、绿化浇灌所需水量；

④ 消防用水，指建筑发生火灾时消防系统用水量。

对公共建筑用水量的监测主要关注上述分类的前三项。

（2）监测点位选取

用水量监测点位的选取应根据所研究内容分析确定。

① 针对水泵运行能耗效率，应将监测点设置于水泵的出水口，对该水泵所加压的总水量进行统计。对于不设置高位水箱（池）的供水系统，所记录水泵出水量即为水系统用水量。

② 针对不同建筑功能区的用水情况监测，应将监测点设置于不同功能区的配水支管上，以便对研究范围内用水变化情况进行记录，并实现与其他建筑功能区分别统计。

③ 在研究用水器具出流情况时，应将监测点位设置于单个用水器具前段管路，单独记录该器具的流量，对研究超压出流具有实际意义。

2）供水压力

供水系统中水从加压设备出发，至用水点的压力损失可分为沿程损失及局部阻力损失，供水压力用于克服这部分阻力，并保证水输送至用水点时仍具有足够的能量，以规定的压力出流。对同一供水系统来讲，供水至距离水泵最远的用水点通常水头损失最大，即水泵设置需满足最不利点的供水压力需求。

（1）最不利点压力。研究公共建筑水系统供水压力情况，应首先关注系统最不利点供水压力是否达到或超过设计值，保证最不利点供水压力达标是衡量供水设备选用、系统设计是否合理的基本考核项。

（2）各供水分区中水头损失最小点。相比于供水系统中的最不利点，各供水分区中均存在加压设备至用水点水头损失最小的管路，此项监测可为供水分区的划分及加压设备选用配置的合理性验证提供数据支撑。

（3）加压设备进水口、出水口。通过对水泵进水口、出水口的压力监测，可得出水泵为水提供的实际压力。

3）供水能耗

目前建筑二次供水系统中，绝大部分能源消耗于水泵运行，系统内其他设备耗能，如卫生器具电磁感应开关动作，远传水表运行能耗与水泵能耗相比起来量级较小，可忽略不计。故公共建筑水系统能耗仅指水泵运行能耗。

其检测位置为水泵配电箱，为精准监测单台水泵的运行能耗及效率，应对每台水泵单独设置能耗监测设备。

4）水温

水温为热水系统监测项目。公共建筑热水系统可分为单管系统及双管系统，其中单管系统出流水温度完全依靠水温控制设备保障，双管系统可采用带恒温装置的冷热水混合龙头，两种系统对于热水循环的依赖程度不同。

单管系统及双管系统循环水量的确定，循环水泵工作状态的调节主要依靠循环回水温度进行控制。对公共建筑热水系统水温的监测，一方面应关注用水点的出水温度，一方面应关注循环系统的回水温度，对用水舒适指标及系统运行状态同时监测。

5）水质

通常公共建筑水系统支管繁多，用水点分布范围广，在各个用水点均设置水质在线监测设备并无显著实际意义，同时该监测方式将导致大量人力、物力浪费。故对于公共建筑水质检测，建议在市政管网连接处（叠压供水系统），水池、水箱出水口（水箱、加压设备联合供水系统）及供水管网最远端设置水质监测装置。

设置于市政管网连接处及水池、水箱出水口的水质监测装置负责监控进入系统前的供水水质状况，便于对水质问题早发现、早应对。设置于用水最不利点的水质监测装置数据可对供水系统卫生安全情况提供参考。

5.4.3　监测平台数据应用

公共建筑水系统监测体系以既有建筑的用水动态变化特征为出发点，通过运用设备对典型关键用水点、用水数据进行监测，经汇总归纳，总结所监测建筑的用水规律。在积累足够样本后，可形成类别较为齐全、功能较为完善的数据库，为既有建筑用水系统改造升级提供坚实的数据支撑，同时为总结各类型建筑功能的用水动态特征、变化规律提供可能。

1. 用水状况实时监测

以北京某地区办公楼为例，连续监测采集其用水数据超过 14 个月。该建筑占地面积 7000 余平方米，建筑面积 5.2 万 m²，办公面积 2.64 万 m²；共有 21 个楼层，其中地上 17 层，除一层（便利店、健身房）及二层、三层（体检中心）外均为办公用途，地下四层为车库及物业用房，层高 3.3～4.5m，标准层面积约 2500m²。该建筑固定办公人数约 3000 人，体检中心日均体检约 400 人次，体检高峰期可达单日 600 人次。

大厦生活给水系统采用市政直供及水箱-变频泵组供水，地下四层～地上三层为市政直供，地上四层～地上十七层采用水箱-变频泵组加压供水，离心泵两用一备，并配备稳压罐及稳压罐补水泵（表 5.4-1）。生活给水系统供水范围为各楼层茶水间、卫生间的洗手盆及墩布池，以及新风机房。楼顶冷却塔使用生活给水系统补水。中水系统分区形式及供水设备配置数目与生活给水系统相同，供水范围为各楼层卫生间便池。

生活给水、中水泵组设备参数　　　　　　　　　　　　　　表 5.4-1

位置	设备类型	数量（台）	额定流量（m³/h）	额定扬程（m）	额定功率（kW）	容积（m³）
生活给水泵房	立式多级泵（主泵）	3	30	80	15	—
	立式多级泵（稳压补水泵）	1	3.38	66	1.5	—
	隔膜式稳压罐	1	—	—	—	1
中水泵房	立式多级泵（主泵）	3	12	90	5.5	—
	立式多级泵（稳压补水泵）	1	2	93	1.5	—
	隔膜式稳压罐	1	—	—	—	0.35

2. 供水系统设计评估

由于监测项目生活给水系统承担顶层冷却塔补水任务，为排除冷却塔补水对建筑使用人员用水情况的影响，选取该建筑中水系统进行设计复核评估。

1）设计流量和扬程核算

为充分了解监测项目供水系统服务水平，限于设计资料缺失，依照项目建成时期执行的《建筑给水排水设计规范（2009 年版）》GB 50015—2003 对其供水系统进行复核计算。

（1）设计流量和管道水力计算方法选取

本项目为办公建筑，根据建筑用途依照《建筑给水排水设计规范（2009 年版）》GB 50015—2003 中第 3.6.5 条规定采用 $q_g = 0.2a \sqrt{N_g}$ 计算设计秒流量。其中 a 为根据建筑物用途而定的系数；N_g 为计算管段的卫生器具给水当量总数。

其中α值根据建筑物用途确定，综合楼建筑的α值应按加权平均法计算。该建筑以办公为主，故不应计入α值加权平均计算。依照办公楼用途，α值取1.5。

（2）中水系统水力计算

选取该建筑最不利管段为水泵房至顶层卫生间。水泵扬程计算如下。

$$H = H_1 + 0.01H_2 + 0.01H_3 \qquad (5.4\text{-}1)$$

式中　H_1——最不利配水点最低工作压力，MPa；

　　　H_2——最不利配水点与水泵出水管的高程差，m；

　　　H_3——水泵出水管至最不利配水点管道的沿程和局部水头损失之和，m。

① 最不利配水点最低工作压力取0.1MPa，即10m。

② 最不利配水点与水泵出水管的高程差为61.2m。

③ 水泵出水管至最不利配水点管道的沿程和局部水头损失之和。

中水系统最不利管段当量计算见表5.4-2。

中水系统最不利管段当量计算表　　　　　　　　表5.4-2

管段编号	卫生器具名称、当量数（N）及个数			当量总数
	冲洗阀大便器	冲洗水箱大便器	小便器	
	0.5	0.5	0.5	N_g
	1.2	0.1	0.1	
1-2	1	0	0	0.5
2-3	2	0	0	1
3-4	3	0	0	1.5
4-5	4	1	0	2.5
5-6	4	1	3	4
6-7	8	2	3	6.5
7-8	8	2	3	6.5
8-9	16	4	6	13
9-10	24	6	9	19.5
10-11	32	8	12	26
11-12	40	10	15	32.5
12-13	48	12	18	39
13-14	56	14	21	45.5
14-15	64	16	24	52
15-16	72	18	27	58.5
16-17	80	20	30	65
17-18	88	22	33	71.5
18-19	96	24	36	78
19-20	96	24	36	78

各管段沿程和局部水头损失计算见表5.4-3。总水头损失为231kPa，即23.1m。

水泵扬程 $H = 10 + 61.2 + 23.1 = 92.2$m。设计秒流量3.85L/s，13.86m³/h。

该建筑中水供水系统实际安装水泵额定扬程90m，与扬程核算结果相当。实际安装水泵额定流量12m³/h，两用一备，两台并联供水流量理论上约为21.6m³/h，选用泵流量明显偏大。

表 5.4-3

中水系统各管段沿程和局部水头损失

管段编号	当量总数 N_g (—)	计算秒流量 q_g (L/s)	设计秒流量 q_g (L/s)	管段长 L (m)	公称直径 DN (mm)	计算内径 d_j (mm)	流速 V (m/s)	比摩阻 R (10Pa/m)	沿程阻力 H (10Pa)	沿程阻力叠加 (10Pa)	管件类型 (—)	局部阻力 H_j (10Pa)	局部阻力叠加 (10Pa)	总水头损失 (10Pa)
1-2	0.5	1.41	1.20	1.00	25	24.00	2.65	3433.3	3433.3	3433.3	90°弯头	515.0	515.0	3948.3
2-3	1	1.50	1.50	1.00	32	32.80	1.78	1133.2	1133.2	4566.5	变径三通	283.3	798.3	5364.8
3-4	1.5	1.57	1.57	1.00	40	38.00	1.38	600.3	600.3	5166.8	三通	120.1	918.4	6085.2
4-5	2.5	1.67	1.67	5.00	40	38.00	1.48	678.3	3391.5	8558.3	三通	678.3	1596.7	10155.0
5-6	4	1.80	1.80	3.00	50	50.00	0.92	203.8	611.3	9169.6	变径三通	152.8	1749.5	10919.1
6-7	6.5	1.96	1.96	1.50	50	50.00	1.00	239.6	305.6	9475.2	三通	61.1	1810.6	11285.9
7-8	6.5	1.96	1.96	3.30	50	50.00	1.00	239.6	790.8	10266.0	减压阀	118.6	1929.2	12195.2
8-9	13	2.28	2.28	3.30	50	50.00	1.16	316.0	1042.7	11308.7	三通	208.5	2137.8	13446.4
9-10	19.5	2.52	2.52	3.30	50	50.00	1.29	381.0	1257.5	12566.1	三通	251.5	2389.2	14955.4
10-11	26	2.73	2.73	3.30	65	65.00	0.82	122.7	404.8	12971.0	变径三通	101.2	2490.5	15461.4
11-12	32.5	2.91	2.91	3.30	65	65.00	0.88	138.1	455.8	13426.8	三通	91.2	2581.6	16008.4
12-13	39	3.07	3.07	3.30	65	65.00	0.93	152.8	504.2	13930.9	三通	100.8	2682.5	16613.4
13-14	45.5	3.22	3.22	3.30	65	65.00	0.97	166.9	550.7	14481.6	三通	110.1	2792.6	17274.2
14-15	52	3.36	3.36	3.30	65	65.00	1.01	180.5	595.7	15077.3	三通	119.1	2911.7	17989.0
15-16	58.5	3.49	3.49	4.2	65	65.00	1.05	193.7	813.7	15891.1	变径三通	162.7	3074.5	18965.5
16-17	65	3.62	3.62	4.2	80	76.50	0.79	93.5	392.6	16283.7	三通	98.2	3172.6	19456.3
17-18	71.5	3.74	3.74	4.2	80	76.50	0.81	99.2	416.7	16700.3	三通	83.3	3256.0	19956.3
18-19	78	3.85	3.85	22.2	80	76.50	0.84	104.8	1467.4	18167.8	三通	293.5	3549.5	21717.2
19-20	78	3.85	3.85	15	80	76.50	0.84	104.8	1257.8	19425.5	止回阀	188.7	3738.1	23163.7

2）监测数据分析

本次分析数据跨度为 2020 年 7 月至 2021 年 6 月的一年时间段内，公共建筑水系统监测平台对该项目中水系统压力、流量、耗电量等指标进行实时监测、记录，数据库保存数据间隔为 5s，经剔除异常记录，共形成有效数据 541.29 万组。中水系统流量频次如图 5.4-3 和图 5.4-4 所示。

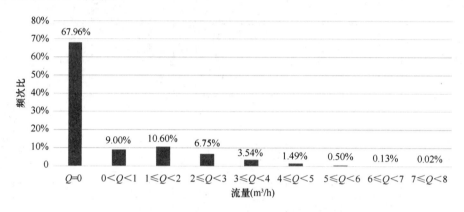

图 5.4-3　中水系统流量频次（含 0 数据）

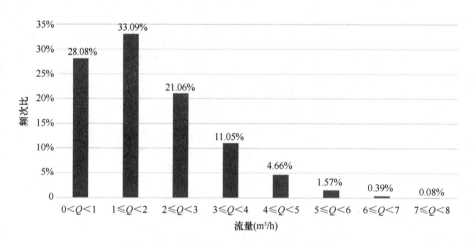

图 5.4-4　中水系统流量频次（不含 0 数据）

监测期内，该建筑中水加压供水系统 68% 的时间无出水。在发生用水的时间段内，$0 \sim 4m^3/h$ 流量段共占比 93.28%，流量高于 $4m^3/h$ 时间段为 6.72%。

全年内超出 $8m^3/h$ 流量段的出现次数见表 5.4-4，无流量高于 $14m^3/h$ 情况发生。水泵工况接近额定流量（$12m^3/h$）的情况全年内仅出现 66 次，按照数据记录时间间隔 5s 计算，达到或接近单台水泵额定流量工况时间不超过 660s，占全年总时间的 0.002%。

流量 $8 \sim 14m^3/h$ 出现次数　　　　　　　　　　　表 5.4-4

$8 \leqslant Q < 9$	$9 \leqslant Q < 10$	$10 \leqslant Q < 11$	$11 \leqslant Q < 12$	$12 \leqslant Q < 13$	$13 \leqslant Q < 14$
205	62	49	7	10	0

3）高频流量工况水损核算

根据监测数据分析，该建筑在中水系统发生用水时间内，$0\sim1m^3/h$ 流量段时间占比 28.08％，$1\sim2m^3/h$ 流量段时间占比 33.09％，$2\sim3m^3/h$ 流量段时间占比 21.06％，$3\sim4m^3/h$ 流量段时间占比 11.05％，流量小于 $4m^3/h$ 时间占比 93.28％。

依据《建筑给水排水设计规范（2009 年版）》GB 50015—2003 中第 3.6.7 条要求，如设计秒流量计算值小于该管段上一个最大卫生器具给水额定流量时，应采用一个最大的卫生器具给水额定流量作为设计秒流量。由于中水系统各层支管用水器具中均包含大便器延时自闭冲洗阀，额定流量为 1.2L/s，即 $4.32m^3/h$，故选取 1.2L/s 作为计算秒流量对该建筑中水系统水损重新核算。

经计算，当计算流量为 1.2L/s 时，最不利管段水损为 10.76m，所需水泵总扬程为 71m。对应水泵性能曲线，如图 5.4-5、图 5.4-6 所示，水泵扬程约为 105m，远高于系统所需扬程 71m，供水系统处于超压状态。

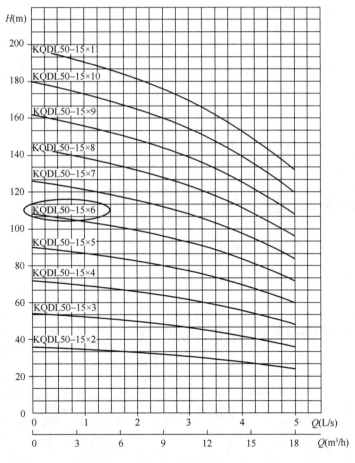

图 5.4-5　该建筑所选用水泵性能曲线

4）系统工作状态分析

选取方正大厦某工作日中水系统压力及流量状态进行分析。如图 5.4-7、图 5.4-8、

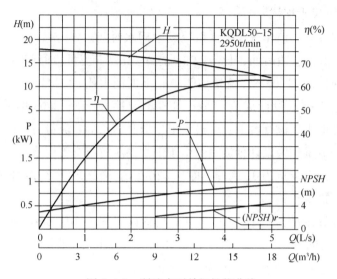

图 5.4-6　所选水泵单极性能曲线

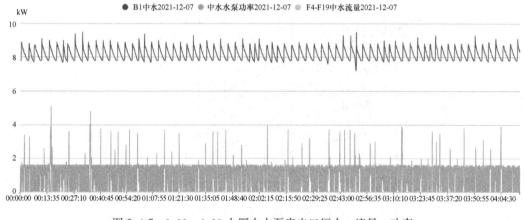

图 5.4-7　0:00～4:00 大厦中水泵房出口压力、流量、功率

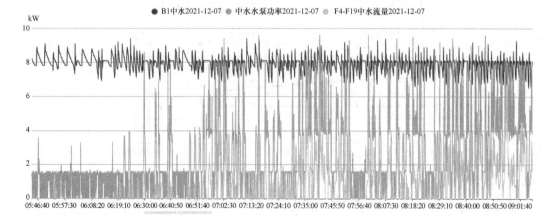

图 5.4-8　6:00～9:00 大厦中水泵房出口压力、流量、功率

图 5.4-9 分别为大厦 0:00～4:00、6:00～9:00、11:00～14:00 几个时间段内压力、流量及功率情况。

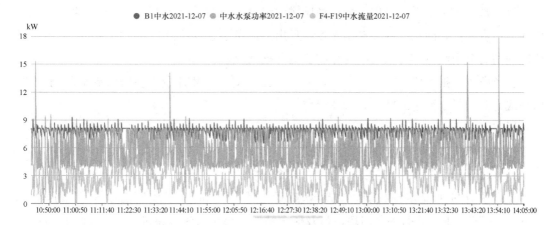

图 5.4-9 11:00～14:00 大厦中水泵房出口压力、流量、功率

（1）0:00～4:00，此时间段内该办公建筑几乎无用水情况发生，中水系统压力在 78～92m 范围内规律波动，此时间段内共发生 3 次用水，系统流量、压力及功率变化情况见表 5.4-5。

0:00～4:00 3 次用水系统指标变化情况   表 5.4-5

序号	出水时间	持续时间	流量	压力变化	功率
1	0:15:05	20s	0.7m³/h	87～86m	1.6～5.1kW
2	0:35:10	15s	1.0m³/h	85～84m	1.6～4.8kW
3	3:14:05	10s	0.7m³/h	78～78m	1.5～3.9kW

偶尔有压力超过 95m 的情况发生，但都距离用水发生时间较远，非中水系统对用水情况发生做出的响应。

在无用水发生的时间段内，系统压力规律波动，可分为三个阶段，整体周期为 270～350s。

① 短暂启泵升压，持续时间 5～10s，水泵出口压力由 78m 提升至 92m 左右。

② 快速降压，持续时间 5～10s，水泵出口压力由 92m 左右降至 87m 左右。

③ 稳步降压，持续时间 260～330s，水泵出口压力由 87m 左右降至 78m。

（2）6:00～9:00，此时间段内随着工作人员逐渐到达单位，由零星用水逐步发展为多点同时用水，流量逐渐上升。

该时段内水泵出口压力在 69～93m 范围内变化，但变化周期明显受用水情况影响而有所缩短，用水较为分散时，两次启泵加压时间间隔较长，当用水较为集中时，两次启泵加压最低时间间隔为 30s 左右。

（3）11:00～14:00，此时间段内绝大部分时间处于多点同时用水状态，水泵出口压力在 65～91m 范围内变化。与 0:00～4:00 可分为相似的三个阶段，但启泵升压时间增加，稳步降压时间缩短，总体周期变化范围为 90～115s。

3. 供水系统运行评价

1）漏损判断

该建筑中水供水系统采用水泵＋稳压罐的组合，但在深夜无用水情况时，系统压力仍周期性稳步降低，即系统内存在出流点，且出流流量小于本项目监测所使用超声波流量计所能识别的最小流量，可以判断为存在管道漏损情况。

若考虑对漏损管段进一步识别，则需在各楼层支管安装计量更精密的流量监测仪器，以完成对漏损时小流量的精准识别及定位。

说明：用于监测中水系统总流量的超声波流量计安装于泵房出水总管，故不能对处于该点位之前稳压罐补水情况进行监测判别。

2）系统超压判断

经高频流量工况水损核算，在计算流量为 1.2L/s 时，系统所需水泵出口压力为 71m。观察所选取工作日内各时段流量及压力情况，极少有流量超过 4m³/h（即 1.11L/s）的情况，为满足正常出流所需供水压力小于 71m。

经过对该建筑中水系统工作状态进行分析，水泵出口处压力波动范围基本恒定，仅在波动周期方面受用水情况影响，即系统出流量大时，压力波动周期较短，系统出流量小时，压力波动周期较长。而该建筑中水系统压力在 78～96m 范围内波动，平均值约为 87m，可判断该中水系统长期处于超压状态。

对于该建筑超压出流情况，在不考虑改变其他变量，仅调节泵组工作状态的情况下，可考虑将泵组按照时间设定 3 挡工况。如对于深夜无用水或零星用水时段，计算流量取 1.2L/s，设定水泵出口压力为 71m；集中用水阶段，计算流量取 1.8L/s，设定水泵出口压力为 80m；当出现高于 1.8L/s 流量时，泵组水泵出口压力按照依规范计算的 88m 运行，可减少超压出流情况 80％以上。

3）泵组能耗评价

在无用水或零星用水时间段，泵组功率在 0～1.6kW 范围内呈周期性变化，周期时间稳定为 25～30s，而同期压力变化周期为 260～330s。在压力变化周期中的快速升压阶段，水泵功率并未显示与其他阶段有所不同，如图 5.4-10 所示。

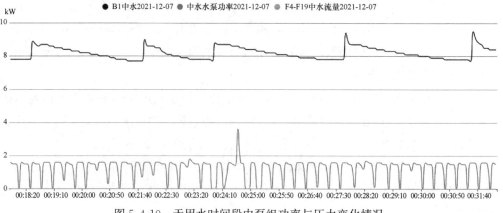

图 5.4-10　无用水时间段内泵组功率与压力变化情况

可判定为泵组在整体压力变化周期内间歇性空转。仅在压力降低至 78m 左右时，由于管道特性与该转速下水泵设定工况相吻合，系统压力提升，同时水泵向稳压罐内补水。

集中用水时间段，泵组功率曲线变化趋势基本与流量变化曲线吻合，如图 5.4-11 所示，功率变化幅度较大。参照该型号水泵典型流量、扬程、功率表，如图 5.4-12 所示，泵组运行功率明显高于设计工况功率，即设计运行状态与实际运行状态匹配度较低，未处于水泵高效段运行。

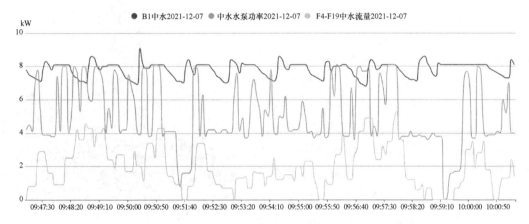

图 5.4-11　集中水时间段内泵组功率与压力变化情况

型号	级数 (n)	流量 (m³/h)	流量 (L/s)	扬程 (m)	转速 n (r/min)	轴功率	配用功率	效率 (%)	必需汽蚀余量 (NPSH)r (m)
						功率 (kW)			
	2	9	2.5	32		1.43		55	2.2
		12	3.33	30	2950	1.63	3	60	2.9
		18	5	24		1.87		63	4.3
	3	9	2.5	48		2.14		55	2.2
		12	3.33	45	2950	2.45	3	60	2.9
		18	5	36		2.80		63	4.3
	4	9	2.5	64		2.85		55	2.2
		12	3.33	60	2950	3.27	4	60	2.9
		18	5	48		3.73		63	4.3
	5	9	2.5	80		3.56		55	2.2
		12	3.33	75	2950	4.08	5.5	60	2.9
		18	5	60		4.67		63	4.3
KQDL	6	9	2.5	96		4.28		55	2.2
		12	3.33	90	2950	4.90	5.5	60	2.9
		18	5	70.5		5.48		63	4.3
		9	2.5	112		4.99		55	2.2

图 5.4-12　所选水泵典型流量、扬程、功率表

4. 用水变化特征实验研究

公共建筑用水计量与监管平台除用于实际工程项目的用水监测，还可以应用于实验室条件下的用水变化特征研究，用于典型状态下的用水模拟研究。将监管平台应用于东莞万

科住宅产业化基地万科实验塔，以此为例进行说明。

1）实验系统

实验场地位于东莞万科住宅产业化基地万科实验塔 B1 及 8-15 层（图 5.4-13）。

（1）实验加压动力系统（图 5.4-14）

将供水循环水泵及水箱安装于 B1 层，包括 4 台上海中韩杜科泵业制造有限公司制造的 DRL10-10 立式多级离心泵，三用一备，单台水泵额定流量为 $10m^3/h$，转速为 2910r/min，额定扬程为 81m，额定功率为 4kW，额定效率为 70%。水箱容积为 $80m^3$，用以容纳实验循环水。水泵集成控制箱 1 台，通过网络连接至实验专用控制系统，可远程调节水泵运行状态。

（2）楼层实验装置（图 5.4-15、图 5.4-16）

每层布置 10 个水龙头，其中一层～七层额定流量为 0.1L/s，八层～十层额定流量为 0.2L/s。各水龙头均配有独立的压力传感器、远传水表、电磁阀。可实现对单个水龙头独立操控并记录实时运行状态。

2）实验目标

通过搭建用水实验平台，研究各楼层发生用水时对同一楼层其他用水点及其他楼层供

图 5.4-13　东莞万科住宅产业化基地万科实验塔实验楼层

图 5.4-14　实验加压水泵机组

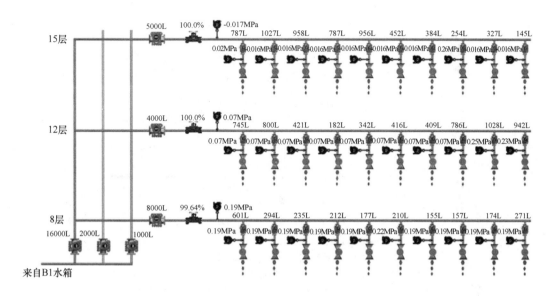

图 5.4-15　实验系统图

图 5.4-16　楼层设备安装图

水压力、水量的影响。研究适用于不同用水变化特征的水泵节能运行策略。探索性能可靠、成本可控的建筑用水系统监控方法及设备。

3）典型用水模拟实验

调用 1 层中 5 个水龙头出水，作为实验动作水龙头，选取邻近水龙头作为监测点，观察不同数量点用水时，同楼层其他用水点及不同楼层支管处压力变化情况。

如图 5.4-17 所示，2 号、3 号、5 号、6 号、7 号为实验动作龙头，1 号、4 号、8 号为对照测量点，分别位于 2 号左侧、5 号、6 号之间及 7 号右侧，9 号、10 号为对照测量点分别高于实验楼层四层，七层。

4）实验数据及分析

（1）实验 1（图 5.4-18）：水泵机组供水压力设定为 0.8MPa，实验开始后 2-3、5-7

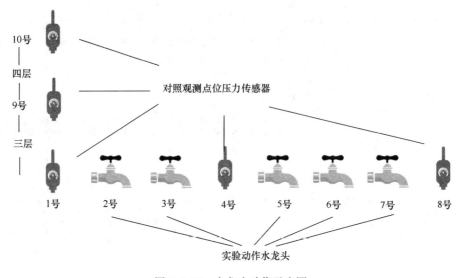

图 5.4-17　水龙头动作示意图

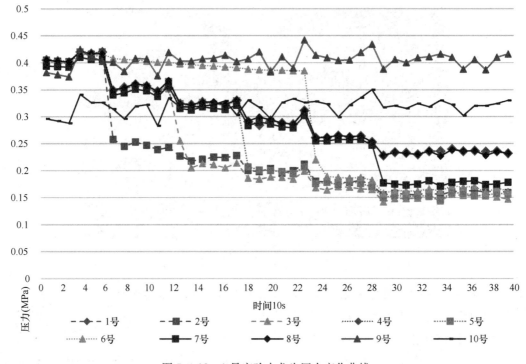

图 5.4-18　1 号实验水龙头压力变化曲线

依次打开，间隔时间为 60s，总时长 420s。

① 0～60s，系统无出水，各实验水龙头及对照点压力基本恒定。

② 60s 时 2 号水龙头开启，该处水压由 0.41MPa 降至 0.25MPa，降幅为 0.16MPa。

③ 120s 时 3 号水龙头开启，该处水压由 0.35MPa 降至 0.21MPa，降幅为 0.14MPa。

④ 180s 时 5 号水龙头开启，该处水压由 0.32MPa 降至 0.21MPa，降幅为 0.11MPa。

⑤ 240s 时 6 号水龙头开启，该处水压由 0.38MPa 降至 0.23MPa，降幅为 0.15MPa。

⑥ 300s 时 7 号水龙头开启，该处水压由 0.25MPA 降至 0.18MPa，降幅为 0.07MPa。

⑦ 300~420s，水龙头开启无变化，各点位压力基本恒定。

分析：

① 1 号~8 号水龙头处同一层，沿给水支管依次布置，当龙头开启后，除 6 号水龙头外，每开启一个实验龙头，同层水压波动降低。

② 1 号、4 号及 8 号水龙头分别处于实验龙头组上游、中游、下游，全过程中压力变化趋势及幅度相同。即龙头出水对同一支管内龙头影响相同，不随所处位置变化。

③ 9 号水龙头高于实验管路 3 层，实验管路用水变化时 9 号水龙头处压力发生波动，而 10 号水龙头距实验楼层 7 层，压力波动较 9 号龙头稍小。

（2）实验 2（图 5.4-19）：水泵机组供水压力设定为 0.8MPa，实验开始后 7-5、3-2 依次打开，间隔时间为 60s，总时长 420s，与实验 1 的龙头开启顺序相反。

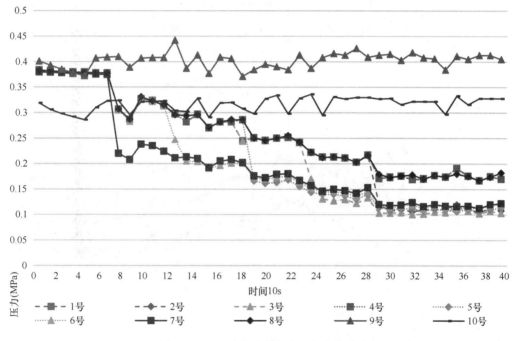

图 5.4-19 2 号实验水龙头压力变化曲线

（3）实验 3（图 5.4-20）：水泵机组供水压力设定为 0.76MPa，实验开始后 7-5、3-2 依次打开，间隔时间为 60s，总时长 420s。

（4）实验 4（图 5.4-21）：水泵机组供水压力设定为 0.72MPa，实验开始后 7-5、3-2 依次打开，间隔时间为 60s，总时长 420s。

（5）实验 5（图 5.4-22）：水泵机组供水压力设定为 0.68MPa，实验开始后 7-5、3-2 依次打开，间隔时间为 60s，总时长 420s。

（6）实验 6（图 5.4-23）：水泵机组供水压力设定为 0.64MPa，实验开始后 7-5、3-2 依次打开，间隔时间为 60s，总时长 420s。

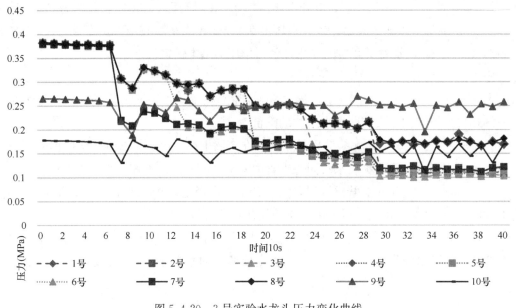

图 5.4-20　3 号实验水龙头压力变化曲线

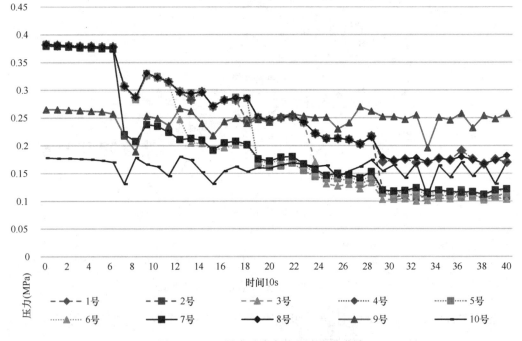

图 5.4-21　4 号实验水龙头压力变化曲线

对比实验 1~6，各点位压力变化趋势及幅度基本相同。

① 实验 1~4 中 5 号、6 号两龙头处压力变化较为特殊。

实验 1 中，龙头开启顺序为从支管上游至下游依次开启，处于下游的 6 号水龙头压力在开启 2 号、3 号龙头时未见较大波动，待其本身开启后产生该次实验下最大动静压差 0.17MPa。

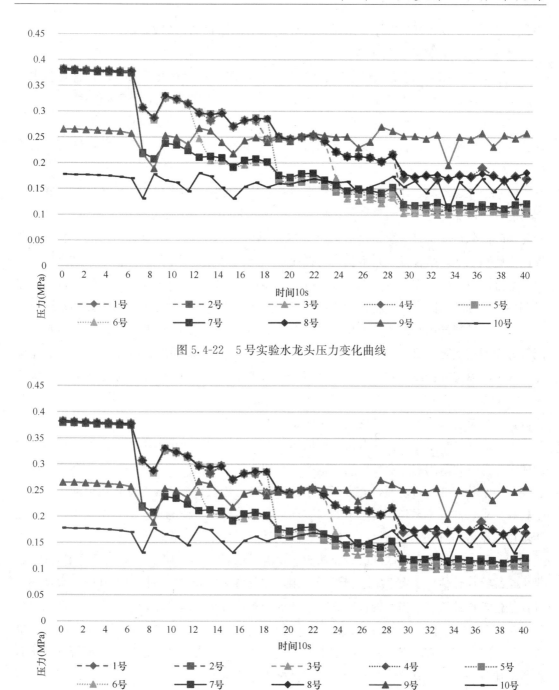

图 5.4-22　5 号实验水龙头压力变化曲线

图 5.4-23　6 号实验水龙头压力变化曲线

　　而实验 2～4 中，水龙头开启顺序为从支管下游至上游依次开启，处于上游的 5 号水龙头压力在开启 7 号、6 号水龙头时未见较大波动，待其本身开启后产生该次实验下最大动静压差 0.19MPa。

　　②下游龙头动压稍高于上游水龙头。

　　在各组实验中水龙头开启后，同一时刻 7 号、6 号、5 号、3 号、2 号水龙头处压力数据呈递减分布。龙头开启顺序并未对下游水龙头压力高于上游造成影响。

③ 龙头静压不随在支管位置变化。

每组实验前 60s 无水龙头开启，实验层 1-8 号水龙头压力线几乎重合，在各实验水龙头依次开启后，出水龙头处压力降低，而 1 号、4 号、8 号水龙头压力线依然重合。

通过对后台软件模型及前端硬件体系构成要素的研究，形成了监管平台基础架构，结合公共建筑用水相关指标的选取，形成了公共建筑用水计量与节水监管平台体系，结论如下：

(1) 公共建筑用水计量与节水监管平台具有用水计量、效率模拟、系统监控、联动控制功能。通过流量计、水表等智能化仪表能有效计量用水情况；基于用水的流量、压力、能耗实时监测，能实时描绘出供水泵的 Q-H 曲线和 Q-N 曲线，能对整个供水系统进行监控；在此基础上，结合供水泵本身的特性曲线，能模拟出实时泵的效率曲线；结合用水情况，通过调节泵的工作压力，能实现系统的联动控制功能，并基于工况反馈情况，可以通过调整阀门和减压阀的开启度，优化系统供水曲线，以实现精细化节水和节能的目标。

(2) 公共建筑用水监测体系构建源于对建筑用水系统精细化管理的需求，在节水、节能等方面通过实际项目用水变化情况监测对既有建筑水系统提出针对性的节水、节能优化、改进建议，并提高用水舒适度及卫生安全保障水平。其核心指标为用水量、供水压力、供水能耗、热水回水水温、系统取水点及末端的供水水质。通过将系统内离散点的监测数据有机整合，形成对公共建筑水系统整体的监测方案。

(3) 为实现精细化数据获取及分析应用，监测体系构建成败的关键节点在于数据获取的频率。公共建筑用水点众多，用水情况变化快、复杂程度高，只有秒级的数据获取才能实现对用水状态的实时掌握，此方面对于监测设备选用及数据传输、储存系统的搭建提出了较高要求，同时考虑到相对恶劣的安装环境，及数量众多监测点位的实施成本，须保证所选用的设备同时兼顾可靠性、便捷性、高效性及对成本的可控性。

(4) 用水监管平台获取的流量、压力、电耗等数据，能应用于用水状况的实时监测、供水系统设计评估、供水系统运行评价、用水变化特征实验研究等情况。其中供水系统设计评估包含设计流量和扬程的核算、用水数据的规律分析、高频流量工况水损核算和系统工作状态分析等功能，供水系统运行评价则包括漏损判断、系统超压判断、泵组能耗评价等。用水变化特征实验则可基于一定工况，模拟探索不同类型公共建筑的用水情况，从而进行对比分析，获取有价值的数据，具有良好的应用前景。

(5) 公共建筑用水计量与节水监管平台在三个不同类型公共建筑进行了示范，完成了流量、压力监测设备的安装，对不同用水区域瞬时及累计用水流量和用水压力进行采集，并将采集的数据上传至用水计量与节水监管平台，更准确、更直观地了解到不同类型公共建筑在不同时段用水量的变化和规律，为公共建筑的精细化控制提供了参考依据，为公共建筑供用水系统智能节水解决方案提供了示范。

第6章 公共建筑节水精细化控制技术工程应用

6.1 引 言

我国公共建筑具有种类多样、功能复杂、体量巨大、耗水量高的特点，供水用水系统存在节水基准指标体系不完善，用水动态特性、精细化控制关键要素及智能调控机理不明晰等问题。项目以公共建筑节水为目标，以精细化节水技术为手段，以智能化控制为依托，按照"节水技术建立与节水效能评价—节水设备与产品研发—节水监管与平台搭建"的整体技术思路，构建和完善公共建筑供用水系统的节水效能评价方法及指标体系，编制相关节水标准规范，研发公共建筑供水用水系统中新型节水设备和器具，建立公共建筑精细化控制及节水监管平台，对公共建筑供水用水系统节水技术、设备产品、监管平台进行示范应用和推广。

项目依托深圳市"招商开元中心一期03地块"项目开展了公共建筑节水精细化控制技术的适用性评估，完成了基于PID自整定控制与智联的"精细化控制的二次供水设备"和基于预处理—过滤/吸附—膜滤处理的"智能控制功能雨水回用设备"的应用示范；依托杭州市"浙江大学医学院附属第一医院余杭院区"项目完成了"预处理、反渗透和浓水回用"的集中制水、分质供水技术与设备的应用示范；依托"深圳国际会展中心商业配套03-01地块"项目，进行了新型调压富氧节水花洒、中央空调循环冷却水处理技术及设备、精细化计量和漏损智能控制成套装置的工程示范；依托"国家市场监督管理总局马甸办公区项目、北京朝阳医院西院区医疗楼项目、中国农业大学东区2号学生公寓项目"，进行了公共建筑用水计量与节水监管平台示范。

6.2 医疗建筑分质供水及浓水回用技术集成工程应用

6.2.1 项目概况

浙江大学医学院附属第一医院余杭院区位于杭州市余杭区仓前街道，东至绿汀路、南至溪望路、西至浙江大学医学中心规划用地、北至文一西路。项目用地性质为医疗卫生用地，用地面积134758m²，总建筑面积306511m²，其中地上建筑面积178324m²，地下建筑面积128187m²，容积率1.32，建筑密度19.05%，绿地率35.26%，停车泊位2516个（图6.2-1）。

图 6.2-1　浙江大学医学院附属第一医院余杭院区效果图

集中制水站设置在建筑地下二层，占地面积 $160m^2$，根据医疗建筑供水特点，建设集中制水分质供水工程，制水能力为 $40m^3/h$。以自来水作为进水，设置原水箱、砂滤器、软水器、炭滤器、精密过滤器等形成前处理系统；当前处理达到一级反渗透进水要求后，进行一级反渗透，一级反渗透生产的纯水供血液透析机用水和二级反渗透进水；二级反渗透以一级反渗透出水作为进水，通过二级反渗透制水，生产的纯水根据不同用水对水质的要求，再进行后处理，通过供水管线供各公共饮水点饮用纯水、酸化水、检验用水等；在集中制水站产水过程中，反渗透产生的浓水，经过消毒、微孔过滤，达到冲洗水水质，用于冲洗地面；以上工程应用采用"多膜法"，由预处理部分、反渗透部分、后处理部分组成，可实现血液透析用水、生化检验用水、清洗用水、冲洗用水、饮用水及酸化水六种不同水质的分质供水。

6.2.2　应用技术简介

1. 示范技术

基于医疗建筑分质供水及浓水回用的精细化节水方法，明确了分质供水系统的不同水质需求及典型工艺流程，按照集中制水分质供给的工艺理念设计了多级分质供水系统，采用"多膜法"进行了分质供水系统的集成化设计，构建出包括预处理部分、反渗透部分、后处理部分的组合工艺包及设备模块，形成了基于"集中制水与分质供给"医疗建筑分质供水系统，研发出了医疗供水专用反渗透膜组件，构建出小型化的快速组装拼接设备，产水率大于 70%、浓水回用率大于或等于 85%。

浙江大学医学院附属第一医院余杭院区在新建设计时采用集中制水、分质供水的模式，由多种膜技术集成形成制水工艺，并且采取分段取水的办法，通过独立的管道将不同水质的专业用水分别输送到相应的科室。采用分质供水模式的供水系统将生活用水（生活用水、中水、直饮水）与医疗用水（消毒用水、纯水）、消防给水等进行分类、分质、分管路进行供水。示范装置的工艺流程如图 6.2-2 所示。

按照各专业科室用水的水质要求，医院分质供水设备分为预处理和反渗透、电去离子、蒸馏 3 个相互连接的部分，用于制取注射用水，供灭菌制剂生产用水。上述 3 个分质供水设备中均有一部分排放水，可以收集用作冲厕用水、洗车用水或景观用水等。医院分质供水设备及制水工艺以城市自来水或符合我国饮用水标准的地下水作进水，采用超滤、吸附、软化、反渗透、电去离子和蒸馏等技术集成，构成一个完整的制水工艺系统。按不同的水质要求将制水工艺过程分为 3 个部分，包括初级纯水、纯化水和注射用水，这 3 种水质进行分段制水和分质供水。

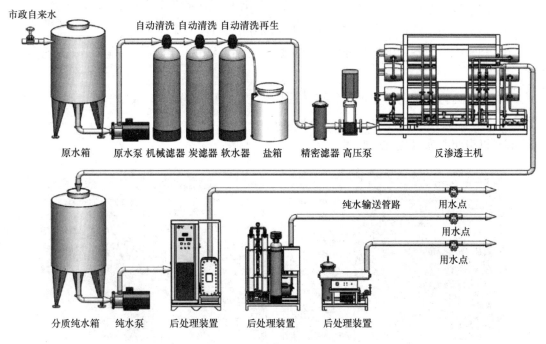

图 6.2-2　示范装置的工艺流程

1）预处理部分

为了在维护过程中保证设备运行与设备安全，预处理由 2 套机械过滤器与活性炭过滤器、超滤膜过滤器等预处理设备组成，支持独立运行与在线维护。

2）反渗透部分

反渗透装置是预脱盐的核心部分，经反渗透处理的水能去除水中绝大部分无机盐、有机物、微生物、细菌。反渗透系统双套设计，并支持单套运行。

在长期运行过程中，反渗透膜表面会附着各种污染物，使得反渗透装置的性能（产水量和脱盐率）下降，组件进口、出口压差升高。为此，日常启停装置前除了进行低压冲洗外，还需进行定期化学清洗，有时还需进行无菌处理。对反渗透膜的清洗消毒，要求双套系统错时分别进行。

3）后处理部分

后处理部分包括纯水箱、杀菌器和微孔过滤器。纯水箱的材质为 304 以上不锈钢，内外双抛光，顶部装空气过滤器，内部进水口装万向喷淋洗球、水流转向导管、浸没式紫外线灯，外装液位可视器，设有 $\phi 400$ 以上的人孔。每路纯水输送管路至少有 1 套微孔过滤器，材质至少为 304 不锈钢，滤膜规格符合终端水质要求。

2. 设备安装

1）制水机房在地下负二层安装，楼层净高不低于 2.5m（图 6.2-3）；

2）制水机房设备总占地面积为 160m²，机房门为双开门，高 2.5m、宽 2.0m；

3）制水机接入市政自来水，进水管径为 125 mm，$Q \geqslant 60$ m³/h；

4）制水机房靠近水管道井，送/回水管道采用走廊吊顶敷设进入各用水点；

5）制水机房设备正常运转时总荷重小于或等于 55t；

6）制水机房设备用电需从配电间单独敷设三相五线供电至机房配电柜，总容量不小于 60kVA；

7）系统运行支持网络化远程监控（只监不控），机房设置一个数据信息点和一个语音信息点，信息点采用双口面板墙装，离地 30cm；

8）机房照明为普通机房照明。

图 6.2-3　集中制水设备机房

6.2.3　技术应用效果

基于"集中制水与分质供给"医疗建筑分质供水系统，研发出了医疗供水专用反渗透膜组件，构建出小型化的快速组装拼接设备，产水率大于 70%、浓水回用率大于或等于 85%，并在杭州市"浙江大学医学院附属第一医院余杭院区"进行了超过 30 万 m² 的工程示范。

以 40m³/h 医用集中制水分质供水系统为例，生产每升纯水成本仅为单科室制水的 17%，见表 6.2-1。每年为医院节约自来水 2.93 万 m³、电能 2.76 万 kWh。按水费为 2.5 元/m³、污水处理费 2.2 元/m³、污水排放费 0.6 元/m³；电费 1.1 元/kWh 计价，水电费节约 29.39 万元，每年节省运行费用共计超过 417.59 万元，可见，集中制水、分质供水的节约用水及成本控制成效显著。

表 6.2-1

项目对象	医用集中供水系统设备	各科室独立制水设备	对比分析
水利用率	98%	66%	水利用率大大提高
年用水量	17.69 万 m³/年	20.62 万 m³/年	每年节约 2.93 万 m³
年产水量	17.39 万 m³/年	13.52 万 m³/年	—
年水费	44.22 万元/年	51.54 万元/年	每年节约 7.33 万元
污水处理费	0.66 万元/年	15.61 万元/年	每年节约 14.96 万元
污水排放费	0.18 万元/年	4.26 万元/年	每年节约 4.08 万元
年用电量	26.28 万 kWh/年	29.04 万 kWh/年	每年节约 2.76 万 kWh
年电费	28.91 万元/年	31.94 万元/年	每年节约 3.04 万元
年耗材费	40 万元/年	54.5 万元/年	每年节约 14.5 万元
桶装饮用水总费用	0 元	外购 211.7 万元	每年节约 211.7 万元
消毒剂总费用	0 元	162 万元/年	每年节约 162 万元
年运行费	113.96 万元/年	531.55 万元/年	每年节约 417.59 万元
单位制水成本	0.0066 元/L	0.0393 元/L	每年节约 0.0328 元
设备总占地面积	不占用医疗用房	200m² 医疗用房	节省 200m² 医疗用房
管理	1 人兼管	15 人兼管	大幅度减少人工

6.2.4　应用推广前景

综合性医院用水需求量大、用水类型多，需要生化分析检验用水、病理科用水、血液透析用水、中心供应室用水、手术冲洗用水、数字减影血管造影（DSA）导管冲洗用水、科冲洗用水、产科婴儿清洗用水、制剂室用水等高品质供水。在我国医院的设施中，20世纪 90 年代初以前建设的综合楼基本上还是沿用各科室独立制水设施供应纯水的方式，分散供水不仅大量占用科室空间，水资源的利用率也较低，而集中供水系统可以有效解决这些问题。集中制水、分质供水系统的纯水输送均可实现密闭循环供水，避免了水在管路中滞留及外部污染，有效保障了供水水质。

医疗建筑分质供水及浓水回用技术及设备能够有效解决医疗建筑的节水需求，已经实现产品化、产业化，2021—2023 年，累计完成相关合同 27 项，产生直接经济效益6949.65 万元。

6.3　基于精细化控制的二次供水及智能控制雨水回用工程应用

6.3.1　项目概况

招商开元中心一期 03 地块项目（简称 03 地块）位于深圳市罗湖区梨园路 333 号，东临梨园路，南临梅园路，西临红岭北路，北与深圳市城建梅园实业有限公司用地交界。用地性质为商业、餐饮、办公用地。建筑功能包括办公、商业、公交枢纽等，属于二类公共建筑（图 6.3-1）。

图 6.3-1　招商开元中心一期 03 地块项目效果图

示范项目位于一期 C 区，地块总占地面积为 14983m²，建筑面积约为 19.01 万 m²。地下共 2 层，地上由 2 栋办公楼组成。A 座：地下共 2 层，为停车库及设备房，地上塔楼共 49 层，其中 1 层至 3 层为商业裙楼，4 层以上为办公塔楼，建筑高度为 212.80m，泵房位于 A 座地下。B 座：地下共 2 层，为停车库及设备房，地上塔楼共 29 层，其中 1 层至 3 层为商业裙楼，4 层以上为办公塔楼，建筑高度为 127.60m。

03 地块最高日用水量为 662.55m³，最大小时用水量为 118.2m³，梨西一路有 DN300 市政给水管，梅园路现有一条 DN400 市政给水管，均属市政环状管网。03 地块由北侧梨西一路及南侧的梅园路分别引入 DN200 进水管一根，引入管后 03 地块分设生活、商业消防总水表，室外消防管形成 DN200 的环状管网。此项目室外市政给水管道常年工作压力为 0.2MPa。

03 地块设置了独立的生活给水系统，其中地下室、裙房商业生活给水竖向分为 2 个区：地下室为市政区，由市政自来水直供；一层、二层商业为 1 区，采用无负压设备供水；地块 3 楼以上办公生活给水竖向分 4 个区：三层～九层为 2 区（利用 21 层水箱重力减压供水），十层～十六层为 3 区（利用 21 层水箱重力供水），十七层～二十一层为 4 区（利用 21 层加压泵组 1 减压供水），二十二层～二十九层为 5 区（利用 21 层加压泵组 1 供水），三十层～三十七层为 6 区（利用机房屋面层水箱重力减压供水），三十八层～四十四层为 7 区（利用机房屋面层水箱重力供水），四十五层～四十九层为 8 区（利用 21 层加压泵组 2 减压供水）。

基于精细化控制的二次供水设备及智能控制雨水回用设备工程示范，示范建筑的总面积 38.03 万 m²，示范地点位于招商开元中心一期 03 地块。雨水回收利用设备的示范位于招商开元中心一期 03 地块，将收集的雨水回用于绿化浇灌、道路广场冲洗、地下车库冲洗以及中水回用等。

6.3.2　应用技术简介

1. 基于 PID 自整定控制的智联无负压供水技术

PID 自整定控制的智联无负压供水系统由综合水力控制单元、加压泵组、恒压罐体、高压罐体、超高压罐体、蓄能增压单元、智能控制柜等组成，可直接与供水管网连接。系统能够充分利用市政管网压力且确保市政供水管网不产生负压，同时能够通过高压罐体与超高压罐体协同配合完成补偿流量和小流量保压功能，可利用网络将供水设备、传感器、控制器等与软件应用程序连接起来；采用物理分析、预测算法、自动化和电气等方式优化供水设备与供水管网的运行方式，支持智能化的设计、操作、维护、服务、故障预警、安全保障功能。

2. 精细化智能控制的雨水净化及回用技术

基于精细化智能控制的"预处理—过滤/吸附—膜过滤"雨水净化流程及回用技术将常规过滤与膜过滤进行了结合，可实现滤池自动反冲洗、变速过滤控制、消毒剂自动投加、消毒装置自动启停等自动化与智能化控制。在保证雨水回用水质满足相关水质标准的基础上，可降低处理和管理成本，且更适应水量、水质变化要求。

6.3.3　技术应用效果

1. 基于 PID 自整定控制的智联无负压供水设备

1）样机设备研发

基于泵出口不同压力控制点的供水压力模拟和优化的研究结果，开展了供水设备的研发，形成的三罐式无负压设备流程与样机图如图 6.3-2 所示。

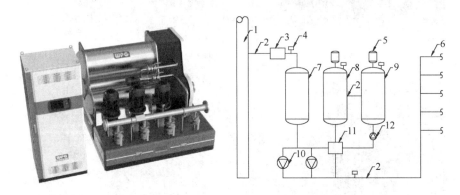

图 6.3-2　三罐式无负压设备流程与样机图

三罐式无负压与新型流量控制器对扩大叠压设备适用性起到关键作用，可应用于绝大多数住宅、公共建筑项目，适用于市政压力较好或略欠佳的区域，可以实现保护市政最低服务压力和用户用水利益的双重供水目标。

2）工程示范设备参数

研发出的具有基于水压和水量调控的智联供水设备在中建三局第一建设工程有限责任

公司负责的招商开元中心一期工程中进行了工程示范。设备具体的参数见表 6.3 1。

工程示范设备参数   表 6.3-1

名称	规格型号	流量 (m³/h)	扬程 (m)	功率 (kW)	数量 (个)
智联三罐式无负压供水设备	系统型号：WII-T2CH3-WDL45-1-1/WDL15-2	72	20	7.4	1套
	大泵型号：WDL45-1-1	36	17	3.0	1台
	小泵型号：WDL15-2	18	20	2.2	2台
	控制柜型号：WPK-S-3/1+2.2/2	800×600×1800（mm）			
	成套附件：125/3	—	—	—	—

标准配置包括：

（1）水泵（1台大泵，2台小泵）；

（2）综合水力控制单元；

（3）恒压罐体、高压罐体、超高压罐体；

（4）蓄能增压单元；

（5）智能控制柜（变频器一对一）。

3）工程示范效果（图 6.3-3）

图 6.3-3 设备现场

本项目采用通过中国节能产品认证的 WII 系列设备,该设备已颁发中国节能产品认证证书。当系统流量大于 50m³/h 时,WII 系列设备满足二次供水设备节能认证技术要求。当系统流量大于 50m³/h 时,水泵无论搭配 2 用还是 3 用,均满足单位供水能耗小于 0.9kWh/(m³·MPa) 的要求。

本项目 WII 系列设备的系统流量为 72m³/h,符合二次供水设备节能认证技术要求中流量（45m³/h<Q≤80m³/h）的要求和节能认证证书的涵盖范围,满足单位供水能耗指标小于 0.9kWh/(m³·MPa) 的要求。

2. 精细化智能控制的雨水净化及回用设备

1）回用用途及服务面积

深圳市初期雨水径流特征污染物包括悬浮固体（SS）、COD_{Cr}、总磷（TP）、总氮（TN）以及少量重金属等,其中 SS 和 COD_{Cr} 是最主要的污染物。本示范收集的雨水经处理后主要回用于绿化浇灌、道路广场冲洗以及地下车库冲洗,回用的水质标准限值见表 6.3-2,道路广场冲洗回用水水质要求最高。

深圳市初期雨水径流水质及三种用途回用的水质标准　　　　表 6.3-2

项目指标	市政路面	屋面	绿化浇灌	道路广场冲洗	地下车库冲洗
	初期径流雨水				
COD_{Cr}（mg/L）	300～400	80～100	—	—	≤30
SS（mg/L）	800～1000	100～120	≤10	≤10	≤5
NH_4^+-N（mg/L）	—	—	≤20	≤10	≤10
总余氯（mg/L）	—	—	接触 30min 后大于或等于 1.0,管网末端大于或等于 0.2		
总大肠杆菌(MPN/100mL)	—	—	≤3		

2）现有雨水收集及处理回用工艺流程

现有收集的雨水主要来源于招商开元中心一期 03 地块项目区域内下垫面,雨水初期弃流采用溢流堰式初期雨水分流井,进入雨水收集池（容积 151.2m³）,满足绿化浇灌及道路广场冲洗用量及部分地下车库冲洗用水量,其中:

（1）绿化浇灌用水量：9446.6×2＝18.9m³;

（2）道路广场冲洗用水量：14523.63×0.5＝7.3m³;

（3）车库冲洗用水量：69578.93×2＝139.16m³。

（4）按绿建要求满足绿化浇灌及道路广场冲洗用量：(18.9＋7.3)×3＝78.6m³。

已有的常规处理工艺为"全自动清洗过滤器＋活性炭吸附器"（图 6.3-4）,设计流量为 15m³/h,其中全自动清洗过滤器设计精度为 100μm,当进、出水压差达到 0.05MPa 或设定一定时间时,系统自动进入反冲洗过程,反冲洗水量约占处理水量的 1％,反冲洗过程中设备不停止运行。

现有的雨水处理设备间位于地下 1 层景观水处理机房,其中预留了 2000mm×3000mm 的面积用于安装研发出的雨水设备。

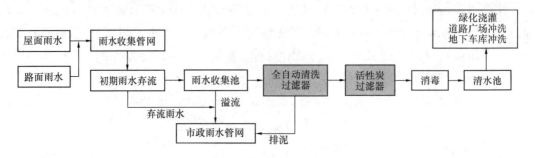

图 6.3-4　示范现场既有雨水收集及处理回用工艺流程

3）雨水净化与回用技术优化（图 6.3-5）

结合本项目实际情况，采用以物理化学法处理为核心、生物法为辅的雨水净化技术和工艺，将常规过滤、膜过滤相结合，将物理消毒和化学消毒相结合，并实现滤池自动反冲洗、变速过滤控制、消毒剂自动投加、消毒装置自动启停等自动化与智能化控制。本示范设备的精细化和智能化体现在可根据原水的水质、水量进行自动调节，抗冲击负荷能力强，可实现滤池自动反冲洗、变速过滤控制、消毒剂自动投加、消毒装置自动启停。

研发的基于精细化智能控制的"预处理—过滤/吸附—膜过滤"雨水净化及回用技术的具体流程：预处理（混凝或粗过滤）—过滤/吸附（石英砂、颗粒活性炭为基质填料/生物过滤）—超滤—消毒，可依据组合工艺在不同雨水水质及影响因素条件下的处理效能，形成适合不同类型公共建筑的雨水净化与回用组合工艺。

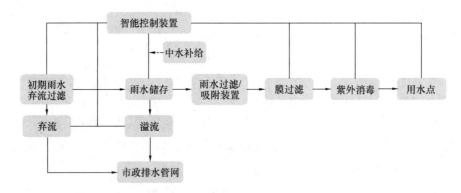

图 6.3-5　雨水净化技术与回用工艺

4）雨水回用系统工程示范流程（图 6.3-6）

在已有的"全自动清洗过滤器＋活性炭吸附器"工艺基础上，后置接入膜滤净化单

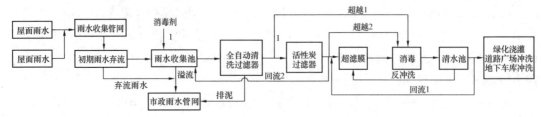

图 6.3-6　公共建筑雨水净化与利用系统的工程示范流程

元，膜滤单元的处理流量为 15m³/h。膜过滤设备的组合流程如图 6.3-7 所示。

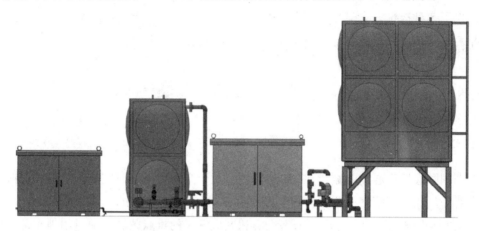

图 6.3-7　膜过滤设备的组合流程

5）雨水回用示范效果

以雨水储存池的原水和回用点的出水作为监测点，对浊度、铁、COD$_{Cr}$、SS、色度、TDS、阴离子表面活性剂、氨氮、余氯、pH 等指标进行了监测，确保出水水质满足《建筑与小区雨水控制及利用工程技术规范》GB 50400—2016 的相关水质标准。

6.3.4　应用推广前景

本工程示范位于招商开元中心一期 03 地块，包含了基于精细化控制的二次供水设备以及智能精细化控制雨水回用设备，示范建筑的总面积为 38.0 万 m²。招商开元中心一期 03 地块商业裙楼示范了智联无负压供水设备 1 套，主要为商业部分 1～3 楼供水（包含 3 楼的空调冷却系统补水）；依托"预处理—过滤/吸附"的雨水处理工艺，采用研发出的精细化智能控制雨水净化设备对招商开元中心一期 03 地块收集的屋面和地面雨水进行了净化与利用的工程示范，形成了多水源水质切换、多用途回用的"预处理—过滤/吸附—膜过滤"工艺，出水水质满足《建筑与小区雨水控制及利用工程技术规范》GB 50400—2016 的相关水质标准，净化的雨水可用于绿化浇灌、道路广场冲洗、地下车库冲洗以及中水回用等。

研发的三罐式无负压二次供水设备通过了中国节能产品认证，在总建筑面积 20 万 m²招商开元中心一期 03 地块进行了工程示范应用，单位供水能耗小于 0.9kWh/(m³·MPa)。相关技术及成果纳入了中国工程建设协会标准《智能互联供水设备应用环境技术标准》T/CECS 1006—2022，规范了国内智能二次加压调蓄设施环境建设标准。2021—2023 年基于精细化控制的二次供水设备完成相关销售合同 311 项，经济效益达到 29009 万元。

针对雨水水量水质波动大、雨水净化回用设备智能化程度低等问题，形成了基于雨水储存生物净化—多介质过滤—膜过滤全流程水质净化工艺与多运行方式切换耦合的公共建筑雨水净化设备与回用系统耦合技术，形成多级屏障的全流程水质净化、回流往复净化、短流程净化等，实现精细化控制。研发出了基于膜过滤的组合式智能化雨水净化与保障设备，建立了多种运行方式切换流程。2021—2023 年精细化智能控制雨水净化技术及设备完成相关合同 7 项，经济效益达到 954 万元。

6.4 公共建筑智能节水技术及设备产品工程示范

6.4.1 项目概况

深圳国际会展中心商业配套 03-01 地块项目位于广东省深圳市宝安区，深圳国际会展中心东侧，属于会展配套商业综合体项目。距深圳宝安国际机场 T3 航站楼 7km，距规划的 T4 航站楼枢纽 3km，是深圳市未来经济和城市发展的重点区域。项目用地东侧邻海云路及福永海河，北邻云汇路，南邻杜鹃东二街，西邻海城路（图 6.4-1）。

图 6.4-1　深圳国际会展中心商业配套效果图

该项目主要由办公、商务公寓、酒店、商业展贸馆等组成。办公楼共 2 栋，商务公寓共有 3 栋，酒店共 2 栋，商业展贸馆共 1 栋。项目建设用地面积为 64391.71m²，总建筑面积为 356315.32m²，容积率为 3.78，地上规定建筑面积为 236120m²，其中酒店面积为 65700m²、办公面积为 80000m²、地上商业面积为 30000m²、商务公寓面积为 60000m²、配套设施面积为 420m²。地下规定建筑面积为 20600m²，其中地下商业面积为 16300m²。地下室配套设施面积为 90657.78m²。项目供水由基地西侧海城路及东侧海云路分别引入市政自来水（DN200），保证项目室外消防两路进水。深圳市自来水水质较好，自来水总硬度小于 100mg/L（以 $CaCO_3$ 计）。项目总体设计最高日用水量为 3412m³，最大时用水量 386m³；其中商业部分最高日用水量为 928m³，最大时用水量 112m³；办公部分最高日用水量为 264m³，最大时用水量 50m³。各层卫生间、冷却塔补水、餐饮分别设水表计量。

6.4.2　应用技术简介

基于深圳国际会展中心商业配套 03-01 地块项目的具体需要，开展了新型调压富氧节水花洒、中央空调循环冷却水处理技术及设备、精细化计量和漏损智能控制成套装置的工程示范，形成了工程示范的全过程、全方位监督和管理方法；开展了相关工程示范长期运行的关键性指标数据统计，解决了运行过程中"兼顾公寓洗浴节水与舒适度、保证中央空调卫生安全运行、精准化漏损智能控制装置"等问题和需求，实现降低公共建筑用水量的目标。具体示范内容见表 6.4-1。

示范内容　　　　　　　　　　　　　　表 6.4-1

示范产品	示范建筑类型	示范数量	建筑面积（万 m²）
调压富氧节水花洒 水效 1 级； 流量均匀性小于或等于 0.05L/s； 最小流量 0.07L/s； 0≤平均喷射角≤8°	商务公寓	3 栋（共计 1200 余套）	35
臭氧处理中央空调循环冷却水设备 浓缩倍数大于或等于 7； 军团杆菌未检出； 浊度小于或等于 10NTU； 生物黏泥量小于或等于 3mL/m³	商业展贸馆	1 台	
精准计量与漏损智能控制装置 始动流量为 0.002m³/h； 量程比为 250 调节响应时间小于或等于 0.1s	办公、商务公寓	循环水量为 1430m³/h，系统水容积为 90m³	

1)"调压富氧节水花洒"的示范。新型调压富氧节水花洒已应用到示范项目，实现了建筑节水经济效益；示范项目进行前进行了花洒水效、流量均匀性、最小流量、平均喷射角检测，形成第三方检测报告；并在使用过程中开展了用户体验调研，为性能提升和应用推广提供积累。已在 3 栋商务公寓户内淋浴卫生间进行了 1200 余套示范。深圳招商房地产有限公司提供了示范地点、面积、数量、供水压力等信息，协助产品安装、调试、运行、维护及数据采集，完成了工程示范综合报告，组织了工程示范验收。

2)"臭氧处理中央空调循环冷却水设备"的示范。已将臭氧处理中央空调循环冷却水设备应用到示范项目，提高了浓缩浓度，减少了循环水补水量，实现了建筑节水。已经在商业展贸馆示范臭氧处理中央空调循环冷却水设备 1 台。示范项目进行前进行采样检测，对比了加药处理、臭氧处理技术的节水卫生、安全环保等指标参数；在设备运行过程中，采用了在线监测和人工检测结合的方式，开展了关键性指标的测试（如浓缩倍数、异养菌总数、嗜肺军团菌、生物黏泥量、化学需氧量、氨氮、总磷等），提供了第三方检测报告，验证了装置运行各项指标的有效性。

3)"精准计量与漏损智能控制装置"的示范。减少了表观漏失，并通过远程控制球阀减少了应急处理时间，降低了漏水量。已经安装位置包括：

① 办公楼（6A 塔楼十六层、十七层），2 级 DMA 水表计量分区，形成了闭环管路，管径包含 $DN80$、$DN50$ 和 $DN20$ 三种水表，示范装置共 18 套；$DN20$ 的水表配套安装阀控装置，可远程监控管网漏损，漏损信号通过平台传输后可远程关闭阀门减少漏损。

② 商务公寓（安装调压富氧节水花洒的共 2 户、安装普通花洒的共 2 户），对比了节水花洒和普通花洒实际用水情况，示范装置共 4 组。示范项目进行前进行了示范装置始动流量、量程比、调节响应时间检测，形成了第三方检测报告；运行过程中进行了用水量监测，统计并响应水量异常情况。

6.4.3　技术应用效果

1. 调压富氧节水花洒工程示范

调压富氧节水花洒已在深圳国际会展中心商业配套 03-01 地块项目的 3 栋公寓式办公楼进行示范，公寓式办公楼实景如图 6.4-2 所示。1277 套花洒于 2020 年 9 月全部安装完毕，示范项目中的花洒如图 6.4-3 所示。

图 6.4-2　公寓式办公楼示范实景图

评估了花洒的使用效果，编制了《花洒舒适度调查表》，自 2021 年 4 月起对住户开展了花洒使用性能问卷调查，调研以电子问卷的方式开展，用户通过扫描二维码即可参与。问卷内容包括花洒挡位选择、淋浴时间、花洒流量、冲洗力度、稳定性、均匀性等问题。共计收集有效调研问卷 108 份，总体满意度达到 85% 以上（图 6.4-4）。

（1）被调研人员信息：大部分受访者在 21~40 岁之间，占到所有受访者的 74%；

（2）花洒使用习惯：大部分受访者习惯

图 6.4-3　示范项目中的花洒

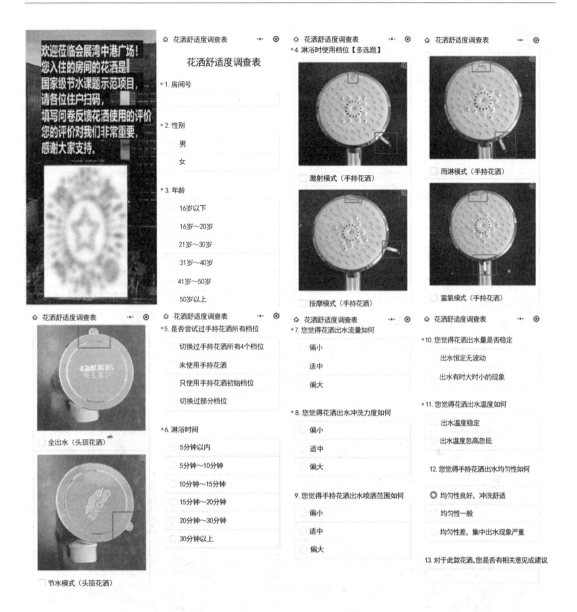

图 6.4-4　调查问卷界面示意图

使用手持花洒，而且更喜欢体感舒适的富氧模式和雨淋模式；大部分受访者不常切换花洒档位，但也有 1/3 的受访者会通过切换手持花洒的档位选择更为适合自己的档位；大部分受访者的淋浴时间在 15～30min，节水型花洒的推广能为示范项目带来显著的节水效果，实现经济效益和社会效益；

（3）用户满意度：92％的受访者认为花洒的喷洒范围适中，88％的受访者认为花洒的喷射力适中，86％的受访者认为花洒的出水流量适中，总体满意度达到 85％以上。

评估了调压富氧节水花洒的节水效果，分别在 3 栋 1508 和 1510 房间安装了调压富氧节水花洒，3 栋 1507 和 1509 房间安装了普通型花洒，并由株洲南方阀门提供精准计量水表用于花洒用水量的监测。2021 年 4 月 1 日至 2022 年 2 月 26 日期间 4 个花洒考核表用水量监测数据，见表 6.4-2，安装节水型花洒的日均用水量平均值为 $0.095\text{m}^3/\text{d}$，与普通花洒（日均用水量平均值为 $0.125\text{m}^3/\text{d}$）相比，平均节水率为 24%。由于水表读数为整点计量值，每人每天的淋浴习惯和时长均有差异，因此未对节水型花洒单次使用的节水率进行统计。本节水型花洒在大尺度时间范围内节水效果较为显著，因此使用监测周期内的日均用水量考核花洒的节水效果更为科学。

花洒用水量考核表

表 6.4-2

序号	水表编号	用户名称	安装位置	用水量 (m^3)	用水天数 (d)	日均用水量 (m^3/d)	备注	节水率
1	08752362	3 栋 1507	3 栋 1507	34.46	289	0.12	普通花洒	—
2	08752368	3 栋 1508	3 栋 1508	26.63	295	0.09	节水型花洒	25%
3	08752372	3 栋 1509	3 栋 1509	35.94	273	0.13	普通花洒	—
4	08752373	3 栋 1510	3 栋 1510	31.04	307	0.10	节水型花洒	23%

2. 臭氧处理中央空调循环冷却水设备工程示范

臭氧处理中央空调循环冷却水设备在深圳国际会展中心的商业展贸馆进行示范，商业展贸馆实景图如图 6.4-5 所示。示范设备于 2020 年 8 月进行定位安装，2020 年 10 月进行了调试。

图 6.4-5 商业展贸馆实景图

1）远程监测

臭氧处理中央空调循环冷却水处理工程示范的远程监测自 2021 年 4 月 1 日启动，如图 6.4-6 所示。监测指标包括氧化还原电位、电流、电导率，远程监测采集频率为 1 次/min。

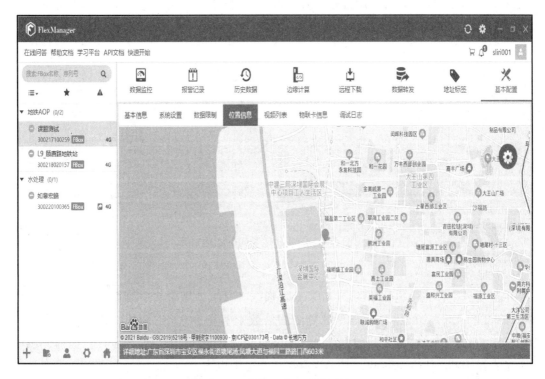

图 6.4-6　示范工程远程监测界面

（1）电流（图 6.4-7）

设备关闭时电流为 0，正常启动状态电流为 9A，根据监测数据，示范项目设备开启时间为 10：00～17：00。

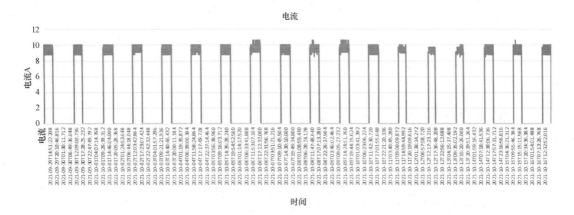

图 6.4-7　电流随时间的变化

（2）氧化还原电位（ORP）

根据《臭氧处理中央空调循环冷却水技术要求》GB/T 39434—2020，循环冷却水中臭氧浓度为 0.01～0.1mg/L，OPR 为 419.17～591.7mV。根据监测数据，ORP 随时间的变化如图 6.4-8 所示，目前设备每天上午 10 点左右开启，ORP 逐渐上升，下午 5 点关闭，ORP 慢慢下降，基本维持在正常范围以内。

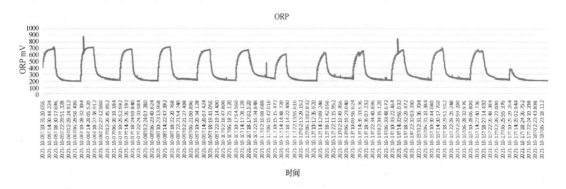

图 6.4-8　ORP 随时间的变化

（3）电导率

示范项目中补充水电导率约 210uS/cm，根据《臭氧处理中央空调循环冷却水技术要求》GB/T 39434—2020，以电导率计算浓缩倍数应不小于 5，则循环冷却水中电导率应不小于 1050uS/cm。根据监测数据，电导率随时间的变化如图 6.4-9 所示，目前监测出电导率基本在 1000～1350uS/cm，基本维持在正常范围以内。

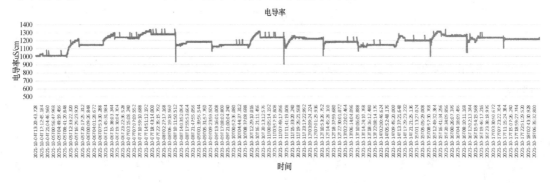

图 6.4-9　电导率随时间的变化

2）现场采样及第三方检测

委托了第三方检测机构，每个月进行现场取样，取样时间分别在 2021 年 5 月 28 日、2021 年 6 月 28 日、2021 年 7 月 28 日、2021 年 8 月 27 日、2021 年 10 月 8 日，按照《臭氧处理中央空调循环冷却水技术要求》GB/T 39434—2020 进行检测，检测指标包括水中臭氧量、空气中臭氧量、浓缩倍数、浊度、化学需氧量、氨氮、总磷、铁、铜、钙、总碱度、硫酸盐、氯化物、嗜肺军团菌、异养菌总数、生物黏泥量。现场取样记录如图 6.4-10～图 6.4-14 所示。

图 6.4-10　循环冷却水取样点

图 6.4-11　补充水取样点

图 6.4-12　臭氧发生器机房监测点

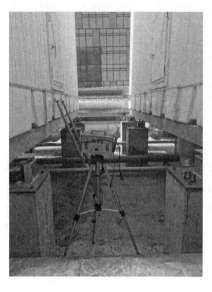

图 6.4-13 冷却塔旁监测点

图 6.4-14 生物黏泥量取样

检测结果见表 6.3-3。根据现场采样测试结果,起初(5、6 月)设备刚开始调试运行,水质较差,循环冷却水中臭氧浓度较高,导致浓缩倍数较低,异养菌总数超标。自 7 月开始,浓缩倍数按钾钠氯计算均大于 8,嗜肺军团菌未检出,浊度小于 1NUT,生物黏泥量为 $1.2mL/m^3$,满足考核指标及《臭氧处理中央空调循环冷却水技术要求》GB/T 39434—2020 要求。其他水质指标,包括循环冷却水臭氧浓度、化学需氧量、氨氮、总磷、总铁、铜、钙、总碱度、硫酸盐、氯化物、异养菌总数均符合标准要求。

3)节水效益

示范项目循环水量为 $1000m^3/h$,每天循环 10h,采用加药处理时循环冷却水的浓缩倍数(以电导率表示)为 3~6,一般取设计浓缩倍数 3,补水量占循环水量的 1.03%,采用臭氧处理中央空调循环冷却水的浓缩倍数(以电导率表示)为 6.6~17.4,本示范项目设计浓缩倍数为 7,补水量约占循环水量的 0.85%,节约水量为 $1000×0.18\%×10×365=6570m^3/年$。相关经济指标的对比见表 6.4-3。现场取样测试结果见表 6.4-4。

经济指标对比 表 6.4-3

项目	臭氧处理	加药处理
补水量(m³/年)	31025	37595
能耗(kWh)	14~19	16~25
药剂费(万元/年)	无	4~6
设备维护	防腐阻垢	易腐蚀结垢
公共卫生	嗜肺军团菌杀灭率可达 100%	无法有效杀灭嗜肺军团菌
环境污染	无污染物排放	药剂污染废水排放

现场取样测试结果

表 6.4-4

指标类	序号	指标		单位	考核指标要求	《臭氧处理中央空调循环冷却水技术要求》GB/T 39434—2020	2021.5.28 取样	2021.6.28 取样 机房循环冷却水	2021.6.28 取样 冷却塔循环冷却水	2021.7.28 取样	2021.8.27 取样	2021.10.8 取样
考核指标	1	浓缩倍数	钾	—	≥7	钾钠氯计算：≥8	6.5	6.5	6.7	12.3	14.3	8.6
			钠	—			6.7	5.6	5.8	12.6	14.5	8.1
			氯化物	—			1	6.3	6.7	13.3	14.3	20
			电导率	—		电导率计算：≥5	3.3	3.8	4.0	5.0	7.3	5.6
	2	嗜肺军团菌		—	未检出	未检出	未检出	未检出	未检出	未检出	未检出	未检出
	3	浊度		NTU	≤10	≤5.0	15.8	2.86	2.75	0.42	0.98	0.9
	4	生物黏泥量		mL/m³	≤3	≤2	—	—	—	—	—	1.2
其他指标	5	循环冷却水臭氧浓度		mg/L		0.01~0.1	52.5	0.27	0.34	0.04	0.03	0.06
	6	机房臭氧浓度		mg/L		≤0.30	0.011	0.012	0.012	0.014	0.014	0.011
	7	冷却塔周围臭氧浓度		mg/L		≤0.20	0.064	0.072	0.072	0.062	0.062	0.074
	8	pH		—		7.5~9.5	7.83	7.9	8	8	7.1	7.2
	9	化学需氧量		mg/L		≤50	34	5	7	10	12	6
	10	氨氮		mg/L		≤1.0	0.074	0.051	0.05	0.125	0.030	0.04
	11	总磷		mg/L		≤3.0	<0.01	<0.01	<0.01	<0.01	<0.01	<0.01
	12	总铁		mg/L		≤1.0	0.09	0.12	0.11	0.06	0.08	0.09
	13	铜		mg/L		≤0.1	0.06	0.05	0.05	0.04	<0.04	<0.04
	14	钙硬度＋总碱度		mg/L		≤1100	150.4	57.96	60.67	62.7	78.3	74.18
	15	[SO₄²⁻]＋[Cl⁻]		mg/L		≤2500	22.4	248	209.5	333	457	548
	16	异养菌总数		CFU/mL		≤1000	17	95000	42000	32	9	<1

3. 精准计量与漏损智能控制装置工程示范

精准计量与漏损智能控制装置示范在 6A 栋办公楼，办公楼实景图如图 6.4-15 所示，选取十六、十七层，示范项目包括 18 块水表。

实现了示范项目用水量及漏损监测，开发了深圳国际会展中心商业配套 03-01 地块项目节水监测与漏损控制系统，数据传输采用 NB-IoT 无线通信方式，默认每天联网上传一次数据。监测平台系统主页如图 6.4-16 所示，主页显示了本项目水表以及当天总用水量。

节水监测与漏损控制系统主要包含数据分析、异常分析、设备管理、系统管理等模块。

1）数据分析模块

（1）水表水量分析：如图 6.4-17 所示，分别显示了示范项目中 22 块水表的用水量，用水表号、安装地点、水表类型及名称等。

图 6.4-15　6A 办公楼实景图

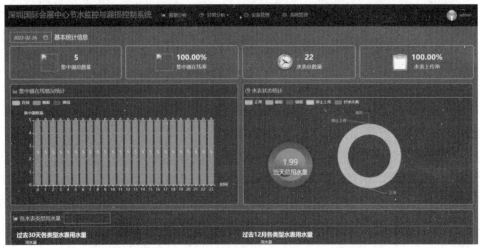

图 6.4-16　系统平台主页

图 6.4-17　水表水量分析界面

2021 年 3 月 31 日至 2022 年 2 月 26 日期间所有示范项目中水表用水量数据统计见表 6.4-5。

示范水表用水量数据　　　　　　　　　　　　　　　表 6.4-5

序号	水表编号	用户名称	安装位置	用水量（m³）	备注
1	62001002	17 楼主泵房	17 楼楼顶主泵房	619	—
2	62001256	17 楼	17 楼厕所	22	—
3	62001067	16 楼	16 楼厕所	39	—
4	62001126	17 楼楼顶绿化	17 楼楼顶管道井	609	—
5	08752363	1708	17 楼管道井	0	—
6	08752371	17F 新风机房	17 楼管道井	0	—
7	08752360	1 号	16 楼管道井	0	—
8	08752357	16F 新风机房	16 楼茶水间	0	—
9	08752369	1603	16 楼茶水间	0	—
10	08752359	2 号	16 楼管道井	0	—
11	08752358	1701	17 楼管道井	0	—
12	08752366	17F 新风机房	17 楼茶水间	0	—
13	08752370	1604	16 楼洗手池	0.02	—
14	08752365	1704	17 楼茶水间	0	—
15	08752361	洗手池	16 楼洗手池	1.29	—
16	08752356	洗手池	17 楼洗手池	0	—
17	08752364	3 号	16 楼管道井	0	—
18	08752367	1703	17 楼茶水间	0	—
19	08752368	3 栋 1508	3 栋 1508	26.63	花洒
20	08752373	3 栋 1510	3 栋 1510	31.04	花洒
21	08752372	3 栋 1509	3 栋 1509	35.94	花洒
22	08752362	3 栋 1507	3 栋 1507	34.46	花洒

（2）水表损耗率：水表逻辑关系如图 6.4-18 所示，十七层是总水表，下分十六、十七层卫生间、办公室用水，以及十七层楼顶绿化用水，总水表用水量与分表用水量总和的差值即损耗量。楼顶 $DN80$ 总表总用水量为 619m³，17 块分表总用水量为 671.31m³，导致该数据存在差异的主要因素是小口径分表计量精度高于 $DN80$ 总表，且除楼顶绿化用水量较大外，其他分表用水量较小，造成积累误差更大。损耗率分析模块界面如图 6.4-19所示。

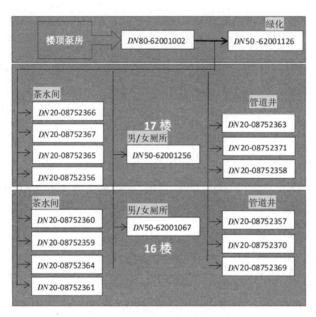

图 6.4-18　水表逻辑关系图

图 6.4-19　损耗率分析

2) 异常分析模块

(1) 用水量异常报警：如图 6.4-20 所示，可对某一类型的水表如 DN20 设定预警值，用水量超出设定值将会报警，也可针对单一水表设定预警值。

图 6.4-20　用水异常预警

(2) 零流量异常报警：如图 6.4-21 所示，提醒报警规则可设定。比如设定 7d，如果某水表 7d 内无流量，则报警提醒。也可针对某一类型水表，某单一水表设定。

图 6.4-21　零流量提醒及报警规则设置

（3）夜间流量异常报警：如图 6.4-22 所示，报警规则可设定。设定夜间某时段内统计流量达到某设定值则报警提醒。

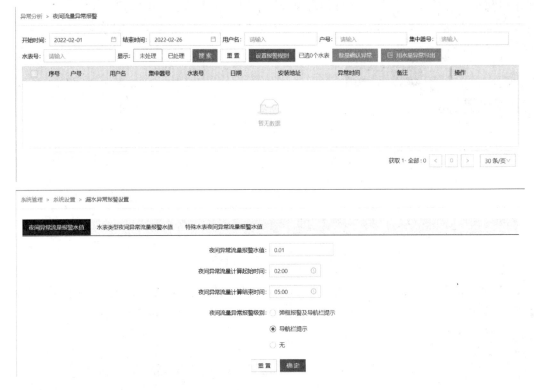

图 6.4-22 零流量异常报警模块

研发的精准计量装置具有计量精准、无机械磨损、超长寿命且支持多种通信方式等特点，能够提供实时的流量监控数据，且可通过有线或无线传输数据，实现远程抄表、用水量异常报警等功能，为智能化用水监测平台在公共建筑中的应用提供了良好实践，提升了公共建筑用水管理水平，在公共建筑的用水精准控制以及漏损控制方面有促进作用。

6.4.4 应用推广前景

深圳国际会展中心商业配套 03-01 地块项目包含典型的公共建筑类型，园区内具有办公楼、酒店、公寓等，供水系统根据项目实际业态进行系统分区，各业态均具备独立供水系统。本示范项目与技术成果匹配程度高，所研发的用水终端产品适用于示范工程中的卫生间用水系统设计，研发的臭氧处理中央空调循环冷却水设备适用于示范工程的制冷系统设计，研发的高精度水表和无线监测防漏损智能控制阀适用于示范工程的管网系统设计。本示范工程能够满足示范应用的既定目标，可实现从用水管网漏损监控到关键耗水点的节水精细化管控。

通过工程示范验证了研究成果的有效性和可靠性，示范项目的节水花洒每年节约水量 18000 多 m³，示范项目的臭氧处理中央空调循环冷却水设备每年节约水量 6570m³，并推广到上海阳光新苑、上海地铁十八号线和四号线、常州地铁等近 10 个项目，推广面积近 100 万 m²；示范项目的高精度智能超声波计量装置计量精准，能够提供实时流量监控数据，并推广到江西明月山、湖南工业大学、河北工程大学、艾丁湖等多个项目开展应用。研究成果的工程示范节水效果显著，在用水端打造了可复制可推广的公共建筑节水精细化、动态化管理模式。

6.5　公共建筑用水计量与节水监管平台应用

针对公共建筑用水存在耗水量居高不下、管网渗漏严重、超压出流普遍、不同类型公共建筑用水特性差异大等问题，建立了能够对公共建筑供用水系统进行精细化感知、分析、诊断，能够依数据分析自动实施常规管理和控制的智慧化公共建筑用水计量与节水监管平台，实现了物联网技术、大数据应用、模型分析、自动化控制和软件开发的技术路线，开展了供水用水多参数监测和数据传输系统、建筑综合用水效率分析方法、供水用水系统自动控制和反馈调整机制、供水用水智慧管理系统的研究，并整合成集感知、传输、数据分析、模型算法、自动控制和管理的一体化智慧监管平台。

6.5.1　项目概况

基于公共建筑用水特征、用水量、供水设备运行特性以及物联网技术，构建出具有多维、海量、高频的供用水数据采集和传输系统。基于大数据策略构出公共建筑用水量数学模型，基于模型分析结果的供水设备自动控制及反馈调整机制以及网络通信和自动化控制技术，构建出具有智能、实时的设备远程控制体系。

针对公共建筑节水精细化控制技术体系要求，对现有不同公共建筑供用水系统的运行特性、用水特点和节水问题进行了调研、监测和分析，参照建筑供用水系统节水的关键环节和动态变化特征，并结合实验室系统模拟实验和测试等研究成果，研究了不同供用水系统的精细化监测和控制方法，找出了系统运行状态与整体节水效率之间的逻辑关系，提出了系统节水精细化控制、运行、管理和动态调整策略，形成了公共建筑节水精细化控制方法和管理策略。提出了能够根据系统运行监测数据精确识别建筑用水动态特性和系统微漏损状态的数据分析方法，形成了能够根据用水动态变化对建筑供水用水系统进行整体节水性能评估的效率模拟模型，结合精细化运行控制管理方法通过数据积累和控制策略反馈，能够对不同系统提

图 6.5-1　国家市场监督管理总局马甸办公区项目

出最佳动态运行策略。筛选出精密度高、性能稳定和成本合算的供水用水水量、供水压力的精确感知监测技术方法，开发出适应性强、稳定可靠和成本合算的数据采集传输技术系统，并以模型为核心建立能够对建筑供水用水系统进行了精细化感知、分析、诊断，能够依据数据分析自动实施常规管理和控制的智慧化公共建筑用水计量与节水监管平台。

选择包括中国农业大学、国家市场监督管理总局马甸办公区、北京朝阳医院京西院区 3 个不同类型公共建筑开展了公共建筑精细化控制及节水监管平台应用研究，总面积为 20.66 万 m²。

1. 国家市场监督管理总局马甸办公区项目（图 6.5-1）

项目位于北京海淀区马甸桥东路 9 号，属全国大型办公楼，占地面积为 5174m²，总建筑面积为 87502.46m²，地上共 25 层。供水系统采用 1 套上海威派格智慧水务股份有限公司（简称威派格）生产的智联三罐式无负压供水设备，设备型号为 WII-T2CH3-WDL20-10/WDL10-14。设备参数：系统 $Q=30m^3/h$，$H=129m$。

2. 北京朝阳医院西院区医疗楼项目（图 6.5-2）

项目位于北京市石景山区京原路 5 号，项目占地面积为 5.2 万 m²，总建筑面积为 6.0 万 m²。供水系统分为 3 个区，一层～三层是市政直接供水，四层～五层是中区供水，六层～九层是高区供水，采用 2 套威派格生产的智联变频供水设备，中区供水设备型号为 VII-WDL16-5/WDL8-6，中区供水设备参数：系统 $Q=36m^3/h$，$H=45m$。高区供水设备型号 VII-WDL16-6/WDLS8-8，高区供水设备参数：系统 $Q=36m^3/h$，$H=60m$。

图 6.5-2　北京朝阳医院西院区医疗楼项目

3. 中国农业大学东区 3 号学生公寓项目（图 6.5-3）

项目位于北京市海淀区清华东路 17 号，项目是 1 栋 15 层的学生公寓，总建筑面积为 59163.27m³，供水人数达 4415 人。供水系统采用 1 套威派格生产的智联三罐式无负压供水设备，设备型号为 WII-T2CH3-WDL20-5/WDL12-5。设备参数：系统 $Q=40m^3/h$，$H=51m$。

图 6.5-3　中国农业大学东区 3 号学生公寓项目

6.5.2　应用技术简介

1. 基于物联网的多参数采集和数据传输（图 6.5-4）

针对公共建筑供水系统中与用水量和节水相关的参数，建立了基于物联网技术的多参数精细化监测系统和数据传输系统，通过"集中监控，分散控制"的模式，建立了集中监控系统，完成了对各个监测点、泵房内水泵及变频器的远程数据采集和参数调整，实现"24h 实时数据采集监控及数据传输控制"。智能网关负责现场监测点数据采集、现场自动化控制、现场水箱调蓄、供水冗余控制、末端管网爆管预测、安防联动控制、水质预警联动、工业系统加密等工作。基于多参数的监测和传输技术可对公共建筑供用水情况进行全

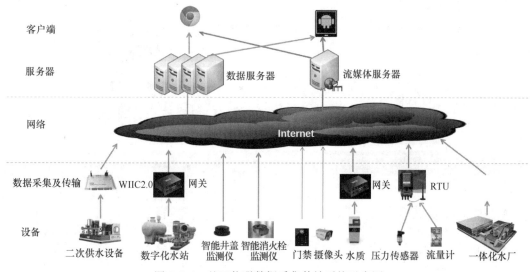

图 6.5-4　基于物联数据采集传输系统示意图

面的实时监测，帮助进行节水分析和节水策略的制定。

2. 基于大数据策略精细化模型的建筑综合用水效率（图 6.5-5、图 6.5-6）

针对建筑综合用水效率评价体系和评价指标不完善的问题，开展了基于大数据策略利用精细化模型进行建筑综合用水效率分析的方法研究。通过能耗指标分析了综合用水效率，通过站点设备的运行电费和流量进行了吨水耗电量统计能耗分析，并进行了不同时间段的同比和环比分析，并对同类型项目进行了环比分析，找出了能耗异常点，为设备调控提供了依据。通过对设备的调控，有效提高了综合用水效率。

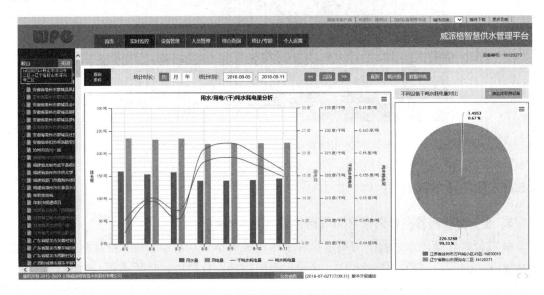

图 6.5-5　设备能耗分析和设备能耗对比

图 6.5-6　泵房/设备能耗绩效

3. 基于模型分析的自动调整控制系统 (图 6.5-7)

针对在用水精细化控制和节水过程的需要,对公共建筑供水设备进行了实时远程调节,安装了自动控制系统。该控制系统和自动调整机制能在节水管控过程中对各类设备管理进行推广和复用。

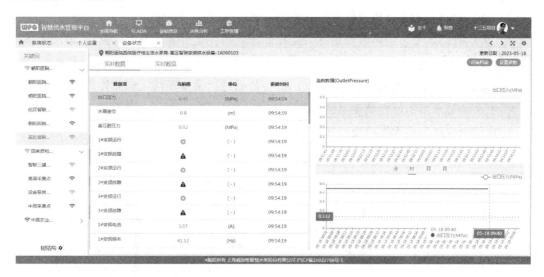

图 6.5-7 远程参数调整

4. 一体化智慧监管平台

整个平台的开发和实施主要包括:建立了应用服务器环境,针对历史数据进行了数学建模,将参与因子与模型匹配进行趋势预测。参与因子可包括时间、天气、用水流量、压力、设备运转参数、入住率、人口结构等参数中的一个或多个。开发了支持业界主流的物联网终端设备接入协议,包括 COAP、MQTT、OPCUA、OPCDA、HTTP、LWM2M、Modbus、M-Bus 等。系统支持第三方系统数据的接入,包括 API 接口或者 ODBC 数据库接入等。实现了水务企业生产供水、营销、运营等多维度数据的统一接入和管理,为后期统一的工作流运转和报表分析提供数据基础。

5. 数据存储

监管平台采用了三层数据库结构,包含实时数据库、关系型数据库、大数据集群或时序数据库、大数据集群的组合方式。三层数据库能实现以下内容:

1) 海量数据存储成本控制。

2) 高读取和运算性能。

3) 大数据规律分析。

6.5.3 技术应用情况与成效

朝阳医院西院加装了监测传感器及物联网传输设备,采集了用水量和压力数据,研究了典型楼层及最高层用水的水量和压力变化规律,研究了办公楼用水量、用水压力之间的关系,分析了洁具漏损情况,建立了数学模型,为实现公共建筑节水节能提供了基础支撑。

1）出口管路安装超声波流量计（夹扣固定，需提供外置 220V 电源），接入设备控制系统，内置采集器；供水设备配置电能表采集设备用电量。

2）中层（5 层管道竖井）增加采集器（需提供外置 220V 电源），增加压力测试点。

3）高层增加采集器（需提供外置 220V 电源），安装压力测试点。

4）直供管路上安装超声波流量计（夹扣固定，需提供外置 220V 电源），增加采集器（需提供外置 220V 电源）。

5）所有采集的压力数据、流量数据、设备数据通过采集器接入到监控管理平台。

供水系统节水节能特性监测系统（图 6.5-8～图 6.5-18）具有以下优点：

（1）压力变送器将水泵进出口压力转化为数字信号；

（2）无线模块通过通信协议定时采集流量、压力等测量值；

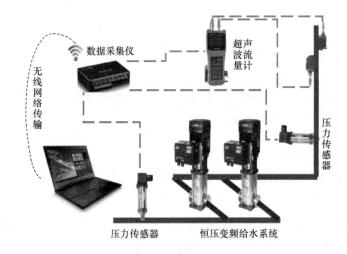

图 6.5-8　供水系统节水节能特性监测系统结构示意图

图 6.5-9　压力存储数据

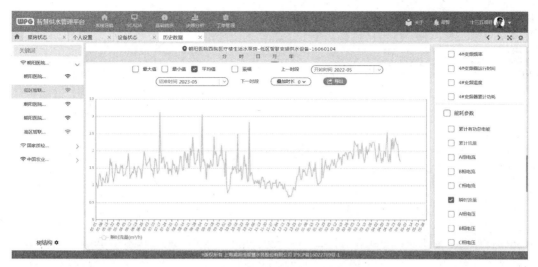

图 6.5-10　流量存储数据

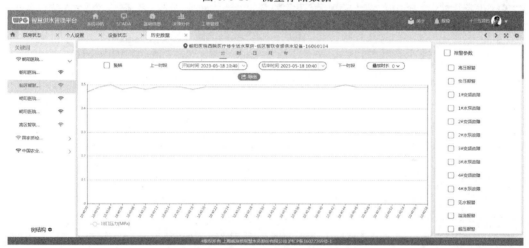

图 6.5-11　秒级压力数据

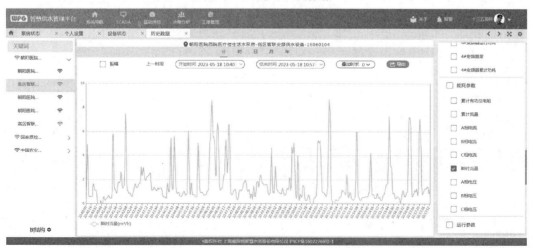

图 6.5-12　秒级流量数据

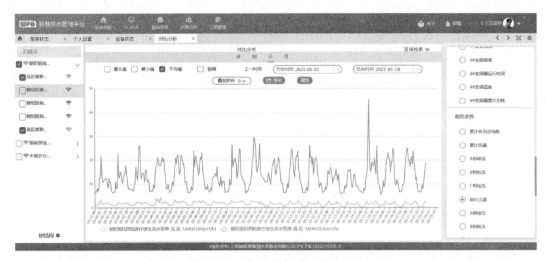

图 6.5-13　两台设备瞬时流量对比

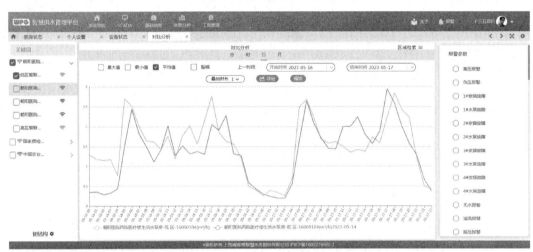

图 6.5-14　同一设备相邻时段瞬时流量对比

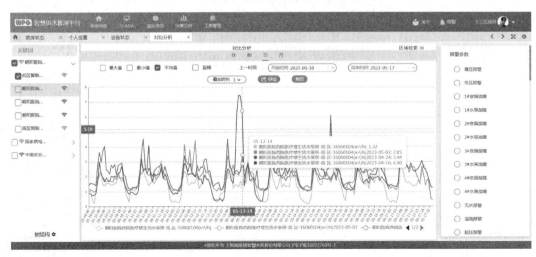

图 6.5-15　同一设备相邻四时段瞬时流量对比

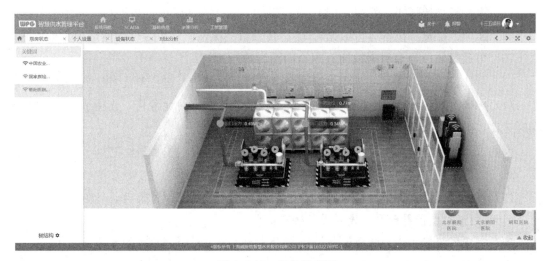

图 6.5-16　设备状态图

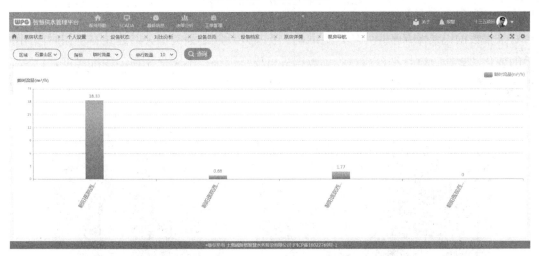

图 6.5-17　区域设备流量数据

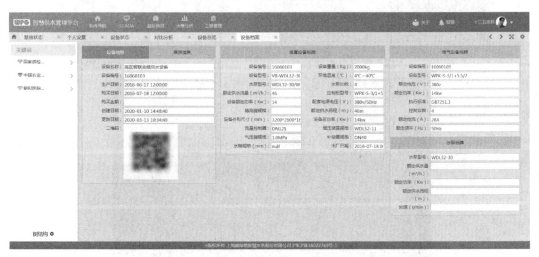

图 6.5-18　设备档案

（3）无线模块通过 4G 网络，上行 MQTT 协议将所有测量值上传至监控管理平台；

（4）压力、流量、设备运行数据每 2s 上传平台一次，监管平台可存储至少 1 年数据；

（5）可通过监控管理平台查询监控的秒级数据；

（6）可通过监控管理平台对同泵房的设备进行对比分析，进行节能特性分析；

（7）可通过监控管理平台同一数据进行最近同时段数据对比分析，支持最大 4 个时段同时对比；

（8）可通过监控管理平台实时监测设备运行状态，可通过平台进行访问和下载测试数据，进行节能特性分析；

（9）可通过监控管理平台对比分析单个区域或多个区域的设备能耗；

（10）可通过监控管理平台查看设备档案信息。

项目完成了流量、压力监测设备及传输设备的安装，每个项目在给水泵房、供水中区及供水高区都安装了超声波流量计、压力传感器、4G 智能网关，对不同区域瞬时及累计用水流量和用水压力进行采集，并将采集的数据上传至用水计量与节水监管平台，监管平台对采集数据记录保存至少一年，更准确、更直观反映不同类型公共建筑在不同时段用水量的变化和规律。监管平台通过收集数据进行模型训练，不断优化模型的准确度，计算结果通过监管平台给到设备进行控制目标调整，为公共建筑的精细化控制提供了参考依据（图 6.5-19～图 6.5-21）。

图 6.5-19　供水泵房内流量监测　　　　　图 6.5-20　中间层压力监测装置

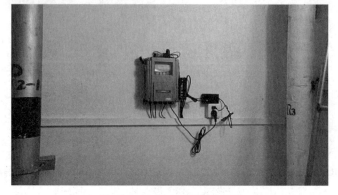

图 6.5-21　中间层流量监测

公共建筑用水计量与节水监管平台系统支持物联网设备通过有线和无线的方式接入平台，如固定宽带、2G/3G/4G/5G。可根据二次供水泵站信息网络接入需求，采用合适的接入方案，包括有线和无线方式，有线方式可以分为专线、公网两种方式，无线方式可以分为 4G/5G 方式，以下简要介绍几种建设方式。

1）有线专线方式

专线方式主要采用 OTN/DWDM、ATM、SDH、MSTP、VPN、IPRAN/PTN 等传输技术。OTN/DWDM 主要用于运营商骨干网络互联或政企用户高质量大带宽连接；ATM、SDH 及 MSTP 技术由于造价高，带宽升级慢，处于逐步退网阶段。目前专线接入应用较多的 VPN、IPRAN/PTN 组网方式，其中中国电信集团有限公司、中国联合网络通信集团有限公司可提供 IPRAN 专线组网，中国移动通信集团有限公司可提供 PTN 组网方案，链路造价较上述 OTN/DWDM 以及 ATM、SDH 或 MSTP 技术组网方案稍低。

2）有线公网方式

公网方式有固定 IP 接入、非固定 IP（FTTx）接入、VPDN 接入方式。固定 IP 专线接入链路月租赁费比较高，但比点对点专线接入价格低；非固定 IP（FTTx）接入即普通宽带接入，链路月租赁费用低。公网存在安全隐患可通过叠加 VPDN 技术接入，实现安全接入。

VPDN 技术简要介绍如下：

传统的企业专网的解决方案大多通过向网络运营商租用各种类型的长途线路来连接各分支机构的局域网，但是由于租赁长途线路费用昂贵，大多数企业难以承受。虚拟专网 VPN 技术是近年来兴起的一种新兴技术，它既可以使企业摆脱繁重的网络升级维护工作，又可以使公用网络得到有效的利用。在 VPN 技术的支持下，新的用户要想进入企业网，只需接入当地电信公司的公用网络，再通过公用网络接入企业网。这样企业不必再支付大量的长途线路费用，企业网络的可扩展性也大为提高，从而降低了网络使用和升级维护的费用，而电信公司也会因此得到更多的回报。

传统的跨广域网的专用网络是通过租用专线来实现的，VPN 是利用公共网络如 INTERNET、ATM 网络、分组网来实现远程的广域连接。从技术上，VPDN 采用隧道的方式，从接入服务器到企业的网关之间，接入隧道，让数据的流量和公网的流量分开，用户可以通过隧道的方式登录到企业的内部网，同时对经过隧道传输的数据进行加密，保证数据仅被指定的发送者和接收者所理解，从而让数据传输具有私有性和安全性。

有线专线和有线公网的网络拓扑如图 6.5-22 所示。

3）无线 4G/5G 方式

无线 4G/5G 方式通过运营商 4G/5G 网完成二次供水泵站信息网络的回传，优点是接入简便；缺点是无线信号容易受干扰，基站负荷高时影响数据传输质量，大流量资费较高，不适合大流量应用。

以某地区初步统计的待改造的 13000 个老旧小区泵房为例，初步计划每个待改造的泵

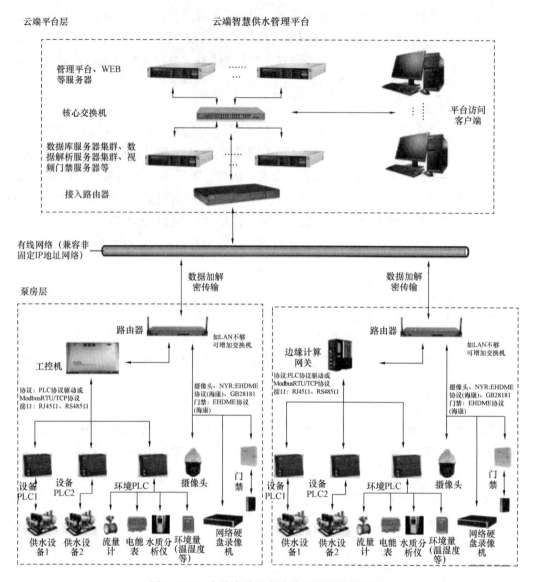

图 6.5-22　有线专线和有线公网的网络拓扑图

房配置 1～2 个视频监控摄像头，一般常规摄像头高清视频占用 2M 带宽资源，如果使用平台采集视频数据的方式，对带宽和平台的服务器存储提出较高的要求，容易造成服务器宕机和宽带网络堵塞。建议直接在二次供水泵房配置硬盘录像机对泵房的摄像头数据进行本地存储，平台通过网络调取泵房底层的实时视频画面和录像，可大幅度降低视频存储和宽带配置的压力。数据采集系统如图 6.5-23 所示。

1）泵房端带宽要求

数据：按照一个泵房 180 个测点，每个测点上传一笔数据的大小约 4Byte，即每个泵房每次上传数据 720Byte，考虑到实际存储的时候所需要的存储容量因存储方式不同而有很大区别，K-V 方式存储单测点会比较占空间，180 个测点存储需要预估 780Byte，则带宽要求：$780 \times 8/(1024 \times 1024) = 0.006$Mbps，可忽略不计。总体泵房带宽要求为：上行

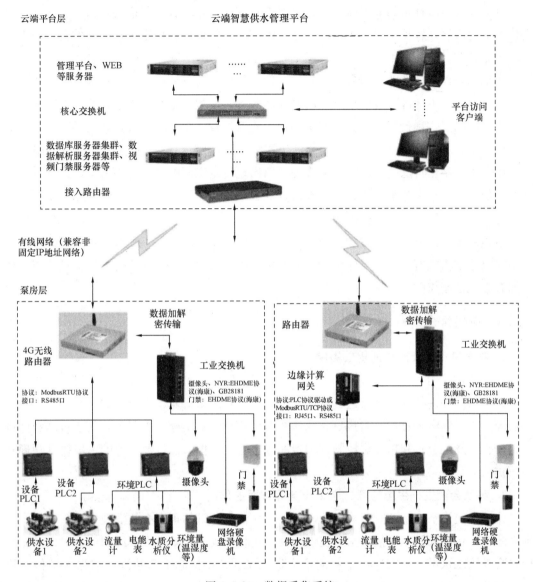

图 6.5-23 数据采集系统

4Mbps、下行 4Mbps。

2) 服务器端带宽要求（根据数量情况进行选择）（表 6.5-1）

不同泵房数量的服务器端带宽要求 表 6.5-1

泵房数量（座）	数据带宽	
	上行	下行
数量小于或等于 300	≥10M	≥10M
300＜数量≤600	≥20M	≥20M
600＜数量≤1500	≥50M	≥50M
1500＜数量≤3000	≥50M	≥50M

公共建筑用水计量与节水监管平台部署方式支持云端部署，包括公有云或私有云，也支持本地化部署，包括用户硬件自我提供，供应商硬件提供和租用运营商硬件资源等多种灵活部署方式。

本地部署模式是企业传统数据中心的延伸和优化，能够针对各种功能提供存储容量和计算处理能力。本地部署所使用的网络设备和服务器设备均是客户独享，可以控制和选择其应用程序的操作和设置，数据、安全和服务质量相较云端部署有着更好的保障。在本地部署模式中，服务和基础结构始终在私有网络上进行维护，硬件和软件专供单一用户使用，用户可以根据自己的需求配置和管理，以实现量身定制的网络解决方案，达到设计网络架构的目的。在本地部署模式中，本地资源为包含多个用户的单一组织专用。部署场所可以是在机构内部，也可以在外部。

本地部署模式可使组织更加方便地自定义资源，从而满足特定的IT需求。私有云的使用对象通常为政府机构、金融机构、事业单位以及其他具备业务关键性运营且希望对环境拥有更大控制权的中型到大型组织。

6.5.4　应用推广前景

1. 对学科、行业产生的重要影响

为公共建筑用水计量和监管平台的研究提供了明确、可行的研究路径和研究方法，对研究过程中的关键技术、难点进行了有效的解决，对未来行业、学科内的同类研究有较好的指导意义。同时经过项目实践研究成果在多个项目中的实施，表明了公共建筑用水计量和监管平台能在节水和精细化控制方面帮助减轻管理负担，通过数字化的手段提升管理效率、扩大节水效果。

2. 对社会民生、生态环境、国家安全等方面的作用

公共建筑用水计量和监管平台的研究，可从节水监管的角度有效发现在公共建筑供用水系统中存在的问题，对供用水系统进行及时优化和校正，减少水资源的浪费，提升城市用水合理用水水平。同时通过工程的推广，能在社会中掀起节水热潮，增强人们科学用水、节约用水的自觉性，帮助居民从源头开始节水减排，进而在全社会形成水资源可持续利用的良好环境。

3. 研究成果的推广

智慧供水监管平台在部分省会城市如长沙市、郑州市、乌鲁木齐市，沿海地级市如深圳市、珠海市以及国内其他区县等均有推广和应用，其中深圳市已经初步启动大批量二次供水泵房改造工作。泵房管理体量大，未来泵房数量将达到3000～4500个，且设备厂家较多，有30多个品牌。未来将出现海量泵房接入、运维管理，增效降本及智慧化分析指导持续运营优化的需求。原来已有的平台只能进行简单监控，不能满足未来的管理需求。对当前接入3000个左右的泵房进行监管，通过数据分析进行精细化控制调控，整体改善漏损问题和降低能耗。

参 考 文 献

[1] 赵金辉，蒋宏. 高层办公楼水耗调查及超压出流实测分析[J]. 给水排水，2009(11)：193-195.

[2] 葛学伟. 高校集体宿舍用水量变化规律及设计优化的研究[D]. 天津：天津大学，2012.

[3] 艾怡霏. 高层建筑给水系统的节能及优化设计研究[J]. 工程建设与设计，2020(23)：73-74.

[4] 日本可持续建筑协会. 建筑物综合环境性能评价体系[M]. 石文星，译. 北京：中国建筑工业出版社，2005.

[5] DAVIES K, OOLAN C D, ROBIN V, et al. Water-saving impacts of Smart Meter technology：An empirical 5 year, whole-of-community study in Sydney, Australia[J]. WATER RESOURCES RESEARCH，2014，50(9)：7348-7358.

[6] 陈楠，汪冠宇. 浅析建筑给排水设计中九项节水节能措施[J]. 给水排水，2013，49(S1)：418-420.

[7] 苏凯兵. 浅谈建筑给水排水节能节水技术措施[J]. 给水排水，2010，46(S2)：63-66.

[8] 北京大学环境工程研究所，中国 21 世纪议程管理中心. 国外城市水资源管理与机制开发[M]. 北京：中国水利水电出版社，2007.

[9] 陆克. 天津市城市用水定额编制研究[D]. 天津：天津大学，2008.

[10] 黄滟. 昆明市市区医院用水规律及对策研究[D]. 杭州：浙江大学，2007.

[11] 郭乃溶. 基于用水规律的办公建筑二次供水系统优化[D]. 天津：天津大学，2014.

[12] 李娜. 基于 ANP 的办公建筑节水改造评价体系研究[D]. 天津：天津大学，2010.

[13] 车建明，张春玲，刘曦，等. 北京市公共服务用水结构及节水潜力分析[J]. 水利经济，2015，33(05)：66-68.

[14] 王伟，刘云婷，孙琦，等. 天津市宾馆酒店综合用水定额编制[J]. 南水北调与水利科技，2015，13(06)：1197-1202.

[15] Proenca L C, Ghisi E. Water End-Uses in Brazilian Office Buildings[J]. Resources Conservation and Recycling，2010，54(8)：489-500.

[16] 张勤，赵福增. 住宅建筑节水器具的经济评价[J]. 重庆建筑大学学报，2007(05)：123-125.

[17] 冯萃敏，付婉霞. 集中热水供应系统的循环方式与节水[J]. 中国给水排水，2001(09)：46-48.

[18] 彭中意，邱瑜，李继，等. 深圳市城市建筑节水策略研究[J]. 水利水电技术，2012，43(08)：99-102.

[19] 陈芳. 基于层次分析法的公共建筑节水模糊综合评价[J]. 衡阳师范学院学报，2016，37(03)：76-80.

[20] 赵金辉，陆毅，徐斌，等. 高层公共建筑超压出流调查与支管减压措施节水效能分析[J]. 给水排水，2016，52(11)：69-72.

[21] 张子博，刘玉明. 公共建筑节水项目外部性研究——以北京某高校为例[J]. 水资源与水工程学报，2018，29(03)：130-137.

[22] 王有晴，陶俊. 上海市大型公共建筑节水技术调研[J]. 给水排水，2022，58(01)：104-110.

[23] 屈利娟，王靖华，陈伟，等. 高等院校典型建筑用水量特征分析与探讨[J]. 给水排水，2015(09)：60-64.

[24] 刘强，刘宏博，傅金祥，等. 医院用水量影响因素的研究[J]. 沈阳建筑大学学报(自然科学版)，2012.

[25] 张红云，刘俊红，祁英，等. 空调冷凝水作为冷却塔补水的可行性分析[J]. 节能，2014，33(09)：45-48.

[26] 崔景立，周鸿，贺宇飞，等. 医疗建筑用水量计算若干问题分析[J]. 给水排水，2016，52(05)：99-102.

[27] 刘赣英，张慧东，刘赣华，等. 大型航站楼空调循环冷却水系统设计研究[J]. 给水排水，2018，54(11)：69-72.

[28] 金声. 冷却塔用水在线监测对提高循环水利用效率的实效分析及建议[J]. 净水技术，2019，38(S1)：210-213.

[29] 高少峰. 雨水花园在大型科研建筑中的应用[J]. 给水排水，2020，56(S1)：825-829.

[30] 冯磊，徐得潜. 建筑小区海绵城市建设中雨水系统设计方案的优化研究[J]. 水土保持通报，2021，41(03)：193-199＋217.

[31] 易家松，蔡昂，周欣，等. 民用建筑雨水控制与利用总量计算探讨——以温州某办公建筑为例[J]. 给水排水，2023，59(09)：117-121.

[32] 吕纯剑，高红杰，宋永会，等. 潮汐流-潜流组合人工湿地微生物群落多样性研究[J]. 环境科学学报，2018，38(06)：2140-2149.

[33] 刘冰，郑煜铭，李清飞，等. 复合人工湿地中反硝化除磷作用的发生及其稳定性[J]. 环境科学，2019，40(12)：5401-5410.

[34] 张玲玲，杨永强，张权，等. 组合型人工湿地对二级好氧单元出水的深度处理[J]. 环境工程学报，2019，13(07)：1592-1601.

[35] 中华人民共和国住房和城乡建设部. 建筑给水排水设计标准：GB 50015—2019[S]. 北京：中国计划出版社，2019.

[36] 中华人民共和国住房和城乡建设部. 建筑与小区雨水控制及利用工程技术规范：GB 50400—2016[S]. 北京：中国建筑工业出版社，2016.

[37] 中华人民共和国国家质量监督检验检疫总局，中国国家标准化管理委员会. 采暖空调系统水质：GB/T 29044—2012[S]. 北京：中国标准出版社，2012.

[38] 国家市场监督管理总局，国家标准化管理委员会. 旋转式喷头节水评价技术要求：GB/T 39924—2021[S]. 北京：中国标准出版社，2021.

[39] 国家市场监督管理总局，国家标准化管理委员会. 游泳场所节水管理规范：GB/T 38802—2020[S]. 北京：中国标准出版社，2020.

[40] 国家市场监督管理总局，国家标准化管理委员会. 宾馆节水管理规范：GB/T 39634—2020[S]. 北京：中国标准出版社，2020.

[41] 国家市场监督管理总局，国家标准化管理委员会. 公共机构节水管理规范：GB/T 37813—2019[S]. 北京：中国标准出版社，2019.

[42] 国家市场监督管理总局，国家标准化管理委员会. 水嘴水效限定值及水效等级：GB 25501—2019

[S]. 北京：中国标准出版社，2019.

[43] 国家市场监督管理总局，国家标准化管理委员会. 小便器水效限定值及水效等级：GB 28377—2019 [S]. 北京：中国标准质检出版社，2020.

[44] 国家市场监督管理总局，国家标准化管理委员会. 蹲便器水效限定值及水效等级：GB 30717—2019 [S]. 北京：中国标准出版社，2019.

[45] 国家市场监督管理总局，国家标准化管理委员会. 节水型企业评价导则：GB/T 7119—2018[S]. 北京：中国标准出版社，2019.

[46] 中华人民共和国住房和城乡建设部. 建筑中水设计标准：GB 50336—2018[S]. 北京：中国建筑工业出版社，2018.

[47] 中华人民共和国国家质量监督检验检疫总局，中国国家标准化管理委员会. 建筑节水产品术语：GB/T 35577—2017[S]. 北京：中国标准出版社，2017.

[48] 中华人民共和国国家质量监督检验检疫总局，中国国家标准化管理委员会. 节水型卫生洁具：GB/T 31436—2015[S]. 北京：中国标准出版社，2015.

[49] 中华人民共和国住房和城乡建设部. 城市节水评价标准：GB/T 51083—2015[S]. 北京：中国建筑工业出版社，2015.

[50] 中华人民共和国国家质量监督检验检疫总局，中国国家标准化管理委员会. 循环冷却水节水技术规范：GB/T 31329—2014[S]. 北京：中国标准出版社，2015.

[51] 中华人民共和国住房和城乡建设部. 绿色办公建筑评价标准：GB/T 50908—2013[S]. 北京：中国建筑工业出版社，2014.

[52] 中华人民共和国国家质量监督检验检疫总局，中国国家标准化管理委员会. 公共机构能源资源计量器具配备和管理要求：GB/T 29149—2012[S]. 北京：中国标准出版社，2013.

[53] 国家市场监督管理总局，国家标准化管理委员会. 便器冲洗阀水效限定值及水效等级：GB 28379—2022[S]. 北京：中国标准出版社，2013.

[54] 中华人民共和国国家质量监督检验检疫总局，中国国家标准化管理委员会. 节水型社会评价指标体系和评价方法：GB/T 28284—2012[S]. 北京：中国标准出版社，2012.

[55] 中华人民共和国国家质量监督检验检疫总局，中国国家标准化管理委员会. 工业蒸汽锅炉节水降耗技术导则：GB/T 29052—2012[S]. 北京：中国标准出版社，2013.

[56] 中华人民共和国国家质量监督检验检疫总局，中国国家标准化管理委员会. 节水型产品通用技术条件：GB/T 18870—2011[S]. 北京：中国标准质检出版社，2012.

[57] 中华人民共和国国家质量监督检验检疫总局，中国国家标准化管理委员会. 深圳市标准技术研究院. 节水型社区评价导则：GB/T 26928—2011 [S]. 北京：中国标准出版社，2012.

[58] 中华人民共和国住房和城乡建设部. 民用建筑节水设计标准：GB 50555—2010[S]. 北京：中国建筑工业出版社，2010.

[59] 中华人民共和国住房和城乡建设部. 雨水集蓄利用工程技术规范：GB/T 50596—2010[S]. 北京：中国计划出版社，2011.

[60] 屈强，张雨山，王静，等. 新加坡水资源开发与海水利用技术[J]. 海洋开发与管理，2008(08)：41-45.

[61] 何京. 德国水资源综合利用管理技术[J]. 水利天地，2005，000(006)：27-29.

[62] 王学睿. 日本对水资源的精细化管理及利用[J]. 全球科技经济瞭望，2013，28(011)：19-25.

[63] 康洁. 美国节水发展的历史、现状及趋势[J]. 海河水利，2005(06)：65-66.

[64] 钟素娟，刘德明，许静菊，等. 国外雨水综合利用先进理念和技术[J]. 福建建设科技，2014(02)：77-79.

[65] 陈晓婷，王树堂，李浩婷，等. 澳大利亚水环境管理对中国的启示[J]. 环境保护，2014，42(19)：66-68.

[66] 金秋. 新建高校的节水特性研究[D]. 北京：北京建筑大学，2018.

[67] 郑瀚，张治江，胡勇，等. 高校节水实施路径探索与思考[J]. 大众科技，2019，021(010)：141-143.

[68] 范朋博. 医院建筑用水规律及二次供水系统的节能优化研究[D]. 天津：天津大学，2015.

[69] 陆毅，赵金辉，徐斌，等. 高层宾馆建筑用水调查与节水措施探讨[J]. 给水排水，2015，000(011)：70-73.

[70] 张海迎. 上海市商务楼宇用水定额制定及建筑节水适用标准比较研究[D]. 上海：华东师范大学，2013.

[71] 韩丹. 建筑节水改造及评价体系的研究[D]. 天津：天津大学，2009.

[72] 赵锂，刘振印. 建筑节水关键技术与实施[J]. 给水排水，2008(09)：1-3.

[73] 胡梦婷，白雪，蔡榕. 我国节水标准化现状，问题和建议[J]. 标准科学，2020，No. 548(01)：8-11.

[74] 万远志，李淑斌，李华洋. 水平衡测试在公共机构用水管理中的应用与分析[J]. 中国计量，2020(09)：33-36.

[75] 张志章，孙淑云，董四方，等.《节水型社会评价标准（试行）》评价与完善建议[J]. 中国水利，2020(23)：18-20＋23.

[76] 马建清. 节水技术在综合性学校建筑中的应用[J]. 建筑节能，2009，37(12)：57-61.